大型剧院类项目
全过程工程咨询
——四川大剧院实践案例

王宏毅　主编

晨越建设项目管理集团股份有限公司　组织编写

中国建筑工业出版社

图书在版编目（CIP）数据

大型剧院类项目全过程工程咨询：四川大剧院实践
案例 / 王宏毅主编；晨越建设项目管理集团股份有限公
司组织编写 . —北京：中国建筑工业出版社，2020.12（2021.6重印）
ISBN 978-7-112-25583-2

Ⅰ.①大… Ⅱ.①王… ②晨… Ⅲ.①剧院—建筑工
程—成套技术—四川 Ⅳ.①TU745.5

中国版本图书馆CIP数据核字（2020）第224035号

责任编辑：封 毅 张智芊
责任校对：张惠雯

大型剧院类项目全过程工程咨询——四川大剧院实践案例
王宏毅 主编
晨越建设项目管理集团股份有限公司 组织编写
*
中国建筑工业出版社出版、发行（北京海淀三里河路9号）
各地新华书店、建筑书店经销
逸品书装设计制版
北京富诚彩色印刷有限公司印刷
*
开本：787毫米×1092毫米 1/16 印张：29¼ 字数：583千字
2020年12月第一版 2021年6月第二次印刷
定价：198.00元
ISBN 978-7-112-25583-2
（36656）

本书编委会

主　　　编：王宏毅

副　主　编：徐旭东

主　　　审：张述林

顾　　　问：张　放

编委会成员：何　勇　陈　倩　程小峰　李春蓉

　　　　　　龚　建　潘志广　王　林　潘　洪

　　　　　　梁　勇　靳小杰　徐朝富

等待 全程咨询 创新与 规划

技术 加强绿色监理 企业必争

奋起 改革创新 成主力

庚子秋月 王早生书题

中国建设监理协会会长　王早生题字

　　工程管理专业是管理科学的重要分支，其在固定资产投资及建设中发挥着重要作用。工程管理包括工程项目建设中的项目策划、投资与造价咨询、招标代理、工程监理、项目管理等工作。根据国家统计局数据，我国固定资产投资相关的建筑安装费用高达44万亿元，这意味着通过有效的工程管理工作每节约1%的投资即可节省4400亿元的资金。积极研究工程管理专业的理论、方法及实践经验，推广高效集约的全过程工程咨询，将有效提升固定资产投资及建设的质量和效率，为中国经济高质量的发展提供动力，为社会和国家节约了大量的资源。

　　改革开放后，中国经济取得了举世瞩目的成就，工程管理作为服务业，服务于建筑专业，在经济发展和国家建设中发挥了举足轻重的作用。但长期以来，投资咨询、造价咨询、工程监理、招标代理、项目策划等工程管理服务内容条块分割，各自为政，工程管理碎片化的状况已严重制约了投资效率和建设管理效率的提升。

　　2017年2月，国务院出台《国务院办公厅关于促进建筑业持续健康发展的意见》(国办发〔2017〕19号)，明确提出大力发展全过程工程咨询，引导工程管理服务向集成化、系统化、全程化发展，为中国工程管理行业转型升级指明了方向。全过程工程咨询的优点是有利于增强建设工程内在联系，强化全产业链整体把控，减少管理成本，优化业务流程，提高工作效率，让业主得到完整的建筑产品和服务。这也是国际工程管理通行的一种服务模式。

　　晨越建管是勇于创新、敢于改革的弄潮儿，在中国工程管理领域率先实践全过程工程咨询模式，并取得了一些成果，四川大剧院项目是其中比较典型的成功案例。晨越建管就大型复杂剧院类项目的全过程工程咨询总结出了行之有效的管理方法和技术手段，对此案例进行了详细的剖析和论述，现无私地奉献出来，相信对业内企业开展同类项目的全过程工程咨询服务大有裨益。

　　希望《大型剧院类项目全过程工程咨询——四川大剧院实践案例》一书的出版发行，对工程管理理论、方法及实践经验的研究和总结起到促进作用，进一步推动全过程工程咨询模式的应用和推广，也希望广大工程管理企业在中国经济高质量发展的进程中发挥更大的作用，做出更大的贡献！

国务院参事
发展中国家科学院院士
中国管理现代化研究会理事长

　　四川大剧院从2011年底开始筹建，当时演出行业有一个统计，中国新建的剧场有30%如果不整改就不能用；40%勉强可用；只有30%好用。真有那么悲观吗？好用的只占30%？会不会是统计有误，还是统计者要求太高？如果要求太高，"好用"已是相当高的评价了。后来在全国各地看了几十个新老剧场，还真是那么回事。就拿四川某市来说，某新建的剧场在上、下场侧台与主舞台交界处的演员出入表演区的主通道上，立面各有两根水泥大柱子！这种情况下，演员暗转跑场时还不得碰得头破血流？乐池降到正常演出位置后，乐队无法进出，因为没有门！乐队下乐池只能先把乐池升到舞台台面上，乐队上去后再下降进入乐池，此时整场演出乐队的队员是不能出来的，如果哪位队员想上卫生间，你得当着全体观众的面从乐池里翻出来！另一个剧场建好多年了，迟迟无法通过验收，不能公开演出，原因是消防系统没有按剧场的规范设计进行施工，这些就属于不整改不能用的那部分。还有一个剧场，观众厅左右两侧的墙面是平行的，土建、装修均未做声学处理，我在观众席的某一特定位置拍一下手，回声达五次以上，这只能算勉强可用。

　　目前，国内在剧场建设中存在的普遍问题有几点：①建筑设计院很多没有做过剧场设计；②建设项目管理公司及员工从未接触过剧场建设；③土建施工方从未建过剧场；④剧场建设方和使用方不一定是同一家，有可能无法正确地表达使用诉求。也就是说，真正的使用方的诉求在整个建设过程中不能通过建设项目管理公司与设计、招标、施工、监理等进行有效的沟通。

四川大剧院的业主方锦城艺术宫建成于1987年，当年属于国内最好的三个剧场之一。其优质的演出效果使之成为我国剧场建设规范的原始依据。新建的四川大剧院与原锦城艺术宫的地址只隔一条街，红线距离不到100米。能否全面超过锦城艺术宫是我们当时面临的最大压力。锦城艺术宫从开业起即实行自收自支的财务管理，建设四川大剧院的主要资金是通过置换艺术宫原有土地取得，没有多余的钱，也不可能在建设过程中追加。以我们2012年的粗略统计来看，国内新建剧场（包括土建、装修、通用设备设施、专业设备设施等）每平方米预算造价为：县级剧场6000～8000元；市级剧场8000～11000元；省级剧场11000～15000元，且大部分建成后多多少少都要突破原始预算。四川大剧院除购地以外的建设资金不足5亿元，建筑面积为59000多平方米，单方造价远低于同级别大剧院。因此，上级对我们的要求是：建得起，能运转。

基于上述因素，作为业主方，我们特别希望能够找到一家资质高、专业全、业务精、懂剧场、善沟通、精打细算的"管家婆"来替我们业主把关。非常幸运的是我们找到了晨越建管集团，晨越集团的高管们在二十多年前就全程参与了锦城艺术宫的改造工程，他们对剧场的主体结构、重点功能、配套设施和使用中常见的问题非常熟悉，能够很好地理解业主方的专业诉求。在与晨越谈判合作事项时，他们除了全面介绍了对工程的管理理念和细致环节外，还专门谈到了控制经费的各种措施，我们也借机"敲诈"，希望他们"以身作则"，先把自己的收费降下来。结果是各项收费基本按国家收费标准的最低线再打折。同时他们高标准、严要求，主动给自己加码，提出四川大剧院这种标志性建筑，将以工程最终获得"鲁班奖"为工作目标，并进行层层把关。不但晨越的领导们有此远见卓识，晨越的员工也多具奉献精神，有的员工在新闻里看到新建大剧院的消息，放弃了原有的高薪工作，加入晨越从头做起，理由很简单：其他的建设项目，随时都能遇到；而大剧院的建设，也许一生只能遇到一次。还有的员工多次放弃公司提拔，坚守在工程第一线至全面完工，这种对业主高度负责的责任心充分体现了晨越人的敬业精神，令我非常感动。在几年的合作过程中，晨越人想业主所想，急业主所急，对工作精益求精。在其他参建单位的心目中，他们就是业主的一部分。

2019年8月四川大剧院建成，除了因开工前方案多次调整耽误了时间外，从开工到完工，实际工期仅为2年多的时间，且5年前经发展改革委审批的工程预算没超一分钱！

经过几十场各类剧目的试演，观众和演出院团对剧场的观赏效果和使用效果反响很好，特别是意大利原版歌剧《图兰朵》，整场演出不用电声系统，1601座的剧院观众听到的是演员、乐队的真实声音，清晰悦耳。很多观众感慨，看了几十年的戏，第一次在这么大的剧场里欣赏到了不用电声的演出，原汁原味。作为剧场建设成功与否的重要标志之一的建筑声学效果，超出了我们的预期。上海歌舞团的舞剧《永不消失的电波》在四川大剧院演出后，引起成都观众的热烈追捧，团长当即与大剧院签订了院团长期合作协议。

在晨越建管的把控、协调下，各方通力合作，为四川观众奉献了一座可欣赏高雅艺术的殿堂。

对于剧场建设，国家有建设规范这样的硬指标，但在对剧场使用效果的评价上业内却是见仁见智。我对四川大剧院的评价是：好用，不浪费。达到并超过了上级的要求，也为大剧院适应国家对文艺院团下一步的体制改革打下了坚实的基础。

四川省锦城艺术宫　原副总经理

序二·FOREWORD　**11**

　　二十五年前我作为央企施工单位的项目负责人，承接了锦城艺术宫的改造工程，从此就与这座四川省的最高艺术演出殿堂结下了不解之缘。八年前，锦城艺术宫拟迁址重建，更名为"四川大剧院"。业主和四川省政府投资代建中心根据项目特点，经多次考察和比选，确定我公司作为本项目的全过程咨询单位，承担项目管理、招标代理、全过程造价咨询、监理、BIM咨询、数字工地等服务，这在六年前的工程咨询界是非常罕见的。这也充分说明了四川的业主和建设主管部门具有"敢为天下先"的创新精神。

　　由于该项目是省、市两级重点文化建设项目，要求也非常高：要达到国内一流水平，并获得"鲁班奖"，不能超过投资红线，并要取得四川省科技支撑计划立项等。经过近三年的建设和一年多的试运行，可以说，除"鲁班奖"尚在申报外，我们已圆满完成了当初设定的各项任务！2020年10月30日，本项目还在建设监理杂志举办的"全国十佳全过程工程咨询案例"评选活动中获奖，得到了行业和社会的高度认可。

　　作为一家有抱负的工程咨询企业，我们十分重视经验的总结和数据的积累。承担该项目伊始，我们就十分珍惜这个难得的机会，计划把我们在建设过程中的所思、所想、所干记录下来，以便将来能够整理成书，与同行分享。本书的参编者全部为参与本项目的公司员工，他们在完成本职工作的同时，以高度的责任心和荣誉感投入到本书的编撰工作中。大家希望在建设好四川大剧院的同时，也建起一座属于我们晨越人自己的精神"大剧院"。

经过一千多个日日夜夜，几易其稿，本书终于呈现在读者面前。在此，首先感谢业主和四川省代建中心的信任，没有你们的信任，就没有这个项目的全咨实践，一切都无从谈起；其次，感谢王早生会长的鼓励，他经常鼓励我们既要擅于干，还要善于总结、善于沉淀和积累，更应大胆地与同行分享和交流；感谢中国建筑工业出版社从专业角度严格要求我们深挖项目经验价值，使本书得以不断淬炼提升；最后，要感谢本书的各位评审专家：中国建设监理协会副会长、北京市监理协会会长李伟先生，国务院学位委员会学科评议组成员、教育部高等学校工程管理和工程造价专业教学指导分委员会副主任刘伊生教授，北京国金管理咨询有限公司副总经理皮德江先生，兴电国际副总经理兼总工程师焦长春先生，感谢你们为本书提出了许多宝贵的建议和意见。

由于本书的参编者，大多为项目一线的工程技术人员，受理论水平所限，本书尚存在许多不足，恳请读者朋友和同行们批评指正！

在《国务院办公厅关于促进建筑业持续健康发展的意见》（国办发〔2017〕19号）、国家发改委、住建部《关于推进全过程工程咨询服务发展的指导意见》（发改投资规〔2019〕515号）文件大力推广全过程工程咨询的背景下，相信这种适应建设管理方式大变革的服务模式，一定会在中华大地上开花结果！晨越人希望用自己的智慧和汗水为社会奉献出一个又一个精品工程。全咨，晨越永远在路上！

晨越建设项目管理集团股份有限公司

党委书记、董事长

没有实际的理论是空虚的，同时没有理论的实际是盲目的。

——徐特立（中）

理论在变为实践，理论由实践赋予活力，由实践来修正，由实践来检验。

——列宁（苏）

中国的咨询行业正经历着前所未有的变更，正如我们这个日新月异的时代。建筑信息模型（BIM）、装配式、3D打印、智慧建筑、智慧城市等一大批新技术、新工艺都在改变工程从规划到交付的每一个环节。对于时间、成本、效率的更高追求正在推动着工程咨询业的深刻变革，全过程工程咨询已成为工程咨询业转型升级的大方向，如何为业主方提供现实有价值的全过程咨询服务，是每一个工程咨询企业都需要深入思考的问题。

本书是晨越建管集团根据自身实施全过程工程咨询的四川大剧院实际案例编制而成，编者力图为读者提供大型剧院类项目建设的全过程管理经验以及剧院类项目独特的专业知识，通过本书可以系统地对大型剧院类项目的全过程建设一窥全局。全书共分管理篇、专业篇两大篇章，共15章，前9章是管理篇，就大型剧院类项目全过程工程咨询实际操作的管理重点，通过结合四川大剧院实际案例，围绕着合约、投资、进度、质量、风险、协调、创新等方面具体阐述全过程工程咨询究竟如何落地实施；后6章是专业篇，具体讲述了大型剧院专业领域的应知应会，包括声学、舞台机械、设备系统、消防、座椅、声学装修等专业板块知识。本书具有总结性、实操性、专业性、指导性四个特点，可以为同类项目建设提供具体指引及实操指南。

　　本书是晨越建管集团根据四川大剧院项目实际案例编制而成，全书由王宏毅主编，徐旭东副主编，张述林主审，张放顾问，由何勇、陈倩、程小峰、李春蓉、龚建、潘志广、王林、潘洪、梁勇、靳小杰、徐朝富联合编写。

　　本书的出版得到了四川大剧院各参建单位的大力支持，在此一并致以谢忱。

　　书中的不足之处，敬请读者和专家同行们批评指正。

管理篇

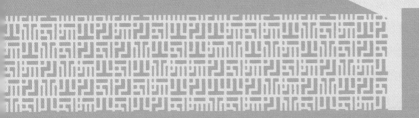

管理篇

第1章

大型复杂剧院项目综述

1.1 国内剧院建设概况

中华人民共和国成立至今，全国各地兴建、改建剧场达到2143家。而投资达数亿元的大剧院，全国已有40多家。大剧院兴建项目越来越多，造型设计也越来越超前。大剧院是中国城市建设快速发展，改善城市面貌，丰富人民群众的精神文明生活，体现文化与经济双重发展的建筑形态。兴建剧院、图书馆、歌剧院这样的公共文化建筑很有必要性，它们具有正向积极的教育意义。

剧场建筑设计应遵循实用和可持续性发展的原则，并应根据所在地区的文化需求、功能定位、服务对象、管理方式等因素，确定其类型、规模和等级。根据使用性质及观演条件，剧场建筑可用于歌舞剧、话剧、戏曲等三类戏剧演出。当剧场为多用途时，其技术要求应按其主要使用性质确定，其他用途应适当兼顾。剧场建筑的规模应按观众座席数量进行划分，剧场建筑规模划分应符合如表1-1所示的规定。

剧院等级分类 表1-1

规模	观众坐席数量（座）
特大型	＞1500
大型	1201～1500
中型	801～1200
小型	≤800

剧场的建筑等级根据观演技术要求可分为特等、甲等、乙等三个等级。特等剧场的技术指标要求不应低于甲等剧场。剧场建筑应进行舞台工艺和声学设计，且建筑设计应与舞台工艺和声学设计同步、协调进行。

自2010年起，全国部分特大型剧院修建名录如表1-2所示。

全国部分特大型剧院修建名录（从2010年起）　　　　表1-2

序号	项目名称	投资额（亿元）	建成时间	座位数（个）
1	广州大剧院	13.6	2010年	1800
2	青岛大剧院	13.5	2010年	1600
3	甘肃大剧院	4.2	2011年	1500
4	大连国际会议中心大剧院	24	2012年	1800
5	厦门海峡交流中心剧院	9.29	2012年	1500
6	山东省会大剧院	24.75	2013年	1800
7	上海嘉定保利剧院	7	2013年	1500
8	南京青奥中心	60	2014年	1500
9	厦门嘉庚艺术中心	6	2014年	1500
10	哈尔滨大剧院	11	2015年	1600
11	北京天桥剧场	15	2015年	1600
12	新疆大剧院	7	2015年	2100
13	云南大剧院	5	2016年	1536
14	长沙音乐厅	4	2016年	1500
15	江苏大剧院	32	2016年	2711
16	珠海歌剧院	12	2017年	1600
17	四川大剧院	8.6	2019年	1601

（数据来源：网络统计）

剧院建筑是建筑领域公认的工程技术难度最高的建筑，涉及二十多个学科领域：建筑声学、剧院装饰技术、舞台音响、舞台灯光及舞台机械，座椅选型等，是建筑与艺术的完美结合。常常与博物馆、图书馆等文化设施并置在城市中心广场位置，多数是当地城市的地标建筑。

剧院建筑体现两个特点：

首先，大剧院项目通常规模较大，对艺术的建筑形态上有强烈的需求，这些剧院在城市的区位往往与城市中心广场相结合，成为城市中心的空间模式。在建筑形态上，都是两三个演出剧场包裹进一个带有寓意的形状中，比如国家大剧院、珠海大剧院、哈尔滨大剧院等。在方案阶段会综合考虑将艺术性与当地城市文化特色相结合。

其次，都是当地的地标性建筑，剧院建设的进度、质量、安全、成本等都有较高的要求。工程建设通常都在城市中心广场位置，受到场地，交通、环境等多方面因素的限制。

1.2 四川大剧院项目概况

1.2.1 项目概况

四川大剧院前身是1987年建成的四川省锦城艺术宫，作为四川省著名的艺术殿堂和大型公共文化设施它承担着四川省重大演出任务并承载着发挥公益文化宣传窗口的作用。四川历史悠久，文化氛围浓厚，文化建设是必然。人民从物质需求转变到精神需求。剧场演绎行业也经历了不断更新迭代的过程。剧场类型也包括专业剧场、多功能剧场、大剧院、剧场综合体、剧场集群、剧场联盟、定制剧场等。在这些多元的剧场类型中，如何结合四川的地域特色，发挥市场特点，融合电子视觉演出技术，给四川人民奉献上丰富的文化盛宴，新建四川大剧院势在必行。

四川大剧院位于成都市市中心（图1-1），项目总投资86780万元，总建筑面积59000.41m²。项目地上剧场部分为三层，辅助功能区部分为六层，地下建筑四层。包含一个1601个座位的甲等特大型剧场、450座的小剧场、800座的多功能中型电影院及文化展示、文化配套等多种文化服务功能，四层地下室兼具影院、停车、地铁接驳口等多种复合功能。大剧院的外观采用古代官式建筑的三段式构图，方正大气；采用玻璃

图1-1　四川大剧院效果图

坡屋顶，活泼通透，典型的"蜀风汉韵"风格既与之前的建筑物一脉相承，又与附近的建筑物形成和谐的整体。剧院内部，1601个座位的大剧院将满足大型演出的表演，450个座位的小剧场则可以上演各种无需华丽背景的演出。四川大剧院工程项目初步设计总投资为8.678亿元（含土地费用），资金来源分三部分：四川省锦城艺术宫、四川省预算内资金、业主自筹。项目资金来源多元，项目投资管控任务艰巨。

四川大剧院建设项目是四川省政府投资的首个全过程工程咨询项目、首个BIM技术应用试点项目，数字化工地示范项目、中国首例大小剧场重叠设置的剧院，同时也是四川省重点项目、成都市重点项目。四川省"十二五"文化改革发展规划将四川大剧院列入了四川"十二五"时期省级重大公共文化设施建设项目，四川大剧院项目工程质量标准为鲁班奖。

1.2.2 方案确定

方案阶段，如何精准的定位？这不仅是剧场专业化的体现，也是市场和观众的需要。它为剧场宣传、活动策划、剧场运营等方面带来了种种便利。集合了当地的人文特点、气候特征、旅游文化等多方面的优势，形成了当地的文化坐标、城市的网红建筑。四川大剧院方案通过公开招标入选6套方案，经规委会专家评选，推荐出2套方案：一个是"汉代风"，另一个是备选方案"银杏风"，最终方案的确定将面向社会，公示确定（图1-2、图1-3）。

图1-2　方案一"汉代风"

图1-3　方案二"银杏风"

"汉代风"外观方方正正，大剧院顶部设计为坡屋顶，墙体使用了乳黄色的花岗石，并部分镂空篆刻了很多个"四川大剧院"字样，组合到一起，整体呈现汉代的建筑风格。备选方案"银杏风"的墙体遍布一片片镂空的银杏叶造型，让人联想起秋天成都满地金黄的美景，有显著的地域性。四川大剧院的最终设计为：在"汉代风"的基础上融合了"银杏风"。目前，天府广场的四川省图书馆是坡屋顶的现代建筑，为了保持天府广场整体的协调性，大剧院也采用坡屋顶的建筑，在保持天府广场原有建筑空间秩序的基础上，对传统文化进行了现代演绎，达到汉风蜀韵的效果。现在的四川大剧院，整体外观呈浅暖色系，是一个具有现代感的玻璃屋顶加石材外观的建筑。剧院的外立面，采用刻有中国传统符号的石材，表面看起来像是有花纹掩映在石头上。每当夜幕降临，在天府广场休闲散步的人，远远就能看到剧院发光的玻璃屋顶，使人感受到大剧院这个文化地标和天府广场这个文化客厅的自然交融。

1.2.3 四川大剧院主要功能

四川大剧院建成后，主要承接社会各种大型公益文化演出，在满足正常公共服务文化的基础之上，还接待部分商业演出，从而实现其综合性和专业性的服务基地作用。根据省政府对于四川大剧院的建设方案，其设计理念将结合成都地域文化浓厚的蜀汉风格，从而与区域原有的成都市博物馆、四川省美术馆，以及四川省图书馆的汉风蜀韵交相辉映，协调统一。

1.2.4 里程碑事件

（1）2011年12月2日，正式取得四川省发展改革委立项批复；

（2）2013年2月28日，正式移交四川省政府投资非经营性项目代建中心实行代建管理；

（3）2013年9月29日，经过省财评中心评定；

（4）2013年11月，因政策原因缩减投资，从而调整设计方案；

（5）2014年6月，省发展改革委在《关于四川大剧院建设项目有关问题的请示》上批复：恢复原有方案设计；

（6）2014年8月14日，取得四川省发展改革委可研批复；

（7）2014年12月30日，基坑工程启动；

（8）2015年7月，项目因建设资金问题而暂停；

（9）2016年11月9日，施工总承包单位经过公开招投标进场开始施工；

（10）2019年6月28日，四川大剧院顺利通过竣工验收；

（11）2019年8月8日，四川大剧院迎来首演：意大利歌剧《图兰朵》。

第2章

全过程工程咨询概述

2.1 全过程工程咨询概述

2018年3月，住房城乡建设部建筑市场监管司发布《关于征求推进全过程工程咨询服务发展的指导意见（征求意见稿）和建设工程咨询服务合同示范文本（征求意见稿）意见的函》建市监函〔2018〕9号，其中对"全过程工程咨询"明确定义为：全过程工程咨询是对工程建设项目前期研究和决策以及工程项目实施和运行（或称运营）的全生命周期提供包含设计和规划在内的涉及组织、管理、经济和技术等各有关方面的工程咨询服务。全过程工程咨询服务可采用多种组织方式，为项目决策、实施和运营持续提供局部或整体解决方案。

2019年国家发展改革委和住房城乡建设部两部委联合发布《关于推进全过程工程咨询服务发展的指导意见》（发改投资规〔2019〕515号）提出：

全过程工程咨询＝投资决策综合性工程咨询＋工程建设全过程咨询

投资决策综合性工程咨询服务由具有综合性专业能力的工程咨询单位提供或牵头提供，最终服务成果以综合性工程咨询服务提供单位的名义提交委托方。投资决策综合性工程咨询应当充分发挥咨询工程师（投资）的作用，综合性工程咨询项目负责人应当是经执业登记的咨询工程师（投资）。对投资项目决策阶段的审批事项，大力推行并联审批、联合审批模式，对各类审批要求一并研究论证，编报综合性申报材料，综合性申报材料一次完成、多头适用。

以工程建设环节为重点推进全过程咨询，在房屋建筑、市政基础设施、交通、水利、能源等领域的工程建设中，鼓励建设单位委托包含招标代理、勘察、设计、监理、造价、项目管理等全过程咨询服务，满足建设单位一体化服务需求，增强工程建设过程的协同性。工程建设全过程咨询服务，同一项目的投资决策综合性工程咨询和工程建设全过程咨询可以由同一家咨询单位承担，建设单位在项目投资决策环节选择具有相应工程勘察、设计、监理或造价咨询资质的企业开展全过程工程咨询服务的，除法律法规另有规定外，在工程建设环节可不再另行委托勘察、设计、监理或造价咨询单位。

除投资决策综合性工程咨询和工程建设全过程咨询外，咨询单位可根据市场需求，从投资决策、工程建设、运营等项目全生命周期角度，开展跨阶段咨询服务组合或同一阶段内不同类型咨询服务组工程建设、运营等项目全寿命周期角度，开展跨阶段咨询服务组合或同一阶段内不同类型咨询服务组合。鼓励和支持咨询单位创新全过程工程咨询服务模式，为投资者或建设单位提供多样化的服务。

投资决策阶段综合性咨询包含但不限于以下内容：

①项目建议书；

②可行性研究；

③水土保持；

④交通影响评价；

⑤环境影响评价；

⑥安全预评价；

⑦社会稳定风险评价；

⑧其他相关评价。

工程建设全过程咨询包含但不限于以下内容：

①招标或采购；

②勘察；

③设计；

④造价；

⑤监理；

⑥运营阶段保障性咨询。

服务内容根据项目的具体情况进行选择。新的管理模式应用也需要一些新技术的结合。在全过程工程咨询中，也有相应的新技术涌现：例如装配式建筑、绿色建筑的应用、信息化的一些应用；大数据、区块链、云计算技术在全过程工程咨询中的应用。

2.2 全过程工程咨询的基本原则

全过程工程咨询服务实施的基本原则包括：

1.客户需求为本

以实现建设项目预期目的为中心，以投资控制为抓手，以提高工程质量、保障安全生产和满足工期要求为基点，全面落实全过程工程咨询服务责任制，推进绿色建造与环境保护，促进科技进步与管理创新，实现工程建设项目的最佳效益。

2.提高业主管理效率

对工程咨询服务进行集成化管理，提高业主管理效率。将项目策划、工程设计、招标、造价咨询、工程监理、项目管理等咨询服务作为整体统一管理，形成具有连续性、系统、集成化的全过程工程咨询管理系统。通过多种咨询服务的组合，提高业主的管理效率。

3.促进工程全生命价值的实现

不同的工程咨询服务都要立足于工程的全生命期。以工程全生命期的整体最优作为目标，注重工程全生命期的可靠、安全和高效率运行，资源节约、费用优化，反映工程全生命期的整体效率和效益。

4.建立相互信任合作关系

全过程工程咨询服务是为业主定制的，业主将不同程度地参与咨询实施过程的控制，并对许多决策工作有最终决定权。同时，咨询工作质量形成于服务过程中，最终质量水平取决于业主和全过程工程咨询单位之间相互的协调程度。因此，需要建立相互信任的合作关系。

2.3 全过程工程咨询服务内容

全过程工程咨询可涵盖决策阶段、设计阶段、发承包阶段、实施阶段、竣工阶段、运营阶段等项目全生命周期，各阶段的主要工作内容包括：

（1）决策阶段通过了解项目利益相关方的需求，确定优质建设项目的目标，汇集优质建设项目评判标准。通过项目建议书、可行性研究报告、评估报告等形成建设项目的咨询成果，为设计阶段提供基础。

（2）设计阶段对决策阶段形成的研究成果进行深化和修正，将项目利益相关方的需求及优质建设项目目标转化成设计图纸、概预算报告等咨询成果，为发承包阶段选择承包人提供指导方向。

（3）发承包阶段结合决策、设计阶段的咨询成果，通过招标策划、合约规划、招标过程服务等咨询工作，对建设项目选择承包人的条件、资质、能力等指标进行策划，并形成招标文件、合同条款、工程量清单、招标控制价等咨询成果，为实施阶段顺利开展工程建设提供控制和管理依据。

（4）实施阶段根据发承包阶段形成的合同文件约定进行成本、质量、进度的控制、合同和信息的管理、全面组织、协调各参与方最终完成建设项目实体。在实施过程中，及时整理工程资料，为竣工阶段的验收、移交做准备。

（5）竣工阶段通过验收检验是否按照合同约定履约完成，并将验收合格的建设项目以及相关资料移交给运营人，为运营阶段提供保障。

（6）运营阶段对建设项目进行评价，评价其是否实现决策阶段设定的建设目标，并结合运营需要通过运维管理咨询、资产租售及融资咨询等手段为业主方实现项目价值最大化。尽管目前能够提供运维管理咨询服务的工程咨询企业尚少，但达成共识运维管理咨询将成为工程咨询企业可拓展的服务内容。

全过程工程咨询工作不是固化的，其服务内容可根据业主方需求及自身能力灵活设置，但其服务应是全程的，并以对具体结果负责为特征。

如图2-1所示，展示了在全过程工程咨询模式下涵盖的各项工作内容，体现了其综合性、全过程咨询服务的特点。

图2-1　全过程工程咨询模式下涵盖的各项工作内容

2.4 全过程工程咨询服务意义

全过程工程咨询，从业主方角度对项目建设实施系统、全面的过程管理，解决业主方面临的诸多痛点：

2.4.1 消除传统咨询带来的混乱

传统建设管理模式下，业主在不同的建设阶段会引入多家咨询服务机构，这种片段式、碎片化服务是传统咨询的特征，会带来以下混乱：

（1）各咨询方对项目理解不同或各自利益诉求不同，导致建设目标不统一，前后冲突、抱怨不断，业主方大量精力花费在管理协调上。

（2）空白地带与重复工作情况并存，因缺乏系统化规划和衔接，项目总控方缺位，一旦出现工作失误，各咨询方往往相互推诿，让业主无法区分责任。

（3）项目缺乏总体考虑，建设过程中的诸多问题常在建设后期才暴露，而那时再进行弥补就可能花费巨大，甚至无法弥补已造成的无可挽回的损失。例如，有些专业设计介入项目过晚，主体设计内容已基本建设完成，此时再大幅度进行返工已不可能，迫使业主退而求其次，造成遗憾。

（4）咨询总包模式中，咨询方作为对业主负责的管理总包单位，承担了建设管理的全部管理责任，消除了多咨询方冲突带来的混乱，并能够从建设全过程角度系统规划各项专业咨询工作，避免了多方咨询混乱带来的损失和遗憾。

2.4.2 合理转移项目建设管理风险

政府投资及国有资金建设项目，既要高效完成建设，又要面临层层审计。项目往往面临一定的决策和审计风险。出于规避风险的考虑，部分业主不敢大胆决策，抱着"不做就不错"的思想，避免"说不清道不明"，进而影响了项目建设。究其根本，是风险管理手段的缺位。

引入咨询总包方是重要的风险管理手段，业主方可将建设管理相关风险通过合同方式合理转移给咨询总包方，通过风险转移策略提升项目建设的管理水平。而选择拥有丰富建设管理经验的咨询总包方，则发挥了其全过程工程咨询的专业能力和优势，进一步提升了建设效率和项目品质。

2.4.3 消除临时组建项目管理机构的弊端

不少政府投资项目仍采用临时机构进行项目建设管理的模式，这种模式下可能存在人员专业化程度低、新人做新项目、管理体系不健全、管理手段与管理方法落后、项目结束人员分流困难、管理效率低、造价虚增、工期延长、安全风险大等诸多弊病。"专业的人做专业的事"，作为管理细节繁多、界面复杂、专业性强的建设管理工作，引入咨询总包方将有效消除临时性管理机构带来的各种弊病。

2.4.4 消除业主方身陷多边博弈的困境

传统模式下，业主方与多个咨询企业分别签订合同，咨询单位彼此互不管辖但又相互牵扯，形成项目多边博弈格局。项目建设过程中极易发生合同纠纷，业主作为总发包人，不得不亲自上场与各方博弈，同时还要协调各方责任主体之间的关系，过程苦不堪言。

咨询总包模式下，业主方可专注于项目定位、功能需求分析、投融资安排、项目建设重要节点计划、运营目标等核心工作，简化合同关系，问责咨询总包方，从多边博弈的困境中抽身。

2.4.5 完善并保全项目信息链

传统模式下，多咨询方的碎片化服务使项目信息形成"孤岛"，建设全过程无法形成完整的信息链；项目建设周期中，如出现核心管理岗位变动，往往造成决策及管理信息流的断裂或缺失，使建设全过程的项目信息资产无法保全。

咨询总包模式下，项目信息流成为全过程工程咨询的核心线索，咨询总包方在项目总控的过程中不断延伸、补充、丰富项目信息流，最终形成建设全过程完整的项目信息链，并作为建筑产品完整性的一部分交付给业主。

2.4.6 提升投资效益、缩短建设周期、降低责任风险

传统模式下，投资控制的完整链条被各咨询方切分，投资咨询、勘察设计、造价咨询、工程监理等咨询方均参与投资控制过程。而由于各参与方诉求与责任的分裂，"铁路警察各管一段"，无法形成统一的投资控制，结果往往造成投资管控失效；其次，多专业咨询方需要分别进行招标确定，设计、造价、招标、监理等，使得相关单位责任分离、相互脱节，既拉长了建设周期又降低了建设效率；此外，多咨询方介入会增加协调和管理风险，不仅不能替业主分忧，反而会增加其作为建设单位的责任风险。

采用全过程工程咨询，各项专业咨询处于咨询总包方的统一管控之下，咨询服务覆

盖建设全过程，对各阶段工作进行系统整合，并可通过限额设计、优化设计、BIM全过程咨询、精细化全过程管理等多种手段降低"三超"风险，进而节省投资，提升投资效益；咨询总包方通过一次招标确定，多专业协同消除了冗余工期，可显著缩短建设周期；咨询总包方承担建设管理主体责任，将对结果负责的压力转化为了工作动力，既承接了业主方的建设管理风险，又降低了业主方作为建设单位的主体责任风险。

综上所述，采用全过程工程咨询模式，作为项目总控方的咨询总包单位，以对结果负责为宗旨，承担起对项目建设全过程管理的责任，通过科学、先进的全过程工程咨询手段，为业主方消除了建设管理中的诸多痛点，成为业主方项目建设的得力助手。

2.5 剧院类项目全过程工程咨询服务概述

2.5.1 已建剧院存在的问题

从已建项目的综合情况来看，国内一些剧院建设存在以下问题：

（1）一味追求造型独特，忽略剧院功能需求，增加了后期运营的管理成本。

（2）一味考虑建筑体量，不与当地财政综合考虑，形成建设投入与使用价值性价比不高。

（3）舞台专业设备选型依赖国外进口，这样会导致高端设备后期保养成本增加，如果演出使用频率低，性价比更不明显；实际演出中的使用频率较低，但设备维修保养的成本却不低。

2.5.2 剧院类项目全过程咨询的原则

鉴于上述问题，我们在剧院项目管理时，提出以下几点原则：

（1）以结果导向为原则，以使用为目的，在剧院项目修建的时候考虑整个建设周期，并与剧院专业融合，在规划设计阶段就需要充分考虑建成后的合理应用。

（2）以建设周期全过程管控为管理思路，做到服务集成，专业融合，进度、质量综合把控。

（3）加强投资管控，鉴于业主资金情况，做好资金管家，运用价值工程综合考虑功能与投资最佳比例，前期做好剧院项目测算，形成有效的目标成本，设计阶段进行限额设计。使剧场建成使用后进入良性市场运营。规划设计阶段要深入研究，与地域实际和群众需求接轨，使其成为城市文化发展的标志性工程。

（4）新技术新工具的运用，剧院项目造型复杂，专业配合多，非标设备较多，选用信息化管理手段，比如BIM技术，提高工作效率。

（5）做好剧院专业设备选型，通常剧院建设的专业包括声学设备、光学设备、浮筑系统、舞台机械、座椅选型、剧院精装修等，在进行专业施工时，做好合理的需求分析，使其能物尽其用地达到最佳的演出效果，选择最合适剧院的设备，而不是一味地选择国外设备或价格高昂的设备，设备选择应合理务实。

2.6 四川大剧院项目全过程工程咨询服务概述

四川大剧院建设项目是四川省政府投资的首个全过程工程咨询项目，也是全国少数全过程工程咨询开工到竣工并且投入使用的项目。

2.6.1 从项目管理总承包模式演变为全过程工程咨询的模式

业主锦城艺术宫缺少项目管理能力，急需一家专业综合实力较强的项目管理公司，并能对项目的进度、质量、投资做到整体把控，通过邀请比选，集团胜出，对整个四川大剧院项目做总控，即PMC模式，同时提供项目管理、造价咨询、招标代理服务。

2014年，项目进展需要工程监理服务，依据《关于推进建筑业发展与改革的若干意见》（建市〔2014〕92号）明确指出：进一步完善工程监理制度。分类指导不同投资类型工程项目监理服务模式发展。调整强制监理工程范围，选择部分地区开展试点，研究制定有能力的建设单位自主决策选择监理或其他管理模式的政策措施。具有监理资质的工程咨询服务机构开展项目管理的工程项目，可不再委托监理。推动一批有能力的监理企业"做优做强"，实际上也明确了"项目管理"+"工程监理"的"管监一体化"的发展模式。集团向主管部门提出申请，一并承接大剧院的监理服务，后获得主管部门批复同意，以补充协议完善的形式，在之前的三项咨询服务的基础上又增加工程监理的服务，一共提供四项服务。

2015年，BIM技术的逐步兴起，集团这几年在BIM方面的技术发展也逐步趋于成熟，向业主提出项目新增BIM咨询服务，后经主管部门以会议记录形式，批复通过，并且在大剧院项目，以"BIM技术在项目全生命周期的运用"课题获得四川省科技支撑计划立项。

锦城艺术宫业主变更为使用单位，由四川省代建中心做为业主，锦城艺术宫、四川省代建中心、晨越建管签署三方协议，至此，四川大剧院项目从最早的项目管理总承包模式逐步演变为全过程工程咨询的模式。此项目在信息化管理方面也有一些管理创新点：

（1）四川省首个BIM技术应用试点项目。

（2）四川省数字化工地示范项目。

（3）"四川大剧院项目BIM技术在项目全生命周期的运用"获得四川省科技支撑计划立项。

四川大剧院项目在建设期间，呈现的管理难度为：

（1）设计管理内容多且复杂，管线综合系统近20个子系统。

（2）管理幅度宽、建设单位众多，且工期紧张。

（3）剧场专业性管理内容多，灯光、音响、舞台机械、声学系统；机电安装、弱电智能化。

（4）位于成都市的中心区域，文明施工要求高。

（5）该大剧院建设项目是中国首例大小剧场重叠设置的剧院，具有一定的专业挑战。

（6）四川大剧院项目工程质量标准为鲁班奖，质量管理要求高，前期需要一系列的获奖策划。

针对以上四川大剧院的项目的建设管理重难点分析，提出对结果负责的全过程工程咨询管理模式，核心是为项目决策、实施和运营持续提供解决方案，出于业主方对项目总控的需要，只有在全过程项目管理的主线下对多专业咨询进行协同，并提供整体解决方案，才能保障全过程工程咨询成果的有效性，这是由业主方对建筑产品的完整性和咨询服务的完备性要求所决定的，这对全过程工程咨询方也提出了更高的要求。

从业主方角度出发，提供剧院建设的全过程工程咨询方需要承担起项目总控的责任，需要为建设项目全过程提供系统、集成的多专业咨询服务，而不是仅承担阶段性或局部性的咨询工作。这次大剧院采用"对结果负责"的全过程工程咨询模式，具有丰富的内涵，根据业主方的需求，可以是对质量结果的负责，例如，项目获得"鲁班奖"；也可以是对总造价结果负责，例如，对业主确定的控制价进行目标管理，节约部分享受分成奖励，超出部分以咨询费为限进行赔偿；也可以是对项目合理工期控制的结果负责，例如，在合理工期规划时间内，顺利完成项目验收。"对结果负责"是以客户价值为导向的，以可量化满足客户需求为目标。

结果负责制下的全过程工程咨询总包模式（下称"咨询总包模式"），即以对结果负责为导向，以全过程项目管理为主线，集成包括项目策划、投融资咨询、招标代理、勘察设计、BIM咨询、造价咨询、工程监理、运维管理等多专业服务的咨询总包模式。在此模式下，全过程工程咨询方即项目总控方。其特征是以项目管理为主线的多专业咨询协同，其价值是对项目工期、成本、质量、安全的系统性总控，通过简化管理界面，明确总控责任，提升管理绩效，达到加快项目工期、节省项目投资、保障质量安全的目的。

咨询总包模式的结果导向、系统性和集成化服务特性，使咨询总包方成为业主方建设管理的得力助手，对于解决建设管理传统模式下业主方所遭遇的诸多痛点发挥了重要作用。

2.6.2 咨询总包模式下的全过程工程咨询工作内容

咨询总包模式下的全过程工程咨询可涵盖决策阶段、设计阶段、发承包阶段、实施阶段、竣工阶段、运营阶段等项目全生命周期，各阶段的主要工作内容包括：

（1）决策阶段通过了解项目利益相关方的需求，确定优质建设项目的目标，汇集优质建设项目评判标准。通过项目建议书、可行性研究报告、评估报告等形成建设项目的咨询成果，为设计阶段提供基础。

（2）设计阶段对决策阶段形成的研究成果进行深化和修正，将项目利益相关方的需求及优质建设项目目标转化成设计图纸、概预算报告等咨询成果，为发承包阶段选择承包人提供指导方向。

（3）发承包阶段结合决策、设计阶段的咨询成果，通过招标策划、合约规划、招标过程服务等咨询工作，对建设项目选择承包人的条件、资质、能力等指标进行策划，并形成招标文件、合同条款、工程量清单、招标控制价等咨询成果，为实施阶段顺利开展工程建设提供控制和管理依据。

（4）实施阶段根据发承包阶段形成的合同文件约定进行成本、质量、进度的控制；合同和信息的管理；全面组织、协调各参与方最终完成建设项目实体。在实施过程中，及时整理工程资料，为竣工阶段的验收、移交做准备。

（5）竣工阶段通过验收检验是否按照合同约定履约完成，并将验收合格的建设项目以及相关资料移交给运营人，为运营阶段提供保障。

（6）运营阶段对建设项目进行评价，评价其是否实现决策阶段设定的建设目标，并结合运营需要通过运维管理咨询、资产租售及融资咨询等手段为业主方实现项目的最大价值。尽管目前能够提供运维管理咨询服务的工程咨询企业尚少，但达成共识的是运维管理咨询将成为工程咨询企业可拓展的服务内容。

咨询总包模式下的全过程工程咨询工作不是固化的，其服务内容可根据业主方需求及自身能力灵活设置，但其服务应该是全程的，并以对具体结果负责为特征。此次四川大剧院项目的"以结果为导向全过程工程咨询"包含项目管理、造价咨询、工程监理、招标代理、BIM咨询专项服务。

2.6.3 咨询总包模式下的生产组织方式

咨询总包方根据自身组织特点，结合项目需要，可采用一个团队全程服务、部门协作两种生产组织方式。

（1）模式一：一个团队全程服务，即总咨询师牵头，一个团队负责到底。

咨询总包方内部可组建一个"全程服务团队"，选派业务能力全面的咨询工程师担任团队负责人——总咨询师，各专业咨询工程师分别承担相应的专业咨询工作，为业主方提供全过程咨询服务。这种方式对咨询方的人员素质及稳定性要求较高。

（2）模式二：部门协作，即项目管理部门牵头，各专业咨询部门分工协作。

咨询总包方确定由项目管理部门作为牵头部门，根据咨询总包服务内容，选择相关专业咨询部门参与全过程咨询工作。牵头部门根据全过程工程咨询业务开展情况及进度，以任务单的形式向各专业咨询部门下达生产任务，明确涉及部门、工作内容描述、工作要求、工作成果、时间节点等，并负责对各专业咨询部门进行考核和计量。各专业咨询部门（包括投资咨询、招标、勘察、设计、监理、造价咨询、BIM等）需在牵头部门的统一部署下进行工作，派遣项目人员，提交成果，达成工作目标。对于业主方允许分包的非核心工作，咨询总包方可择优选择专业机构合作，但咨询总包方应对相关咨询工作成果负责。

四川大剧院项目此次采用模式二：部门协作方式组织生产。

2.6.4 咨询总包模式下的咨询服务评价初探

咨询总包模式下的咨询服务既包括技术解决方案、咨询成果等专业技术服务内容，又包括客户沟通、内部协调、技术培训、失误补救等隐性服务内容。专业技术服务的优劣取决于企业人才的专业素质、能力水平、管理效能等方面，而隐性服务的优劣则更多取决于企业文化、员工服务理念、沟通技巧、协调能力等方面。专业技术服务与隐性服务相互联系、相互支撑，构成整体性的工程咨询服务，具体可从基础条件、交互能力、结果质量三个维度进行评价（图2-2）。

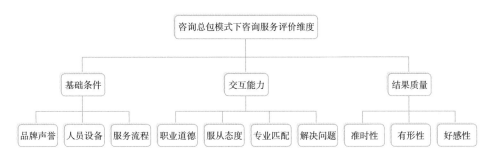

图2-2　咨询总包模式下咨询服务评价维度

　　咨询总包模式下咨询服务的绩效评价是业主方从选择服务企业到最终获得服务成果的全过程评价，需要根据业主方具体委托内容、技术成果标准、服务质量要求等设置相对应的测量项。

　　咨询总包模式对结果负责，以全过程项目管理集成管控多专业咨询为特征，充分体现了全过程工程咨询为业主提供全面、系统服务的特性，并与工程总承包模式形成制衡关系，在项目建设中发挥着项目总控方的作用，成为业主方不可或缺的得力助手。四川大剧院项目的全过程管理经验也充分验证了这一点。

第3章

剧院类项目投资控制

3.1 四川大剧院项目投资特点

3.1.1 项目投资概况

就一般项目而言，投资控制的重点都在于项目施工过程中的建安工程费的控制。与一般项目不同，剧院类项目结构复杂、空间跨度大、功能分区多、声学精装修要求极高。因此，剧院类项目的投资控制应该贯穿项目的整个实施阶段，尤其是在设计阶段，尽可能地为设计提供经济方面的优化建议，将投资控制的重点从施工阶段转移到设计阶段，从被动控制变为主动控制。

由四川省财政投资评审中心和四川省国家投资项目评审中心评审后，四川大剧院项目总投资8.678亿元，其中：工程建设费用4.3353亿元，工程建设其他费用4.0779亿元（含土地费），基本预备费2648万元。

资金来源分为三部分：第一部分为项目业主以转让现有地块的土地收益，7.2亿元；第二部分为业主自筹5302.37万元；第三部分为省财政内预算资金，解决资金缺口9477.29万元。项目业主单位作为事业单位，没有融资能力，也不能依靠银行贷款，仅能依靠工程节约以及项目交付后营业偿还。因此，对于资金的使用效率和使用时间有着严格的要求，务必控制在范围之内。

3.1.2 项目投资规模

四川大剧院规划用地面积11198.27m²，规划总建筑面积59000.41m²，地下4层（含夹层），地上6层，涉及大剧院观众厅演出用房、小剧院演出用房、副楼用房、物管用房、架空广场、电影院、多功能厅、人防工程、车库面积、设备用房等功能房间和公共区域，明细如表3–1所示。

四川大剧院建设内容及规模（m²）　　　　　　　　表 3-1

一、建设规划净用地面积	11198.27
二、规划总建筑面积	59000.41
（一）地上建筑面积	22383.80
1.剧院演出用房面积	4340.34
（1）大剧院观众厅面积	1743.22
（2）小剧院观众厅面积	1162.02
（3）大剧院舞台面积	1435.10
2.剧院配套用房面积	15633.47
（1）剧院入口门厅面积	1040.38
（2）剧院观众休息厅面积	5054.62
（3）大剧院主舞台配套用房面积	2791.91
（4）大剧院演员配套用房面积	5331.40
（5）小剧院演员配套用房面积	950.80
（6）大剧院演出接待室面积	464.36
3.副楼用房面积	1348.66
4.物管用房面积	120.59
5.公共厕所	60.48
6.底层架空广场	880.26
（二）地下建筑面积及层数	36616.61
1.电影院、多功能厅及配套面积	9845.67
2.物管用房面积	136.17
3.机动车库面积	15930.79
4.非机动车库面积	5329.10
5.设备机房面积	4750.41
6.人防口部面积	144.39
7.消防水池面积	480.08

3.1.3 投资控制内容

针对新建四川大剧院项目从前期的项目决策阶段到设计阶段、实施阶段、再到竣工结算阶段的造价咨询从以下几个方面进行全过程管理和控制，并提供有关造价咨询的咨询意见：

（1）投资估算的编制与审核；

（2）经济评价的审核；

（3）设计概算的审核；

（4）施工图预算的编制与审核；

（5）方案比选、限额设计、优化设计的造价咨询；

（6）建设项目合同管理；

（7）工程量清单与最高投标限价（即招标控制价）的编制或审核；

（8）工程计量支付的确定，审核工程款支付申请，提出资金使用计划建议；

（9）询价与核价；

（10）施工过程的工程变更、工程签证和工程索赔的处理；

（11）提出设计和施工方案的优化建议，以及各方案对应工程造价的编制与评比；

（12）竣工结算的审核；

（13）竣工决算的审核；

（14）建设项目后评价；

（15）工程造价指标信息咨询；

（16）其他工程造价咨询工作。

3.1.4 投资控制目标

四川大剧院作为一个公共建筑，涉及各个专业施工类别多，专业程度高，独特性较强，具有结构复杂、内容齐全、建设标准高、专业性强、设备设施多的特点，建设内容包括了综合办公、大剧场、小剧场，专业涉及建筑结构、基坑护壁降水、钢结构、幕墙、人防专项、抗震专项、剧院精装修、舞台机械、电梯工程、空调工程、高低压配电、外电工程、座椅工程、反声罩、舞台灯光、舞台音响、LED字幕等。概算指标在当时全国十一个剧院建筑项目中单方造价处于低位。合同子项多，资金把控严格，务必实现投资价值的最大化，将不突破投资控制作为投资控制首要目标，同时保证工程质量满足设计和规范要求，工期满足项目业主的使用节点要求。

在全过程造价控制中，按照分级严格控制原则，以下一级不能突破上一级的大原则进行过程中的控制，控制价不能超过概算价格、合同价不超过控制价，过程中严格审批设计变更、签证，尽可能减少变更签证的原则下进行。

3.2 投资控制管理

全过程工程咨询的投资控制服务时间贯穿项目始终，从项目准备阶段、项目实施阶段直至项目完成，各个阶段都涉及多项工作重点，具体如表3-2所示。

全过程造价控制各阶段主要工作内容 　　　　　　　　表3-2

工作阶段	工作内容
决策阶段	投资估算的编制与审核
	经济评价的审核
设计阶段	设计概算的审核
	优化设计的造价咨询
	施工图预算的编制与审核
发承包阶段	方案比选、限额设计、优化设计的造价咨询
	工程量清单与招标控制价的编制或审核
	清标
实施阶段	提出资金使用计划建议
	工程造价动态管理
	工程计量与工程款审核
	询价与核价
	变更、工程签证和工程索赔的处理
	建设项目合同管理
竣工阶段	竣工结算的审核
	竣工决算的审核
	缺陷责任期修复费用监控

3.2.1 组织管理

1. 组织架构

四川大剧院作为一种大型公共建筑，它的设计具有一定的复杂性和唯一性，在接受咨询委托前期，我们首先根据合同约定和项目特点，编制四川大剧院全过程造价咨询工作大纲，对该项目概况、全过程工程造价控制思路、组织结构、工作进度、风险管理、合同管理、信息管理、档案管理、质量管理等进行了安排，明确各个阶段的造价咨询服务内容、把控要点和难点以及应对措施。在人员安排上，针对项目特点，组织了经验较为丰富的人员组建四川大剧院项目组，并完成相关工作，安排人员和项目部成员职责如表3-3所示。

四川大剧院造价项目组人员名单及工作安排 表3-3

序号	姓名	性别	本项目拟人岗位	技术职称	职业资格	工作安排
部门分管领导						
1	唐某某	女	技术负责人	高级工程师	造价工程师	不定期到现场服务
项目部						
2	陈某某	女	项目经理	高级工程师	造价工程师	驻现场服务
3	孙某某	女	土建负责人	工程师	造价工程师	驻现场服务
4	邓某某	男	安装负责人	工程师	造价工程师	驻现场服务
5	周某某	女	安装专业	工程师	安装造价员	驻现场服务
6	李某某	男	土建专业	工程师	土建造价员	驻现场服务
7	陈某某	男	精装修专业	工程师	土建造价员	驻现场服务
8	龚某某	男	资料员	助理工程师	土建造价员	驻现场服务

（1）项目经理管理职责

负责项目的总协调和与各方重大问题的沟通，并负责项目部日常工作文件的审批工作；牵头完成项目招标控制价编制、变更签证的审批、配合招标部门完成招标文件的起草和审核、项目的结算审核、认质认价和材料询价工作、进度款的审核、协调和解决争议问题等一系列工作。

（2）现场土建负责人管理职责

完成项目专业范围内的招标控制价编制、变更签证的审核、项目的结算审核、认质认价和材料询价工作、进度款的审核、协调和解决土建相关专业的争议并对项目经理负责。

（3）安装专业负责人管理职责

完成项目专业范围内的招标控制价编制、变更签证的审核、项目的结算审核、认质认价和材料询价工作、进度款的审核、协调和解决安装相关专业的争议并对项目经理负责。

（4）专业造价师管理职责

负责项目具体审核事宜，完成工程量的计算、单价的复核、变更签证及索赔项目的复核，完成与承包单位的基础核对工作，对各自的专业负责人负责。

（5）资料员管理职责

收集和整理相关资料，接受和发放施工过程中相关资料并整理成册，同时协助项目组其他人员完成过程工作。

2.质量管理

针对四川大剧院全过程造价咨询业务特点，建立了完善的内部质量管理体系，对于重大事项由公司质控部进行质控复核。

（1）制定明确的工作流程和质量标准，并监督实施。

针对本项目的特殊性，全过程咨询单位专门设立了质量控制四级复核体系，对项目实施过程中出现的签证变更、认质认价等经济资料均按"工程师自检或交叉检查—项目经理二级复核—造价质量控制部三级复核—集团公司总工程师四级复核"的流程进行，对过程中资料的真实性、准确性、可靠性、完整性及必要性等进行全面复核后，方可出具报告。

（2）按四川大剧院的实际情况制订质量控制复核要点，开展质量复核把关工作。

根据《四川省省级代建项目建设资金管理、审批、支付和现场签证、工程变更管理办法》，1万元以上的签证及变更事项需事前审批。全过程咨询单位响应该管理办法，对所有的签证及变更事项，在现场实施前、实施过程中以及实施后，专业工程师均须对现场拍照及摄像取证，留下影像资料。对1万元以上的签证及变更事项，在事项审批前，由全咨单位组织各相关单位技术人员现场确定该签证、变更涉及的所有工程量，做到不重、不漏、真实、客观。

（3）对于实施过程中出现的重大技术问题，对疑难问题及专业上的分歧提出处理意见并最终解决。

为应对本项目在过程中可能出现的技术难题以及分歧，全咨公司以项目团队为核心，以质量控制部为主导，以集团总工程师为后盾。对于可能出现的重大技术问题及难题，要求项目现场的造价人员要具有前瞻性，即必须经常深入现场，对比分析图纸和现场实际情况，了解施工工艺和工序，尽量在问题发生前先发现问题。对于将要发生或者已经发生的，暂时无法解决或存在分歧的重大问题，由质量控制部带头，组织项目造价人员，对问题进行逐一梳理并提出解决问题的最终办法。

（4）定期对项目人员的专业知识、专业技能及质量管理等方面的进行培训，不断提高专业技能。

鉴于集团领导对四川大剧院建设项目的高度重视，本项目的所有咨询工程师，按职级进行工作汇报。驻现场造价人员，每周向项目经理汇报工作，项目经理每半个月向质量控制部汇报工作。集团公司每月月末组织召开专题会议，由造价质量控制部及集团总工程师对项目可能出现的各种问题进行培训。同时，公司还不定期地聘请外部专家到公司对各种案例进行讲解，并可以就项目问题向专家进行咨询。

（5）组织学习程序文件，及时修订管理手册和程序文件，及时发现体系的不合格项，并采取纠正与预防措施，保障质量体系的有效运行，如图3-1所示。

图3-1　管理信息系统截图

3.2.2　决策阶段投资控制

1.投资估算的编制

在项目前期，业主委托管理咨询单位完成了前期可行性研究报告，对可研报告中的投资部分进行了分析，编制依据主要包括：

（1）《四川省锦城艺术宫关于迁建锦城艺术宫的报告》（川锦艺〔2011〕13号）；

（2）四川省发展和改革委员会《四川省发展和改革委员会关于收B〔2010〕第2278号的回复》（川发改社会交办函〔2010〕700号）；

（3）四川省省直机关事务管理局在《四川省省直机关事务管理局关于四川省锦城艺术宫剧场迁建及其国有资产处置的意见》（川机管函〔2010〕574号）；

（4）四川省发展和改革委员会《关于同意四川省锦城艺术宫剧场迁建项目开展前期工作的函》（川发改社会函〔2011〕1175号）；

（5）《成都市国土资源局关于四川省锦城艺术宫意向用地意见函》（成国土咨询函〔2011〕122号）；

（6）《四川省省直机关事务管理局关于四川省锦城艺术宫国有资产处置的复函》（川机管函〔2011〕456号）；

（7）《四川省文化厅关于对四川省锦城艺术宫开展迁建项目前期工作的批复》（川文

办发〔2011〕129号）；

（8）《关于锦城艺术宫搬迁改造的协议》（2011年4月7日签订）；

（9）四川省文化厅《关于四川大剧院概念设计方案修改完善并完成社会公示的报告》（2012年7月20日）；

（10）《四川省人民政府办公厅办文通知》（〔2012〕1274-1号）；

（11）四川省锦城艺术宫与四川华睿川协管理咨询有限责任公司签订的工程咨询服务合同；

（12）项目业主单位提供的相关资料。

2.在对可研中的投资估算进行复核时，发现如下问题：

（1）BIM咨询费用在投资估算期间并未列支金额，但是由于政策的指向后期可能会增加支出该部分费用。

（2）红线外的水、电、气、光纤配套工程概算费用为600万，但其属于间隔购买费用，由于没有市场价格可以参考，该部分费用如果在市场控制之外，增加部分的开支应该在过程中随时关注，调整整体的投资控制金额。

主要经济技术指标如表3-4所示。

四川大剧院主要经济技术指标　　　　　　　　　　　　　　　表3-4

序号	项目名称	计量单位	数值	备注
一	总规划用地面积	m²	11198.27	
二	规划总建筑面积	m²	59000.41	
三	容积率		1.87	
四	建筑基底面积	m²	4083.44	
五	建筑密度	%	36.46	
六	机动车位	辆	389.00	
1	地上机动车位	辆	8.00	
2	地下机动车位	辆	381.00	
七	非机动车位	辆	1761.00	
八	项目总投资	万元	86779.66	
九	资金来源			
1	自有资金	万元	72000.00	原锦城艺术宫转让土地
2	业主自筹	万元	5302.37	
3	资金缺口	万元	9477.29	申请省政府协调解决
十	单位建筑面积投资额	元/m²	14708.40	含土地使用费

序号	项目名称	计量单位	数值	备注
十一	单位建筑面积投资额	元/m²	8682.55	不含土地使用费
十二	全年能耗折算标煤	t	611.00	

3.2.3 设计阶段的投资控制

经评审批准后的投资估算应作为编制设计概算的限额指标，投资估算中相关技术经济指标和主要消耗量指标应作为项目设计限额的重要依据。

1.设计概算的编制与审核

根据相关规定，设计单位在设计阶段根据初步设计文件和图纸、投资估算指标、概算定额或指标，编制初步设计概算，报相关部门核准，晨越造价咨询有限公司依据设计概算的编审规程，对设计单位编制的概算进行了审核，并协助业主建立成本目标体系，由于项目资金有部分为业主自筹，尽可能减少费用增加，经批准的投资概算如表3-5、表3-6所示。

四川大剧院投资概算（一）（工程建设费用）　　　　　表3-5

序号	工程费用及名称	合计（万元）	建设规模	单位	单位指标（元/单位）
一	工程建设费用	43353.65	59000.41	m²	7348.03
（一）	土建工程	16898.36	59000.41	m²	2864.11
1	地上土建	5423.96	22383.8	m²	2423.00
2	地下土建	8916.14	36616.61	m²	2435.00
3	护壁降水工程	2558.25	59000.41	m²	433.60
（二）	装饰工程	9215.59			
1	外墙装饰工程	1814.94	10083.00	m²	1800.00
2	车库、设备用房、广场	1048.73	26890.56	m²	390.00
3	屋盖面层	832.68	22383.80	m²	372.00
4	室内精装修工程	5519.24			
（三）	设备安装工程	9968.84	59000.41	m²	1689.62
1	给水排水工程	1491.98	59000.41	m²	252.88
2	强电工程	2779.55	59000.41	m²	471.11
3	弱电工程	2124.01	59000.41	m²	360.00
4	暖通工程	2823.30	59000.41	m²	478.52
5	电梯	400.00	10	台	400000.00

序号	工程费用及名称	合计（万元）	建设规模	单位	单位指标（元/单位）
6	自动扶梯	300.00	6	台	500000.00
7	室内燃气工程	50.00			
（四）	总平工程	707.66			
1	道路（含路沿石）	40.50	1500	m²	270.00
2	广场铺装（含市民广场）	193.50	4300	m²	450.00
3	地面生态停车位	0.83	75	m²	110.00
4	景观、绿化及景观灯工程	69.00	1150	m²	600.00
5	室外管网	180.00	2000	m	900.00
6	建筑泛光照明	223.84	22383.8	m²	100.00
（五）	剧场专用设备设施购置	6563.20			
1	大剧场	5075.20			
2	小剧场	1405.00			
3	剧场排练厅	83.00			

四川大剧院投资概算（二）（工程建设其他费）　　　　　　　　表3-6

序号	工程费用及名称	合计（万元）	建设规模（m²）	单位指标（元/单位）
二	工程建设其他费	40946.75		
1	建议书可研报告及评审费用	35.30		
2	建设项目报建费	510.35	59000.41	86.50
3	新型墙体材料专项资金	29.50	59000.41	5.00
4	散装水泥专项资金	5.90	59000.41	1.00
5	异地绿化建设费	17.70	59000.41	3.00
6	防空地下室建设费	354.00	59000.41	60.00
7	原人防工程接口建设费	80.00		
8	勘查费	40.00		
9	设计费	1330.93		
10	环境影响评价费	7.90		
11	节能评估费	2.90		
12	交通影响评价	8.80		
13	施工图审查费	10.62		
14	工程招标代理费	91.00		

序号	工程费用及名称	合计（万元）	建设规模（m²）	单位指标（元/单位）
15	工程监理费	671.94		
16	建设单位管理费	601.54		
17	建筑结构超限评审费	50.00		
18	工程量清单及控制价编制费	121.93		
19	结算审核费	159.00		
20	工程保险费	130.08		
21	消防验收费	11.80		
22	建筑防线测量费	0.52		
23	规划竣工验收费	0.52		
24	地形测量费	0.44		
25	土壤中氡浓度测量费	0.93		
26	防雷前期评估费	0.15		
27	防雷竣工验收费	4.72		
28	场地准备及临时设施费	206.42		
29	红线外水、电、气、通信光纤配套	600.00		
30	BIM技术咨询服务费	168.00		
31	高可靠性供电费	141.60		
32	土地使用费	34500.00		
33	土地交易契税	1052.25		

2. 优化设计的造价咨询

四川大剧院与国内其他剧院投资相比，以每座位投资金额为对比指标，投资金额处于较低水平，既要满足使用单位的使用需求，也要在投资方面得到很好的控制，务必在设计阶段就对设计方案进行技术和经济相结合的充分对比，不断优化设计方案，选择最优设计方案，投资控制工作前置，在优化设计阶段，将设计和造价充分结合，提出的优化设计建议应切实可行，并得到建设单位、设计单位的认可，投资估算与国内其他剧院投资做对标（表3-7）。

3. 施工图预算的编制与审核

在编制施工图预算时，应根据已批准的建设项目设计概算的编制范围、工程内容、确定的标准进行编制，将施工图预算值控制在已批准的设计概算范围内，与设计概算存在偏差时，应在施工图预算书中予以说明，需调整概算的应告知委托人并报原审批

四川大剧院与国内其他剧院投资对比表 表3-7

序号	项目名称	投资（亿元）	总座位	观众座位数（座）构成	每座位投资（万元/座）	建成年份（年）
1	重庆大剧院	16.0	3080	大剧院1850座，中剧院930座，音乐厅300座	51.9	2009
2	武汉琴台大剧院	15.7	2216	歌剧院1800座，多功能厅41座	70.8	2007
3	上海大剧院	12.0	2850	大剧院1800座，中剧院750座，多功能厅300座	42.1	1998
4	上海东方艺术中心	10.8	3430	音乐剧2000座，歌剧厅1100座，演奏厅330座	31.5	2004
5	杭州大剧院	9.5	2600	大剧院1600座，音乐厅600座，多功能厅400座	36.5	2005
6	合肥文化艺术中心	7.0	3100	大剧院1600座，音乐厅1000座，多功能厅500座	22.6	2006
7	东莞玉兰大剧院	6.2	1900	大剧院1600座，小剧院400座	31.0	2005
8	宁波大剧院	6.2	2300	大剧院1500座，多功能厅800座	27.0	2004
9	常州大剧院	4.6	1850	大剧院1500座，多功能厅350座	24.9	2009
10	福建大剧院	3.6	2325	歌舞剧1352座，多功能厅473座，电影厅500座	15.5	2007
11	四川大剧院	5.1	2851	大剧场1601座，小剧场450座，电影院800座	17.9	2016

部门核准。

施工图预算的编制依据、编制方法、成果文件的格式和质量要求应符合现行的中国建设工程造价管理协会标准《建设项目施工图预算编审规程》CECA/GC5的要求。依据工程造价管理机构发布的计价依据及有关资料，运用全面审核法、标准审核法、分组计算审核法、对比审核法、筛选审核法、重点审核法、分解对比审核法等方法，审核施工图预算的编制依据、编制方法、编制内容及各项费用，并向委托人提供审核意见与建议。

作为全过程工程咨询单位应提供施工图预算编制或审核报告，将施工图预算与对应的设计概算的分项费用进行比较和分析，并应根据工程项目特点与预算项目，计算和分析整个建设项目、各单项工程和单位工程的主要技术经济指标。

4.对施工主要材料或设备的品牌要求

主要材料和设备价格作为工程建设费用的重要组成内容，档次的高低在很大程度上影响着最终的投资金额，作为一个综合建筑体，设计所涉及的材料和设备类型、品种更加繁杂，在前期就应对品牌范围内的材料和设备进行大量的询价工作具体如表3-8所示。

四川大剧院主要材料设备品牌选用表（总承包合同）　表3-8

序号	材料名称	品牌（厂家、产地）	备注
1	水泥	×××	或同等档次
2	商品混凝土	×××	或同等档次
3	预拌砂浆	×××	或同等档次
4	钢筋、钢材	×××	或同等档次
5	铝板（单板或蜂窝板）	×××	或同等档次
6	铝合金型材	×××	或同等档次
7	室内墙地砖	×××	或同等档次
8	乳胶漆底漆、面漆	×××	或同等档次
9	无机涂料	×××	或同等档次
10	钢质防火门	×××	或同等档次
11	防火卷帘门	×××	或同等档次
12	木质防火门	×××	或同等档次
13	玻璃	×××	或同等档次
14	耐候胶、密封胶、玻璃胶、结构胶	×××	或同等档次
15	幕墙背栓	×××	或同等档次
16	幕墙五金件	×××	或同等档次
17	防水材料（卷材/涂膜）	×××	或同等档次
18	发电机组	×××	或同等档次
19	电缆、电线	×××	或同等档次
20	配电箱、柜	×××	或同等档次
21	桥架	×××	或同等档次
22	开关元器件	×××	或同等档次
23	薄壁不锈钢管及管件	×××	或同等档次
24	水泵	×××	或同等档次
25	消火栓、灭火器、灭火柜	×××	或同等档次

序号	材料名称	品牌（厂家、产地）	备注
26	电梯	×　×　×	或同等档次
27	照明灯具及光源	×　×　×	或同等档次
28	阀门	×　×　×	或同等档次
29	加压变频供水设备	×　×　×	或同等档次
30	不锈钢生活水箱	×　×　×	或同等档次
31	冷却塔	×　×　×	或同等档次
32	单螺杆式电制冷水机组	×　×　×	或同等档次
33	间接式真空燃气热水机组	×　×　×	或同等档次
34	水环式多联机室内机	×　×　×	或同等档次
35	卧式安装风机盘管（带风箱）	×　×　×	或同等档次
36	整体式水环热泵新风机组	×　×　×	或同等档次
37	整体式水环热泵新空调机组	×　×　×	或同等档次
38	组合式空调机组	×　×　×	或同等档次
39	平衡阀、电动阀、电动双位阀	×　×　×	或同等档次
40	消毒净化器	×　×　×	或同等档次
41	风机	×　×　×	或同等档次
42	真空脱气机、多功能电子除垢器	×　×　×	或同等档次
43	风口、风阀、防火阀	×　×　×	或同等档次
44	火灾自动报警系统、消防广播系统	×　×　×	或同等档次
45	酚醛复合风管	×　×　×	或同等档次
46	泛光照明	×　×　×	或同等档次
47	防火涂料	×　×　×	或同等档次
48	降噪设备材料	×　×　×	或同等档次
49	门禁控制系统	×　×　×	或同等档次
50	监控系统	×　×　×	或同等档次
51	报警系统	×　×　×	或同等档次
52	巡更系统	×　×　×	或同等档次
53	网络系统	×　×　×	或同等档次
54	液晶显示屏	×　×　×	或同等档次
55	综合布线系统	×　×　×	或同等档次
56	网络系统	×　×　×	或同等档次

序号	材料名称	品牌（厂家、产地）	备注
57	楼控系统	×××	或同等档次
58	灯控系统	×××	或同等档次
59	能源监控	×××	或同等档次
60	电脑、服务器	×××	或同等档次
61	UPS后备电源	×××	或同等档次
62	抗震支吊架	×××	或同等档次

3.2.4 发承包阶段的投资控制

1.工程量清单和招标控制价的编制与审核

四川大剧院作为全部使用国有资金投资的建设项目，采用了工程量清单计价和行业相关规程规定。在编制控制价阶段主要依据以下资料作为编制依据。

（1）《建设工程工程量清单计价规范》GB 50500—2013、《房屋建筑与装饰工程工程量计算规范》GB 50854—2013、《通用安装工程工程量计算规范》GB 50856—2013等共9本及相应宣贯辅导教材、2015年《四川省建设工程工程量清单计价定额》及其配套相关文件。

（2）依据四川大剧院建设工程设计施工图。

（3）现行有关的规范、标准、技术资料。

（4）其他相关配套文件。

作为全过程工程咨询单位，在招标控制价编制过程中，根据专业工程经验，对容易引起争议的地方进行了明确的约定，避免后期出现争议，以总承包单位为例，补充以下清单说明（表3-9）。

四川大剧院招标清单说明条款（节选）   表3-9

序号	条款内容
1	工程量清单中分部分项的报价均应包含为实施和完成该项所有工作内容（工程量清单中对工程项目的特征只作重点描述，详细描述见施工图设计）即除措施项目费用、规费和税金以外所需的人工、材料、机械、按设计规定和验收规范要求施工单位应进行的测试、试验费用，缺陷修复、管理、各类保险（工程一切险和第三方责任险等）、利润、甲供材料采管及场内运输、材料现场抽样（包括甲供材料）、要求专家组做技术服务等全部费用，以及合同及图纸明示和暗示的所有责任、义务和风险（除不可抗力及罕见的气候和地质条件）。如果出现清单内的项目特征描述与设计图纸不一致时，以设计图纸为准进行报价。所有为实施完成本项目清单的辅助工作、辅助材料（包含搭接、切割、焊接、损耗等）均应摊销在综合单价内，由投标人自行报价，不得另行办理签证和计量

续表

序号	条款内容
2	凡设计要求在混凝土中添加有其他物质（如掺入聚丙烯纤维、抗裂膨胀剂等），而成都市《工程造价信息》中的商品混凝土无相应材料单价者，投标人在报价时应将添加的物质单独列材料细目进行报价，不得将其价格含在商品混凝土内。否则，此部分材料的费用将视为已包括在工程量清单的其他项目综合单价或投标报价中，商品混凝土调价仍执行招标文件中合同专用条款相关规定（应对掺入的材料扣除后再进行调价）
3	构造柱、墙体拉接筋、现浇圈梁、现浇过梁、配筋带连接处、装饰后浇筑等一切与主体结构相连的钢筋，投标人无论采用植筋、预留或预理等方式，其发生的费用投标人应在相应项目的报价中考虑，招标人不再对上述施工方法签证
4	本工程模板的使用应满足设计及规范要求，投标人应根据该工程特点（大跨度、超高、质量等级要求等），自行考虑模板的相关工艺、类型、规格等，并计入模板的相关综合单价（需要专家论证的由投标人负责组织论证，相关费用由投标人承担），施工中按照论证后的方案实施，结算时不因任何原因调整模板的综合单价或增加相关费用
5	幕墙石材所增加的打孔、刻纹、刻字、切割、短槽加工、磨边等相关加工费应包括在综合单价内，对于超大尺寸、超厚石材，投标人应充分考虑其消耗量问题、损坏问题、安装过程中因过大、过重的吊装或垂直运输问题和多次搬运问题等增加的费用，均应计入综合单价内，不再单独计取
6	幕墙石材由于重量、厚度等超过常规情况，投标人需根据设计及规范要求，严格执行且满足石材幕墙背栓、连接件、埋件等的质量等级，不得出现安全隐患
7	总包门窗工程、装饰工程、安装工程的收边、收口、封堵填实、打胶等相关工作内容，无论施工图及清单是否提出，投标人均应按验收使用的需要及自身的施工经验，进行必要的收边、收口、封堵填实、打胶等，投标人应将可能发生的费用自行充分考虑在报价中，中标后不得调整，也不另行签证
8	投标人在报价中应充分考虑完成本工程所需的地面破除及恢复、墙面开槽及恢复、封堵孔洞的费用并计入相关工作项目的综合单价中，中标后，招标人不再另行支付此项费用
9	投标人报价时应允分考虑无论何种原因给水排水管道、电气管道、空调管道及箱体等暗设于墙体、楼板内，管道暗设的留洞、打洞、开槽、打槽、留槽等工作以及洞口、管槽的二次或多次封堵、抹灰、面漆恢复等措施费用并包含在报价中，中标后不得调整，也不得另行签证
10	本工程的管线（包括电缆桥架等）穿楼板、墙体、管井等一切需要作防火封堵的部位，中标人必须按照规范、标准和消防要求用合格的防火堵料封堵，相关费用包含在报价中，招标人不再额外支付
11	电梯防冲击安全防护由电梯厂家一并制作安装，投标人应计入相应综合单价内，不再单独计取。扶手电梯施工完后与地面之间的缝隙用硅胶等设计要求材料填满，投标人应将此费用计入相应综合单价内，不再单独列项计取
12	设计图总说明与详图的做法、工艺有冲突时，按较高标准考虑执行
13	招标清单（不限于清单说明）与招标文件不一致时，请投标人在招标答疑期间提出，若投标人未提出或未及时提出，结算时以不利于投标人方式进行处理

序号	条款内容
14	投标人应仔细阅读施工设计图及相关配套文件,如施工图与清单不一致时以施工图为准进行报价。且对不一致或者漏项的情况,投标人应在招标答疑期间提出,若投标人未提出或未及时提出,则视为按图施工进行报价,其费用已包含在相应或其他项目的投标报价中,不再调整或增加

2.招标文件中涉及投资控制的条款审核

合同作为项目最重要的文件之一,尽可能严密约定,避免后期产生争议,在专用条款中,参考过往项目,针对容易出现争议和理解有分歧的条款应进行明确说明,以总包单位为例,增加如表3-10所示条款。

四川大剧院主要补充条款 表3-10

序号	条款内容
1	竣工验收前承包人负责清理现场,并承担其费用。否则由发包人派人清理,其费用从承包人履约保证金中支付
2	本工程项目施工及移交前,承包人应负责临时用电(含变压器)的维护、保养及水电费用的支付,其相关费用均包含在报价中
3	在合同通用条款、合同专用条款或补充条款、补充协议中有关于逾期不核实、不审核、不批准、不回复、不提出异议、不提出意见或不确认视为认可或接受的约定
4	发包人、承包人、监理人及其他人员(如成本工程师、专业工程师)行使职权时发出的书面文件必须是本人的签字,只有项目章而没有本人签字的,该文件对发包人、承包人不发生任何效力
5	承包人应保证提供设备、材料,满足设计、施工以及工程质量规范、要求、相关检测标准,以及省、市有关材料选用规定,应积极配合发包人对材料供应方进行考察;发包人在施工过程中享有按照相关法律、法规调整工程量清单有关项目供应方式的权力,可以按照相关法律、法规对承包人有关清单项目所报设备、材料的品牌、厂家作出调整、更换,所有的调整、更换仅对材料、设备单价相应费用作调整,人工、机械、管理、利润等费用不作调整
6	合同履行过程中,承包人向发包人、总监理工程师、发包人代表等主体提交的任何待核实、审核、批准、回复、确认的申请、通知、报告、要求、资料等,只有在同时满足下列两个条件时,才视为该等主体的认可或接受。否则,不能视为该等主体的认可或接受,即使有部门规章、地方法规、地方规章中有视为认可或接受之规定
7	除非发包人代表在承包人发出的联系函或其他报告、文件上签署明确意见,否则,发包人代表签名或其他人签名(即使其签署意见)仅表示发包人对该份文件的签收,不能作为发包人意见或结算依据

3.清标

对于投标报价的清标工作可以采用初步分析或详细分析两种方式进行,其中对于采用工程量清单计价的商务标初步分析和详细分析内容如下:

1）初步分析应包括下列内容：

（1）投标文件有电子文件的，应先检查电子文件与书面文件是否一致，如不一致应根据招标文件的相关规定进行分析；

（2）将中标候选人的投标报价从低到高依次排序；

（3）检查投标文件是否按招标文件提供的工程量清单，包括暂估价、暂列金额等填报价格；

（4）校核各投标报价，列明各投标报价存在的算术错误，判断其偏差性质；

（5）检查投标报价的完整性，列明存在的错项、漏项、缺项；

（6）依据招标文件的相关规定对重大偏差事项进行核查。

2）详细分析应包括下列内容：

（1）在投标报价从低到高依次排序的基础上，由总报价依次向单位工程，分部分项工程报价项目展开对比分析；

（2）分析报价中的人工工日单价、主要材料设备单价、机械台班单价、消耗量、管理费或综合费率、利润率的合理性；

（3）分析分部分项工程量清单综合单价组成的合理性，判断并列出非合理报价和严重不平衡报价；

（4）对于措施项目清单报价可按其合价或主要单项费用分析合理性与完整性；

（5）分析总承包服务费报价、计日工等组价的合理性；

（6）分析并检查规费项目清单的完整性；

（7）分析优惠让利或备选报价；

（8）分析投标人自拟商务条款。

做完以上分析向委托人出具清标报告，仅供委托人和评标专家评标时参考。

3.2.5 实施阶段的投资控制

1.项目资金使用计划的编制

四川大剧院建设项目以半年度为单位上报资金计划，其中编制建安工程费用资金使用计划是依据施工合同和批准的施工组织设计，并与计划工期和工程款的支付周期及支付节点、竣工结算款支付节点相符（表3-11）。

在施工过程中根据项目标段的变化、施工组织设计的调整、建设单位资金状况适时调整项目资金使用计划。由粗到细、由近期及远期、逐期调整的原则编制项目资金使用计划，对于经批准的概算或目标成本占比较大的发承包合同，当合同金额与目标成本发生较大偏差时，实时调整资金使用计划，从整个项目投资的角度调整分配比例。

四川大剧院上半年资金计划表　　　　　　表3-11

序号	项目名称	估算审核（万元）	合同金额（万元）	2016年7月—2016年12月					
				7月	8月	9月	10月	11月	12月
	项目总投资，其中：	86779.65	77685.19						
一	工程建设费用	43353.21	37113.62						
1	总承包工程	28112.51	26170.67						
2	基坑	2558.26	3244.23						
3	舞台机械	3400.00	2130.73						
4	精装修	5619.24	5568.00						
5	高低压配电、外电工程	600.00	—						
6	座椅、舞台声反射罩	615.20	—						
7	舞台灯光音响	2448.00	—						
二	工程建设其他费用	40778.74	40281.94						
1	建议书可研报告及评审费	35.30	36.20						
2	建设项目报建费	510.35	1086.79						
3	新型墙体材料专项资金	29.50	47.20						
4	散装水泥专项资金	5.90	—						
5	异地绿化建设费	17.70	—						
6	防空地下室建设费	354.00	354.00						
7	原人防工程接口建设费	80.00	80.00						
8	勘察费	40.00	24.00						
9	设计费	1330.93	1108.00						
10	环境影响评价费	7.90	6.94						
11	节能评估费	2.90	—						
12	交通影响评价费	8.80	10.03						
13	施工图审查费	10.62	10.62						
14	竣工图编制费	—	—						
15	工程招标代理费	91.00	5.61						
16	……	……	……						
17	合计								

2. 工程计量与工程款审核

四川大剧院建设费用共签订了7个合同，包括施工类合同和采购类合同，其中施工类合同进度款以月为单位进行进度款审核，采购类合同以完成工作节点支付进度款。不论何种形式，每期进度款在审核工程计量报告与合同价款后，出具《工程计量与支付表》《工程预付款支付申请核准表》及《工程进度款支付申请核准表》建立工程款支付台账，编制《合同价与费用支付情况表（建安工程）》工程款支付台账应按施工合同分类建立，其内容应包括：当前累计已付工程款金额、当前累计已付工程款比例、未付工程合同价余额、未付工程合同价比例、预计剩余工程用款金额、预计工程总用款与合同价的差值、产生较大或重大偏差的原因分析等，汇总形成支付节点要求表（表3-12）。

四川大剧院项目建设项目合同主要支付节点要求　　　　　　　　表3-12

合同名称	主要支付节点要求
基坑施工合同	施工单位进场支付合同价（扣除安全文明施工费、暂列金）的10%预付款（在后期工程款支付中分三次扣回），安全文明施工费按基本费的70%预付。进度款按月支付，每月支付实际完成工程产值的80%，其中设计变更部分支付50%，降水工作完成、总包土方回填完成，并经主管部门审计后三个月以内，扣除5%的质保金，支付至工程结算价款的95%；审计完成且质保期到期后三个月内退还质保金的100%（无息）。进度款审核和支付均按代建流程和办法实施，中标人不得因此提出异议
大剧院总承包施工合同	竣工验收前按月进度支付，竣工验收合格后支付一次，审计结束后支付一次，获得鲁班奖后支付一次，缺陷责任期满支付一次。进度款按月支付，每月按发包人批准的月实际完成合同内合格工作量的75%支付；完成正负零按发包人批准的实际完成合同内合格工作量的付至80%，完成主体结构按发包人批准的实际完成合同内合格工作量的付至80%；工程竣工验收合格后三个月以内支付至合同价款（扣除暂列金、专业工程暂估价、安全文明施工费）的85%；工程竣工结算完成审核并经发包人确认后三个月以内，扣除工程结算价款5%的质保金，支付至工程结算价款的93%；工程结算价款的2%作为未获得鲁班奖的违约金，鲁班奖评审通过后一个月以内支付
声学装修和精装修工程合同	（1）承包人提交全套施工图纸和精装修工程所有设计文件并经发包人、施工图审查机构审核、行政主管部门审批通过，且清单预算经有关部门审核后，承包人向发包人申请经确认后30天内，发包人支付至合同总价中的设计费的70%。（2）完成工程竣工验收后，承包人向发包人申请经确认后30天内，发包人支付至合同总价中的设计费的95%，扣除考核处罚金额（如有）后进行支付。（3）工程竣工验收结算审计完成，且工程竣工验收合格满二年承包人向发包人申请经确认后30天内，发包人支付至合同总价中的设计费的100%，扣除考核处罚金额（如有）后进行支付
四川大剧院舞台机械工程合同	按照工作节点分5次付款，分别支付比例为预付款30%、设备进场验收合格30%、安装完成验收合格25%、审计完成后5%、质保期满后5%
大剧院10kV变配电新建工程施工合同	（1）签订施工合同后15个工作日内，甲方按照代建流程申请付款，向施工单位支付至施工合同金额的30%；（2）工程主要材料、设备安装完成后，甲方按照代建流程申请付款，向施工单位支付至施工合同金额的80%；（3）工程竣工验收合格，且乙方报送竣工结算报告后14个工作日内，甲方按照代建流程申请付款付至施工合同金额的85%；（4）剩余尾款待工程完成政府竣工结算并取得政府审计报告后，甲方按照代建流程申请付款15个工作日至95%，高、低配电柜、变压器设备及配套保质期两年后，60个工作日内甲方按照代建流程申请付款，支付至100%

合同名称	主要支付节点要求
四川大剧院剧场相关设备采购及安装合同	按照工作节点分5次付款，分别支付比例为合同签订且递交预付款保函后支付30%、安装完成验收合格后支付55%、审计完成后10%、质保期满且获得"鲁班奖"后支付5%
灯光音响安装工程施工合同	预付款支付一次，竣工验收合格后支付一次（支付至合同金额85%），审计结束后支付一次（支付至结算审计金额95%），缺陷责任期（质保期）满后支付一次（支付至结算审计金额100%）

作为全过程工程咨询项目，建设单位支出所有工程费用，不论是工程建设费用还是工程建设其他费用，都须建立四川大剧院项目资金支付台账，以合同为单位进行汇总。每一份合同审核过程中都应对该份合同的本期支付金额、截至上期已累计支付金额、当前截止至本期已累计支付金额、截至本期累计支付至合同金额百分比等数据进行上报，如果超过合同金额，对超过原因进行说明，并且在过程中从其他费用中调节使用，如表3-13所示。

工程费用表　　　　　　　　　　　　　　表3-13

编号	工程和费用名称	投资支付控制情况			
		批准概算	合同金额	实际完成	实际支付
一	建设工程费用	34052.77	36894.90	13661.30	13661.30
（一）	建筑安装工程	30652.77	34764.17	13022.08	13022.08
1.1	护壁降水工程	2558.26	3244.23	2214.65	2214.65
1.2	施工总承包	28094.51	26170.67	10274.25	10274.25
1.3	精装修		5349.28	533.17	533.17
（二）	设备购置费	3400.00	2130.73	639.22	639.22
2.1	舞台机械	3400.00	2130.73	639.22	639.22
2.2	高低压配电外电				
2.3	座椅、声反射罩				
2.4	舞台灯光音响				
二	建设工程其他费用	40337.72	38872.23	38369.70	38369.70
（一）	征地费用	35552.25	35552.25	35552.25	35552.25
1	土地使用费	34500.00	34500.00	34500.00	34500.00
2	土地交易税	1052.25	1052.25	1052.25	1052.25
（二）	全过程咨询费	1645.41	1645.41	1645.41	1645.41

续表

编号	工程和费用名称	投资支付控制情况			
		批准概算	合同金额	实际完成	实际支付
（三）	建设项目咨询费	47.00	88.91	88.91	88.91
1	可研评估费		5.00	5.00	5.00
2	可研编制费	35.30	51.57	51.57	51.57
3	节能评审费	2.90	2.90	2.90	2.90
4	节能评估费		19.50	19.50	19.50
5	初设咨询费				
6	……	……	……	……	……
三	合计				

3.询价与核价

四川大剧院建设项目声学装修及精装修工程在前期仅出具了概念图，后期施工过程中需要由施工单位自行深化设计、采购、施工，没有设计图纸，对于招标工程量清单的编制是一个很大的挑战，不仅要满足业主的使用要求，对施工单位作出合理的约束，也要使得控制价在符合市场实际成本和概算范围内。在清单编制期间，将业主的需求方案和同类型建设项目常规做法进行了充分的考虑和结合，按照大剧院、小剧院、休息厅、公共区域、内部房间、电梯间等分类对四川大剧院进行了划分，然后根据每个区域或者房间，分别对地面、墙面、踢脚线、顶棚进行了需求描述和最低要求的做法描述。四川大剧院作为一个承担演出任务的公共建筑，对声学有非常严格的要求，除了常规的审美要求和施工要求，观演厅内的所有内表面材料，包括池座地板、楼座底板、舞台地板、乐池地板、两侧墙面、后墙面、乐池墙面、楼座护板、楼座底面、顶棚面、舞台口框架表面、舞台墙面等，材料都必须满足声学要求，故而精装修项目涉及很多专业材料。

在招标控制价和工程量清单的编制过程中，进行了大量的市场走访，将可能用到的主要材料均进行了详细的材质分析和询价记录，形成了材料价格市场询价报告，提前与专业顾问单位和声学顾问单位对选定材料的规格、档次、型号进行了确认，清单如表3-14所示。

四川大剧院建设项目声学装修及精装修工程设计施工工程量清单计价表　表3-14

序号	项目名称	项目特征	单位	工程量	综合单价（元）
1	室外门厅（1F）		间	1	87,209
2	地面铺装	（1）结合层：不小于30mm厚干硬性水泥砂浆结合层（自行考虑是否列入找平层，其费用计入综合单价内，不再单独计取） （2）面层材质、形态、厚度、规格：25mm厚1200mm×1200mm花岗石或大理石 （3）颜色、光泽度、色号：最终颜色、是否抛光等由内装公司深化设计及放样后由各方确认，并综合考虑其费用 （4）拼花要求：拼花样式由设计综合考虑，并满足使用单位要求 （5）进口、国产要求：中高档 （6）面层处理：石材进行六面防护处理；表面晶面处理 （7）勾缝：满足要求 （8）其他：满足设计、规范及使用要求	m²	23	712
3	踢脚线	（1）基层做法及厚度：基层清理 （2）固定方式：满足设计要求 （3）面层材质、形态、厚度、规格：304不锈钢本色踢脚线，壁厚不小于1.2mm厚，高度不小于80mm；或石材踢脚线，高度不小于150mm （4）颜色、光泽度、色号：最终颜色由内装公司深化设计及放样后由各方确认 （5）进口、国产要求：中高档 （6）勾缝：满足要求 （7）其他：满足设计、规范及使用要求	m	10	76
4	墙面	（1）基层做法及厚度：基层清理 （2）挂贴方式：干挂 （3）龙骨要求：铝合金龙骨，龙骨规格型号间距等根据具体部位装饰面层材料的大小、重量等要素综合考虑，需进行防火处理，综合考虑后置埋件，挂件满足荷载在及安全要求 （4）面层材质、形态、厚度、规格：不小于15mm厚800mm×800mm大理石或不小于25mm厚800mm×800mm花岗石，必要时石材背面需增加背板或加厚处理，以保证石材安装的安全性、稳定性、平整度等，费用需综合考虑 （5）颜色、光泽度、色号：最终颜色、是否抛光等由内装公司深化设计及放样后由各方确认，并综合考虑其费用	m²	105	636

续表

序号	项目名称	项目特征	单位	工程量	综合单价（元）
4	墙面	（6）拼花要求：拼花样式由设计综合考虑，并满足使用单位要求 （7）进口、国产要求：中高档 （8）面层处理：石材进行六面防护处理；表面晶面处理 （9）其他：满足设计、规范及使用要求			
5	顶棚	（1）基层做法及厚度：钢筋混凝土结构层，基层清理 （2）面层材质、形态、厚度、规格：石膏板，厚度不小于12mm厚，吊杆（支架）综合考虑 （3）油漆类型、遍数：腻子两遍；环保型乳胶漆（不少于一底两面，并达到使用要求） （4）颜色、光泽度：最终颜色由内装公司深化设计及放样后由各方确认 （5）拼花、造型要求：拼花样式、造型、跌级等要求综合考虑，须配合安装专业及使用单位要求 （6）进口、国产要求：中高档 （7）其他：满足设计、规范及使用要求	m²	23	128

4. 工程变更、工程索赔和工程签证审核

四川大剧院的变更签证按照"事前审批，事后签证"的原则进行，签证事前申请→签证事前审批→签证事项实施→实施单位提出签证申请→设计单位审核→全咨单位的监理、造价、项目管理审核→代建中心审批→代建办审批的流程进行对变更、签证的总体把控，建立变更签证台账。

工程变更，向来是施工过程中一个耗费精力最多，争议最大的环节，四川大剧院建设项目在施工过程中，施工单位发出费用申请286份，要求增加费用。其中，以精装修和声学装修施工工程为例，大剧场原方案墙面面层做法为面层使用不低于50mmGRG墙面，表面刷氟碳漆，根据需要增加刮腻子，油漆遍数不少于两底一面。在施工过程中，按照50mmGRG墙面进行声学模拟测试完成之后，发现声学指标有些许偏差，经调整后，要求将墙面做成凹凸状，厚度起伏为50mm、70mm，调整之后，声学指标满足相关要求，其余做法不调整，针对这一变更，施工单位提出增加费用281万元，在审核过程中，我们对招标文件和清单控制说明进行查阅，文件中明确约定项目特征与实际的做法、工艺有冲突时，按较高标准考虑执行。投标人在投标报价时，应充分结合四川大剧院室内概念方案设计［方案四］、四川大剧院精装修及声学工程量清单、精装修及声学工程相关图纸，技术标准和要求的所有工作内容综合考虑报价，当方案设计做法、工程量清单做法、工程量相关图纸做法、技术标准和要求存在不一致的情况时，内装单位需在深化设计中提出优化方案，最终以使用单位确认为准，使用单位有权选择以上任何一种做法，相关费用不作调整。变更是指在设计或者施工过程中，四川大剧院室内概念方案设计［方案四］、四川大剧院精装修及声学工程量清单、精装修及声学工程相关图纸、技术标准和要求均不包含的工作内容（只要四者满足其中一个或一个以上均不视为变更），视为相关费用投标人已在投标报价中综合考虑。综合以上约定，该变更签证不成立，调整后的装修方案费用已包括在原合同单价中。在招标文件编制阶段，投资控制参与合同编制，对可能出现的争议环节做预设，充分展示了全过程工程咨询服务模式的优势。

在工程变更和工程签证的审核中应遵循以下原则：

（1）工程变更和工程签证的必要性和合理性；

（2）工程变更和工程签证方案的合法性、合规性、有效性、可行性和经济性。范例如表3-15所示。

四川大剧院建设项目变更台账 表3-15

施工单位：××建筑工程公司

序号	变更内容	依据	工期影响	申请金额（元）	审核金额（元）	审批时间
1	临时用电拆除原终端杆及杆上设备金具，新增电缆20m	技术、经济签证核定单	否	39485.17	37429.83	2017.12.27
2	本工程在挖至设计标高后，经钎探发现基础下方为软弱层（砂层），无法满足地基承载力要求，经各单位协商后，由施工单位提出技术核定，将软弱层范围6区16轴-17轴交Q轴-N轴条基处采用C15混凝土将原槽换填，该区域内超深挖方量为49.02m³，余方弃置量为49.02m³,C15混凝土换方量为49.02m³	技术核定单：CDJG-SCDJY-JSHDD-TI003,现场收方单	否	22235.00	22191.24	2018.4.18
3	本工程在挖至设计标高后，经钎探发现基础下方为软弱层（砂层），无法满足地基承载力要求，经各单位协商后，由施工单位提出技术核定，将软弱层范围3区P轴交2轴-4轴处采用C15混凝土将原槽换填	技术核定单：CDJG-SCDJY-JSHDD-TI003,现场收方单	否	23387.00	23341.05	2018.4.18
4	修改设计通知单（修改局部梁配筋）S-CN001k	修改设计通知单S-CN001k	否	6896.19	5820.06	2018.4.26

续表

序号	变更内容	依据	工期影响	申请金额（元）	审核金额（元）	审批时间
5	修改设计通知单（修改局部梁配筋）S-CN001m、S-CN001n、S-CN001p、S-CN001	修改设计通知单S-CN001m、S-CN001n、S-CN001p、S-CN001	否	6797.86	6179.54	2018.5.26
6	修改设计通知单（修改局部梁配筋）S-CN014a/S-CN014f	修改设计通知单S-CN014a/S-CN014f	否	71037.54	66730.08	2018.5.27
7	修改设计通知单（增加翼缘、钢柱钢梁及加劲板）S-CN015a~S-CN015d	修改设计通知单S-CN015a~S-CN015d	否	32047.44	29114.27	2018.9.5
8	修改设计通知单（增加双墙）A-CN3#-003	修改设计通知单A-CN3#-003	否	10272.84	9635.13	2018.9.24
9	修改设计通知单（增加电井）A-CN3#-012	修改设计通知单A-CN3#-012	否	10340.75	7332.26	2018.9.23
10	修改设计通知单（增加墙体）A-CN3#-017	修改设计通知单A-CN3#-017	否	6037.76	4705.35	2018.9.26
11	修改设计通知单（修改梁配筋）s-cn-002a	修改设计通知单s-cn-002a	否	158057.20	158057.20	2018.10.9
……	合计					

5. 工程造价动态管理

实施阶段的工程造价管理是一个动态管理，定期提交动态管理咨询报告，报告主要包括下列内容：

（1）项目批准概算金额（或修正概算金额）；

（2）投资控制目标值；

（3）拟分包合同执行情况及预估合同价款；

（4）已签合同名称、编号和签约价款；

（5）已确定的待签合同及其价款；

（6）暂估价的执行情况；

（7）本期前累计已发生的工程变更和工程签证费用；

（8）本期前累计已实际支付的工程价款及占合同总价款比例；

（9）本期前累计工程造价与批准概算（或投资控制目标值）的差值；

（10）主要偏差情况及产生较大或重大偏差的原因分析；

（11）按合同约定的市场价格因素波动对项目造价的影响分析；

（12）其他必要的说明、意见和建议等。

在实施工程中，由于建设单位需求进一步明确或者需求发生改变，有时候会有很多方案的费用测算，特别是对于可能发生的重大工程变更应及时做出对工程造价影响的预测，结合大剧院BIM技术的应用，方案的变化带来模型同步变化，测算的工程量也一并输出，大大节省了时间，提高了效率。测算报告可以提前对工程造价发生重大变化的情况做预警并及时告知委托人。范例如图3-2所示。

四川大剧院建设项目

全过控造价控制2017年4月(月报)情况报告

项目编号：CYZJ 川 AAGK20160061

一、项目概况：

本工程位于成都市人民中路1号附2号，基坑深度21m左右，主体工程建筑面积58705.85m²，室外总平面积736.87m²。主楼地上八层(三层主层+五层夹层)，副楼地上三层，地下四层。结构类型为框剪。施工范围包括：土方开挖，基坑护壁、降水、总承包范围(土建、钢结构、强电、给排水、消防、弱电、暖通、空调、电梯、幕墙、总平、临电等全部施工内容)、精装修、剧院座椅、舞台机械、高低压设备等所有施工过程。

中标合同价；

(1)基坑土方、降水工程中标价叁仟贰佰肆拾肆万贰仟贰佰柒拾陆元(￥32442276元)；

(2)施工总承包中标价：贰亿陆仟壹佰柒拾万零陆仟柒佰零柒元(￥261706707元)。

建设单位：成都晨越建设项目管理股份有限公司

设计单位：中国建筑西南设计研究院有限公司

监理单位：成都晨越建设项目管理股份有限公司

基坑、抗浮锚杆施工单位：四川省川建勘察设计院

施工总承包单位：成都建工集团总公司

二、本月工作总结

1.本月形象进度：

1. 1区完成-5.05m至-0.05m结构施工90%；

2. 2区完成-13.85m至-9.95m结构施工60%；

3. 3区完成-5.05m至-0.05m结构施工80%；

4. 4区完成-5.05m至-0.05m结构施工100%；

5. 6区完成-0.05m结构施工100%；

6. 7区完成-9.95m至-5.05m结构施工80%；

2.造价例会情况：4月25日项管月例会；

3.本月签证、变更、认质核价、收方单等相关情况：

(1)精装修与总包的工作界面划分已确定；

(2)材料调差和进度款支付比例问题，严格按照合同执行；

(3)催办5区回填签证，以便进行审核上报费用；

(4)安装部分的清标工作内容多、任务重，由于施工单位安装预算人员无法参与校对，由其相关责任工长代替，继续开展此工作。

(5)四川大剧院精装修招标清单及控制价初稿已发至项管，请尽快落实是否还有变动。

4.进度款申请及审核情况：催办4月进度款尽快上报。

三、下月计划安排

1. 2区完成-5.05m至-0.05m结构施工；

2. 3区完成-5.05m至-0.05m结构施工；

3. 5区完成三层结构施工；

4. 7区完成-5.05m至-0.05m结构施工；

5. 地上1段5.4m至10.5m结构施工；

6.地上2段5.4m至10.5m结构施工；

7.水电预留预埋、型钢梁、柱制作安装随土建施工进度；

8.地下室外墙防水、保温，回填。

四、重大披露事宜：四川大剧院精装修招标清单及控制价初稿已发至项管，其内容、项目特征、方案做法是否业主还有变动，需要尽快落实。

五、附件

1.本月工地造价例会会议纪要(扫描件或复印件)：见附件

2.项目变更、签证、收方单台账：工程变更台账见附件

3.项目认质核价台账：无

4.项目进度款支付台账：已更新，总台账见附件

成都晨越造价咨询有限公司

2017年4月28日

图3-2　造价月度报告示意图

3.2.6 竣工阶段的投资控制

1. 竣工结算审核

工程竣工结算审核应采用全面审核法，采用总价合同的，应在合同总价基础上，对合同约定可调整的内容及针对超过合同约定范围的风险因素调整的进行审核；采用单价合同的，在合同约定风险范围内的综合单价应固定不变，并应按合同约定进行计量，且应按实际完成的工程量计量进行审核。

项目的竣工结算，必须在该工程验收合格后办理，以合同工程量清单为基础，能清晰地体现合同工程内容的增减或变更，结算依据包括招投标文件、合同及其补充协议、签章完整的竣工图及有关设计文件，经承发包双方共同确认的有关资料、法律法规及政策性文件，也要遵循《四川省省级代建项目建设资金关联、审批、支付和现场签证、工程变更管理办法》和《四川省省级代建项目建设工程竣工结算编制和审核管理办法》的相关约定。

通过在过程中的努力，最终建立了概算价格、合同价格、结算价格三级动态投资控制体系，对投资变动情况进行了汇总和分析，积累了项目数据。

在竣工结算审核过程中，如发现工程图纸、工程签证等与事实不符，应建议发承包双方书面澄清并应据实进行调整；如未能取得书面澄清，工程造价咨询企业应进行判断，并就相关问题写入竣工结算审核报告。提议以竣工结算审核专题会议的方式，就合同未明确或未约定的事宜、相关缺陷的弥补方式、需要澄清的疑问、审核过程中需明确以及进一步约定的事宜，组织合同相关各方进行协商，解决竣工结算审核中的分歧或争议。竣工结算审核专题会议纪要经相关各方签署之后可作为结算依据。

出具的竣工结算审核报告应由发包人、承包人、工程造价咨询企业等相关方共同签署确认，并应作为合同价款支付的依据。发包人、承包人及工程造价咨询企业等相关方不能共同签认《竣工结算审定签署表》且无实质性理由的，工程造价咨询企业在协调无果的情况下可单独出具竣工结算审核报告，并承担相应法律责任。

竣工决算的编制依据、编制方法、成果文件的格式和质量要求应符合现行的中国建设工程造价管理协会标准《建设项目工程竣工决算编制规程》CECA/GC 9的要求。

工程造价咨询企业编制工程竣工决算之前，应确认项目是否具备下列编制条件：

（1）经批准的初步设计所确定的工程内容已完成；

（2）单项工程或建设项目竣工结算已完成；

（3）收尾工程投资和预留费用不超过规定的比例；

（4）涉及法律诉讼、工程质量纠纷的事项已处理完毕；

（5）其他影响工程竣工决算编制的重大问题已解决。

2.缺陷责任期修复费用监控

承担项目缺陷责任期修复费用审核工作。

依据施工合同约定，在项目缺陷责任期内，对于承包人未能及时履行保修而发包人另行委托施工单位修复的工程，造价咨询企业按修复施工当时、当地建设市场价格予以审核。审核的相关修复费用由发承包双方确认后在项目质量保证金中扣除。

3.3 投资控制对比分析

3.3.1 建筑安装工程费

建筑安装工程费是本项目投资控制的重中之重，由于本项目结构及功能复杂，其材料及设备种类多，专业程度高，因此，建筑安装工程费也是全过程咨询单位投资控制的核心内容。

1.建筑安装工程费两算对比

本项目建筑安装工程费由"护壁及降水工程、施工总承包工程、精装修工程"三个单位工程构成，其合同价接近3.5亿元，而结算价超过3.59亿元（表3-16）。

建筑安装工程费 表3-16

序号	工程和费用名称	合同价（万元）	结算价（万元）	合同价款形式
1	护壁降水工程	3244.23	2685.00	固定单价
2	施工总承包	26170.67	28120.35	固定单价
3	精装修	5349.28	5110.70	总价包干
4	合计	34764.17	35916.05	

如表3-16所示，建筑安装工程费的结算价超出合同价。唯一的影响因素是施工总承包结算价超出合同价。施工总承包单位结算价由合同内结算金额、清标增加费用、人工及材料费的调整、签证变更费用等几部分组成。从费用组成的结果看，最不利于投资控制的影响因素是施工材料费的调整。其原因在于主体施工过程中的环保督察期间材料价格的飞速上涨，根据合同约定，可调材料价格涨跌幅度超过5%，其材料价格应当予以调整。因此，钢筋、混凝土、钢结构等主材价格的大量调整使得结算价款相较于合同价款有较大幅度的提升。

2.施工总承包指标分析

合同清单中的指标如表3-17、表3-18所示。

土建工程关键指标分析表   表3-17

序号	项目名称	单位	工程量（m³）	金额（元）	规模（m²）	含量指标（单位/m²）	价格指标（元/m²）
1	地下混凝土	m³	27863.37	11,632,328.79	36616.61	0.76	317.68
2	地下钢筋	kg	3372450	11,970,516.79	36616.61	92.10	326.91
3	地下模板	m²	142537.52	4,972,357.23	36616.61	3.89	135.80
4	地上混凝土	m³	10030.74	3,902,464.37	22383.80	0.45	174.34
5	地上钢筋	kg	1621680	5,864,761.90	22384.80	72.45	262.00
6	地上模板	m²	91207.92	2,718,059.15	22385.80	4.07	121.42

安装工程关键指标分析表   表3-18

序号	项目名称	金额（元）	规模（m²）	价格指标（元/m²）
1	强电	26,592,522.34	59000.41	450.72
2	给水排水	3,600,840.36	59000.41	61.03
3	消防工程	20,676,219.94	59001.41	350.44
4	弱电工程	12,286,704.76	59002.41	208.24
5	空调工程	16,654,146.24	59003.41	282.26

在工程结算后，为了与合同价的关键指标进行对比分析，全咨公司造价人员列出结算后的关键指标以及相关的对比分析，如表3-19～表3-21所示。

土建工程关键指标分析表   表3-19

序号	项目名称	单位	工程量（m³）	金额（元）	规模（m²）	含量指标（单位/m²）	价格指标（元/m²）
1	地下混凝土	m³	28415.65	13,612,540.65	36616.61	0.78	371.76
2	地下钢筋	kg	3525701	15,429,496.09	36616.61	96.29	421.38
3	地下模板	m²	143792.9	5,056,467.69	36616.61	3.93	138.09
4	地上混凝土	m³	10359.25	5,374,932.12	22383.80	0.46	240.13
5	地上钢筋	kg	1713934	8,361,454.10	22384.80	76.57	373.53
6	地上模板	m²	92133.27	2,780,057.60	22385.80	4.12	124.19

安装工程关键指标分析表 表3-20

序号	项目名称	金额（元）	规模（m²）	价格指标（元/m²）
1	强电	27,592,522.34	59000.41	467.67
2	给水排水	3,720,840.36	59000.41	63.06
3	消防工程	21,576,219.94	59001.41	365.69
4	弱电工程	12,586,704.76	59002.41	213.33
5	空调工程	17,054,146.24	59003.41	289.04

指标对比分析表 表3-21

序号	项目名称	单位	合同		结算		单方含量增量	价格指标增量
			含量指标（单位/m²）	价格指标（元/m²）	含量指标（单位/m²）	价格指标（元/m²）		
1	地下混凝土	m³	0.76	317.68	0.78	371.76	1.98%	17.02%
2	地下钢筋	kg	92.10	326.91	95.11	419.06	3.27%	28.19%
3	地下模板	m²	3.89	135.80	3.93	138.09	0.88%	1.69%
4	地上混凝土	m³	0.45	174.34	0.46	240.13	3.28%	37.73%
5	地上钢筋	kg	72.45	262.00	74.33	359.46	2.61%	37.20%
6	地上模板	m²	4.07	121.42	4.12	124.19	1.01%	2.28%
7	强电			450.72		467.67		3.76%
8	给水排水			61.03		63.06		3.33%
9	消防工程			350.44		365.69		4.35%
10	弱电工程			208.24		213.33		2.44%
11	空调工程			282.26		289.04		2.40%

通过以上指标的对比分析不难发现，对比合同价，结算价的工程量增量在1%～3%之间，而价格指标的增量波动较大。价格波动最大的是土建工程的混凝土与钢筋，这两项工程量的增量均在3%左右，而价格波动在17%～38%之间，可见，对于钢筋及混凝土等可调价材料，其工程量变化引起的总价格变动远小于因材料价格调整引起的总价格变动。因此，可以认为此次总承包合同结算价款中，对于可调价材料，材料价格的调整对最终结算金额的影响占主导地位。

3.3.2 设备购置费

本项目的设备购置费分为舞台机械费、高低压外电工程费、座椅及反声罩工程费、舞台灯光音响费四个部分，其合同价、结算价及合同价款形式如表3-22所示。

设备购置费表　　　　　　　　　　　　　　　　　　表3-22

序号	工程和费用名称	合同价（万元）	结算价（万元）	合同价款形式
1	舞台机械	2130.73	2130.73	总价包干
2	高低压配电、外电工程	990.19	990.19	固定单价
3	座椅、大剧院舞台声反射罩	558.02	558.02	总价包干
4	舞台灯光、音响、大小剧院LED字幕	2186.86	2186.86	固定单价

通过表3-22可以看出，设备购置费除了高低压配电、外电工程外，其余合同在实施过程中，均严格按照合同执行。其中，大剧场座椅共计1601座，小剧场座椅共计450座，二者共计2051座，分为豪华座椅、普通座椅、固定座椅、活动座椅四种，其位置分布及数量如表3-23所示。

剧院座椅表　　　　　　　　　　　　　　　　　　表3-23

序号	位置	座椅名称	规格型号	单位	数量	单价（元）	总价（元）
1		豪华座椅	570mm	座	63	1,830.00	115,290.00
2	大剧场池座	固定座椅	550mm	座	967	1,830.00	1,769,610.00
3		活动座椅	550mm	座	94	1,880.00	176,720.00
4	大剧场楼座	普通座椅	550mm	座	477	1,750.00	834,750.00
5	小计				1601		2,896,370.00
6	小剧场	固定座椅	550mm	座	444	1,830.00	812,520.00
7		活动座椅	550mm	座	6	1,880.00	11,280.00
8	小计				450		823,800.00
9	合计				2051		3,720,170.00

第4章

剧院类项目合约管理

4.1 概述

合约管理是指对项目相关合同的策划、签订、履行、变更、索赔和争议解决的管理，它是全过程工程咨询的重要组成部分，也是工程建设的依据之一，它将项目的参建各方紧密联系，起到了很好的桥梁和纽带的作用。四川大剧院作为四川省首个真正意义上的全过程工程控制的项目，一个项目的统筹，往往会涉及许多合同，例如设计合同、供货合同、咨询合同、可研咨询合同、施工承包合同、总承包合同、分包合同等。

在项目的合约管理过程中，全过程咨询单位通过合同的创建—合同评审—合同执行（变更、计量、结算、支付）—合同台账—资金往来台账5个阶段，来对项目进行科学的管理，合约管理的主要内容有：根据项目的特点和目标在策划阶段就明确设计任务委托模式和施工任务承包模式（合同结构）、选择合同文本、确定合同计价方法和支付节点、合同履行过程的管理与控制、合同索赔等。在合约管理过程中，清晰地跟踪项目资金的动态流向；通过全过程工程咨询的合约管理，让合同执行情况有据可查，严密的变更管理，让项目变更及费用用途处于可监控状态，实用的支付管理，让复杂的支付台账变得简单而清晰，实现支付网上审批，改善传统纸质流程的审批方式。

4.2 合约管理特点

四川大剧院项目从项目立项到最终竣工验收，直至质量保修期结束，合约管理工作贯穿了项目始终，包括了合同的策划、招投标、合同的谈判和签订、合同的跟踪直到整个项目质保期满。

四川大剧院合约管理工作专业度高、合同关系复杂，特别在投资资金较为紧张的情况下，合约管理水平的高低直接影响项目的最终成效，大剧院项目内部结构复杂，技术标准和质量标准对标鲁班奖，整个项目参建和协作单位很多，涉及相关单位或部门几十家。因此，合约管理从策划、签订、执行到最终结束的过程比较复杂，风险也较大，如果不重视合约管理，会给建设单位造成投资浪费。

4.3 合约管理措施

整个四川大剧院的合约管理我们分为了合同签订前的管理与合同签订后的管理两部分。建设项目合同签订前的合约管理主要包括：招标策划、招标文件的拟定与审核、评标标准的制定、招标答疑、合同条款的拟定与审核、完善合同补充条款以及合同组卷与签订，建设项目合同签订后的合约管理包括：合同交底、合同台账管理、合同履约过程动态管理、合同变更与终止管理。工作内容如表4-1所示。

合约管理各阶段主要工作内容　　　　　　　　　　　表4-1

合约管理阶段	合约管理工作内容
合同签订前的合约管理	招标策划
	招标文件的拟定与审核
	评标标准的制定
	招标答疑
	合同条款的拟定与审核
	完善合同补充条款以及合同组卷与签订
合同签订后的合约管理	合同交底
	合同台账管理
	合同履行过程动态管理
	合同变更与终止管理

4.3.1 招标策划阶段

四川大剧院作为一个综合建筑，涉及专业较多，在招标策划阶段，合同结构需要覆盖所有的工作内容，做到不重、不漏。依据各个工作包的类型、复杂程度、参建方进场先后顺序、市场竞争状况、成本控制风险等因素合理划分标段，最终将各个专业的工程内容，如上建工程、装饰装修工程、设备安装工程、总半工程、剧场专用设备设施采购、声学装修工程按照专业相近、工期安排合理等原则，最终分为7个合同段：施工总承包、地基处理、装饰装修及声学装修、高低压配电及外电、舞台灯光音响、座椅及舞台声反射罩，合同结构策划汇总表如表4-2所示。

四川大剧院施工类合同结构策划汇总表　　　　表4-2

序号	合同段		合同内容	
1	施工总承包合同	土建工程	地上土建	
			地下土建	
		装饰工程	外墙装饰工程	
			车库、设备用房、广场	
			屋盖面层	
		设备安装工程	给水排水工程	
			强电工程	
			弱电工程	
			暖通工程	
			电梯（10台）	
			自动扶梯（6台）	
			室内燃气工程	
		总平工程	道路（含路沿石）	
			广场铺装（含市民广场）	
			地面生态停车位	
			景观、绿化及景观灯工程	
			建筑泛光照明	
2	地基处理合同	护壁降水工程	土方开挖、基坑支护及降水	
3	精装修合同	室内精装修工程	室内装饰及声学精装修	
4	高低压配电、外电合同	室外管网	高低压配电、外电施工	
5	舞台灯光音响合同	大小剧场灯光、音响		
6	座椅、舞台声反射罩合同	大小剧场座椅		
7	舞台机械合同	大小剧场舞台机械		

在前期的招标策划阶段，除了对施工类项目进行分解，确定各标段的工作内容，项目各个专业的施工单位进场时间要求和工作面搭接是全过程工程咨询考虑的重点，如果招标时间过早，很多情况还不能更为全面的把握，资料也不完善，容易存在工作内容方面的遗漏或者对业主需求变化不能更好地进行应对的情况；但是如果招标时间太晚，会直接影响工程工期，特别是对于一些需要各参建方配合的工作造成直接的负面影响。因此，我们在完成一个招标的整体计划之后，边招标，边修正，在过程中不断调整计划，以满足施工工期和保证投资可控作为大前提，用以开展我们大量的招投标和合同签订工作，编制的各参建单位进场时间表如表4-3所示。

四川大剧院施工合同招标及施工单位进场时间计划表　　　　表4-3

序号	工程名称	计划招标时间	报价时间	谈判时间	合同签订时间	进场时间
1	基坑支护及降水工程					
2	施工总承包工程					
3	高低压配电及外电项目					
4	舞台机械项目					
5	装饰装修及声学装修					
6	剧场舞台灯光音响项目					
7	座椅采购及安装工程					

4.3.2 招标文件编制阶段

根据四川大剧院的投资性质和特点，采用现行国家或行业推荐的合同范本或其他标准合同文本，在合同条款中明确以下内容：合同采用的计价方式，主要材料、设备的供应和采购方式，工程计量与支付的方式，合同各方应承担的计价风险及超出约定价款的调整方式，工程索赔与工程签证的程序，合同争议的解决方式；根据合同形式和合同范本编写专用合同条款、明确计价方式及风险分担方式，明确合同范围及工程界面；根据材料和设备的价格及其占总造价的比重、品牌与品质及价格的关联度、全咨单位的管理协调能力，综合考虑造价、工期及质量因素，向委托人建议主要材料、设备的供应和采购方式。

为了使各个合同之间能明确各自实施范围，对容易产生分歧的工作界面作出了进一步明确的约定，其中以施工总承包和剧场精装修工程最为明显，在施工过程中，施工总承包单位只需要完成施工图的内容，但是在实际施工过程中，由于装饰装修施工工序较多，精装修和施工总承包单位有大量的工程内容需要协调和配合，而且施工过程中无法避免地存在一些合理范围内的尺寸偏差，特别是精装修的部分区域，因此，前置明确各方的施工范围，避免后期争议，从而达到控制投资的目的，提前梳理双方工作界面及时增加投资控制的工作内容，既减少施工双方对工作内容的争议，严格对双方的施工内容进行约束，也要避免因为招标文件描述不清楚，导致后期施工单位提出增加费用的申请。在《四川大剧院建设项目声学装修及精装修工程设计施工》招标阶段，以单个独立空间为单位，每个独立空间按照地面、墙面、顶棚、给水排水、消防、照明、弱电、通风空调的内容将施工总承包单位和精装修单位的工作界面做了明确划分，如表4-4所示。

表 4-4

四川大剧院施工总承包单位和精装修单位工作界面划分

<table>
<tr><td rowspan="2">类型</td><td rowspan="2">序号</td><td rowspan="2">独立空间</td><td rowspan="2">施工单位</td><td colspan="9" align="center">各承包人工作内容表</td></tr>
<tr><td>地</td><td>墙</td><td>顶</td><td>给水排水</td><td>消防</td><td>照明</td><td>弱电</td><td>通风空调</td></tr>
<tr><td rowspan="8">剧院内部房间</td><td rowspan="2">1</td><td rowspan="2">声闸（做法同贵宾厅地毯）</td><td>总承包单位</td><td>[楼5]找平层</td><td>[内6]找平层</td><td>[顶14]结构层</td><td>无</td><td>施工图</td><td>完成电源及总箱，根据精装需求预留精装出线开关</td><td>弱电安装工程</td><td>完成通风空调工程</td></tr>
<tr><td>精装修单位</td><td>完成装饰层</td><td>完成装饰层</td><td>完成装饰层</td><td>无</td><td>无</td><td>电源取至总箱或取就近电源；完成照明精装预留点位安装</td><td>配合总包调整弱电点位</td><td>配合总包调整风口开孔位置</td></tr>
<tr><td rowspan="2">2</td><td rowspan="2">声锁廊（大理石地面）</td><td>总承包单位</td><td>施工图[楼3]结构层</td><td>[内6]找平层</td><td>[顶14]结构层</td><td>无</td><td>施工图</td><td>完成电源及总箱，根据精装需求预留精装出线开关</td><td>弱电安装工程</td><td>完成通风空调工程</td></tr>
<tr><td>精装修单位</td><td>完成装饰层</td><td>完成装饰层</td><td>完成装饰层</td><td>无</td><td>无</td><td>电源取至总箱或取就近电源；完成照明配管配线及点位安装</td><td>配合总包调整弱电点位</td><td>配合总包调整风口开孔位置</td></tr>
<tr><td rowspan="2">3</td><td rowspan="2">声桥、灯控</td><td>总承包单位</td><td>施工图[楼4]找平层</td><td>[内6]找平层</td><td>[顶14]结构层</td><td>无</td><td>施工图</td><td>完成电源及总箱，根据精装需求预留精装出线开关</td><td>弱电安装工程</td><td>完成通风空调工程</td></tr>
<tr><td>精装修单位</td><td>完成装饰层</td><td>完成装饰层</td><td>完成装饰层</td><td>无</td><td>无</td><td>电源取至总箱或取就近电源；照明、插座工程</td><td>配合总包调整弱电点位</td><td>配合总包调整风口开孔位置</td></tr>
<tr><td rowspan="2">4</td><td rowspan="2">舞台机械控制室</td><td>总承包单位</td><td>[楼4]找平层</td><td>[内2]抹灰罩面压实层</td><td>[顶4]结构层</td><td>无</td><td>施工图</td><td>完成电源及总箱，根据精装需求预留精装出线开关</td><td>弱电安装工程</td><td>完成通风空调工程</td></tr>
<tr><td>精装修单位</td><td>完成装饰层</td><td>装饰层</td><td>装饰层</td><td>无</td><td>无</td><td>电源取至总箱或取就近电源；完成照明配管配线及点位安装</td><td>配合总包调整弱电点位</td><td>配合总包调整风口开孔位置</td></tr>
</table>

4.3.3 招标答疑阶段

在招标文件发出之后，各投标人对招标文件提出质疑，针对投标人提出的质疑和招标文件的缺陷，招标单位应进行统一的回复，以精装修及声学装修招标为例，如表4-5所示。

招标答疑格式 表4-5

序号	问题	答复
1	关于工程量清单子项，如果有增加，是增加在相应"房间"子项的后面，还是增加在该单位工程最后？	工程量清单子项不做任何调整，若投标单位认为需要增加子项，在投标报价中综合考虑相关费用
2	《其他材料表》中相关材料报价不得高于投标当期的《成都市工程造价信息》的材料价，为避免产生争议，请招标人明确，按成都市工程造价信息哪一期计取？	成都市工程造价信息2017年12月（总第390期）
3	招标方提供的工程量清单中，部分项目的项目特征中，材质及具体做法都没有明确，是直接按图算量，再根据深化设计方案直接填报价格？还是需要对招标工程量清单的项目特征做出补充改动明确做法，如若需要改变工程量清单的项目特征，请明确是在原清单项目特征上改动，还是另起一列补充描述？	工程量清单仅对重点项目特征做出描述，投标方报价需结合方案、技术要求、施工图纸、深化设计方案、工程量清单、合同等综合考虑。招标清单项目特征不能改动，如投标方认为需要改动，可在投标报价中综合考虑相关费用
4	材料品牌表中超大防火门、电缆、电线、配电箱、柜、开关元器件、防水材料品牌选用描述应与总包选择品牌一致，请问总包选用的是哪种品牌？	投标人只需在"材料（设备）品牌选用表"备注中填写承诺选用与总包单位选用的品牌一致即可
5	投标报价所报价格包括不限于人工费、主材费、主材损耗、辅材机械费、综合费费率、措施费、税金等，请问是否为本项目签合同及后期施工的确定价格，还是为暂定价格？	详见工程量清单编制说明5.1和5.6
6	招标文件192页的项目总负责人是否即为项目经理？施工负责人是否也是项目经理？	项目总负责人即项目经理亦为施工负责人
7	……	……

4.3.4 合同编制阶段

合同文本的起草和拟定是合约管理的重中之重，全过程咨询单位在合同范本的基础上根据大剧院项目的特点进行定制。四川大剧院作为全过程工程咨询项目，服务内容包含项目管理、工程监理、造价咨询、招投标、BIM咨询5项服务内容。在合同起草阶段，由总咨询师起草了合同初稿，然后再由各专业服务团队共同对初稿进行讨论，特别是针对各自专业范围内的合同条款进行重点审核，减少在合同执行阶段产生理解歧义，降低不必要的争议和费用的增加，合同条款着重对施工合同的组成、工程概况、工程质量、工期、进度、材料与设备的要求、变更流程、价格调整、合同价格、进度款的计量和支付、竣工结算的办理、缺陷责任期与保修等方面的约定，总之，合同条款的约定在符合相关国家政策法规的基础上，尽可能地减少建设单位的投资风险，对于可能出现争议的内容尽可能在合同中进行明确规定，汇总完成合同拟定稿之后，上报公司审核，之后再反馈委托方。合同审核流程如图4-1所示。

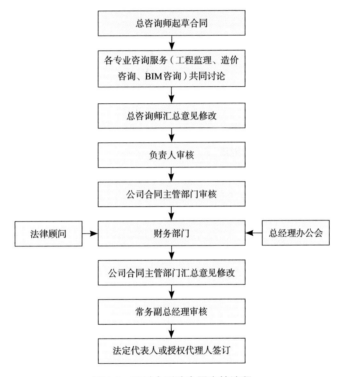

图4-1 四川大剧院合同审核流程

四川大剧院的质量目标是达到合格标准，并一次性通过政府相关部门的验收，获得中国建设工程"鲁班奖"，该奖的获得需要各方的共同努力，四川大剧院所签订的所有施工合同，都对此进行明确的约束，是否获得"鲁班奖"将直接影响施工单位最终的结算价款，这种手段对施工单位起到了很好的正向影响和督促，"鲁班奖"的要求对参与各方随时都是一个"紧箍咒"，这也是在合同订立过程中的一个重要内容。

4.3.5 合同完善阶段

四川大剧院从开工到竣工，共签订合同61份，其中包括7份工程建设施工合同和54份工程建设其他费合同。由于每个合同都有其特殊性，因此每个合同都有其特点，从合同类别来说，主要分为工程建设合同和工程建设其他费合同，工程建设合同又可以分为施工总承包合同、专业分包合同、采购合同，工程建设其他费合同主要分为建设用地类合同、建设管理类合同、建设项目咨询类合同、勘察设计类合同、工程监理费合同、招标代理费合同、造价咨询费合同、行政事业性合同等，合同台账如表4-6所示。

四川大剧院合同台账 表4-6

序号	工程和费用名称	合同签订时间	合同金额	支付号
1	护壁降水工程			SG-001
2	施工总承包			SG-002
3	精装修			SG-003
4	舞台机械			SG-004
5	高低压配电、外电工程			SG-005
6	座椅、大剧院舞台声反射罩			SG-006
7	舞台灯光、音响、大小剧院LED字幕			SG-007
8	全过程咨询管理费			QT-001
9	建设单位管理费			QT-002
10	可研评估费			QT-004
11	可研编制费			QT-005
12	工程勘察费			QT-006
13	工程设计费			QT-007
14	施工图审查费			QT-008
15	招标代理服务费			QT-010
16	自来水道路挖掘			QT-012
17	城市道路挖掘修复费			QT-013
18	间隔购买费用			QT-014
19	通道费			QT-015
20	……			……

1.施工类合同

1）四川大剧院施工总承包合同

2）四川大剧院精装修及声学工程施工合同

2.专业分包合同

1）基坑护壁降水工程合同

2）四川大剧院10kV变配电新建工程

3.设备采购合同

1）舞台机械工程合同

2）剧场相关设备采购及安装合同

3）四川大剧院建设项目灯光音响工程

4.3.6 合同交底阶段

合同交底是在合同签订之后一个重要的流程，分为项目部内部合同交底和实施单位的合同交底，四川大剧院在每个合同签订之后，实施单位进场之时都会进行合同交底，内部交底和外部交底的控制要点分别如下：

1.项目部内部的合同交底控制要点

项目部的内部合同交底是加强项目部全体管理人员对合同的理解，便于管理人员对各分项工程的风险约束有所了解，在实施过程中做到有效控制，提高合同的执行效果，也可以加强对各实施单位的管理，避免纠纷的产生，有效控制投资。

在合同签订之后，就会组织全过程咨询的全体管理人员，以项目管理例会的形式召开待执行合同交底会，参与单位包括全过程咨询的全体管理人员，合同交底文件包括招标文件、投标文件（商务标和技术标）、承包合同，全面陈述合同背景、工作范围、合同目标、合同执行要点及特殊情况处理，工期要求、工程量清单的解读、实施过程中关键节点的控制（特别是要注意各施工单位交叉施工的部位），合同条款的主要内容，对重要的合同条款加以重点说明，最终形成合同交底文件，下发各执行人员，以下节选声学装修及精装修工程设计施工合同部分交底表，如表4-7所示。

项目部内部合同交底记录表　　　　　　　　　　　　　表4-7

项目名称	声学装修及精装修工程设计施工合同	签订时间	2018.3.27
施工单位	深圳市×××有限公司		
工程概况	完成本项目声学装修设计及精装修设计（大小剧场观众厅及休息厅、公共走道及电梯厅、功能用房等）、材料设备采购、施工、工程竣工验收、备案、移交，完成并配合相关部门结（决）算、审计、工程保修等工作		
合同工期	265日历天	合同金额	53492750.28元
其他主要内容	本合同工期265日历天，其中：1.设计周期35日历天；自合同签订之日起算，15个日历天内完成方案深化设计及声学设计；20个日历天内完成施工图设计。2.施工工期：230个日历天；自开工令下达之日起算，至全部工程完工并专项竣工验收合格止。工程质量符合国家和省市相关设计及施工验收标准、规范及规程，符合声学设计的专项要		

其他主要内容	求，工程质量达到合格标准，并一次性通过竣工验收，获得中国建设工程"鲁班奖"。全面履行项目建设管理中的安全生产管理职责，避免发生重大及以上的安全生产事故与安全生产伤亡事故。按照总承包单位要求达到省级安全文明标准化工地。合同价形式：总价包干合同（其中暂列金按实结算）；合同总价53492750.28元。其中暂列金3675437.80元。合同总价＝声学装修及精装修深化设计费＋声学装修及精装修工程费。设计预付款525000元，施工预付款4806731。施工预付款从第二次进度款支付开始按2个月平均抵扣。如当月工程进度款不足抵扣时，延至下月抵扣
签到	
全过程咨询单位	

2. 对施工单位的合同交底

在施工单位进场之后，全过程咨询单位会组织召开合同交底会议，合同交底以书面与口头结合的形式，合同交底会议参与方包括对于影响建设项目工程造价的关键环节、管理制度、工作流程及相关权限等内容进行交底，包括：合同名称、合同价格、计价方式、调价依据及方式、支付方式、合同范围与工程界面、合同工期、合同开始时间、质量标准、主要违约责任、合同相关单位及其基本情况，建设单位关于项目的管理构架、管理制度及相关授权、影响建设项目造价的关键环节等，其中合同工期包括：工期顺延条件、工期奖罚等；支付方式包括：支付节点和支付周期、申请和审核时间、代扣款（如水电费等）方式、质量保证金的返还、预付款的支付、履约保证形式、发票要求；影响建设项目造价的关键环节包括：工程变更、工程签证、工程索赔、竣工结算的相关流程及要求。以下节选四川大剧院建设项目灯光音响工程施工合同部分交底，如表4-8所示。

施工单位合同交底记录表 表4-8

项目名称	四川大剧院建设项目灯光音响工程	合同金额	21868572.66
实施单位	×××工程有限公司	负责人及联系方式	
全过程咨询单位	晨越建设项目管理集团股份有限公司		
参加部门	锦城艺术宫、代建中心	交底部门	全过程咨询单位
		记录人	
合同基本情况			
工程内容	合同范围内的灯光、音响系统的深化设计及舞台工艺设计；灯光、音响系统设备安装（含材料设备采购）		

合同工期	计划开工日期：2019年4月1日。计划竣工日期：2019年6月30日（且必须满足总包单位、精装单位的施工进度）。工期总日历天数：91天。工期总日历天数与根据前述计划开竣工日期计算的工期天数不一致的，以工期总日历天数为准
质量标准	工程质量符合国家及行业相关要求，配合总包创建鲁班奖，并满足招标文件技术部分要求……
结算方式	承包人提交竣工结算申请单的期限：工程完工后60日内。竣工结算申请单应包括的内容：竣工结算合同总价、发包人已支付承包人的工程价款、应扣留的质量保证金、应支付的竣工付款金额。发包人审批竣工付款申请单的期限：提供完整的申请资料后3个月内。发包人完成竣工付款的期限：申请单经政府主管部门审计后3个月以内。关于竣工付款证书异议部分复核的方式和程序：按国家有关规定执行
付款方式	签约合同价21868572.66元；其中安全文明施工费45027.57元，暂定金额2005788.18元，合同价格形式单价合同。开工前7日且承包人提供了履约担保等相关手续后一次性支付安全文明施工费基本费的70％，施工过程中安全文明施工费进度款支付按基本费与工程进度款同步支付。付款周期的约定：预付款支付一次，竣工验收合格后支付一次（支付至合同金额85％），审计结束后支付一次（支付至结算审计金额95％），缺陷责任期（质保期）满后支付一次（支付至结算审计金额100％）
其他事宜	邀施工单位进场之后应尽快熟悉代建中心相关项目管理流程，特别是现场变更签证的执行，严格相关代建流程的执行

4.3.7 合同实施阶段

实施阶段建立合同定期检查和沟通机制，检查合同的执行和落实情况，通过建立合同管理台账及时掌握影响造价、工期等相关信息，对合同履约情况实施动态管理，对于工程造价索赔和工期索赔应依据合同进行评估并将情况及时告知全过程咨询单位，及时解决合同纠纷，保障合同顺利履行。

合同索赔管理：投资管控的核心是合约管理，而合约管理的关键又是索赔管理。

（1）索赔的概念

工程索赔是当事人在建设工程合同实施过程中，根据法律、合同规定及国际惯例，对并非由于自己的过错，而是由于合同对方应承担责任情况造成损失后，向对方提出补偿要求的过程。索赔是双向的，既包括承包人向发包人索赔，也包括发包人向承包人索赔。发包人索赔数量较小，处理方便，可以通过冲账、扣发工程款、扣保证金等实现对承包人的索赔，承包人对发包人的索赔在工程实践中往往比较困难。

（2）索赔在合约管理中的作用

a.加强索赔有利保证合同的履行

建设工程合同一旦签订并生效后，合同双方就受其约束，享受权利的一方受法律保护，承担义务一方受法律制约，当然权利和义务是相对的，有权利必然有义务。一旦违反义务，享受权利的一方就可以展开索赔，这就是合同的约束力，在这种约束力下可以有效保证工程中双方更紧密地合作，有助于合同目标的实现。

b.索赔是落实和调整合同双方经济责权利关系的重要手段

有权利，就应承担责任，这是合同的基本精神。谁未履行责任，构成违约行为，造成对方损失，侵害对方权利，则应承担相应的合同处罚，予以赔偿。因此离开索赔，合同责任就不能体现，合同双方的责权利关系就不平衡。

c.索赔是合同和法律赋予受损失者的权利

全过程工程咨询的服务是一项综合、全面的系统工程，具有涉及面广、个体差异性突出的特点，其范畴包括合约管理、投资管理、质量管理、进度管理、安全管理、信息系统管理、人员管理等，而合约管理是贯穿于整个建设工程项目的管理方式，大到项目的设计、监理、工程承包，小到某项材料的采购、某名员工的聘用，任何一项管理都与合约管理有着密切的联系，合约管理的成败将直接影响整个项目的运作和最终目标的顺利实现。

4.3.8 工程竣工验收阶段

工程竣工验收后的合同管理主要是做好工程竣工验收、交接工作，和工程竣工结算审核工作，而前者被很多建设单位所忽视。

1.做好工程竣工验收、交接工作

很多业主对工程的竣工验收工作不够重视，认为只要有政府行政监督部门验收通过就可以了。但随着政府职能的转换，现在的质量监督部门的验收只是要求工程在主体结构方面没有大的质量问题就可以通过了，真正的验收还是应该由业主组织自己的工程人员和全过程咨询单位的相应人员去逐项验收，一方面可以及时发现质量问题并要求施工单位即时整改，另一方面检查竣工资料是否与实际情况一致，以免竣工结算出现不必要的争议。在完成所有竣工验收工作之后，全过程咨询单位应该将项目从策划立项到项目结束的整个过程中的资料整理归档，移交档案馆，做到项目过程的完善和有迹可循，有据可查，明细如表4-9所示。

2.工程竣工结算审核及结算价款的支付

四川大剧院在工程竣工验收后，由承包人提供全套工程结算资料并将完整的竣工结算资料及结算负责人委托函，报全过程咨询单位，对结算资料进行结算审核。完成结算审核并形成结算审核结论意见征求稿后，报代建中心复核和审批，审批通过后由全过程咨询单位出具工程结算审核报告。审核时应注意：所有竣工图、设计变更、技术核定

序号	类别	文件名称

建筑工程竣工档案进馆内容一览表 　　　　表4-9

序号	类别	文件名称
1	综合性文件	立项文件：项目立项登记通知、项目备案通知、项目建议书批复文件及项目建议书，可行性研究报告批复文件及可行性研究报告、专家讨论意见、项目评估文件，有关立项的会议纪要
2		建设项目选址意见书、建设用地规划许可证及用地红线图、建设工程规划许可证及附图、建设工程施工许可证（复印件）、用地界址测绘面积成果表及测绘平面图，建设用地批准书、国土证、国有土地使用权出让合同，建设用地钉桩通知单（复印件）
3		岩土工程地质勘查报告
4		设计方案审查意见、人防、环保、消防等有关主管部门（对设计方案）审查意见、施工图设计文件审查意见及报告、节能设计备案文件（复印件）
5		勘察合同、设计合同、施工合同、监理合同
6		工程概况信息表、建设单位工程项目负责人及现场管理人员名册、监理单位工程项目总监及监理人员名册、施工单位工程项目经理及质量管理人员名册
7		监理规划、监理实施细则、监理工作总结、工程暂停令、工程复工报告及报审表、质量事故报告及处理资料、工程延期申请表及审批表、监理竣工移交证书
8		建设、勘察、设计、施工、监理单位五方责任主体项目负责人质量终身责任信息相关资料（包括：《五方主体项目负责人基本信息表》；各单位《法定代表人授权书》《项目负责人质量终身责任承诺书》、项目负责人身份证和执业资格证书复印件；若工程建设施工过程中发生人员变更情况，还需提交相应的变更办理手续）
1	土建竣工资料及竣工图	开工报告及报审表、竣工工程申请验收报告
2		图纸会审记录、设计变更通知单、工程洽商记录（技术核定单）、施工组织设计
3		工程定位测量资料、基槽验线记录
4		地基验槽记录、地基勘探记录及附图、地基承载力检验报告、桩基检测报告、锚杆试验报告、土壤氡浓度检测报告、土工夯实试验报告、回填土实验报告
5		钢材、水泥、砖、砂、石材质证明材料（包括：汇总表、材料报审、见证取样、出厂证明文件、检验报告及进场复试报告）
6		防水、隔热保温、门窗、栏杆等出厂证明文件及检测报告
7		其他试验报告：外墙饰面砖试验报告、室内环境检测报告、节能性能检测报告等
8		混凝土试块强度汇总表、混凝土强度合格评定表、混凝土立方体抗压强度检测报告、混凝土抗渗性能检测报告（含见证取样）、商品混凝土竣工资料
9		砌筑砂浆强度评定、砂浆立方体抗压强度检测报告（含见证取样）、干混砂浆竣工资料
10		焊接试验报告汇总表、钢筋焊接性能检测报告、钢筋机械性能检测报告（含见证取样）
11		隐蔽工程检查记录、沉降观测记录

续表

序号	类别	文件名称
土建竣工资料及竣工图	12	建设单位质量事故勘查记录、建设工程质量事故报告书
	13	单位工程质量竣工验收记录、单位工程质量控制资料核查记录、单位工程安全和功能检验资料核查及主要功能抽查记录、单位工程观感质量检查记录
	14	地基与基础分部工程质量验收报告、主体结构分部工程质量验收报告
	15	基础、主体、装饰、屋面分部、分项工程质量验收记录
	16	建筑、结构竣工图
给水排水竣工资料及竣工图	1	开竣工报告、图纸会审记录、设计变更通知单、工程洽商记录（技术核定单）
	2	原材料出厂证明文件、检测报告
	3	隐蔽工程检查记录、各项试验记录
	4	建设单位质量事故勘查记录、建设工程质量事故报告书
	5	分部、分项工程质量验收记录
	6	给水排水竣工图
强电竣工资料及竣工图	1	开竣工报告、图纸会审记录、设计变更通知单、工程洽商记录（技术核定单）
	2	原材料出厂证明文件、检测报告
	3	隐蔽工程检查记录、各项试验记录
	4	建设单位质量事故勘查记录、建设工程质量事故报告书
	5	分部、分项工程质量验收记录
	6	电气竣工图
通风与空调竣工资料及竣工图	1	开竣工报告、图纸会审记录、设计变更通知单、工程洽商记录（技术核定单）
	2	原材料出厂证明文件、检测报告
	3	隐蔽工程检查记录、各项试验记录
	4	建设单位质量事故勘查记录、建设工程质量事故报告书
	5	分部、分项工程质量验收记录
	6	通风与空调工程竣工图
消防竣工资料及竣工图	1	开竣工报告、图纸会审记录、设计变更通知单、工程洽商记录（技术核定单）
	2	原材料出厂证明文件、检测报告
	3	隐蔽工程检查记录、各项试验记录
	4	建设单位质量事故勘查记录、建设工程质量事故报告书
	5	分部、分项工程质量验收记录
	6	消防（水、电）工程竣工图

序号	类别		文件名称
弱电（智能）、幕墙、钢结构等专业竣工资料及竣工图		1	开竣工报告、图纸会审记录、设计变更通知单、工程洽商记录（技术核定单）
		2	原材料出厂证明文件、检测报告
		3	隐蔽工程检查记录、各项试验记录
		4	建设单位质量事故勘查记录、建设工程质量事故报告书
		5	分部、分项工程质量验收记录
		6	竣工图
电梯竣工资料		1	电梯负荷运行试验记录、自动扶梯、自动人行道整体性能、运行试验记录
室外工程竣工资料及竣工图		1	室外工程竣工资料及竣工图
		2	规划红线内的室外给水、排水、供热、供电、照明等管线竣工资料及竣工图
		3	规划红线内的道路、园林绿化、喷灌设备等竣工资料及竣工图
建设工程声像档案拍摄内容		1	具体内容及要求详见《成都市城市建设声像档案技术规范》
电子文档		1	具体内容及要求详见《建设工程电子文档归档范围及要求》

单、签证单等工程结算资料的真实性（原则上应为原件，复印件无效）；结算审核原则上不得违反合同规定，事先另有规定的除外；全过程咨询单位督促承包人积极配合结算审核单位在合理时间内完成审价；经合同双方确认后的工程最终审价报告应作为工程支付结算款的主要依据。建设单位根据合同、审价报告支付工程款时，要切实对照合同的工期、质量标准等要求，检查是否有工期的奖罚和质量等级的奖罚，核对履约保证金的余额是否与之相符，退还履约保证金余额，同时按照合同约定扣留质量保证金送审资料清单如表4-10所示。

四川大剧院工程竣工结算送审资料清单　　　　　　　表4-10

类别	文件名称
1	工程立项文件、预算批复文件、招标（比选）核准资料
2	工程招标（比选）文件（含工程量清单及编制说明、招标答疑、补遗、问题澄清等）及有关资料
3	投标文件（含投标承诺、中标（中选）报价书、中标（中选）通知书、投标（参选）文件商务技术标及其他各组成部分）
4	施工发承包合同及相应的补充协议；专业分包合同及补充合同；有关资料、设备采购合同
5	施工图纸、地勘资料、符合要求的竣工图纸

类别	文件名称
6	图纸会审记录
7	设计变更资料、工程技术联系（核定）单
8	相关会议纪要
9	工程洽商记录
10	现场签证
11	新增材料认质认价单
12	可调材料进场数量核定单
13	用于人工费调整的分阶段的施工内容明细单
14	规费证、安全文明施工评分表、履约保证金缴纳及退还凭证
15	如有甲供乙供材料的，须提供定价确认单等
16	如有甲供材料的项目，须提供经相关单位确认的甲供材料账单
17	专业工程暂估价项目采购结果的通知
18	经批准的开、竣工报告及停、复工报告
19	代建中心、全过程咨询单位相关通知、指令
20	经审定的施工组织设计、施工方案
21	钢筋抽料表
22	全套质量验收资料（如验收批验收、分部分项验收、隐蔽、原材料进场验收）
23	工程量计算书（必须有计算式）
24	施工单位编制的《工程项目竣工结算书》（加盖承包人公章和造价编制人员资格证章）
25	相关单位配合办理竣工结算审计人员的授权书，监理日志、施工日志等必要的原始记录
26	其他结算资料
27	移交资料签收表
28	关于审减率的书面承诺

作为国家投资项目，竣工结算审核成果应保证准确率，否则视为违约。

4.3.9　合同台账管理

合约管理在执行过程中全过程咨询单位会对部分问题重点关注并提出疑问，例如，怎么才能清楚项目的投资概算与到账情况、随时把控资金执行情况、了解项目的合同完成情况、每笔资金的支付明细、所有的签证与变更、无纸化办公实现网上支付审批流程、在线查阅有关文档等，应该说这些都是大家工作中经常会面临的问题和实际需求，因此在合同管理的过程中，这也是全过程咨询单位努力探索和满足要求的方向，全过程咨询单位会通过对合同的管理，清晰地跟踪资金的动态流向，通过合同全过程管理，让合同执行情况有据可查，加强变更管理，让项目变更及费用处于可监控状态，实现网上审批流程，改善传统纸质流程的审批方式。

在合约管理过程中需要重点关注项目的投资概算与到账情况、资金执行情况、合同完成情况、每笔资金的支付情况、所有的签证与变更、支付审批情况等。

1.资金台账

大剧院资金使用计划表如表4−11所示。

四川大剧院资金使用计划表（工程建设其他费）　　　　　　　　　　　表 4-11

序号	合同名称	合同总价	合同开始日期	合同结束日期	累计已付金额	计划使用金额	费用节点支付计划		
							×年×月	……	×年×月
1	设计合同								
2	勘察合同								
3	项管合同								
4	监理合同								
5	造价合同								
6	检测合同								
…	……								

2.信息化管理

随着现代化，信息化建设步伐的加快，新型的网络化办公方式向传统的公文往返式办公提出挑战，提高效率，信息共享，协同办公是大多数机关、部门实行无纸化办公的最主要的出发点。无纸化办公，即通过互联网实现信息共享和协同办公。使用互联网后，信息交流非常畅通便捷，不仅提高了办公效率，也解决了大量"文山"问题，节约了大量的人力和空间。

四川大剧院作为代建制项目，全部过程采用了智能化的项目管理系统，从项目概况、投资管理、进度管理、质量管理、安全管理、资料管理、项管日志、周报月报、协调申请、请销假管理、项目大事记、项目考评等多维度、全视角的管理系统，在网上处理日常审批流程等，大大提高了工作效率，系统内容如表4−12、图4−2、图4−3所示。

四川代建中心项目管理系统（一）

表4-12

序号	系统框架	下设流程
1	项目概况	基本信息、视频监控、BIM 模型
2	投资管理	招投标管理、合同管理、付款管理、经济签证、保证金退还、投资台账、投资分析
3	进度管理	总计划、月计划、周计划、工程延期申请
4	质量管理	问题统计、问题明细、创建问题、质量验收
5	安全管理	问题统计、问题明细、创建问题、持证上岗、安全教育
6	资料管理	工程准备阶段资料、代建项目管理资料、施工资料、工程竣工文件资料
7	周报月报	周报、月报
8	请销假管理	考勤记录、请销假
9	……	……

图4-2　四川代建中心项目管理系统（二）

图4-3　四川代建中心项目管理系统（三）

第5章

剧院类项目质量控制

5.1 概述

5.1.1 建设工程质量定义

1.定义

建设工程质量简称工程质量,是指建设工程满足相关标准规定和合同约定要求的程度,包括其在安全、使用功能及其在耐久性能、节能与环境保护等方面所有明示和隐含的固有特性。剧院建设工程属于建设工程中的公共建筑当中的一种建筑工程。

建设工程作为一种特殊的产品,除具有一般产品共有的质量特性外,还具有特定的内涵。建设工程质量的特性主要表现在以下七个方面。

(1)适用性,即功能,是指工程满足使用目的的各种性能。包括:理化性能,例如尺寸、规格、保温、隔热、隔声等物理性能,耐酸、耐碱、耐腐蚀、防火、防风化、防尘等化学性能;结构性能,指地基基础牢固程度,结构的足够强度、刚度和稳定性;使用性能,如民用住宅工程要能使居住者安居,工业厂房要能满足生产活动需要,道路、桥梁、铁路、航道要能通达便捷等,建设工程的组成部件、配件、水、暖、电、卫器具、设备也要能满足其使用功能;外观性能,指建筑物的造型、布置、室内装饰效果,色彩等美观大方、协调等。

(2)耐久性,即寿命,是指工程在规定的条件下,满足规定功能要求使用的年限,也就是工程竣工后的合理使用寿命期。由于建筑物本身结构类型不同、质量要求不同、施工方法不同、使用性能不同的个性特点,目前国家对建设工程的合理使用寿命期还缺乏统一的规定,仅在少数技术标准中提出了明确要求。例如民用建筑主体结构耐用年限分为四级(15~30年,30~50年,50~100年,100年以上),大剧院设计主体结构耐用年限为100年。

(3)安全性,是指工程建成后在使用过程中保证结构安全、保证人身和环境免受危害的程度。建设工程产品的结构安全度、抗震、耐火及防火能力，人民防空的抗辐射、抗核污染、抗冲击波等能力是否能达到特定的要求，都是安全性的重要标志。工程交付使用之后，必须保证人身财产、工程整体都有能免遭工程结构破坏及外来危害的伤害。工程组成部件，如阳台栏杆、楼梯扶手、电器产品漏电保护、电梯及各类设备等，也要保证使用者的安全。

（4）可靠性，是指工程在规定的时间和规定的条件下完成规定功能的能力。工程不仅要求在交工验收时要达到规定的指标，而且在一定的使用时期内要保持应有的正常功能。例如工程上的防洪与抗震能力、防水隔热、恒温恒湿措施、工业生产用的管道防"跑、冒、滴、漏"等，都属于可靠性的质量范畴。

（5）经济性，是指工程从规划、勘察、设计、施工到整个产品使用寿命周期内的成本和消耗的费用。工程经济性具体表现为设计成本、施工成本、使用成本三者之和。包括从征地、拆迁、勘察、设计、采购（材料、设备）、施工、配套设施等建设全过程的总投资和工程使用阶段的能耗、水耗、维护、保养乃至改建更新的使用维修费用。通过分析比较，判断工程是否符合经济性要求。

（6）节能性，是指工程在设计与建造过程及使用过程中满足节能减排、降低能耗的标准和有关要求的程度。

（7）与环境的协调性，是指工程与其周围生态环境协调，与所在地区经济外环境协调以及与周围已建工程相协调，以适应可持续发展的要求。

上述七个方面的质量特性彼此之间是相互依存的。总体而言，适用、耐久、安全、可靠、经济、节能、与环境协调，都是必须达到的基本要求，缺一不可。但是对于不同门类不同专业的工程，如工业建筑、民用建筑、公共建筑、住宅建筑、道路建筑，可根据其所处的特定地域环境条件、技术经济条件的差异，有不同的侧重面。

2.工程质量特点

建设工程质量的特点是由建设工程本身和建设生产的特点决定的。建设工程（产品）及其生产的特点：一是产品的固定性，生产的流动性；二是产品多样性，生产的单件性；三是产品形体庞大、高投入、生产周期长、具有风险性；四是产品的社会性，生产的外部约束性。正是由于上述建设工程的特点，从而形成了工程质量本身的以下几个特点。

（1）影响因素多

建设工程质量受到多种因素的影响，如决策、设计、材料、机具设备、施工方法、施工工艺、技术措施、人员素质、工期、工程造价等，这些因素直接或间接地影响了工程项目的质量。

（2）质量波动大

由于建筑生产的单件性、流动性，不像一般工业产品的生产那样，有固定的生产流水线、有规范化的生产工艺和完善的检测技术、有成套的生产设备和稳定的生产环境，所以工程质量容易产生波动且波动大。同时由于影响工程质量的偶然性因素和系统性因素比较多，其中任一因素发生变动，都会使工程质量产生波动。如材料规格品种使用错误、施工方法不当、操作未按规程进行、机械设备过度磨损或出现故障、设计计算失误等，都会发生质量波动，产生系统因素的质量变异，造成工程质量事故。为此，要严防出现系统性因素的质量变异，要把质量波动控制在偶然性因素的范围内。

（3）质量隐蔽性

建设工程在施工过程中，分项工程交接多、中间产品多、隐蔽工程多，因此，质量存在隐蔽性。若在施工中不及时进行质量检查，事后只能从表面进行检查，很难发现内在的质量问题，这样就容易产生判断错误，即将不合格的产品误认为合格品。

（4）终检的局限性

工程项目建成后不可能像一般工业产品那样依靠终检来判断产品的质量，或将产品拆卸、解体来检查其内在质量，或对不合格的零部件进行更换。工程项目的终检（竣工验收）无法进行工程内在质量的检验，故而无法发现隐蔽的质量缺陷。因此，工程项目的终检存在一定的局限性，这就要求工程质量控制应以预防为主，防患于未然。

（5）评价方法的特殊性

工程质量的检查评定及验收是按检验批、分项工程、分部工程、单位工程进行的。检验批的质量是分项工程乃至整个工程质量检验的基础，检验批合格质量主要取决于主控项目和一般项目检验的结果。隐蔽工程在隐蔽前要检查合格后验收，涉及结构安全的试块、试件以及有关材料，应按规定进行见证取样检测，涉及结构安全和使用功能的重要分部工程要进行抽样检测。工程质量是在施工单位按合格质量标准自行检查评定的基础上，由项目监理机构组织有关单位、人员进行检验确认验收。这种评价方法体现了"验评分离、强化验收、完善手段、过程控制"的指导思想。

3. 工程质量的影响因素

影响工程的因素很多，但归纳起来主要有五个方面，即人（Man）、材料（Material）、机械（Machine）、方法（Method）和环境（Environment），简称4M1E。

（1）人员素质

人是生产经营活动的主体，也是工程项目建设的决策者、管理者、操作者，工程建设的规划、决策、勘察、设计、施工与竣工验收等全过程，都是通过人的工作来完成的。人员的素质，即人的文化水平、技术水平、决策能力、管理能力、组织能力、作业能力、控制能力、身体素质及职业道德等，都将直接或间接地对规划、决策、勘察、设计和施工的质量产生影响，而规划是否合理，决策是否正确，设计是否符合所需要的质量功能，施工能否满足合同、规范、技术标准的需要等，都将对工程质量产生不同程度的影响。人员素质是影响工程质量的首个重要因素。因此，建筑行业实行资质管理和各类专业从业人员持证上岗制度是保证人员素质的重要管理措施。

（2）工程材料

工程材料是指构成工程实体的各类建筑材料、构配件、半成品等，它是工程建设的物质条件，是工程质量的基础。工程材料选用是否合理、产品是否合格、材质是否经过检验、保管使用是否得当等，都将直接影响建设工程的结构刚度和强度，影响工程外表及观感，影响工程的使用功能，影响工程的使用安全。

（3）机械设备

机械设备可分为两类：一类是指组成工程实体及配套的工艺设备和各类机具，如电梯、泵机、通风设备等，它们构成了建筑设备安装工程或工业设备安装工程，形成完整的使用功能。另一类是指施工过程中使用的各类机具设备，包括大型垂直与横向运输设备、各类操作工具、各种施工安全设施、各类测量仪器和计量器具等，简称施工机具设备，它们是施工生产的手段。施工机具设备对工程质量也有重要的影响。工程所用机具设备，其产品质量优劣直接影响工程使用功能质量。施工机具设备的类型是否符合工程施工特点，性能是否先进稳定，操作是否方便安全等，都将会影响工程项目的质量。

（4）方法

方法是指工艺方法、操作方法和施工方案。在工程施工中，施工方案是否合理，施工工艺是否先进，施工操作是否正确，都将对工程质量产生重大的影响。采用新技术、新工艺、新方法，不断提高工艺技术水平，是保证工程质量稳定提高的重要因素。

（5）环境条件

环境条件是指对工程质量特性起重要作用的环境因素，包括工程技术环境，如工程地质、水文、气象等；工程作业环境，如施工环境作业面大小、防护设施、通风照明和通信条件等；工程管理环境，主要指工程实施的合同环境与管理关系的确定，组织体制及管理制度等；周边环境，如工程邻近的地下管线、建（构）筑物等。环境条件往往对工程质量产生特定的影响。加强环境管理，改进作业条件，把握好技术环境，辅以必要的措施，是控制环境对质量影响的重要保证。

5.1.2 质量控制

1.控制原则

剧院类建筑为人员密集的公共建筑，使用年限一般为100年，工程质量必须经受住历史的考验，百年大计、质量第一，做好工程的质量控制工作尤为重要。在工程质量控制过程中，应遵循以下几条原则：

（1）坚持质量第一的原则

建设工程质量不仅关系工程的适用性和建设项目投资效果，而且关系人民群众生命财产的安全。在进行投资、进度、质量三大目标控制时，在处理三者关系时，应坚持"百年大计，质量第一"，在工程建设中自始至终把"质量第一"作为对工程质量控制的基本原则。

（2）坚持以人为核心的原则

人是工程建设的决策者、组织者、管理者和操作者。工程建设中各单位、各部门、各岗位人员的工作质量水平和完善程度，都直接或间接地影响工程质量。所以在工程质量控制中，要以人为核心，重点控制人的素质和人的行为，充分发挥人的积极性和创造性，以人的工作质量保证工程质量。

（3）坚持预防为主的原则

工程质量控制应该是积极主动的，应事先对影响质量的各种因素加以控制，而不能是消极被动地等出现质量问题再进行处理，以避免造成不必要的损失。所以，要重点做好质量的事先控制和事中控制，以预防为主，加强过程和中间产品的质量检查和控制。

（4）以合同为依据，坚持质量标准的原则

质量标准是评价产品质量的尺度，工程质量是否符合合同规定的质量标准要求应通过质量检验并与质量标准对照。符合质量标准要求的才是合格，不符合质量标准要求的就是不合格，必须返工处理。

（5）坚持科学、公平、守法的职业道德规范

在工程质量控制中，必须坚持科学、公平、守法的职业道德规范，要尊重科学，尊重事实，以数据资料为依据，客观、公平地进行质量问题的处理。要坚持原则，遵纪守法，秉公履职。

2.控制主体

工程质量控制贯穿于工程项目实施的全过程，其侧重点是按照既定目标、准则、程序，使产品和过程的实施保持受控状态，预防不合格的发生，持续稳定地生产合格品。

工程质量控制按其实施主体不同，分为自控主体和监控主体。前者是指直接从事质

量职能的活动者，后者是指对他人质量能力和效果的监控者，主要包括以下五个方面：

（1）政府的工程质量控制

政府属于监控主体，它主要是以法律法规为依据，通过抓工程报建、施工图设计文件审查、施工许可、材料和设备准用、工程质量监督、工程竣工验收备案等主要环节实施监控。

（2）建设单位的工程质量控制

建设单位属于监控主体，工程质量控制按工程质量形成过程，建设单位的质量控制包括建设全过程各阶段：决策阶段、工程勘察设计阶段、工程施工阶段。

（3）全过程工程咨询单位的质量控制

全过程工程咨询单位属于监控主体，主要是受建设单位的委托，根据法律法规、工程建设标准、勘察设计文件及合同，制定和实施相应的控制方案、控制措施，采用旁站、巡视、平行检验和检查验收等方式，代表建设单位在工程建设全过程对工程质量进行监督和控制，以满足建设单位对工程质量的要求。

（4）施工单位的质量控制

施工单位属于自控主体，它是以工程合同、设计图纸和技术规范为依据，对施工准备阶段，施工阶段，竣工验收交付阶段等施工全过程的工作质量和工程质量进行的控制，以达到施工合同文件规定的质量要求。

5.2 工程建设阶段对质量控制的影响

剧院建设的不同阶段，对工程项目质量的形成起着不同的作用和影响。

（1）项目可行性研究

剧院类项目可行性研究是在项目建议书和项目策划的基础上，运用经济学原理对投资项目的有关技术、经济、社会、环境及所有方面进行调查研究，对各种可能的拟建方案和建成投产后的经济效益、社会效益和环境效益等进行技术经济分析、预测和论证，确定项目建设的可行性，并在可行的情况下，通过多方案比较从中选择出最佳的建设方案，作为项目决策和设计的依据。剧院建设不仅需要考虑经济效益，也应考虑社会效益，在建设过程中，多方案比较的同时应计公众参与进来，以确保工程建设的经济、社会效益。因此，项目的可行性研究将直接影响项目的决策质量和设计质量。

（2）工程勘察，设计

剧院工程的地质勘查是为建设场地的选择和工程的设计与施工提供地质资料依据。而剧院工程设计是根据建设项目总体需求，如剧院座位数、剧院的演出要求等（包括已确定的质量目标和水平）和地质勘查报告，对工程的外形和内在的实体进行筹划、研究、构思、设计和描绘，形成设计说明书和图纸等相关文件，使得质量目标和水平具体化，为施工提供直接依据。剧院工程设计质量是决定工程质量的关键环节。工程采用什么样的平面布置和空间形式、选用什么样的结构类型、使用什么样的材料、构配件及设备等，都将直接关系工程主体结构的安全可靠，关系建设投资的综合功能是否充分体现规划意图。剧院设计的严密性、合理性决定了剧院建设的成败，是建设工程的安全、适用、经济与环境保护等措施得以实现的保证。

（3）工程施工

剧院工程施工是指按照设计图纸和相关文件的要求，在建设场地上将设计意图付诸实现的测量、作业、检验，形成工程实体，建成最终产品的活动。任何优秀的设计成果，只有通过施工才能变为现实。因此工程施工活动决定了设计意图能否体现，直接关系工程的安全可靠、使用功能的保证，以及外表观感能否体现建筑设计的艺术水平。在一定程度上，工程施工是形成实体质量的决定性环节。

（4）工程竣工验收

剧院工程竣工验收就是对工程施工质量通过检查评定、试演，考核施工质量是否达到设计要求，是否符合决策阶段确定的质量目标和水平，并通过验收确保工程项目质量。所以工程竣工验收对质量的影响是保证最终产品的质量。

5.2.1 可行性研究阶段

剧院项目建议书（或初步可行性研究报告）是要求建设某一具体项目的建议文件，是基本建设程序中最初阶段的工作，是投资决策前对拟建项目的轮廓设想，其主要作用是论述一个拟建建设项目建设的必要性、条件的可行性和获得的可能性。

位于成都天府广场的锦城艺术宫修建于20世纪80年代，硬件设施已经无法满足日益发展的演出需要，经省市政府同意，采用土地置换、就近迁建的方式建设大剧院，既不影响原锦城艺术宫的文化影响力，又满足了提档升级的建设需求。

全过程工程咨询单位在决策阶段进行质量控制，在可行性研究阶段，其工作的主要内容是对项目做好充分的分析、研究，明确项目定位、基本设想，为项目实施阶段提供全面、清晰的依据。

1.剧院项目市场预测

（1）接待容量

四川大剧院建设规模接待容量按剧场座位进行估算，大剧场按1601座，小剧场按450座，电影厅按800座设计，正常日环境容量预计不低于3500人。考虑到节目编排、舞台准备等因素，一般而言，杂技类学艺剧场每年演出80～150场较为适宜，而大型实景剧每年演出100～150场较为适宜，本项目按每年各演出120场估算，每年剧院共可接待观众30万人次。另外，通常情况下，剧场上座率在80％以上为较为理想的状态，因此本报告测算本项目年接待观众目标人数为24万人次以上。由于本项目除接待国内外演出团体租场演出外，本地专业剧团—成都艺术剧院将驻场演出，演出场次有保证。

据抽样调查显示，在成都演出的大型音乐剧"金沙"，外地和国外观众的比例达到20％～30％，因此，本项目四川大剧院将本地和外的目标消费者比例预测为70∶30，即年均本地观众约16.8万人次，外地观众约7.2万人次。

（2）市场规模

成都市以及周边地区人口密度大，人民生活水平较高，对实景剧、杂剧等档次文化产品需求旺盛。据统计，2009年年末成都市全市户籍人口为1139.6万人，常住人口1286.6万人，若按5％的人喜爱演艺消费计算，目标消费者规模将达到63万人，按每人每年观看2场剧场演出计划，即可达到120万人次的规模。2009年，城市居民人均可支配收入18659元；农村居民人均纯收入7129元，若按每场演出中档票价200元/人计算，每年观看一次演出，仅占城镇居民人均可支配收入的1.07％，占农村居民人均纯收入的2.8％。门票支出占城镇居民收入的比例低于2％，在一般居民可承受的范围内，即使对于农村居民，随着城乡一体化的推进，农民收入的不断提高，其消费能力也将不断增强，未来5～10年，剧场文艺演出将成为农村居民能够消费得起的文化产品之一。

从相关文化服务产品的比较上看，2007年，成都市电影市场票房总收入超过1.4亿元，接待观众人数达到300余万人次。近年来，全市中高档演艺场所供不应求，在节假日和寒暑假档期，供需矛盾十分突出。

由此可见，本项目具有广阔的市场空间，保守估计其目标市场规模可达到100万人次/年。

2. 剧院建设规模及内容的确定

四川大剧院确定为1601座大剧场，450座小剧场，350人多功能排练厅，总人数约800人的电影城，建筑标准为甲等特大型剧场。

（1）项目建设内容

1）地上建筑（剧场部分为三层，辅助功能区为六层）面积22383.80m²。其中：

大、小剧院演出用房4340.34m²；

大小剧院配套用房15633.47m²，包括门厅、观众休息厅、大小剧院主舞台配套和演员配套用房等；

副楼用房面积1348.66m^2，包括演员就餐区、医务急救室、剧场馆藏室、剧场管理用房（含计算机房、保安值班室、保洁工具间等）；

物管用房120.59m^2；

公共厕所60.48m^2；

底层架空广场880.26m^{2}等。

2）地下建筑（三层，含夹层为四层）面积36616.61m^2。其中：

电影院、多功能排练厅及配套9845.67m^2；

物管用房136.17m^2；

机动车库15930.79m^2；

非机动车库5329.10m^2；

设备机房4750.41m^2；

人防入口144.39m^2；

消防水池480.08m^2。

（2）剧场舞台、辅助用房配置。

四川大剧院由于地块条件限制，与其他省级大剧院比较，舞台面积偏小，观众厅面积偏大，这主要和数据口径有关，考虑小剧院观众厅实际上有舞台的功能，舞台和观众厅面积是适当的。本项目大小剧院的休息厅、其他配套用房比功能类似的广州大剧院相比面积较少，体现了节约的原则。

5.2.2 建设工程勘察阶段

工程勘察是根据建设工程和法律法规的要求，查明、分析、评价拟建剧院项目建设场地的地质地理环境特征和岩土工程条件，编制建设工程勘察文件的活动。工程勘察工作内容包括制订勘察任务书和组织勘察咨询服务，如工程测量，岩土工程勘察、设计、监测，水文地质勘查，环境地质勘查等；出具的工程勘察文件主要指岩土工程勘察报告及相关的专题报告。

1.勘察控制工作

全过程工程咨询单位在剧院勘察阶段，质量控制工作内容主要包括：

（1）审查勘察单位编制的勘察任务书；

（2）协同设计单位审查、确认勘察方案；

（3）对勘察作业实施过程进行全程跟踪、检查；

（4）协同设计单位审查、确认勘察成果文件等。

2.勘察成果文件审查

全过程工程咨询单位组织相关专业工程师，依据工程勘察相关标准、技术规范对剧院勘察成果文件进行仔细审查，勘察成果文件审查应做好以下几个方面的内容：

（1）勘察文件是否满足勘察任务书要求及合同约定；

（2）勘察文件是否满足勘察文件编制深度规定的要求；

（3）勘察成果的真实性，准确性；

（4）检查勘察文件资料是否齐全。有无缺少实验资料，测量成果表、勘察工作量统计表和勘探点（钻孔）平面位置图、柱状图、岩芯照片等；

（5）工程概述是否表述清晰，有无遗漏，包括：工程项目、地点、类型、规模、荷载、拟采用的基础形式等各个方面；

（6）勘察成果符合设计要求。

四川大剧院建设项目为地下三层，基坑深度约20m，勘察单位工作不仅包括地质勘查，还包括基坑支护及降水设计。四川大剧院建设项目先行将基坑支护设计完成，以满足后期基坑提前招标及施工的需要；同时，将勘察方案的确认与设计单位有效对接，以满足施工图设计的要求。

基坑支护设计一般应在施工图设计完成后进行设计，即明确建筑的平面布置特别是地下室的平面布置，同时建筑结构完成筏板设计，明确筏板厚度，以确定基坑的降水深度。勘察和设计单位应密切配合，避免项目实施过程中，出现建筑主体设计与基坑支护设计未完全配合到位，基坑设计在局部基础加深位置，降水深度不够的问题，给实际施工造成影响。

5.2.3 设计阶段

剧院工程设计是根据建设工程规范、标准，相关法律法规的要求，对拟建项目所需的技术、经济、资源、环境等条件进行综合分析、论证，结合工程勘察报告，编制剧院建设工程设计文件，并提供相关服务的活动。

根据住房城乡建设部印发的《建筑工程设计文件编制深度规定（2016版）》（建质〔2016〕247号），建筑工程一般应分为方案设计、初步设计和施工图设计三个阶段；对于技术要求相对简单的民用建筑工程，当主管部门在初步设计阶段没有审查要求，且合同中没有做初步设计约定时，可在方案设计审批后直接进行施工图设计。剧院为相对复杂的公共建筑，初步设计必不可少。全过程工程咨询单位的勘察设计咨询服务不仅需要在项目设计阶段充分实施，而且需要延伸至项目实施乃至竣工阶段。

1.设计方案

在开展设计工作前,全过程工程咨询单位应编制剧院设计任务书,保证设计工作顺利进行。全过程工程咨询单位方案设计阶段质量管控工作内容主要包括以下几个方面。

(1)设计方案的审查

方案设计文件,应满足编制初步设计文件的需要,并应满足方案审批或报批的需要。全过程工程咨询单位应组织专家委员对方案设计进行审查,审查内容主要有以下几点:

①是否符合国家规范、标准、技术规程等的要求;

②是否符合美观、实用及便于实施的原则;

③总平面的布置是否合理;

④景观设计是否合理;

⑤平面、立面、剖面设计情况;

⑥结构设计是否合理,可实施;

⑦公建配套设施是否合理,齐全;

⑧新材料、新技术的运用;

⑨设计指标复核。

(2)方案设计审查

四川大剧院设计方案一和方案二的设计构思和主要内容如下:

【方案一】

①设计构思

方案一注重强化成都地域特色与传统文化的意境,以生动的造型突出剧院建筑的特有气质,同时保证位于城市广场与主干道上的视觉景观效果。以倾斜的建筑布局减小对周边住宅建筑的日照与视线遮挡。传统特色鲜明,与周边城市的形态、建筑风格协调统一。该方案有四大特色:

第一,采用古代官式建筑的三段式构图,体量方整大气,屋顶采用玻璃坡屋顶,既不失传统建筑特色,又体现出剧院建筑的活泼与通透特质,与科技馆、图书馆形成一个整体,构建完整的城市界面。

第二,把中国传统篆刻艺术运用到建筑中,以"四川大剧院"为题,按照一定的规律排列起来,形成独特的篆刻窗花,满足了剧院的通透性功能要求,具有标志性。

第三,大剧院入口架空广场专为市民开放,为市民提供了活动休闲场所;剧院设计中设有诸多观景平台,把天府广场景色尽收眼中,充分体现了以"人"为本的设计理念。

第四，剧院立面采用浅黄色石材，与玻璃材质屋顶融为一体，气势恢宏中透着灵动。方案一效果图如图5-1所示。

②主要技术指标

项目规划总用地面积11198.27m²，总建筑面积59000.41m²，地上建筑剧场部分为三层，辅助功能区部分为六层；地下建筑三层（含夹层为四层）。功能分区为：

a.地上建筑

建筑面积22383.80m²（剧场部分为三层，辅助功能区为六层），其中：大、小剧院演出用房4340.34m²；大小剧院配套用房15633.47m²，包括门厅、观众休息厅、大小剧院主舞台配套和演员配套用房等；副楼用房面积1348.66m²，包括演员就餐区、医务急救室、剧场馆藏室、剧场管理用房（含计算机房、保安值班室、保洁工具间等）；物管用房120.59m²；公共厕所60.48m²；底层架空广场880.26m²等。

b.地下建筑

面积36616.61m²（三层，含夹层为四层），其中：电影院、多功能排练厅及配套9845.67m²；物管用房136.17m²；机动车库15930.79m²；非机动车库5329.10m²；设备机房4750.41m²；人防入口144.39m²；消防水池480.08m²。

图5-1 效果图方案一

c.容积率1.87；建筑基底总面积4083.44m^2；建筑密度36.46%；机动车位389辆（其中：地上机动车位8辆、地下机动车位381辆）；非机动车位1761辆。

【方案二】

①设计构思

墙体遍布一片片镂空的杏叶造型，让人联想起秋天成都满地金黄的美景，有显著的地域性。注重强化成都地域特色与传统文化的意境，以生动的造型突出剧场建筑特有的性格。

第一，建筑体量的切角处理，不仅满足了退红线要求，更加体现出剧院的活泼、灵动。

第二，建筑立面造型上，把具有四川地域特色的银杏叶作为切入点，将一片片的叶子按照虚实变化拼接在建筑立面上，形成一个完整的体量，金灿灿的叶子把剧院烘托得金碧辉煌。

功能分区如下：

a.一层：分为三个功能区。第一个功能，最主要的是大剧院的入口区，然后是下沉广场区域，净空高度超过了12m，气势是比较好的，再结合设置一组大的自动扶梯进入大剧场堂坐区域，交通组织一目了然。第二个功能是剧场的后勤区域，包括演出接待厅出入口，后勤道具车辆电梯，演员出入口以及剧场后勤服务人员出入口，主要设置在基地的北侧，临近规划的剧场后勤道路，交通也比较便捷。第三个功能是一些剧场配套的文化设施，例如咖啡、休闲茶座、文化用品展示等功能。

b.二层：整个功能都给了1601座的大剧场。包括堂坐、楼座、演员后勤化妆这些功能。

c.三层及以上：400座的小剧场是叠在大剧场上面的。入口是从二楼一个直通式的自动扶梯上去，直接进入小剧场的入口等候区。其他部分设置了一些演员后勤，以及剧场后勤服务功能。

d.地下室：地下一层的主要功能是电影院。一共有七个厅，人数大概在1000人左右。地下室其他主要功能除了文化用品配套用房外，就是停车和设备用房。

e.车行交通组织：同方案一相同，在项目北侧设置联通左右城市道路的双进双出的车行出入口，地下车库也是左右各设一个，车辆一进入场地便可直接下到地下室停车，方案二效果图如图5-2所示。

②主要技术指标：

规划用地面积：11304m^2；

总建筑面积：60029m^2；

图5-2　效果图方案二

地上总建筑面积：29100m²；

大剧场面积：11150m²；

小剧场面积2100m²；

配套用房：10440m²；

后勤服务面积5060m²；

地下总建筑面积：30929m²；

电影院面积：2740m²；

配套用房：10189m²；

其他（地下车库、设备用房等）：18000m²；

容积率：2.57；

建筑基地面积：3884m²；

建筑密度：34.36%；

绿地率：25.0%；

机动车位：地下停车位：381个。

（3）方案比选

①方案意见征询

根据2012年6月8日四川省政府对四川大剧院设计方案的审阅意见，要求征求社会公众意见的批示。四川大剧院建设指挥部于2012年6月21日在《四川日报》第11版（市政新闻·社会新闻）刊登了《四川大剧院概念设计方案公示说明》，并于当日在四川省锦城艺术宫内设置四川大剧院概念设计方案征集意见投票处，在四川省锦城艺术宫和成都晨越项目管理公司网站开通了四川大剧院概念设计方案征集意见网络投票窗口，开通了四川大剧院概念设计方案征集意见电话，向社会公众全方位征集四川大剧院概念设计方案意见。此次四川大剧院概念设计方案征集意见历时一个月，即2012年6月21日至7月20日，广大市民踊跃参加。

四川大剧院概念设计方案征集意见结果表明，参加各种方式投票的共有15354人，赞成四川大剧院概念设计方案一（汉风蜀韵）的有10564人，占投票总数的70%。赞成四川大剧院概念设计方案二（银杏叶）的有4770人，占投票总数的30%。从参与投票的广大市民投票观点看，主要有以下几个方面的特点：

a.总体认为四川大剧院选址非常好，建筑风格应更加气势恢宏，避免小气、寒酸，给外人一个"四川乃经济穷省、文化小省"的落后印象。两个方案中的四川大剧院均不够醒目，需在顶上加标"四川大剧院"，另应尽可能在大剧院内部增加娱乐休闲等群众性文化服务设施。

b.方案一建筑风格传统特色鲜明，与周边城市形态、建筑风格协调统一，建筑体量方整大气，对形成天府广场的浓郁文化氛围极有帮助。剧院设计中设有诸多观景平台，可将天府广场景色尽收眼中，充分体现了以"人"为本的设计理念。

c.方案二较为突出地表现了成都地域特色与传统文化的意境，在建筑立的面造型上，虽把具有四川地域特色的银杏叶作为切入点，但银杏元素未得到有效突出。另外，顶部设计也不够美观。故本报告建议推荐概念设计方案一（汉风蜀韵）。

②方案一（汉风蜀韵）的进一步优化要求

根据2012年4月12日四川省领导主持召开的四川大剧院概念设计方案专题会议，省领导在会议上提出了"分散集中、便捷流畅，合理传承文化元素，最大程度体现公共服务功能"的原则精神，以及"四川大剧院规模体量较小，群众性文化服务功能不足"等意见，本项目建设指挥部协同设计单位，按"四川大剧院建筑高度应达到规划上限，即38m，与省图书馆对称，地下应与地铁接通，其总体设计应与周边环境协调"等具体要求，对方案进行了修改完善，并再次报送省政府审查。

按省政府专题会议要求，2012年4月17日，成都市规划局针对省政府专题会议精神的修改意见，对规划限高、日照等均做了相应调整，设计单位综合修改意见对方案进行了修改。工程修改方案主要有以下四个变化：

a.主体建筑高度变化，为了与天府广场周边环境协调，建筑总高度由34m增至38m；

b.地下部分由3层增加为4层（含夹层，目的为：一是满足规划部门提出的机动车位不得低于389个的最低标准；二是与原锦城艺术宫地块地下建筑相通，连接到地铁站。经查，原艺术宫地块地下共四层，其中第三层与四川大剧院地下最低层标高相差1.75m）。

c.由原方案1个大剧场、1个多功能厅变更为现在的1个大剧场、1个标准小剧场（450人）。由于原方案中地上部分文化艺术品展示场所总面积虽有5981m²，但分布在三层楼层中，且形状不规整，除去必须保证的演出配套服务区及观众疏散区域外，无法整合成满足小剧场的使用面积；地下文化艺术品展示场所6442m²，虽有容纳小剧场的面积，但也因标准小剧场存在舞台灯光、机械等大负荷用电设施，按消防规范，不得设置在地下，故小剧场只能设计在大剧场上方，即大剧院顶部，故而该地下部分修改为电影院、多功能厅及配套用房。

d.其他变动：增加大剧场空间高度、小剧场隔声等级提升、剧场综合功能提升等。

③推荐方案——方案一的平面布置与功能设置

建设用地被划分为三大功能区块，用地西南侧靠近天府广场区域为大剧院的主要人流集散区域，底层架空形成净空高度8m，面积约880m²的市民广场，体现出对城市公共空间的深刻理解。东侧靠近东华门街区域为剧院文化配套区域，设置舞美制作室、音像制作室等。北侧为大剧院的主要车行交通流线，设置剧场后勤服务功能，主要包括：演出接待人员出入口、演员和后勤人员出入口、舞台道具货运装置、地下车库出入口等。用地南向根据规划设计条件进行适当退距，设置公共开敞空间。用地东北侧地块设置文化配套功能，并按规划设计条件设置60m²的公共厕所，以及人防出口。

功能设置：建筑分为大剧院主楼与东北角独立文化配套用房两部分。

建筑主楼地上共有3层（含夹层共计六层），地下3层（含夹层共计四层），建筑高度38.0m。电影院设置在夹层–5.0m标高处与地下一层。有独立疏散至地面的楼梯间。地下其他区域为汽车库、设备用房及影院配套用房。地面一层有架空的市民广场和文化配套用房，架空的市民广场在建筑西南侧，文化配套用房主要集中在场地东南向，场地北侧设置有后勤人员出入口，剧场演山接待人员入口及演员出入口。地上标高5.40m处是大剧院的舞台，在舞台后部设有剧场相关配套用房，如化妆间、道具间等。10.50m标高处为大剧院堂座，前厅及休息厅区域，舞台后部有配套后台区域。16.00m标高夹层处为大剧院楼座和观众休息区，20.5m标高夹层为大剧院文化配套用房，舞台后部为化妆以及剧院配套用房区域。28.2m标高处为450座小剧场和相关的配套用房。

建筑各层层高均按照相关使用功能规范要求进行设计。建筑总高度控制在38m之内。通过方案设计的比选和优化，最大限度地利用好地块，实现了使用功能，同时突出建筑物特色。

2.初步设计阶段

初步设计应根据批准的可行性研究报告或方案设计进行编制，明确工程规模、建设目的、投资效益、设计原则和标准，深化设计方案，确定拆迁、征地范围和数量，编制初步设计概算，提出设计中存在的问题、注意事项及有关建议，其深度应能满足确定工程投资，满足编制施工图设计、主要设备订货、招标及施工准备的要求。

（1）全过程工程咨询单位应组织相关专业专家对初步设计文件进行审查，审查应当包括下列主要内容：

①是否按照方案设计的审查意见进行了修改；

②是否达到初步设计的深度，是否满足编制施工图设计文件的需要；

③是否满足消防规范的要求；

④各专业设计审查：建筑专业、结构专业、设备专业、剧场专业。

⑤有关专业重大技术方案是否进行了技术经济分析比较，是否安全、可靠；

⑥初步设计文件采用的新技术，新材料是否适用，可靠。

（2）大剧院建设一般都存在超过消防规范规定的情况，按照要求必须进行消防专项论证，用以通过初步设计图纸审查。四川大剧院对消防设计中存在的以下几个问题进行了论证：

①由于剧场建筑特殊空间结构与实际功能的需要，大剧场观众厅所在的防火分区F–7面积为：3284.64m²，大剧场舞台所在的防火分区F–5面积为2514.84m²，小剧场所在防火分区F–13面积为2135.5m²，均超过规范要求防火分区面积，需要论证该设计的可行性。

②由于功能需要，小剧场设在3层，标高为27.6m，其厅室面积约为702.91m²，需要论证该设计的可行性。

③由于本项目特殊的建筑结构，大剧场观众厅位于建筑中心区域，需要借助休息厅为安全过渡区，需要论证疏散方式的可行性。

④由于建筑红线的限制，消防水池室外取水口与建筑外墙的距离为5.0m，拟在相应区域建筑外墙采用加强措施进行处理，需要论证其可行性。

通过向省消防部门申报，省消防主管部门组织省市消防相关专家论证，获得了消防主管部门的批复。

同时，大剧院的声学设计，特别是剧场观众厅的声学设计在初步设计中也尤为重要，四川大剧院在初设阶段，就观众厅的声学设计进行了严格把关，拟达到声学要求。

四川大剧院在初设期间声学顾问单位就声学模型进行了模拟测试，提出了以下的建议：预测的中频混响时间RTmid略长于设计指标，这表明观众厅的容积需要略微减小，可以通过微调观众厅顶棚的高度和形状完成。

预测的清晰度C80和声强因子G参数均满足设计指标。这两个参数在观众区的分布可以接受，还可以在内装设计中通过微调墙面和顶棚面等的形状及对某些表面做声扩散体处理以进一步优化。

在后续的大剧院设计中，声学顾问单位将与内装设计师共同确定观众厅所有的内表面材料，包括材料的种类、容重、厚度及最终表面处理方法，还将与内装设计师共同发展墙面等的声扩散体做法。

3.施工图设计阶段

施工图设计应根据批准的初步设计进行编制，其设计文件应能满足施工招标、施工安装、材料设备订货、非标设备制作、加工及编制施工图预算的要求。

施工图设计阶段，全过程工程咨询单位需要对施工图设计文件进行审查。施工图设计审查分为全过程工程咨询单位自行组织的技术性及符合性审查，以及建设行政主管部门认定的施工图审查机构实施的工程建设强制性标准及其他规定内容的审查，完成审查后的施工图文件应按建设行政主管部门的要求进行备案。

全过程工程咨询单位在施工图出图后及送行政审查前，应组织使用单位及各专业咨询工程师等对施工图的设计内容进行内部审查，例如专业咨询工程师（造价）应从工程量清单编制过程中发现的技术问题，或从造价控制的角度提出意见、建议；而专业咨询工程师（监理）应结合施工现场（例如，技术的可靠性，施工的便利性，施工的安全性等方面）提出意见建议，即全过程工程咨询单位应从施工图是否满足投资人需求，符合使用人的使用要求等方面进行审查。

全过程工程咨询单位对各单位审查意见进行汇总，并召开专题会议共同讨论，由设计单位对施工图进行修改，完善，最后形成正式的施工图。

全过程工程咨询单位对施工图设计审查的主要内容应包括：

（1）建筑专业

①建筑面积是否符合政府主管部门批准意见和设计任务书的要求，特别是计入容积率的面积是否核算准确。

②建筑装饰用料标准是否合理、先进、经济、美观，特别是外立面是否体现了方案设计的特色，内装修标准是否符合投资人的意图。

③总平面设计是否充分考虑了交通组织、园林景观，竖向设计是否合理。

④立面、剖面、详图是否表达清楚。

⑤门窗表是否能与平面图对应，其统计数量有无差错，分隔形式是否合理。

⑥消防设计是否符合消防规范，包括防火分区是否超过规定面积，防火分隔是否达到耐火时限，消防疏散通道是否具有足够的宽度和数量，消防电梯设置是否符合要求。

⑦地下室防水、屋面防水、外墙防渗水、卫生间防水、门窗防水等重要位置渗漏的处理是否合理。

⑧楼地面做法是否满足使用要求。

⑨室内装饰设计是否符合声学要求。

（2）结构专业

①结构设计总说明的内容是否准确全面，结构构造要求是否交代清楚。

②基础设计是否符合初步设计确定的技术方案。

③主体结构中的结构布置选型是否符合初步设计及其审查意见，楼层结构平面梁、板、墙、柱的标注是否全面，配筋是否合理。

④结构设计是否满足施工要求。

⑤基坑开挖及基坑围护方案的推荐是否合理。

⑥钢筋含量、节点处理等问题是否合理。

⑦土建与各专业的矛盾问题是否解决。

（3）设备专业

①系统是否按照初步设计的审查意见进行布置。

②与建筑结构专业是否矛盾。

③消防工程设计是否满足消防规范的要求，包括火灾报警系统、防排烟系统、消火栓系统、喷淋系统以及疏散广播系统等。

④给水管供水量及管道走向、管径是否满足最不利点供水压力需要，是否满足美观需要。

⑤排水管的走向及布置是否合理。

⑥管材及器具选择是否符合规范及投资人要求。

⑦水，电、煤、消防等设备，管线安装位置设计是否合理、美观，且与土建图纸是否矛盾。

⑧煤气工程是否满足煤气公司的审图要求。

⑨室内电器布置是否合理、规范，强弱电室内外接口是否满足电话局、供电局及设计要求。

⑩用电设计容量和供电方式是否符合供电局规定的要求。

⑪舞台机械、灯光音响等专业是否符合使用需求。

完成内部审查后，应及时送至相关的施工图审查机构审查，并取得施工图审查合格书。

施工图审查机构对施工图设计的审查内容主要包括：

（1）是否符合工程建设强制性标准；

（2）地基基础和主体结构的安全性；

（3）是否符合民用建筑节能强制性标准，对执行绿色建筑标准的项目，还应当审查是否符合绿色建筑标准；

（4）勘察设计企业和注册执业人员以及相关人员是否按规定在施工图上加盖相应的图章和签字；

（5）法律、法规、规章规定必须审查的其他内容。

四川大剧院在施工图阶段，各专业审查施工图的同时，还运用了BIM对施工图进行了模拟检查，发现了大量的错漏碰缺，在招标及图审前确保了施工设计图的质量，详见BIM运用篇章。

5.2.4 建设工程施工阶段

1.施工准备阶段质量控制

（1）会审与设计交底

①图纸会审

图纸会审指建设单位、全过程工程咨询单位、施工单位等相关单位，在收到施工图审查机构审查合格的施工图设计文件后，在设计交底前进行的全面细致的熟悉和审查施工图纸的活动。监理人员应熟悉工程设计文件，并应参加建设单位主持的图纸会审会议，建设单位应及时主持召开图纸会审会议，组织项目监理机构、施工单位等相关人员进行图纸会审，并整理成会审问题清单，由建设单位在设计交底前约定的时间内提交设计单位。图纸会审由施工单位整理会议纪要，与会各方会签。

总监理工程师组织监理人员熟悉工程设计文件是项目监理机构实施事前质量控制的一项重要工作。其目的：一是通过熟悉工程设计文件，了解设计意图和工程设计特点、工程关键部位的质量要求；二是发现图纸差错，将图纸中的质量隐患消灭在萌芽之中。监理人员应重点熟悉：设计的主导思想与设计构思；采用的设计规范、各专业设计说明等以及工程设计文件对主要工程材料、构配件和设备的要求；对所采用的新材料、新工艺、新技术、新设备的要求；对施工技术的要求；涉及工程质量、施工安全应特别注意的事项等。

②设计交底

设计单位交付工程设计文件后，按法律规定的义务就工程设计文件的内容向建设单位、施工单位和全过程工程咨询单位（监理）做出详细的说明。帮助施工单位和全过程工程咨询单位（监理）正确贯彻设计意图，加深对设计文件的特点、难点、疑点的理解，掌握关键工程部位的质量要求，以确保工程质量。设计交底的主要内容一般包括：施工图设计文件总体介绍，设计的意图说明，特殊的工艺要求，建筑、结构、工艺、设备等各专业在施工中的难点、疑点和容易发生的问题说明，以及对施工单位、全过程工程咨询单位（监理），建设单位等对设计图纸疑问的解释等。针对大剧院舞台工艺、声学要求等特殊的设计要求应重点交底。

工程开工前，全过程工程咨询单位应组织并主持召开工程设计技术交底会。先由设计单位进行设计交底，后转入图纸会审问题解释，设计单位对图纸会审问题清单予以解答。通过建设单位、设计单位、全过程工程咨询单位（监理），施工单位及其他有关单位研究协商，确定图纸存在的各种技术问题的解决方案。

设计交底会议纪要由设计单位整理，与会各方会签。

③施工组织设计审查

施工组织设计是指导施工单位进行施工的实施性文件。项目监理机构应审查施工单位报审的施工组织设计，符合要求时，应由总监理工程师签认后报建设单位。项目监理机构应要求施工单位按已批准的施工组织设计组织施工。施工组织设计需要调整时，项目监理机构应按程序重新审查。

④施工方案审查

总监理工程师应组织专业监理工程师审查施工单位报审的施工方案，符合要求后应予以签认。施工方案审查应包括的基本内容：编审程序应符合相关规定；工程质量保证措施应符合有关标准。大剧院施工过程中的深基坑、高大模板等超过一定规模的危险性较大工程的专项方案应进行专家论证。

（2）现场施工准备

①施工现场质量管理检查

工程开工前，项目监理机构应审查施工单位现场的质量管理组织机构、管理制度及专职管理人员和特种作业人员的资格，主要内容包括：

a.项目部质量管理体系；

b.现场质量责任制；

c.主要专业工种操作岗位证书；

d.分包单位管理制度；

e.图纸会审记录；

f.地质勘查资料；

g.施工技术标准；

h.施工组织设计、施工方案编制及审批；

i.物资采购管理制度；

j.施工设施和机械设备管理制度；

k.计量设备配备；

l.检测试验管理制度；

m.工程质量检查验收制度等。

②分包单位资质的审核确认

大剧院舞台工艺等专业施工单位一般为分包，分包工程开工前，项目监理机构应审核施工单位报送的分包单位资格报审表及有关资料，专业监理工程师进行审核并提出审查意见，符合要求后，应由总监理工程师审批并签署意见。分包单位资格审核应包括的基本内容：营业执照、企业资质等级证书、安全生产许可文件、类似工程业绩、专职管理人员和特种作业人员的资格。

专业监理工程师应在约定的时间内，对施工单位所报资料的完整性、真实性和有效性进行审查。在审查过程中需与建设单位进行有效沟通，必要时会同建设单位对施工单位选定的分包单位的情况进行实地考察和调查，核实施工单位申报材料与实际情况是否相符。

专业监理工程师审查分包单位资质材料时，应查验《建筑业企业资质证书》、《企业法人营业执照》，以及《安全生产许可证》。注意拟承担分包工程内容与资质等级、营业执照是否相符。分包单位的类似工程业绩，要求提供工程名称、工程质量验收等证明文件；审查拟分包工程的内容和范围时，应注意施工单位的发包性质，禁止转包，肢解分包、层层分包等违法行为。

总监理工程师对报审资料进行审核，在报审表上签署书面意见前需征求建设单位意见。如分包单位的资质材料不符合要求，施工单位应根据总监理工程师的审核意见，或重新报审，或另选择分包单位再报审。

③工程材料、构配件、设备的质量控制

重要材料全过程咨询单位要求施工单位提供样板，组织建设单位、设计单位、施工单位、监理单位等对样板进行确认并封样，封样的材料作为监理工程师材料验收的重要依据。如四川大剧院的幕墙石材就经过了多轮的现场实体样板的选择，最终符合设计效果图的要求。

a.工程材料、构配件，设备质量控制的基本内容

项目监理机构收到施工单位报送的工程材料，构配件、设备报审表后，应审查施工单位报送的用于工程的材料、构配件、设备的质量证明文件，并应按有关规定、建设工程监理合同约定，对用于工程的材料进行见证取样。用于工程的材料、构配件、设备的质量证明文件包括出厂合格证、质量检验报告、性能检测报告以及施工单位的质量抽检报告等。对于工程设备应同时附有设备出厂合格证、技术说明书、质量检验证明、有关图纸、配件清单及技术资料等。对已进场经检验不合格的工程材料、构配件、设备，应要求施工单位限期将其撤出施工现场。

b.工程材料，构配件，设备质量控制的要点

对用于工程的主要材料，在材料进场时专业监理工程师应核查厂家生产许可证、出厂合格证、材质化验单及性能检测报告，审查不合格者一律不准用于工程。专业监理工程师应参与建设单位组织的对施工单位负责采购的原材料、半成品、构配件的考察，并提出考察意见。对于半成品、构配件和设备，应按经过审批认可的设计文件和图纸要求采购订货，质量应满足有关标准和设计的要求。某些材料，诸如瓷砖等装饰材料，要求订货时最好一次性备足货源，以免由于分批而出现色泽不一的质量问题。

在现场配制的材料，施工单位应进行级配设计与配合比试验，经试验合格后才能使用。

对于进口材料，构配件和设备，专业监理工程师应要求施工单位报送进口商检证明文件，并会同建设单位、施工单位，供货单位等相关单位有关人员按合同约定进行联合检查验收。联合检查由施工单位提出申请，项目监理机构组织，建设单位主持。

对于工程采用新设备，新材料，还应核查相关部门鉴定证书或工程应用的证明材料、实地考察报告或专题论证材料。

原材料、（半）成品、构配件进场时，专业监理工程师应检查其尺寸、规格、型号、产品标志、包装等外观质量，并判定其是否符合设计、规范，合同等要求。

工程设备验收前，设备安装单位应提交设备验收方案，包括验收方法、质量标准，验收的依据，经专业监理工程师审查同意后实施。

对进场的设备，专业监理工程师应会同设备安装单位，供货单位等的有关人员进行开箱检验，检查其是否符合设计文件、合同文件和规范等所规定的厂家、型号、规格、数量、技术参数等，检查设备图纸、说明书、配件是否齐全。

由建设单位采购的主要设备则由建设单位、施工单位、项目监理机构进行开箱检查，并由三方在开箱检查记录上签字。

质量合格的材料、构配件进场后，到其使用或安装时通常要经过一定的时间间隔。

在此时间里，专业监理工程师应对施工单位在材料、半成品、构配件的存放、保管及使用期限实行监控。

④工程开工条件审查与开工令的签发

总监理工程师应组织专业监理工程师审查施工单位报送的工程开工报审表及相关资料，同时具备下列条件时，应由总监理工程师签署审查意见，并应报建设单位批准后，总监理工程师签发工程开工令：

a.设计交底和图纸会审已完成；

b.施工组织设计已由总监理工程师签认；

c.施工单位现场质量，安全生产管理体系已建立，管理及施工人员已到位，施工机械具备使用条件，主要工程材料已落实；

d.进场道路及水，电、通信等已满足开工要求。

总监理工程师应在开工日期7天前向施工单位发出工程开工令。工期自总监理工程师发出的工程开工令中载明的开工日期起计算。总监理工程师应组织专业监理工程师审查施工单位报送的开工报审表及相关资料，并对开工应具备的条件进行逐项审查，全部符合要求时签署审查意见，报建设单位得到批准后，再由总监理工程师签发工程开工令。施工单位应在开工日期后尽快施工。

2.施工过程质量控制

（1）巡视与旁站

①巡视是全过程工程咨询单位（监理）对施工现场进行的定期或不定期的检查活动，是全过程工程咨询单位（监理）对工程实施建设监理的方式之一。

全过程工程咨询单位（监理）应安排监理人员对工程施工质量进行巡视，巡视应包括下列主要内容：

a.施工单位是否按工程设计文件、工程建设标准和批准的施工组织设计、（专项）施工方案施工。施工单位必须按照工程设计图纸和施工技术标准施工，不得擅自修改工程设计，不得偷工减料。

b.使用的工程材料、构配件和设备是否合格。应检查施工单位使用的工程原材料、构配件和设备是否合格。不得在工程中使用不合格的原材料、构配件和设备，只有经过复试检测合格原材料、构配件和设备才能够用于工程。

c.施工现场管理人员，特别是施工质量管理人员是否到位。应对其是否到位及履职情况做好检查和记录。

d.特种作业人员是否持证上岗。应对施工单位特种作业人员是否持证上岗进行检查。根据《建筑施工特种作业人员管理规定》，对于建筑电工、建筑架子工、建筑起重信号司索工、建筑起重机械司机、建筑起重机械安装拆卸工、高处作业吊篮安装拆卸工、焊接切割操作工以及经省级以上人民政府建设主管部门认定的其他特种作业人员，必须持施工特种作业人员操作证上岗。

②旁站是指项目全过程工程咨询单位（监理）对工程的关键部位或关键工序的施工质量进行的监督活动。

全过程工程咨询单位（监理）应根据工程特点和施工单位报送的施工组织设计，将影响工程主体结构安全的、完工后无法检测其质量的或返工会造成较大损失的部位及其施工过程作为旁站的关键部位、关键工序，安排监理人员进行旁站，并应及时记录旁站情况。旁站记录应按《建设工程监理规范》GB/T 50319—2013的要求填写。

（2）见证取样与平行检验

①见证取样

见证取样是指项目监理机构对施工单位进行的涉及结构安全的试块、试件及工程材料现场取样、封样、送检工作的监督活动。

②平行检验

平行检验是指项目监理机构在施工单位自检的同时，按有关规定、建设工程监理合同约定对同一检验项目进行的检测试验活动。项目监理机构应根据工程特点、专业要求，以及建设工程监理合同约定，对施工质量进行平行检验。

平行检验的项目、数量、频率和费用等应符合建设工程监理合同的约定。对平行检验不合格的施工质量，项目监理机构应签发监理通知单，要求施工单位在指定的时间内整改并报复验。

（3）质量记录资料的管理

质量记录资料是施工单位进行工程施工或安装期间，实施质量控制活动的记录，还包括对这些质量控制活动的意见及施工单位对这些意见的答复，它详细地记录了工程施工阶段质量控制活动的全过程。因此，它不仅在工程施工期间对工程质量的控制有重要作用，而且在工程竣工和投入运行后，对于查询和了解工程建设的质量情况以及工程维修和管理提供大量有用的资料和信息。

质量记录资料包括以下三方面内容：

①施工现场质量管理检查记录资料

主要包括施工单位现场质量管理制度，质量责任制；主要专业工种操作上岗证书；分包单位资质及总承包施工单位对分包单位的管理制度；施工图审查核对资料（记录），地质勘察资料；施工组织设计、施工方案及审批记录；施工技术标准；工程质量检验制度；混凝土搅拌站（级配填料拌合站）及计量设置；现场材料、设备存放与管理等。

②工程材料质量记录

主要包括进场工程材料、构配件、设备的质量证明资料；各种试验检验报告（如力学性能试验、化学成分试验、材料级配试验等）；各种合格证；设备进场维修记录或设备进场运行检验记录。

③施工过程作业活动质量记录资料

施工或安装过程可按分项、分部、单位工程建立相应的质量记录资料。在相应质量记录资料中应包含有关图纸的图号、设计要求；质量自检资料；项目监理机构的验收资料；各工序作业的原始施工记录；检测及试验报告；材料、设备质量资料的编号、存放档案卷号。此外，质量记录资料还应包括不合格项的报告、通知以及处理及检查验收资料等。

质量记录资料应在工程施工或安装开始前，由项目监理机构和施工单位一起，根据建设单位的要求及工程竣工验收资料组卷归档的有关规定，研究列出各施工对象的质量资料清单。以后，随着工程施工的进展，施工单位应不断补充和填写关于材料，构配件及施工作业活动的有关内容，记录新的情况。当每一阶段（如检验批，一个分项或分部工程）施工或安装工作完成后，相应的质量记录资料也应随之完成，并整理组卷。

施工质量记录资料应真实、齐全，完整，相关各方人员的签字齐备、字迹清楚、结论明确，与施工过程的进展同步。在对作业活动效果的验收中，若缺少资料和资料不全，项目监理机构应拒绝验收。

监理资料的管理应由总监理工程师负责，并指定专人具体实施。总监理工程师作为项目监理机构的负责人应根据合同要求，结合监理项目的大小、工程复杂程度配置一至多名专职熟练的资料管理人员具体实施资料的管理工作。

除了配置资料管理员外，还需要包括项目总监理工程师、各专业监理工程师、监理员在内的各级监理人员自觉履行各自监理职责，保证监理文件资料管理工作的顺利完成。鲁班奖的评审，过程资料必须翔实，监理必须把好关，留下文字和影像等各种过程资料。

5.2.5 施工验收阶段

1.施工质量验收层次划分

工程施工质量验收涉及工程施工过程质量验收和竣工质量验收，是工程施工质量控制的重要环节。根据工程特点，按结构分解的原则合理划分工程施工质量验收层次，将有利于对工程施工质量进行过程控制和阶段质量验收，特别是不同专业工程验收批的确定，将直接影响工程施工质量验收工作的科学性、经济性和可操作性。因此，对施工质量验收层次进行合理划分是非常必要的，这有利于保证工程质量符合有关标准。

（1）单位工程的划分

单位工程是指具备独立施工条件并能形成独立使用功能的建筑物或构筑物。对于建筑工程，单位工程的划分应按下列原则划分：

①具备独立施工条件并能形成独立使用功能的建筑物或构筑物为一个单位工程，如四川大剧院就划分为一个单位工程。

②对于规模较大的单位工程，可将其能形成独立使用功能的部分划分为一个子单位工程。

单位或子单位工程的划分，施工前可由建设，监理、施工单位共同商议确定，并据此收集整理施工技术资料和验收。

（2）分部工程的划分

分部工程是单位工程的组成部分，一个单位工程往往是由多个分部工程组成的。分部工程可按专业性质、工程部位确定。对于建筑工程，分部工程应按下列原则划分。

①可按专业性质、工程部位确定。如建筑工程划分为地基与基础、主体结构、建筑装饰装修、屋面、建筑给水排水及供暖、通风与空调、建筑电气、智能建筑、建筑节能电梯十个分部工程。

②当分部工程较大或较复杂时，可按材料种类、施工特点、施工程序、专业系统及类别将分部工程划分为若干个子分部工程。例如，主体结构分部工程可划分为混凝土结构、砌体结构、钢结构、钢管混凝土结构、型钢混凝土结构、铝合金结构和木结构等子分部工程。

四川大剧院声学装修、灯光音响、舞台机械、10kV变配电新建工程等均为比较专业的工程，专门被列为分部工程，需进行专项验收。

（3）分项工程的划分

分项工程是分部工程的组成部分。分项工程可按主要工种，材料，施工工艺、设备类别进行划分。例如，建筑工程的主体结构分部工程中，混凝土结构子分部工程划分为模板、钢筋、混凝土、预应力、现浇结构、装配式结构等分项工程。

建筑工程的分部工程，分项工程是按照《建筑工程施工质量验收统一标准》的规定。

（4）检验批的划分

检验批是分项工程的组成部分。检验批是指按相同的生产条件或按规定的方式进行汇总，供抽样检验用的，由一定数量样本组成的检验体。检验批可根据施工、质量控制和专业验收的需要，按工程量、楼层、施工段、变形缝进行划分。

施工前，应由施工单位制定分项工程和检验批的划分方案，并由项目监理机构审核。对于《建筑工程施工质量验收统一标准》及相关专业验收规范未涵盖的分项工程和检验批，可由建设单位组织监理、施工等单位协商确定。

通常，多层及高层建筑的分项工程可按楼层或施工段划分检验批；单层建筑的分项工程可按变形缝等划分检验批；地基与基础的分项工程一般划分为一个检验批，有地下层的基础工程可按不同地下层划分检验批；屋面工程的分项工程可按不同楼层屋面划分为不同的检验批；其他分部工程中的分项工程，一般按楼层划分检验批；对于工程量较少的分项工程可划分为一个检验批；安装工程一般按一个设计系统或设备组别划分为一个检验层。室外工程一般划分为一个检验批；散水，台阶、明沟等则包含在地面检验批中。

2.验收程序和标准

（1）一般规定

施工现场应具有健全的质量管理体系，相应的施工技术标准、施工质量检验制度和综合施工质量水平评定考核制度。

①建筑工程采用的主要材料、半成品、成品、建筑构配件、器具和设备应进行进场检验。凡涉及安全、节能、环境保护和主要使用功能的重要材料、产品。应按各专业工程施工规范、验收规范和设计文件等规定进行复验，并应经专业监理工程师检查认可。

②各施工工序应按施工技术标准进行质量控制，每道施工工序完成后，经施工单位自检符合规定后，才能进入下道工序进行施工。各专业工种之间的相关工序应进行交接检验，并应记录。

③对于项目监理机构提出检查要求的重要工序，应经专业监理工程师检查认可后，才能进入下道工序进行施工。

符合下列条件之一时，可按相关专业验收规范的规定适当调整抽样复验、试验数量，调整后的抽样复验、试验方案应由施工单位编制，并报项目监理机构审核确认。

①同一项目中由相同施工单位施工的多个单位工程，应使用同一生产厂家的同品种，同规格、同批次的材料、构配件、设备。

②同一施工单位在现场加工的成品、半成品、构配件可用于同一项目中的多个单位工程。

③在同一项目中，针对同一抽样对象已有检验成果的可以重复利用。调整抽样复验、试验数量或重复利用已有检验成果的应有具体的实施方案，实施方案应符合各专业验收规范的规定，并事先报项目监理机构认可。若施工单位或项目监理机构认为必要时，也可不调整抽样复验、试验数量或不重复利用已有检验成果。

建筑工程施工质量应按下列要求进行验收：

①工程施工质量验收均应在施工单位复检合格的基础上进行。

②参加工程施工质量验收的各方人员应具备相应的资格。

③检验批的质量应按主控项目和一般项目验收。

④对涉及结构安全、节能、环境保护和主要使用功能的试块、试件及材料，应在进场时或施工中规定进行见证检验。

⑤隐蔽工程在隐蔽前应由施工单位通知项目监理机构进行验收，并应形成验收文件，验收合格后方可继续施工。

⑥对涉及结构安全、节能、环境保护和使用功能的重要分部工程，应在验收前按规定进行抽样检验。

⑦工程的观感质量应由验收人员现场检查，并应共同确认。

建筑工程施工质量验收合格应符合下列规定：

①符合工程勘察、设计文件的要求。

②符合《建筑工程施工质量验收统一标准》GB 50300—2013和相关专业验收规范的规定。

检验批的质量检验，可根据检验项目的特点在下列抽样方案中选取：

①计量、计数或计量一计数的抽样方案；

②一次、二次或多次抽样方案；

③对重要的检验项目，应当有简易快速的检验方法时，选用全数检验方案；

④根据生产连续性和生产控制稳定性的情况，采用调整型抽样方案；

⑤经实践检验有效的抽样方案。

检验批抽样样本随机抽取，满足分布均匀、具有代表性的要求，抽样数量应符合有关专业验收规范的规定。明显不合格的个体可不纳入检验批，但应进行处理，使其满足有关专业验收规范的规定，对处理的情况应予以记录并重新验收。

（2）检验批质量验收

①检验批质量验收程序

检验批是工程施工质量验收的最小单位，是分项工程、分部工程、单位工程质量验收的基础。按检验批验收有助于及时发现和处理施工中出现的质量问题，确保工程质量，也符合施工的实际需要。

检验批应由专业监理工程师组织施工单位项目专业质量检查员、专业工长等进行验收。

验收前，施工单位应对施工完成的检验批进行自检，对于存在的问题应自行整改处理，合格后报送项目监理机构申请验收。

专业监理工程师对施工单位所报的资料进行审查，并组织相关人员到现场进行实体检查、验收。对验收不合格的检验批，专业监理工程师应要求施工单位进行整改，自检合格后予以复验；对验收合格的检验批，专业监理工程师应签认检验批报审报验表及质量验收记录，准许进行下道工序施工。

②检验批质量验收合格应符合下列规定

a.主控项目的质量经抽样检验均应合格。

b.一般项目的质量经抽样检验合格。

c.具有完整的施工操作依据、质量验收记录。

（3）分项工程质量验收

①分项工程质量验收程序

分项工程应由专业监理工程师组织施工单位项目专业技术负责人等进行验收。验收前，施工单位应对施工完成的分项工程进行自检，对于存在的问题应自行整改处理，合格后报送项目监理机构申请验收。专业监理工程师对施工单位所报资料逐项进行审查，符合要求后签认分项工程报审报验表及质量验收记录。

②分项工程质量验收合格应符合下列规定

a.所含检验批的质量均应验收合格。

b.所含检验批的质量验收记录应完整。

分项工程的验收是以检验批为基础进行的。一般情况下，检验批和分项工程两者具有相同或相近的性质，只是批量的大小不同而已。实际上，分项工程质量验收是一个汇总统计的过程。分项工程质量合格的条件是构成分项工程的各检验批验收资料齐全完整，且各检验批均已验收合格。

（4）分部工程质量验收

①分部工程质量验收程序

分部工程应由总监理工程师组织施工单位项目负责人和项目技术负责人等进行验收。

勘察、设计单位项目负责人和施工单位技术、质量部门负责人应参加地基与基础分部工程的验收。由于地基与基础分部工程情况复杂、专业性强，且关系整个工程的安全，为保证质量，严格把关，规定勘察、设计单位项目负责人应参加验收，并要求施工单位技术、质量部门负责人也要参加验收。

设计单位项目负责人和施工单位技术、质量部门负责人应参加主体结构、节能分部工程的验收。由于主体结构直接影响使用安全，建筑节能又直接关系国家资源战略、可持续发展等，因此规定对这两个分部工程，设计单位项目负责人应参加验收，并要求施工单位技术、质量部门负责人也要参加验收。

参加验收的人员，除指定的人员必须参加验收外，允许其他相关人员共同参加验收。由于各施工单位的机构和岗位设置不同，施工单位技术、质量负责人允许有两个，也可以是一个人。勘察、设计单位项目负责人应为勘察、设计单位负责本工程项目的专业负责人，不应由与本项目无关或不了解本项目情况的其他人、非专业人员代替。

验收前，施工单位应对施工完成的分部工程进行自检，对存在的问题自行整改处理，合格后填写分部工程报验表及分部工程质量验收记录，并将相关资料报送项目监理机构申请验收。总监理工程师应组织相关人员进行检查、验收，对验收不合格的分部工程，应要求施工单位进行整改，自检合格后予以复查。对验收合格的分部工程，应签认分部工程报验表及验收记录。

②分部工程质量验收合格应符合下列规定

a.所含分项工程的质量均应验收合格。

b.质量控制资料应完整。

c.有关安全、节能、环境保护和主要使用功能的抽样检验结果应符合相应规定。

d.观感质量应符合要求。

分部工程质量验收是以所含各分项工程质量验收为基础进行的。首先，分部工程所含各分项工程已验收合格且相应的质量控制资料齐全、完整。此外，由于各分项工程的性质不尽相同，因此作为分部工程不能简单地组合加以验收，尚须进行以下两个方面的检查项目：

i.涉及安全、节能、环境保护和主要使用功能的地基与基础、主体结构和设备安装等分部工程应进行有关的见证检验或抽样检验。总监理工程师应组织相关人员，检查各专业验收规范中规定检测的项目是否都进行了检测，查阅各项检测报告（记录），核查有关检测方法、内容程序、检测结果等是否符合有关标准规定，核查有关检测机构的资质，见证取样与送样人员资格，检测报告出具机构负责人的签署情况是否符合要求等。

ii.观感质量验收，这类检查往往难以定量，只能以观察、触摸或简单量测的方式进行观感质量验收，并结合验收人的主观判断，检查结果并不给出"合格"或"不合格"的结论，而是由各方协商确定，综合给出"好""一般""差"的质量评价结果。对于"差"的检查点应进行返修处理。所谓"好"是指在观感质量符合验收规范的基础上，能到达精致、流畅的要求，细部处理到位、精度控制好；所谓"一般"是指观感质量能符合验收规范的要求；所谓"差"是指观感质量勉强能达到验收规范的要求，或有明显的缺陷，但不影响安全或使用功能。

（5）单位工程质量验收

①单位工程质量验收程序

a.预验收

单位工程完工后，施工单位应依据验收规范、设计图纸等组织有关人员进行自查，对于存在的问题自行整改处理，合格后填写单位工程竣工验收报审表，并将相关竣工资料报送项目监理机构申请预验收。

总监理工程师应组织各专业监理工程师审查施工单位报送的相关竣工资料，并对工程质量进行竣工预验收。存在施工质量问题时，应由施工单位及时整改。整改完毕且复验合格后，总监理工程师应签认单位工程竣工验收的相关资料。项目监理机构应编写工程质量评估报告，并应经总监理工程师和工程监理单位技术负责人审核签字后报建设单位。由施工单位向建设单位提交工程竣工报告，申请工程竣工验收。

单位工程中的分包工程完工后，分包单位应对所承包的工程项目进行自检，并应按标准规定的程序进行验收。验收时，总包单位应派人参加，验收合格后，分包单位应将所分包工程的质量控制资料整理完整，并移交给总包单位。建设单位组织单位工程质量验收时，分包单位负责人应参加验收。

b. 验收

全过程咨询单位收到工程竣工报告后，应由建设、设计、勘察、施工、全过程咨询单位（监理）等单位项目负责人进行单位工程验收。对验收中提出的整改问题，项目监理机构应督促施工单位及时整改。工程质量符合要求的，总监理工程师应在工程竣工验收报告中签署验收意见。这里需要注意的是，在单位工程质量验收时，由于勘察、设计、施工、监理等单位都是责任主体，因此各单位项目负责人应参加验收，考虑到施工单位对工程负有直接生产责任，而施工项目部不是法人单位，故施工单位的技术、质量负责人也应参加验收。

在一个单位工程中，对满足生产要求或具备使用条件，施工单位已自行检验，项目监理机构已预验收的子单位工程，建设单位可组织进行验收。由几个施工单位负责施工的单位工程，当其中的子单位工程已按设计要求完成，并经自行检验，也可按规定的程序组织正式验收，办理交工手续。在整个单位工程验收时，已验收的子单位工程验收资料应作为单位工程验收的附件。

《建设工程质量管理条例》规定，建设工程竣工验收应当具备下列条件：

ⅰ. 完成建设工程设计和合同约定的各项内容。

ⅱ. 有完整的技术档案和施工管理资料。

ⅲ. 有工程使用的主要建筑材料、建筑构配件和设备的进场试验报告。

ⅳ. 有勘察、设计、施工、工程监理等单位分别签署的质量合格文件。

ⅴ. 有施工单位签署的工程保修书。

根据上述竣工验收条件，对于不同性质的建设工程还应满足其他一些具体要求，如工业建设项目，还应满足必要的生活设施应已按设计要求建成；生产准备工作和生产设施能适应投产的，需要环境保护设施、劳动、安全与卫生设施、消防设施以及必须的生产设施应已按设计要求与主体工程同时建成，并经有关专业部门验收合格交付使用。

②单位工程质量验收合格应符合下列规定

a.所含分部工程的质量均应验收合格。

b.质量控制资料应完整。

c.所含分部工程中有关安全、节能、环境保护和主要使用功能的检验资料应完整。

d.主要使用功能的抽查结果应符合相关专业质量验收规范的规定。

e.观感质量应符合要求。

单位工程质量验收也称质量竣工验收，是建筑工程投入使用前的最后一次验收，也是最重要的一次验收。参建各方责任主体和有关单位及人员，应给予足够的重视，认真做好单位工程质量竣工验收，把好工程质量验收关。

③单位工程质量竣工验收、检查记录的填写

单位工程质量竣工验收记录表中的验收记录应由施工单位填写，验收结论由监理单位填写；综合验收结论应由参加验收的各方共同商定，由建设单位填写，并应对工程质量是否符合设计和规范要求及总体质量水平作出评价。单位工程质量控制资料核查记录填写，单位工程安全和功能检验资料核查及主要功能抽查记录填写，单位工程观感质量检查记录填写，表中的质量评价结果"好""一般""差"的填写，可由各方协商确定，也可按以下原则确定：项目检查点中有1处或多于1处"差"的可评为"差"；有60%及以上的检查点"好"的可评为"好"；其余情况可评价为"一般"。

3.工程施工质量验收不符合要求的处理

一般情况下，不合格现象在检验批验收时就应发现并及时处理，但实际工程中不能完全避免不合格情况的出现，因此工程施工质量验收不符合要求的应按下列方式进行处理：

（1）经返工或返修的检验批，应重新进行验收。在检验批验收时，对于主控项目不能满足验收规范规定或一般项目超过偏差限值的样本数量不符合验收规定时，应及时进行处理。其中，对于严重的质量缺陷应重新施工；一般的质量缺陷可通过返修、更换予以解决，允许施工单位在采取相应的措施后重新验收。如能够符合相应的专业验收规范要求，应认为该检验批合格。

（2）经有资质的检测机构检测鉴定能够达到设计要求的检验批，应予以验收。当个别检验批发现问题，难以确定能否验收时，应请具有资质的法定检测机构进行检测鉴定。当鉴定结果认为能够达到设计要求时，该检验批可以通过验收。这种情况通常出现在某检验批的材料试块强度不满足设计要求时。

（3）经有资质的检测机构检测鉴定达不到设计要求，但经原设计单位核算认可能够满足安全和使用功能的检验批，可予以验收。如经检测鉴定达不到设计要求，但经原设计单位核算、鉴定，仍可满足相关设计规范和使用功能的要求时，该检验批可予以验收。这主要是因为一般情况下，标准、规范的规定是满足安全和功能的最低要求，而设计往往在此基础上留有一些余量。在一定范围内，会出现不满足设计要求而符合相应规范要求的情况，两者并不矛盾。

（4）经返修或加固处理的分项、分部工程，满足安全及使用功能要求时，可按技术处理方案和协商文件的要求予以验收。经法定检测机构检测鉴定后认为达不到规范的相应要求，即不能满足最低限度的安全储备和使用功能时，则必须进行加固或处理，使之能够满足安全使用的基本要求。这样可能会造成一些永久性的影响，如增大结构外形尺寸，影响一些次要的使用功能。但为了避免建筑物整体或局部被拆除，避免社会财富遭受更大的损失，在不影响安全和主要使用功能条件下，可按技术处理方案和协商文件进行验收，责任方应按法律法规承担相应的经济责任并接受处罚。需要特别注意的是，这种方法不能作为降低质量要求、变相通过验收的一种出路。

（5）经返修或加固处理仍不能满足安全或重要使用要求的分部工程及单位工程，严禁验收。分部工程及单位工程经返修或加固处理后仍不能满足安全或重要使用功能时，表明工程质量存在严重的缺陷。重要的使用功能不能满足要求时，将导致建筑物无法正常使用，安全不满足要求时，将危及人身健康或财产安全，严重时会给社会带来巨大的安全隐患，因此对于这类工程严禁通过验收，更不得擅自投入使用，需要专门研究处置方案。

（6）工程质量控制资料应齐全完整。当部分资料缺失时，应委托有资质的检测机构按有关标准进行相应的实体检测或抽样试验。实际工程中偶尔会遇到因遗漏检验或资料丢失而导致部分施工验收资料不全的情况，使工程无法正常验收。对此，可以有针对性地进行工程质量检验，采取实体检测或抽样试验的方法确定工程质量状况。上述工作应由有资质的检测机构完成，出具的检验报告可用于工程施工质量验收。

5.3 以鲁班奖为目标的质量管控

四川大剧院建设项目为四川省和成都市的地标性建筑，工程施工质量控制是全过程咨询管理的重要任务，在项目建设初期，全过程咨询单位就策划了该项目工程质量应达到国内领先水平，最终应获得国内建设工程质量的最高奖，即"鲁班奖"。在总承包工程及精装修工程等主要工程内容招标时，在招标文件及合同条款中就明确要求，本项目需获得"鲁班奖"，投标单位承诺"鲁班奖"作为中选条件，并在合同条款中约定，如未获奖将视为违约，并承诺违约责任。因此，在工程建设程序上应严格遵守国家法律法规及地方规章制度，及时办理并获得相应证照，符合法定建设程序，建设各方没有不符合诚信的行为。按照中国建筑业协会《中国建设工程鲁班奖（国家优质工程）评选办法》的要求进行了整个项目的质量控制。

5.3.1 项目建设阶段的质量管控

建设工程"鲁班奖"的申报工程应具备以下条件：

（1）符合法定建设程序、国家工程建设强制性标准和有关省地、节能、环保的规定，工程设计先进合理，并已获得本地区或本行业的最高质量奖。

（2）工程项目已完成竣工验收备案，并经过一年以上使用没有发现质量缺陷和质量隐患。

（3）工业交通水利工程、市政园林工程除符合本条（1）、（2）项条件外，其技术指标、经济效益及社会效益应达到本专业工程国内领先水平。

（4）住宅工程除符合本条（1）、（2）项条件外，入住率应达到40%以上。

（5）申报单位应没有不符合诚信的行为。申报工程原则上应已列入省（部）级的建筑业新技术应用示范工程或绿色施工示范工程，并验收合格。

（6）积极采用新技术、新工艺、新材料、新设备，其中应有一项国内领先水平的创新技术或采用"建筑业10项新技术"不少于6项。

1.设计阶段

方案设计、初步设计以及施工图设计均要求设计图纸符合国家工程建设强制性标准和有关省地、节能、环保的规定，总终设计成果获得本地区或本行业最高质量奖。

设计方案采用的大板镂空石材幕墙、官式玻璃坡屋顶等创意设计是本项目的亮点。四川大剧院用现代材料工艺表达"汉风蜀韵"的建筑表现手法全国罕见，本工程采用板面尺寸为1590mm×1590mm×50mm规格的大版花岗石材幕墙，石材上镂空刻字、镂空篆刻古典窗花，屋面采用双钢化双银LOWE中空彩釉夹胶玻璃打造古代官式坡屋顶，室内镶嵌巴蜀文化图案石材墙面，既满足剧院活泼通透的要求，也不失传统文化的体现。

四川大剧院狭小的场地包含了立体布置的小剧场、大剧场、电影院及完善的配套，极大地挖掘了项目的价值；剧场的音质效果得到了最大限度的保证；大量石材和玻璃独特的金镶钻的表现手法体现了项目的档次；篆刻、窗花、坡屋顶、金丝壁画诠释和传承了巴蜀文化。项目的设计不仅得到了专业人士和政府领导的高度评价，同时通过网上投票得到了市民的认可（图5-3）。

图5-3　四川大剧院

　　由于四川大剧院受场地制约，大小剧场上下重叠，但必须满足声学指标要求，浮筑楼板、隔声沟等均应用了声学处理技术。小剧场、大剧场、影院呈上中下立体叠加的建筑布置手法，四川大剧院乃全国首例，但声音的干扰成了剧场、影院的大忌，进行了专项声学设计，在地面设置了隔声沟，阻断了车辆的声音干扰，在楼层间采用浮筑楼板对声音进行隔断，在楼层内采用双层墙和隔声棉阻断声音的渗透，在室内采用流线型竖向线条式声扩散体保证声学效果。运用Odeon声学软件对剧场进行声学模拟，混响时间为1.5s，清晰度C80为1.5dB，响度为4.3dB，完全达到设计要求（图5-4）。

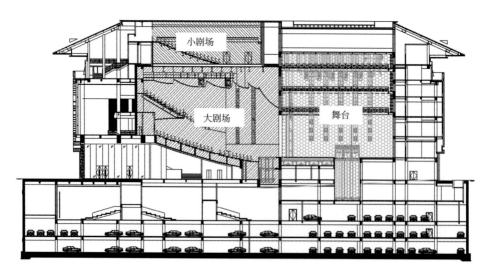

图5-4　四川大剧院剖面图

同时，项目做到了节地、节能、节水、节材的要求，满足了绿色建筑的星级标准。

2.施工阶段

施工过程中严格控制施工质量，对质量通病采取控制措施，确保施工质量，并经过一年以上使用没有发现质量缺陷和质量隐患。

施工过程严格把关，从材料选样、进场到各工序验收、隐蔽验收均严格按照设计及规范要求检查，对于易出现质量通病的工序，采取有效质量控制措施，杜绝质量问题，确保一次性验收合格。精装修施工前，样板先行，观感质量做到美观。工程设计和施工做到环保，节材、节水、节能、节地，并使用新技术，获得国家绿色施工示范工程。

5.3.2 新技术、新工艺、新材料、新设备应用

本工程列入省级的建筑业新技术应用示范工程相应的应用如下：

1.浮筑楼板、隔声沟等声学处理技术的应用

采用小剧场、大剧场、影院呈上中下立体叠加的建筑布置手法，四川大剧院乃属全国首例，虽然声音的干扰成了剧场、影院的大忌，但项目聘请了世界一流的声学顾问进行了专项声学设计，在地面设置了隔声沟阻断车辆的声音干扰，在楼层间采用浮筑楼板对声音进行隔断，在楼层内采用双层墙和隔声棉阻断声音的渗透，在室内采用流线型竖向线条式声扩散体保证声学效果。运用Odeon声学软件对剧场进行声学模拟，混响时间为1.5s，清晰度C80为1.5dB，响度为4.3dB，完全达到设计要求（图5-5）。

图5-5 新技术

2.深基坑监测技术的应用

大剧院项目基坑开挖深度23.15m，东南北紧临成都市重要交通主干线，北临住宅楼，开挖线即为建筑红线，基坑安全等级为一级。基坑采用锚拉排桩、锚拉双排桩和混凝土内撑加排桩等多种支护方式结合组成。为确保基坑安全，基坑作业及地下室施工时，采用信息化监测技术对基坑进行变形监测，并根据监测结果决定是否需要采取措施，消除变形影响，避免进一步变形发生的危险。监测的内容包括桩顶变形监测点16个，地面沉降监测点16个，周边建筑变形监测点83个，桩体应力、桩体测斜及锚索应

力监测点6个，土体测斜仪监测6个，内支撑钢筋应力检测6个，高精度监测技术确保了周边建筑、道路、管网安全，确保了大剧院基础施工的顺利推进（图5-6）。

3.阻尼墙的应用

四川大剧院作为人流量大的公共建筑，其结构的安全性毋庸置疑应得到足够的加强，为防止地震作用下结构屈服、破坏、倒塌，项目不惜重金使用了60套YSX—VFW—600—60粘滞阻尼墙来吸收、耗散地震能量，减少结构位移，改善和提高结构的抗震性能，保证人民的生命安全（图5-7）。

图5-6　深基坑

图5-7　阻尼墙

4.双层弧形墙免支模技术

预制壳模模具加工借助CAD、BIM技术三维建模确定弧形墙中每一根构造柱的几何尺寸放样，合理规划，节约材料。模具提前预制，施工现场直接拼装，安装方便快捷，缩短工期，提高工作效率。降低施工难度，弥补了传统支模方法易产生漏浆漏振、蜂窝麻面隐患，易产生建筑垃圾等不利条件。减少了建筑施工的人力、周转性材料的投入，降低了施工成本，施工绿色环保，提高了砌体填充墙构造柱施工质量，经济效益显著。有效地解决了双层隔声墙用传统支模方法在墙体内侧无法支模的问题（图5-8）。

图5-8　免支模构件成型

5.特殊结构的组合应用

四川大剧院项目大跨度、错层、转换、钢-混凝土混合结构等多重复杂的特点，特别是承重斜梁跨度达32m，屋顶采用空间斜向单层钢网壳，其悬挑长度达17.4m，上述特点在国内尚属首例。本工程采用多种型钢与混凝土组合的结构，包括型钢混凝土柱、十字形、H形、异形钢骨混凝土柱、H形钢骨梁。采用有Z向性能等级要求的钢板，钢板组合焊接成箱形、十字形、H形截面钢构件，合理设计焊接接头形式，采用低氢型焊接材料，制定合理的焊接工艺，保障工程的结构安全（图5-9）。

图5-9　特殊结构组合应用

6.大直径钢筋直螺纹连接技术

　　为保证钢筋连接的可靠性，本工程大直径钢筋均采用直螺纹连接。直螺纹接头具有质量稳定，性能可靠的特点，接头可达到行业标准一级。采用直螺纹接头现场可实现提前预制，在连接作业面施工方便快捷。直螺纹接头减少了钢筋的搭接工程量，不但提高了工作效率，而且大大降低了钢筋工程的成本（图5-10）。

图5-10　直螺纹

　　施工过程中采用的"免支模钢筋混凝土预制模壳构造柱施工创新"及"提高螺纹卡粘式薄壁不锈钢管道安装一次合格率"分别获得2019年四川省工程建设系统优秀"QC"小组活动交流会成果一等奖和全国工程建设质量管理小组活动成果交流会Ⅱ类成果。

　　工程须获得该地区或行业结构质量最高奖，即优质结构奖，四川大剧院项目被成都市建委授予"2018年度成都市结构优质工程"，后续将申报"芙蓉杯""天府杯"。

第6章

剧院类项目进度控制

建设工程项目按投资效益不同可分为生产经营性、社会公益性和科学研究等类型项目，但无论何种项目，投资建设项目的直接目的皆是发挥其投资效益。建设工程的进度关系到项目投资效益的实现时间。剧场类建筑按时建设完成，按时运营，尽早实现投资效益，因此全过程工程咨询单位必须做好建设工程项目的进度控制，确保进度控制目标的实现。

6.1 概述

6.1.1 建设工程进度控制概念

建设工程进度控制是指对工程项目建设各阶段的工作内容、工作程序、持续时间和衔接关系，根据进度总目标及资源优化配置的原则编制计划并付诸实施，然后在进度计划的实施过程中经常检查实际进度是否按计划要求进行，对出现的偏差情况进行分析，采取补救措施或调整、修改原计划后再付诸实施，如此循环，直到建设工程竣工验收交付使用。建设工程进度控制的最终目的是确保建设项目按预定的时间启用或提前交付使用，建设工程进度控制的总目标是建设工期。

进度控制是项目工程管理的主要任务之一。剧院建筑在工程建设过程中存在着许多影响进度的因素，这些因素往往来自不同的部门和不同的时期，它们对建设工程的进度会造成复杂的影响。因此，进度控制人员必须事先对影响剧院建设工程进度的各种因素进行调查分析，预测它们对剧院建设工程进度的影响程度，确定合理的进度控制目标，编制可行的进度计划，使工程建设工作始终按计划进行。

实际建设过程中，不管进度计划的周密程度如何，由于其毕竟是人的主观设想，在其实施过程中，难免会因为各种新情况的出现产生各种干扰因素和风险因素，进而发生变化，使大家难以执行原定的进度计划。为此，进度控制人员必须掌握动态控制方法，在计划执行过程中不断检查建设工程的实际进展情况，并将实际状况与计划安排进行对比，从中得出偏离计划的信息，然后在分析偏差及其产生原因的基础上，通过采取组织、技术、经济等措施，维持原计划，使之能够正常实施。如果采取措施后依旧无法维持原计划，则需要对原进度计划进行调整或修正，再按新的进度计划实施。这样，在进度计划的执行过程中通过不断地检查和调整最终得以保证建设工程进度得到有效控制。

6.1.2 工程进度影响因素

由于剧院建设工程具有规模大、工程结构与工艺技术复杂、建设周期长及相关单位多等特点，剧院建设工程进度必然受到许多因素的影响。要想有效地控制工程进度，就必须对影响进度的有利因素和不利因素进行全面、细致的分析和预测。这样，一方面可以促进对有利因素的充分利用和对不利因素的妥善预防；另一方面也便于事先制定预防措施，事中采取有效对策，事后进行妥善补救，以缩小实际进度与计划进度的偏差，实现对建设工程进度的主动控制和动态控制。

影响剧院建设工程进度的不利因素有很多，如人为因素，技术因素，材料因素，机具因素，资金因素，水文、地质与气象因素，以及其他自然与社会环境等方面的因素。其中，人为因素是最大的干扰因素。从产生的根源看，有的来源于建设单位及其上级主管部门；有的来源于勘察设计、施工及材料、设备供应单位；有的来源于政府、建设主管部门、有关协作单位和社会；有的来源于各种自然条件；也有的来源于全过程咨询单位本身。在工程建设过程中，常见的影响因素如下。

1. 使用单位因素

如使用单位因使用要求改变而进行设计变更；因应提供的施工场地条件不能及时提供或所提供的场地不能满足工程正常需要，不能及时向施工承包单位或材料供应商付款等。

2. 勘察设计因素

如勘察资料不准确，特别是地质资料错误或遗漏；设计内容不完善，规范应用不恰当，设计有缺陷或错误；设计对施工的可能性未考虑或考虑不周；施工图纸供应不及时，不配套，或出现重大差错等。

3. 施工技术因素

如施工工艺错误；不合理的施工方案；施工安全措施不当；不可靠技术的应用等。

4. 自然环境因素

如复杂的工程地质条件；不明确的水文气象条件；地下埋藏文物的保护及处理；洪水、地震、台风等不可抗力等。

5.社会环境因素

如外单位临近工程施工干扰；节假日交通、市容整顿的限制；临时停水、停电，断路；以及在国外常见的法律及制度变化等。

6.组织管理因素

如向有关部门提出各种申请审批手续的延误；合同签订时遗漏条款、表达失当；因计划安排不周密，组织协调不力，导致停工待料、相关作业脱节；领导不力，指挥失当，使参加工程建设的各个单位，各个专业、各个施工过程之间在交接、配合上发生矛盾等。

7.材料、设备因素

如材料构配件、机具、设备供应环节的差错，品种、规格、质量、数量、时间不能满足工程的需要；特殊材料及新材料的不合理使用；施工设备不配套，选型失当，安装失误，有故障等。

8.资金因素

如有关方拖欠资金、资金不到位、资金短缺；汇率浮动和通货膨胀等。

6.1.3 工程进度控制措施

为了实施剧院建设的进度控制，全过程工程咨询单位必须根据工程的具体情况，认真制定进度控制措施，以确保建设工程进度控制目标的实现。进度控制的措施应包括组织措施、技术措施、经济措施及合同措施。

1.组织措施

（1）建立进度控制目标体系，明确建设工程现场组织机构中进度控制人员及其职责分工。

（2）建立工程进度报告制度及进度信息沟通网络。

（3）建立进度计划审核制度和进度计划实施中的检查分析制度。

（4）建立进度协调会议制度，包括协调会议举行的时间、地点，协调会议的参加人员等。

（5）建立图纸审查、工程变更和设计变更管理制度。

2.技术措施

（1）审查承包商提交的进度计划，使承包商能在合理的状态下施工。

（2）编制进度控制工作细则，指导监理人员实施进度控制。

（3）采用网络计划技术及其他科学适用的计划方法，对建设工程进度实施动态控制。

3.经济措施

（1）及时办理工程预付款及工程进度款支付手续。

（2）对应急赶工给予相应的赶工费用。

（3）对工期提前给予奖励。

（4）对工程延误收取误期损失赔偿金。

4.合同措施

（1）推行CM承发包模式，对工程实行分段设计，分段发包和分段施工，特别是专业的舞台机械、舞台灯光音响等。

（2）加强合同管理，协调合同工期与进度计划之间的关系，保证合同中进度目标的实现。

（3）严格控制合同变更，对各方提出的工程变更和设计变更，全过程咨询单位应严格审查后再补入合同文件之中。

（4）加强风险管理，在合同中应充分考虑风险因素及其对进度的影响，以及相应的处理方法。

（5）加强索赔管理，公正地处理索赔。

6.1.4 进度控制体系

为了确保建设工程进度控制目标的实现，参与剧院工程项目建设的各有关单位都应编制各自的进度计划，并且控制其计划的实施。建设工程进度控制计划体系主要包括全过程咨询单位的计划系统、设计单位的计划系统和施工单位的计划系统。

由于建设单位的工程项目建设总进度目标是整个项目进度控制的主线，全过程咨询单位的计划系统、设计单位的计划系统和施工单位的计划系统均是以建设单位的计划系统为主线编制，以下仅对建设单位编制的计划系统作扩展。

建设单位编制（也可委托全过程工程咨询单位编制）的进度计划包括工程项目前期工作计划、工程项目建设总进度计划和工程项目年度计划。

（1）工程项目前期工作计划是指对工程项目可行性研究、项目评估及初步设计的工作进度安排，它可使工程项目前期决策阶段各项工作的时间得到控制。

（2）工程项目建设总进度计划是指初步设计被批准后，在编报工程项目年度计划之前，根据初步设计，对工程项目从开始建设（设计，施工准备）至竣工投产（使用）全过程进行统一部署。其主要目的是安排各单位工程的建设进度，合理分配年度投资，组织各方面的协作，保证初步设计所确定的各项建设任务的完成。工程项目建设总进度计划对于保证工程项目建设的连续性，增强工程建设的预见性，确保工程项目按期使用，都具有十分重要的作用。

工程项目建设总进度计划是编报工程建设年度计划的依据，其主要内容包括文字和表格两个部分。

其中文字部分用于说明工程项目的概况和特点，安排建设总进度的原则和依据，建设投资来源和资金年度安排情况，技术设计、施工图设计、设备交付和施工力量进场时间的安排、道路、供电、供水等方面的协作配合及进度的衔接，计划中存在的主要问题及采取的措施，需要上级及有关部门解决的重大问题等；表格部分主要包括《工程项目一览表》《工程项目总进度计划》《投资计划年度分配表》和《工程项目进度平衡表》。

（3）工程项目年度计划是依据工程项目建设总进度计划和批准的设计文件进行编制的。该计划既要满足工程项目建设总进度计划的要求，又要与当年可能获得的资金、设备、材料、施工力力量相适应。应根据分批配套投产或交付使用的要求，合理安排本年度建设的工程项目。工程项目年度计划主要包括文字和表格两个部分的内容。

其中文字部分说明编制年度计划的依据和原则，建设进度、本年计划投资额及计划建造的建筑面积，施工图、设备、材料、施工力量等建设条件的落实情况，动力资源情况，对外部协作配合项目建设进度的安排或要求，需要上级主管部门协助解决的问题，计划中存在的其他问题，以及为完成计划而采取的各项措施等。

表格部分主要包括《年度计划项目表》《年度竣工投产交付使用计划表》《年度建设资金平衡表》和《年度设备平衡表》。

6.1.5 建设工程进度计划的表示方法

建设工程进度计划的表示方法有多种，常用的有横道图和网络图两种方法。

1.横道图

横道图也称甘特图，由于其形象、直观，且易于编制和理解，因而长期以来广泛应用于建设工程进度控制之中。用横道图表示的建设工程进度计划，一般包括两个基本部分，即左侧的工作名称及工作的持续时间等基本数据部分和右侧的横道线部分。

利用横道图表示工程进度计划，存在下列缺点：

（1）不能明确地反映出各项工作之间错综复杂的相互关系，因而在计划执行过程中，当某些工作的进度由于某种原因提前或拖延时，不便于分析其对其他工作及总工期的影响程度，不利于建设工程进度的动态控制。

（2）不能明确地反映出影响工期的关键工作和关键线路，也就无法反映出整个工程项目的关键所在，因而不便于进度控制人员抓住主要矛盾。

（3）不能反映出工作所具有的机动时间，看不到计划的潜力所在，无法进行最合理的组织和指挥。

（4）不能反映工程费用与工期之间的关系，因而不便于缩短工期和降低工程成本。

由于横道计划存在上述不足，给建设工程进度控制工作带来很大不便。即使进度控制人员在编制计划时已充分考虑了各方面的问题，在横道图上也不能全面地反映出来，特别是当工程项目规模大、工艺关系复杂时，横道图就很难充分暴露矛盾。而且在横道计划的执行过程中，对其进行调整也是十分繁琐和费时。由此可见，利用横道计划控制建设工程进度有较大的局限性。

2. 网络计划

建设工程进度计划用网络图表示，可以使建设工程进度得到有效控制。国内外实践证明，网络计划技术是用于控制建设工程进度的最有效工具。无论是建设工程设计阶段的进度控制，还是施工阶段的进度控制，均可使用网络计划技术。

（1）网络计划的种类

网络计划技术自20世纪50年代末诞生以来，已得到迅速发展和广泛应用，其种类也越来越多。但总的说来，网络计划可分为确定型和非确定型两类。如果网络计划中各项工作及其持续时间和各工作之间的相互关系都是确定的，就是确定型网络计划，否则属于非确定型网络计划。如计划评审技术（PERT）、图示评审技术（GERT）、风险评审技术（VERT）、决策关键线路法（DN）等均属于非确定型网络计划，在一般情况下，建设工程进度控制主要应用确定型网络计划。对于确定型网络计划来说，除了普通的双代号网络计划和单代号网络计划以外，还根据工程实际的需要，派生出下列几种网络计划：

①时标网络计划

时标网络计划是以时间坐标为尺度表示工作进度安排的网络计划，其主要特点是计划时间直观明了。

②搭接网络计划

搭接网络计划是表示计划中各项工作之间搭接关系的网络计划，其主要特点是计划图形简单，常用的搭接网络计划是单代号搭接网络计划。

③有时限的网络计划

有时限的网络计划是指能够体现由于外界因素的影响而对工作计划时间安排有限制的网络计划。

④多级网络计划

多级网络计划是一个由若干个处于不同层次且相互间有关联的网络计划组成的系统，它主要适用于大中型工程建设项目，用来解决工程进度中的综合平衡问题。

除上述网络计划外，还有用于表示工作之间流水作业关系的流水网络计划和具有多个工期目标的多目标网络计划等。

（2）网络计划的特点

利用网络计划控制建设工程进度，可以弥补横道计划的许多不足。分别为双代号网络图和单代号网络图表示的某桥梁工程施工进度计划。与横道计划相比，网络计划具有以下主要特点：

①网络计划能够明确表达各项工作之间的逻辑关系

所谓逻辑关系，是指各项工作之间的先后顺序关系。网络计划能够明确地表达各项工作之间的逻辑关系，对于分析各项工作之间的相互影响及处理它们之间的协作关系具有非常重要的意义，同时也是网络计划相对于横道图计划最明显的特征之一。

②通过网络计划时间参数的计算，可以找出关键线路和关键工作

在关键线路法（CPM）中，关键线路是指在网络计划中从起点节点开始，沿箭线方向通过一系列箭线与节点，最后到达终点节点为止所形成的通路上所有工作持续时间总和最大的线路。关键线路上各项工作持续时间总和即为网络计划的工期，关键线路上的工作就是关键工作，关键工作的进度将直接影响网络计划的工期。通过时间参数的计算，能够明确网络计划中的关键线路和关键工作，也就明确了工程进度控制中的工作重点，这对提高建设工程进度控制的效果具有非常重要的意义。

③通过网络计划时间参数的计算，可以明确各项工作的机动时间

所谓工作的机动时间，是指在执行进度计划时除完成任务所必需的时间以外剩余的、可供利用的富余时间，亦称"时差"。在一般情况下，除关键工作外，其他各项工作（非关键工作）均有富余时间。这种富余时间可视为一种"潜力"，既可以用来支援关键工作，也可以用来优化网络计划，降低单位时间资源需求量。

④网络计划可以利用电子计算机进行计算、优化和调整

对进度计划进行优化和调整是工程进度控制工作中的一项重要内容。如果仅靠手工进行计算，优化和调整是非常困难的，必须借助于电子计算机。而且由于影响建设工程进度的因素有很多，只有利用电子计算机进行进度计划的优化和调整，才能适应实际变化的需求。网络计划就是这样一种模型，它能使进度控制人员利用电子计算机对工程进度计划进行计算、优化和调整。正是由于网络计划的这一特点，使其成为最有效的进度控制方法，从而受到普遍重视。

当然，网络计划也有其不足之处，比如不像横道计划那么直观等，但这可以通过绘制时标网络计划得到弥补。

6.1.6 建设工程进度计划的编制程序

当应用网络计划技术编制建设工程进度计划时，其编制程序一般包括四个阶段。还

可以应用软件，实现计算机辅助建设项目进度控制。

1.计划准备阶段

（1）调查研究

调查研究的目的是为了掌握足够充分、准确的资料，从而为确定合理的进度目标、编制科学的进度计划提供可靠依据。调查研究的内容包括：

①工程任务情况、实施条件、设计资料；

②有关标准、定额、规程、制度；

③资源需求与供应情况；

④资金需求与供应情况；

⑤有关统计资料、经验总结及历史资料等。

调查研究的方法有：

①实际观察、测算、询问；

②会议调查；

③资料检索；

④分析预测等。

（2）确定进度计划目标

网络计划的目标由工程项目的目标所决定，一般可分为以下三类：

①时间目标

时间目标，即工期目标，是指建设工程合同中规定的工期或有关主管部门要求的工期。工期目标的确定应以建筑设计周期定额和建筑安装工程工期定额为依据，同时充分考虑类似工程的实际进展情况、气候条件以及工程难易程度和建设条件的落实情况等因素。建设工程设计和施工进度安排必须以建筑设计周期定额和建筑安装工程工期定额为最高时限。

②时间—资源目标

所谓资源，是指在工程建设过程中所需要投入的劳动力、原材料及施工机具等。在一般情况下，时间—资源目标分为两类：

a.资源有限，工期最短。即在一种或几种资源供应能力有限的情况下，寻求工期最短的计划安排。

b.工期固定，资源均衡。即在工期固定的前提下，寻求资源需用量尽可能均衡的计划安排。

③时间—成本目标

时间—成本目标是指以限定的工期寻求最低成本或寻求最低成本时的工期安排。

2.绘制网络图阶段

（1）进行项目分解

将工程项目由粗到细进行分解，是编制网络计划的前提。如何进行工程项目的分解，工作划分的粗细程度如何，将直接影响网络图的结构。对于控制性网络计划，其工作划分应粗一些，而对于实施性网络计划，工作划分应细一些。工作划分的粗细程度，应根据实际需要进行确定。

（2）分析逻辑关系

分析各项工作之间的逻辑关系时，既要考虑施工程序或工艺技术过程，又要考虑组织安排或资源调配需要。对施工进度计划而言，分析其工作之间的逻辑关系时，应考虑：①施工工艺的要求；②施工方法和施工机械的要求；③施工组织的要求；④施工质量的要求；⑤当地的气候条件；⑥安全技术的要求。分析逻辑关系的主要依据是施工方案，有关资源供应情况和施工经验等。

（3）绘制网络图

根据已确定的逻辑关系，可按绘图规则绘制网络图。既可以绘制单代号网络图，也可以绘制双代号网络图。还可根据需要，绘制双代号时标网络计划。

3.计算时间参数及确定关键线路阶段

（1）计算工作持续时间

工作持续时间是指完成该工作所花费的时间，其计算方法有多种，既可以凭以往的经验进行估算，也可以通过试验推算。当有定额可用时，还可利用时间定额或产量定额并考虑工作面及合理的劳动组织进行计算。

①时间定额

时间定额是指某种专业的工人班组或个人，在合理的劳动组织与合理使用材料的条件下，完成符合质量要求的单位产品所必需的工作时间，包括准备与结束时间、基本生产时间、辅助生产时间，不可避免的中断时间及工人必须的休息时间。时间定额通常以工日为单位，每一工日按8h计算。

②产量定额

产量定额是指在合理的劳动组织与合理使用材料的条件下，某种专业、某种技术等级的工人班组或个人在单位工日中所应完成的质量合格的产品数量。产量定额与时间定额成反比，二者互为倒数。

对于搭接网络计划，还需要按最优施工顺序及施工需要，确定出各项工作之间的搭接时间。如果有些工作有时限要求，则应确定其时限。

（2）计算网络计划时间参数

网络计划是指在网络图上加注各项工作的时间参数而成的工作进度计划。网络计划时间参数一般包括：工作最早开始时间、工作最早完成时间、工作最迟开始时间、工作最迟完成时间、工作总时差、工作自由时差、节点最早时间、节点最迟时间、相邻两项工作之间的时间间隔、计算工期等。应根据网络计划的类型及其使用要求选用上述时间参数。网络计划时间参数的计算方法有：图上计算法、表上计算法，公式法等。

（3）确定关键线路和关键工作

在计算网络计划时间参数的基础上，便可根据有关时间参数确定网络计划中的关键线路和关键工作。

4.网络计划优化阶段

（1）优化网络计划

当初始网络计划的工期满足所要求的工期及资源需求量能得到满足而无需进行网络优化时，初始网络计划即可作为正式的网络计划。否则，需要对初始网络计划进行优化。根据所追求的目标不同，网络计划的优化包括工期优化、费用优化和资源优化三种。应根据工程的实际需要选择不同的优化方法。

（2）编制优化后的网络计划

根据网络计划的优化结果，可绘制优化后的网络计划，同时编制网络计划说明书。网络计划说明书的内容应包括：编制原则和依据，主要计划指标一览表，执行计划的关键问题、需要解决的主要问题及其主要措施，以及其他需要说明的问题。

5.计算机辅助建设项目进度控制

应用软件可以实现计算机辅助建设项目进度计划的编制和调整，以确定网络计划的时间参数。

计算机辅助建设项目网络计划编制的意义如下：

（1）解决当网络计划计算量大，而手工计算难以承担的困难；

（2）确保网络计划计算的准确性；

（3）有利于网络计划及时调整；

（4）有利于编制资源需求计划等。

进度控制是一个动态编制和调整计划的过程，初始的进度计划和在项目实施过程中不断调整的计划，以及与进度控制有关的信息应尽可能对项目各参与方透明，以便各方为实现项目的进度目标协同工作。为使业主方各工作部门和项目各参与方快捷地获取进度信息，可利用项目专用网站作为基于网络的信息处理平台辅助进度控制（图6-1）。

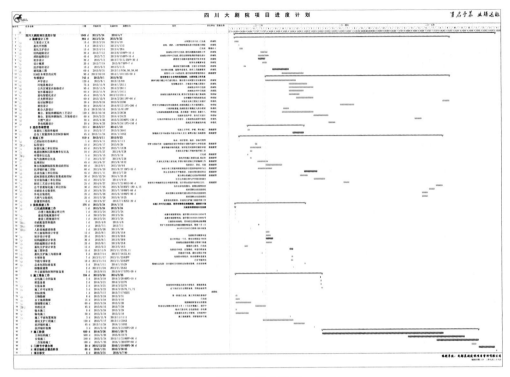

图6-1 进度控制

6.2 剧院工程决策阶段进度控制

剧院项目决策阶段需要确定建设项目目标，所确定的项目目标，对工程项目长远经济效益和战略方向起着关键性和决定性作用。决策阶段其中一项重要工作内容：建设项目总进度目标分析与论证。

剧院项目总进度目标是整个项目的进度目标，也是项目实施阶段的进度控制目标。在进行建设项目总进度目标控制前，首先应分析和论证目标实现的可能性。若项目总进度目标不可能实现，则全过程工程咨询单位应提出调整项目总进度目标的建议，提请项目决策者审议。

全过程工程咨询单位应在建设项目决策阶段，尽早地参与到工程项目中，掌握详尽的建设项目素材，对建设项目提供科学、专业和准确分析与论证，以保证确定的建设项目目标的合理性和可实施性。

在项目实施阶段，项目总进度包括：

（1）设计前准备阶段的工作进度；

（2）设计工作进度；

（3）招标工作进度；

（4）施工前准备工作进度；

（5）工程施工和设备安装进度；

（6）项目动用前的准备工作进度等。

建设项目总进度目标论证应分析和论证上述各项工作的进度，及上述各项工作进展的相互关系。

在建设项目总进度目标论证时，往往还不掌握比较详细的设计资料，也缺乏比较全面的有关工程发包的组织、施工组织和施工技术方面的资料，以及其他有关项目实施条件的资料。因此，总进度目标论证并不是单纯的总进度规划的编制工作，它涉及许多项目实施的条件分析和项目实施策划方面的问题。

大型建设项目总进度目标论证的核心工作是通过编制总进度纲要，论证总进度目标实现的可能性。总进度纲要的主要内容包括：

（1）项目实施的总体部署；

（2）总进度规划；

（3）各子系统进度规划；

（4）确定里程碑事件的计划进度目标；

（5）总进度目标实现的条件和应采取的措施等。

6.2.1 总进度目标论证的工作步骤

1.建设项目总进度目标论证的工作步骤：

（1）调查研究和收集资料；

（2）项目结构分析；

（3）进度计划系统的结构分析；

（4）项目的工作编码；

（5）编制各层进度计划；

（6）协调各层进度计划的关系，编制总进度计划；

（7）若所编制的总进度计划不符合项目的进度目标，则应设法调整；

（8）若经过多次调整，进度目标依旧无法实现，则应及时报告项目决策者。

2.调查研究和收集资料工作

（1）了解和收集项目决策阶段有关项目进度目标确定的情况和资料；

（2）收集与进度有关的该项目组织，管理、经济和技术资料；

（3）收集类似项目的进度资料；

（4）了解和调查该项目的总体部署；

（5）了解和调查该项目实施的主客观条件等。

3.结构分析

大型建设工程项目的结构分析是根据编制总进度纲要的需要，将整个项目进行逐层分解，并确立相应的工作目录：

（1）一级工作任务目录，将整个项目划分成若干个子系统；

（2）二级工作任务目录，将每一个子系统分解为若干个子项目；

（3）三级工作任务目录，将每一个子项目分解为若干个工作项。

大型建设项目的计划系统一般由多层计划构成：

（1）第一层进度计划，将整个项目划分成若干个进度计划子系统；

（2）第二层进度计划，将每一个进度计划子系统分解为若干个子项目进度计划；

（3）第三层进度计划，将每一个子项目进度计划分解为若干个工作项；

（4）整个项目划分成多少计划层，应根据项目的规模和特点而定。

4.编码时考虑因素

项目的工作编码指的是每一个工作项的编码，编码有各种方式，编码时应考虑下述因素：

（1）对不同计划层的标识；

（2）对不同计划对象的标识（如不同子项目）；

（3）对不同工作的标识（如设计工作、招标工作和施工工作等）。

6.3 剧院工程设计阶段进度控制

6.3.1 设计单位的计划系统

设计单位的计划系统包括：设计总进度计划、阶段性设计进度计划和设计作业进度计划。

1.设计总进度计划

设计总进度计划主要用来安排自设计准备开始至施工图设计完成的总设计时间内所包含的各阶段工作的开始时间和完成时间，从而确保设计进度控制总目标的实现。

2.阶段性设计进度计划

阶段性设计进度计划包括设计准备工作进度计划、初步设计（技术设计）工作进度计划和施工图设计工作进度计划。这些计划是用来控制各阶段的设计进度，从而实现阶段性设计进度目标。在编制阶段性设计进度计划时，必须考虑设计总进度计划对各个设计阶段的时间要求。

（1）设计准备工作进度计划

设计准备工作进度计划中一般要考虑规划设计条件的确定、设计基础资料的提供及委托设计等工作的时间安排。

（2）初步设计（技术设计）工作进度计划

初步设计（技术设计）工作进度计划要考虑方案设计、初步设计、技术设计、设计的分析评审、概算的编制、修正概算的编制以及设计文件审批等工作的时间安排，一般按单位工程编制。

（3）施工图设计工作进度计划

施工图设计工作进度计划主要考虑各单位工程的设计进度及其搭接关系。

3.设计作业进度计划

为了控制各专业的设计进度，并作为设计人员承包设计任务的依据，应根据施工图设计工作进度计划、单位工程设计工日定额及所投入的设计人员数，编制设计作业进度计划。

6.3.2 勘察与设计的衔接

各项建设项目在设计和施工之前，必须按基本建设程序进行岩土工程勘察，具体标准执行相应专业工程时勘察技术标准规范，工程勘察各阶段工作与设计各阶段工作交叉衔接，相互影响。由此，设计阶段的进度控制，应与设计出图计划为主线，统筹兼顾可行性勘察、初步勘察、详细勘察和方案设计与优化、初步设计与优化、施工图设计与优化。

6.4 剧院工程施工阶段进度控制

要做好工程项目的施工进度控制，在进行施工进度目标控制之前，就必须有明确、合理的进度目标；否则，控制便失去了意义。需要说明的是，本节是在施工进度目标经过充分分析、论证的基础上展开的论述。

6.4.1 施工进度控制的内容

1.建设工程施工进度控制工作内容

建设工程工进度控制工作从审核承包单位提交的施工进度计划开始，直至建设工程保修期满为止，其工作内容主要有：

（1）编制施工进度控制工作细则

施工进度控制工作细则是在建设工程监理规划的指导下，由项目监理机构进度控制部门的监理工程师负责编制的更具有实施性和操作性的监理业务文件。其主要内容包括：

①施工进度控制目标分解图；

②施工进度控制的主要工作内容和深度；

③进度控制人员的职责分工；

④与进度控制有关各项工作的时间安排及工作流程；

⑤进度控制的方法（包括进度检查周期，数据采集方式、进度报表格式、统计分析方法等）；

⑥进度控制的具体措施（包括组织措施、技术措施、经济措施及合同措施等）；

⑦施工进度控制目标实现的风险分析；

⑧尚待解决的有关问题。

（2）编制或审核施工进度计划

为了保证建设工程的施工任务按期完成，监理工程师必须审核承包单位提交的施工进度计划。对于大型建设工程，由于单位工程较多、施工工期长，且采取分期分批发包又没有一个负责全部工程的总承包单位时，就需要监理工程师编制施工总进度计划；或者当建设工程由若干个承包单位平行承包时，监理工程师也有必要编制施工总进度计划。施工总进度计划应确定分期分批的项目组成；各批工程项目的开工，竣工顺序及时间安排；全场性准备工程，特别是首批准备工程的内容与进度安排等。

当建设工程有总承包单位时，监理工程师只需对总承包单位提交的施工总进度计划进行审核即可。而对于单位工程施工进度计划，监理工程师只负责审核而不需要编制。

施工进度计划审核的内容主要有：

①进度安排是否符合工程项目建设总进度计划中总目标里分目标的要求，是否符合施工合同中开工、竣工日期的规定。

②施工总进度计划中的项目是否有遗漏，分期施工是否满足分批动用的需要和配套动用的要求。

③施工顺序的安排是否符合施工工艺的要求。

④劳动力、材料，构配件，设备及施工机具、水，电等生产要素的供应计划是否能保证施工进度计划的实现，供应是否均衡，需求高峰期是否有足够的能力实现计划供应。

⑤总包、分包单位分别编制的各项单位工程施工进度计划之间是否相协调，专业分工与计划衔接是否明确合理。

⑥对于业主负责提供的施工条件（包括资金、施工图纸、施工场地、采供的物资等），在施工进度计划中安排得是否明确、合理，是否有造成因业主违约而导致工程延期和费用索赔的可能性存在。

如果监理工程师在审查施工进度计划的过程中发现问题，应及时向承包单位出具书面修改意见（也称整改通知书），并协助承包单位修改。其中，发现重大问题应及时向业主汇报。

应当说明，编制和实施施工进度计划是承包单位的责任。承包单位之所以将施工进度计划提交给监理工程师审查，是为了听取监理工程师的建设性意见。因此，监理工程师对施工进度计划的审查或批准，并不解除承包单位对施工进度计划的任何责任和义务。此外，对监理工程师来讲，其审查施工进度计划的主要目的是为了防止承包单位计划不当，以及为承包单位保证实现合同规定的进度目标提供帮助。如果强制地干预承包单位的进度安排，或支配施工中所需要劳动力、设备和材料，将是一种错误的行为。

尽管承包单位向监理工程师提交施工进度计划是为了听取建设性的意见，但施工进度计划一经监理工程师确认，即应当视为合同文件的一部分，它是以后处理承包单位提出的工程延期或费用索赔的一个重要依据。

（3）年、季，月编制工程综合计划

在按计划期编制的进度计划中，监理工程师应着重解决各承包单位施工进度计划之间、施工进度计划与资源保障计划之间及外部协作条件的延伸性计划之间的综合平衡与相互衔接问题，并根据上期计划的完成情况对本期计划作必要的调整，从而作为承包单位近期执行的指令性计划。

（4）下达工程开工令

全过程工程咨询（监理）应根据承包单位和业主双方关于工程开工的准备情况，选择合适的时机发布《工程开工令》。《工程开工令》的发布，要尽可能及时。因为从发布工程开工令之日算起，加上合同工期后即为工程竣工日期。如果开工令发布拖延，就等于推迟了竣工时间，甚至可能引起承包单位的索赔。

为了检查双方的准备情况，全过程工程咨询（监理）应参加由业主主持召开的第一次工地会议。业主应按照合同规定，做好征地拆迁工作，及时提供施工用地。同时，还应当完成法律及财务方面的手续，以便能及时向承包单位支付工程预付款。承包单位应当将开工所需要的人力、材料及设备准备好，同时还要按合同规定为监理工程师提供各种条件。

（5）协助承包单位实施进度计划

全过程工程咨询（监理）要随时了解施工进度计划执行过程中所存在的问题，并帮助承包单位予以解决，特别是承包单位无力解决的内外关系协调问题。

（6）监督施工进度计划的实施

这是建设工程施工进度控制的经常性工作。全过程工程咨询（监理）不仅要及时检查承包单位报送的施工进度报表和分析资料，同时还要进行必要的现场实地检查，核实所报送的已完项目的时间及工程量，杜绝虚报现象。

在对工程实际进度资料进行整理的基础上，全过程工程咨询（监理）应将其与计划进度相比较，以判定实际进度是否出现偏差。如果出现进度偏差，监理工程师应进一步分析此偏差对进度控制目标的影响程度及其产生的原因，以便研究对策，提出纠偏措施。必要时，还应对后期工程进度计划作适当的调整。

（7）组织现场协调会

全过程工程咨询（监理）应每月、每周定期组织召开不同层级的现场协调会议，以解决工程施工过程中的相互协调配合问题。在平行交叉施工单位多，工序交接频繁且工期紧迫的情况下，现场协调会甚至需要每日召开。

（8）签发工程进度款支付凭证

全过程工程咨询（监理）应对承包单位申报的已完分项工程量进行核实，在质量监理人员检查验收后，签发工程进度款支付凭证。

（9）审批工程延期

造成工程进度拖延的原因有两个方面：一是由于承包单位自身的原因；二是由于承包单位以外的原因。前者所造成的进度拖延，称为工程延误；后者所造成的进度拖延，称为工程延期。

①工程延误

当出现工程延误时，监理工程师有权要求承包单位采取有效措施加快施工进度。如果经过一段时间后，实际进度没有明显改进，仍然拖后于计划进度，而且显然影响工程按期竣工时，监理工程师应要求承包单位修改进度计划，并提交给全过程工程咨询（监理）重新确认。

全过程工程咨询（监理）对修改后的施工进度计划的确认，并不是对工程延期的批准，只是要求承包单位在合理的状态下施工。因此，监理工程师对进度计划的确认，并不能解除承包单位应负的一切责任，承包单位需要承担赶工的全部额外开支和误期损失赔偿。

②工程延期

如果由于承包单位以外的原因造成的工期拖延，承包单位有权提出延长工期的申请。监理工程师应根据合同规定，审批工程延期时间。经监理工程师核实批准的工程延期时间，应纳入合同工期，作为合同工期的一部分。即新的合同工期应等于原定的合同工期加上监理工程师批准的工程延期时间，监理工程师对于施工进度的拖延，是否批准为工程延期，对承包单位和业主都十分重要。

如果承包单位得到监理工程师批准的工程延期，不仅可以免于赔偿由于工期延长而支付的误期损失费，而且还可以让业主承担由于工期延长所增加的费用。因此，监理工程师应按照合同的有关规定，公正地区分工程延误和工程延期，并合理地批准工程延期时间。

（10）向业主提供进度报告

监理工程师应随时整理进度资料，并做好工程记录，定期向业主提交工程进度报告。

（11）督促承包单位整理技术资料

监理工程师要根据工程进展情况，督促承包单位及时整理有关技术资料。

（12）签署工程竣工报验单，提交质量评估报告

当单位工程达到竣工验收条件后，承包单位在自行预验的基础上提交工程竣工报验单，申请竣工验收。监理工程师在对竣工资料及工程实体进行全面检查、验收合格后，签署工程竣工报验单，并向业主提出质量评估报告。

（13）整理工程进度资料

在工程完工以后，监理工程师应将工程进度资料收集起来，进行归类、编目和建档，以便为今后其他类似工程项目的进度控制提供参考。

（14）工程移交

监理工程师应督促承包单位办理工程移交手续，颁发工程移交证书。在工程移交后的保修期内，还要处理验收后质量问题的原因及责任等争议问题，并督促责任单位及时修理。当保修期结束且再无争议时，建设工程进度控制的任务即告完成。

2.全过程咨询单位对施工进度计划的审查

在工程项目开工前，全过程咨询单位应审查施工单位报审的施工总进度计划和阶段性施工进度计划，提出审查意见，并应由总监理工程师审核后报建设单位。

施工进度计划审查应包括下列基本内容：

（1）施工进度计划应符合施工合同中工期的约定。施工单位编制的施工总进度计划必须符合施工合同约定的工期要求，满足施工总工期的目标要求，阶段性进度计划必须与总进度计划目标相一致。将施工总进度计划分解成阶段性施工进度计划是为了确保总进度计划的完成。因此，阶段性进度计划更应具有可操作性。

（2）施工进度计划中主要工程项目无遗漏，应满足分批投入试运、分批动用的需要，阶段性施工进度计划应满足总进度控制目标的要求。

（3）施工顺序的安排应符合施工工艺要求。

（4）施工人员、工程材料、施工机械等资源供应计划应满足施工进度计划的需要。

（5）施工进度计划应符合建设单位提供的资金、施工图纸、施工场地、物资等施工条件。

全过程咨询单位在收到施工单位报审的施工总进度计划和阶段性施工进度计划时，应对照本条文所述的内容进行审查，提出审查意见。发现问题时，应以监理通知单的方式及时向施工单位提出书面修改意见，并对施工单位调整后的进度计划重新进行审查，发现重大问题时应及时向建设单位报告。施工进度计划经总监理工程师审核签认，并报建设单位批准后方可实施。

6.4.2 施工进度计划实施中的检查与调整

1.施工进度的检查

在施工进度计划的实施过程中，由于各种因素的影响，常常会打乱原始计划的安排而出现进度偏差。因此，全过程工程咨询（监理）必须对施工进度计划的执行情况进行动态检查，并分析进度偏差产生的原因，以便为施工进度计划的调整提供必要的信息。

（1）施工进度的检查方式

在建设工程施工过程中，全过程工程咨询（监理）可以通过以下方式获得其实际进展情况：

①定期、经常地收集由承包单位提交的有关进度报表资料

工程施工进度报表资料不仅是全过程工程咨询（监理）实施进度控制的依据，同时也是其核对工程进度款的依据。在一般情况下，进度报表格式由全过程工程咨询（监理）提供给施工承包单位，施工承包单位按时填写完或后提交给监理工程师核查。报表的内容根据施工对象及承包方式的不同而有所区别，但一般应包括工作的开始时间、完成时间、持续时间、逻辑关系、实物工程量和工作量，以及工作时差的利用情况等。承包单位若能准确地填报进度报表，监理工程师就能从中了解到建设工程的实际进展情况。

②由全过程工程咨询（监理）现场跟踪检查建设工程的实际进展情况

为了避免施工承包单位超报已完工工程量，全过程工程咨询（监理）有必要进行现场实地检查和监督。至于每隔多长时间检查一次，应视建设工程的类型、规模、监理范围及施工现场的条件等多方面的因素而定。可以每月或每半月检查一次，也可每旬或每周检查一次。如果在某一施工阶段出现不利情况时，甚至需要每天检查。除上述两种方式外，由监理工程师定期组织现场施工负责人召开现场会议，这也是获得建设工程实际进展情况的一种方式。通过这种面对面的交谈，全过程工程咨询（监理）可以从中了解到施工过程中存在的潜在问题，以便及时采取相应的措施加以预防。

（2）施工进度的检查方法

施工进度检查的主要方法是对比法。即将经过整理的实际进度数据与计划进度数据进行比较，从中发现是否出现进度偏差以及进度偏差的大小。通过检查分析，如果进度偏差比较小，应在分析其产生原因的基础上采取有效措施，解决矛盾，排除障碍，继续执行原进度计划。如果经过努力，确实不能按原计划实现时，再考虑对原计划进行必要的调整。即适当延长工期，或改变施工速度。计划的调整一般是不可避免的，但应当慎重，尽量减少变更计划性的调整。

2.施工进度计划的调整

通过检查分析，如果发现原有进度计划已不能适应实际情况时，为了确保进度控制目标的实现或需要确定新的计划目标，就必须对原有进度计划进行调整以形成新的进度计划，作为进度控制的新依据。

施工进度计划的调整方法主要有两种：一是通过缩短某次工作的持续时间来缩短工期；二是通过改变某些工作之间的逻辑关系来缩短工期。在实际工作中应根据具体情况选用上述方法进行进度计划的调整。

（1）缩短某些工作的持续时间

这种方法的特点是不改变工作之间的先后顺序关系，通过缩短网络计划中关键线路上工作的持续时间来缩短工期。这时，通常需要采取一定的措施以达到目的。具体措施包括：

①组织措施

a.增加工作面，组织更多的施工队伍；

b.增加每天的施工时间（如采用三班制等）；

c.增加劳动力和施工机械的数量。

②技术措施

a.改进施工工艺和施工技术，缩短工艺技术间歇时间；

b.采用更先进的施工方法，以减少施工过程的数量（如将现浇框架方案改为预制装配方案）；

c.采用更先进的施工机械。

③经济措施

a.实行包干奖励；

b.提高奖金数额；

c.对所采取的技术措施给予相应的经济补偿。

④其他配套措施

a.改善外部配合条件；

b.改善劳动条件；

c.实施强有力的调度等。

一般来说，不管采取哪种措施，都会增加费用。因此，在调整施工进度计划时，应利用费用优化的原理选择费用增加量最小的关键工作作为压缩对象。

（2）改变某些工作间的逻辑关系

这种方法的特点是不改变工作的持续时间，而只改变工作的开始时间和完成时间。对于大型建设工程，由于其单位工程较多且相互之间的制约比较小，可调整的幅度比较大，所以容易采用平行作业的方法来调整施工进度计划。而对于单位工程项目，由于受工作之间工艺关系的限制，可调整的幅度比较小，所以通常采用搭接作业的方法来调整施工进度计划。但不管是搭接作业还是平行作业，建设工程在单位时间内的资源需求量将会增加。

除了分别采用上述两种方法来缩短工期外，有时由于工期拖延得太多，当采用某种方法进行调整，其可调整的幅度又受到限制时，还可以同时利用这两种方法对同一施工进度计划进行调整，以满足工期目标的要求。

第7章

剧院类项目风险控制

7.1 概述

7.1.1 风险概念、等级划分

1.风险、建设工程项目风险的概念？

风险就是一种不确定性，其次它与损失密切相关，所以从本质上讲，工程风险就是指在工程项目中所发生损失的不确定性。

建设工程项目风险是指所有影响该项目目标实现的不确定因素的总和。任何一项工程，其项目立项及各种分析、研究、设计、计划都是基于对未知因素（包括政治、经济、社会、自然各方面）预测之上的，基于正常和理想的技术、管理、组织之上的。而在项目实施及运行过程中，这些因素都有可能发生变化。这些变化使原定的计划、方案受到干扰，甚至可能使原定的目标不能实现。对工程项目这些事先不能确定的内部和外部的干扰因素，我们称之为工程项目风险。这些风险造成工程项目实施的失控现象，如工期延长、成本增加、计划修改等，最终导致工程经济效益降低，甚至项目失败。随着现代工程项目规模的不断扩大、使用技术新颖、持续时间长、参加单位多、环境接口复杂等特点，更使得工程项目在实施的过程中危机四伏。任何一个项目，它都具有风险因素的存在性、风险事件发生的不确定性和风险后果的严重性三个基本要素。

2.风险量和风险等级

风险量反映不确定的损失程度和损失发生的概率。若某个可能发生的事件其可能的损失程度和发生的概率都很大，则其风险量就很大，如图7-1所示的风险区A，若某事件经过风险评估，它处于风险区A，则应采取措施，降低其概率，即使它移位至风险区B；或采取措施降低其损失量，即使它移位至风险区C。风险区B和C的事件则应采取措施，使其移位至风险区D。

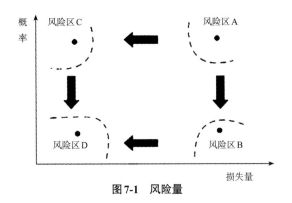

图7-1　风险量

风险等级在《建设工程项目管理规范》GB/T 50326—2017的条文说明中所列风险等级评估如表7-1所示。

风险等级评估　　　　　　　　　　　　　　　　　表7-1

可能性 \ 风险等级 \ 后果	轻度损失	中度损失	重大损失
很大	3	4	5
中等	2	3	4
极小	1	2	3

如表7-1所示的风险等级划分，图7-1中的各风险区的风险等级如下：

（1）风险区A-5等风险；

（2）风险区B-3等风险；

（3）风险区C-3等风险；

（4）风险区D-1等风险。

7.1.2　剧院工程项目的风险类型

业主方和其他项目参与方都应建立风险管理体系，明确各层管理人员的相应管理责任，以减少项目实施过程中不确定因素对项目的影响。剧院工程项目的风险有如下几种类型。

1.组织风险

（1）组织结构模式，即使用单位、代建单位以及全过程咨询单位的合理组织模式；

（2）工作流程组织；

（3）任务分工和管理职能分工；

（4）业主方（包括代表业主利益的项目管理方）人员的构成和能力；

（5）设计人员和监理工程师的能力；

（6）承包方管理人员和一般技工的能力；

（7）施工机械操作人员的能力和经验；

（8）损失控制和安全管理人员的资历和能力等。

2.经济与管理风险

（1）宏观和微观经济情况；

（2）工程资金的保障；

（3）合同风险；

（4）现场与公用防火设施的可用性及其数量；

（5）事故防范措施和计划；

（6）人身安全控制计划；

（7）信息安全控制计划等。

3.工程环境风险

（1）自然灾害；

（2）岩土地质条件和水文地质条件；

（3）气象条件；

（4）引起火灾和爆炸的因素等。

4.技术风险

（1）工程勘测资料和有关文件；

（2）工程设计文件；

（3）剧场专业方案；

（4）工程施工方案；

（5）工程物资；

（6）工程机械等。

7.1.3 项目风险控制基本流程

风险管理过程包括项目实施全过程的风险识别、项目风险评估、项目风险响应和预目风险控制。

1.项目风险识别

项目风险识别的任务是识别项目实施过程中存在的风险，其工作程序包括：

（1）收集与项目风险有关的信息；

（2）确定风险因素；

（3）编制项目风险识别报告。

2.项目风险评估

项目风险评估包括以下工作：

（1）利用已有数据资料（主要是类似项目有关风险的历史资料）和相关专业方法分析各种风险因素发生的概率；

（2）分析各种风险的损失量，包括可能发生的工期损失、费用损失，以及对工程的质量、功能和使用效果等方面的影响；

（3）根据各种风险发生的概率和损失量，确定各种风险的风险量和风险等级。

3.项目风险响应

常用的风险对策包括风险规避减轻，自留、转移及其组合等策略。对难以控制的风险，向保险公司投保是风险转移的一种措施。项目风险响应指的是针对项目风险的对策进行风险响应。

项目风险对策应形成风险管理计划，包括：

（1）风险管理目标；

（2）风险管理范围；

（3）可使用的风险管理方法、工具以及数据来源；

（4）风险分类和风险排序要求；

（5）风险管理的职责和权限；

（6）风险跟踪的要求；

（7）相应的资源预算。

4.项目风险控制

在项目进展过程中应收集和分析与风险相关的各种信息，预测可能发生的风险，对其进行监控并提出预警。

7.2 项目决策阶段的风险分析

7.2.1 剧场项目风险分析

建设项目风险分析是项目决策阶段的重要工作内容之一，是在市场预测、建设环境、技术方案、工程方案、融资方案和社会评价的充分论证中已进行的初步风险分析的基础上，专门进行的综合分析识别拟建项目在建设和运营中潜在的主要风险因素，揭示风险来源，判别风险程度，提出规避风险对策，降低风险损失的过程。剧场风险分析是项目决策的重要依据，主要包括风险因素识别、风险评估方法和风险防范对策。

1.风险因素识别

剧场项目风险分析贯穿于项目建设和生产运营的全过程，在可行性研究阶段应着重识别以下几种风险，分别为市场风险，资源风险、技术风险、工程风险、资金风险、政策风险、外部协作条件风险、社会风险和其他风险。

2.风险评估方法

（1）专家评估法。这种方法是以发函、开会或其他形式向专家咨询，对项目风险因素及其风险程度进行评定，将多位专家的经验集中起来形成分析结论。

（2）风险因素取值评定法。

（3）概率分析法。

3.风险防范对策

（1）风险回避

风险回避指改变项目计划，以排除风险或条件，或者保护项目目标，使其不受影响，或对受到威胁的一些目标放松要求，例如，延长进度和减少范围等。项目早期的某些风险事件可以通过澄清要求、取得信息、改善沟通或获取技术专长而得到解决。

（2）风险控制

风险控制是根据项目风险管理规定的衡量标准，针对工程项目风险的基本问题，以某种方式驾驭风险，全面跟踪并评价风险处理活动的执行情况，保证项目可靠、高效地完成项目目标。它包括采用系统的项目监控方法、建立风险预警系统、制定应对风险的应急计划等内容。

（3）风险转移

风险转移是将风险转移至其他人或其他组织，其目的是借用合同或协议，在风险事故一旦发生时将损失的一部分转移到有能力承受或控制项目风险的个人或组织。具体实施时可表现为财务性风险转移（如银行、保险公司或其他非银行金融机构为项目风险负间接责任）、非财务性风险转移（将项目有关的物业或项目转移到第三方，或者以合同的形式把风险转移到其他人或组织身上）。

（4）风险自担

当项目风险发生时，如果找不到其他合适的风险应对策略，就可以将项目风险导致增加的费用视为项目的成本，采取积极行动自行承担工程事故后果。

7.2.2 基于风险控制的最佳方案选择

项目可行性研究是对拟建项目的建设方案和建设条件的分析、比较、论证，从而得出该项目是否值得投资，筹资方案、建设方案、运营方案是否合理、可行的研究结论，为项目的决策提供依据。可行性研究的过程既是深入调查研究的过程，其实质也是通过多方案比较选择以得到最佳方案的过程。

根据《投资项目可行性研究指南（试行版）》以及相关政策文件的规定可知，建设项目的可行性研究报告一般包括以下内容：

（1）总论

（2）市场预测

（3）资源条件评价

（4）建设规模与产品方案

建设规模与产品方案研究是在市场预测和资源评价（指资源开发项目）的基础上，论证比选拟建项目的建设规模和产品方案（包括主要产品和辅助产品及其组合），作为确定项目技术方案、设备方案、工程方案、原材料燃料供应方案及投资估算的依据。

（5）场址选择

场址选择包括：场址现状及建设条件描述、场址方案比选、推荐的场址方案、技术改造项目现有场址的利用情况。

（6）技术设备工程方案

技术设备工程方案包括：技术方案选择、主要设备方案选择、工程方案选择、技术改造项目技术设备方案与改造前比较。

（7）原材料燃料供应

原材料、燃料供应包括：主要原材料供应方案选择、燃料供应方案选择。

（8）总图运输与公用辅助工程

总图运输与公用辅助工程包括：总图布置方案、场内外运输方案、公用工程与辅助工程方案、技术改造项目与原企业设施的协作配套。

（9）节能措施

节能措施包括：节能设施、能耗指标分析（技术改造项目应与原企业能耗比较）。

（10）节水措施

节水措施包括：节水设施、水耗指标分析（技术改造项目应与原企业水耗比较）。

（11）环境影响评价

环境影响评价包括：环境条件调查、影响环境因素分析、环境保护措施、技术改造项目与原企业环境状况比较。

（12）劳动安全卫生与消防

（13）组织机构与人力资源配置

（14）项目实施进度

（15）投资估算

（16）融资方案

融资方案是在投资估算的基础上，研究拟建项目的资金渠道、融资形式、融资结构、融资成本、融资风险、比选推荐项目融资方案，并以此研究资金筹措方案和进行财务评价。融资方案中主要包括：融资组织形式选择、资金来源选择与筹措、债务资金筹措、融资方案分析。

（17）财务评价

（18）国民经济评价和社会评价

（19）风险分析

（20）研究结论与建议

（21）附图、附表、附件

建设项目的可行性研究报告各项内容包括：建设规模与产品方案、场址选择、技术设备工程方案、原材料燃料供应、总图运输与公用辅助工程、节能措施、节水措施、组织机构与人力资源配置、融资方案等，每一项均可视为一个独立的多方案比选过程，均应按基本流程进行充分的风险分析，以作出最佳的方案选择。

7.3 项目实施阶段的风险控制

7.3.1 设计阶段的风险控制

在建设项目的工作分解结构中，建设项目的设计与计划阶段是决定建筑产品价值形成的关键阶段，它对建设项目的建设工期、工程造价、工程质量以及建成后能否产生较好的经济效益和使用效益，起到决定性的作用。

1.设计阶段风险识别

（1）业主提供的资料不准确

由于业主提供的资料不准确或者不及时，资料里存在一些难以发现的问题或者资料过于简单，导致业主设计文件过于简单，从而导致后面的工程难以很好地开展，不能起到良好的指导作用。

（2）在设计阶段不规范的行为带来的风险

①业主的不规范行为带来的风险。

业主为了实现自身的最大的利益，往往盲目压低成本，表现为给设计单位降低设计费用，而设计单位为了防止亏损，就只能粗放作业来降低成本，这就使得设计的风险被人为增大。另外，业主还常常要求设计变更，导致设计人员不能独立地发挥自己的才能，受到干扰，这也增加了风险。

②设计人员的不规范行为带来的风险。

设计人员是设计的主要实施者，设计人员不规范设计则会导致设计风险的产生，例如，设计中未能按照国家标准和强制性规定进行设计；某些单位存在出卖图纸或将设计任务转包分包，还有一些设计单位为获取设计任务采取行贿等行为。

③设计方组织协调的风险。

工程项目的设计由建筑、结构、给水排水、暖通、电气、智能系统等专业共同完成，并且大型的建设项目大多由多个设计单位共同完成。所以各个设计单位之间以及设计单位内部协调问题尤为重要。现在出现问题比较多的是结构设计和建筑设计的协调，招标和投标方往往比较重视建筑设计，但却忽视了结构设计，从而使建筑和结构出现了不协调。业主往往片面地重视建筑的外观和使用功能，容易忽视结构的合理性。

大剧院的设计也具有复杂性，各专业都较为复杂，声学设计贯彻始终，和各专业息息相关，为了确保核心使用功能，声学与各专业的配合协调是设计单位组织协调的重要工作，如果出现问题，就可能造成带来相应的使用功能不能完全实现的风险。

（3）专业咨询单位的监管缺失

全过程工程咨询单位对设计阶段把控工程是非常重要的，但是由于现阶段多数业主单位是在项目前期或建设过程中，从项目决策开始主动委托咨询公司提前介入，委托咨询服务的较少。多数情况是因法律法规要求，例如在报批报建时因程序或办理立项手续所需，要提交可研报告或投资估算书时；或在施工实施阶段因法规所限超过一定规模的工程项目，必须进行监理时；按规定凡是政府投资项目在限定投资额以上必须进行招投标时，业主单位方委托一家或多家咨询机构提供，如编制可研报告、工程监理或招标代理等阶段性服务。全过程工程咨询单位普遍在决策和设计阶段介入不深（甚至未介入），导致设计阶段得不到专业化的监督，为之后的设计埋下隐患。

（4）设计收尾的风险辨识

设计交底和图纸会审是设计阶段的重要环节，也是设计风险控制的关键环节，这里存在的风险是施工单位未能理解设计人员的意图和其中的难点，从而影响工程质量。四川大剧院在重要节点，重要部位运用了BIM进行模拟，做好技术交底，避免由于施工人员因不能充分理解设计意图所带来的风险。

2.制定风险应对策略

要想对风险进行有效控制，就必须制定一个有效的风险应对策略。一个好的应对策略和措施可以降低对设计任务目标的威胁，并提高完成目标的机会。无论是在建设方还是设计方都应采取风险应对措施，积极识别设计中的风险，明确双方的责任，制定监控计划，动态地控制各个阶段的风险。

（1）业主的风险应对

业主引发的风险包括业主不遵循设计的客观规律，以及业主不规范行为风险和对设计的干预风险，这在整个设计阶段可能的风险中占了绝大部分。

①业主要严格规范自身行为。业主自身具备一定的专业知识，并且应该相信设计方的设计能力，不该因为自身无知和对知识的不了解，从而过多干预设计单位的设计，在最开始时设计方和业主加强沟通，互相了解对方和遵守对方的设计规则，从而更好地实现双方的合作。

②业主应加强双方的合同管理。在合同中规范双方的责任与承担的义务，制定一些规定以避免一些不必要的麻烦。加强合同管理是非常重要的。我们可在合同中明确工作界面，明确进度控制要求，以及对于违约情况的处理。

③应要求设计单位坚持设计原则。虽然不提倡业主干预设计单位的设计，但是为了防止设计单位不规范行为的发生，应制定一些要求。业主应要求设计单位坚持设计原则，也为了防止因自己的原因或自己的想法而要求设计人员进行不合理的设计。

（2）设计人员的风险应对

①设计单位内部加强管理。设计单位应遵守国家法律，为减少不规范行为而采取有效措施。设计单位应加强工作人员的职业道德教育，用以规范工作人员的职业道德行为，强化质量意识和质量管理，建立质量保证体系，制定可行的规章制度，同时设计单位搞好质量管理工作。努力创造良好的工作和生活环境，提高工作人员的专业素质。

②建立奖罚制度。设计单位应在内部设定一些激励措施来调动设计人员的积极性，同时也可以帮助促进设计人员更加认真地完成设计，例如设计单位可以根据设计质量分配人员的奖金，如果质量未符合最低限定，则会有一定的惩罚。一旦有了这种奖罚制度，设计人员就会有竞争心理，他们不会再因此而搞业余设计或兼职设计。长此下去，设计人员的业务能力会不断增加，技术风险也会随之减少。

（3）图纸审核风险的应对

在审核把关环节应严格督促设计单位，做好审图工作，并规定双方在设计过程中各自所负的责任。

对设计图纸严格审核把关。全过程工程咨询单位和设计单位应组织相关人员进行严格的图纸会审，设计图纸的会审应包括初步设计的审核和施工图设计的审核。初步设计应主要审核原设计的设计方案、技术标准的选择和设计概算复核，防止设计的重大失误，避免造成过大的损失。施工图设计应主要审核设计的最终产品是否符合国家规定的安全过程和技术规范。

7.3.2 项目发承包阶段风险控制

建设项目发承包阶段即通常所说的招投标阶段，是在前期阶段形成的咨询成果（如可行性研究报告、业主需求书、相关专项研究报告、不同深度的勘察设计文件和概预算文件等）的基础上进行招标策划，并通过招投标活动，选择具有相应能力和资质的承包人，通过合约进一步确定建设产品的功能、规模、标准、投资、完成时间等，并将投资人和承包人的责、权、利予以明确。发承包阶段是实现投资人建设目标的准备阶段，该阶段确定的承包人是将前期阶段的咨询服务成果建成优质建筑产品的实施者。

1. 发承包阶段风险识别

在招投标阶段，业主的风险主要来源以下几个方面：

（1）工程设计风险

在施工过程中，工程设计的缺陷常常产生大量的工程变更，而设计变更是造成施工索赔的重要因素，对于业主而言，设计变更往往造成投资额的增加，使工程项目的造价难以掌握和控制。

（2）招标范围不明确

招标人（全过程工程咨询单位）在招标文件中给出工程项目的招标范围，即明确工程承包的内容和范围。招标范围不明确，一方面造成承包商投标报价不准确，另一方面容易造成合同争议，影响工程项目的实施。四川大剧院根据工程特点划分了相应的招标标段，明晰了各标段的施工范围和工作界面，避免出现疏漏或者重复，确保工程的顺利实施，避免不必要的签证和变更。

（3）工程量清单编制错误

工程量清单反映了拟建工程的全部工程内容及为实现这些工程内容而进行的所有工作，是投标人投标报价的依据。招标人（全过程工程咨询单位）编制工程量清单时，如果出现错项、漏项或工程量不准确的问题，可能引起承包商的索赔或通过不平衡报价等方式提高工程造价，从而损害业主的利益。四川大剧院对工程量清单的编制质量做了大量的工作，对工程量清单的项目名称、项目特征描述、措施费用的计取、编制说明、计价定额的选用等，在招标前均进行了认真审查，避免因出现不必要的问题带来实施过程中的投资风险。

（4）合同风险

合同文件是招标文件的重要组成部分，合同风险是在合同拟定过程中，由于合同条款责任不清、权利不明所造成的风险。全过程工程咨询单位在拟定合同条款时，应充分分析合同中发承包双方的履约风险，对各自的权利义务进行详细的约定，避免因合同条款前后不一致，或者重要内容未明确约定等，造成合同执行出现风险。

2.业主方的风险防范

（1）认真审核工程设计图纸，明确招标范围

招标前，业主或全过程工程咨询单位应组织有关人员对拟建工程项目进行详细研究，认真审核设计图纸，尽量减少工程项目在结构和功能上的修改。此外，图纸后附带的地质、水文、建筑、气象等技术资料也应做到细致全面。

工程项目的招标范围应该清楚、具体，避免使用类似"除另有规定外的一切工程""承包商可以合理推知且为本工程实施所需的一切辅助工程"等含混不清的工程内容说明的语句。

（2）编制严谨的工程量清单，选择合适的合同计价形式

在招标活动中，全过程工程咨询单位（造价）编制工程量清单，对于工程量做到准确计算，项目特征和工程内容描述清楚。

业主（或全过程工程咨询单位）应根据工程项目的特点和实际情况，选择合适的合同计价形式，降低合同风险。例如，有些项目在招标阶段，建材市场的价格较高，应该在合同中增加材料调价条款，因为工程项目建设时间较长，在建设周期内，材料降价的可能性要比涨价的可能性大。有些项目也可考虑将总价合同和单价合同结合起来，即投标报价应包含招标图纸或招标文件及工程量清单内的所有内容，工程量清单中的错项、漏项等人为错误，不作为结算调整的依据。但对于施工过程中不可避免的变更和工程量增减，可按照单价进行调整。这样能有效规避工程量清单编制错误所造成的风险。

（3）规范招标程序，选择合适的承包商

选择实力和信誉较好的招标代理单位来代理招标活动，资格预审、现场踏勘、投标答疑、开标、评标及定标的各项工作要合乎法律、法规的要求，应根据工程项目特点和实际情况制定评标原则，评标委员会构成应合理，并给予评标专家足够的评标时间，以便能够对投标文件中的技术方案和投标报价进行比选和分析，确保选出质优价廉的承包商。

（4）拟定责、权、利平衡的合同条件

语言是合同的载体，在拟定合同条件时，应避免使用诸如"一切，全部，所有"等极端词语和"保证"等许诺性词语。合同中的词语表达应准确到位，且符合法律习惯。合同中严密的语言表达，可以减少争议，从而减少费用。

合同条款最重要的是体现风险的合理分担。从业主的角度，过多地将风险推向承包

商一侧，这属于一种认识上的误区，合同中苛刻、不平等的条款往往是一把双刃剑，不仅伤害承包者，还会伤害业主自己。从总体上讲，一个公平合理、责权利平衡的合同可以使承包商报价中的风险费用减少，业主可以得到一个合理的报价，同时减少合同的不确定性并最大限度地发挥合同双方风险控制和履约的积极性。业主应避免不顾主客观条件，任意在合同中加上对承包商的单方面约束性条款，或者加上对自己的免责条款，把风险全部推给对方。

7.3.3 施工阶段风险控制

1.施工阶段风险识别

（1）环境因素

环境因素包括社会或者自然环境。社会环境，主要指的是社会的风气，国家的政策、当地或者某个地区的科技创新情况或者是某个地区某个技术的成熟度。自然环境指地址水文条件、天气的好坏、温度的变化、自然灾害发生的指数等多方面的情况。例如，四川大剧院在前期文物勘探阶段，就发现地下古文物，使得工程无法按时推进，这就是环境因素造成项目进度和投资控制风险增加。虽然这类因素会对项目产生较大的影响，但是其可控制的指数是非常低的，也就是说，这类因素基本属于不可控制因素，尤其是自然环境方面。

（2）设计变更

任何一个建设工程项目都是专门的单一设计，并根据实际条件的特点，建立一次性组织进行施工生产活动。项目建设影响因素多，建设周期长，实施期间的自然环境、市场需求、政策等因素的变化，都有可能引起业主对项目方案或者投资的调整。同时，一个项目的设计文件往往包含多个专业、涉及诸多领域，不同专业设计文件的完善程度和多专业间设计图纸的协调性难免存在纰漏，随着项目施工的推进，这些问题才能逐步暴露出来。

（3）进度风险

所谓的进度风险就是由于某种原因施工工期被延误，或者是工作的效率降低，没有办法按照合同或者规定的时间完成工程项目。

（4）财务因素

财务因素是指在项目施工过程中没能准确地进行财务管理，良好、高效地使用资金，从而造成资金短缺致使工程不能完工的现象。由于财务人员的疏忽或者失误，在成本的计算、自购原料的采购等步骤出现问题，也会使得资金链断裂，无法完工；项目融资未按计划落实等。

四川大剧院设立共管账户，但每笔资金需由使用单位划入后才能进行支付，使用单位的资金保证和支付时间对工程款的支付会带来较大的影响。

（5）管理因素

管理因素主要是指在工程项目中，管理是否完善、组织机构的设置是否合理，各单位、部门的人员是否能够充分发挥作用，工程能够达到合同的要求等。工程项目中包括很多的步骤和工序，不同的工序和步骤又会涉及不同的部门和不同的工作人员，所以良好的管理制度和高效的管理体制对工程项目来说是非常重要的。如果不能很好地协调各部门，就会出现工作不能对接、管理脱节、工作人员散漫等现象。而这些现象的出现都会从一定程度上影响工程的质量和进度，甚至会导致工程无法完工、质量不能达标等现象的出现。

2.风险应对措施

在项目的实际施工中，可以将识别的风险根据所分析得到的风险指数逐一列出，同时根据风险对工程项目的影响情况逐个采取预防的措施。然而，我们要清晰地认识到，任何措施的提出都不能百分之百地预防或者防止风险的发生，所以我们要从整个工程的角度出发，选择最优的实施和预防方案。

（1）回避

回避是指能够引起风险的因素完全剔除，让其没有可能出现在工程项目之中。也就是说，这是一种较为绝对的方法，其做法就是将有可能引起风险的任何原因均进行隔离，从源头上断开风险。

（2）控制

控制是指采取一系列的手段使某项风险因素的危险系数降低或者说将其可能发生的概率减少，从而保证项目的顺利实施。例如，为保证项目进度目标的实现，采取项目施工进展的动态控制措施；或者为保证项目施工质量，避免管理失控，对承包单位造成质量问题的行为进行处罚等。四川大剧院质量标准为获得建筑工程行业的最高奖项，不仅在招标、合同中明确约定，在实施过程中，也按照"鲁班奖"的要求进行控制，而且合同条款明确约定，如因承包人原因未能获得"鲁班奖"，承包人将面临违约的风险。

（3）转移

转移是一种较为常见的降低风险的办法，大多数的项目都会选择这种方式去降低其所承担的风险。转移就是将项目所承担的一部分风险，通过合理、合法的方式转移给另一方，但是这种方法绝不是将所有的风险都转移走，而是共同承担。施工阶段常见的风险转移措施：建设工程一切险、安装工程一切险和第三方责任险等。

第8章

剧院类项目协调管理

工程项目建设是一项复杂的系统工程，在系统中活跃着建设单位、勘察单位、设计单位、监理单位、施工单位、政府行政主管部门以及与工程建设有关的其他单位。剧院工程项目从决策到竣工验收交付使用的过程，不仅是各单位各专业工程师专业知识应用和管理的过程，也是各方主体有机配合、共同协作的过程。项目建设的组织协调管理，对建设工程项目目标的实现起重要作用。

全过程工程咨询单位作为业主委托的为其项目建设全过程提供咨询服务的综合性专业化咨询服务企业，不仅应当具备为业主提供专业领域技术咨询服务的能力，还应具备为工程建设提供专业化管理的能力。全过程工程咨询单位在项目建设的全过程，应充当好策划者和组织者的身份，在专业技术知识、科学管理理论支撑的基础上，做好项目建设关联方组织协调管理，为项目建设目标实现提供保障。

全过程工程咨询单位协调内容可分为系统内部协调和系统外部协调两大类，系统外部协调又分为系统近外层协调和系统远外层协调。近外层和远外层的主要区别是，建设单位与近外层关联单位之间有合同关系，与远外层关联单位之间没有合同关系。

8.1 组织架构

四川大剧院项目的使用单位是四川省锦城艺术宫，主要提出使用功能，并负责筹集工程建设资金。

代建管理单位为四川省非经营性项目建设代建中心，主要对工程质量、进度、投资等进行全面的监督。

全过程咨询单位受业主的委托，对项目进行工程项目管理、招标、造价、监理、BIM服务等全过程的咨询服务管理，并由全过程咨询单位作为发包人，即工程施工阶段的合同主体。

以上三方作为建设单位的主要参与方，全过程咨询单位按照咨询合同和工程建设目标提供全过程的咨询服务，各参与方明确分工，制定相应的管理审批流程，确保各项决策、审批、管理流程畅通。

全过程咨询单位授权总咨询师（项目经理）牵头，下设项管、招标、造价、监理、BIM、办公室、财务等相关部门，并配备相应管理、技术及后勤人员，为业主提供全过程咨询服务（图8-1）。

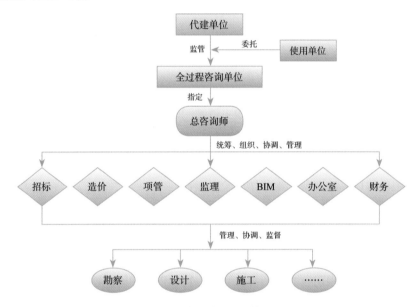

图8-1　大剧院组织架构图

8.2 内部协调

8.2.1 人际关系的协调

项目全过程咨询机构是由工程咨询人员组成的工作体系，工作效率在很大程度上取决于人际关系的协调程度，总咨询师应首先协调好人际关系，调动和激励项目监理机构人员的工作责任心和主动性，主要表现在以下几个方面。

1.在人员安排上要量才录用

要根据项目全过程咨询机构中每个人的专长进行安排，做到人尽其才。工程咨询人员的搭配要注意能力互补和性格互补，人员配置要尽可能少而精，避免力不胜任和忙闲不均。

2.在工作委任上要职责分明

对项目全过程咨询机构中的每一个岗位，都要明确岗位目标和责任，应通过职位分析，使管理职能不重不漏，做到事事有人管，人人有专责，同时明确岗位职权。特别是项管和监理人员的分工和职责，应打破原传统管理模式的分工，充分运用专业技术人员的专业技能，监理人员参与到工程前期，项管人员做好目标管理，避免不必要的人员浪费。

3. 在绩效评价上要实事求是

各项管理目标明确，实事求是地评价工程咨询人员工作绩效，以免人员无功自傲或有功受屈，使每个人热爱自己的工作，并对工作充满信心和希望。

4. 在矛盾调解上要恰到好处

项目全过程咨询机构人员之间的矛盾总是存在的，出现不同意见产生矛盾时，及时调解，统一思路，要多听取项目咨询机构成员的意见和建议，以工程目标为重，以大局为重，及时沟通，使工程咨询人员始终处于团结、和谐和热情高涨的工作氛围之中。

8.2.2 组织关系的协调

全过程工程咨询单位项目管理机构是由若干部门（专业组）组成的工作体系，每个专业组都有自己的目标和任务。如果每个专业组都从建设工程整体利益出发，理解和履行自己的职责，则整个建设工程就会处于有序的良性状态，否则，整个系统便处于无序的紊乱状态，导致功能失调，效率下降。为此，应从以下几个方面协调项目内部组织关系：

（1）在目标分解的基础上设置组织机构，根据工程特点及建设工程全过程咨询合同约定的工作内容，设置相应的管理部门，包括项目所辖的项管、招标、造价、监理、BIM、财务等部门。

（2）明确规定每个部门的目标、职责和权限，以规章制度形式作出明确规定，明确各部门在项目中的相关职责和权限。

（3）事先约定各个部门在工作中的相互关系。工程建设中的许多工作是由多个部门共同完成的，其中有主办，牵头和协作、配合之分，事先约定，可避免误事、脱节等贻误工作现象的发生。四川大剧院明确以项目管理为牵头部门，招标、造价、监理、BIM、财务等相关部门配合，确保总目标的实现。

（4）建立信息沟通制度。如采用工作例会、业务碰头会、发送会议纪要、工作流程网信息传递卡等来沟通信息，这样有利于从局部了解全局，服从并适应全局的需要。

（5）及时消除工作中的矛盾或冲突。坚持民主作风，注意从心理学、行为科学的角度激励各个成员的工作积极性；实行公开信息、政策，让大家了解建设工程的实施情况、遇到的问题或危机；经常性地指导工作，与项目机构成员一起商讨遇到的问题，多倾听他们的意见、建议，鼓励大家同舟共济。同时，以项目管理目标为核心，各部门的工作必须服从目标管理，确保达到工程的质量、进度、安全、投资等目标要求。

8.3 外部协调

8.3.1 各方责任主体间协调（近外层协调）

1. 与使用单位的协调

四川大剧院使用单位提出使用功能需求，并确保工程建设资金的筹备，项目全过程咨询机构与使用单位组织协调的关系，对项目的正常推进至关重要。

因使用单位对使用功能很关注，但由于在不同的阶段，使用需求的提出不尽相同，可能存在不同的协调内容，主要体现在：

（1）在可研阶段和设计阶段，充分尊重使用单位意见，落实使用功能，在符合投资估算和规划指标的前提下，满足各项使用功能；

（2）在招标阶段，对于剧场专业的招标技术要求，如灯光、音响、声学等，加强使用的沟通和协调，能够充分保证招标需求，满足设计和功能需求；

（3）在施工阶段，由于实物更直观，使用单位可能提出一些变更要求，但在这一阶段，现场的更改可能会造成工程投资的增加，影响工期，对于此阶段使用单位提出的需求，需要进行充分的论证，全过程咨询单位应做好协调沟通工作，尽量减少变更签证，确保工程的顺利推进；

（4）加强和使用单位的财务的沟通协调，做好资金计划，加强沟通，配合完成资金支付和申报流程，确保工程建设资金的保障。

总咨询师应从以下几个方面加强与使用单位的协调：

（1）总咨询师首先要理解建设工程总目标和使用单位的意图。对于未能参加工程项目决策过程的咨询师，必须了解项目构思的基础、起因、出发点，否则，可能会对建设工程目标及任务有不完整、不准确的理解，从而给咨询工作造成困难。

（2）利用工作之便做好全过程咨询宣传工作，增进使用单位对全过程咨询工作的理解，特别是对建设工程管理各方职责及建设程序的理解；主动帮助使用单位处理工程建设中的事务性工作，以自身规范化、标准化、制度化的工作去影响和促进双方工作的协调一致。

（3）尊重使用单位，畅通沟通协调和汇报机制，让使用单位清楚全过程咨询单位在工程建设中所做的相关工作。对建设单位提出的某些不适当要求，做好沟通解释工作，明确利弊，对于原则性问题，可采取书面报告等方式说明，尽量避免发生误解，以使建设工程顺利实施。

2. 与代建单位的协调

四川大剧院代建单位为政府的相关部门，为建设实施过程中的监管单位及决策单位，各项重大建设问题均应按照代建程序上报审批。过程中的各种沟通工作必不可少，包括招标文件的审批、合同的审批、工程款支付审批、变更审批等各项审批工作。实施过程中，及时提前沟通汇报，工作思路获得上级理解和认可，才能正常高效的推进，否则就可能造成关键节点的停滞，影响工程的正常推进。

3. 与施工单位的协调

全过程咨询单位对工程质量、造价、进度目标的控制，都是通过施工单位的工作来实现的，因此，做好与施工单位的协调工作是全过程咨询组织协调工作的重要内容。

（1）注意事项

①坚持原则，实事求是，严格按规范、规程办事，讲究科学态度

总咨询师应强调各方面利益的一致性和建设工程总目标；应鼓励施工单位向其汇报建设工程实施状况、实施结果和遇到的困难和意见，以寻求对建设工程目标控制的有效解决方法。双方了解得越多越深刻，建设工程咨询工作中的对抗和争执就越少。

②注重协调方法和技巧

协调不仅是方法、技术的问题，更多的是语言艺术、感情交流和用权适度问题。有时尽管协调意见是正确的，但由于方式或表达不妥，就会造成矛盾激化。高超的协调能力则往往能起到事半功倍的效果，令各方面都满意。

③树立合约意识

施工过程中，不同的单位，站在自己的角度可能会有自己的观点，出现这种情况后，对工程的正常推进可能会产生影响，要统一思路，让大家顾全大局，必须树立合约意识，按照合同约定履行各自的权利和义务。

（2）工作内容

①与施工项目经理关系的协调

施工项目经理及工地工程师最希望全过程工程咨询师能够公平公正、通情达理，指令明确而不含糊，并且能及时答复所询问的问题。全过程咨询师既要懂得坚持原则，又要善于理解施工项目经理的意见，工作方法灵活，能够随时提出或愿意接受变通办法解决问题。

②施工进度、质量、投资等问题的协调

由于工程施工进度、质量、投资等的影响因素错综复杂，因而施工进度、质量、投资等问题的协调工作也十分复杂。全过程咨询师应明确总承包施工单位对现场的管理职

责，做好现场的总分包单位的协调管理工作，采用科学的进度、质量、投资控制方法，设计合理的奖罚机制及组织现场协调会议等协调工程施工进度、质量、投资等问题。

③对施工单位违约行为的处理

在工程施工过程中，全过程咨询师对施工单位的某些违约行为进行处理是一件需要慎重而难免的事情。当发现施工单位采用不适当的方法进行施工，或采用不符合质量要求的材料时，全过程咨询工程师除立即制止外，还需要采取相应的处理措施。遇到这种情况，全过程咨询师需要在其权限范围内采用恰当的方式及时作出协调处理。

④施工合同争议的协调

对于工程施工合同争议，全过程咨询师应首先采用协商解决方式，协调与施工单位的关系。协商不成时，才由合同当事人申请调解，甚至申请仲裁或诉讼。遇到非常棘手的合同争议时，不妨暂时搁置等待时机，另谋良策。

4.项目全过程咨询机构与勘察设计单位的协调

勘察设计工作对工程建设的质量、进度、投资等影响重大，因此，全过程咨询机构要与设计单位做好沟通交流和协调工作。

（1）做好使用单位与设计单位的沟通桥梁工作，落实使用单位的使用需求。特别是当设计单位之间各专业的互通性不够的情况下，应及时加强各专业之间的沟通协调，组织设计各专业的专题会，提高沟通效率，有效解决设计问题。

（2）做好限额设计的把关，当经济指标出现偏差时，及时与相关专业设计人员做好交流，强化设计人员的投资控制意识。出现设计变更后，首先对变更进行经济分析，论证其必要性和可操作性，并完善审批流程后才能实施。

（3）真诚尊重设计单位的意见，在设计交底和图纸会审时，要理解和掌握设计意图、技术要求，施工难点等，运用BIM将标准过高、设计遗漏、图纸差错等问题解决在施工之前。进行结构工程验收、专业工程验收、竣工验收以及如果发生质量事故时，要认真听取设计单位的处理意见等。

（4）施工中发现设计问题，应及时向设计单位提出，协调设计提出解决方案，以免造成更大的直接损失。

（5）注意信息传递的及时性和程序性，涉及重大的设计管理工作，管理工作联系单、工程变更单等均要按规定和程序进行传递。

8.3.2 系统远外层协调

剧院工程实施过程中，政府部门、金融组织、社会团体、新闻媒介及与项目建设有关的个人等也会起到一定的控制、监督、支持、帮助作用，如果这些关系协调不好，建设工程实施也可能严重受阻。

1.政府职能部门协调

主要包括与文化主管部门的交流和协调、工程质量、安全监督机构的交流和协调；建设工程合同备案；协助建设单位在考古、征地、拆迁等方面的工作，争取得到政府有关部门的支持；现场消防设施的配置得到消防部门检查认可；现场公建配套得到公建部门的认可等。

2.其他单位协调

使用单位和项目全过程咨询机构应把握机会，争取社会各界对建设工程的关心和支持，这是一种争取良好社会环境的远外层关系的协调，如四川大剧院涉及原艺术宫拆迁地块的土地置换，大剧院的建成使用时间就是原艺术宫的拆除时间，使用单位与土地置换单位进行有效的协调也很重要。

8.3.3 项目全过程咨询机构组织协调方法

项目全过程咨询可采用以下方法进行组织协调。

1.会议协调法

会议协调法是建设工程管理中最常用的一种协调方法，包括第一次工地会议，工地例会，专题会议等。

2.交谈协调法

在建设工程实践中，并不是所有问题都通过需要开会来解决，有时可采用"交谈"的方法进行协调。交谈包括面对面的交谈和电话、QQ、微信、邮件等形式的交谈。

无论是内部协调还是外部协调，交谈协调法的使用频率是最高的，也是最方便有效的。由于交谈本身没有合同效力，但它具有方便、及时等特性，因此，工程参建各方之间及项目全过程咨询机构内部都愿意采用这一方法进行协调，此外，相对于书面寻求协作而言，人们更难于拒绝面对面的请求。因此，采用交谈方式请求协作和帮助比采用书面方法实现的可能性要大。

特别是与使用单位、代建单位的沟通汇报，往往需要采用交谈协调法，让相关部门和人员清楚全过程咨询的管理思路，以及需要相应单位的配合需求，也要及时收集使用单位和代建单位对于项目的一些诉求，将各方的一些有利思路贯彻到整改项目的管理过程中。

3.书面协调法

当会议或者交谈不方便或不需要时，或者需要精确地表达自己的意见时，就会采用书面协调的方法。书面协调法的特点是具有合同效力，一般常用于以下几个方面：

（1）不需双方直接交流的书面报告、报表、指令和通知等；

（2）需要以书面形式向各方提供详细信息和情况通报的报告、信函和备忘录等；

（3）事后对会议记录、交谈内容或口头指令的书面确认。

总之，组织协调是一种管理艺术和技巧，大剧院的建设涉及专业多，部门多，组织协调对项目建设的推进意义重大，全过程咨询单位中全过程咨询师尤其是总咨询师要掌握领导科学、心理学、行为科学等方面的知识和技能，如激励、交际、表扬和批评的艺术、开会艺术、谈话艺术、谈判技巧等，以便更好地进行有效的组织协调。

第9章

四川大剧院项目的创新管理手段

9.1 BIM技术全生命周期应用

基于建筑行业在长达数十年间不断涌现出的诸如碰撞冲突、屡次返工、进度质量不达标等顽固问题，造成了大量的人力、经济损失，也导致建筑业生产效率长期处于较低水平，建筑从业者们痛定思痛后也在不断发掘解决这一系列问题的有效措施。

当建筑行业相关信息的载体从传统的二维图纸变化为三维的BIM信息模型时，工程中各阶段、各专业的信息就从独立的、非结构化的零散数据转换为可以重复利用、在各参与方中传递的结构化信息。2010年英国标准协会（British Standards Institution，BSI）的一篇报告中指出了二维CAD图纸与BIM模型传递信息的差异，其中便提到了CAD二维图纸是由几何图块作为图形构成的基础骨架，而这些几何数据并不能被设计流程的上下游所重复利用。三维BIM信息模型，将各专业间独立的信息整合归一，使之结构化，在可视化的协同设计平台上，参与者们在项目的各个阶段重复利用着各类信息，效率得到了极大的提高。

新兴的BIM技术，贯穿工程项目的设计、建造、运营和管理等生命周期阶段，是一种螺旋式的智能化的设计过程，同时BIM技术所需要的各类软件，可以为建筑各阶段的不同专业搭建三维协同可视化平台，为上述问题的解决提供了一条新的途径。BIM信息模型中除了集成建筑、结构、暖通、机电等专业的详尽信息之外，还包含了建筑材料、场地、机械设备、人员乃至天气等诸多信息。具有可视化、协调性、模拟性、优化性以及可出图性的特点，可以对工程进行参数化建模，施工前三维技术交底，以三维模型代替传统二维图纸，并根据现场情况进行施工模拟，及时发现各类碰撞冲突以及不合理的工序问题，可以极大减少工程损失，提高工作效率。

9.1.1 BIM概述

1.概念

BIM全称是"Building Information Modeling",译为建筑信息模型。目前较为完整的是美国国家BIM标准(National Building Information Modeling Standard,NBIMS)的定义:"BIM是设施物理和功能特性的数字表达;BIM是一个共享的知识资源,是一个分享有关这个设施的信息,为该设施从概念到拆除的全寿命周期中的所有决策提供可靠依据的过程;在项目不同阶段,不同利益相关方通过在BIM中插入、提取、更新和修改信息,以支持和反映各自职责的协同工作"。从这段话中可以提取的关键词如下:

①数字表达:BIM技术的信息是参数化集成的产品;

②共享信息:工程中BIM参与者通过开放式的信息共享与传递进行配合;

③全生命周期:从概念设计到拆除的全过程;

④协同工作:不同阶段、不同参与方需要及时沟通交流、协作以取得各方利益的操作。

通俗地来说,BIM可以理解为利用三维可视化仿真软件将建筑物的三维模型建立在计算机中,这个三维模型中包含着建筑物的各类几何信息(几何尺寸、标高等)与非几何信息(建筑材料、采购信息、耐火等级、日照强度、钢筋类别等),是一个建筑信息数据库。项目的各个参与方在协同平台上建立BIM模型,根据所需提取模型中的信息,及时交流与传递,从项目可行性规划开始,到初步设计,再到施工与后期运营维护等不同阶段均可进行有效的管理,显著提高效率,减少风险与浪费,这便是BIM技术在建筑全生命周期的基本应用。

2.本项目BIM应用特点

(1)全过程技术与管理应用

有限的经费保证高质量的剧院效果,本项目从方案阶段就应用BIM技术做好工程造价与功能的平衡,初步设计阶段应用BIM做功能的推演,以确保设计能达到预期的效果,技术设计阶段应用BIM技术细化到每个排风口的选型与价格、装修材料的选型与价格等,做了大量的工作来保证功能与造价的可控。

施工阶段通过造价公司复核BIM工程量、市场询价等,进一步优化功能与造价的平衡,争取在实施前把预控做到最好。

施工中管理最为重要,为了保证施工效果,本项目将BIM实施制度通过合约管理的方式进行落地,要求施工方配备BIM技术团队配合项目管理。

（2）跨行业集成化应用

建筑与艺术往往是紧密联系，相互融为一体的。建筑是艺术的一种表达方式，建筑除了为人类社会生活提供所需空间之外，更会带给人们一种美的享受。

在建造艺术场馆的过程中有很多非常专业的设备，对于建筑行业的人来说很难懂，BIM作为非常重要的沟通载体，将这些专业的设备厂商、艺术家、建造者集成到一个平台上，汇集到同一个交流频道以保证我们想要的和造出来的是一样的。

3.剧院建筑的BIM

剧院建筑属于公共建筑，主要特点包括：

（1）主要使用空间高大，空间组合关系为大厅式，即以观众厅、舞台为中心，其他空间按功能分区、使用顺序围绕在周围。

（2）使用空间大小差别大，一层主要使用空间与多层空间相联系，形成错层、夹层关系。

（3）因视线等要求，主要使用空间的地面通常不在同一标高、同一层面上大空间需要大跨度结构，是多种结构形式的聚集。

（4）城市文化、经济实力的代表性建筑。

4.全生命周期和全过程

BIM是指基于三维数字设计和工程软件所构建的"可视化"的数字建筑模型，为设计师、建筑师、水电暖铺设工程师、开发商乃至用户等各环节人员提供"模拟和分析"的科学协作平台，帮助他们利用三维数字模型对项目进行设计、建造及运营管理。其目的是使整个工程项目在设计、施工和使用等各个阶段都能够有效地实现建立资源计划、控制资金风险、节省能源、节约成本、降低污染和提升效率，实现工程项目的全寿命周期管理。

全过程工程咨询服务是对工程建设项目前期研究和决策以及工程项目实施和运行（或称运营）的全生命周期提供包含设计和规划在内的涉及组织、管理、经济和技术等各有关方面的工程咨询服务。全过程工程咨询服务可采用多种组织模式，为项目决策、实施和运营持续提供局部或整体解决方案。

一个项目的成功必须要有一个优秀的项目团队，这个项目团队要有明确的项目目标，过硬的技术技能和良好的团队精神。成功的项目管理必须要有合适的工具和技术以提高项目管理效率。

BIM技术作为目前工程行业的先进技术，不仅可以实现设计阶段的协同设计，施工阶段的建造全过程一体化和运营阶段对建筑物的智能化维护和设施管理，同时还能打破从业主到设计、施工运营之间的隔阂和界限，实现对建筑的全生命周期管理。

在全过程工程咨询中加入BIM技术是一种创新咨询服务组织实施方式，有了优秀的团队加上过硬技术，配合先进的工具完成这样一个项目，在整个实施规划上就是一种创新。

两者相辅相成，全生命周期的BIM技术应用是全过程咨询的方向和指导，全过程咨询是全生命周期BIM技术应用的具体实施和落地支持。

9.1.2 BIM在规划阶段的应用

1.概述

项目前期策划是指在项目前期，通过收集资料和调查研究，在充分收集信息的基础上，针对项目的决策和实施，进行组织、管理、经济和技术等方面的科学分析和论证。这能保障项目主持方工作有正确的方向和明确的目的，也能促使项目设计工作有明确的方向并充分体现项目主持方的项目意图。项目前期策划的根本目的是为项目决策和实施增值。增值可以反映在项目使用功能和质量的提高、实施成本和经营成本的降低、社会效益和经济效益的增长、实施周期缩短、实施过程的组织和协调强化以及人们生活和工作的环境保护、环境美化等诸多方面。项目前期策划虽然是最初的阶段，但是对整个项目的实施和管理起着决定性的作用，对项目后期的实施、运营乃至成败具有决定性的作用。

工程项目的前期策划工作，包括项目的构思、情况调查、问题定义、提出目标因素、建立目标系统、目标系统优化、项目定义、项目建议书、可行性研究、项目决策等。要考虑科学发展观、市场需求、工程建设、节能环保、资本运作、法律政策、效益评估等众多专业学科的内容。

项目前期策划阶段对整个建筑工程项目的影响是非常大的。前期策划做得好，随后进行的设计、施工、运营就会进展顺利；若前期策划做得不好，将会对后续各个工程阶段造成不良的影响。

美国著名的HOK建筑师事务所总裁帕特里克·麦克利米（Patrick MacLeamy）提出过一张具有广泛影响的麦克利米曲线（MacLeamy Curve），如图9-1所示，清楚地说明了项目前期策划阶段的重要性以及实施BIM对整个项目的积极影响。

（1）图中曲线1表示影响成本和功能特性的能力，它表明在项目前期阶段的工作对于成本、建筑物的功能影响力是最大的，越往后这种影响力越小；

（2）图中曲线2表示设计变更的费用，它的变化显示了在项目前期改变设计所花费的费用最低，越往后期费用越高；

（3）对比图中曲线3和曲线4可发现，早期就采用BIM技术可使设计对成本和性能的影响时间提前，进而对建筑物的功能和节约成本有利。

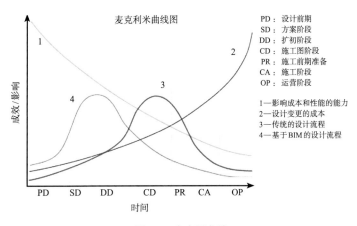

图9-1　麦克利曲线

在项目的前期就应该及早应用BIM技术，使项目所有利益相关者能够早一点参与项目的前期策划，让每个参与方都可以尽早发现各种问题并做好协调工作，以保证项目的设计、施工、交付使用顺利进行，减少延误、浪费和增加交付成本。

BIM在项目的前期规划阶段应用主要包括现状分析、环境分析、成本估算、方案决策等。

2. BIM在现状分析中的应用

通过BIM技术将现状图纸导入相关软件中，创建出场地现状模型，根据规划条件创建出地块的用地红线及道路红线，并生成道路指标。之后创建建筑体块的各种方案，创建体量模型，做好交通、景观、管线等综合规划，进行概念设计，建立起建筑物初步的BIM模型。如图9-2所示，为大剧院项目周边现状分析模型图。

图9-2　大剧院项目周边现状分析模型图

模型建立以后，需要与城市规划现有的管理系统相结合，主要为现有规划GIS平台的结合。BIM作为应用层，可以提取GIS层的数据并通过相互对应关系直接付诸到三维的BIM模型上，这样BIM模型与GIS平台可以扬长避短，在二维与三维两个方向相结合，既发挥了GIS平台大尺度管理和规划各个专业专项高级分析的优势，也发挥了BIM数据整合和全生命周期管理及BIM分析的优势。

3. BIM在环境分析中的应用

建筑业每年对全球资源的消耗和温室气体的排放几乎占全球总量的一半，采用有效手段减少建筑对环境的影响具有重要的意义，因此在项目的规划阶段进行必要的环境影响分析显得尤为重要。通过基于BIM的参数化建模软件如Revit的应用程序接口API，将建筑信息模型BIM导入各种专业的可持续分析工具软件如Ecotect软件中，可以进行日照、可视度、光环境、热环境、风环境等的分析、模拟仿真。在此基础上，对整个建筑的能耗、水耗和碳排放进行分析、计算，使建筑设计方案的能耗符合标准，从而可以帮助设计师更加准确地评估方案对环境的影响程度，优化设计方案，将建筑对环境的影响降到最低。

日照是影响建筑物外部区域气候状况的重要因素之一。好的日照设计不仅可以提高建筑物的舒适度和卫生条件，还可以降低建筑物的采暖能耗并提供清洁能源。所以，建筑物日照间距不仅是城市规划管理部门审核建设工程项目的重要指标，也是规划设计的主要参考标准，同时它还是控制建筑密度的有效途径之一。

近些年来，由于高层建筑的大量涌现，城市微环境的日照采光受到影响且日益严重。由于日照、采光分析涉及时间、地域、建筑造型等多种复杂因素，将这些相互影响的因素综合起来进行人工精确计算分析非常困难，所以在设计或审查阶段，利用传统方法进行的日照分析，往往不够科学准确。

而BIM技术则能很轻松地解决这些问题。如图9-3所示，利用BIM技术模拟的剧场屋顶在日照有效时间（9～17点）的日照时间分布情况，发现屋顶空间正面朝南，是整个剧院阳光得热最多的一部分，在玻璃屋顶的选材上有需要商榷的地方。我们运用能耗分析软件进行建筑能耗分析，运用可视化软件进行材质选型，以确保业主获得最好的综合效益。

同时，由于项目地处成都中心地带，周边环境嘈杂，而剧场对声音环境的要求极为严格，利用BIM技术进行噪声分析，根据分析结果，采取相应的措施，最大程度上减少了周边声环境对剧场内部的影响。如图9-4所示，为大剧院项目声环境分析图。

4. BIM在成本估算中的应用

建筑成本估算对于项目决策来说，有着至关重要的作用。一方面，此过程通常由预

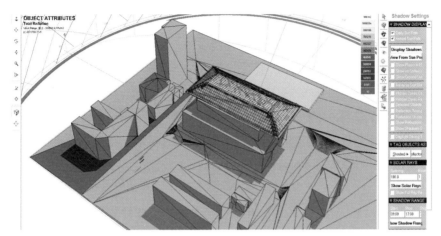

图9-3 大剧院项目日照分析模型图

图9-4 大剧院项目声环境分析图

算员先将建筑设计师的纸质图纸数字化，或将其CAD图纸导入成本预算软件中，或者利用图纸手工算量。上述方法增加了产生人为错误的风险，也有可能使原图纸中的错误继续扩大。如果使用BIM取代图纸，所需材料的名称、数量和尺寸都可以在模型中直接生成，而且这些信息将始终与设计保持一致。在设计出现变更时，如窗户尺寸缩小，该变更将自动反映到所有相关的施工文档和明细表中，预算员使用的所有材料名称、数量和尺寸也会随之变化。同时，基于BIM的自动化算量方法则可以更快地计算工程量，并及时地将设计方案的成本反馈给设计师，有利于设计师们在设计前期阶段对成本进行有效的控制。

另一方面，预算员花在计算数量上的时间在不同项目中有所不同，但在编制成本估算时，要花费50%～80%的时间用来计算数量。而利用BIM算量有助于快速编制更为精确的成本估算，并根据方案的调整进行实时数据更新，从而节约了大量时间。

5. BIM在方案决策中的应用

对于建设项目来说，能够满足业主功能需求的方案有很多种，不同的设计方案对工程费用影响巨大，主要在三个方面展现：设计方案影响直接投资，例如各种施工材料、设备的采购、施工方案的选择等；设计方案影响经常性费用，不同的设计方案对于后期的运营维护也存在影响，如能源消耗，保养，维修等费用；设计质量间接影响投资，如不同专业之间的冲突矛盾、图纸错误等问题造成的施工返工、停工现象，各种设计变更造成施工阶段费用增加与资源浪费。BIM对设计方案优化、设计质量提高有着很大的作用。

可视化是BIM五大特点之一，其所见即所得的性质非常契合我们在方案决策的要求，普通方案受制于传统2D图面，需要依靠强大的专业知识才能解读空间感。BIM凭借三维多视角的模型优势，可以直观浏览到空间的每个角落，使项目设计、建造、运营过程中的沟通、讨论、决策都在可视化的状态下进行，减少双方想象的落差，更有效率的沟通，更容易达成共识。如图9-5所示，为大剧院项目可视化效果模型图。

6. 规划阶段总结

一个项目的完成要经过规划、设计、施工和运营（管理）这几个阶段。然而规划方案的好坏会直接影响项目最后的成功与否。随着BIM在工程领域的不断发展，其在规

图9-5 大剧院项目可视化效果模型图

划阶段发挥的作用也日益明显。对于任何一个项目的开发者来说，确定建设项目方案是否既具有技术与经济可行性，又能满足类型、质量、功能等要求，在过去很长一段时间是一个既花费大量的时间，又浪费金钱与精力的过程。通过以上案例的分析，我们可以将BIM技术在项目规划阶段的应用价值归纳为以下几点。

（1）量化的评价方法

BIM区别于传统的三维模型，其最大的特点是除了具备几何尺寸之外，还包含了必要的参数信息。正是因为这些参数的存在，为项目在规划阶段的方案评价提供了量化的基础。以环境分析为例，通过BIM技术的应用对项目环境指标进行模拟，以更简单明了的方式对生态指标进行量化，为项目决策者提供了更为科学的依据。

（2）高效的评价过程

以BIM为基础的评价过程，其实就是一种数据流的传递过程。现阶段，绝大多数的评价软件均支持这一数据的传递。在评价中，工程师们需要做的仅仅是模型的导入，而繁琐的计算过程已不再需要人为进行。同时，随着云计算的普及，评价结果的计算效率得到了很大程度上的提高。另一方面，在项目的方案评价中，不同方案之间的对比，方案本身的不断调整都希望能快速取得对应的评价结果，而不希望将有限的时间浪费在等待结果的过程中。因此，BIM模型本身所具备的联动性和统计分析功能均能很好地解决这个问题。以方案的成本估算为例，当方案发生变化时，设计师和预算员之间的不同步性和设计方案传递过程中的人为疏漏都是影响评价效率的重要因素。反观BIM模型，一改都改，工程量数据同步变化能极大提高评价的效率。

（3）直观的评价视角

所见即所得，这是BIM给项目规划评价带来的重要变化之一。第一，数字化的BIM模型将传统纸面的设计方案变为3D甚至5D的参数模型。第二，以BIM为基础的信息交互平台为决策参与方提供了信息沟通的平台。第三，BIM能确保决策者对方案拥有更为全面而直观的认识。以绿色分析为例，项目对环境的影响分析不再是枯燥单调的二维数据表格，而是利用BIM将这些数据变成了更加直观形象的模型，能让决策者实现身临其境的感觉。

9.1.3 BIM在设计阶段的应用

1.概念详述

众所周知，工程设计阶段一般是指工程项目建设决策完成，即设计任务书下达之后，从设计准备开始，到施工图结束这一时间段。此阶段对于设计人员来说，最需要的就是能够快速、准确、合理、有效地把业主意图反映在图纸上。但是在传统的设计过程中，设计阶段各专业之间在一定程度上存在信息渠道闭塞、沟通不畅等问题，导致了设计图纸中错、漏、碰、缺的现象时常出现，进而影响了工程的顺利进行。同时，在采用AutoCAD或天正对图纸进行修改的过程中也常常由于图纸之间缺乏联动效果，需要同时修改多张图纸才可以。因此，BIM的出现可以帮助设计师解决这些问题，大大提高工作效率。

2.参数化设计

作为工程项目设计阶段的主要工作内容，基于BIM的参数化设计有别于传统AutoCAD等二维设计方法，是一种全新的设计方法，也是一种可以使用各种工程参数来创建、驱动三维建筑模型，并可以利用三维建筑模型进行建筑性能等各种分析与模拟的设计方法，是实现BIM、提升项目设计质量和效率的重要技术保障。其特点在于：全新的专业化三维设计工具，实时的三维可视化，更先进的协同设计模式，由模型自动创建施工详图底图及明细表，一处修改处处更新，配套的分析及模拟设计工具等。

如图9-6所示，为利用最新可视化编程软件技术，对所有梁进行净高分析和动态着色显示，便于管综工程师进行调整。

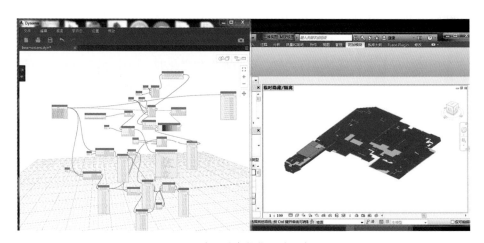

图9-6　大剧院参数化设计示意图

3.协同设计

基于BIM的设计协同是提升工程建设行业全产业链各个环节质量和效率终极目标的重要保障工具和手段，包含协同设计和协同作业。协同设计是针对设计院专业内、专业间进行数据和文件交互、沟通交流等的协同工作。协同作业是针对项目业主、设计方、施工方、监理方、材料供应商、运营商等与项目相关各方，进行文件交互、沟通交流等的协同工作。本章主要详述协同设计。

协同设计的首要工作就是确定协同工作方式，是采用链接式还是采用工作集的方

协作模式的比较表 表9-1

	工作集	模型链接
项目文件	同一中心文件，不同本地文件	不同文件：主文件和链接文件
更新方式	双向、同步更新	单向更新
编辑其他成员构件	通过借用后编辑	不可以
工作模板文件	同一模板	可采用不同模板
软件性能	大模型时速度慢	大模型时速度相比工作共享快
软件稳定性	目前版本不是太稳定	稳定
权限管理	不方便	简单
适用模式	同专业协同，单体内部协同	专业之间协同，各单体之间协同

式。Revit平台中，链接是最容易实现的协同工作方式，仅需要参与协同的各专业用户使用链接功能将已有RVT数据链接至当前模型即可。工作集是软件中的高级的协同方式，它允许用户实时查看和编辑当前项目中的任何变化，但其问题是参与的用户越多，管理越复杂，两种协同模式的特点比较如表9-1所示，为协作模式的比较表。

本项目为剧院类建筑，虽然面积较小但结构复杂，涉及专业众多，采用模型链接的方式进行协作，稳定可靠。如图9-7所示，为大剧院项目模型链接协作模式示意图。

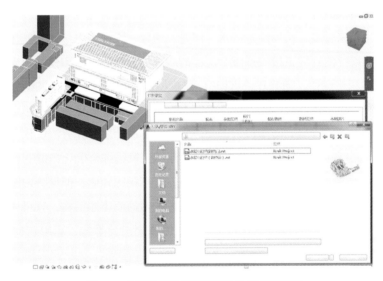

图9-7 大剧院项目模型链接协作模式示意图

4.碰撞检测和管线综合

在传统二维设计中，一直存在一个难题——设计师难以对各个专业所设计的内容进行整合检查，从而导致各专业在绘图上发生碰撞及冲突，影响工程的施工。而基于

BIM的碰撞检测技术很好地解决了这个难题。

所谓碰撞检测是指在计算机中提前预警工程项目中不同专业（包括结构、暖通、消防、给水排水、电气桥架等）空间上的碰撞冲突。在设计阶段，设计师通过基于BIM技术的软件系统，对建筑物进行可视化模拟展示，提前发现上述冲突，可为协调、优化处理提供依据，大大减少施工阶段可能存在的返工风险。如图9-8所示，为大剧院项目管综优化示意图。

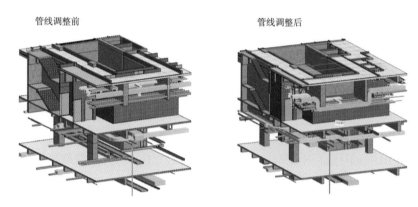

管线调整前　　　　　　　　　　　　　管线调整后

图9-8　大剧院项目管综优化示意图

并且在现阶段的建筑机电安装工程项目中，管道的复杂性越来越高，在有限空间中涉及的专业也越来越多，例如给水排水、消防、通风、空调、电气、智能化等专业，同时，安装工程设计的好坏直接关系整个工程的质量、工期、投资和预期效果，因此都必须进行管线的深化设计。随着BT即建筑信息模型的发展和成熟，以三维数字技术为基础，对建筑物管道设备建立仿真模型；将管线设备的二维图纸进行集成和可视化，在设计过程中就可以进行管线的碰撞检查进而对原有图纸设计进行充分的优化，减少在建筑施工阶段由于图纸问题带来的损失和返工，从而达到管线综合优化布置的目的。

本项目由于地处天府广场，规划高度受限，层高相比较低，但剧院内部涉及大量为舞台和观众服务的水暖电等管线，特别是通风系统中的消声器结构，其尺寸必须严格按照声学要求进行布置，导致占用大量空间，一度成为设计难题，运用BIM技术对其进行重点深化优化，最终保证了合理的净高度。如图9-9所示，为大剧院项目重点部位的管综优化示意图。

5. 工程量统计和成本测算

工程量计算是编制工程预算的基础，该项工作由造价工程师完成。长期以来，造价工程师在进行成本计算时，常采用将图纸导入工程量计算软件中计算，或采用直接手工计算工程量这两种方式。其中，前者需要工程师将图纸重新输入算量软件，该方式易产

生额外的人为错误；而后者
则需要耗费造价师们大量的时
间和精力。因此，无论是哪种
方式，由于设计阶段的设计信
息无法快速准确地被造价工程
师们所调用，使得他们没有足
够的时间来精确计算和了解造
价信息，从而容易导致成本估
算的准确率不高，工程预算超
支现象十分普遍。

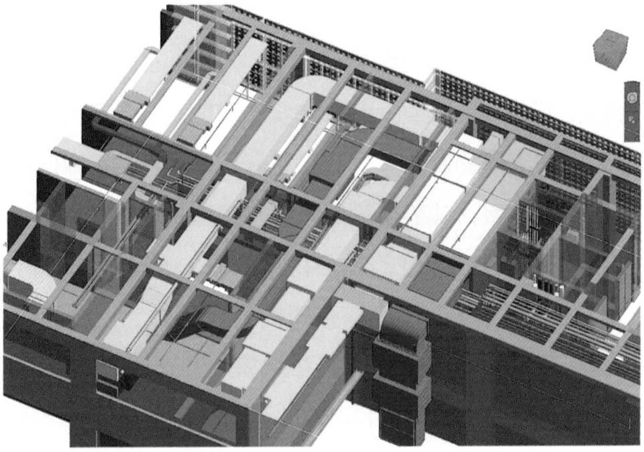

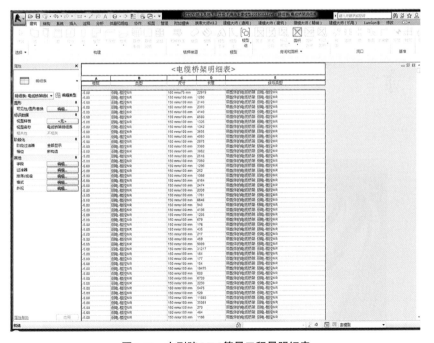

图9-9　大剧院项目重点部位的管综优化示意图

BIM模型是一个面向对
象的、包含丰富数据且具有参数化和智能化特点的建筑物的数字化模型，其中的建筑构
件模型不仅带有大量的几何数据信息，同时也带有许多可运算的物理数据信息，借助这
些信息，计算机可以自动识别模型中的不同构件，并根据模型内嵌的几何和物理信息对
各种构件的数量进行统计。再加上BIM技术对于大数据的处理及分析能力，因此，近
年来，基于BIM平台的工程量计算和成本测算技术已成为趋势。如图9-10所示，为大
剧院项目BIM算量工程量明细表。

图9-10　大剧院BIM算量工程量明细表

6.性能模拟

在剧场的设计过程中，运用Autodesk BIM软件帮助实现参数化的座位排布及视线分析，借助这一系统，可以切实了解剧场内每个座位的视线效果，并做出合理、迅速的调整。根据座椅的设计尺寸，以单元的形式整合到模型中，可对每一个座椅的间距、尺寸等进行即时调整，并结合通用人体模型模拟视线。Autodesk BIM软件可以根据建筑师的要求自动生成各个角度的模拟视线分析，通过视线分析模拟，建筑师可以直观地看到观众视点的状况，从而逐点核查座椅高度和角度，进而决定是否修改设计。根据参数化模型可直接生成视线分析表格，在参数化的辅助下，大剧场高达1601座、小剧场450座的视线分析，这些几乎不可想象的工作量，都可以交由参数化软件模拟，不仅提高了效率，也降低了错误率。如图9-11、图9-12所示，为大剧院项目视线分析及模拟示意图。

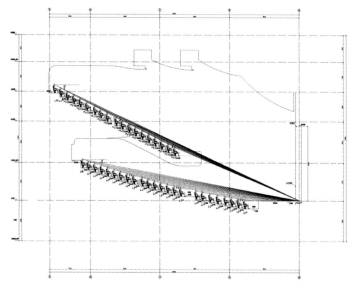

图9-11　大剧院项目视线分析示意图

图9-12　大剧院项目模拟示意图

在BIM技术的统一设计平台的帮助下，各阶段都可以与各专项设计团队紧密同步并共享设计成果。这一模式大大加快了设计的效率，同时避免了各团队之间由于沟通问题而产生的失误与返工。在剧场专项设计过程中，BIM技术可以对舞台设计中的面光、耳光、追光的角度和投射面进行即时的模拟，既减少了工作量也提高了工作效率。

对于观众厅来说，顶棚板声学设计非常重要，要满足一次反射声的要求，并能够最大限度地扩展观众厅内的混响时间。针对剧场内表皮模型的复杂性，借助Autodesk软件搭建的BIM平台和Odeon声学软件，可以在很短的时间里建立完整的声学模型，模拟并纠正模型的问题，并反馈到设计师手中。如图9-13所示，为大剧院项目声环境分析示意图。

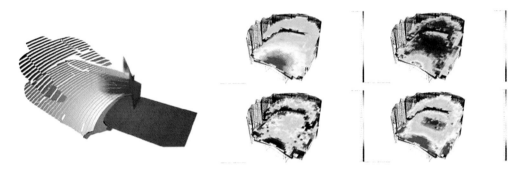

图9-13　大剧院项目声环境分析示意图

在整个观众席区域所有网格点（1m×1m的网格）的计算结果显示了声学参数随空间位置的变化，用彩色图来显示这些计算值可以清楚地表示声学参数在座位区域的分布。

通过分析频率为1000Hz时观众厅内混响时间的分布，混响时间的变化范围是0.8～1.8s。在一个声扩散空间内，混响时间的分布是均匀的，频率为1000Hz时EDT（早期衰减时间即人们对一个房间混响时间的感受）的分布情况。EDT的变化范围为0.8～1.8s。可以看出池座后部和楼座看台的观众席处具有较低的EDT值（图中的深色部分），这一结果表明这些观众席处的声音将具有较低的丰满度和混响感。模型中两个对清晰度来说至关重要的区域，在池座的中央位置颜色很深，表明该区域的声音具有较低的清晰度，这也表明该区域接收到的早期反射声较少，而较多地暴露在混响声场中。根据这些建议，通过不断地修改室内模型的造型，以便更好地满足观演的需求。

在BIM模型内建立一套反馈机制，生成从声源到反声板再到观众区的一套计算模型。在这套反射模型中，通过调整反声板的角度、大小、高度等数据，确保来自声源的声音能够准确地落在观众席上，最终将反声板整合到观众厅内表面的模型中，并由Odeon声学软件进行验证。

7.设计阶段总结

通过分析不难看出，BIM在工程项目设计阶段发挥着巨大作用，对工程后续阶段的工作开展有着积极的影响，其价值通过可视化、协调性、模拟性、数字分析、设计优化、出图性，这六个方面进行体现。我们可以将其在设计阶段的应用和价值总结如下：

在前期概念设计阶段使用BIM，可以在完美表现设计创意的同时，进行各种面积、体形系数、商业地产收益、可视度、日照轨迹等量化分析，为业主决策提供客观的依据。

在方案设计阶段使用BIM，尤其是复杂造型设计项目，可以起到设计优化、方案对比和方案可行性分析作用。同时，建筑性能分析、能耗分析、采光分析，日照分析、疏散分析等都将对建筑设计起到重要的设计优化作用。

在施工图设计阶段使用BIM，可以在复杂造型设计等用二维设计手段施工图无法表达的项目中发挥巨大的作用。同时，在大型工厂设计、机场与地铁等交通设施、医疗体育剧院等公共项目的复杂专业管线设计中，BIM是彻底、高效解决这一难题的唯一途径。

9.1.4 BIM在施工阶段的应用

1.概念详述

工程施工是指工程建设实施阶段的生产活动，是各类建筑物的建造过程，也可以说是把设计图纸上的各种线条，在指定地点变成实物的过程。

现阶段的工程项目一般具有规模大、工期长、复杂性高的特点，而传统的工程项目施工中，主要利用业主方提供的勘察设计成果、二维图纸和相关文字说明，加上一些先入为主的经验，进行施工建造。这些二维图纸及文字说明，本身就可能存在对业主需求的曲解和遗漏，导致工程分解时也会出现曲解和遗漏，加上施工单位自己对图纸及文字说明的理解，无法完整反映业主的真实需求和目标，结果出现提交工程成果无法让业主满意的情况。

在施工实践中，工程项目通常需要众多主体共同参与完成，各分包商和供应商在信息沟通时，一般采用二维图纸、文字、表格图表等进行沟通，使得在沟通中难以及时发现众多合作主体在进度计划中存在的冲突，导致施工作业与资源供应之间的不协调、施工作业面相互冲突等现象，影响工程项目的圆满实现。

在施工阶段里，将投入大量的人力、物力、财力来完成施工。施工过程中，对施工质量的控制，施工成本的控制、施工进度的控制，均非常重要。一旦出现分部分项工程完工后再需要更改的，将会造成严重的损失。

通过以上简单的描述，在现阶段的施工过程中存在以下问题：项目信息丢失严重，施工进度计划存在潜在冲突，工程进度跟踪分析困难、施工质量管控困难、沟通交流不畅等，这些问题都导致施工企业管理的粗放型，施工企业生产力不高，施工成本过高等现状。

通过对BIM技术在前期规划和设计阶段应用方向的了解，建筑信息模型必然逐渐向工程建设专业化、施工技术集成化以及交流沟通信息化等方向发展。BIM正在改变着当前工程建造的模式，推动工程建造模式向以数字建造为指导的新模式转变。结合BIM技术的建造施工是以数字建造为指导的工程建设模式，其特点为虚拟建造于物质化建造同时进行，虚拟建造作为物质建造的先行者，提前发现其施工过程中的各种问题，然后物质建造以其为基础进行，最终形成两个完整的工程产品。

2.基于BIM的场地布置

施工平面布置是房建工程项目施工的前提，较好的施工平面布置图能从源头减少质量安全隐患，利于工程项目后期的施工管理，可在一定程度上降低成本、提高项目效益。据统计，房建工程施工利润仅占建筑成本的10%～15%，若能够对施工平面布置设计出一个最佳的方案，这将直接提高工程的利润率，降低成本，实现多方利益的最大化。

传统的施工平面布置通常是由相关人员在投标时借助自身经验和推断而设计出来的，它是工作人员在编制时，在初步了解整个工程的基本情况和周边建设环境的基础上绘制而成。而在实际执行时，工程的平面布置往往是由施工单位的现场技术人员进行布置的，他们通常不会以前面投标文件中的设计方案为蓝本，而是在实际执行过程中加入自身经验进行改变。

出于施工平面布置制作过程的随意性，这种方案大多是依照设计人员的主观经验和想法，缺乏科学性，且很难在设计时跳出自身的思维局限性来发现其可能存在的缺陷。同时，工程建设并不是一个一成不变的静态过程，它随时会随着现场情况变化或者突发状况而随之调整。因此，如果依葫芦画瓢地按照静态平面布置图进行建设的话，便会导致工程与实际状况相悖，导致工程不得不停滞甚至重新设计，浪费大量的建设材料和人工成本，加大工程的工作量，提高成本，使收益率降低。这样不合理的平面布置方案甚至会导致安全隐患，带来更大的损失。因此，传统的施工平面布置方法已经逐渐被市场所淘汰。

为了对工程施工进行科学的管理，采用BIM技术应用于施工平面布置，将房建工程按不同的性质和组成部分分为地基与基础工程、主体结构工程以及装饰装修工程，并对这三个分类和组成部分进行分析。分别对这三个不同施工过程进行单独的施工平面布置设计，使工程的平面布置设计更加灵活，可变动性加强，以此达到对整个施工过程的动态掌控，同时BIM技术条件下，施工平面布置将更加直观，更便于发现布置的不合理和错误之处。如图9-14所示，为大剧院施工场地布置模拟示意图。

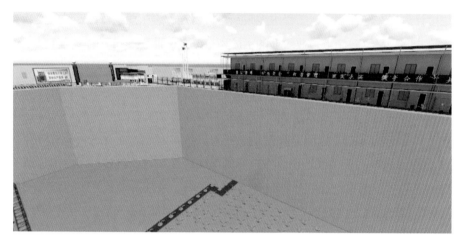

图9-14 大剧院施工场地布置模拟示意图

3. 基于BIM的质量安全管理

建筑工程质量历来为人们所关注，建筑质量的好坏不仅影响建筑产品的功能，还直接关系着人身安全。随着科学的进步、建筑材料的不断创新与建造工具的不断升级，施工过程中质量通病问题等都得到了有效的解决和应对，但仍然有许多常见的问题没有得到解决。工程质量管理出现的问题主要表现在：施工人员专业素质不达标，不按设计图纸、强规施工，不能准确预知施工完成后的质量效果等。

安全管理是任何一个企业或组织的命脉，建筑施工企业也不例外，安全管理应该遵循"安全第一，预防为主"的原则。在建筑施工安全管理中，关键措施是采用各种安全措施保障施工的薄弱环节和关键部位的安全，以不出现安全事故为目的。传统的安全管理，往往只能根据施工经验和编写安全措施来减少安全事故，很少结合项目的实际情况，而在BIM的作用下，这种情况将有所改善。

（1）运用BIM平台进行质量安全管控

采用鲁班BIM平台进行质量进度管控，注重过程的可追溯性，现场发生的质量问题及时进行反馈，并指定相关责任人进行限期整改（图9-15）。

（2）运用BIM技术进行现场三维交底

直接将BIM模型与现场施工相结合，利用其可视化的三维模型进行实时交底，交底内容直观明了，且可以直接深入现场进行对比或指导施工（图9-16）。

（3）运用BIM技术直接出具施工图

传统设计图纸不具备直接施工的能力，运用BIM进行深化后，一比一还原现场，再通过其出图性，出具详细施工图，用于现场指导施工（图9-17）。

图9-15 质量安全管控平台示意图

图9-16 模型现场技术交底示意图

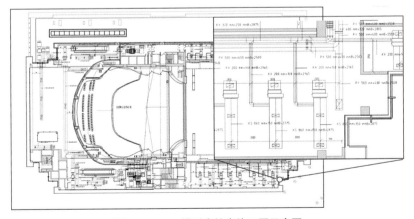

图9-17 BIM模型直接出施工图示意图

图9-18 安全检查示意图

（4）运用BIM技术进行风险排查

通过BIM模型发现现场的重大危险源，并实现水平洞口危险源自动识别，对危险源识别后通过辅助工具自动进行临边防护，对现场的安全管理工作给予了很大的帮助。并通过BIM模型配合监理单位对现场进行安全检查（图9-18）。

4.基于BIM的进度管理

现场施工环境是复杂多变的，建筑工程产品本身就是一次性的，每个项目都有不同的特点，这就要求项目计划编制人员具有很好的进度管理经验。但是由于施工项目进度的变化和个人的主观性，难免会出现进度计划不合理的地方，这将导致未来的施工不能顺利进行。

项目施工是动态的，项目的管理也是动态的，在进度控制过程中，可以通过4D可视化的进度模型与实际施工进度进行比较，直观地了解各项工作的执行情况。当现场施工情况与进度计划有出入时，可以通过4DBIM模型将进度计划与施工现场情况进行对比，调整进度，增强建筑施工企业的进度控制能力。

5.基于BIM的成本管理

成本管理除施工相关信息外，更多的是付诸计算规则（工程量清单、定额、钢筋平法等）、材料、工程量、成本等成本类信息，因此BIM造价模型创建者和使用者需要掌握国家相关计量计价规范、施工规范等。成本管理BIM应用实施根据成本管理工作的性质和软件系统的设置分为计量功能、计价功能、核算功能、数据统计与分析功能、报表管理功能、BIM平台协作系统功能。BIM成本管理应用范围如下：

（1）计量

BIM软件根据模型中构件的属性和设置的工程量计算规则，可快速计算选定构件或工程的工程量，形成工程量清单，对单位工程项目定额、人材机等资源指标输出，是成本管理基本功能。

（2）计价

目前有两种实现模式：一是将BIM模型与造价功能相关联，通过框图或对构件的选择快速计算工程造价；二是BIM软件内置造价功能，模型和造价相关联。计价模块也可对造价数据进行分类分析输出，同时根据造价信息反查到模型，及时发现成本管理中出现偏差的构件或工程。

（3）核算

随着工程进度将施工模型和相应成本资料进行实时核算，辅助完成进度款的申请、材料及其他供应商或分包商工程款的核算与审核，实现基于模型的过程成本计算，具备成本核算的功能。

（4）数据统计与分析

工程成本数据的实时更新和相关工程成本数据的整理归档，可作为BIM模型的数据库，实现企业和项目部信息的对称，并对合约模型、目标模型、施工模型等进行实时的对比分析，及时发现成本管理存在的问题并纠偏，实现对成本的动态管理。

（5）报表管理

作为成本管理辅助功能，一方面实现承包商工程进度款申报、工程变更单等书面材料的电子化编辑输出，另一方面将成本静态及动态控制、成本分析数据等信息以报表的形式供项目部阅览和研究。

（6）BIM平台协作

与BIM数据库相联，实现对工程数据的快速调用、查阅和分析；对成本管理BIM应用功能综合应用，实现项目部和有关权限人员数据共享与协调工作，促进传统成本管理工作的信息化、自动化（图9-19）。

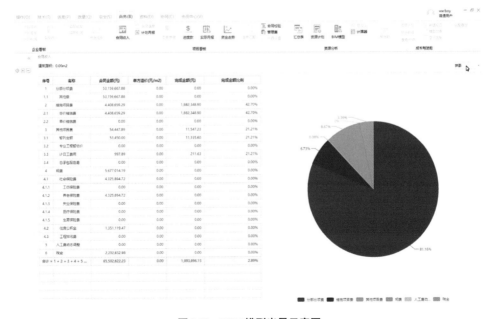

图9-19　BIM模型出量示意图

6. BIM的竣工交付

对于BIM的竣工交付，其数据不仅包括建筑、结构、机电等各专业模型的基本几何信息，同时还应该包括与模型相关联的、在工程建造过程中产生的各种文件资料，其形式包括文档、表格、图片等。

模型中的信息，应满足国家现行标准《建筑工程资料管理规程》JGJ/T 185—2009、《建筑工程施工质量验收统一标准》GB 50300—2013中要求的质量验收资料信息及业主运维管理所需的相关资料。

竣工验收阶段产生的所有信息应符合国家、行业、企业相关规范、标准要求，并按照合同约定的方式进行分类。竣工模型的信息管理与使用宜通过定制软件的方式实现，其信息格式宜采用通用且可交换的格式，包括文档、图表、表格、多媒体文件等。

竣工模型数据及资料包括但不限于：工程中实际应用的各专业BIM模型（建筑、结构、机电）；施工管理资料、施工技术资料、施工测量记录、施工物资资料、施工记录、施工试验资料、过程验收资料、竣工质量验收资料等。

7. 施工阶段总结

BIM技术在施工阶段的应用，从原来都只是简单地做些碰撞检查，到现在基于4D、5D、6D的项目管理，BIM技术在施工阶段的应用越来越广，越来越深。BIM技术在施工阶段的应用价值主要体现在以下三个层面。

（1）最低层级为工具级应用。利用算量软件建立三维算量模型，可以快速计算，极大改善工程项目高估冒算、少算漏算等现象，提升预算人员的工作效率。

（2）其次为项目级应用。BIM模型为6D关联数据库，在项目全过程中利用BIM模型信息，通过随时随地获取数据为人、材、机计划制定、限额领料等提供决策支持，通过碰撞检测避免返工，钢筋木工的施工翻样等，实现工程项目的精细化管理，项目利润将提高10%以上。

（3）最高层次为BIM的企业级应用。一方面，可以将企业所有的工程项目BIM模型集成在一个服务器中，成为工程海量数据的承载平台，实现企业总部对所有项目的跟踪、监控应当实时分析，还可以通过对历史项目的基础数据分析建立企业定额库，为未来项目投标与管理提供支持；另一方面，BIM可以与ERP结合，ERP将直接从BIM数据系统中直接获取数据，避免了现场人员海量数据的录入，使ERP中的数据能够流转起来，有效提升企业管理水平。

由以上三层可以看出，BIM技术在施工阶段的价值具有非常广泛的意义，企业将这三层的价值内容完全发挥出来的时候，就是BIM技术价值最大化的时候。

9.1.5　BIM在运维阶段的应用

1.概念详述

运维管理是在传统的房屋管理基础上演变而来的新兴行业。近年来，城市化建设的快速发展，特别是随着人们生活水平和工作环境的不断提高，建筑实体功能多样化的不断发展，使得运维管理成为一门科学，发展成为整合人员、设施以及技术等关键资源的系统管理工程。

项目的全生命周期通常分为四个阶段：规划设计阶段、建设阶段、运营维护阶段和废除阶段。在建筑的整个生命周期中，运维阶段占到整个全生命周期的绝大部分。从成本的角度来看，第一阶段（规划设计阶段）占项目全生命周期总成本的0.7％，第二阶段（建设阶段）占总成本的16.3％，第四阶段（废除阶段）建筑的拆除占0.5％，而第三阶段（运维阶段）的成本占到了总成本的82.5％。由此可见，项目在运维阶段的成本是整个项目全生命周期成本管理的重中之重。然而，我国目前的管理模式使得运维成本增加，运维管控范围受限，例如，设计、施工到运维阶段信息的不对称性造成了运维效率低下、管理风险大等一系列问题。

运维阶段信息的集成和传递缺少管理，是导致运维阶段管理难度和成本增加的主要原因。BIM作为建筑的信息库，包含了设计、施工信息，充分整合了项目全生命周期包含的信息，解决了信息不对称、难以管理的弊端。因此，运用BIM技术与运营维护管理系统相结合，对建筑的空间、设备资产进行科学管理，对可能发生的灾害进行预防等，大大提高了运维效率并降低了运营维护成本。

综上所述，BIM不会在施工结束后就停止应用，而是将模型运用到运维阶段发挥更大的价值。在具体的实现技术上，通常将BIM模型、运维系统与RFID、移动终端等结合起来应用，并且联合物联网技术、云计算技术等，最终实现对建筑内的硬件设施和系统进行操作管理，主要针对人员工作，生活空间、设施，进行规划、整合和维护管理。

针对本项目的剧院功能，运维阶段的应用和实施尤其重要，其复杂的建筑功能和系统的多样性对运维工作都提出了很大的挑战，BIM技术有望在该阶段发挥其独有的特色和便利。

2.传统运维现状

（1）运维成本高

在项目建成之后，为使其能够正常的运转，运维管理是不可避免的。以往对项目进行运维管理时，项目的信息都是采用人工方式录入，然后再根据这些信息制成表格，这样就能够依据这些信息对项目进行管理。这种管理存在的问题是：即使能够对相应的数据进行检索，也无法快速发现问题，而且还要求管理人员必须具备相应的职业素养，否则就可能丢失数据，使管理的难度增加，无法有效进行管理，增加管理成本。

在运维管理中设备维护的成本相对较高，在购买到相关的设备之后，后期要对其进行维护，而一些设备可能被淘汰掉，故而还需要及时进行更新，不能再使用的设备要及时报废。因此，在对设备进行管理的过程中，设备的管理成本首先就是设备的购买成本，然后是后期的维护成本，最后是设备的管理场地等成本。目前的物业运维管理技术落后，维修人员只是简单地记录设备运行情况，往往只能在设备发生故障后进行设备维修，不能进行提前预警工作，不仅影响设备的实际使用寿命和业主的使用，还需要大量的人员按时进行设备的巡视和操作，势必造成物业运维管理成本过高。

（2）信息难以集成

虽然很多业主在经营和维护中选用电子文档，但有些电子文档由于来源不同，因而不论是存储格式，还是存储方式都会有所不同，这使得不同的电子文档存在兼容问题，难收集，也无法共享。由于档案难收集，一旦设备出现问题，设备参数等信息难以快速找到，给设备的维修带来了麻烦，也不能够满足现代运维管理的需要。

在对运维的信息进行管理时，所采用的方法仍是以往的技术，这使得运维管理信息存在一定的缺陷。

首先，信息无法实现共享：运维管理处于建设工程项目管理的最后阶段，项目交付后，建设单位无法有效地获得建筑设计的全过程信息，采用传统的纸质或简单数据的移交工作，信息流失问题严重。而电子转档过程中，又存在数据形式不统一、兼容性差的问题。因此，运维管理作为最后一个环节，存在严重的信息孤岛问题。

此外，由于移交后仅由业主或使用者单方维护，设计和施工单位不再配合信息共享，致使全生命周期的信息流通变为空想。任何单一阶段，当前信息集成效果不佳，在已经传递的信息中，存在大量的冲突信息，信息有效性存疑。无法和其他参与方进行沟通，使得这种信息的有效性无从查验，加大了其信息管理的难度。

最后，新数据管理困难：系统运维管理的信息多为文档储存，或为简单输出的人机交互模式，致使运营过程的信息建立多次重复，错误率随着信息建立过程的增加而增加。同时，由于文档数据数量大、易丢失破损，致使运维管理的信息处理效率低下，信息处理质量不高等。

（3）不能实现三维动态模型

当前的运维管理系统应用比例不高，应用水平整体较为落后，无法有效、及时地供应需要的信息，无法建立完善的设计建造过程信息数据库，更无法实现3D空间管理效果。这些使得运维管理的服务工作无法有效开展，设备运行维护基本被动，只能靠损坏后的反馈，存在安全隐患，并且无法3D配置，空间管理利用率低下。

3. BIM在运维管理的中的优势

目前运维管理存在着管理成本较高、信息无法共享、不能实现三维动态模型管理等缺点，导致运维管理系统中的数据是分开做且不兼容的，数据无法集成共享，在平时的工作中，需要花费大量的时间精力对数据进行手动输入，这是一种费力且低效的过程。BIM技术可以做到集成和兼容，在运维管理中使用BIM技术，实现各类数据的有效集成。同时还能实现系统管理动态三维浏览，和以往传统的运行维护管理技术相比，BIM具有下列两个主要优点。

（1）在进行信息集成的基础上共享信息数据

运用BIM技术不仅能够将建筑设计以及施工阶段的各种相关信息，例如施工时间、质量情况、成本控制和施工进度等数据信息全部整合到系统中，还可以与运维阶段的维修保养信息数据结合，实现数据集成与共享。

（2）运维管理中可实现可视化管理

BIM三维可视化的功能是BIM最重要的特征，具有如下优势：

1）提高火灾预警水平

当发生火灾，通过BIM模型快速分析规划出疏散路线，在乘客梯的疏散过程中，避免火灾发生时出现无序状态，利用各种传感器引导人员向正确方向由步行梯疏散。

2）工程上应急处理

跑水应急处理中应用，在一个项目中，由于市政自来水管道破裂，从管道、电缆盘和没有地下水的多层地下漏水。如果有BIM技术，管理人员就可以直观地通过浸水的平面和三维模型，有针对性地制定抢救措施，把损失降到最低。如果没有BIM技术，就需要动用大量人力去逐一查找，不但需要耗费大量的人力和时间，还会造成严重的损失。

3）建筑构件定位

在对建筑进行预防性维护或是设施设备发生故障而进行维修时，对建筑构件定位非常关键。在运维管理中，这些建筑构件为不影响整体美观进行隐蔽设计，现场的维修人员常凭借图纸和工作经验判断构件的具体位置，新员工或在紧急状况下难以快速定位构件。通过三维BIM模型，工作人员在可视化的状态下不但可以查看构件的基本信息，还可以了解维修历史信息。维修人员可以从信息数据库中获得所需的指导信息，提高工作效率，同时还可以将物业维修信息及时反馈到后台中央系统中形成新的数据信息。

4. BIM在空间管理的中的应用

空间管理主要是满足组织在空间方面的各种分析及管理需求，更好地响应组织内各部门对于空间分配的请求，计算空间相关成本，执行成本分摊等，增强企业各部门控制非经营性成本的意识，提高企业收益。例如大型商业地产对空间的有效管理和租售是实现其建筑商业价值的表现，在BIM中可以实现房屋面积的统计、位置的查询、属性的查询、属性的修改等。

（1）空间分配

创建空间分配基准，根据部门功能，确定空间场所类型和面积，使用客观的空间分配方法，消除员工对所分配空间场所的疑虑，同时快速地为新员工分配可用空间。通过BIM可视化信息数据实现房屋面积的统计、位置的查询、属性的查询、属性的修改。

（2）空间规划

将数据库和BIM模型整合在一起的智能系统跟踪空间的使用情况，提供收集和组织空间信息的灵活方法，根据实际需要、成本分摊比率、配套设施和座位容量等参考信息，使用预定空间，进一步优化空间使用效率，并基于人数、功能用途及后勤服务预测空间占用成本，生成报表、制定空间发展规划。

（3）统计分析

开发中的成本分摊，包括比例表、成本详细分析、人均标准占用面积、组织占用报表、组别标准分析等报表，方便获取准确的面积和使用情况信息，满足内外部报表需求。

5. BIM在资产管理的中的应用

资产管理是运用信息化技术增强资产监管力度，降低资产的闲置浪费，减少和避免资产流失，使业主在资产管理上更加全面规范，从整体上提高业主资产的管理水平。通过将BIM模型相关属性信息和运维管理系统进行整合，实现资产信息共享，可以进行高效的资产管理，如在运维系统BIM模型上点击某个设备，系统会从数据库读取相关属性信息。

（1）日常高效管理

日常管理中，设备相关信息的调取非常费时费力，例如要查找某个设备工程图纸，需要在文件中一级一级查找，而在系统中只需要点击某个设备模型便可调取相关图纸信息。

（2）资产信息直观显示

传统资产管理通过表单形式显示，利用BIM模型可以显示得更加直观，可以有效地反映设备的运行状态。

（3）报表管理

可以对单条或一批资产的情况进行查询，查询条件包括资产卡片、保管情况、有效资产信息、部门资产统计、退出资产、转移资产、历史资产、名称规格、起始及结束日期、单位或部门等。

6. BIM 在设备管理的中的应用

设备管理主要由设备运行监控、能源分析、设备安全管理等功能组成。

（1）设备运行监控

在运维 BIM 模型中集成设备运维信息，实现设备定位和设备信息查询、修改、统计和分析，如生产厂商、生产日期、设备型号、维护日志、运行状态，由于是基于BIM 模型进行操作，使得运行监控变得直观、方便和高效。模型和信息的联动管理，改变了传统的表单式管理。

（2）能源分析

有效地进行能源管理是提高建筑使用价值的一个重要因素，建筑能源管理包括水、采光、空调等方面。实时监测以自动方式采集的各种能耗运行参数，并自动保存到相应的数据库，通过能源管理系统对能源消耗情况自动分析统计，如果出现异常情况，快速给出警示，分析异常原因，达到节约能源的目的。由于各种运行参数与 BIM 模型联动，可以在模型中显示出能源消耗情况，用不同的颜色区分，直观高效。

（3）设备安全管理

利用二维码、RFID 技术，可以迅速对设备进行检修，维修信息可以及时传至运维系统，系统负责报警及事件的传送、报警记录存档，报警信息可通过不同方式传送至用户。

7. 公共安全管理

基于 BIM 与物联网结合，城市各市政单位如自来水公司、燃气公司、电力公司等对管理对象进行物联网感知设备设置和编码。这些信息将通过网络在运维平台进行存储管理，并在系统中利用 BIM 模型设备进行定位。当系统通过物联网检测到出现异常情况时，系统维护人员和各相关部门通过平台提供的客户端查询各设备的异常状态信息，根据编码快速找到设备位置，协同对工程出现的异常状态做出及时、科学的决策。

8. 运维阶段总结

在一个建筑工程施工过程中，设计单位和施工单位会产生大量工程信息，包括图纸、设备设施及构件材料、属性、价格和生产商等关键信息。这些信息可以纳入 BIM模型之中，为后期运维提供数据支持。当项目竣工后，可以将此 BIM 模型转交给运维单位或者第三方，实现 BIM 模型的全生命周期应用，提供 BIM 模型的价值，提高建筑物价值。

传统的运维管理是基于图装形式，可以根据图表查询设施设备的信息（例如生产厂商、价格、型号等），但想知道设备具体的位置是很困难的。BIM模型中所有设施设备都有准确的定位，在系统中不但可以查找设备的属性信息，还可以根据属性信息查找其具体的位置使维护人员能够清楚地知道设备的情况。

单一的BIM运维在克服传统二维系统弊端的同时，也有不足：无法实时提取设备的运行数据，需要手工输入到运维系统，BIM模型无法与实际设备实时对应。运用物联网技术则可以实现设备实时远程监控，实现设施、设备的统一管理，并可实时传递设备设施的状态信息。通过物联网的RFID技术，可实现人员、设备空间定位，当发生火灾时，BIM可快速准确地定位出火灾的位置。

目前本项目已经交付使用，针对运维阶段的BIM应用实施，正在积极推动。

9.2 数字化工地

2015年初，晨越集团对部分工地进行实地探访，探索将物联网、云平台、大数据、移动互联网、BIM等技术，运用到项目建设之中。

2016年成都市全面启用数字化工地综合监管平台，所有的新建、续建工程需要落实施工现场视频监控、门禁、扬尘污染监测等技术措施，实现数字化管理全覆盖。

数字化工地是指运用信息化手段，通过监控平台对工程项目进行实时监控和施工危险预警，围绕施工过程管理，为项目参与方提供项目现场数据，建立多方协管、智能监控、科学管理的施工项目信息化手段。在"互联网＋建筑"的大背景下，通过数字化工地，我们将工程信息进行数据分析，提供过程趋势预测及专家预案，实现工程施工可视化管理，以提高工程管理信息化水平，从而逐步实现绿色建造和安全建造。

四川大剧院项目位于成都市天府广场，是成都市地标性建筑，该项目也是省市建筑重点项目。由于施工面积狭小，地处成都市中心，对整个建筑工程的安全、质量等要求严格，同时整个施工过程非常复杂，对周边环境、建筑等影响巨大。根据政府部门的要求和企业内部安全生产管理的相关规定，并根据国家有关标准，四川大剧院工程项目计划建成数字化标准化工程项目（简称数字工地），于是对该项目施工现场进行数字化管理以提高施工工地现场的管理能力，加强工地现场安全防护，加大项目宣传影响，达到提高项目的工作效率，保障项目安全顺利完成的目的。

9.2.1 数字化工地方案设计

1.项目安全文明施工要求

在项目施工方以及相关监管部门关于该项目安全文明施工内容里要求：施工现场

全景、重点安全区域视频监控管理；施工人员出入管理；车辆出入管理；噪声扬尘监控管理。

2.现场管理风险点

（1）人员管理风险

施工现场施工队伍较多，流动性大，临工比例较大，由此造成非施工人员进出场，人员信息造假、管理人员不在岗等问题，给项目人员管理带来非常大的困难。

（2）高危区域管理风险

工地现场施工不规范，无法做到实时覆盖监控。安全文明施工不达标，不能及时发现。违规操作导致安全事故，责任不清晰。部分隐蔽工程、重大危险源无法实时监控。

（3）施工环境风险

在施工过程中施工机械作业、模板支拆、清理与修复作业、脚手架安装与拆除作业等会产生噪声排放。施工场地平整作业，土、灰、砂、石搬运及存放，混凝土搅拌作业等会产生粉尘排放。现场渣土、商品混凝土、生活垃圾、建筑垃圾、原材料运输等过程中会产生渣滓遗撒。以上情况对于在工地现场工作的工作人员及生活在工地周边市民生活产生了较大影响，经常会收到市民对工地噪声过大、影响交通等一系列投诉。

3.数字化管理平台——CYMS系统

（1）系统概述

晨越建管CYMS智能建筑综合管理平台（以下简称CYMS平台）是一套"集成化""数字化""智能化"的安防综合管理集成平台，包含视频、报警、门禁、访客、梯控、巡查、考勤、消费、停车场九大子系统。在一个平台下完成多个安防子系统的统一管理与互联互动，真正做到了"一体化、智能化"的管理，提高了用户的易用性和管理效率。

CYMS平台，是基于SOA系统架构的集成多系统的联网平台。采用先进的软硬件开发技术，解决了系统集中管理、多级联网、信息共享、互联互通、多业务融合等问题。

CYMS平台主要面向智能建筑行业，解决该行业内安防系统综合管理的迫切需求，本产品集成了视频、报警、门禁、停车场、消防联动、网管等一系列功能模块，实现安防各子系统的统一管理，提高系统管理的效率，方便系统用户的使用，明确系统权限和职责。

该系统主要依托于综合安防管理平台，以实现对众多安防子系统的统一管理和控制，通过综合管理平台建设后实现统一数据库、统一管理界面、统一授权、统一权限卡、统一安防管理业务流程等，同时考虑将各安防系统资源作为信息化基础数据，满足部分建设单位运营管理的业务需求，辅助业务流程优化。

（2）系统现状分析

管理平台能够解决各个系统的互联互通互动，能够实现图像、报警、门禁、电子地图等联动；能够实现部分提示，并且自动记录事件的时间、位置、原因、图像等各类信息，为突发事件的处置和解决提供有力的证据。

安防综合管理平台不仅可以实现远程管理和集中控制，其功能也越来越强大，例如管理的图像和报警信息已经实现万级，存储的数据也越来越多，管理操作也趋于傻瓜化、简易化。同时系统还能够对前端设备进行自动巡检，这一功能解决了人力巡检带来的一系列负面问题，节省了大量的人力物力，也方便了维护和保养。

安防综合管理平台根据行业的特点以及行业使用特点进行研发，更加专业化，表明业内越来越务实、专业化，已逐步认识到综合管理软件的重要性。

CYMS平台基于SOA架构设计，并通过Web Service提供基础服务，方便与第三方业务系统相互集成；同时，系统采用了基于J2EE的企业业务中间件技术，方便对接第三方厂商的设备。

对各子系统进行统一的监测、控制和管理，可以兼容视频、一卡通、报警等各个子系统不同类型的通信方式和多种通信格式。各个系统按照统一的中间件标准接口通过消息服务与中心平台进行信息交换和控制信令交换。实现将分散的、相互独立的子系统用相同的环境、相同的软件界面进行集中管理，并可以监控各子系统的运行状况信息（图9-20）。

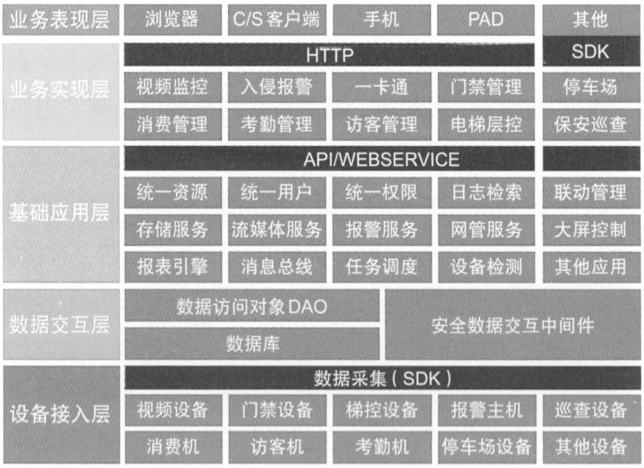

图9-20 大剧院数字工地系统架构图

（3）设计原则

①高可靠性

CYMS平台关键核心模块支持双机热备，业务服务模块支持集群功能，并采用错误自动发现及恢复技术，为系统提供不间断的服务，极大地提高了系统的可靠性，满足大规模的监控应用。

②高集成性

CYMS平台实现对智能楼宇行业多个业务应用系统的无缝集成，在同一平台下对各业务子系统的接入，以及各应用数据的查找，方便信息数据的关联显示，实现"一卡、一库、一平台"的配置与管理，大大提高了管理水平。

CYMS平台接入的子系统包括：视频监控子系统、报警子系统、门禁子系统、访客子系统、梯控子系统、在线巡查子系统、消费子系统、考勤子系统、停车场子系统。

③高性能

根据项目规模和应用场景，平台可以伸缩，设计时考虑了各服务的扩展能力，尤其是中心服务、设备接入、流分发、流存储等核心服务，现有的第三方平台产品中大多存在性能瓶颈，考虑到这些状况，8700平台重新按业务进行整合设计，各业务服务根据规模可以集群扩展。对于大规模应用，技术上，引入静态化、分布式缓存、反向代理等互联网技术来提升性能指标。

④高可用性

CYMS平台界面设计人性化，采用B/S管理、C/S操作模式，使系统维护更为方便快捷，无论是系统管理、对各业务系统的参数配置管理、网络管理，还是对前端监控的远程控制、检索、回放录像资料、日志查询等都可通过WEB方式来完成，界面设计友好，能够让用户快速掌握操作方式，支持桌面应用和移动应用。

⑤全面的安全性

CYMS提供统一的认证、授权管理机制，音视频流传输支持AES加密，视频流内嵌水印支持，防篡改，为系统提供全方位的信息安全保护。

⑥可扩展特性

CYMS平台核心处理单元支持分布式、负载均衡部署，并采用多级架构来支持系统平台自身规模的扩展；支持承载大容量业务接入的核心服务器，分发、接入等网元均支持灵活扩展、平滑扩容，并提供可开放、可共享的接口。

⑦良好的兼容性

CYMS平台兼容多种数据库，包括Postgresql数据库、Mysql数据库、Sqlserver数据库、Oracle数据库等，满足用户使用的方便性。

CYMS平台对前端接入设备的兼容能力：全面兼容全系列海康、大华等国内主流厂商监控设备，平台支持标准GB/T 28181设备、ONVIF设备、PISA设备的接入，兼容国内主流的报警主机：Bosch、Honeywell等，而且通过设备厂商提供稳定的SDK

与主流协议，兼容SONY、Samsung、Axis等多个厂商设备。

作为设计重点考虑的，解决了现实应用中大量存在利旧的需求，平台能够适应各种品牌的硬件接入，在标准不统一的情况下，能够适应包括：协议接入，SDK接入，主动注册设备接入，也能够适应非标准视音频流的接入和应用。

考虑到接入会采用第三方的SDK，其实现质量，会成为系统不可控的因素，也要进行一定的隔离，在处理非标准流接入的情况时，对平台内部影响较大，需要引入转码、转封装的技术，实现对码流的隔离。

⑧支持多架构任意组合

晨越建管CYMS智能建筑综合管理平台，满足模数混合架构（摄像机—编码器—IPSAN；摄像机—硬盘录像机）、纯数字架构（网络摄像机—IPSAN）等不同的架构方式，满足安防系统的实际应用需求。

晨越建管CYMS智能建筑综合管理平台具有很强的扩展性与兼容性，平台技术架构灵活，业务接口开放，使系统容量及应用功能的扩展更加方便，同时使系统间的集成更快捷，更灵活，除上述业务特色应用功能外还可根据实际情况扩展其他业务，例如与"OA"办公系统的集成，多方式融入社会资源监控等，最大程度上满足了实际应用的现有需求，并为后期应用发展提供了预留空间，使业务应用更加智能、更为有效。

晨越建管CYMS智能建筑综合管理平台能够集成管理视频监控系统、门禁管理系统、停车场系统、巡查系统、消费考勤系统等，将各个系统集成到一个管理平台，并通过底层互联的方式，实现了各个子系统之间的相互联动与无缝集成，解决了多个监控应用系统多界面展示、系统独立部署数据联动性差等问题，提高了各部门信息互动性，提升了监控应用效果，真正意义上实现了"一卡、一库、一平台"应用的部署（图9-21、图9-22）。

图9-21　大剧院数字工地管理平台登录界面

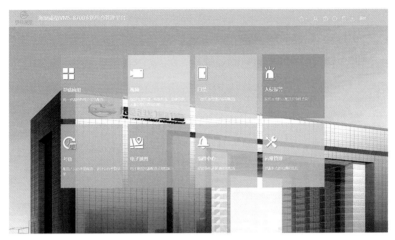

图 9-22　大剧院数字工地管理平台操作界面

4.硬件设备及参数

考虑到该项目的工程期限比较长，以及施工现场工作环境复杂，四川大剧院项目数字化工地的硬件设备采用的是企业级的电子设备（表9-2）。

大剧院数字工地硬件设备表　　　　　　　　　　　　　表9-2

系统	设备名称	参数	数量	单位
数字视频监控系统	管理平台	综合管理软件，管理前端视频、报警、一卡通等设备以及权限分配	1	套
	200万高清球机	200万红外；1920×1080@30fps；150m红外照射距离；焦距：4.7-94mm，20倍光学；水平键控速度最大为160°/s；H.265/H.264/MJPEG；最大支持128GBMicroSD卡；电源：AC24V；支持IP66	3	台
	200万高清红外枪机	200万日夜型筒型网络摄像机；镜头4mm（6mm,8mm,12mm可选）；电源供应DC12V±25%；红外照射距离20-30米；防护等级IP67	17	支
	枪机支架	壁装支架/海康白/铝合金/尺寸70mm×97.1mm×181.8mm	17	个
	球机吊装支架	吊装支架/200mm/海康白喷塑	3	个
	摄像机电源	12V50W输出，接线端子，安装式	3	个
	硬盘录像机	32路H.265、H.264混合接入/320M接入/8盘位/Raid/2个HDMI、2个VGA，HDMI1支持4K显示/16路1080PH.265、H.264混合解码/2个千兆网口/2个USB2.0,1个USB3.0	1	台
	监控专用硬盘	数量根据实际情况配置	8	块

系统	设备名称	参数	数量	单位
数字视频监控系统	50寸高清电视机	1920dpi×1080dpi，LED背光，2个HDMI1.4接口，1个USB3.0接口	1	台
	键盘鼠标	黑色键鼠套装	1	套
	显示器	19英寸LED背光液晶显示器，分辨率1440dpi×900dpi	1	台
	操作电脑	主机+19.5英寸液晶显示器，i5-4590/4G/500G/集显/Win7	1	台
门禁考勤	控制器主板套件	控制器主板套件	2	台
	读卡器套件	读卡器	4	个
	翼闸单机芯边道	1200mm×280mm×980mm/550～600mm/20～30人每分钟/红外检测/门翼不锈钢转杆/框体不锈钢/室内室外	2	台
	翼闸双机芯中间道	565mm×280mm×980mm/通道宽度550mm/框体不锈钢/室内室外	1	台
	发卡机	USB接口	1	台
	IC卡	用户、访客用	200	张
车辆管理	一体化摄像机	200万，1920dpi×1080dpi，25fps，电动镜头5.2～13mm，低照度彩色，内置8GTF卡最大支持64G，3路继电器输出，集成两个LED补光灯	1	台
	摄像机立柱	安装一体化摄像机	1	台
	控制终端	操作系统Win7，X86平台，硬盘1T，管理车辆	1	台
扬尘噪声检测	扬尘噪声检测仪	对工地的扬尘噪声进行自动检测显示	1	套
网络	网络交换机	16口千兆网络交换机	1	台
	网络交换机	8口千兆网络交换机	6	台
	超五类双绞线	超五类非屏蔽双绞线	1700	m
	电源线	国优	1700	m
	PVC线管	多联	1700	m
	二合一防雷模块	网络监控二合一防雷器1000M监控网络摄像机RJ45网线浪涌防雷器	21	个
	室外防水箱	监控防水箱　监控电源箱　室外电源防水盒　监控专用装配箱大款	11	个
	辅材	RS485通信线、套管、接头等	1	批

5.四川大剧院项目数字化工地整体设计

四川大剧院项目数字化工地整体设计，如图9-23、图9-24所示。

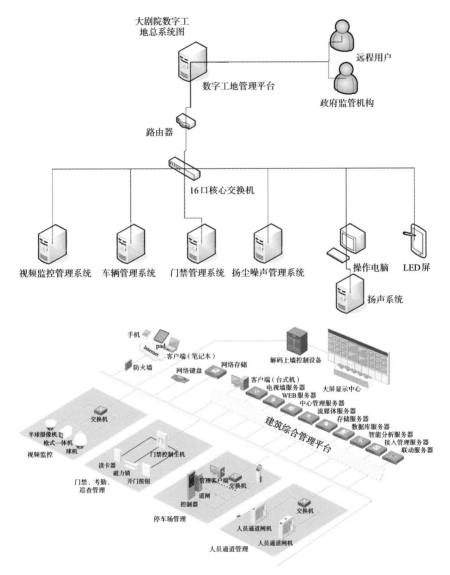

图9-23　大剧院数字工地总系统图

9.2.2　现场管理——实时可视化监管

建筑行业是事故多发的行业，根据国家有关部门规定，为保障建筑工地人员及财产的安全，在工地项目建设中必须安装工地监控系统。

具体来说建筑工地安装监控系统有以下几点好处：

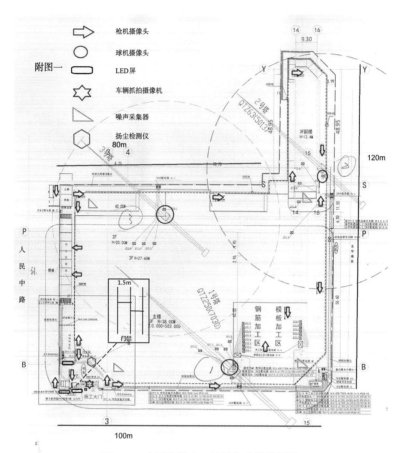

图 9-24　大剧院数字工地设备安装位置图

1.即时掌握施工现场信息，方便施工操作管理

建筑工地监控系统需要观察工地人员及建筑材料的进出情况，场地管理包括材料堆放、材料加工、机械的使用等情况。远程监控作业人员安全作业及安全防范等措施，全天候监控掌握动态即时信息，发现问题及时整改。及时了解建筑工地现场施工实时情况，保障工程实施质量和人员安全，发现隐患及时消除。实时检查建筑工地的安全防范措施是否到位，如建筑物的安全网设置、施工人员作业面的临边防护、施工人员安全帽的佩带、外脚手架及落地竹脚手架的架设、缆风绳固定及使用、吊篮安装及使用、吊盘进料口和楼层卸料平台防护、塔吊和卷扬机安装及操作等。

2.落实岗位职责，遇突发事件时便于调查和明确责任

通过建筑工地监控系统，管理人员能够最大限度地敦促施工人员的责任心和工作积极性，促进其规范操作意识，便于施工统一管理。施工过程被录像存储备份，可随时查看监控信息，如遇到一些突发事件，也便于事故发生后在第一时间内查明事故发生的原因，明确事故责任。当建筑工地出现异常状况和突发事件时，可以及时报警，提醒管理人员及时处理，对于在施工过程中发现的安全防范措施不到位的地方，可以第一时间通知施工单位现场进行整改，并及时检查整改效果。

3.降低管理成本，提高工地管理效率

建筑工地监控系统的实时监控可以适当减少现场安全管理人员数量，并且可以提高掌握现场情况的效率和准确性。同时通过远程监控，合理规划施工场地布局，综合调配人力物力。特别是随着近几年监控技术的推广与应用，建筑工地监控系统更加灵活、完善。避免使用人力频繁地去现场监管、检查，节约管理成本。综上所述，视频监控系统对四川大剧院项目的安全施工及完善管理有着非常重要的作用。

该项目的数字化工地实时监控主要针对建筑工地建筑材料仓库、进出门口、办工区、施工区、塔吊区域进行监控。监控中心采用多级架构技术，分散监控，集中管理，查看实时图像的同时，并且对每路图像实时录制。总监控中心是网络化综合治安图像监控系统的核心，包括了图像联网、中心控制及数字视频图像网络管理共享平台。安装在施工现场围挡内侧一周，3台塔机顶，施工现场高危险区包括：木工房、配电房、钢筋棚、人员出入口、车辆出入口。

点位分布如图9-25所示，为大剧院数字监控分布图。

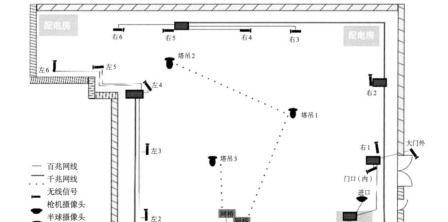

图9-25　大剧院数字监控分布图

（1）网络传输

围墙周边采用网线连接，以便于监控设备巡检及维护。塔吊上的工地使用俯瞰监控，由于距离较远，根据监控移动的特点，故采用无线网桥技术连接，大大减少了工地空间障碍物，提高了施工塔吊工作安全。

（2）有线方式接入

对于地面靠近监控中心及围墙等部分，使用有线接入网络的方式进行建设，低于100m以下的距离可用网络双绞线进行传输，超过100m以上采用网络双绞线加交换机进行传输。

（3）无线方式接入

对于塔机部分设计方案采用的无线设备分为室外型智能大功率无线CPE/AP/WDS桥/client桥。以其中一点为中心点，其他为网桥远端点，建立点对多点的无线回传链路，网桥的接口（RJ45网口）接入前端监控设备视频服务器建立网络连接。中心点架设在WLAN覆盖区域较高的地方，中心点安装高度应高于地面20～25m为最佳（一般安装在塔机的顶端）。无线CPE与视频系统为有线连接，CPE安装于机房所在办公区楼顶，主要是为了保证最好的连接效果，尽量保证基站与CPE之间为可视环境。CPE网口与视频服务器网口以有线的方式连接，连接距离在100m以内。

监控无线传输网络，实现全区半径1～2km范围室外无线通信。以大范围、非视距的覆盖能力，为整个监控项目提供大范围室外无线覆盖网络，实现覆盖范围内所有视频数据的无线网络传输（图9-26、图9-27）。

建筑工地网络视频监控解决方案

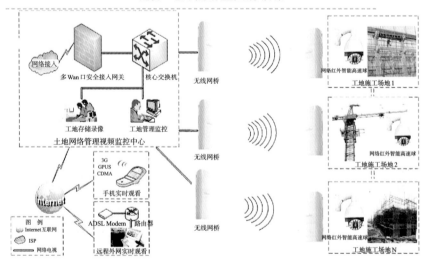

图9-26 大剧院项目系统无线组网拓扑图

图9-27　大剧院数字网络视频监控现场示意图

四川大剧院项目数字化工地监控网络架构，如图9–28所示。

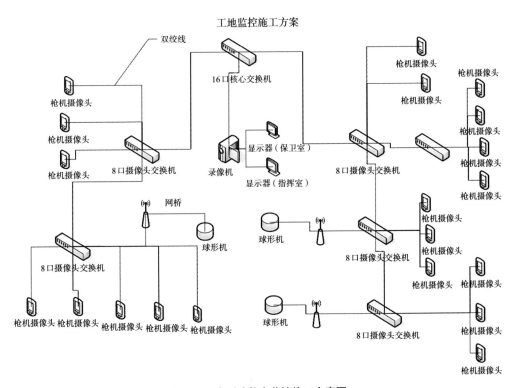

图9-28　大剧院数字监控施工方案图

（1）本地监控

在工地监控室，采用NVR网络硬盘录像机+55寸液晶显示器进行录像及观看，通过管理平台可以对本工地所有摄像机进行管理、视频观看、录像调用、云台控制等功能。

（2）远端监控

远端可通过PC/移动终端等接入互联网进行远程监管，主要由PC客户端、WEB网页、手机客户端来完成。

（3）PC客户端观看

管理部门可通过专用客户端软件通过专网/互联网同时查看所有网络摄像机实时图像，客户端具有多画面分屏查看功能，所有监控点图像一目了然，并可对热点区域进行全屏观看。

（4）Web网页观看

该方式为最便捷的使用查看方式，用户可在任意电脑上登录运营平台，根据IPC设备是否需要授权访问许可，输入授权的用户名及密码选择要关注的监控地点即可立刻查看远程视频图像，根据权限分配还可进行截图、录像等操作。

（5）手机观看

新型的手机监控方式，拓展了监控系统的使用范围。主动智能报警功能辅助监控人员完成监控任务，提高了监控效率。适用于当前使用本地监控的所有场合和需要远程监控、无线监控的场合，其主动报警功能适用于需要报警辅助监控的场合。支持使用Android、IOS等智能手机。主要功能有：

①采用平台所分配的账号登录APP软件，根据平台赋予的权限观看相应的视频源。

②通过使用摄像机，可进行云台控制、录像回放、语音监听等功能（图9-29）。

（6）本地存储

在工地监控室，采用NVR网络硬盘录像机+硬盘进行录像，可以对本工地所有摄像机进行管理、视频观看、录像调用、云台控制等功能。

（7）监管单位集中管理

在监管单位的总监控中心搭建集中录像存储服务器（NVS）并接入网络，可以把前端所有视频集中在总监控中心进行存储，保证在出现事件（事实）之后有据可查。根据视频路数来进行网络视频录像服务器（NVS）的配置，按照高清视频（1280dpi×720dpi）进行集中存储，每路视频平均2Mbps的码流，存储一天（24h）计算。

9.2.3 人员管理——人员实名制管理

城市的建设与发展离不开建筑行业的推动，近年来，我国在大力发展城镇建设的

图9-29 大剧院数字监控实时预览示意图

同时也直接带动了建筑行业的蓬勃发展。建筑行业是事故多发的行业，国家有关部门规定，为保障建筑工地人员及财产的安全，推行建筑工人实名制管理势在必行。

由于建筑工地的环境具有临时性、复杂的原因，其管理一直以来都有很大的隐患，实行建筑工人实名制管理可以给建筑行业带来良性的发展。

建筑工地实名制管理有以下几点好处：

1.有利于安全管理，即时掌握施工现场信息

建筑工地实名制管理可以随时掌控工人的人员情况以及工地的施工进展情况，可以现场施工与远程监控相结合，及时掌握动态信息，发展问题及时调整，提高整体的工作效率。并且通过实名制管理，有效杜绝了外来闲杂人员混入施工现场，避免了恶性事件的发生，有利于现场的治安管理。

2.规避用工风险，减少劳务纠纷

通过建筑工地实名制系统，可以清晰地分配工人的工作量、工作时间，提高了工人的责任心与工作积极性。工地实名制的实施有利于工人的统一管理。其次通过实名制人员通道，记录工人的考勤上工情况、出场、考勤时间、工作工时实时同步至建筑工人实名制管理平台，在提前工作效率的同时，还为工资发放奠定真实有效的数据基础。

3.降低管理成本，提高工地管理效率

建筑工地实名制系统可以减少现场安全管理人员的数量，并且可以提高掌握现场情况的效率和准确性。同时，通过后台系统的远程监控，合理规划施工场地布局，综合调配人力物力。

建筑工地实名制管理系统的应用对建筑工地的安全施工及完善管理有着非常重要的作用（图9-30）。

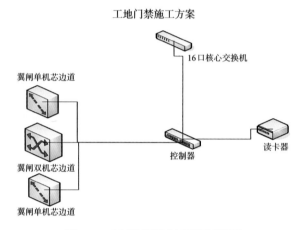

图9-30　大剧院项目人员管理系统图

建筑工地内的建筑工人、管理人员等所有从业人员，在系统内进行基本的信息录入后，均会发放使用专属的权益卡进行打卡操作，详细记录每日、每人的劳动信息，人员的工资发放、保险等管理，以此作为必要的依据。结合视频监控系统，为管理与决策提供包括数据、视频在内的全面、完整的信息查询与统计分析；为建设管理部门提供工地质量监督、安全监督、监察执法的手段；为公安部门提供治安、人员追踪等信息支持。

门禁翼闸采用双进双出，安装在工地人员出入口。进出人员进门刷进门门禁点，出门刷出门门禁点，防止人员外出外刷，内进内刷，从而导致考勤信息不准确，无法核实实际人员进出工地的情况。

识别客户端由PC、刷卡器、软件客户端组成。软件客户端首次登录时从平台录入与账号相匹配的工程信息和项目部人员信息保存在本地，采集人员信息后，客户端对数据进行下发到刷卡器。通过刷卡器识别身份后在显示器上进行提示，并将识别结果传输到平台，由平台生成考勤记录，考勤记录可提供日、周、月考勤报表。报表内容包含：人员名称、身份证号、岗位、项目信息、联系方式、考勤时间等参数（图9-31）。

9.2.4　环境监控——施工环境实时监测

城市中各类施工工地多、地点分散、扬尘污染较大，严重影响了城市人民生活质量的提高。建筑工地、市政工地和待建工地是扬尘污染的主要源头。建筑工地的噪声扬

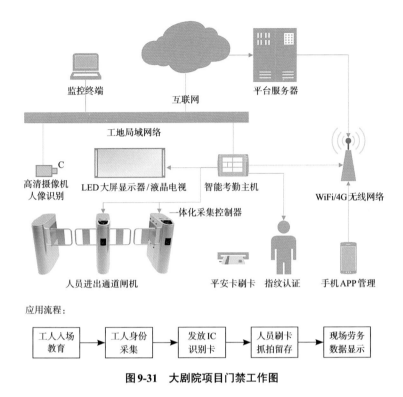

应用流程:

工人入场教育 → 工人身份采集 → 发放IC识别卡 → 人员刷卡抓拍留存 → 现场劳务数据显示

图9-31 大剧院项目门禁工作图

尘超标排放、事故频发等现象是施工企业、政府管理部门亟待解决的问题。相关调查表明,噪声扬尘对人们的生活环境有很大的危害。

为了解决工地扬尘污染问题,通过监控系统24h昼夜不息地对建筑工地实行全方位监督,发现违反防尘要求、出现扬尘污染的施工地点,及时进行处理。

系统实时采集工地扬尘噪声数据,结合平台展示工地污染源分布、扬尘超标自动报警、趋势分析、历史分析、工程进度与扬尘污染分析,为执法人员治理扬尘提供有力的数据支持。

由于四川大剧院项目处于市中心,对于建筑施工环境要求更加严格。该项目采用了环境监测防治系统,包含环境空气质量监测模块、无线传输模块、LED显示屏模块等,通过空气质量监测模块实时对空气相关数据进行监测(如PM2.5/PM10/温度/湿度/气压/噪声/风向/风速/VOC/CO_2/O_2/甲醛/一氧化碳等特定需求的数据),然后通过现场LED显示屏进行实时显示,实时了解该区域环境状况,最终通过无线传输系统,将采集的实时数据传递给管理平台,以便于进行针对性的防治。

同时,该系统也可以选配增加联动设备,在特定数据超标的情况下自动启动相关设备进行自主性防治,如当PM2.5/PM10超标则自动启动现场雾泡机、塔吊淋喷系统、围挡淋喷系统等防治性设备。

（1）功能概述：

该系统适用于各建筑施工工地、道路施工、旅游景区、码头、大型广场等现场实时数据的在线监测，其中监测的数据包括扬尘浓度、噪声指数等，而通过物联网以及云计算技术，实现了对环境的实时、远程、自动监控。环境监控系统在工作时，会主动上报环境数据到服务器，相关部门可以随时掌控环境发生的变化，进而告知有关部门进行整顿或自行启动防治设备进行防治。

（2）产品参数：

1）屏幕参数：P10户外防水屏。

2）检测气体及颗粒物：PM2.5、PM10（可定制如甲醛、二氧化碳等）。

3）增加温度、湿度、风速、风向、噪声等参数。

4）可显示公司信息、时间日期信息等。

5）通信接口支持：RS232接口、RS485接口等。

通信协议支持：TCP/IP协议、MODBUS RTU协议等。

6）全天候全自动：24小时365天持续不间断工作。

7）工作环境：温度−10～60℃。

8）供电：AC220V±15%50/60Hz。

9）其他：响应时间，≤10s；恢复时间，≤30s；检测周期，1s。

（3）技术参数（表9-3）：

表9-3

监测指标	测量范围	分辨率	精准度	备注
PM2.5	$0\sim999\mu g/m^3$	$1\mu g/m^3$	±10%	
PM10	$0\sim999\mu g/m^3$	$1\mu g/m^3$	±10%	
TSP	$0\sim999\mu g/m^3$	$1\mu g/m^3$	±10%	
CO_2	$0\sim2000$	1	±50（±3%）	
甲醛	$0\sim2.999$	0.001	±0.05	
O_2	$0\sim30\%$	0.1%	±10%	
CO	$0\sim1000$	1	±50%（±3%）	
噪声	30dB～130dB（DBA频率加权）	0.1dB	±1.5dB（以参考压为准）	频率范围：31.5～8.5kHz
温度	−40℃～+85℃	0.1℃	±0.5℃	大气温度（室外直射）
湿度	$0\sim100\%$ RH	0.1% RH	±5%RH	大气湿度
风向	$0\sim360°$	22.5°	±5°	启动风速≤0.5m/s
风速	$0\sim32.4m/s$	0.1m/s	±0.5m/s	启动风速≤0.8m/s

监测指标	测量范围	分辨率	精准度	备注
支架	标配2节（80cm）			
LED屏幕	标配室外单色			
供电	AC220V	功率	典型值：< 20W；最大值：< 100W	
配件	膨胀螺丝、六角螺丝、六角扳手等			

（4）各指标参考值（表9-4）：

表9-4

监测指标	良好	一般	危险	单位
PM2.5	< 100	100 <数值< 200	> 200	$\mu g/m^3$
PM10	< 150	150 <数值< 300	> 300	$\mu g/m^3$
VOCs	< 1.0	1.0 <数值< 2.0	> 2.0	mg/m^3
甲醛	< 0.10	0.10 <数值< 0.30	> 0.30	mg/m^3
噪声	< 55	55 <数值< 70	> 70	dB

9.2.5 数字化工地未来——智慧工地

"智慧工地"是一种崭新的工程现场一体化管理模式，是互联网＋与传统建筑行业的深度融合。它充分利用移动互联、物联网、云计算、大数据等新一代信息技术，围绕人、机、料、法、环等各方面关键因素，彻底改变传统建筑施工现场参建各方现场管理的交互方式、工作方式和管理模式，为建设集团、施工企业、政府监管部门等提供工地现场管理信息化解决方案。而数字化工地正是智慧工地的初期表现形式，数字化工地是智慧工地的实践探索阶段，所以数字化工地对于未来建筑项目的智慧化起到了基础性的作用。

时代的进步，工程管理的复杂度，都在要求建筑施工管理必须实现与互联网的融合，主动走进信息化时代。在移动互联、物联网、云计算、大数据、传感器和RFID等技术应用于建筑施工管理以前，传统的管理技术手段，无法使建筑企业或施工企业做到精细化管理。但建筑行业信息化时代的到来，云计算、物联网、传感器以及RFID的发展和成熟，将彻底改变这一被动局面，从而实现建筑行业的信息化、精细化管理手段，同时，也真正体现"安全生产、科学管理、预防为主、综合治理"的全新理念及方针。

"智慧工地"以智慧工地物联网云平台为核心，基于数字化物联网云平台与现场多个子系统的互联，实现现场各类工况数据采集、存储、分析与应用。通过接入智慧工地物联网云平台的多个子系统板块，根据现场管理实际需求灵活组合，实现一体化、模块化、智能化、网络化的施工现场过程全面感知、协同工作、智能分析、风险预控、知识共享、互联互通等业务，全面满足建筑施工企业精细化管理的业务需求，智能化地辅助建筑施工企业进行科学决策，促进施工企业监管水平的全面提高。智慧工地物联网云平台，可实现与数字化工地各子系统板块的互联互通。

"智慧工地"通过物联网等信息技术手段，可有效提高建筑施工现场安全管理水平，实现以下目标：

（1）全天候的管理监控。为建筑企业或政府监管部门提供全天候的人员、安全、质量、进度、物料、环境等监管及服务，辅助管理人员全方位地了解施工现场情况。

（2）全流程的安全监督。基于智慧工地物联网云平台，对接施工现场智能硬件传感器设备，利用云计算、大数据等技术，对所监测采集到的数据通过分析处理、可视化呈现、多方提醒等方式实现对建筑工地全方位的安全监督。

（3）全方位的智能分析。通过智能硬件端实时监测采集工地施工现场的人、机、料、法、环各环节的运行数据，基于大数据等技术，对海量数据智能分析和风险预控，辅助管理人员决策管理，提高工地项目高效率。

展望未来，智慧工地业务子系统基于智慧工地物联网云平台的统一入口，集成各业务应用系统，通过应用系统实现施工现场单个板块的信息化，同时通过与平台的互联互通，实现工地现场数据的大集成、大整合、大分析，为管理者提供更加智能的决策支持（图9-32）。

图9-32　大剧院项目办公区员工消息通知屏

专业篇

第10章

大型剧院类项目之生命——声学

10.1 建设声学设计

四川大剧院为专业剧场，室内声学设计为关键设计，声学设计的成败直接影响剧场的使用效果，全过程咨询单位与使用单位一起，组织专业的声学设计单位、建筑设计单位，在声学指标确定后，召开了多次声学设计专题协调会，经过各方充分沟通，确定了剧场的具体做法，明确了声学设计标准，为剧场的设计和施工创造了前提，此次声学设计分别针对大小剧场。

10.1.1 大剧场

1.设计标准

四川大剧院大剧场拥有1600个观众席位，其主要使用功能：

（1）歌剧；

（2）音乐剧；

（3）交响乐音乐会；

（4）舞台剧；

（5）芭蕾舞剧。

MDA以前为大剧场制定的声学设计指标如表10-1所示。

大剧场室内声学设计指标（中频，空场） 表10-1

客观声学参数	设计指标
中频混响时间（RT_{mid}）	$1.4 \sim 1.6s$
清晰度（C_{80}）	>0dB
声强因子（G）	>+1dB

2. Odeon 模拟

如图10-1所示，为大剧场三维模型的内部视图。

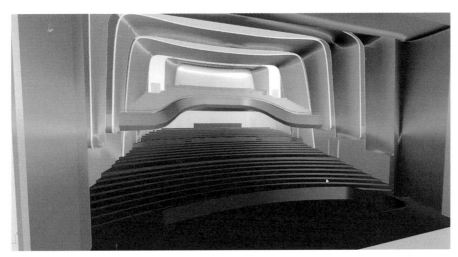

图10-1　大剧场三维内装模型的内视图

为了能够用Odeon声学软件对大剧场进行声学模拟，对大剧场的三维模型做了下述简化处理：

①用倾斜面置换观众区台阶地面；

②在观众区增加了走道；

③在乐池内增加了座席以便获得最大的观众容量。

如图10-2所示，为大剧场三维Odeon声学模型的内视图。

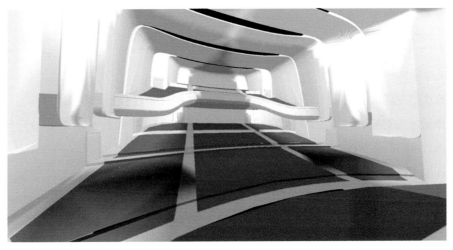

图10-2　大剧场三维Odeon声学模型的内视图

如表10-2所示,为大剧场Odeon模型中采用的内装材料及材料的声学性能。

大剧场Odeon声学模型中采用的材料及散射和吸声系数　　表10-2

位置	材料	散射系数	吸声系数	倍频程中心频率						
				63	125	250	500	1k	2k	4k
座椅	剧院座椅(无人)	0.7	0.45	0.54	0.62	0.68	0.70	0.68	0.66	
墙面和顶棚	40mm石膏板	0.2	0.08	0.08	0.06	0.05	0.05	0.04	0.04	
楼座护板和矮墙	40mm石膏板	0.2	0.08	0.08	0.06	0.05	0.05	0.04	0.04	
门	木门	0.2	0.08	0.12	0.17	0.12	0.14	0.08	0.04	
走道	木地板,铺地毯	0.4	0.03	0.03	0.09	0.25	0.31	0.33	0.44	
舞台	木地板	0.2	0.15	0.15	0.07	0.05	0.05	0.05	0.05	
台口	40%吸声	0.2	0.4	0.4	0.4	0.4	0.4	0.4	0.4	
灯光桥孔	100%吸声	0.2	1.0	1.0	1.0	1.0	1.0	1.0	1.0	

声学设计单位把整个观众区划分成1m×1m的网格,计算了每个网格点上的声学参数。当大剧场观众厅采用表10-2中给出的材料时,Odeon模拟的声学参数平均值如表10-3所示。

声学模拟预测的大剧场声学参数　　表10-3

声学参数	条件	设计标准	预测值
混响时间(RT)	中频	1.4～1.6s	1.65s
清晰度($C80$)	中频	>0dB	+1.5dB
响度(G)	中频	>+1dB	+4.3dB

3.混响时间(RT)

预测的空场混响时间比设计指标略长。建议在观众厅后墙上安装吸声材料,一方面可以降低厅内的混响时间,另一方面可以防止后墙的强反射声回到舞台和观众厅前区造成回声。本书的后续内容将给出详细的设计建议。

如图10-3所示,显示了模拟的混响时间随频率的变化。

如图10-3所示,显示了典型的低音比,低频RT比中频RT长。这一声学特征表示观众厅内的声音具备温暖的声音品质,这有利于音乐表演,对其他的自然声也表演特别好。

4.清晰度($C80$)

高清晰度$C80$是与能听到音乐声中的细节和语言和声乐作品中的细节相连的,模拟

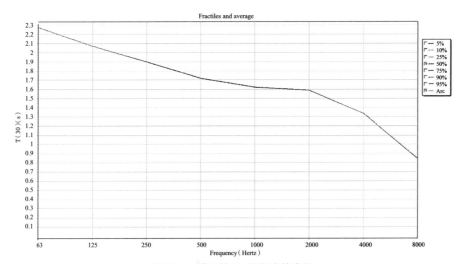

图10-3　模拟的 *RT* 随频率的变化

的 $C80$ 平均值大于 1.5dB 表示该参数超过设计指标（>0dB），这表明，声音清晰度是能够达到所设定的标准的。

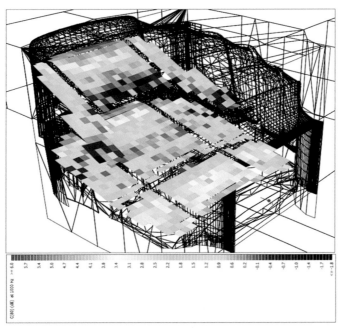

图10-4　清晰度为 $C80$ 在观众区的分布

如图 10-4 所示，显示了声音清晰度在大剧场观众厅能够有很好地进行分布。在楼座前区和两侧的声音会是最丰富的。

在下述区域会有最高的声音清晰度：

（1）在池座的前区，这是因为这一观众区最靠近舞台。

（2）在观众厅的后端，这是因为这些观众区被悬伸的楼座或观众厅顶棚阻挡得不到充分的混响声。

模拟的声音清晰度在观众区的分布满足声学要求。

5.响度（*G*）

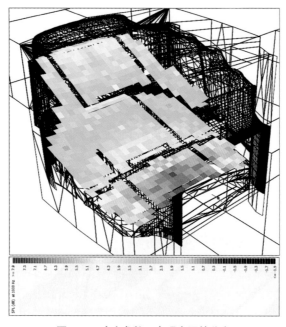

图10-5　响度参数*G*在观众区的分布

如图10-5所示，显示了声音响度*G*的参数在大剧场观众厅内的分布非常均匀。最差的座位是在两侧楼座下方，那里混响声场减弱了。但是即使在这些最差的座位处，声音响度仍然超过该参数的设计指标。

根据Odeon模拟结果和大剧场的内装设计效果图，如表10-4所示，给出了建议大剧场观众厅内表面的主要材料。

建议的大剧场观众厅材料 表10-4

位置	拟用材料
两侧墙和顶棚	GRG板，实木板或重竹板
池座和楼座座椅下方的地面	至少20mm厚层压木地板直接粘贴在20mm厚砂浆找平层上
走道地面	薄地毯（不超过6mm）直接粘贴在混凝土地面或找平层上
楼座护板和矮内墙	GRG板

6.后墙吸声

为了防止反射声返回到舞台，建议在观众厅后墙上安装固定的吸声材料，安装位置和区域如图10-6所示。

图10-6 观众厅后墙上吸声材料的安装位置（红色）

吸声材料应为25mm厚玻璃棉或麻丝棉，安装在穿孔保护层的背后。穿孔保护层的厚度不超过12mm，穿孔率不小于20%。吸声材料也可以安装在垂直的木板条或GRG板条的背后，穿孔率50%。吸声材料本身应该用透气的编织材料包裹，如无纺布或玻纤布。

7.低位置两侧墙声扩散体

在观众厅较低位置平行的两侧墙面上需要有声扩散体，该墙面位置如图10-7所示。

图10-7 大剧场低位置两侧墙上声扩散体的位置（红色）

声扩散体必须是在水平方向上扩散反射声，而不是在垂直方向上扩散反射声。因此，声扩散体本身应该是垂直的，并且是无规律地排列的突出墙面的条状物。如图10-8所示，给出声学建议的声扩散体尺寸，所有的深度尺寸都是40mm的整数倍，即深度尺寸为40mm、8mm、120mm，如图10-8所示。在水平方向上，声扩散体的尺寸也应该是无规律地排列的。

图10-8 建议的大剧场观众厅两侧墙面声扩散体的平面图

8.高位置两侧墙声扩散体

在观众厅较高位置的两侧凹弧墙面上也应该有声扩散体，如图10-9、图10-10所示，显示了这些墙面的位置和区域。

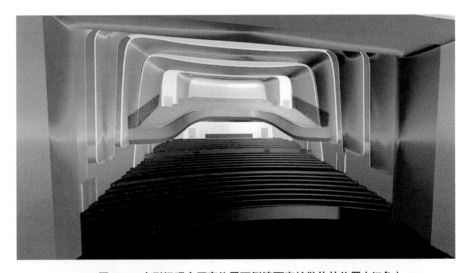

图10-9 大剧场观众厅高位置两侧墙面声扩散体的位置（红色）

在观众厅高位置两侧墙面上的声扩散体应该也采用图10-8所示的声扩散体。

9.控制室观察窗

控制室观察窗位于池座后墙处。该位置存在将反射声返回到舞台的潜在可能性。为了防止这一现象的发生，观察窗的玻璃应该倾斜安装，倾斜角至少7°，倾斜方向如图10-11所示。

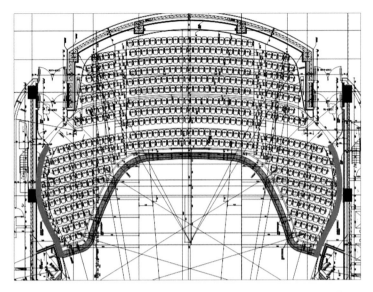

图10-10　大剧场高位置两侧墙面声扩散体在平面图上的位置（红色）

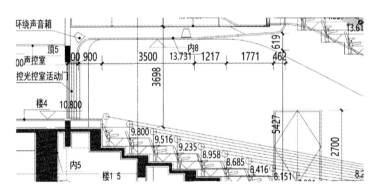

图10-11　建议的控制室观察窗玻璃安装角度

10.1.2　小剧场

1.设计标准

四川大剧院的小剧院拥有450个观众席位，其主要使用功能（表10-5、图10-12、图10-13）：

小剧场室内声学设计指标（中频，空场）　　　　　　　　　　　　　　　　表10-5

Parameter参数	Recommended value建设的设计指标
中频混响时间RT	0.9—1.2 seconds
现场音乐表演的清晰度 Clarity for live music C80	C80>+4dB

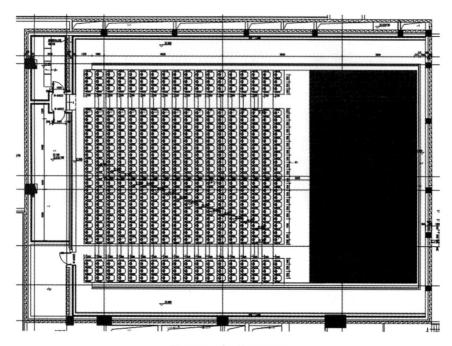

图 10-12　小剧场平面图

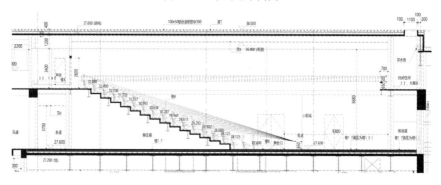

图 10-13　小剧场剖面图

（1）舞蹈；

（2）话剧；

（3）扩音的音乐表演；

（4）自然声音乐表演。

2.设计审核

小剧场的长方形平面图为声学设计提供了有利的条件。

三维模型显示的小剧场容积对小剧场的主要演出功能来说太大。为了让小剧场适合室内乐、音乐和话剧的表演，声学设计单位建议降低小剧场的容积，使每座的容积达到约为 $7 \sim 9\text{m}^3$，或小剧场的容积落入 $3100 \sim 4000\text{m}^3$ 范围。可以通过降低小剧场的顶棚高度来降低小剧场的容积，如剖面图中建议的，或维持三维模型中的顶棚高度，增加一个建筑顶棚来降低高度。

3.一般技术规范

（1）观众厅墙面和顶棚面

大剧场和小剧场的观众厅墙面和顶棚应该由GRG板、实木板或压制的重竹板制作。所有的GRG墙板和顶棚板应具备不低于66kg/m²的面密度，同时板厚不小于40mm。

①实木板的面密度应不小于60kg/m²，同时板厚不小于65mm。

②重竹板的面密度应不小于60kg/m²，同时板厚不小于53mm。

无论用什么材料，观众厅的所有墙面和顶棚面应该是密封的，墙面上没有任何缝隙。墙板与墙板之间的缝隙、顶棚板与顶棚板之间的缝隙、所有管道穿墙或穿顶棚板位置处的缝隙、墙板或顶棚板与建筑结构结合部位的缝隙都必须填缝和密封，确保整个观众厅内壳是密封的。

（2）观众厅地板

大剧场和小剧场的观众厅地板应采用硬质木地板。木地板可以直接铺在混凝土地面的找平层上，也可以通过龙骨隔空安装。如果是通过龙骨隔空安装的，则木地板的厚度应不小于40mm（实木地板20mm+木工板200mm）。如果木地板直接铺在混凝土地面的找平层上，则木地板的厚度至少为20mm。当采用龙骨安装木地板时，如果在龙骨框架之间的空腔内填满砂浆，则木地板的厚度至少为20mm。在铺地板之前，也要找平。

当木地板是直接铺在混凝土地面的找平层上时，木地板必须牢固地粘贴在找平层上，应采用硬胶水，并且胶水要涂满整个地面。

座席区的地板上不需要铺地毯。走道的地面上需要铺薄地毯（地毯纤维长度不超过6mm）。走道可以先铺木地板，再铺地毯，也可以把地毯直接铺在混凝土地面的找平层上。地毯的底面不能有任何软垫层。

（3）声闸

所有的观众厅和舞台区域的出入门都需要采用具有两道门的声闸结构，声闸在观众厅和外面的公共空间之间提供了一道声学屏障。

声闸的地面应铺设地毯，地毯的绒毛长度不小于6mm。

声闸的顶棚面应做吸声处理。可以安装吸声顶棚板，如玻纤板，其降噪系数不小于NRC0.6，也可以安装纸面穿孔石膏板（穿孔率不低于20%），板后置容重不低于32kg/m³、厚度不低于25mm的玻璃棉或麻丝棉。声闸的50%墙面应做吸声处理，其降噪系数不低于NRC0.6。可以采用穿孔率不低于20%的木穿孔板作为面板，板后置容重不低于32kg/m³、厚度不低于25mm的玻璃棉或麻丝棉。

（4）声闸门

声闸的两道门可以采用厚度不低于60mm的实木门，每一道门的隔声等级不低于Rw35。每一道门的周边都必须安装声学密封条，包括门底部与地面之间。位于观众厅一侧的门在开关时不得发出任何噪声。应采用安静的门五金，包括门闩、门锁、自动闭合系统。这些门五金在门开关时不得发出噪声。关门时门不得反弹，以免发出噪声。

声闸的通风系统设计必须保证每道门两侧空间的气压是平衡的，用于防止由于气压差引起的气流通过门周边密封条时产生气流噪声。

（5）剧院照明和控制室

追光灯室与观众厅之间应由固定安装的玻璃分隔开，玻璃应是厚度不低于10mm的单层玻璃，对玻璃的要求是具有水晶品质、全透明、无染色、清晰的低铁无反射玻璃。

控制室的观察窗应该是可以开合的，观察窗的玻璃应是厚度不低于10mm的夹胶玻璃。

追光灯室和控制室的玻璃应有一个合适的安装角度，用于防止反射声反射回到舞台。控制室的内墙面至少50%的面积应做吸声处理。可以采用穿孔率不低于20%的木穿孔板作为面板，后置容重不低于48kg/m³、厚度不低于50mm的玻璃棉或麻丝面。控制室的顶棚应安装吸声顶板，例如波纤板，其降噪系数不低于NRC0.6。

所有的调光机柜、控制系统设备和照明供电设备都不允许安装在观众厅内，这些设备最好是安装在单独的专用房间内，房间的门应是专业的隔声门，其隔声等级不低于Rw35dB，门的周边应安装声学密封条。这些专用房间的顶棚需要安装降噪系数不低于NRC0.6的吸声顶板，如玻纤板。

当调光设备、系统控制设备和照明供电设备工作时，大、小剧场内的观众应该是听不到它们发出的声音的。

灯桥的地面应是坚实的地面，其上铺设绒毛长度不小于4mm的阻燃地毯，用以降低演出过程中操作人员的脚步声。

灯桥和耳光室的墙面和顶棚面的50%面积需要做吸声处理。吸声结构为穿孔木板，穿孔率不小于20%，板后安装厚度不小于50mm、容重不小于32kg/m³的玻璃棉或麻丝棉。

大剧场和小剧场内所有的灯光系统不能使用冷却风扇，灯光系统工作时发出的噪声在观众厅内应该是听不到的。

（6）舞台墙面

舞台区域是一个与观众厅相连的大空间。舞台空间内很长的混响时间会导致观众厅内非自然的声音。为了防止这一现象的发生，舞台空间所有墙面（从舞台地面至第一道检修马道高度）的50%面积上需要安装吸声材料。建议安装的吸声结构为50mm厚、48kg/m³的吸声棉（玻璃棉、岩棉或麻丝棉）+穿孔保护层。保护层可以采用厚度为1.2~1.5mm的穿孔铝合金板，也可以采用厚度不大于12mm的穿孔FC板。无论采用穿孔铝合金板还是穿孔FC板，穿孔率不小于20%。在吸声棉与穿孔保护层之间还应有一层透气的织物（如无纺布），防止吸声棉的纤维逸出穿孔进入舞台空间。

吸声材料在墙面上应均匀分布。声学设计建议把吸声材料按竖向条状分布，反声面和吸声面交错排列。由于吸声墙面和反声墙面各占50%墙面积，竖向条状反声面和竖向条状吸声面应该是等宽的，其宽度可以在1.2~2.5m之间选取。

（7）舞台和乐池地面

舞台和乐池的地面必须是弹性地面，即地板的支撑结构中必须有弹性减振垫，建议采用氯丁橡胶减振垫。地板可以直接通过减振垫安装在结构混凝土地面上，也可以通过木龙骨和减振垫安装在结构混凝土地面上。如图10-14所示，声学设计建议的舞台和乐池地板的做法。

氯丁橡胶垫的静位移为3mm，受压后高度为25mm。氯丁橡胶垫的中心距通常在300mm和400mm之间，应由结构工程师根据地板承受载荷确定。

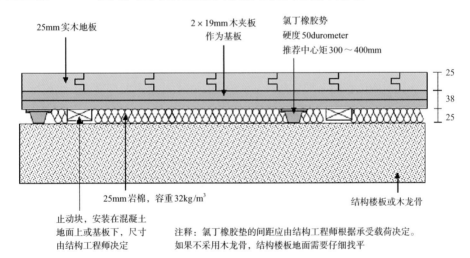

图10-14　建议的舞台和乐池的地板做法

在把舞台地面和乐池地面都做成弹性地板后，需要考虑乐池地面升高到舞台地面高度作为舞台地面的延伸，此时演员和舞者会用到延伸的舞台地面，为了保证演员和舞者的人身安全，原舞台地面和升高的乐池地面构成的整个舞台地面的弹性应是一致的。

（8）乐池声学处理

乐池的后墙位于台唇下方，该墙面需要做声扩散处理。建议把乐池的后墙面做成平面和圆柱面交错排列的表面，用以提供声扩散效果。平面和圆柱面各1200mm宽，圆弧的深度120mm，如图10-15所示。

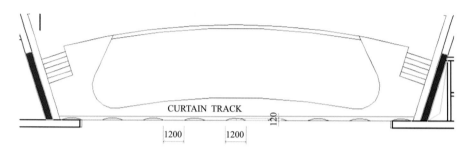

图10-15 显示墙面声扩散体和吸声帘轨道的乐池平面图

当很响的乐器位于靠近乐池后墙位置时，在后墙面位置需要吸声面，用于降低这些乐器发出的声音。建议在乐池后墙位置处悬挂吸声帘，因此需要安装悬挂吸声帘的导轨，该导轨应安装在距离乐池后墙200mm位置的乐池顶棚上。

吸声帘应该分段悬挂在导轨上，每一段吸声帘打褶后的宽度为1200mm。打褶后的吸声帘宽度应为展开后的宽度的50%。在导轨上需要悬挂足够的吸声帘，以便在需要时可以覆盖整个乐池后墙面。吸声帘应采用至少为$500g/m^2$重的丝绒帘。

吸声帘应该从乐池陷入舞台下方的顶棚向下延伸到乐池地面。

（9）音箱位置和回风口

音箱和回风口的位置有可能会与声学所需的很重要的反声面相冲突。大剧场和小剧场的内表面上所有开孔面积和位置需要经过声学审核。

（10）音箱室

当剧场音响系统的扬声器安装在音箱室内时，音箱室的墙面和顶棚均需要做吸声处理，吸声结构为无纺布包裹的厚度不小于50mm、容重不小于$48kg/m^3$的玻璃棉或麻丝棉，外面用金属网作为保护层。

在设计音箱室的尺寸时应考虑吸声处理所需的厚度。音响室应足够大，有利于音箱散热及为维护工作留有足够的空间。

（11）座椅

对于任何一个观演厅来说，座椅的选择对于观众和演员感受大厅的氛围具有重要的影响。座椅和座椅上的观众提供了观演厅内最重要的吸声源，因此对观演厅的声学效果影响很大。

大剧院观演厅里安装的座椅会使用很多年，它们将长期地影响观众在观看演出时的舒适度。

10.2 大型剧院类项目噪声控制

10.2.1 噪声基础知识

1.噪声的概念、含义

（1）噪声的概念

从物理学角度讲，噪声是指发声体做无规则的振动时发出的声音。

从环保角度讲，凡是妨碍人们工作、学习、影响人民生活、干扰人们要听的声音都属于噪声。

（2）噪声的大小

噪声的大小用分贝来表小，符号dB，人耳刚刚能听到的最微弱的声音为0dB；若要良好的保证休息和睡眠，声音不得超过50dB；若要保证工作和学习，声音不得超过70dB；若要保证正常的听力，声音不得超过90dB。

（3）噪声来源

噪声有来源于自然界的（如火山爆发、地震、潮汐和刮风等自然现象所产生的空气声、地声、水声和风声等），也有来源于人类活动的（如交通运输、工业生产、建筑施工、社会活动等）。但总的说来，噪声的来源主要有三种，它们是交通噪声、工业噪声和城市环境噪声。

交通噪声主要是由交通工具在运行时发出来的。如汽车、飞机、火车等都是交通噪声源。调查表明，机动车辆噪声占城市交通噪声的85％。

工业噪声主要来自生产和各种工作过程中机械振动、摩擦、撞击以及气流扰动而产生的声音。城市中各种工厂的生产运转以及市政和建筑施工所造成的噪声振动，其影响虽然不及交通运输那么广，但局部地区的污染却比交通运输严重得多。因此，这些噪声振动对周围环境的影响也应予以重视。

城市环境噪声主要指街道和建筑物内部各种生活设施、人群活动等产生的声音。如在居室中，儿童哭闹，大声播放收音机、电视和音响设备；户外或街道人声喧哗，宣传或做广告用高音喇叭等。它们一般在80dB以下，虽然对人没有直接的生理危害，但却会干扰人们交谈、工作、学习和休息。

（4）噪声的危害

噪声对人体的影响是多方面的，首先是听觉方面。噪声强度在85dB以上时，对人体的健康将产生危害，最常见的是听觉的损伤。人们在较强的噪声环境中工作和生活时会感到刺耳难受，时间久了会使听力下降和听觉迟钝，甚至会引起噪声性耳聋。据调查，在锻工和发动机车间的工人中患噪声性耳聋者可达90%，突然而来的极其强烈的噪声（如150dB）可使人鼓膜破裂、内耳出血，从而引起爆振性耳聋。

噪声不仅影响人们的正常工作，妨碍睡眠和干扰谈话，而且还能诱发多种疾病。噪声作用于人的中枢神经系统使大脑皮层的兴奋和抑制功能失调，导致条件反射异常，会引起头昏脑涨、反应迟钝、注意力分散、记忆力减退，是造成各种意外事故的根源。

噪声还影响人的整个器官，造成消化不良、食欲不振、恶心呕吐，致使胃溃疡发病率增高。近年来还发现，噪声对心血管系统有明显的影响，长期在高噪声车间工作的工人中有高血压、心动过速、心律不齐和心血管痉挛等症状的可能性，要比无噪声时高2～4倍。噪声对视觉器官也会造成不良影响。据调查，在高噪声环境下工作的人常有眼痛、视力减退、眼花等症状。

此外，强烈的噪声影响会使仪器设备不能正常运转，灵敏的自控、遥控设备会失灵或失效。特强的噪声还能破坏建筑物。

（5）噪声控制技术

声学系统的主要环节是声源、传播途径、接受者。因此，控制噪声必须从这三个方面进行系统的综合考虑，采取合理措施，消除噪声影响。

①噪声源治理：改进机械设备结构，应用新材料、新工艺来降噪。改进生产工艺和或者改变噪音源的运动方式（如用阻尼、隔振等措施降低固体发声体的振动）。

②在噪声传播途径上降噪：如采用吸声技术、隔声技术、消声技术、阻尼技术等。利用地形和声源的指向性降低噪声。利用绿化降低噪声，利用闹静分开的方法降低噪声。

③接受者保护：在声源和传播途径上无法采取措施，或采取的声学措施仍不能达到预期效果时，就需要接受者进行个体防护的措施。常用的防声器具有耳塞、耳罩、防声棉或头盔等，它们主要是利用隔声原理阻挡噪声传入人耳。

2.声控的相关知识

声屏障是降低噪声的有效措施。当噪声源发出的声波遇到声屏障时，它将沿着三条路径传播（图10-16）：一部分越过声屏障顶端绕射到达受声点；一部分穿透声屏障到

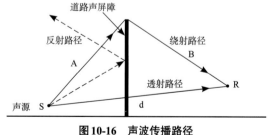

图10-16　声波传播路径

达受声点；一部分在声屏障壁面上产生反射。声屏障的插入损失主要取决于声源发出的声波沿这三条路径传播的声能分配。

（1）绕射

越过声屏障顶端绕射到达受声点的声能比没有屏障时的直达声能小。直达声与绕射声的声级之差，称之为绕射声衰减，其值用符号△Ld表示，并随着 ϕ 角的增大而增大（图10-17）。声屏障的绕射声衰减是声源、受声点与声屏障三者几何关系和频率的函数，它是决定声屏障插入损失的主要物理量。

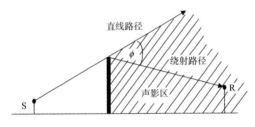

图10-17　声波绕射路径

（2）透射

声源发出的声波透过声屏障传播到受声点的现象。穿透声屏障的声能量取决于声屏障的面密度、入射角及声波的频率。声屏障隔声的能力用传声损失TL来评价。T_L 大，透射的声能小；T_L 小，则透射的声能大，透射的声能可能减少声屏障的插入损失，透射引起的插入损失的降低量称为透射声修正量。用符号 ΔL_t 表示。通常在声学设计时，要求 $T_L - \Delta L_d \geq 10dB$，此时透射的声能可以忽略不计，即△ $L_t \approx 0$。

（3）反射

由反射声波引起的插入损失的降低量称之为反射声修正量，用符号△ L_r 表示。反射声能的大小取决于反射结构的吸声系数 α，它是频率的函数，为评价声屏障吸声结构的整体吸声效果，通常采用降噪系数NRC（图10-18）。

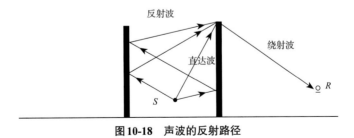

图10-18　声波的反射路径

3.声屏障设计与计算

（1）声屏障设计要点

①声屏障本身必须有足够的隔声量，声屏障对声波有三种物理效应：隔声（透射），

反射和绕射效应，因此声屏障的隔声量应比设计目标大。

②设计声屏障时，应尽可能采用配合吸声型屏障，以减弱反射声能及其绕射声能。

③声屏障主要用于阻断直达声，有效地防止噪声的发散。

（2）声屏障设计目标值的确定

①噪声标准

环境标准表

表10-6

类别	昼间	夜间
0	50	40
1	55	45
2	60	50
3	65	55
4	70	55

如表10-6所示，表中的类别分别表示：

a. 0类标准适用于疗养区、高级别墅区、高级宾馆区等特别需要安静的区域。

b. 1类标准适用于以居住、文教机关为主的区域。

c. 2类标准适用于居住、商业、工业混杂区。

d. 3类标准适用于工业区。

e. 4类标准适用于城市中的道路交通干线道路两侧区域，穿越城区的内河航道两侧区域。穿越城区的铁路主、次干线两侧区域的背景噪声（指不通过列车时的噪声水平）限值也执行该类标准。

②噪声保护对象的确定

根据声环境评价的要求，确定噪声防护对象，它可以是一个区域，也可以是一个或一群建筑物。

③代表性受声点的确定

代表性受声点通常选择噪声最严重的敏感点，它根据防护对象相对的位置以及地形地貌来确定，它可以是一个点，或者是一组点。通常，代表性受声点处插入损失能满足要求，则该区域的插入损失亦能满足要求。

④声屏障设计目标值

声屏障设计目标值的确定与受声点的背景噪声值以及环境噪声标准值的大小有关。如果受声点的背景噪声值等于或低于功能区的环境噪声标准值时，则设计目标值可以由噪声值（实测或预测的）减去环境噪声标准值。

（3）绕射声衰减计算

当声源为一无限长不相干的线声源时，其绕射声衰减为：

$$\Delta L_d \begin{cases} 10\lg\left[\dfrac{3\pi\sqrt{(1-t^2)}}{4arctg\sqrt{\dfrac{(1-t)}{(1+t)}}}\right], t=\dfrac{40f\delta}{3c}\leqslant 1 \\[4ex] 10\lg\left[\dfrac{3\pi\sqrt{(t^2-1)}}{2\ln(t+\sqrt{t^2-1})}\right], t=\dfrac{40f\delta}{3c}>1 \end{cases} \tag{10-1}$$

式中　f——声波频率（Hz）；

　　　δ——A+B−d 为声程差（m）；

　　　c——声速（m/s）。

$$\lambda_E=c/f_E=340/500=0.68 \tag{10-2}$$

$$H=2\lambda_E=1.36 \tag{10-3}$$

式中　H——声屏障的高度；

　　　λ_E——有效频率。

（4）透射声修正量 $\triangle L_t$ 的计算

若声屏障的传声损失 $T_L - \triangle L_d > 10\text{dB}$，此时可忽略透射声影响，即 $\triangle L_t \approx 0$。若 $T_L - \triangle L_d < 10\text{dB}$，则可按照下面公式计算透射声修正量 $\triangle L_t$。

$$\triangle L_t = \triangle L_d + 10\lg\left(10^{-\triangle L_d/10}+10^{-T_L/10}\right) \tag{10-4}$$

其中 T_L 为声屏障的传声损失，它表示构件隔声性能的大小。根据前面计算所得目标值再加上安全值 15dB，则 $T_L - \triangle L_d = 35-12.8=22.2\text{dB} > 10\text{dB}$。此时可忽略透射声影响，即 $\triangle L_t \approx 0$。

（5）反射修正量计算

反射声修正量取决于声屏障、受声点及声源的高度，两个平行声屏障之间的距离，受声点至声屏障及道路的距离以及靠道路内侧声屏障吸声结构的降噪系数NRC。因为反射声修正量与隔声屏计算关系不大，所以可以不考虑。

（6）吸声降噪量的确定

$$\triangle dB = L_T - L'_T = -10\lg(1-\alpha) \tag{10-5}$$

式中　α——吸声系数；

L_T——吸声前的总声压；

L'_T——吸声后的总声级。

吸声降噪量的确定，如表10-7所示。

材料的吸声系数表　　　　　　　　　　　　　表10-7

材料	频率（Hz）/吸声系数					
	125	250	500	1000	2000	4000
超细玻璃棉	0.05	0.24	0.72	0.97	0.90	0.98
双层阻抗复合板	0.54	0.8	0.94	0.8	0.84	0.76
微穿孔板	0.68	0.96	0.86	0.6	0.5	0.62

4.声屏障的选材

国内的声屏障如按声学性能分类可分为吸声型（金属吸隔声板）、隔声型（PC板）、混合型（吸声与隔声的混合型），这些声屏障其实际效果一般为3～5dB。

①FC板

FC纤维水泥加压板简称FC板，声屏障生产单位用FC穿孔板作声屏障面板，主要优点是成本低、声学效果一般；最大的问题是，由于其吸水率大于17%，用在室外易风化，寿命短，且不美观。

②PC板

PC板又称为聚碳酸酯耐击板，PC板具有耐冲击、阻燃的特性。6mm厚的PC板平均隔声量21.5dB，隔声指数24dB，主要优点是，制作方便，有一定的隔声效果；最大的缺点是成本不低，有眩光，吸声效果不佳。

③彩钢复合板

彩钢复合板具有结构形式灵活，式样多，美观，自重轻，隔声性能好，安装简便、快速等优点。它是两面采用厚度0.5～0.6mm的彩涂钢板，中间填入阻燃型聚苯乙烯板，测试结果进一步显示吸声彩钢复合板在400～800Hz频段上其吸声系数均大于0.85，表明本材料对中频声吸收效果更佳。因公路交通噪声主要为中低频声音，其能量分布在500Hz附近，所以本材料良好的吸声性能对降低公路交通噪声较为有利。

④金属隔声板

它的结构设计，综合了薄板共振吸声结构及穿孔板吸声结构。主要特点：吸隔声板由前板与后板组成，其厚度由50～200mm，中间由吸声材料与空腔组成，空腔的厚薄是根据噪声的声源频率来决定。

10.2.2 大剧院噪声控制标准

1.总体要求

（1）剧场设计应包括建筑声学设计；建筑声学设计应参与建筑、装饰设计的全过程。

（2）扩声设计应与建筑声学设计密切配合；装饰设计应符合声学设计要求。

（3）自然声演出的剧场，声学设计应以建筑声学为主。

2.观众厅体形设计

（1）观众厅每座容积宜符合（表10-8）：

观众厅每座容积 表10-8

剧场类别	容积指标（m^3/座）
歌剧	4.5～7.0
戏曲、话剧	3.5～5.5
多用途（不包括电影）	3.5～5.5

设置扩声系统时，每座容积可适当提高。

（2）观众厅体形设计，应符合下列规定：

a.观众厅体形设计，应使早期反射声声场分布均匀、混响声场扩散，避免声聚焦、回声等声学缺陷。电声设计应避免电声源的声聚焦、回声等声学缺陷。声学装饰应防止共振缺陷。

b.楼座下挑台开口的高度与挑台深度比，宜大于或等于1:1.2，楼、池座后排净高应大于或等于2.8m。

c.观众厅声学设计应包括伸出式舞台空间。

d.剧场作音乐演出时，宜设置舞台声反射罩。

3.观众厅混响设计

（1）观众厅满场混响时间设定宜符合下列规定：

a.根据使用要求及不同体积，在500～1000Hz范围内宜符合（表10-9）：

混响时间 表10-9

使用条件	观众厅混响时间设置
歌舞	1.3～1.6s
话剧	（2000～10000m^3）1.1～1.4s
戏曲	
多用途、会议	

b.混响时间频率特性，相对于500～1000Hz的比值宜符合（表10-10）：

混响时间频率特性

表10-10

使用条件	125Hz	250Hz	2000Hz	4000Hz	8000Hz
歌舞	1.00～1.35	1.00～1.15	0.90～1.00	0.80～1.00	0.70～1.00
话剧	1.00～1.20	1.00～1.10			
戏曲					
多用途、会议					

上列混响时间及其频率特性，适用于600～1600座的座观众厅。

（2）混响时间设计，采用125Hz、250Hz、500Hz、1000Hz、2000Hz、4000Hz、8000Hz等7个频率；设计与实测值的允许偏差，宜控制在10%以内。

（3）伸出式舞台的舞台空间与观众厅合为同一混响空间，按同一空间进行混响设计。

（4）舞台声学反射罩内的空间属观众厅空间的一部分，具有舞台反射罩（板）的观众厅的混响应另行设计。

（5）舞台及乐池应作声学设计。

4.噪声控制

（1）剧场内各类噪声对环境的影响，应按现行国家标准《声环境质量标准》GB 3069—2008执行。

（2）观众席背景噪声应符合下列规定：

①甲等≤NR25噪声评价曲线；

②乙等≤NR30噪声评价曲线；

③丙等≤NR35噪声评价曲线。

（3）设在群楼内或综合楼内的剧场，其振动噪声应符合国家有关环境噪声标准的规定。

（4）升降乐池运行时的机械噪声，在观众席第一排中部应小于60dB（A），其他舞台机械噪声，在观众席第一排中部应小于或等于50dB（A）。

（5）观众厅宜利用休息厅、前厅、休息廊等空间作为隔声降噪手段，必要时观众厅出入口应设置声闸、隔声门。

侧台直接通向室外的大门，应避免外界噪声的干扰，必要时设隔声门。

10.2.3　四川大剧院的噪声控制设计措施

1.地面设计

大、小观众厅之间及观众厅周边设备机房楼面均采用减振降噪的浮筑楼面。

（1）设备基础浮筑楼面设计

①泵房浮筑楼面设计构造

a.钢筋混凝土楼板；

b. 50mm×50mm×50mm隔振胶间距双向200mm；

c. 50mm厚80kg/m³玻璃棉；2mm厚钢板；

d. 150mm厚C30混凝土表面压光内配双向双层直径10mm间距200mm×200mm钢筋。

②冷却塔浮筑楼面设计构造

原结构层；500mm×500mm×50mm隔振胶；防水胶纸（防水卷材、油毡纸）；300mm厚钢筋混凝土浮筑地台表面压光。

③空调设备基础浮筑设计

混凝土楼板；50mm×50mm×50mm隔振胶间距300mm×300mm；50mm厚32kg/m³玻璃棉；2mm厚钢板；密封胶；100mm厚钢筋混凝土浮筑地台表面压光。

（2）大小剧场间楼面浮筑地面构造

①大小剧场间楼面浮筑地面构造

原结构楼板；300mm厚容重80kg/m³的岩棉；50mm×50mm×50mm减振块，边距300mm；2mm厚的钢板；1.5mm厚的高分子保护层；100mm厚C30现浇混凝土层（内配双层双向直径为8mm的钢筋间距200mm的钢筋网）；满铺17的减振垫；1.5mm厚的高分子保护层；100mm厚C30现浇混凝土，内配双层双向直径为8mm的间距200mm的钢筋网；10%石商珍珠岩砂浆；40mm×60mm木龙骨（做三防处理）双层15mm阻燃，夹板；实木地板。

②舞台地面构造

刷素水泥浆；20mm厚1:3水泥砂浆找平层；8mm厚的橡胶隔声层沿墙面向上翻200mm；40mm厚C20细石混凝土，内配双向直径6.5mm间距300mm钢筋网；40mm×60mm木龙骨中距400mm固定在楼面上，40mm×60mm的横撑中距800mm（均涂防腐剂）中填60mm厚干焦渣隔音层，木龙骨做三防处理；双层18mm的毛地板（背面刷氟化钠防腐剂）45°斜铺；1mm厚的非纸胎油毡；30mm厚的实木地板。

2.墙面设计

观众厅、多功能厅墙面（GRG墙面）：建筑桁架基层；L50mm×5mm角铁，100mm×50mm×5mm镀锌方通，直径10mm膨胀螺栓，200mm×200mm×10mm钢板；镀锌GRG产品预埋件；50mm厚的GRG板，板间用直径8mm的横穿螺栓固定；氟碳漆饰面。

3.顶棚设计

观众厅GRG（玻璃纤维加强石膏板）顶棚原建筑楼板（桁架）；直径10mm的镀锌铁吊杆，双向中距小于1200mm，吊杆上端与镀锌方通固定；GRG预埋件；50mm厚GRG板，板间用直径8mm横穿螺杆固定，用GRG板专用补缝粉（弹性腻子）补平；氟碳漆饰面。

4.门窗设

（1）观众厅的隔声门，每道隔声门隔声量需大于40dB；

（2）舞台车载货梯的卷帘门隔声量需达到40dB；

（3）地上部分观众厅及舞台空间四周有噪声的设备机房门隔声量需达到45dB。

5.座椅设计

座椅设计，如图10-19所示。

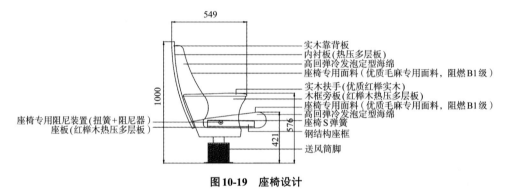

图10-19 座椅设计

6.观众厅四周墙体设计

（1）观众厅及舞台空间四周设双墙，由两道200mm厚的砖墙构成，内侧为多孔砖，外侧为空心砖，砖墙四个面均需抹灰并压实均匀，墙间中空200mm，且满足隔声量大于等于60dB。

（2）设备机房、空调机房、水泵房、风机房、冷冻站、柴油发电机等有高噪声的设备用房，墙体隔声由50mm厚离心玻璃棉和8mm厚穿孔吸音硅钙板组成。

（3）观众厅及舞台空间四周的电梯井，kT3、kT4、kT6、XT2靠近观众厅一侧的砖墙四个面（混凝土墙体除外）需抹灰密实均匀。

10.2.4 施工管理

1.本工程施工重点、难点分析

（1）技术标准

建筑声控是本工程成败的关键。为此在整个工程的施工过程中，必须严格执行相关的技术标准和有关的规范、规程。

按建筑声学设计要求，严格地从房间体型、比例尺度、基层结构、声学材料质量、材料结构，以及施工细节等方面体现已确定的声学设计意图，并加以预控，以达到预期的效果。

（2）声学环境要求（图10-20）

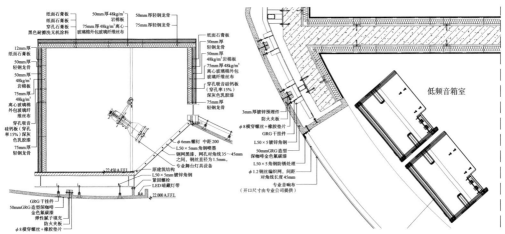

图10-20　声学环境要求

歌剧厅声学环境需要具备良好的音质效果和较低的背景噪声。音质效果与厅堂体形、界面材料声线特性密切相关，因此必须首先保证各厅堂有合理、正确的体形以及科学、统一协调的良好的材料声学特性。

针对这一特点，在施工过程中，将严格按照已确定的声学设计要求，着重控制以下几个基本环节：

①合适的背景噪声级，应做好以下三点（图10-21）：

a.保证围护结构的隔声能力；

b.减少通风空调系统噪声的传入；

c.控制固体声的传播。

②房间内的混响时间及混响时间频率特性的控制。

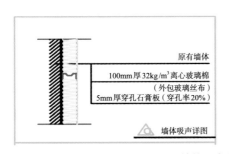
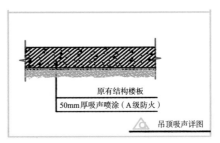

图10-21　墙体吸声详图与顶棚吸声详图

③观众席区域声场均匀度，具有合适的明晰度、侧向能量因子等。

④房间内不应存在任何声学缺陷。

（3）重点解决的主剧场建筑声学的关键节点、重点与难点问题

①施工放线与深化设计，重点解决施工前的设计细节，凡是与声学材料、工艺结构相关的，事前应与声学设计单位、室内装饰设计单位进行沟通，充分理解设计理念、意图。

②装饰面与基层声学结构的设计深化与施工工艺，杜绝因基层声学结构造成的灾难性的声学缺陷，确保在结构上为优质的声学效果打下基础。

③材料供应商的选择，选择有技术保证和成功类似工程经验的材料供应商，可以减少风险。

④材料加工工艺的深化设计、样板制作及必要的声学性能测试是确保声学效果的有力措施。

⑤重点关注非标的双曲面、曲面表面声学结构体的形体、表面微扩散机理的深化设计、样品制作、工艺研发、测试和完成面的反射精度与质量。

⑥重点响应建筑声学设计方案要求：灯桥之间以及灯桥与后墙之间的顶棚的中央区域（宽度方向约15～17m）能够让声音穿过顶棚，且这一区域的饰面材料开孔面积大于50%。建声设计意图是为了增加歌剧厅的空间容积，以达到歌剧表演时的混响时间要求。这部分材料需严格控制厚度、面密度，以免产生共振等声学缺陷，这与以往的工程案例做法不同，以往都要求顶面是完全封闭面，以杜绝耦合效应的产生。

⑦重点响应灯桥的容积包含在观众厅的容积内，灯桥的两侧壁不应为实体材料，能让声音自由穿过灯桥。

⑧重点响应观众厅两侧墙的峭壁造型，峭壁造型意在为观众席提供丰富、均匀的早期侧向反射声；严格按照声学设计中对两侧墙声反射板以及峭壁的倾斜角度、饰面材料的面密度、厚度、面积、尺寸、位置等要求施工。

⑨在本项目歌剧厅观众厅中，声学设计了可变声学活动吸声帘，以调节剧院在不同功能模式下所需的混响时间；需严格按照声学设计对声学性能、面密度、厚度、打褶率、面积等的要求进行选材。在施工过程中，应严格按照施工节点上标注的后空腔尺寸、工艺进行施工，以保证活动吸声帘使用方便、持久。

2.施工技术、组织措施

本工程的声学处理重点部位主要在观众厅，其声质控制是其施工重点难点。因此在室内的装修过程中，必须配合声学专家、声学设计师对每一个施工部位的材料要求、施工要求，力求使每个部位达到最完美的效果，从而使整个剧院的声学效果能一次性验收

超过预期设计的效果。

为了更好地配合设计师、声学专家的工作，在施工过程中将聘请专业的声学专家做技术顾问，对声学施工、材料选择、特殊材料的安装进行技术指导。

对于本工程来说，观众厅的音质设计和配套施工是最关键的一项分部工程。为了提高观众厅的音质水准和使用效率，重点关注以下两个方面。

首先是混响时间，从声学上说，歌剧厅的理想混响时间为1.6s。从多年的施工经验看，本项目的观众厅的理想混响时间为1.4～1.6s，可以保证本剧院的使用效果。

其次，就是在电声技术上采取措施。在有电声系统的观众厅内可以使观众厅的混响时间按某一种要求进行调整。对另一种要求则采用电声措施来达到。例如，一个以音乐演出为主的厅堂可设计较长的混响时间，而改作语言使用时，则可以采用具有强指向性的扬声器（如声柱），这样保证在有较长混响时间的房间里具有较高的清晰度。也可以在一个以语言使用为主的观众厅内设计较短的混响时间，当改为音乐演出时，可在电声系统中加入能使混响时间适当延长的人工混响器。

本工程的设计已经考虑了这种技术措施，所以施工的质量就成了观众厅音质效果的关键。

为了保证施工质量达到设计要求，我们拟采取以下几个措施。

（1）严格执行国家的有关设计与施工规范，主要规范如下：

《民用建筑隔声设计规范》GB 50118—2010；

《室内混响时间测量规范》GB/T 50076—2013；

《剧场建筑设计规范》JGJ 57—2016。

（2）严格按序施工，并与设计单位密切配合，发现问题随时向设计人员反映，共同协商，妥善解决，做到"精心设计，精心施工"。从而保证工程的施工质量。

（3）提高施工安装工艺的精度，特别是隔声门厅缝隙处理一定要做到严密。因为隔声门的隔声效果和隔声量与门缝的处理精度有着非常直接的关系。

门缝处要用高效弹性橡胶密封条闭合，门缝要严密和连续。门扇下则采用扫地橡胶带封堵门缝。这一点是施工中容易疏忽，但又是极为重要的工序。

（4）重视空调系统的噪声控制。要选择合适的出口风速，注意消声器对不同频率的吸声效果和不同风速下的气流阻力。要尽量避免观众厅与其他房间的风管串音和干扰。回风系统也应同样采取消声措施。在施工前后必须对空调系统进行调试。

（5）由于观众厅的施工质量是本工程的重中之重，来不得半点马虎。故在材料供应上应保证按照设计要求选购市场上信得过的优等产品。任何微小的变动都要首先征得设计人员的认可。同时，组织一支精良的专项施工队伍，选派有经验、熟练的技术工人参加施工。公司总工和技术负责人要亲临现场进行技术指挥。加强现场的施工管理，对每一道工序、每一个环节都要进行严格的验收、把关，从人力和物力上确保工程达到国家与省级标准，同时符合甲方要求。

在施工时，要对主要装饰材料进行检测，并聘请声学专家进行指导，必要时先试制样板，请声学研究所进行音响效果检测，以确保施工质量。公司根据施工图纸进行室内空间施工时，将会采取以下措施：

（1）由公司经验丰富的建筑声学专家担任本次工程中与声学有关的施工指导，以确保声学处理方面的施工质量。

（2）在施工前仔细研读图纸，重点分析关键、重点部位的节点构造做法。

（3）对相关吸声材料的选用进行必要的测试。

（4）对重点部位先组织技术人员制作构造模型，经设计、监理测试认可后方可进行大面积施工。

（5）穿越墙体或吊顶的管道，在其连接处四周必须嵌实严密。

（6）顶棚吊顶上的风口、灯具安装必须嵌实严密。

3. 材料及结构对声学效果影响分析

（1）剧院的装饰施工，首要目标在于保证歌剧厅内已设计的各项声学指标的实现，同时使装饰艺术效果与声学功能达到有机的结合和高度统一。在装饰施工工程中，深入理解工程各部位的材料、构造、做法与音质指标和声学效果的相关工作，并对相关部位、关键部位严格把关、精心施工，是保证工程声学效果的关键环节。在本工程项目中，我们在充分理解声学设计的基础上，严格按照声学设计的要求、精神施工，确保质量，以实现声学设计的各项指标。

（2）保障声学效果的着重点和措施

基于上述我们对工程和声学目标的理解，以及进一步深入分析工程中各部位、材料、构造、做法与声学指标、声学效果的相对密切关系，提出保障声学效果的着重点和措施。

歌剧厅的体积、体型、主要部分已在土建工程中确定定型，一部分将作为土建结构以外的工程，在后期的装修中进行建造，由于体型直接影响声能传播途径，与反射声覆盖面、初始时延间隙、声场不均匀度等关系密切，因此对于装饰施工的附加墙面、顶棚，我们将严格按照声学所要求的角度，走向和尺度进行建造施工。

（3）混响时间、反声吸声材料（结构）及其他材料构造等满足声学性能的保障措施

①混响时间是歌剧厅中最重要的声学指标之一，直接影响工程的使用质量，是声学效果最重要的体现。混响时间的长短除体积因素外，决定于室内各界面及设置物（包括观众、座椅）的声学特性，尤其是吸声量（吸声系数×使用面积）。显然，保障吸声

224

材料的声学特性，对保障混响时间至关重要；

②从保障材料构造声学性能角度，我们拟对室内各种材料构造分为两大类：a.吸声能力很小的装饰面、坚硬板材、虽有吸收，但仍属反射面。b.设计中已选用各种吸声材料（结构），其吸声系数较高，有频谱要求，对混响时间影响最为突出，应是我们保障工作的重点。

已完成的声学设计中，选用的吸声材料（结构）多种多样，主要有：软包及木质吸声板、薄板共振吸声构造，还有大量的有一点吸声能力的装饰面。在选用、制作或施工中，要对其影响吸声能力的因素重点把关。

③各类穿孔板。

a.软包吸声板：多层多孔或纤维性吸声材料，主要吸收中、高频音，其吸声性能决定于板的厚度、容重、后腔尺寸。前两项应由厂家保证，后腔尺寸是由施工实施。

b.木质吸声板：市场上已有大量定型化产品，如帕特板一类，由于具有木质的外观和功能型吸声作用，在室内装饰中很受欢迎。其吸声能力在于板面纵横线条下的穿孔和后放材料。有较宽的吸声频带，由于穿孔及后放材料的差异，其吸声特性也不尽相同。因而形成系列化产品。

4.施工材料选用保障措施

（1）按声学设计要求指定的型号及安装尺寸（如后空尺寸）进行选购和施工。

（2）考虑板的穿孔几何尺寸及后放材料，但在产品已定型的条件下，应从厂家提供的实测吸声频谱中进行比较选用，由于用于音质控制而非噪声控制，建议选用频带宽但在高频带吸声系统有一定下降的产品，这对抵消大体积空间过高的高频（或空气）吸收，改善混响时间频率特性十分有利；

（3）木质吸声板后放材料的选择和建议

木质吸声板后放材料有吸声无纺布及纤维性吸声毡两大类，市面上定型产品多配用国产吸声无纺布，但由于国产无纺布的流阻值（声阻值或透气性）偏低，从而使板的吸声特性远比不上法国产的SoundTex无纺吸声布和一定厚度的纤维性吸声毡。事实上，经测定比较，SoundTex的流阻值仍偏低，其吸声无纺布的木质吸声板大多为国产布。确定板材型号后，作为吸声结构的一部分须重新组合吸声结构（包括后放材料）。

（4）薄板共振吸声体。

此类构造易与室内其他装饰面相混淆，在施工中应区别对待，薄板共振吸声结构主要为控制低频混响时间而专门设计，其共振吸声特性与薄板的厚度、劲度、龙骨间距、空腔尺寸、边缘后放材料有关，施工中应把握这些影响、控制因素，按声学设计要求进行选材和施工。

（5）量很小的装饰面，表面坚硬的板材或反射面。这是室内装饰工程中用量最大的材料，由于有厅堂音质的要求，故必须在施工中对此类材料加以控制。装饰面如果选用轻薄材料，或者龙骨间距过大，出现了"空鼓"现象，将难以准确预测。在声学计算中并未计入的低频振动吸收，从而改变厅内的混响时间频率特性。故而，在施工中对此也应予以注意。

（6）以上各种材料、特品的选购，应由厂方提供标有该型号产品的吸声系数数据（吸声频谱）的检测报告，防止检测数据不同型号的套用，注意检测安装状态与工程安装状态是否相符，防止以材料实测时的检测数据代替留有背后空鼓的数据。

（7）综上所述，在装饰施工中，一方面避免装饰面出现难以预估的附加的低频振动吸收，另一方面，又严格控制各类吸声材料（结构）的影响因素，使其吸声特性能得到准确发挥，这样就可以最大限度地保证了预期的混响时间。

5.降低噪声干扰，隔声构件性能的保障措施

为保障演出节目的效果，隔声措施也应成为装饰施工中一项重要的保障目标。

（1）围护结构的隔声量，对匀质材料决定于材料的重量、面密度（即质量定律），对轻质复合隔声结构，还与其空腔厚度，填充物、构件联接方式有关。施工中应关注这些影响因素，保证设计规定的厚度容重或面密度，保证空腔尺寸，避免刚性联接形成隔声量下降的声桥。

（2）按声学设计要求，轻质隔墙与结构墙之间不能留有建筑废弃物，如砂浆、龙骨废料，施工过程中应及时清理干净。

（3）对隔声结构，不能留有漏声孔、漏声缝，顶棚、墙面及穿孔部位，要做好密封隔声处理，孔隙要填充密实，不能表面涂画。

（4）隔声门、隔声窗、声闸应按设计要求选购或制作，安装要严密，防止缝隙漏声。

（5）隔声构件的施工是声学工程中最易出现质量问题的常发地，最经常出现的问题是"声桥"（缝隙的堵塞物未清理）、"漏声"（隔声量足够的墙常因一个小小的缝隙而未能达标）。因此，施工中必须予以高度关注，加强检查、督促，以保证隔声效果。

6.施工阶段影响声学效果因素分析，如图10-22所示。

（1）围护结构隔声能力的控制

围护结构的隔声能力将直接影响剧院的效果和质量，也是实现房间内容许噪声级目标值的关键措施。将按声学设计的要求，从NR15到NR20，再到NR25等不同要求，严格实施围护结构隔声构造要求。在施工过程中，要着重抓好墙体材料的面密度、重量、厚度、刚度，使这些直接影响隔声能力的因素按设计要求得以保证。对于复合隔声结构，按设计要求，控制墙体内空气层的尺寸，保证隐蔽在墙内填充材料的质量。对复

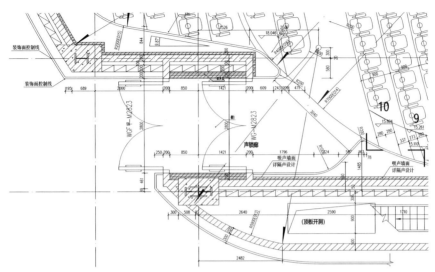

图10-22 声学效果因素分析

合隔声结构的不同组合层的连接，应避免由于施工过程的疏失而形成构造层间的刚性联接（如施工中掉入固体物）造成"声桥"的出现，从而降低围护结构的隔声能力。

孔洞的存在将对墙体围护结构的隔声能力产生破坏性的影响，因此将严格按声学的设计要求，对电缆管线的穿行处，精心控制施工细节；同时堵塞施工过程中出现的缝隙、孔洞。按设计要求，选用隔声量符合设计要求分贝数的隔声门或设置"声闸"。对设计中的"浮筑楼板"或"房中房"结构，除实施设计的要求和细节外，将保证关键部位的隔声垫层或"隔声片"的控制参数和质量要求。

（2）观众厅的混响时间的控制

观众厅的混响时间是保证房间声学功能，使用功能以及剧院效果的另一关键性控制指标，不同房间随其体积的差异，其混响时间也有所不同，通过声学设计确定的这些指标，在施工过程中将通过以下措施予以保证：技术用房的各边界面（墙、地板、顶棚）的吸声部位，严格按设计要求保证吸声材料的吸声能力，即材料的吸声系数和材料的吸声频率特性，并按照设计要求（数量或面积大小以及安装位置）进行施工。

严格执行各类吸声材料的构造形式，如预留空腔、厚度、辅助层材料等，以保证吸声结构的吸声频率特性。

对低吸收的反射面，其选用面积、安装角度、位置、龙骨间距，后腔情况均影响室内混响时间和音质，要精心施工。

吸声材料后留空气层的结构，避免因固定吸声材料的需要而将吸声材料贴在支撑板材上，造成吸声材料与空气层的分隔，使吸声能力下降，低频声的吸声作用无法发挥，如确需支撑材料时，需用开孔率高的板材，如钢板网一类。

（3）声场的扩散

为了保证大剧院传声器不因位置变化而产生差异，将通过提高声场的扩散度予以解决，现有设计对不同用房的比例尺度、墙面形状走向、材料布置作了具体的安排，在施工过程中，将重点控制以下四点：

①房间长、宽、高的比例尺度。

②对于不规则平面的用房，其墙面的角度走向。

③吸声材料与反射材料的组合布置。

④适当的声扩散措施，如扩散体的设置、墙面的扩散处理等。

7.通风空调系统噪声的控制

为保证各类声学用房达到室内容许噪声级的要求，除重点抓好围护结构的隔声量以减少外部噪声的传入外，还要协调安装施工单位着重控制通风空调系统噪声的传入，按设计要求做好空调系统风机进出口的消声处理，同时在风管进入室内的末端加装末端风口消声器，使之达到室内容许噪声限值NR曲线的要求。

为保证上述声学技术空间的音质效果，将按设计要求精心施工，并着重抓好直接影响音质效果的几个主要环节：

（1）吸声材料的敷设面积及安装位置。

（2）吸声材料的吸声系数及吸声频率特性是否符合设计要求，选用材料必须经声学检测机构测定混响室吸声系数，不能套用资料数据。

（3）反射面和顶棚的角度走向的正确定位，是保证演播剧院有利于音质的早期反射声的重要措施。

（4）反射面的面密度和构造细节，避免轻厚材料在声波激发下产生的难于预估的不利吸声，从而影响大厅混响时间的频率特性。

（5）场内除有声学要求外，尽量减少一些部件、设施的高频吸收或多孔性吸收，以减少歌剧厅内常常过多的音频吸收。

（6）场内的观众和座椅的吸收将直接影响歌剧厅的混响时间的长短，以及空、满席时混响时间的差异，因此要严格控制大厅座椅的吸声量，除美观、舒适等要求外，侧重从声学角度选用座椅，座椅应有混响的测定数据。

（7）在工程施工后期，应结合声学测量，对音质进行调试。

10.2.5 施工技术

1.超大型GRG双曲面板制作、安装

本工程的GRG造型板具有体量大、造型复杂的特点。GRG造型板具有良好的声学和装饰性能，是本工程的主要装饰材料。GRG造型板预制成型前，利用三维扫描仪通过现场实测复核，并利用计算机辅助设计建立空间模型，运用BIM软件与装修电脑模型进行比对，待确认现场空间及各专业的管线、结构构件等不影响装修造型时再进行GRG专项施工图的深化设计。按设计方提供的空间模型（采用BIM软件）进行深化设计，由于体量大且造型复杂，因结构下沉，GRG板会开裂，因此按照装饰线的美观原则排版设计变形缝。深化的成果需设计方确认。设计图纸需对GRG造型板的拼装排版及组件定位尺寸、吊点位置、埋筋位置、钢架位置、材料选型、拼装节点等进行明确标注，以保证加工尺寸与现场尺寸完全一致。深化设计时应充分考虑机电专业末端设备与GRG组件的合理连接，并运用BIM软件将所有机电专业末端设备在模型完成面上准确标注清楚，必须考虑现场开孔质量保证措施，保证造型设计协调、美观、具备可实施性。

进场时，所有材料按要求分类分别存放，并在明显位置逐块进行编号，并标明材料的名称、品种、规格、数量、使用部位等，以避免混用乱用。

主要施工顺序为GRG安装龙骨架，GRG嵌板制作安装，其流程图如图10-23所示。

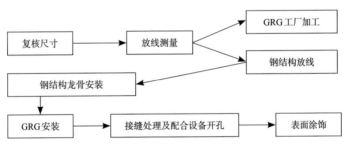

图10-23　施工顺序及工艺流程

（1）测量放线复核尺寸

利用三维扫描仪通过现场实测复核，利用计算机辅助软件（BIM软件）建立空间模型，设定拼装断点，通过X轴Y轴交汇处定位好控制点，轴线宜测设成方格状，如原图轴线编号不够，可适当增加虚拟的辅助轴线。方格网控制在3m×3m左右（弧形轴线测设成弧线状）。测设完成的轴线用墨线弹出，并醒目标出轴线编号，不能弹出的部位可将轴线控制点引申或借线并做标记。轴线测设的重点应该是起点线、终点线、中轴线、转折线、洞口线、门边线等具有特征的部位，作为日后安装的控制线。

根据测设好的轴线，用小尺精确量出每个结构部分的详细尺寸，由3人合作往返测量，1人读后尺，1人读前尺，1人记录。返测时读尺员前后互换，以避免偶然的误差，尺寸要求精确到毫米。

使用全站仪、水平仪等将各个有特征部位的标高测出，亦标注在平面（或立面）上，尺寸精确到毫米。将现场实测的尺寸和标高绘制成图，再一次与原土建图纸和装饰设计理念图纸做对比，加上钢结构转换层和施工作业必要的操作面厚度后，若超出了装饰设计理念图的范围（即GRG材料包不住结构），则应马上汇报给甲方装饰设计部门对设计参数及几何尺寸进行调整，并给出书面意见报给设计单位。

（2）钢结构龙骨的制作及安装

现场实测图完成后，出具钢结构布置图，具体的钢结构设计将由具有相关资质的单位完成并报原设计单位及监理单位审核通过。

钢结构转换层的施工：所有钢结构转换层使用的钢材均为合格的热镀锌钢材，钢材型号依据钢结构设计确定，按照图纸先施工主龙骨，在受剪切应力较大的部位如楼座拦河的后锚固件与楼板的连接采用化学螺栓固定，其他部位则采用膨胀螺栓固定。

为便于后续的安装，钢结构的主龙骨与GRG板的模数一一对应，所以主竖向龙骨间距严格按照图纸的设计间距确定，施工时做到下料准确，焊接工艺符合标准，完成后的主龙骨误差要求应控制在±5mm。根据主体结构变形缝及GRG板面变形缝的位置，钢结构转换层对应设置变形缝。

横向龙骨为50mm镀锌角铁，GRG因为是干挂式连接，必须在横向龙骨上预先钻孔，钻孔间距与GRG板的连接件间距相同，误差不超过5mm，每道竖向龙骨间距与GRG板的连接件安装间距一一对应，这样将最大限度地保证安装的基本精度，个别的尺寸可通过连接件进行微调。

（3）工厂加工生产制作GRG

工厂收到从现场传来的经过确认的深化图纸之后，将组织工厂进行加工生产。首先通过电脑数码控制自动铣床机（CNC）刨铣制模，模具将进行分区试拼装，并通过三维扫描仪检测合格后将进行GRG板的生产，其制作过程：

模具检查—第一层阿法（a）石膏浆灌置—第一层玻璃纤维板置放—安放预埋金属吊件（尺寸检查）—第二层阿法（a）石膏浆灌置—第二层玻璃纤维板置放—第三层阿法（a）石膏浆灌置—第三层玻璃纤维板置放（此阶段之结构石膏板厚约5～7mm）—第四层阿法（a）石膏浆灌置—第四层玻璃纤维板置放—背衬石膏浆灌置（总板厚约40mm）—GRG板养护（约7天）—胶模—品质检查（包括尺寸、外观、配件等之检查）—编号及数量登记—装箱。

补充：考虑到加工安装的累积误差可能导致最后整体无法"合龙"的问题，除了传统的定位放线技术以外，公司研发了一套"大剧院装饰施工测量"技术及剧场声学结构体装饰异型空间定位测量软件，将空间划分成若干个区域，每个区域内再进行板块的深化，然后在工厂进行加工，加工完成后在工厂进行预拼装，并与设计尺寸进行比对，以消除加工误差，确保控制在合格范围内，才运至现场准备安装。

（4）GRG板的安装控制措施

①对到场的GRG进行仔细核对编号和使用部位，利用现场测设的轴线控制线，利用全站仪找准定位点，结合水平仪控制标高，进行板块的粗定位、细定位、精确定位三个步骤，经复测无误后进行下一块的安装，安装的顺序宜以中轴线往两边进行，将出现的误差消化在两边的收口部位。

②要保证GRG嵌板的安装的整体平整度，防止以后变形，应该先确定钢架转换层的控制标准在规定范围内，通过连接件进行微调。再保证安装过程中转换层的受力平衡，必须以中轴线往两边同进度进行安装，如遇特殊原因一侧进度过快，应在另一侧增加类似重量的临时配重平衡转换层的受力。

③在安装大面积GRG嵌板前，在钢架层上进行放线控制，标示出对应的GRG嵌板块的位置，检验连接件是否在可调范围内，间距是否符合要求，等整体协调后，再开始按预定顺序安装。

④在一个单元区安装完成后，紧跟着用三维扫描仪检测安装后的完成面，并将扫描数据生成模型与原BIM模型进行校对检查，发现误差马上进行精确调整，确保每一块单元板安装准确，为整体造型完全符合BIM模型奠定了坚实的基础。

（5）GRG板拼缝调整处理

为了避免GRG造型板接缝因各种原因造成的开裂现象，必须在同一单元区的板块全部安装完成后，通过三次精确测量确定转换层及板面应变已经完成并稳定再开始。首先将排版的温度变形缝按可自由变动机构精细处理，达到装饰线条的美观效果，其他拼缝可根据刚性连接的原则处理，板块拼缝处按间距400mm，采用直径6mm的内置螺栓对拉连接，板缝采用垫块留足10mm宽，保证嵌缝材料能嵌满缝隙，螺栓增加弹簧垫，安装过程中必须用扳手拧紧。嵌缝材料将采取GRG专用接缝材料，并分三次将接缝处填充密实，以拼缝贯通填满为原则。板块拼接处的背面按间距400mm进行捆绑，每段捆绑长度不小于200mm，捆绑材料为厂家专配的GRG原料，内掺不低于5%的抗碱玻璃纤维丝，捆绑层厚度不小于主板块厚，以防止因热胀冷缩造成的板缝开裂现象。

（6）质量验收

①GRG材料目前属于新型材料暂无质量验收标准，因此参照《建筑装饰工程施工及验收标准》GB 50210—2018中关于饰面板安装工程检验批质量验收记录表进行验收。

②GRG表面进行的喷涂处理，首先进行批嵌即底漆处理，然后再喷面漆。要求成

品GRG表面光滑，无气泡及凹陷处，色泽一致，无色差。

③主钢架安装牢固，尺寸位置均应符合要求，焊接符合设计及施工验收规范。

④GRG顶棚表面平整、无凹陷、无翘边、无蜂窝麻面现象，GRG板接缝平整光滑。

⑤GRG背衬加强肋顶棚系统连接安装正确，螺栓连接应设有防弹簧垫圈焊接，符合设计及施工验收规范。

⑥GRG单板外观及施工最大允许偏差，如表10-11所示。

GRG单板外观及施工最大允许偏差　　　　　　　　　　表10-11

项次	项目		允许偏差	检验方法
1	缺棱掉角	长度	≤15mm	观察和尺量检查
		宽度	≤15mm	观察和尺量检查
		数量	≤1处	观察检查
2	裂纹	长度	不允许	观察检查
		宽度		
		数量		
3	蜂窝麻面	占总面积	≤1.0%	观察、手摸和尺量检查
		单处面积	≤0.5%	观察、手摸和尺量检查
		数量	≤1处	观察检查
4	飞边毛刺	厚度	≤1mm	观察、手摸和尺量检查
5	平整度	表面平整度	≤1mm	观察和尺量检查
		弧度平整	≤1mm	观察和尺量检查
6	拼缝质量	接缝高低差	≤1mm	直尺和塞尺检查
		接缝间隙	≤1mm	直尺和塞尺检查

⑦GRG板构件尺寸及形位公差，如表10-12所示。

GRG板构件尺寸及形位公差　　　　　　　　　　表10-12

项目名称	标准规格板公差范围	非标准规格板公差范围
全长误差	−5～0	±（L/1000+2）
全宽误差	−5～0	±（L/1000+2）
墙面外角对角线差	≤6mm	/
外框厚度误差	±2	外边缘边框±5，其余±2
墙面外沿直线度	≤5mm	≤（L/1000+2）
墙面平面度	≤5mm	≤（L/1000+2）
边缘板的端面边缘线轮廓度	/	≤20

⑧主要物理性能参数，如表10-13所示。

⑨隐蔽工程（钢结构）验收。

主要物理性能参数 表10-13

序号	项目	技术指标	备注
1	体积密度（g/cm³）	≥1.5	《玻璃纤维增强水泥性能试验方法》GB/T 15231—2008
2	抗压强度（MPa）	≥35	
3	抗弯强度（MPa）	≥22	
4	抗拉强度（MPa）	≥10	
5	抗冲击强度（kJ/m²）	≥45	
6	巴氏硬度	≥50	
7	玻璃纤维含量（%）	≥5	
8	吸水率（%）	≤3	
9	抗折强度（MPa）	≥8	
10	吊挂件粘附力（N）	≥6000	V=5mm/min
11	放射性核素限量	A级	《建筑材料放射性核素限量》GB 6566—2010
12	防火性能	A1级	《建筑材料及制品燃烧性能分级》GB 8624—2012
13	标准厚度（mm）	20～25	
14	面密度（kg/m²）	40	
15	热膨胀系数（%）	≤0.01	
16	声学要求	声学反射系数R≥0.97	吸声系数aw<0.05

工程的隐蔽工程至关重要，工地现场的项目管理人员必须认真熟悉施工图纸，严格检查节点的安装，做好质检记录；

工地管理人员一旦发现现场与施工图纸不一致的情况，必须及时报告设计人员作出必要的修改。

凡隐蔽节点在工地管理人员自检时发现不符合设计图纸要求，除已出具设计变更的，其余必须及时同业主、监理进行洽商。

⑩GRG板的验收。

当每道工序完成后班组检验员必须进行自检、互检，填写《自检、互检记录表》，专业质检员在班组自检、互检合格的基础上，再进行核检，检验合格填写有关质量评定记录、隐蔽工程验收记录，并及时填写《分部分项工程报验单》报请工程监理进行复检，复检合格后签发《分部分项工程质量认可书》。工程自检应分段、分层、分项的逐一全面进行。

2. GRG施工

（1）施工要求及准备

①本工程GRG造型板采用定制成品造型板，必须满足国家相关规范的有关要求。

②本工程选用的GRG造型板应具有良好的声学和装饰性能，必须满足本工程声学的要求并提供声学检测报告。

③GRG造型板预制成型前，应通过现场实测复核，并利用计算机辅助设计建立空间模型，进行GRG专项施工图的深化设计，按设计方提供的空间模型（采用犀牛软件）进行深化设计，深化的成果需设计方确认。设计图纸需对GRG组件定位尺寸、吊点位置、埋筋位置、钢架位置、材料选型、拼装节点等进行明确标注，以保证加工尺寸与现场尺寸完全一致。深化设计时应充分考虑机电专业末端设备与GRG组件的合理连接，考虑现场开孔质量保证措施，保证造型设计协调、美观、具备可实施性。

④进场时，所有材料必须按要求分类分别存放，并在明显位置逐块进行编号，并标明材料的名称、品种、规格、数量、使用部位等，以避免混用乱用。

GRG造型板安装时，要遵循先测量后设计、先设计后加工、先放样后安装、先构架后面板、先中间后两边、先转角后大面的原则。

⑤GRG造型板安装完成后，应使用与GRG/GRC造型板相同材质的石膏和抗裂纤维混合填缝剂对造型板板拼缝进行处理，保证造型板接缝处的抗裂性能。

（2）材料的特殊工艺

本项目的特殊性，大量采用特殊表面处理GRG，且其造型多为复杂的三维曲面，GRC的加工与安装属专项技术范畴，实施单位需对此部分内部龙骨构造进行设计深化，并出具相关结构荷载计算书。

①施工工艺

a.工艺程序

测量放线→龙骨加工（含用台钻钻眼及异型）→固定悬吊体系（吊杆）→固定GRG/GRC→嵌缝处理→作面层。

b.测量放线

（a）根据设计标高和控制点，用水平仪定点，在墙面或柱子上弹出顶棚及墙面水平控制线。

（b）根据房间顶棚，在楼板底面直接弹出顶棚中线，或在地面弹出顶棚中线的投影线。

（c）吊杆位置线：吊杆的间距根据GRG单元板的预埋吊点位置及使用的荷载情况综合考虑确定，吊杆的位置线与GRG单元板的预埋吊点位置一样，同时弹在楼板底面上。

②龙骨加工

按设计要求和GRG单元板的预理吊点位置及形状对龙骨进行异形加工和钻眼。

③固定悬吊体系

a.吊杆的选用，根据设计图纸要求采用8mm的通丝吊杆，主要是安全问题，其次是悬吊方便，调节灵活。在隐蔽式顶棚中，顶棚本身重量大小，是否上人或其他活荷载，这些是决定顶棚构造的关键因素。吊杆的施工，主要包括与结构的固定、本身断面的选择、吊杆与龙骨的连接。

b.根据水平控制线固定周边龙骨。

c.吊杆与结构的固定，吊点间距1m见方，在检修平台钢方通龙骨间距过大处另加80号槽钢龙骨，用8mm的通丝吊杆焊接在钢结构龙骨上。

d.吊杆与GRG单元板的连接：生产厂家在GRG单元板上按1m左右的间距预理吊挂件，且每一块单元板上的预理吊挂件不少于两排，吊杆与预理吊挂件用1.5～2cm见方垫片加橡胶垫配螺帽固定。

④固定GRG单元板

GRG单元板安装前，须和业主、监理核对顶棚中灯具、龙骨的布置、吊杆的防锈处理以及荷载情况作隐蔽工程验收后，才能施工GRG单元板，单元板之间用6mm螺杆连接，螺杆中在单元板之间用小木块做垫片。

⑤嵌缝处理

在顶棚GRG板安装完成后，检查对拉螺栓是否全部拧紧，所有板缝填补密实后，再在板背面的拼接缝部位，采用专用嵌缝膏填实板缝。GRG专用填缝剂，配10%～20%的玻璃纤维丝拌合成浆，顺着拼接缝的反边整体进行坞绑，坞绑层的厚度应大于GRG板自身的厚度。进一步加强顶棚的整体强度和刚度，避免顶棚在板块自重的下垂力作用下出现开裂。填实后1小时再均匀的刮一层嵌缝膏并贴好玻璃纤维网格胶带（50mm）宽，再刮嵌缝膏一遍，使带嵌入膏体内，三道工序连续处理。

⑥刮双飞粉

用熟胶粉为胶结剂，双飞粉为骨料配双飞粉腻子刮于顶面两遍。每遍应用砂纸磨平。

⑦GRG面层施工

⑧注意事项

a.转换层钢架与原结构钢架采用抱箍或卡箍等机械连接方式，尽可能少焊接或不焊接，减少对原主体钢结构的损伤。所有抱箍或卡箍的连接螺栓均配用弹簧垫片，螺栓上端采用双螺母，确保安全。

b.顶棚用的GRG单元板的规格是否与设计要求相符。

c.板材是在无应力状态下进行固定，要防止出现弯棱、凸鼓现象。

d. GRG单元板的长边，应沿纵向龙骨铺设。

3.木地板施工

（1）施工部位

大、小剧院观众厅地面等。

（2）施工准备

选材：按照设计要求，选样经业主（监理）确认后，确定面层地板的规格、颜色、材质，木地板的含水率小于12%，花纹、颜色力求一致，凡有开裂、弯曲等缺陷的严禁使用。进场材料需经过监理检验合格，方可进场。

以木地板作为面层时，木材必须经过干燥处理，且应在保护层和找平层完全干燥后，才能进行地板施工。

（3）施工工艺流程

基层清理→测量、放线→木龙骨铺设（预先作三防处理）→阻燃夹板基层（三防处理）→面层木地板铺设→打地板蜡。

（4）施工工艺

①基层处理：在房间铺贴施工时，首先对基层进行处理合格，抗静电地板或水泥地面达到完全干燥、坚固、平坦、洁净的施工要求。

②安装木龙骨：先按设计和规范要求在基层上弹出木龙骨的安装位置线及标高，将龙骨放平、放稳，并找好标高，再用电锤钻孔，用膨胀螺栓、角码固定木龙骨，木龙骨与墙间留出不小于30mm的缝隙，以利于通风防潮。木龙骨表面应平直。若表面不平可用垫板垫平，也可刨平，或者在底部砍削找平，但砍削深度不宜找过10mm，砍削处要刷防火涂料和防腐剂处理。采用垫板找平时垫板要与龙骨钉牢。木龙骨之间还要设置横撑，横撑间距800mm左右，与龙骨垂直相交，用铁钉固定，其目的是为了加强龙骨的整体性。

③铺钉毛地板（阻燃夹板基层）：毛地板的表面应刨平，毛地板与木龙骨成30°或45°角斜向铺钉。毛地板铺设时，其板间缝隙不大于3mm，与墙之间应留10～20mm的缝隙。毛地板用铁钉与龙骨钉紧，宜选用长度为板厚2～2.5倍的铁钉，每块毛地板应在每根龙骨上各钉两个钉子固定，钉母应砸扁并冲进毛地板表面2mm，毛地板的接头必须设在龙骨中线上，表面要调平，板长不应小于两档木龙骨，相邻板条的接缝要错开。毛地板使用前必须做三防处理。

④铺木地板面层：确定安装方向，地板安装须在采光条件好的情况下，与光线平行为佳；在采光一般的情况时，以和房间长边平行的方向为佳。铺设防潮垫（地膜）后

进行木地板铺设，第一行木地板将带沟槽的边靠墙，将其插入带沟槽的地板，用锤子轻轻敲入。在铺设下一道木地板时，留下不小于300mm的错缝距离。

确定安装列数和第一列下锯宽度，为了避免到安装最后一列地板时不出现板材过窄的情况，影响铺装的整体效果，在第一列地板安装时，必须先以房间宽度除以单片地板宽度，算出所需列数，若最后一列地板宽度小于地板的一半时，则应在第一列地板安装时按照（板宽单片＋余数宽度）/2来确定所需第一列裁板宽度。

地板安装时应采取错位铺装的方式，即在第一列起始板须和相邻一片地板错开300mm，裁下的地板大于300mm的可以继续使用，若小于300mm作为废料不用。

（5）相关质量标准

木地板安装前应检查是否尺寸合格、颜色均匀，是否有缺损缺陷，并保持室内温度和湿度符合施工要求。

木质板面层平整光滑，图纹清晰美观，接缝严密，表面洁净。

木地板使用规格、型号、厂家应符合设计图纸、国家规范和招标单位的要求。

木地板面层允许偏差和检验方法，如表10-14所示。

木地板面层允许偏差和检验方法　　　　　　　　　　表10-14

次项	项目	允许偏差（mm）			检查方法
		松木长条木板	硬木长条木板	拼花木板	
1	表面平整	2	1	1	用2m靠尺、楔形塞尺检查
2	踢脚线上口平直	3	3	3	拉5m线，不足5m拉通线和尺量检查
3	板面拼缝平直	2	1	1	拉5m线，不足5m拉通线和尺量检查
4	缝隙宽度	2	0.3	0.1	用塞尺与目测检查

（6）成品保护及注意的事项：

①安装木龙骨时严格控制木材的含水率，基层充分干燥后方可进行。施工时不要将水遗洒到木地板上，铺完的实木地板要作好成品保护，防止面层起鼓、变形。

②在木地板上作业应穿软底鞋，且不得在地板面上敲砸，施工人员每人携带帆布工具包，工具随时放入工具包内，防止损坏面层。

③木地板施工应保证施工环境的温度、湿度。施工完应及时覆盖塑料薄膜，防止开裂及变形。

④木地板磨光后及时刷油和打蜡。

4.大小剧场楼层间浮筑地板施工

本项目因受用地限制，设计采用大小剧场叠加的处理手法，将小剧场设在大剧院上，此做法在国内尚属首例。通过国内一流的声学设计单位进行深化以及在实验室做检测，采取浮筑楼板进行施工，以解决大小剧场相互声音振动干扰的问题。浮筑地板施工的成败决定着整个项目声学施工的成败，因此浮筑地板的施工质量是重点也是难点。

10.3 浮筑系统

10.3.1 浮筑概念、含义

浮筑中的"浮"字，在此处是"顶"的意思，浮起的意思，有面层压住它，它起到一个托的作用；有隔离、分开的作用，浮筑层有分开面层和基层的意思，使基层的变形尽量减少对面层影响，面层受外界的影响也同样少。浮筑层的材料常体现出面层及基层强度低、密度小、重量轻、粘结力差等特点。

"筑"，在此处是修建、打造、包装的意思，就是把恰当的浮筑材料，通过适当加工、包装、施工，筑成对人类有用的建筑产品，达到减振、隔热保温、减噪、隔离基层和面层之间的粘结作用。例如，屋面刚性防水层下面的柔性防水层（卷材、油纸、砂层、冷底子油等）；地面的面层和结构层之间的苯板，橡胶、纤维、卫生间的轻质填充层等；楼层上安装大型机械，虽然不安装大型机械但对下层影响较大或者下层对音质要求高，为了减少对下层的影响，常在设备基础下加设弹簧、轻质复合材料、橡胶等构筑层，均属于浮筑层。

没有压力、没有面层的应该不属于"浮筑"构造，如外墙面为了保温和隔热，常在外墙结构层或围护结构外面贴一层轻质的、保温隔热效果好的苯板或类似的其他材料板，面层再抹水泥砂浆贴外墙砖或再喷涂料，但此类构造不能算为"浮筑"构造。

浮筑概括地讲，是用密度较低、轻质的或复合材料，或者弹性较好，通常起到保温、隔热、减振、降噪或者隔离等作用，并有支撑面层自身压力及外荷载功能的构造层或结构层。

10.3.2 浮筑材料

凡是能起到保温、隔热、减振、降噪、隔离基层与面层某项功能，且有一定的受压能力的材料均能作为浮筑材料。如河砂、废机油、油纸、各类卷材、橡胶、纤维、有机、无机复合材料等。

（1）浮筑材料样品，如图10-24所示。

（2）浮筑层的构造，如图10-25所示。

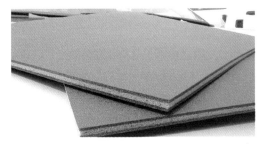

图10-24　浮筑材料样品

图10-25　浮筑层的构造

10.3.3　浮筑系统

浮筑系统是指浮筑层与面层构成的整体，它可能是一个构造层（不需计算其受力就能确定的浮筑系统），也可能是一个结构层（要通过计算才能确定的浮筑系统）。浮筑系统常用于地面、屋面、楼面上的设备基础。

10.3.4　浮筑楼板隔声技术

由于一般居民甚至设计、施工人员对噪声问题的生疏与麻木，导致设计出没有专门的隔声构造的设计、验收没有隔声检测手段、用户没有对隔声的具体要求，故而建筑隔声设计长期不被人们所重视。但没有良好隔声的建筑不会是一栋人性化的建筑，现代建筑要创造良好的使用环境，必须重视声环境的设计，而建筑隔声是声环境的重要组成部分。建筑隔声涉及整个建筑围护结构，相对墙体来说，建筑的楼板隔声是设计中的难点和薄弱环节，楼板隔声对整个建筑隔声有重要的作用。

1.楼板隔声标准

楼板隔声标准包括两个部分：空气声隔声标准和撞击声隔声标准。

①空气声隔声是楼板隔绝空气传声的能力，考虑到声音的不同频率，采用计权隔声量（dBA）；撞击声是上层住宅的物体撞击楼板，使楼板振动并通过结构传递给下层住宅空间。

②撞击声隔声是楼板传递标准撞击声大小，考虑到声音的不同频率，采用计权标准化撞击声压级（dBA）。

可以理解，楼板空气声隔声标准数据越大，空气声隔声性能越好；楼板撞击声隔声标准数据越小，撞击声隔声性能越好。

《民用建筑隔声设计规范》GB 50118—2010对建筑隔声标准做了规定，该规范适用于全国城镇新建、扩建、改建的住宅、学校、医院及旅馆等四类建筑中主要用房的隔声减噪设计，按建筑物使用要求，分为特级、一级、二级、三级，共四个等级，其中特级最高，三级最低。规范中有关楼板隔声标准列表如表10-15～表10-18所示。

住宅建筑楼板的隔声标准   表10-15

围护结构部位	楼板的空气声隔声标准			楼板的撞击声隔声标准		
	计权隔声量（dB）			计权标准化撞击声压级（dB）		
	一级	二级	三级	一级	二级	三级
分户楼板	≥50	≥45	≥40	≤65		≤75

注：当确有困难时，可允许三级楼板计权标准化撞击声压级小于或等于85dB，但在楼板构造上应预留改善的可能条件。

学校建筑楼板的隔声标准   表10-16

围护结构部位	筑楼板的空气声隔声标准			楼板的撞击声隔声标准		
	计权隔声量（dB）			计权标准化撞击声压级（dB）		
	一级	二级	三级	一级	二级	三级
有特殊安静要求的房间与一般教室之间	≥50	—	—	≤65	—	—
一般教室与各种产生噪声的活动房间之间	—	≥45	—	—	≤65	—
一般教室与教室之间	—	—	≥40	—	—	≤75

注：1. 当确有困难时，可允许一般教室与教室之间楼板计权标准化撞击声压级小于或等于85dB，但在楼板构造上应预留改善的可能条件。
2. 产生噪声的房间系指音乐教室、舞蹈教室、琴房、健身房以及产生噪声与振动的机械设备房间。

医院建筑楼板的隔声标准 表10-17

围护结构部位	楼板的空气声隔声标准			楼板的撞击声隔声标准		
	计权隔声量（dB）			计权标准化撞击声压级（dB）		
	一级	二级	三级	一级	二级	三级
病房与病房之间	≥45	≥40	≥35	≤65	≤75	
病房与产生噪声的房间之间	≥50		≥45	—		
手术室与病房之间	≥50	≥45	≥40	—	≤75	
手术室与产生噪声的房间之间	≥50		≥45	—	—	—
听力测试室围护结构	≥50			—		
听力测试室上部楼板	—			≤65		

注：1.当确有困难时，可允许病房楼板的计权标准化撞击声压级小于或等于85dB，但在楼板构造上应预留改善的可能条件。
2.产生噪声的房间系指有噪声与振动设备房间。

旅馆建筑楼板的隔声标准 表10-18

楼板部位	旅馆建筑楼板的撞击声隔声标准			
	计权隔声量（dB）			
	特级	一级	二级	三级
客房层间楼板	≤55	≤65	≤75	
客房与各种有振动房间之间的楼板	≤55		≤65	

注：1.机房在客房上层，而楼板撞击隔声达不到要求时，必须对机械设备采取隔振措施。
2.当确有困难时，可允许客房与客房楼板三级计权标准化撞击声压级小于或等于85dB，但在楼板构造上应预留改善的可能条件。

《住宅建筑规范》GB 50368—2005第7.1.2条、7.1.3条规定：楼板的计权标准化撞击声级压级不应大于75dB，空气声计权隔声量，楼板不应小于40dB（分隔住宅和非居住用途空间的楼板不应小于55dB）。

《住宅设计规范》GB 50096—2011第5.3.1条规定：分户墙与楼板的空气声计权隔声量应大于或等于40dB，楼板的计权标准化撞击声压级宜小于或等于75dB。

《宿舍建筑设计规范》JGJ 36—2016第5.2.1条规定：分室墙与楼板的空气声的计权隔声量应大于或等于40dB，楼板的计权标准化撞击声压级宜小于或等于75dB。

《健康住宅建设技术规程》CECS179—2009的楼板的计权标准化撞击声压级最低标准≤75dB（A）。

清华大学物理环境检测中心对住宅楼板计权标准化撞击声级的调查得出了主观评价（表10-19）。

楼板撞击声指数与主观评价的关系 表 10-19

撞击声指数（dB）	楼上撞击声源情况与楼下房间听闻感觉室内背景噪声为30～35dB（A）	住户反应（%）		
		满意	可以	不满意
> 85	脚步声、扫地、蹬缝纫机等都能引起较大反应，拖动桌椅、孩子跑跳声则难以忍受	/	/	≥ 90
75～85	脚步声能听到，但影响不大；拖桌椅，孩子跑跳感觉强烈；敲打声则难以忍受	/	50	50
65～75	脚步声白天感觉不到，晚上能听到，但较弱；拖桌椅、孩子跑跳声能听到，但除睡觉外一般不影响	10	80	10
< 65	除敲打外，一般声音听不到；椅子跌倒、孩子跑跳声能听到，但声音较弱	65	35	/

根据表10-19的分析，住宅楼板计权标准化撞击声级宜以不大于65dB（A）为宜，考虑到具体的技术经济条件，确定以不大于75dB（A）为低限值。

但是，现阶段我国房地产市场上提供给消费者使用的商品住宅中，大量的都是按初装修标准设计的，其中的楼面层是在钢筋混凝土结构层上面做水泥砂浆找平层，不同厚度的混凝土楼板计权撞击声压级，如表10-20所示。

不同厚度混凝土楼板计权撞击声压级 表 10-20

厚度（mm）	计权撞击声压级dB（A）
40	95
60	89
90	85
120	82

钢筋混凝土楼板的计权标准化撞击声级基本在80dB（A）左右，住户进行二次装修时选用的面层为实木地板，可以达到65dB（A）左右，基本能满足设计标准；如果选用的面层材料是硬质材料（花岗石、地板瓷砖等），也只能维持在80dB（A）左右。因此，常规的楼面构造是远远达不到规范要求的。

2.楼板撞击声隔绝措施

楼板隔绝空气声遵守墙板的隔声规律。振动传声主要是通过楼面振动，并沿房屋结构的刚性连接面传播，最后振动结构向接受空间辐射形成空气声，传给接受者，此类属于撞击声的振动隔声。隔绝撞击声压级与楼板的弹性模量、容重和厚度有关，其中楼板的厚度对改善楼板的撞击声压级最为有效，厚度每增加一倍，声压级约减少10dB。但单纯增加楼板厚度是不现实的，为改善楼板的撞击声隔声性能，通常采用以下三种途径。

（1）弹性楼面

弹性楼面的隔声途径是使振动源撞击楼板引起的振动减弱。在楼板表面铺设弹性良好的面层材料，如地毯、塑料地面、再生橡胶等，对楼板隔绝中、高频撞击声非常有效。如果采用厚度大且柔顺性好的材料，对低频也会有较好的隔绝性能。

（2）楼面顶棚隔声

顶棚隔声主要是阻隔振动结构向接受空间辐射空气声，就是在楼板下，隔开一定距离设置隔声顶棚，以减弱楼板向室内辐射的空气声。顶棚必须封闭，否则难以达到隔声效果。如果顶棚与楼板采用弹性连接，或在顶棚内铺设吸声材料，则隔声性能会有所提高。

（3）浮筑楼面

浮筑楼面的隔声原理是阻隔振动在楼层结构中的传播，就是在承重钢筋混凝土楼板上垫一层弹性隔声层，上面做细石钢筋混凝土层，然后再铺楼面。钢筋混凝土楼面层工作为质量，和弹性垫层之类似弹簧，构成一个隔振系统。面层质量越大，垫层弹性越好，则隔声越好。同时，在施工过程中应防止出现声桥。浮筑楼板根据构造作法要在普通楼板的基础上增加厚度。

根据我国材料施工和经济等方面的条件，由于受到层高、承重等诸多因素的影响，特别是在本层进行处理而受益者是下层的特性，楼板的隔声在设计时应予以考虑并在施工中落实为宜。弹性楼面限制了楼面面层材料，在实际中难以普遍使用；楼面顶棚隔声从造价与占用空间、室内楼层净高度对住户的影响，这几个方面来说也无法普及。对于楼板隔声来说，浮筑楼板技术成熟、效果明显，成本也不高，是解决噪声和楼板撞击声干扰问题比较可行的方案。

3.对作浮筑地面的减振隔声材料的要求

浮筑楼板是在楼板上铺设一层减振隔声材料，其上再做垫层及装饰面。这种楼板基层与地面面层的弹性减振隔声层，可以对地面面层产生的撞击振动产生减振作用，具有降低基层楼板向楼下辐射的噪声。达到提高楼板撞击声隔声性能的目的。

不同的隔声材料以及相同的隔声材料不同的隔声构造，对隔声效果有很大的影响。理想的隔声材料应具有以下特性：

（1）减振效果

减振阻尼过程，就是把受到的振动能量转化为热能损耗掉的过程。因此，减振材料若要有高的阻尼性，损耗系数要大。

（2）抗变形能力

减振板需要一定的弹性及良好的延伸性，以适应安装于建筑面层与结构层之间。但减振隔声板应能承受一定载荷，不因载荷的增大而出现太大的压缩变形。

（3）轻质、厚度小

隔声材料尽量充分考虑建筑物的空间与配载，质量轻、厚度薄，以控制楼板的总厚度及减少结构荷载。

（4）耐久性

隔声材料安装于建筑楼板等围护结构内部，应具有耐老化性，避免频繁检修；同时应具有防水、防潮的作用。隔声材料吸水会降低材料的隔声性能、耐久性及荷载。

（5）环保、节能

隔声材料用于建筑室内，应是无毒无气味的环保材料。另外，材料本身具有较低的传热系数，以兼顾楼板保温节能要求。

对浮筑楼板垫层要求，一般要大于40mm厚，大于6m²的房间垫层中要加钢板网，垫层与墙面间不能刚性连接，所以浮筑楼板的性价比，主要取决于减振隔声材料及铺设此层相关费用及它们的隔声效果。常用的减振隔声材料有：玻璃棉板、岩棉板、矿棉板、挤塑聚苯乙烯板、专用隔声板等。考虑到材料的要求，建议采用专用隔声板。如表10-21所示，为采用橡胶垫隔声楼面的隔声实测效果，根据清华大学建筑物理环境检测中心的检测报告，橡胶减振垫板采用北京某产品。

橡胶垫隔声楼面的隔声效果　　　　　　　　　　　　　　　　表10-21

构造做法	①40mm厚C20混凝土 ②5mm厚橡胶减振垫板 ③100mm厚混凝土楼板	①40mm厚C20混凝土 ②20mm厚挤塑聚苯板 ③5mm厚橡胶减振垫板 ④100mm厚混凝土楼板
实测计权撞击声压级L_{pn}，w	63	60

从实测结果看，浮筑楼板要达到符合规范的理想隔声效果，只比普通楼板增加5～7cm的厚度，对建筑构造完全可行。在造价方面，浮筑楼板比普通楼板每平方米增加40～50元。相对一套100m²的住宅来说，楼板净面积约80m²，采用浮筑楼板约增加4000元造价。与几十万元的房价相比，仅仅增加4000元的价格便可获得理想的室内隔声效果，用户应该是完全可以接受的。目前，主要是统筹协调实施的问题，虽然规范允许预留改造的余地，但楼板隔声处理的改造往往对用户影响很大，并且没有可行的预留措施。特别对于住宅，楼板隔声改造影响使用的是本户，直接受益者却是楼下住户，

后期实施难度非常大。因此，政府主管部门及房地产开发商一定要在设计施工阶段将楼板隔声一步到位，即同步设计、同步施工，尽量避免后期改造。

对于电梯机房及井道的隔声处理，楼面隔声原理同样适用。特别是电梯井道或机房紧邻有安静要求的房间时一定要重视隔声处理，如对井道施工洞及缝隙进行填堵以保证隔声效果、曳引机下部钢梁上加装阻尼减振装置、井道和机房内加隔声材料等。

4.轻型屋盖隔声措施

从广义上讲，屋面也属于楼面。常规的钢筋混凝土屋面上部没有人员活动，屋面上有保温防水构造层，比较容易满足隔声要求。而轻型屋盖采用金属或其他复合轻型材料作为屋面面层，由于质量轻、厚度薄，简单的轻型屋盖不能达到隔声要求；另一方面，由于轻型屋盖存在结构缝隙等原因，相对于混凝土等重型屋盖结构的隔声性能偏低。特别是当雨打到屋盖时，会产生撞击声，雨噪声对室内声环境会产生较大的影响。

近几年由于大空间建筑的建造，国内针对重要场馆屋盖隔声做了一些研究和实践应用工作。例如，国家大剧院项目的屋盖设计为轻型结构，底层为2mm钢板，中间为24kg/m³离心玻璃棉，上层为防水铝板，面层为钛合金装饰板。为了加强外部隔声和室内吸声，在钢板下喷涂一层25mm厚、100kg/m³的K-13（Horeq建材有限公司产品）纤维喷涂吸声材料，对钢板所有拼缝进行密封处理，屋盖的空气声隔声性能可提高到R_w为47dB，在1mm/min的大雨下，撞击声隔声量可达到L_{pn}，w=40dB。中央党校体育中心篮球馆，采用铝合金屋盖，为降低雨噪声，在铝合金屋面板下紧贴一层钢丝网作为阻尼材料，有效缓解雨点打在铝合金屋面板上所引起的振动，下部的玻璃棉也能起到吸收声能的作用。

除了金属轻型屋盖，近年还出现了薄膜气枕的屋盖（如奥运游泳馆采用的ETFE膜）。国内对轻型屋盖隔声技术的研究方兴未艾，为建筑设计提供了良好的技术保障。

10.3.5 常用浮筑楼面施工方法

施工方案

（1）普通浮筑楼板要求：浮筑楼板采用最少100mm厚正常加固混凝土（2200kg/m³），在设计上可弹性支撑正常重量的混凝土浮筑楼板及空间的活荷载，在浮筑楼板及结构楼板间有空气层分隔，由隔震胶支撑。

（2）弹簧浮筑楼板要求：浮筑楼板采用最少150mm厚的正常加固混凝土（2200kg/m³），在设计上可弹性支撑正常重量的混凝土浮筑楼板及空间的活荷载，在浮筑楼板及结构楼板间有50mm空气层分隔，由弹簧支撑。

（3）材料要求：

①普通浮筑楼板材料要求，如表10-22所示。

表10-22

序号	材料	具体要求
1	隔振胶	隔振胶必须达到足够的静挠度，以提供不大于10Hz的自然频率，在现场实际运作及负重
2	周边胶	周边必须有弹性胶板的装置，以避免在浮动楼板周边短路，周边的弹性胶应至少有15mm厚，采用高密橡胶泡沫或高密玻棉板
3	玻璃棉	空气层玻璃棉厚度应为50mm，密度最小为24kg/m³

②弹簧浮筑楼板材料要求，如表10-23所示。

表10-23

序号	材料	具体要求
1	弹簧	隔震胶必须达到足够的静挠度以提供不大于2.5Hz的自然频率，在现场实际运作及负重。弹簧能承受200%的超负荷，而所有物料均不会变形及受损
2	周边胶	周边必须有弹性胶板的装置，以避免在浮动楼板周边短路，周边的弹性胶应至少有50mm厚，采用高密橡胶泡沫或高密玻棉板。周边胶必须在浮筑楼板完成后移走，使浮筑楼板下的气体可以通过周边漏走

10.3.6 普通浮筑楼板施工方法

（1）施工工序

基层处理→玻璃棉安装→50mm弹性橡胶安装→周边胶安装→3mm厚钢板→防水层施工→加固混凝土楼板施工→周边密封嵌填密实。

（2）工艺节点做法

工艺节点做法，如图10-26～图10-30。

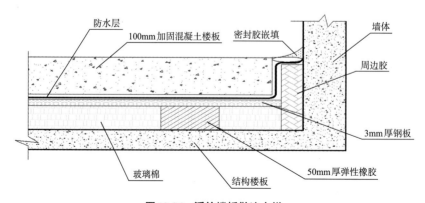

图10-26 浮筑楼板做法大样

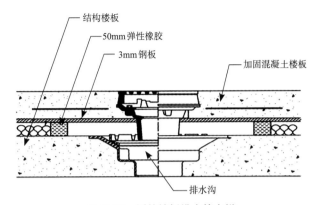

图10-27 浮筑楼板排水管大样

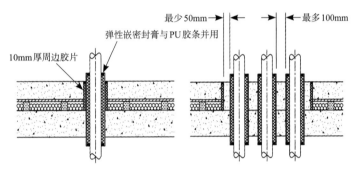

图10-28 浮筑楼板管道穿越大样

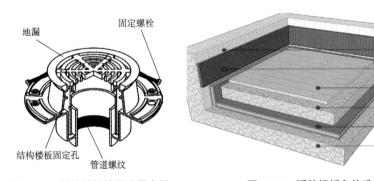

图10-29 浮筑楼板地漏设置大样　　图10-30 浮筑楼板各构造层图示大样

弹簧浮筑楼板施工

（1）施工工序

设置周边胶→防水层施工→浮筑楼板骨架安装→浮筑楼板混凝土浇筑→放入弹簧→提升楼板→取走周边胶→地面装饰（表10-24）。

施工工序　　　　　　　　　　　　　　　　　　表 10-24

序号	名称	内容
1	周边胶设置	在墙面四周设置50mm厚周边胶
2	防水层施工	在楼面上采用（2）×6MIL聚乙烯防水纤维膜作为防水材料的防水层。整个防水层施工完成后采用20mm砂浆作为保护层
3	骨架安装	待防水层施工完毕，先放置铸铁外壳(埋于浮筑楼板内)并扣上加固钢筋，加固钢筋需要尽量保持楼板硬度，使用直径12mm的钢筋骨架，按照双层双向间距300mm进行设置
4	浮筑楼板浇筑	在防水层上浇筑150mm厚的加固楼板，加固楼板可采用C20细石混凝土，具体强度等级以业主规定确定
5	加入弹簧	待混凝土强度达到设计强度后，在事先放置的铸铁外壳内加入弹簧
6	提升楼板	逐渐地调节每个弹簧，通过先压缩弹簧再提升楼板的方式进行调节以达到浮筑楼板与结构板面存在50mm的空气层
7	取走周边胶	一切调节完善后，取走周边胶，使下层空气可以通过周边进行流通
8	地面装饰	浮筑楼板达到设计标高后，在其表面进行地面装饰施工

（2）工艺做法大样（图10-31、图10-32）

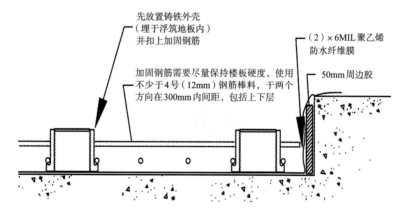

图10-31　第一步施工大样

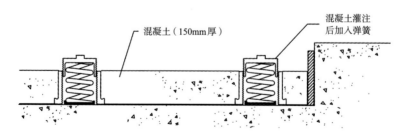

图10-32　第二步施工大样

10.3.7 浮筑系统在大剧院中的应用

1.四川大剧院对有设备震动的设备机房的浮筑技术标准和要求

（1）概述

① 浮筑地板隔离系统中必须包含不小于100mm后的标准质量加固混凝土（2400kg/m³）浮筑层，隔振垫必须能弹性承托包括浮筑层及上方所有承载设施在内的静荷载以及动荷载。

②隔振垫层之上的浮筑楼板及上方设施、构件不得与建筑结构有刚性连接。

③整层隔振垫的安装及钢筋混凝土配重层的施工必须由隔振垫制造商或其代表安装（沙浆找平层不包括在内）。

④安装及性能须符合所有适用的法规及规范。

（2）性能

①系统固有频率

实际现场运作及荷载情况下，浮筑地板系统的固有频率必须小于15Hz，以及90%以上隔振效率。承包商应选择合适的物料以及安装，从而达到固有频率的要求。

②隔声要求

制造商必须提交声学顾问及建设单位认可的第三方独立实验室提供的声学检测报告，以证明其产品安装于120mm结构楼板之上，后加100mm的浮筑板之下，并在结构楼板下方没有安装顶棚吊顶的情况下，能够达到计权撞击声压改善量$\triangle L_w$不小于30dB。

（3）隔振层材料之物理性质

①材质

隔振垫层应为橡胶、硅胶、聚氨酯等或其他复合弹性体材料，密度应小于3.7kg/m²，固有频率不大于15Hz。

②工作载荷

现场工作及荷载情况必须与相关设计师及结构工程师协调。

所有承重荷载的数据，包括静态荷载及动态荷载，必须提供给浮筑地板制造商以供参考。

隔振垫材料应能承受最大3000kg/m²的动态荷载。

③永久变形量

达到压缩率50%卸载后产品的永久变形量不能超过3%。

④防火性能

必须符合防火分类B2、DIN 4102及当地之防火规章要求。

（4）相关产品

①周边弹性隔离板

制造商必须提供所有必需的周边隔离板，以防止隔振垫层之上的后加楼板与周边之结构，如柱子等，产生刚性接触造成振动短路。隔离板厚度不小于10mm，面密度不低于3.6kg/m²，材质为橡胶、硅胶或聚氨酯。

②配筋

混凝土地面的配筋或其他加固措施必须由结构工程师提供规格并经浮筑地板制造商确认及监督。

③混凝土胶粘剂

必须于整个系统下覆盖胶膜，包括四周围墙及其他贯穿位置。混凝土胶粘剂必须涂抹在胶膜上，以达到在胶膜与浮动地板之间产生清晰的分隔。

④贯穿位置的密封处理

所有穿过隔振地面区域的管线和排水口等设施应避免与地板有刚性接触。此部分应由隔振垫制造商设计及监工，也可由其他供应方提供并施工。承包商应确保贯穿处的密封性，确保没有任何水分能够穿过。

⑤填缝剂

如需要，须使用富弹性、柔软的固态填缝剂。隔振垫周边不能使用填缝剂。

（5）浮筑系统制造商

①由于浮筑系统产品是整个剧院声学效果的重要保障，故该系统产品须有超过30年的同类别建筑声学案例（国内外均可）以及资质证明。

②制造商须根据设计方要求，提供实际产品样品，以及经认可的第三方测试机构出具的产品测试报告，以证明该产品符合所要求的声学性能、防火性能及材料力学数据。

③浮筑系统供应商需提供在中国大陆地区至少三个2000m²以上的浮筑系统整体安装施工工程案例（其中，至少包含一个后加混凝土施工案例），及实地测试报告以供评估。

④确认制造商及其系统之前，要求至少提供以下材料进行复核。

⑤隔振垫层之荷载、固有频率及挠度之间的关系曲线。

⑥包括浮筑楼板构造，与建筑结构连接处以及所有管线贯穿楼板位置在内的施工详图。

⑦提供浮筑楼板整套设计详图供设计单位审核。

⑧与隔振楼板安装有关的所有产品。

⑨施工步骤，包括周边隔离板的移除。

⑩产品保固制造商须提供不低于大楼使用年限的产品质保书面承诺。

（6）执行

①浮筑地板系统及产品必须由相同的制造商或其代表提供及安装。

②浮筑地板系统制造商必须确认安装区域地面的水平度以及表面的洁净度。

③实际安装的产品须在安装前，经业主方及承办单位双方确认，在工地现场进行现场封样，试样由业主及承包单位各自分别保管一份，供日后送检用。

④隔振楼板系统制造商必须在下列时间节点的3天前知会建筑师以协调设计团队进行实地检查及确认：a.完成周边隔离板及隔振垫层的安装；b.完成混凝土加固工序，但在灌筑混凝土前；c.完成浮筑地板的安装工作。

（7）实地声学表现及测试

①浮筑楼板完成安装及获得建筑师确认后，承包商必须通过声学顾问认可的第三方检测机构进行声学测试，以确认符合设计之声学性能。

②承包商必须向建筑师提交测试方法说明并获得确认后才能进行测试。

2.四川大剧院浮筑楼面设计

（1）观众厅周边设备浮筑楼面设计（图10-33～图10-35）。

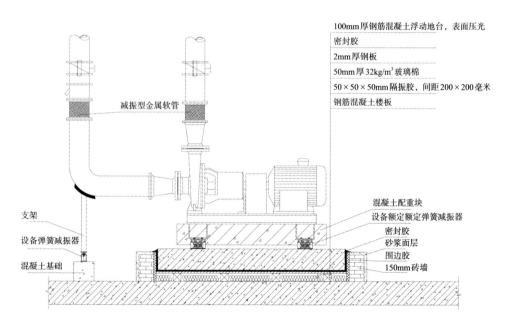

图10-33 泵房浮筑基础设计

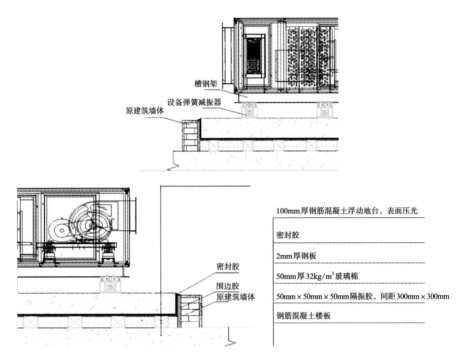

槽钢架
设备弹簧减振器
原建筑墙体

密封胶
围边胶
原建筑墙体

100mm厚钢筋混凝土浮动地台，表面压光

密封胶

2mm厚钢板

50mm厚32kg/m³玻璃棉

50mm×50mm×50mm隔振胶，间距300mm×300mm

钢筋混凝土楼板

图10-34　空调设备基础浮筑设计（浮筑基础构造）

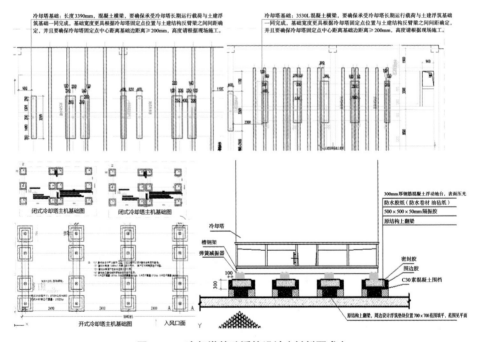

图10-35　冷却塔基础浮筑设计（材料要求）

（2）大小剧场间浮筑楼面设计（图10-36～图10-38）。

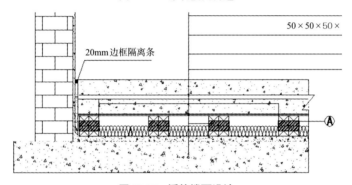

100mm厚C30现浇混凝土层（双层双向配筋φ8@200mm）
1.5mm厚高分子保护层
减振垫（满铺17mm）
100mm厚C30现浇混凝土层（双层双向配筋φ8@200mm）
1.5mm厚高分子保护层
2mm厚钢板
50mm×50mm×50mm×8块减振块，边距300mm
容重80kg/m³岩棉
原结构楼板

图10-36　浮筑楼面构造

50×50×50×

20mm边框隔离条

Ⓐ

图10-37　浮筑楼面设计

减震块固定措施：
1.用万能胶分别将减震块按要求粘结牢固。
2.用30mm枪钉按斜向射入，确保钉入稳固。
3.采取以上两种固定方式后，周围一圈采用
　50mm宽3mm厚的橡胶再次加固。

图10-38　施工说明

3.大小剧场楼层间浮筑地板施工

（1）浮筑地板施工基本概况

为满足综合剧场功能，受用地限制，设计采用大小剧场叠加的处理手法，将小剧场设在大剧院上，此做法在国内尚属首例。通过国内一流的声学设计单位进行深化以及在实验室做检测，采取浮筑楼板进行施工，以解决大小剧场相互声音振动干扰的问题。浮筑地板施工的成败决定了整个项目声学施工的成败，因此浮筑地板的施工质量是重点也是难点。

（2）材料准备

做好材料供应计划，按时组织材料进场，要结合现场场地施工的特点，及时且适量地做好供应工作。所有进场材料，应有产品出厂合格证、出厂检测报告，并附使用说

明。材料的品种、规格、性能等应满足设计规范的要求。

（3）技术准备

①要熟悉图纸，了解掌握浮筑地板的施工方法和施工工艺，按图纸和施工进度计划合理安排材料、机具、人员进场施工。

②按施工方案和技术规程对操作者进行技术安全交底并下达作业指导书。内容包括施工部位、施工顺序、施工工艺、工程质量标准、保证质量的技术措施、成品保护和安全注意事项。

③认真做好浮筑地板阻尼减振块材料进场验收和检验工作、复查材料材质证明及材料进场储存工作，浮筑地板阻尼减振块材料进场后，应保证通风、干燥、避免阳光直接照射。

④掌握浮筑地板阻尼减振块的性能和技术指标。

⑤做好浮筑地板施工的技术数据和施工过程中的检验记录。

（4）施工工艺

①浮筑楼板施工前在门口、楼板预留管洞等节点处的砌筑不得低于200mm高的反坎。

②对于墙身或垂直间隔，包括门框、施工地板的边界和任何突出物上粘妥及牢压围边胶，围边胶不能刚性固定在墙面。

依照施工图，先放线，用尺预先设定放减振块的正确位置及验收通过，然后在地上放置浮筑地板阻尼减振块。由于不同负荷，导致减振块分布不同，故应根据图纸，用墨线在地面放线予以分割，确定减振块位置，以便施工时清楚地了解减振块位置。如遇墙身不规则，则必须保证减振块边缘距离不超过150mm，如超出则必须增加一列减振块。安装时，用少量万能胶粘贴减振块固定位置。同时请核实图纸与工地现场任何不符合的点并加以现场修定，并与工程师进行协调。

③用2mm厚度的钢板满铺平放在减振块上，钢板上部应铺设一层防水材料，防止混凝土浇筑时漏浆。

④混凝土如果无法一次性浇筑完成，应考虑加设柔性连接或以加装结构连接钢筋于连接位。遇混凝土分段浇筑的地方，模板与其上的塑料薄膜一定要越过分段界限连续铺设以防止混凝土浇筑时漏浆。分段界限处的侧模木板做围边，待混凝土初凝完成后方能拆侧模。下一次继续浇筑时，需将上一次浇筑完成的混凝土侧面凿毛。

⑤混凝土浇筑完成，至少于七天以后方能将重型机器放置于上面。

⑥浮筑地板浇筑完成后必须完全独立及与建筑物没有任何直接接触。

第11章

大型剧院类项目之舞台工艺

11.1 舞台机械

11.1.1 舞台机械概述

四川大剧院的大剧场为甲等特大型剧场,有1601座;小剧场为乙等小型剧场,有450座。台上舞台机械系统复杂,各类灯杆、景杆、幕杆较多,整个机械系统由起重设备、滑轮、钢丝绳、杆体等组成;台下舞台机械一般由主舞台升降、升降乐池、旋转升降舞台等部分设备组成,具体根据表演的演出节目的不同需求;机械系统安装操作要求精准,各类机械、电气联锁、智能化程度要求较高,特别是台上舞台机械系统安全使用功能,由于台上舞台机械系统在表演区域上方,表演区域内的人员较多,舞台机械系统安装、调试、运行等工艺是重点控制的设备,这是整个剧院的核心系统。

(1)台上设备布置

1块台口防火幕、1道会标吊杆、1道前檐幕吊杆、1套大幕机、1道纱幕吊杆、1套假台口、9道灯光吊杆、2道天幕吊杆、54道电动吊杆、4套侧灯光吊架、2套二幕机、10套主舞台单点吊机和台上机械电气与控制系统等。

(2)台下设备布置

台下舞台机械:一般包括主舞台升降、升降乐池、旋转升降舞台等部分设备。

大剧院采用箱型镜框式舞台,由主舞台、两侧侧舞台三部分组成。主舞台宽32m,深度27.2m,台塔净高31m,台仓深10.4m;左侧台(上场口)宽15.4m,深度18.6m,右侧台(下场口)宽8.4m,深度18.6m。主舞台台口宽度18m,高度10m。

(3)电气设计1套乐池升降栏杆、2台乐池升降台、9台升降台(带倾斜功能)、1台环形转台、1台升降旋转台、1台运输升降台和台下机械电气与控制系统等。

11.1.2 舞台机械设计

1.台上机械

舞台机械分别布置在三道天桥、葡萄架内，设计时与主体工程设计院密切配合，提供设备关键运行荷载技术参数，天桥楼板内预埋结构件尺寸、规格型号，以利于主体工程设计院考虑天桥、葡萄架内承载荷载，主体工程的安全使用功能及年限。

（1）各类景杆、灯杆、会标、幕杆均为调速控制，采用DANFOSS矢量变频器配高精度旋转编码器实现速度闭环，控制系统设软件限位、硬件限位、保护装置有超程开关，乱绳检测、松绳检测系统，乱绳保护，超载报警；大幕机一对开、二道幕机采用扁平电缆从栅顶悬挂连接；台口设就地操作装置，假台口（分为中片、侧片），中片用DANFOSS矢量变频器配高精度旋转编码器实现速度闭环，侧片采用机械互锁接触器实现开闭控制，采用国外一线品牌的电机综合保护GV2开关进行电机的过载，堵转、缺相保护；台口防火幕，用DANFOSS矢量变频器配高精度旋转编码器实现速度闭环，保护装置有超程开关，乱绳检测、松绳检测系统，现场设手动装置，与消控室有信号交换接口。

（2）调速备用系统。当设备的变频器、编码器出现故障时，可手动将该设备切换到备用变频器运行，控制系统设软件限位，硬件限位，动力柜内与操作室设有备用操作系统。

（3）紧急停机系统。在舞台的任何区域启动紧急停机系统都能使该区域的电动舞台设备断电并安全而迅速的停机。紧急停机按钮安装在能观察到设备运动可能对人员有危险的位置，该区域人员易于看见和操作的地方，具体为：

①台下：左右演员通道、升降台机坑底，乐池，动力机房、操作室。

②台上：左右设备层、舞台栅顶、动力机房、操作室；舞台面：上、下台口。

③复位条件：紧急停机系统由紧急停机按钮本身的扭松机构复位。控制系统的设计考虑到紧急停机状态的取消本身不引起任何设备运动，所有设备在按正常操作程序重新启动之前都将保持停机状态。

2.台下机械

舞台机械的主舞台升降台、旋转升降台、乐池升降台分别布置在不同标高的基坑内，由于各机械升降平台的重量不同，承载运行荷载不同，预留结构埋件分别设置位置也不同，设计时与主体工程设计院应协调配合，提供各设备升降平台关键运行荷载技术参数，主体工程设计院考虑基坑内梁柱、板的承载运行荷载，还对主体工程的结构安全影响至关重要。

（1）主舞台升降台（共9套，含台面倾斜机构9套），用DANFOSS矢量变频器配编码器实现速度闭环，控制系统设上下软件限位、硬件限位及超程急停开关，安全设计上安装防剪切停止系统，和附近设备联锁，台面倾斜机构采用机械互锁接触器实现台面的倾斜升降控制，采用国外一线品牌的电机综合保护GV2开关进行电机的过载，堵转、缺相保护，台面的倾斜升降采用编码器定位，信号入PLC，台面的倾斜升降控制系统（网络控制）设硬件限位。

（2）旋转升降台（升降、转台、圆环各1套），用DANFOSS矢量变频器配编码器实现速度闭环；转台、圆环用位置编码器测量实际位置，控制系统设行程软件限位、硬件到位及超程急停开关，安全设计上安装防剪切停止系统。

（3）乐池升降台（2套），乐池用DANFOSS矢量变频器配高精度旋转编码器实现速度闭环、乐池控制系统设软件限位、硬件限位，安全设计上安装防剪切停止系统，与栏杆动作互锁。

（4）乐池升降栏杆（定速设备1套），采用机械互锁接触器实现舞台的升降控制，采用国外一线品牌的综合保护GV2开关进行电机的过载，堵转、缺相保护，升降栏杆控制系统（网络控制）设硬件限位，安全设计上安装防剪切停止系统，与乐池动作互锁。

（5）运输升降台（升降台1套，4套锁定机构），用DANFOSS矢量变频器配编码器实现速度闭环；由于在不同的负载下驱动钢丝绳具有不同的拉伸量，故用拉线式编码器测量实际位置，控制系统设上下软件限位，硬件限位及超程急停开关，安全设计上安装防剪切停止系统，和附近设备联锁，升降台锁定机构采用机械互锁接触器实现台面的倾斜升降控制，采用国外一线品牌的电机综合保护GV2开关进行电机的过载，堵转，缺相保护，升降台锁定机构控制系统（网络控制）设硬件限位，在升降台的最高位，舞台位，最低位设置升降台锁定系统，并进行安全联锁。

3.电气设计

（1）控制系统采用人工智能化管理，同时也可进行人工干预，并备有完善的安全保护及应急措施，故障诊断功能完善，具有自动、手动两种控制功能，设计科学，技术性能优良、配置优化实用、运行安全可靠、操作维修方便，经济合理的特点，整个舞台机械设备在正常条件情况下，其使用寿命在50年以上。

（2）舞台机械控制操作系统，计算机UPS供电系统，舞台机械设备配电系统，台下、台上机械设备控制系统，防火大幕消防供电系统。

（3）本工程配电电压为交流220/380V，配电系统采用TN-S系统，从总配电室引来5路电源，大剧场台上舞台机械机房电源（400A/380V）、大剧场台下舞台机械电源（290A/380V）、大剧场防火幕电源（10A/380V）、大剧场运输升降台电

源（120A/380V）、小剧场舞台机械电源（94A/380V）。大剧场台上动力机房在
（+15.500m），供电接口为PGS1柜；大剧场台下动力机房在+0.300m，供电接口为
PGX1柜；小剧场动力机房在+33.180m层，供电接口为PGSI柜，控制系统设在线式
不间断电源（UPS）供电。当主电源出现故障时，UPS可以向控制系统供电；UPS的容
量能满足控制系统运行30min，舞台机械总电源柜低压开关柜均采用下进，下出的接线
方式，舞台机械总电源低压断路器要求极限分断电源在45kA以上，过载长延时、短路
瞬时脱扣器，低压配电系统采用放射式与树干式相结合的方式，对于单台容量较大的设
备或重要设备采用放射式供电；对于一般设备采用树干式与放射式相结合的供电方式。

（4）设备。①变频器：调速设备驱动选用国际一线品牌DANFOSS FC-302系列矢
量变频器，配高精度编码器实现电机的速度闭环，工程中使用的变频器具有以下功能，
有短路、过载，过/欠压、接地、过热、飞车等全方位保护，变频器具有零速伺服锁
定、刹车控制，力矩和电流监控，具有PLC功能的集成定位控制，电机参数自动识别，
现场总线通信功能。②集成制动斩波器，可实现四象限运行。由于舞台机械设备为不频
繁使用设备，故采用能耗制动，实现设备的下降、减速及制动，制动电阻加装温控检测
装置。③旋转编码器：采用ELCO品牌，安装简易的大套轴型高精度旋转编码器。④低
压电器：包括断路器、空气开关、按钮、指示灯、接触器，中间继电器选用国际一线品
牌。⑤限位开关：选用国际一线SUNS品牌产品，管理PLC选用国际一线S7-1500系
列，用于驱动装置控制的PLC选用国际一线S7-1200系列产品。⑥计算机系统：用于
主控制系统或网络管理的计算机选用工业型计算机。⑦网络通信系统：主控制系统中的
PLC与计算机之间采用工业级以太网，PLC与现场控制设备之间采用PROFINET-PN
现场总线。

（5）接地：抗干扰接地、电气安全接地以及其他需要接地的设备，均共用接地，接
地电阻不大于2Ω。凡正常均应不带电，而当绝缘被破坏有可能呈现电压的一切电气设
备金属外壳均应可靠接地。

11.1.3 舞台机械、电气工艺质量控制

1.工程特点

大剧院舞台系统方案工艺先进、功能强大，机械化舞台是演职人员活动的场所，要
求更具安全性、可靠性和技术先进性，因此舞台机械设备不但要求有精心的设计、精细
的制造，还要有精良的安装和精密的调试。

2.施工前期准备

熟悉设计图纸文件、技术文件等，根据工程实际情况，编制舞台机械施工组织设

计方案，这是保证工程安全、质量、进度的措施，组织施工人员进行安全、文明教育和技术交底。

3.台上机

（1）设备测量放线

以设定的永久基点、基线为基准，用经纬仪、50m卷尺、1m钢尺等测量工具将驱动设备、中心线设在钢架或预埋件上，用墨线在钢架或预埋件上弹出各中心线，用水平仪、1m钢尺等测量工具将标高线测设到钢架或预埋件，并作明显标记，检查各预埋件或预埋螺栓的偏差、垂直度和标高情况，并作记录，检查吊装孔洞预留。

（2）电动吊杆设备技术参数及安装

所有安装人员必须严格遵守现场安全操作规程，必须穿戴劳保防护衣帽。

①电动吊杆设置于主舞台上部，是舞台上使用最多的悬吊设备。用于提升各种幕布、布景、二道幕等。可直接参与演出，多层次快速变换布景，同时根据演出需要也可用于吊挂灯具。可按设定速度、位置、场景运行，多台电动吊杆同步运行；本剧院设置54台电动吊杆。

②具体由下述部分组成：桁架式吊杆、卷扬、系统：电动机、减速器、制动器、卷筒、滑轮组件、钢丝绳和配件等。保护装置：行（超）程开关、乱绳检测、超载报警等。

③采用计算机或可编程控制器，可以在主操作台、便携式操作盘上控制。

④在操作台（盘）上，可以设定位置（行程）、速度（时间），并带有动作状态、定位显示以及记忆存储等功能。在操作台上有上升、下降和紧急停车按钮和单独的操纵杆等。

⑤设备技术参数：

长度，24m；行程，22m；定位精度，±2mm；动载荷，8.0kN；速度，0.01～1.0m/s；运行噪声，不大于48dB（A）；驱动方式，电动钢丝绳卷扬。

⑥安装工艺，如图11-1所示。

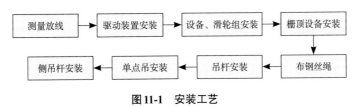

图11-1　安装工艺

a.首先按照台上机械平面布置图，卷扬机房设备布置图确定吊杆的位置及提升机组的位置。

b.拐角滑轮组及吊点滑轮组的安装：应根据以上所述确定的吊杆位置，再根据吊杆装配图用压板和螺栓将拐角滑轮组和吊点滑轮组固定在设备层的滑轮梁上，所有螺栓应

图11-2　吊点滑轮组

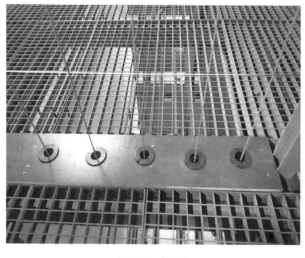

图11-3　钢丝绳

拧紧，并有防松措施，吊点滑轮组与拐角滑轮组对应的钢丝绳槽应在同一直线上。安装滑轮组时栅顶下面舞台区域内不能有人，否则应有安全防护网，防护应能承受拐角滑轮组的下落力量（图11-2）。

c.台上提升机组的吊装：用卷扬机将提升机组吊到两侧三层马道上，吊装时严格按照吊装作业规则作业，起吊时下面严禁站人。根据提升机设备布置图放置提升机组，安装于预先焊接好的哈芬槽上，与相应拐角滑轮组对齐，用垫片将提升机组底垫平，用专用T型螺栓从哈芬槽中穿出，穿入提升机底座的孔中，垫入橡胶防震垫后拧紧。提升机组应水平，机组之间应平齐，机组之间应有间隙。

d.穿钢丝绳：将钢丝绳穿入卷筒上的槽孔内，按设计要求进行钢丝绳终端固定，钢丝绳在卷筒上绕两圈，然后穿过拐角滑轮、吊点滑轮。注意认真查清每个钢丝绳的走向，以免穿错方向。每根钢丝绳应编上编号，注明与要连接的吊杆杆体的名称编号（图11-3）。

e.杆体：将杆体分段运至现场，组装后焊接，焊后杆体应平直，直线度误差小于3/1500，注意焊接时不要忘记按吊点位置把吊环放在杆体的上一根杆内，焊后应打磨及补油漆。

f.连接：钢丝绳通过花篮螺栓与杆体联结，联结处应按技术图纸的要求打卡子，6个吊点全部联结好后，用花篮螺栓将杆体调平，使得每一吊点上的钢丝绳都一样松紧，钢丝绳的端头应用铝套封牢。注意钢丝绳在穿绳过程中应小心，不要把钢丝绳划伤。钢丝绳如与其他固定结构关联，应适当移动、让开，保证不出现摩擦与关联（图11-4）。

g.限位：调整限位机构内的凸轮设置限位、超程：调整机构内的凸轮设置超程保护。

h.检查：吊杆安装完成后，应进行全面检查，检查所有螺栓是否拧紧，转动部件是否转动灵活，安全限位机构是否动作可靠，检查钢丝绳是否有损坏。

（3）灯光吊杆设备技术参数

①灯光吊杆设置于主舞台上部，专用于吊挂舞台灯具的电动升降装置。杆的结构设计便于安装灯具，设垂直电缆收纳装置和水平电缆布线装置。灯光吊杆由桁架式吊杆、卷扬系统、控制系统和保护装置、传感器等组成；本剧院设置9台灯光吊杆。

②具体由下述部分组成：桁架式吊杆，2个收线筐并带有弧形护灯杆。

图11-4 灯杆吊、钢丝绳

卷扬系统：电动机、减速器、制动器、卷筒、滑轮组件、钢丝绳和配件等。保护装置：行（超）程开关、乱绳检测、超载报警等。

③控制系统要求采用计算机或可编程控制器，可以在主操作台上控制。在操作台（盘）上能设定吊杆的位置（行程）、速度（时间），并具有运动状态和定位显示以及记忆存储等功能。在操作台（盘）上设有上升、下降和紧急停车按钮和单独的操纵杆等。

④设备技术参数：

长度，21m；行程，22m；定位精度，±2mm；速度，0.003～0.3m/s；动载荷，10kN（包括灯光电缆重量）；运行噪声，不大于50dB（A）；驱动方式，电动钢丝绳卷扬；安装工艺同电动吊杆。

（4）主舞台单点吊机设备规格及安装

所有安装人员必须严格遵守现场安全操作规程，必须穿戴劳保防护衣帽。首先按照台上机械平面布置图，卷扬机设备布置图确定单点吊机的位置及提升机的位置。

①台口单点吊机的驱动装置和吊点均设置于台口外乐池上空固定位置。每一个单点吊机都有独立的驱动装置、传动装置，都可以任意调速运行。单点吊机是一种具有较大灵活度的吊挂设备，能将几个吊点组合在一起进行同步运行，也可分别运行。单点吊机由吊钩、独立的驱动装置组成的卷扬系统、控制系统和保护装置以及相关的配套组件等组成。

②具体组成：带有重锤的吊钩、吊点滑轮及支架、卷扬系统（电动机、减速器、制动器、卷筒、滑轮组件、钢丝绳和配件等）、保护装置［包括行（超）程开关、乱绳装置、电路保护装置和超载报警等］。

③控制系统要求采用计算机或可编程控制器，可以在主操作台上控制。

④在操作台（盘）上能设定位置（行程）、速度（时间），并具有运动状态和定位显示以及记忆存储等功能。在操作台（盘）上设有上升、下降和紧急停车按钮和单独的操纵杆等。

⑤设备规格：数量，10台；行程，远端22m；速度，0.01～4m/s；载荷，2.5kN；定位精度，不大于±3mm；同步精度，不大于±5mm；运行噪声，不大于48dB（A）；驱动方式，电动钢丝绳卷扬。安装方式同电动吊杆。

（5）侧灯光吊架设备技术参数

①设置于主舞台两侧边，手动悬挂可拆卸的"日"字型灯光排架，灯光排架左右移动，满足侧光布光要求。侧灯光吊架可电动升降运行。侧灯光吊架能固定安装两排灯具。侧灯光吊架设有上下行程开关和超程开关、松绳保护装置、乱绳保护装置和过载保护；本剧院设置4台侧灯光吊架。

②控制系统采用计算机或可编程控制器，可以在主操作台、移动式操作台及就地操作盘上进行控制。在操作台（盘）上能设定吊杆的位置（行程），并具有运动状态和定位显示以及记忆存储等功能。在操作台（盘）上设有上升、下降和紧急停车按钮和单独的操纵杆等。

③设备技术参数：

尺寸，10m；升降行程，18m；定位精度，±2mm；同步精度，±3mm；吊点速度，0.003～0.3m/s；吊点动载荷，10.0kN；运行噪声不大于48dB（A）；驱动方式，电动钢丝绳卷扬；安装工艺同电动吊杆。

（6）二道幕机设备规格

①设置于舞台内的二道幕机，具有对开开启功能。可以电动开启，也可以手动操作开启。重复操作反应速度快。二道幕机是附加于电动吊杆上的装置。位置不确定，根

据使用需要临时挂装。具体由下述部分组成：对开二道幕机由导轨、驱动装置和传动装置等组成。对开幕导轨、对开牵引装置、电缆收纳装置对开牵引装置（包括电动机、减速器、制动器、滑轮组件、钢丝绳和配件等）。对开（关）幕导轨中间重叠部分不小于2.0m，两侧延伸至可以使幕布对开到侧幕条以外。

②设备规格：数量，2台；载荷，幕布自重；行程，10m单边；开闭速度，0.01～1.0m/s；运行噪声不大于48dB（A）；驱动方式，电动钢丝绳卷扬；安装工艺同电动吊杆。

（7）防火幕设备规格及安装

①在观众厅和舞台之间台口处设置一道防火幕，它是一道安全防火专用门。剧场发生火灾事故或每场演出结束时，该防火幕落下，将舞台与观众厅分隔成两个防火区域。在紧急情况下，该防火幕能手动松开下降，并能在松开时45s以内，靠重力下降到位。当距主舞台面2.5m时开始阻尼下降，时间不小于10s。在棚顶高度上设置有电动升降装置，正常情况下电动控制防火幕上升、下降。幕体的宽度为19.0m，高度为10.5m。在防火幕的两侧设有运行导轨，幕体四周与建筑墙体装有密封装置，以便防火幕处在下降位置时，能有效地密封烟和火。防火幕的耐火极限符合国际通行标准及国内当地的有关防火规范。防火幕及导向系统能承受观众厅与舞台之间的压差。

②防火幕由幕体、导轨、平衡重、驱动装置、卷扬系统、阻尼装置、保护装置、传感器等组成。具体为：幕体为外包钢板、内充防火阻燃材料的钢结构框架。卷扬系统由电动机、减速器、制动器、卷筒、手动释放装置等组成；释放下降阻尼装置的阻尼力及阻尼位置可调。导轨与密封装置、滑轮组件、平衡重及导轨、钢丝绳和配件。

③防火幕升降电动卷扬装置设置在舞台栅顶上，可实现电动、手动操作。卷扬机上设有液压阻尼系统，保证幕体紧急下落时安全减速和停位；带有提升、下降和紧急停车按钮的操作盘可以实现就地操作。手动释放机构设1套，置于台口内侧，舞台总监控制台附近；在消防控制室内有运行控制和运行状态显示。

设置警示灯和蜂鸣器，幕体运动时提示安全，蜂鸣器也可以就地关闭。控制系统与消防值班室的控制系统相连，公司提供控制节点信号，在消防值班室可以控制防火幕的下降。舞台台口内侧如配有水幕装置，届时公司将与土建部门密切配合。

④技术规格：数量，1台；尺寸，宽19m×高10.5m；最大水平压力，不小于0.35kN/m²（观众厅与舞台之间的压差）；行程，不小于10.5m（距主舞台面2.5m处开始阻尼下降）；提升速度，0.15m/s；耐火极限，90min，符合国家和地方有关防火规范；驱动方式，电动钢丝绳卷扬（附液压阻尼）。

⑤安装前的准备：安装人员开始安装前要进行培训，熟悉该指导书各要点、熟悉

安装图纸、强调和加强安全性教育；人员的分工要明确、到位，必须确立现场安装指挥人员，严格服从现场指挥人员的口令及调度，避免旁人瞎指挥、多人指挥失调等现象；安装前应划分安全工作区域，用绳子围出并在明显处做好警告标记；场地内做好清洁整理工作，严禁堆放与现场安装无关的东西；准备好安全帽和工作手套，上高作业必须佩带防跌落装置；检查基础设施的安全性，检查起吊设备是否具有正常工作性能，做到防患于未然。

⑥安装流程，如图11-5所示。

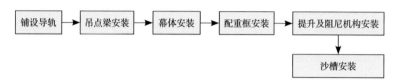

图11-5　安装流程

a.导轨的铺设：防火幕导轨铺设尺寸位置按装配图进行，找正台口中心线，并标记，检验预埋钢板位置，按图从台口中心线往两侧找正，找正幕体导轨及配重导轨安装面，并标记，按幕体导轨及配重导轨安装面的找正标记定位，将导轨连接槽钢与固定在墙体上的钢板焊接，要求导轨连接槽钢与地面垂直，误差小于10mm，将幕体导轨用压板紧固在连接的槽钢上，将配重导轨用螺栓紧固在连接槽钢上，导轨安装后要求导轨大平面与地面垂直，误差小于10mm，导轨大平面上涂上润滑脂。

b.吊点梁的安装：将5根装好滑轮的吊点梁组件用辅助提升机吊至下层葡萄架上部的吊点牛腿处，按总图要求调整5根吊点梁组件在同一直线上且中心线距墙一致，调整合适后将5根吊点梁组件与吊点牛腿的预埋钢板焊接牢固。

c.幕体的安装：幕体尺寸共分成13块制作，安装时将高度方向分成5层安装，长度方向第一、第三、第五层分成3块，第二、第四层分成2块，先将第一层3块幕架用螺栓连接成整体，调整对角线长度相等后将上部工字钢对接处焊牢，焊高不得小于6mm，将导向轮各一件连接在幕体两侧，用螺栓预紧，用辅助提升机将第一层幕体平衡提升起，使第二层幕体能够放入，将各导轨各一件连接在幕体两侧，用螺栓紧固，用调整垫片调整导向轮与幕体导轨平面的间隙，合适后紧固螺栓，将第二层2块幕架用螺栓连接成整体，调整对角线长度相等，用葫芦吊入第一层幕体下部，将第二层幕体与第一层幕体用螺栓连接成整体，调整对角线长度相等后将侧面槽钢对接处焊牢，焊高不得小于6mm。填充第一层幕体的防火棉，并用钢铆钉将蒙皮与幕体开口面铆合，提升一、二层幕体，依次连接第三、第四、第五层幕体，要求同上，一至五层幕体连接后要求对角线误差不大于15mm，四周框架要求焊成一体，且焊接牢固，无虚焊、裂缝等缺陷，将幕体放下，在幕体上部安装沙槽挡板，在幕体侧部安装密封板。

d.配重框的安装：用葫芦将配重框架吊至合适位置，并搭建井架，在单个配重框架内预装配重块约1t，然后用辅助提升机将配重框吊起至最上部，用螺栓将配重框导靴连接到配重框上，使其与配重导轨配合，连接幕体与配重框之间的钢丝绳，调节钢丝绳长短，使两侧平衡，两边配重框安装同步进行，钢丝绳连接合适后，确认配重框不会跌落，可松开辅助提升机吊缆，同时在两边配重框内增加配重块各4t，观测平衡状态，适当增减配重块，调整至幕体总重量大于配重总重量约0.6～0.8t，安装好防护栏。

e.提升及阻尼机构的安装：将提升及阻尼机构安装在设备天层上，根据现场情况布置卷扬钢丝绳，用手动控制方式（点动）启动提升电机来提升幕体，观测幕体提升是否正常，安装和调节行程开关及超行程开关，安装手动释放装置，调节阻尼机构各调速阀流量，使防火幕达到各速度段要求（图11-6）。

图11-6　防火幕安装

（8）假台口设备技术参数及安装工艺

① 设置于舞台台口内侧的假台口，由上片和两侧片组成。通过上片和侧片位置的变化，可以调整舞台开口的大小。假台口上片和两侧片钢结构形式便于安装舞台灯具。同时为固定设置追光灯提供便利，可上人操作使用灯具。假台口上片、侧片分别由带导轨的钢制框架，驱动系统和控制系统构成。假台口上片电动提升或下降，侧片为电动驱动平移；本剧院设置假台口左右各一套（每套假台口上片，数量为一片；每套假台口侧片，数量为2片）。

假台口的组成：上片为双层钢制框架，两端设有常闭式防护门，并通过"渡桥"与天桥相连。侧片为多层钢制框架。操作面敷设防滑橡胶板和踢脚板。

上片的卷扬系统由电动机、减速器、独立双制动器、卷筒等组成，可手动操作复位。侧片的驱动系统单独设置。导轨、滑轮组件、钢丝绳和配件；带有提升、下降和紧急停车按钮的操作盘可以实现就地操作，与其他相关设备和安全防护门动作联锁。

②设备技术参数：

尺寸，中片宽22m×高4.5m×深0.8m；行程，11.0m，侧片宽3.5m×深0.8m×高10.5m；行程，3.0m；定位精度，±5mm；速度，0.001～0.1m/s、误差，0.05m/s；活载荷，15～18kN；运行噪声，不大于50dB（A）；相差，不大于50dB（A）；驱动方式，电动钢丝绳卷扬、电动摩擦轮。

③安装人员必须严格遵守现场安全操作规程，必须穿戴安全防护衣帽，安装人员开始安装前要进行培训，熟悉该指导书各要点、熟悉安装图纸、强调和加强安全性教育。

④按照台上机械平面图找到活动台口的中心线，以此为基准进行安装，首先检测轨道位置是否准确，然后安装侧片轨道，侧片轨道需找水平，水平度误差应不大于0.5mm/m，左、右片轨道应在同一直线上，误差不大于2mm，然后参考吊杆安装方法安装中片，按图纸要求安装，传动装置应安装牢固，并进行空载试运转，将中片在台面上组装好，在滑轮梁平面安装滑轮组，并穿好钢缆，钢缆的松紧由花篮螺栓调节，侧片安装，将侧片组装好后吊起与轨道连接。

（9）大幕机轨道设备规格及安装工艺

①设置于舞台台口处的大幕机，具有对开、升降两种功能。开启可调速，也可手动操作。大幕机由钢结构架、导轨、均匀收缩机、传动装置、保护装置、传感器等组成。具体由下述部分组成：大幕机钢结构架、对开幕导轨、均匀收缩机构；对开牵引装置：包括电动机、减速器、制动器、手动开闭装置等。保护装置：行（超）程开关、乱绳保护、超载报警等。速度和位置检测装置，各自的滑轮组件，各自的钢丝绳和配件。

②技术规格：数量，1台；幕布荷载，幕布自重；速度，对开0.01～1.0m/s、升降0.01～1.0m/s；行程，对开10m（单边）、升降20m；运行噪声，不大于50dB（A）；驱动方式，电动钢丝绳卷扬。

③安装人员必须严格遵守现场安全操作规程，必须穿戴安全防护衣帽。安装人员开始安装前要进行培训，熟悉该指导书各要点、熟悉安装图纸、强调和加强安全性教育。

④按照台上机械平面图找到大幕机的中心线，以此为基准进行安装，将大幕机钢架在台面上组装好，并安装好导向机构，在滑轮梁平面安装滑轮组，并穿好钢缆，钢缆与卷筒联接好，钢缆的松紧由花篮螺栓调节。

⑤在大幕机钢架下安装大幕机对开导轨、均缩机构，按设计要求穿戴对开机构牵引钢丝绳，对开机构试运行，全行程手动、电动试运行。运行应平稳，无异常噪声，安装大幕幕布。

4.台下机械

（1）工程特点

大剧院舞台系统方案工艺先进、功能强大，机械化舞台是演职人员活动的场所，要求更具安全性、可靠性和技术先进性，因此舞台机械设备不但要求有精心的设计、精细的制造，还要有精良的安装和精密的调试。

（2）施工前期准备

熟悉设计图纸文件、技术文件等，根据工程实际情况，编制舞台机械施工组织设计方案，是保证工程安全、质量、进度措施，组织施工人员的安全、文明教育和技术交底。

（3）主升降台设备规格及安装

①设置于主舞台上的主舞台升降台是现代化机械舞台的主体，由9块升降台组成。用于变换舞台形式，可以使舞台形成不同高度的平面，使整个舞台在平面、台阶之间变化；用于迁换布景，可以使大型布景在演出中多次快速变换；用于参与演出，可以增加表演效果；9块主升降台可以单独升降，也可以编组升降、同步运行。主升降台周边设有防剪切安全装置，确保演员及工作人员的安全。

在主升降台两侧台仓的演员通道上，各设有安全防护门。主升降台由钢结构框架、驱动装置、制动装置、传动机构、导向装置、周边（包括升降台板和固定台板）防剪切保护装置、安全防护门、电气设备和控制系统组成。设置边缘安全保护装置，升降台上、下两层的四周边及相邻的固定台板处设置防剪压边缘安全开关；设有预设停位、紧急停车、定位存储、运行状态等功能及显示，设有紧急停车按钮。其运行动作防护网等相关设备的动作联锁。

②技术参数：数量，9台；尺寸，长6m×宽2m；行程，5.2m；定位精度，±2mm；同步运行精度，±2mm；速度，0.0015～0.15m/s；动载，2.0kN/m²；静载，5.0kN/m²；运行噪声，不大于48dB（A）；驱动方式，电动、链条。

③安装工艺，如图11-7所示。

图11-7　安装工艺

a.施工现场检查复核土建预埋件的尺寸位置，并按施工图画出安装的基准标高及位置，并做好相应的记录，用经纬仪、50m卷尺、1m钢尺等测量工具将驱动装置水平中心线、底部支撑架中心线设在混凝土基础或预埋件上，用墨线在混凝土基础或预埋件上弹出各中心线；用水平仪、1m钢板尺等测量工具将线测设到混凝土柱上或固定点，并作明显标记，检查各预埋件或预埋螺栓的偏差、垂直度和标高情况，并作记录。

b.设备运输、装卸、搬运及吊装设备运输、装卸、搬运及吊装，均应按拟订的施工方案组织实施。通常可采用吊装，台下设备的吊装采用一台1t的简易行吊和2t卷扬机先后安装于乐池升降台和主舞台升降台，行吊沿舞台台口平行线行走，可以吊装乐池升降台和主舞台升降台；台上设备的吊装采用2t的卷扬机，卷扬机放置于舞台面，吊点受力于舞台栅顶。

c.支撑架安装：用垫板安装、调整，也可用地脚螺栓安装、调整，在已经预埋的预埋板上标记出支撑架底脚位置，将垫板塞入底脚位置，接触面在70%以上，调整支撑底架中心线、标高、垂直度至合格，并牢靠连接。

d.驱动装置安装：驱动设备就位调整，安装调整设备底座，调整驱动设备的中心线、水平度和垂直度，驱动安装调整后垫板与支撑架焊接牢固。

e.主升降台升降钢架安装：根据升降台钢架结构特征拼装，用螺栓或焊接，吊运、组装升降台钢架；调整各升降台钢架中心线、标高、垂直度至合格，并牢靠连接（图11-8）。

图11-8 主升降舞台

f.可倾斜台驱动安装：驱动设备就位调整，安装调整设备底座，转轴安装就位，使转轴平面与升降齿条与同一平面上。

g.可倾斜台台面安装：根据倾斜台台面钢架结构特征拼装，用螺栓或焊接，吊运台面钢架；调整台面钢架中心线、水平度、垂直度至合格，并牢靠连接。

（4）乐池设备技术参数及安装

①乐池主要供有乐队伴奏或合唱队伴唱的歌舞剧演出使用，其位置处在台唇与观众席之间。乐池升降台的工作行程为2.4m。两块升降台利用不同的高度变化，形成各

种使用形式。乐池升降台上升到舞台台面高度，形成舞台的前伸扩展部分；停在观众席的前排地面高度（–0.5m），用于增加观众席前区座位；下降一定高度可以形成不同深度的乐池，降到最低点可运送座椅台车。乐池升降台由钢结构架、木地板及周围的装饰板、驱动装置、传动机构、周边（包括升降台板和固定台板）防剪切保护装置、乐池入口门信号装置及控制系统组成。防剪压边缘安全开关选用接触式以保证安全可靠。两块乐池升降台都设有导向导轨，保证升降台升降时不倾斜。为确保乐池使用面积，当升降台降至乐池高度时，两侧的导轨不会伸到升降台以上。除了在主操作台可以控制外，还在便于观察到升降台的位置设置就地操作盘，就地操作盘上配有钥匙电源开关、安全联锁、运行指示、紧急停车按钮等。控制系统有预设停位、紧急停车、定位存储等功能及运行状态显示。设有紧急停车按钮。除在主操作台可以控制外，还在便于观察到升降台位置处设置就地操作盘，就地操作盘上配有钥匙电源开关、安全联锁、运行指示、紧急停车按钮等；本剧院设置乐池为一台。

②技术参数：

尺寸，以建筑图为准；行程，2.4m，行程范围内任意定位；定位精度，±3mm；速度，0.001～0.1m/s；动载，2.0kN/m^2；静载，5.0kN/m^2；运行噪声，不大于55dB（A）；驱动方式，电动，柔性齿条。

③安装工艺，如图11-9所示。

图11-9 安装工艺

a.测量放线：主升降台为基准，用经纬仪或线坠、50m卷尺、1m钢尺等测量工具将驱动装置水平中心线、轨道竖直中心线设在混凝土基础或预埋件上，用墨线在混凝土基础或预埋件上弹出各中心线，用水平仪、1m钢板尺等测量工具将标线测设到混凝土柱上，并作明显标记，检查各预埋件或预埋螺栓的偏差、垂直度和标高情况，并作记录。

b.驱动装置、导轨安装：在乐池坑口上，架设临时L型横梁，利用临时横梁吊装，调整导轨段的中心线、水平度和垂直度，合格后用安装螺栓临时固定，驱动设备就位调整，利用临时横梁安装调整设备底座，吊装驱动设备就位到设备底座上，调整驱动设备的中心线、水平度和垂直度，合格后连接固定。

c.乐池升降台钢架组装：钢架构件就位后焊接或螺栓组装，检查合格后补强。

d.导轨、钢架安装调整：经纬仪或放线、50m卷尺、1m钢尺等测量工具检查导轨、钢架的中心线、标高、垂直度，合格后安装导轨。

e.驱动装置、导轨、钢架连接调整：经纬仪或放线、50m卷尺、1m钢尺等测量工具检查调整驱动装置中心线、垂直度和变形情况，水准仪或放线、1m钢板尺、框式水平仪等测量工具检查调整驱动装置和钢架的水平度，调整合格后将驱动装置与钢架连接起来（图11-10）。

图11-10　乐池升降舞台

（5）旋转升降台设备技术参数及安装

①旋转升降台：设置于主舞台的旋转升降台，具有升降和旋转功能。可以进行旋转迁换布景也可载人升降参与演出活动。旋转升降台可单独升降或旋转，也可同时升降转动。该设备由升降台钢框架和旋转台钢框架、旋转驱动装置、升降驱动装置、导向装置及控制系统组成。控制系统有预设停位、紧急停车、定位存储、运行状态等功能及显示，设有紧急停车按钮；转台内部可设置集电环用于舞台灯光专业的电源和控制信号的传输。集电环的规格由负责舞台灯光专业的公司确认。升降台的侧面装饰选用18mm厚的耐水、阻燃型胶合板；本剧院设置旋转升降台为一台。

技术规格：

尺寸：ϕ8m；行程：升降1m，旋转任意角度速度：升降0.001～0.1m/s；旋转，0.006～0.6m/s（边缘线速度）；动载：2.0kN/m²；静载：5.0kN/m²；驱动类型：升降电机驱动旋转电动摩擦轮。

②环形转台：设置于主舞台前部的环形转台，具有旋转功能。可以进行旋转迁换布景。转台可正反方向旋转，也可与旋转升降台同步转动。该设备由环形钢框架、旋转驱动装置及控制系统组成。控制系统有预设停位、紧急停车、定位存储、运行状态等功能及显示，设有紧急停车按钮；本剧院设置环形转台为一台。

技术规格如下：

尺寸：外径12m、内径8m；行程：旋转任意角度；速度：0.008～0.8m/s（边缘线速度）；动载：2.0kN/m²；静载：5.0kN/m²；驱动类型：电动、摩擦轮。

（6）安装工艺（图11-11）：

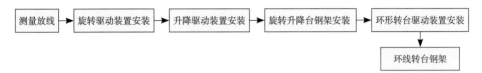

图11-11　安装工艺

①测量放线：以10G—11G轴线，主升降台放线为基准，用经纬仪或线坠、50m卷尺、1m钢尺等测量工具将驱动装置水平中心线、转台竖直中心线放设在混凝土基础或预埋件上，用墨线在混凝土基础或预埋件上弹出各驱动中心线，检查各预埋件或预埋螺栓的位置。

②中心轴安装：将中心轴安装在十字交叉线上，预埋板或地脚螺栓安装、调整，调整垫块或地脚螺栓的垂直度和位置尺寸，将垫板塞入底座位置，接触面在70%以上，调整标高至设计标高。

③转台驱动设备安装：预埋板或地脚螺栓安装、调整，调整垫块或地脚螺栓的垂直度和位置尺寸，将垫板塞入底座位置，接触面在70%以上，调整标高至设计标高，驱动设备就位调整；安装调整设备，调整驱动设备的中心线、水平度和垂直度，合格后连接牢固。

④升降旋转台钢架安装：将台面钢架放置驱动设备支架上，调整其中心线、标高，临时固定，合格后连接牢固；环形转台安装工艺同升降旋转台安装工艺。

（7）运输升降台设备技术参数及安装

①设置在主舞台上场口侧台后侧，该设备的功能在于将演出设备及各类道具、布景装置由剧场外通过升降运抵舞台面。运输升降台由钢结构框架、驱动装置、传动机构、导向装置、安全装置、电气设备和控制系统组成，台面为平整钢板，除进、出道具口外，周围及上方应封闭。高度尺寸按土建要求。在上、下建筑门开启的状态下，应有安全防护门（栏），安全防护门（栏）与升降台动作互锁。控制系统应有紧急停车、运行状态显示等功能，设有紧急停车按钮；本剧院设置运输升降台为一台。

②技术规格：

尺寸：长12m×宽3.3m；行程：约5.4m，（以土建尺寸为准）2个预停位点；速度：0.003～0.3ms；动载：3.0kN/m；静载：5.0kN/m²；驱动类型：电机驱动。

③安装工艺（图11-12）：

图11-12 安装工艺

a.测量放线：以基坑实际尺寸为基准，用经纬仪或线坠、50m卷尺、1m钢尺等测量工具将驱动装置水平中心线、轨道竖直中心线放设在混凝土基础或预埋件上，用墨线在混凝土基础或预埋件上弹出各中心线，用水平仪、1m钢板尺等测量工具将标线测设到混凝土柱上，并作明显标记，检查各预埋件或预埋螺栓的偏差、垂直度和标高情况，并作记录。

b.驱动装置、导轨安装：①导轨安装：在导轨正上方，楼板上打一孔约12mm，利用临时孔吊装，调整导轨段的中心线、水平度和垂直度，合格后用安装螺栓临时固定；②驱动设备就位调整，利用临时横梁安装调整设备底座，吊装驱动设备就位到设备底座上，调整驱动设备的中心线、水平度和垂直度，合格后连接固定。

c.运输升降台钢架组装：钢架构件就位后焊接或螺栓组装，检查合格后补强。

d.导轨、钢架安装调整：经纬仪或放线、50m卷尺、1m钢尺等测量工具检查导轨、钢架的中心线、标高、垂直度，合格后安装导轨。

e.驱动装置、导轨、钢架连接调整：经纬仪或放线、50m卷尺、1m钢尺等测量工具检查调整驱动装置中心线、垂直度和变形情况，水准仪或放线、1m钢板尺、框式水平仪等测量工具检查调整驱动装置和钢架的水平度，调整合格后将驱动装置与钢架连接起来（图11-13）。

图11-13 运输升降台

5. 机械电气

（1）施工前期准备

熟悉设计图纸文件、技术文件等，根据工程实际情况，编制舞台机械施工组织设计方案，是保证工程安全、质量、进度措施，组织施工人员的安全、文明教育和技术交底。

（2）配电箱（柜）的安装

① 屏、柜、箱安装所需的预埋件、预留孔、穿线管和设备基础均与土建施工同时完成，并应提前根据提供的设备提出对土建的要求；设备及材料均符合国家或部分现行技术标准，符合设计要求，有出厂合格证。设备应有铭牌，并注明厂家名称、附件、备件齐全。

② 盘柜安装前，应做好基础槽钢的制安工作，槽钢埋设前应除锈调直，并按图纸标高安装，再进行水平校正，其水平误差每米不大于1mm，累计不超过5mm。槽钢基础应用扁钢和接地网可靠连接。

③ 成列柜（盘）各台就位后，先找正两端的柜，再从柜下至上2/3高的位置绷上小线，逐台找正，柜的标准以柜面为准，找正时采用0.5mm铁片进行调整，每处垫铁片最多不能超过三片，按柜固定螺孔尺寸，在基础型钢架上用手电钻钻孔，柜（盘）就位、找正、找平后，除柜体与基础型钢固定，柜体与柜体、柜体与侧接板均用镀锌螺丝连接。

④ 屏、柜、箱本体及内部设备与各构件间连接牢固，开关柜和控制柜单独或成列安装时，其相邻二柜或箱顶部水平度偏差，全部柜或箱顶部水平度偏差，相邻两柜或箱边不平度，全部柜或箱面不平度，柜或箱边接缝符合规范要求（表11-1）。

盘、柜安装的允许偏差　　　　　　　　　　　表11-1

项目		允许偏差
垂直度（每米）		< 1.5
水平偏差	相邻两盘顶部	< 2
	成列盘顶部	< 5
盘面偏差	相邻两盘边	< 1
	成列盘面	< 5
盘间接缝		< 2

⑤ 安装在同一室内的开关柜或控制箱颜色宜和谐一致，并和总包单位安装的配电箱颜色保持一致。开关柜、配电箱、控制箱安装完成后需作以下检验：柜、箱的固定和接地可靠，油漆层完好，清洁整齐；柜、箱内电气元件完好，安装位置正确，固定牢固；所有二次接线正确，连接可靠，标志齐全、清晰。

⑥DD模块箱、限位开关、超程开关、编码器、可编程控制器等电气器具安装符合规范要求，特别精度要求高，水平度、垂直度误差严格控制，限位开关、超程开关安装后，动作灵活可靠；运输升降台的水平移动行程开关、冲顶开关在移动笼体上合适的安装位置，根据确定的位置在移动笼体上装好电气配管，要求符合电气规范，与吊笼机械动作无关联。

（3）桥架敷设

舞台区域的桥架安装和普通部位的桥架安装有着较大的区别，由于舞台区域结构较为复杂，桥架走向转弯及爬高、翻低现象比较普遍。

①桥架敷设前必须进行综合排版并绘制详细的图纸，根据图纸进行桥架及支架的订购；安装时，首先确定桥架的走向，确定安装位置，再进行支架的安装固定，然后进行桥架的配制和安装，组装桥架要平直，水平误差不大于5mm，中心偏差不大于5mm，安装要牢固，配件要齐全，所有螺栓要拧紧。

②直线段钢制电缆桥架长度超过30m、铝合金或玻璃钢制电缆桥架长度超过15m设有伸缩节，当设计无要求时，电缆桥架水平安装的支架间距为1.5～2m，垂直安装的支架间距不得大于2m；电缆桥架跨越建筑物变形缝处设置补偿装置；电缆桥架转弯处的弯曲半径，不小于桥架内电缆最小允许弯曲半径，拐弯处及变径时选用生产厂家的定型产品，保证整体横平竖直，在坡度建筑物上安装时应与建筑物保持相同的坡度。

③电缆桥架的支架固定选用金属膨胀螺栓，一般为M8或M10，桥架与支架间螺栓、桥架连接板螺栓固定紧固无遗漏，螺母应位于桥架外侧；当铝合金桥架与钢支架固定时，有相互间绝缘的防电化腐蚀措施，支架选用厂家定型产品配套。

④桥架安装完毕后，应进行调整使其横平竖直，桥架安装好后要及时做好成品保护措施，以免遭到装修的喷涂污染。

⑤桥架内电缆敷设应符合下列规定：大于45°倾斜敷设的电缆每隔2m处设固定点，电缆出入电缆沟、竖井、建筑物、盘柜、台处以及管子管口处等做好防火封堵处理；桥架系统应具有可靠的电气连接并接地。桥架之间采用跨接，桥架长度大于30m，始、末端与接地干线可靠连接，接地孔应清除绝缘涂层。在伸缩缝或软连接处需采用编织铜线连接。

（4）电气配管采用JDG

严格按照国家相关规范组织施工，应具有产品检验报告和合格证，根据设计图要求确定盒、箱轴线位置，以土建弹出的水平线为基准，挂线找平，线坠找正，标出盒、箱实际尺寸位置进行安装。

①电气配明管的弯曲半径、弯扁率及管路的敷设路径进行严格控制，管路和箱

（盒）的连接、管子和管子的连接均根据规范要求进行施工，严禁管子套接或对接，管道丝扣连接。套丝不得有乱扣现象；管箍必须使用管丝管箍。上好管箍后，管口应对整严实。外露丝应不多于2扣，管径20mm及其以下钢管以及各种管径电线管，必须用管箍连接。管口锉光滑平整，接头应牢固紧密。管径25mm及其以上钢管，可采用管箍连接。

②管径超过下列长度，应加装接线盒，其位置应便于穿线。无弯时，30m；有一个弯时，18m；有两个弯时，12m；有三个弯时，8m，管路垂直敷设时，根据导线截面设置接线盒距离；50mm^{2}及以下为30m。

③地线接线：镀锌钢管或可扰金属电线保护管，应用专用接地线卡连接，不得采用熔焊连接地线。用JDG式钢管时不用作地线连接。

④明配管敷设基本要求，根据设计图加工支架、吊架、抱箍等铁件以及各种盒、箱、弯管、支架、吊架预制加工；明配管弯曲半径一般不小于管外径的4倍。如有一个弯时，加工方法可采用冷椒法，支架、吊架应按设计图要求进行加工。支架、吊架的规格设计无规定时，应不小于以下规定：扁铁支架30mm×3mm；角钢支架25mm×25mm×3mm；测定盒、箱及固定点位置，根据设计首先测出盒、箱与出线口等的准确位置，根据测定的盒、箱位置，把管路的垂直、水平走向弹出线来，按照安装标准规定的固定点间距的尺寸要求，计算确定支架、吊架的具体位置，固定点的距离应均匀，管卡与终端、转弯中点、电气器具或接线盒边缘的距离为150～500mm；由地面引出管路至配电箱（柜）时，可直接焊在角钢支架上，采用定型配电箱（柜），需在配电箱（柜）下侧100～150mm处加稳固支架，将管固定在支架上。盒、配电箱（柜）安装应牢固平整，开孔整齐并与管径相吻合。要求一管一孔不得开长孔。铁制盒、箱严禁用电气焊开孔；管路敷设，水平或垂直敷设明配管允许偏差值，管路在2m以内时，偏差为3mm，全长不应超过管子内径的1/2，检查管路是否畅通，内侧有无毛刺，镀锌层或防锈漆是否完整无损，管子不顺直者应调直；先将管卡一端的螺丝拧进一半，然后将管敷设在管卡内，逐个拧牢。使用铁支架时，可将钢管固定在支架上，不许将钢管焊接在其他管道上；舞台机械工程由于驱动机构和保护机构众多，明路的接线较多，包塑金属软管，严格控制长度，按照规范要求小于1.2m。

（5）电缆敷设

电气材料的型号、规格、电压等级应与设计图纸相符，材料与设备的合格证应齐全，电缆的型号、规格、电压等级及生产日期应清楚标明于电缆表面，电缆应保存良好，电缆外观检查应无锈、无机械损伤、扭伤等现象存在，橡胶与塑料电缆外面无老化与裂纹存在，电缆敷设前，应对电缆进行绝缘测试，低压电缆用1000V摇表测试，动力电缆绝缘电阻不小于10MΩ，控制电缆绝缘电阻不小于5MΩ。

①所有的电缆应按平行、垂直方向整齐排列，电缆敷设时，应先编好电缆表，安排好先后顺序以避免交叉，电缆应在电缆头附近留足备用长度，其最小弯曲半径不得小于其外径的10倍，中间不允许有接头，电缆的两端，转弯处应挂电缆牌，电缆牌包括内容编号、电缆规格型号、起始端。当电缆进入开关柜、设备机壳、电缆盒时，每根电缆应采用合适的夹件来固定。

②电缆沿电缆桥架水平敷设：电缆桥架或支架上的电缆应一层一层敷设整齐。严禁电缆交叉敷设。电缆电线的弯曲半径应符合有关规定，同一桥架内的动力、控制电缆和仪表电缆应用隔板分开敷设；垂直敷设：垂直敷设电缆的最佳方式为从上到下。对相同截面电缆，先敷设低层再敷设上面一层。

③电缆敷设完成后：桥架内电缆绑扎牢固，电缆敷设排列整齐，每敷设一根固定一根，水平敷设的电缆，首尾两端、转弯两侧及每隔5～10m处设固定点，绑出的线应美观，看不到交叉线；管口、洞口应加防火材料封堵。

（6）电缆头制作安装

电缆头按热缩头施工工艺制作，制作前应对电缆进行绝缘测试，复合要求后再制作，所有的动力导线应压接线端子，低压相导线应标明色相。电缆标牌与电缆芯线标号应与图纸一致，且排列整齐，控制电缆终端采用热缩电缆套管制作，电缆头应可靠固定，不应使电器元件或设备端子承受额外应力。

11.1.4 舞台机械、电气、智能调试

1.机械调试要求

机械设备的调试是使机械设备投入使用，发挥效益的重要环节。高质量的调试能弥补安装、加工制造中的某些不足，为设备的使用创造良好条件，使设备处于良好的运行状态，延长机械设备的使用寿命。剧院舞台机械设备各类型号多，安装调试工作能有秩序、高质量地顺利实施，需多专业经验丰富的技术人员，保证剧场舞台机械设备的调试高效率，设备长期使用良好，编制出本工程调试方案。

2.调试前的检查

检查施工（调试，下同）区域是否用三角旗围牢，是否悬挂了醒目的警示标志。检查施工区域内有无闲杂人员、有无影响调试工作的喧哗嘈杂声。检查施工区域内有无影响调试工作的杂乱物品，以及光线是否良好。检查设备的运动行程内有无干扰的物品。检查设备的所有运动部位（如齿轮、链条等）上有无任何异物。检查有无设备一旦运动后会掉下来卡入运动部件的异物。

检查设备紧急停车按钮是否正常有效。检查主控制台接线是否正确、按钮开关是否正常有效。检查主回路接线和限位开关接线是否正确有效。检查调试设备运动方向和软件设定方向是否一致。检查限位开关是否有效，检查限位位置、方向是否正确。检查旋转编码器是否工作正常，旋转方向和软件计数方向是否一致。检查设备运行速度闭环、位置闭环、联锁及同步运行等程序是否运行正常。检查其他需要检查的内容。外观检查：外观检查主要以目测进行，必要时辅以相应的工具。外观检查的主要项目是：设备是否正确、牢固地安装，重点是卷扬机构、升降机构、驱动机械、支撑结构、承重结构、传动装置、制动器、钢丝绳缠绕、安全设施、电气与控制系统；钢结构有无影响强度、刚度和性能的变形；电气设备的电缆、导线的接头是否牢固，标记是否准确；电气与控制设备的布置、布线是否规范及整齐美观；设备的润滑是否充分；表面涂装是否均匀，有无漏涂、裂纹及脱落等。

3. 调试安全

设备调试前统一布置，合理安排，保证人员到位、步调统一，口令一致。设备运动时，设备旁边和舞台台面上必须保证至少各有一名监视人员，以保证施工区域内无闲杂人员进入。设备调试（运动）中，所有在岗人员必须各司其职，精力集中，不得擅离职守。监视人员必须密切注视设备的运行状况，一旦发现异常情况立即用对讲机向控制室操作人员报警。设备初调时停在中间位置，不能接近极限位置，以防超过极限位置而损坏机械。每次开机之前必须先点动，若无异常方可启动按钮。紧急停车按钮处于控制状态，操作人员具备随时紧急停车的反应速度与应变能力。可调速设备应先以低速运行，在确保运动方向正确和限位有效后方可提高速度。每次调试结束后，必须把设备停靠在安全位置，以防万一有人员误跌或误撞造成人身损伤。其他应当注意的安全事项。

4. 调试注意事项

调试工作必须按照事先经审查确认的计划、程序、步骤和目标进行，不得擅自添加、减少或改变预先确定的程序和步骤，遇到异常情况应经确认后方可进行。调试中，前道工序完工后应与后道工序做好书面交接（要签字），并交代好注意事项，必要时前道工序的负责人员必须在场做好后道工序的操作指导。参加调试工作的所有人员，须具备上岗操作证资格要求的，如电工等，必须持有有效证件方可上岗操作。调试人员应认真做好调试工作日志，记录调试过程中的异常情况，必要时向有关负责人员汇报。调试人员须做好业主方人员的操作培训工作。调试工作结束后，调试负责人组织有关人员清理现场，整理调试工作各项记录，拟定调试报告，为工程验收做好准备。

5.安全设施的测试

对于安全设施，要单独列项测试，测试的项目有：工作行程开关和超行程开关；防剪切开关；车台运行障碍检测装置或防挤压开关；安全防护装置（防护门、安全栏杆、防护网等）及其与主机的连锁开关；卷扬系统的松绳检测开关、装置；卷扬系统的防跳槽及检测开关、装置；舞台升降台等设备的锁定装置及其工作开关；超速保护；超载保护；同步运动误差控制；紧急停机控制元件；控制电气的安全回路；不同操作点控制操作的连锁；有关安全的警示信号。

6.台上机械调试

严格按照操作程序进行，先手动，后电动，逐台设备试验；无异常现象、准确无误后联动。使规定的各项技术参数达到设计要求。

（1）台口防火幕

外观检查主要以目测进行，必要时辅以相应的工具。外观检查的主要项目是：设备是否正确和牢固的安装，重点是卷扬机构、升降机构、驱动机械、支撑结构、承重结构、传动装置、制动器、钢丝绳缠绕、安全设施、电气与控制系统；检查各电动机、行程开关等电气元件的绝缘性能。幕体的宽度为19m，高度为10.5m。在防火幕的两侧设有运行导轨，幕体四周与建筑墙体装有密封装置，以便防火幕处在下降位置时，能有效地密封烟和火。

检查部位：钢结构有无影响强度、刚度和性能的变形；电气设备的电缆、导线的接头是否牢固，标记是否准确；电气与控制设备的布置、布线是否规范及整齐美观；设备的润滑是否充分；表面涂装是否均匀，有无漏涂、裂纹及脱落等；幕体为外包钢板、内充防火阻燃材料的钢结构框架；卷扬系统由电动机、减速器、制动器、卷筒、手动释放装置等组成；释放下降阻尼装置的阻尼力及阻尼位置可调；导轨与密封装置；滑轮组件；平衡重及导轨；钢丝绳和配件等，安装过程完毕后，按设计及规范要求合格。防火幕升降电动卷扬装置设置在舞台栅顶上，可实现电动（消防控制）、手动操作。卷扬机上设有液压阻尼系统，保证幕体紧急下落时安全减速和停位。带有提升、下降和紧急停车按钮的操作盘可以实现就地操作。手动释放机构设1套，置于台口内侧，舞台总监控制台附近；在消防控制室内有运行控制和运行状态显示。设置警示灯和蜂鸣器，幕体运动时提示安全，蜂鸣器也可以就地关闭。防火幕的手动释放功能测试：

对防火幕的手动释放功能进行测试，以确认其在无动力条件下能顺利下降，总关闭时间、减速缓冲关闭时间、定位减速和缓冲性能达到设计要求并符合有关标准。

（2）各种吊杆、吊机、二道幕机

检查各电动机、行程开关等电气元件的绝缘性能。分别对每一吊杆、二道幕进行通电试验。先点动，后连续运动，在上下极限位置时，其对应的行程开关动作。分别对调速吊杆进行调试，以等加速—等速—等减速的曲线，反复进行升降运动，并进行定位误差调试。任选两根变速吊杆，使其速度曲线的设定完全相同，在两吊杆之间放一木板，木板上放置装水的塑料瓶进行升降运动，在升降的全过程保持塑料瓶不倒。在调试每一个部件时，测量记录电动机的电压、电流值。在观众席第一排中间位置测量机械运动噪声值应符合要求。对有可能同时工作的吊杆分组，任选一组（一组的5～8根吊杆）进行调速试验和同步试验，使一组中的速度曲线基本差不多。进行对开二道幕的运动调试。

①单机调速设备的调试：做好安全措施；先根据经验大致设一下当量及上下软限位；通过触摸屏设定其他参数，如上下目标位、速度等。必要时取消互锁条件（不包括超程及限位保护）及某些安全保护。如升降台门联锁；景杆松乱绳保护等。启动设备，观察是否正常；测量实际当量，并校正当前位置。如果超程及限位开关尚未调整，可根据设备正确的当量及当前位进行调整。调整时先调上或下超程，再调上或下限位开关，必须实际运行设备，碰撞开关动作正确后方为合格。如果调试前超程及限位已调好，可直接运行进行碰撞试验，但速度不要太快。

注意调整超程及限位开关时，台上除了要考虑设备与栅顶之间的安全距离外，还要考虑卷扬机钢丝绳的安全余量；台下除了要考虑设备行程要求外，还要观察机械的安全余量，如导向的安全余量。同时，检查反馈信号是否正确。确定上下限位；运行过程中，观察有否异常声音？有否与其他有关联？一切正常后，再提速，再观察。测一下重复定位精度。其他功能的测试，如往返功能、延时功能等。

②单机定速设备的调试：做好安全措施。必要时取消互锁条件（不包括超程及限位保护）。在现场安全许可的条件下，通过操作台点动，观察方向是否正确、声音是否异常、实际碰撞限位开关，观察是否正常、调整限位开关位置，直至满足要求。

③互锁调试：一旦某设备已调试好，和该设备有联锁的其他设备的联锁功能必须投运。进行实际互锁测试，如果没条件也可模拟测试。

④超载开关的测试：仅对配置有专用载荷传感器的设备进行本项测试。超载开关应在1.2倍的安全工作载荷的条件下进行测试。在此载荷下超载开关动作，应不能启动静止的设备，或使正在运动的设备停止。

⑤速度测试：速度测试在50％额定载荷条件下进行；测试项目包括：额定速度测试、调速性能测试和低速运转性能测试。测定段设备的运动速度，与额定速度相比，确定误差是否在设计规定的允许范围内。在设计未作具体规定时，允许误差应小于额定速度的8％。按设计规定的调速比进行调速性能测试，在设计调速范围内，设备能够平

图11-14 吊杆精度定位

图11-15 吊杆载荷测试

稳、稳定地运转。应进行调速设备的低速运转性能测试，确认设备在最低速度运行时，能够平稳、稳定地运转。

⑥停位精度测试：在额定载荷与额定速度条件下，设定不同行程（通常为全行程的1/3以上）进行单台设备的停位精度测试。测试应以三次实际停位与设定停位误差绝对值的平均值确定，该误差应在设计规定值的范围内（图11-14）。

（3）吊杆的载荷测试

台上吊杆设备载荷测试是对驱动机、双制动器和钢丝绳等装置的能力进行验证，吊杆的杆体在测试过程中有无明显的变形等现象。测试载荷为1.0倍及1.25倍的额定载荷、在额定速度下进行全行程载荷试验，上下全行程各运行5次，以确认设备在测试载荷条件下的升降能力和下述机件的有效运行：驱动机械及传动装置；制动器及电气元件部件；运行时测量电机的电流值，与电机的额定电流相比较，有否超于额定电流（图11-15）。

（4）大幕机

外观检查主要以目测进行，必要时辅以相应的工具。外观检查的主要项目是：设备是否正确和牢固的安装，重点是卷扬机构、升降机构、驱动机械、支撑结构、承重结构、传动装置、制动器、钢丝绳缠绕、安全设施、电气与控制系统；钢结构有无影响强度、刚度和性能的变形；电气设备的电缆、导线的接头是否牢固，标记是否准确；电气与控制设备的布置、布线是否规范及整齐美观；设备的润滑是否充分；表面涂装是否均匀，有无漏涂、裂纹及脱落等。大幕机升降试运行，全行程手动、电动试运行。运行应平稳，无异常噪声，电机制动可靠。对开机构试运行，全行程手动、电动试运行。运行应平稳，无异常噪声。进行二功能联合试运行。运行应平稳，无异常噪声，电机制动可靠。

7. 台下机械调试

（1）主升降台

分别计算未装木地板前的升降台体等部件的自重总和与平衡重的重量差值，与设计载荷比较是否在允许的范围内，计算电动机可能出现的最大电流值。切除升降台体各处的附加联系，使升降台体处于自由悬挂状态，观察制动器工作情况。准备检查测量的仪器、仪表，检查电动机及其他电气的绝缘性能。准备通信联络工具。连接调试用的控制线路及变频器、控制开关等。慢速点动升降台上升，观察各电动机的动作情况，一切顺利，再次点动上升，多次点动上升到0.5m左右，慢速点动升降台下降至最低点。调速点动连续上升，每0.5m停止检查一次，测量点动时的电流值、电压值，直至升降台最高位置。调速点动连续下降，每0.5m停止检查一次，测量点动时的电流值、电压值，直至升降台最低工作位置。变速连续升降3～5次，测量连续运动时的电流值、电压值，测量在第一排中间位置时的噪声值应符合要求。检查升降台在各停止位置的水平偏移量。根据调试测量结果调整导轨或导轨间隙，纠正升降台升降时的水平偏移。进行相邻两块升降台的同步运动调试，要求误差符合要求；进行终点定位精度调试，要求误差符合要求。进行防剪切安全检查调试。

① 主升降台的载荷测试：升降设备载荷测试是对驱动机、联轴器、制动器和载荷保持等装置的能力进行验证，升降台的钢结构（如舞台台板支撑结构）不需要进行单独的载荷测试，主要以设计计算证明。但在测试过程中发现明显的变形等现象，可以增加测试。测试载荷为1.0倍及1.25倍的额定载荷、在额定速度下进行全行程载荷试验，上下全行程各运行5次，以确认设备在测试载荷条件下的升降能力和下述机件的有效运行：驱动机械及传动装置；制动器及电气元件部件；

运行时测量电机的电流值，与电机的额定电流相比较，是否超于额定电流。使用曳引滑轮的驱动装置，应以1.3倍的安全工作载荷和在额定载荷工作时的平衡重，在全行程中进行测试。如果升降设备在静止时比运动时承受更大的载荷，必须注意几点：对无自锁机构的升降设备，应以静止时的安全工作载荷进行静止时的载荷测试。可以用设置测试载荷或采用其他等效方法（如在驱动设备上用力矩扳手加载等）进行测试；对带有自锁机构的升降设备，则不需要进行静止时的安全工作载荷测试。

② 同步精度测试：在额定载荷与额定速度条件下，进行成组设备的同步精度测试。对时间同步的设备组（即在相同的时间内，组内设备各自按设定运行不同的行程），一

般不进行同步精度测试。对速度和行程同步的设备组（即组内设备按设定的相同速度和行程同步运动），需设定不同行程（通常为全行程的1/3以上）进行三次同步精度的测试，组内设备最大绝对差值的平均值作为同步精度误差，该误差应在设计规定值的范围内。

③设备联锁运动测试：对联锁型编组运动的设备，进行联锁条件下的设备运动测试。在设备正常联锁条件下，设备组能按指令运动；人为模拟事故状态、破坏联锁条件时，设备组停止运动。测试要在以上两种状态下确认设备执行运动指令的状况。

（2）乐池升降台

切除乐池升降台体各处的附加联系，使乐池升降台体处于自由悬挂状态，观察制动器工作情况。准备检查测量的仪器、仪表，检查电动机及其他电气的绝缘性能。准备通信联络工具。连接调试用的控制线路及变频器、控制开关等。慢速点动升降台上升，观察各电动机的动作情况，一切顺利，再次点动上升，多次点动上升到0.5m左右，慢速点动升降台下降至最低点。调速点动连续上升，每0.5m停止检查一次，测量点动时的电流值、电压值，直至升降台最高位置。调速点动连续下降，每0.5m停止检查一次，测量点动时的电流值、电压值，直至升降台最低工作位置。变速连续升降3～5次，测量连续运动时的电流值、电压值，测量在第一排中间位置时的噪声值应符合要求。检查乐池升降台在各停止位置的水平偏移量。根据调试测量结果调整导轨或导轨间隙，纠正乐池升降台升降时的水平偏移。进行防剪切安全检查调试。

①乐池升降台的载荷测试：升降设备载荷测试是对驱动机、联轴器、制动器和载荷保持等装置的能力进行验证，升降台的钢结构（如舞台台板支撑结构）不需要进行单独的载荷测试，主要以设计计算证明。但在测试过程中发现明显的变形等现象，可以增加测试。测试载荷为1.0倍及1.25倍的额定载荷、在额定速度下进行全行程载荷试验，上下全行程各运行5次，以确认设备在测试载荷条件下的升降能力和下述机件的有效运行；驱动机械及传动装置；制动器及电气元件部件；运行时测量电机的电流值，与电机的额定电流相比较，有否超于额定电流。假台口、旋转升降舞台、运输升降台调试内容不在表述，与其他升降舞台调试内容大概相同，有点差别。

②噪声测试：通常在观众厅按约定的条件和方法进行单台设备的噪声测试。如没有约定，通常的条件是大幕打开，按舞台布壁挂1/3的幕布，侧舞台和后舞台的隔离幕关闭，在观众席第一排中间1.5m高度处，使被测设备在额定速度下运行。测试方法为:《声学机器和设备发射的噪声测定工作位置和其他指定位置发射声压级的基础标准

使用导则》GB/T 17248.1—2000以及GB/T 17248.2～GB/T 17248.5系列标准 [1] 所规定的相关方法。有特殊要求时才进行设备的机旁噪声测试，测试结果应符合设计文件的规定。设备运行造成的空气噪声在距噪声源1m处应不大于75dB（电机功率小于15kW的，应不大于70dB，A计权声压级）。

8.电气、智能调试

配电柜（控制柜）通电前检查，外观检查：电气元件是否有破损、线路是否整齐。用万用表检查各回路是否有短路现象。按电气原理图逐台检查柜内的全部电气元件是否与图相符，其额定电压和控制电源电压是否一致。将柜内所有器件上的接线端子（主回路、二次回路）再紧一遍。绝缘电阻摇测：用500V摇表对每一路出线（到电机）进行绝缘测量。如不符要求，把电机与电缆断开分别测试以区分具体故障部位。对电机回路的测量：用万用表对端子板上每一个电机回路进行阻值测量，测量结果3组阻值应为一致。否则视为不正常。

（1）现场设备通电前检测

外观检查：电气元件是否有破损、线路是否整齐。现场各安全保护装置（如紧停按钮、限位开关等）是否已接好，所接触点（常开/闭点）是否正确。紧固现场所有的接线端子。

编码器通电前检测：通电前须用万用表对测量编码器电源输入、输出端是否正常。

（2）电气设备通电检查

主回路通电，断开各单项设备上的空气断路器及电机综合保护器。合上进线动力柜开关。观察柜上电压表三相电压是否一致。在其他控制柜上的空气断路器上侧（开关未合状况）进行同相校验。方法：用万用表（电压档）的两个测针分别测量两柜动力线的两端，若同相则万用表无读数，用同样的方法测量其他两相，便可确定所有联络柜的动力电相序。动力电开/关按钮工作是否正常。变频器及控制回路通电，断开单项设备的主断路器，确保机械设备不会产生任何运动。合上开关电源，检查其输出电压24V是

---

① 《声学 机器和设备发射的噪声 在一个反射面上方可忽略环境修正的近似自由 场测定工作位置和其他指定位置的发射声压级》GB/T 17248.2—2018

《声学 机器和设备发射的噪声 采用近似环境修正测定工作位置和其他指定位置的发射声压级》GB/T 17248.3—2018

《声学 机器和设备发射的噪声 由声功率级确定工作位置和其他指定位置的发射声压级》GB/T 17248.4—1998

《声学 机器和设备发射的噪声 采用准确环境修正测定工作位置和其他指定位置的发射声压级》GB/T 17248.5—2018

否正常。合上变频器的控制电源，设备开始自检。自检结束应显示正常，否则，应检查相应的线路及元器件等。控制电开/关按钮工作是否正常。

（3）电控调试

①配电主回路调试：断开各单项设备上的空气断路器、抱闸断路器及电机综合保护器。合上进线动力柜开关。观察柜上电压表三相电压是否一致。同相校验：在各控制柜上的空气断路器上侧（开关未合状况）进行同相校验。方法：用万用表（电压档）的两个测针分别测量两柜动力线的两端，若同相则万用表无读数，用同样的方法测量其他两相，便可确定所有联络柜的动力电相序。

②设备二次回路调试：在单项设备上的断路器、抱闸断路器断开状态下进行模拟动作测试。模拟动作测试：按图纸要求分别从接线端子模拟测试控制、连锁、继电保护及现场限位开关信号动作，应确保其正确无误灵敏可靠。

③设备运行调试：经过上述步骤测试后，可对定速设备作下列调试：过流保护设定：调整热保护元件整定电流值，使其与电动机铭牌额定电流一致。电机方向调整：合上被调试设备的空气断路器，短暂点动电机，判断设备运行方向是否与控制定义的方向一致，否则应调整电机正反转接线。

④制动器调试：逐一观察双制动器动作情况，并测量制动器系统工作电压。通过双制动测试旋钮，分别测试各制动器的静态制动情况。配合PLC记录急停状态下设备滑行距离。必要时调整慢制动介入时间。

⑤限位开关调整：限位开关方向应与设备运行方向一致，即设备上行时，上行程限位开关应能停止设备向上的运行。反之亦然。首次运行时应注意设备运行未到位时，人为动作该方向的限位开关，观察设备运行能否停止。否则应检查线路、方向是否正确。限位开关位置调整应附和工艺行程要求。超行程限位开关：其方向与上述的一样。位置调整应在设备行程允许的范围内并与限位开关保持一定距离；冲顶开关位置：应设置在限位开关后设备行程允许的范围内；松、乱绳开关位置调整：乱绳压板间隙应小于钢丝绳直径，并大于1/2钢丝绳直径；编码器调整：设备运行时从PLC上应能读到正反两相脉冲计数且与控制定义方向一致。

（4）控制操作系统的功能测试

①控制操作系统的各项功能，如手动、自动、预选、修改、编程、显示、连锁、记忆以及各项管理功能必须逐项进行测试确认。各种主控制操作台的设备选择、参数设定、场景物理参数设置、设备编组运行、手动介入等主要功能也应逐项进行测试确认。控制操作系统应在出厂前进行功能性、可靠性和安全性的测试并提供测试报告。此时，功能测试的程序和项目可以适当简化。

②测试的主要项目包括：

a.操作模式的确认：按设计规定的自动、手动和设定、编程、场景序列等模式逐项确认。

b.操作系统优先顺序选择确认：按照设计文件要求，对操作系统优先顺序确认。

c.操作设备的确认：主要是指采用不同操作设备如主操作台、移动操作台、便携式操作盘，以及其他形式操作器对不同设备的操作确认（包含进行排他性测试）；操作安全管理系统中的密码管理、操作权限管理、操作记录功能的确认；各种操作台（盘）上设备参数设定及设备动作确认；设备参数默认值（即当设定参数值超出设计参数值时，该参数只能设为设备规定的默认值或额定值）的确认。

③设备编组（锁定型编组、安全型编组、连锁型编组和自由型编组）运行时，对编组设定、组内设备运行情况及故障（可模拟设备故障条件下设备停止运行）时系统反应的确认；场景物理参数输入和设备状态（即在一定的场景参数下相关设备可以运动或不许运动）的确认；自由型编组中设备的选择与忽略（即在已有的设备编组中临时选择某设备和/或忽略某设备）功能的确认。

④设备各种运行方式（单台设备运动、设备编组运动、场景序列运动等）的手动介入（即在单台设备运动前改变设备运行参数；在编程或场景序列模式下运行的设备，在设备运行前改变编组组成或改变组内设备运行参数等）功能的确认。

⑤紧急停机功能及其显示（即在紧急情况下或设备运行超出规定误差的情况下，相关设备停机和显示信号对设备状态的正确显示）功能的确认。

⑥控制设备备用或冗余的功能确认（模拟设备故障状态，察看备用或冗余设备的切换动作）。

⑦不间断电源（UPS）性能的确认（模拟电力故障，查看不间断电源的自动启动、考验在线功能及工作持续时间）。

⑧警示系统（光、声等）的状态（警示系统的信号显示和设备状态的绝对一致性）确认；打印及档案管理系统的确认，特别是故障报警历史记录等的确认。

⑨语言切换功能的确认；远程监控功能的确认。操作控制系统的测试，有些项目可以在主操作台上模拟进行，有些则必须和设备运行联合进行。

（5）舞台机械控制系统调试（PLC、操作台）

①调试顺序应遵循几个原则：第一，由下往上的原则，即先调试PLC从站，再调试PLC主站；第二，对于有备用操作面板的系统，如台上备用变频器或台下定速设备就地操作系统，应先调试备用系统，再调试主系统；第三，先调试主要设备，后调试次要设备；第四，先手动方式，再自动方式；第五，先单机调试，再联动调试。单机调试

之前，要确保现场各急停按钮已正常工作。单机调试流程图（对于定速设备取消变频器部分）（图11-16）。

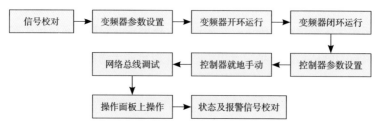

图11-16 单机调试流程图

②在单机调试的基础上，进行联动调试。联动调试主要是软件上的调试，具体为：各设备之间的联锁功能调试，主要指台下机械的互锁功能，如9块主升降台与各设有安全防护门；乐池与栏杆之间等。

③编组功能调试，所谓一个编组是指一定数量的驱动以同步方式运行。同步功能调试，一个编组可以以不同的同步运行方式运行。同步方式又可分为距离同步、目标同步、距离比例同步、时间同步等。其他特殊功能调试，几个控制面板同时操作时，它们之间的互锁功能测试。有关编组、同步等功能的状态及报警信号测试。

（6）PLC从站调试

切换PLC从站调试步骤，下载程序前，先断开变频器的动力电。通过计算机模拟主站输出某一列变频器切换的设备号后，并检查：第一，切换主接触器吸合是否正确，第二，反馈检测信号是否正确（即切换是否成功），第三，切换板上指示灯是否正确。确保每一列上的所有设备都切一遍，并且经检查正确无误。

①台上备用变频器PLC从站调试步骤：下载程序前，先断开备用变频器的动力电。检查手动/自动切换开关信号是否正确，通过TD400或触摸屏或拨码开关输入备用设备号，检查备用接触器吸合是否正确，确保所有可备用变频器驱动的设备均试一遍，并正确无误。配合电气工程师检查升降按钮及调速电位器信号是否正确，检查PLC输出升降启动信号是否正确，在以上步骤都正常情况下，合上备用变频器的主开关。现场调试配合人员必须站在肉眼能看到设备运行的地方，输出备用设备，先点动，看一下设备是否运行，运行方向是否正确，在前一步正确的情况下检查电位器调速是否起作用，低速运行碰一下上下限位开关，看限位开关信号是否正确，每个设备都试一遍。

②定速设备PLC从站调试步骤：下载程序前，确保该PLC所控制的所有设备的主开关处于断开状态，避免下载过程中可能因程序问题启动某个设备。逐个校对该PLC的所有输入/出信号，特别是上下限位及超程开关。屏蔽所有未调试过设备的程序，投

运即将要调试的设备程序。现场调试配合人员必须站在肉眼能看到设备运行的地方。合上要调试设备的主开关。如果调试台下定速设备就地操作面板，可先点动，检查设备是否运行？运动方向是否正确？能否正常停止。对于没有就地操作面板，可通过计算机模拟启动/停止命令实现点动功能。若有异常情况，随时切断该设备的主开关。上升（下降）过程中，用手动模拟上限位（下限位）开关动作，检查能否正常停止。实际运行设备碰一下上下限位开关，看动作是否正常？当然，碰限位之前，还要派人到现场检查限位开关及撞块是否牢固？并确保撞块肯定能起作用。

（7）通信总线调试步骤

关闭系统的动力电和控制电。根据PLC主站的硬件配置，设置所有变频器及PLC从站的DP地址。连接DP总线，根据设备的连接顺序，检查总线的DP头接线是否正确？终端电阻开关位置是否正确？合控制电，插上变频器操作面板，看参数P093显示地址是否符合要求。下载PLC主站的硬件配置并运行。检查所有变频器的BUS指示灯，红灯表示通信故障，绿灯表示通信正常。EM277的DXMODE指示灯亮（绿色）表示通信正常，不亮则通信不正常。

PLC主站调试步骤：

首先，屏蔽所有未调试设备的程序。其次，先调试与PLC从站的通信。逐步释放需调试设备的程序。避免因地址错误启动不该动的设备。

（8）互锁调试

一旦某设备已调试好，和该设备有联锁的其他设备的联锁功能必须投运，进行实际互锁测试，如果没条件也可模拟测试。

台下有互锁的设备：乐池和栏杆；升降台和防护门；主锁定和主升降；防护门和本体升降设备、周围设备包括固定台等；同一编组中的其他设备。

（9）安全保护信号校对及其保护功能测试

根据电气设计，校对所有除限位及超程以外的现场反馈信号并进行保护功能测试：松、乱绳；维修开关；防护门；剪切；急停开关；制动电阻过热、过载。

（10）舞台机械联动调试

在单机调试的基础上，进行联动调试。联动调试主要是软件上的调试，具体有以下几项工作：各设备之间的联锁功能调试，主要指台下机械的互锁功能，如主升降台各防护门之间，若其中任一防护门处于打开状态，升降台将无法升降。旋转升降台与环形升降台之间，互锁功能，可以正常运行。

乐池升降台与栏杆，互锁功能，总之保证演职人员没有安全隐患。编组功能调试，所谓一个编组是指一定数量的驱动以同步方式运行。同步功能调试，一个编组可以以不同的同步运行方式运行。同步方式又可分距离同步、目标同步、距离比例同步、时间同步等。几个控制面板同时操作时，校对所有维修开关、防护门、栏杆、急停开关、制动电阻过热、过载。

11.2　灯光音响

11.2.1　灯光音响概述

大型剧场灯光：观众区（面光、耳光）、舞台区（柱光、顶光、逆光、侧光、地面流动光）、控制室（灯控、声控、LED大屏系统控制）、硅控室（电源箱、电源直通/硅控一体机柜、滤波柜）等一些部位的灯光系统灯具组成。

现代灯光技术主要包括：灯光控制技术、灯光调光技术、网络传输技术、灯光灯具技术四个重要部分。

音响系统：扬声器、调音台、音频信号传输、声源拾取及重放系统；包括观众厅扩声系统，舞台返送监听系统，以及控制室监听系统。

灯光音响系统技术的先进性，智能化程度要求较高，是剧院核心系统，演出效果好与不好，关键在于灯光、音质、机械等几大系统的设备选型、安装质量、调试，主要以满足大型剧场的大型歌剧、舞剧、戏曲、话剧等演出功能。

11.2.2　灯光音响设计

1.灯光

一般灯光设计，在考虑及确保实用的前提下追求先进性、安全性、经济性和可扩展性。大型剧院舞台灯光系统设计、配置和布局做到科学、合理。舞台灯光布置分台内区和台外区，配备基本灯位，并能灵活调节，具有一定的演出扩展能力。设计控制网络系统应充分理解灯光设计者的设计思路，考虑舞台演出等各项需求，对灯光控制的要求要有非常深刻的理解，整体设计思路应用范围全面、构思布局合理到位。在舞台内，要获得明视效果，不仅需要有合理的照度，而且更需要均匀的照度分布，因此合理的照度和它的均匀度是保证物体可见度的基本条件，为了解决这一疑问，用最大照度值1200lx和最小照度值600lx。

（1）组成部分

大型剧院大剧场由主舞台和两侧侧舞台三部分组成，舞台台口宽18m、高10m；主舞台进深26m、宽度32m、高27m；侧台进深18.2m、宽度为14.5m。根据此建筑条件进行舞台灯光系统方案设计。

（2）设计参数

舞台演出控制回路：调光/直通两用混合模块回路：576路，3kW/回路；舞台灯光控制台可控通道大于8192个通道；

照度指标：舞台平均照度不低于1200lx，相对于表演区内任意位置，有不少于三个方向的光。每一方向光的最大白光照度（单灯效果）不低于800lx，主表演区最大白光照度大于1000lx；显色指数：Ra大于90；调光柜抗干扰指标：满足国家标准《电子调光设备无线电骚扰特性限值及测量方法》中规定的一级机标准；ETHERNET接口85个，DMX接口124个；色温：常规灯具3200k、±5%，效果灯具6000k、±5%。

（3）控制系统

网络数字调光控制系统是新一代高速网络与智能数字调光设备和控制台的集成。该系统的组成如下：

配置了功能强大的综合灯光控制台2台，演出时可控制调光器、电脑灯、烟机等舞台灯光相关设备，可同时作为双机冗余备份，位于灯控室。控制台具有DMX512、以太网接口，完全兼容ACN（Advanced Control Network）格式或ARTNET格式。调光柜选用直通/调光两用混合模块，双控制抽屉，光纤、RJ45、双路DMX512信号信号接口，安全可靠。调光柜的工作状态反馈到灯光控制台或台式电脑（可以接在任何一个以太网接口上），调光柜本身也可以显示反馈信息，灯光师可以根据反馈的信息及时做出故障的判断。通过信号控制可实现每个回路的调光－直通的随意切换，避免了直通与调光回路在局部灯位不够的状况，具体回路分配见回路配置说明。

（4）网络信号传输系统

大型剧院剧场舞台灯光网络传输系统采用第三代网络传输系统，系统整合了先进的网络信息交换产品并结合目前世界最先进的网关式灯光网络设备。整个系统采用单环形式的专业化可扩展智能网络结构，具有简单、安全、易安装、扩展性强、易升级的特点。舞台各信息点的网络信号通过智能插座式交换机提供，端口方面每个交换机可提供多个10/100M自适应以太网端口，并提供一个转接区，使得同一区域的扩展实现无限扩展。另外，该设备支持以太网供电和本地交流电源供电两种方式，它可以通过符合802.3af标准的以太网供电设备或解决方案获取电力，并能将以太网供电转移到另一个设备。因此，以太网节点物理点可以便捷地扩展。舞台各信息点DMX信号通过DMX终端提供，每个终端可提供两个或以上DMX端口，并通过网络或在设备上直接设置端口的输入输出属性。另外，该设备与智能交换机一样支持以太网供电和本地交流电源供电两种方式。这些终端采用固定安装和流动结合的方式。这一系统结构，不仅彻底解决了信号物理布局与演出使用时的不均衡问题，更为今后灯光设备网络化做了充分的应对。

（5）舞台灯光回路设计

①舞台灯光回路的设计是舞台灯光设计的重点，因为好的设计可以在演出时为灯光创作人员提供艺术创作的空间和灵活用光的技术支持。也就是说，在剧场内可能布光的位置都要设计灯光回路，同时要对这些回路进行合理、科学的分配。四川大剧院舞台灯光回路的分布，主要以多功能使用要求进行布置，在满足各种形式演出需求的同时，也能满足召开会议的需求。

②大型剧院舞台照明灯具的分布，采用镜框式舞台灯光设计模式。技术性能上要求能对整个舞台区域或对同一个区域的多个点同时布光。灯光的亮度、色彩能灵活变化。灯光布置上能做到对任一区域都有满意的投光角度。实现多方向、多角度照明，为创造理想的艺术效果提供必要的技术条件。在各区域布置：面光、左右外侧光（耳光）照明系统、天桥侧光、上下流动光、顶光照明系统、天幕照明系统、脚光照明系统、追光、乐池顶光、二层观众席挑台光等。

③舞台灯光供电：电力线将为以下这些地方的布灯点提供电力，包括观众席顶棚、舞台前部拱墙、乐池、主舞台及其附属建筑空间，和演出承办方放置设计中设备的所有点。

2. 音响

大型剧院的演出定位要求，系统和设备硬件满足厅堂电声指标必须达到国家一级标准，对音响系统进行了定位及方案选择同时尽量节约投资。在满足观众对艺术表现品质、管理操作者对系统的操控要求的同时，从剧场将来的经营角度出发，对系统的构成、产品的选型配置均应体现出对多种用途的适应性；包括观众厅扩声系统，舞台返送监听系统，以及控制室监听系统；扬声器系统、音频信号传输、控制系统、声源拾取及重放系统等组成。

（1）功能设计

根据对剧场的需求定位分析，提出以下功能设计：

大型剧院主要具备承接国际国内一流文化团体的大型演出以及大型综艺演出和会议的使用功能。

（2）扩声系统功能

作为一个专业演出剧场，其音质设计相当重要，音质设计属建筑声学设计范畴，《剧场、电影院和多用途厅堂建筑声学设计规范》GB/T 50356—2005，主要建筑声学指标包括音质、响度、清晰度、混响时间、环绕感、观众厅噪声等。随着电声技术的迅速发展，通过一套优良的扩声系统将声源信号尽可能不失真地在每一个座位处还原，并改进特定听音区的主观听觉感受都已成为现实。扩声系统可以使歌词清晰可靠、音乐有上佳的明晰度、整体有适当的混响感、歌唱声与乐队声都有足够的响度和平衡感。具体来说，扩声系统的主要功能包括有：改进语言清晰度和音乐明晰度；扩展动态范围（声源功率不足时）；改进一场演出中不同位置（对白、歌声和器乐声）之间的声平衡（正确地操作扩声系统）；应具有良好的声还原特性；为丰富表演艺术效果而重放各种特定的"效果声"；根据艺术创作要求对人声和乐器声进行修饰或产生特定的效果；在无乐队伴奏时重放歌舞剧的伴奏音乐；可将部分节目信号存储和预设程序以简化技术操作；可对现场节目进行拾音、记录以及为广播或电视转播提供现场音频信号。

（3）舞台返送扬声器系统

在主舞台左右两侧，柱光架上安装2只全频音箱，距离舞台面4m。在舞台前区左右两侧，机械吊笼上安装2只全频音箱，距离舞台面4m。对主舞台表演区域进行声场覆盖，以满足基本的舞台返听需要。流动返送系统：当主舞台发生变化时，为了更好地满足演员返听和流行音乐演出时的流动返听的要求，单独配置8只全频音箱，作为主要演唱者或乐队的监听；音箱选用大声压级、大动态范围的产品，以满足不同使用功能的使用要求。

（4）控制室监听系统

声控室的监听扬声器的还原效果将直接影响音响师对声音的正确评估，而做出相应适当的调校。本方案设计选用声像定位准确、全频频响平直、能将声控室声音和场外声音统一化的监听扬声器，监听音箱需具有精确的声像定位，极低的失真及极强的低频扩展能力和精度。为调音师提供足够手段监听到每个细致的声音。在控制室内设有3台有源监听音箱，此外，还配置了2副专业监听耳机。

（5）扬声器系统

扩声形式，根据功能要求，确定扩声系统采用左、中、右三声道扩声系统，每个声道扬声器阵列独立覆盖所有观众席，另配2组左右拉声像扬声器，4组独立的超低频扬声器，4组舞台固定监听扬声器，8只舞台流动返听扬声器，7只台唇补声扬声器，7只乐池栏杆补声扬声器，7只挑台下方补声扬声器，控制室监听扬声器3只，观众厅配环绕效果声扬声器共24只。

（6）信号传输、控制系统

音频信号传输、控制、处理、分配及交换系统以调音台作为控制核心，对各类输入输出信号进行路由控制、混合、分配处理。设计重点从安全性、稳定性考虑，采用两台数字调音台同步并行相互备份的模式。前端音频信号，如各类传声器、无线话筒信号进入舞台接口箱，经网络传送至数字调音台，在调音台内部进行控制、混合和分配处理后，再通过传输网络路由到功放室接口箱，分配到各自的输出声道，各通道的信号通过

DSP处理设备进行全面的均衡、分频、延时等处理后再送到功放扬声器系统，完成整个信号重放的过程。

（7）声源拾取及重放系统

无线话筒接收设备安置在信号交换机房，通过监控网络，调音师可在控制电脑屏幕上监视每个无线话筒通道的IP地址、频率、发射机电池电量、MUTE等详细工作状态。

11.2.3 灯光系统工艺质量控制

1.技术准备工作

组织各专业素质高、技术业务精的优秀人员参与本项工作，并对其进行纪律教育和技术交底、业务培训工作。组织各专业人员学习、熟悉图纸及相关的标准、规范、规程，了解设计意图、对图纸进行会审及对选定的技术工人进行技术交底和培训，要求所有人员对各自的责任有清楚的了解，对各自责任范围内的设计要求、规范要求有清楚的认识，明确施工组织设计对工程施工的部署和对工期、质量、安全、成本控制及现场管理等方面的要求。加强质量管理。熟悉和审查图纸，为编制施工组织设计提供依据，按图纸复审、会审和现场签证三个阶段进行。

2.灯光系统安装施工顺序

现场定位放线——开桥架孔洞——桥架支架制作——桥架安装——灯具回路线布放——直通柜安装——信号柜安装——灯杆桥架安装——端子箱、直通柜接线——通电试运行——调试。

3.施工工艺流程图

施工工艺流程图，如图11-17所示。

4.测量放线

（1）用弹线法标识桥架的安装位置，确定好支架的固定位置，做好标记。

（2）竖井内的桥架定位先用悬钢丝法或者吊锤确定安装基线，如预留洞口不合适，应及时调整，并做好修补。

5.管线施工一般要求

（1）工艺流程（图11-18）

（2）施工工艺

测线定位，根据施工图纸确定箱、盒轴线位置，以土建弹出的水平线为基准，挂线找平，线坠找正，标出箱、盒实际位置。成排或成列的箱盒位置，应挂通线或十字线；暗配的电线管路宜沿着最近的线路敷设，并减少弯曲，埋入墙体或混凝土内的导管，管顶保护层不应小于15mm。

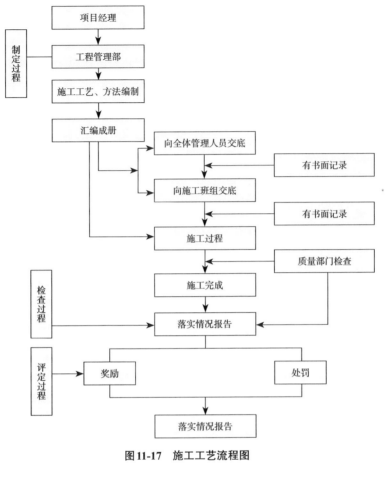

图 11-17 施工工艺流程图

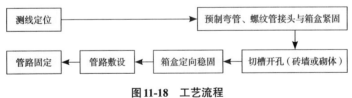

图 11-18 工艺流程

（3）预制弯管、爪形螺纹管接头与箱盒紧固

预制弯管可采用冷撇弯及定型弯管，一般管径25mm及以下时，可使用手扳撇管器，即将管子插入撇管器，逐步撇出所需弯管，管径32mm及以下时，可使用液压弯管器；将爪形螺纹管接头与盒箱连接，用专用扳子锁好。

（4）切槽开孔

砖墙或砌体需切割槽时，应在槽两边弹线，用切割机及錾子剔槽。槽宽比管外径大5mm为宜，箱、盒孔不宜太大。

（5）箱、盒定向稳固

砖墙或砌体墙的箱、盒，用强度不小于MIO的水泥砂浆稳住，平整、牢固、坐标正确。现制混凝土或楼板上的箱、盒应先安装好卡铁，将卡铁点焊在钢筋上，如为木模板时，可用钉子或细铅丝将箱、盒绑扎固定在模板上。

（6）管路敷设

管子切断采用钢锯、砂轮锯进行切管，断口处应平齐不歪斜，管口刮铣光滑、无毛刺，管内屑应清除干净；管路连接采用直管头连接，其长度为管外径的1.5倍，管的接口应在其管接头内中心即1/2处，采用90°直角弯管接头时，管的接口应插入直角弯管的承插口处，并应到位，再使用压接器压接。压接后，在联接口处涂抹铅油，使其整个线路形成完整的统一接地体；管路压接应采用专用工具进行，水平敷设时，扣压点宜在管路上下方分别扣压，管路垂直敷设时，扣压点宜在管路左右两侧分别扣压，当管径为25mm及以下时，每端扣压点不少于2处，当管径为32mm及以下时，每端扣压点应不少于3处，且扣压点宜对称，间距均匀。扣压点深度不应小于1mm，扣压点位置应在连接处中心。

（7）管路固定

敷设在钢筋混凝土墙及楼板内的管路与钢筋绑扎固定，固定点间距不应大于1000mm；敷设在砖墙、砌体墙内的管路，剔槽宽度不应大于管外径5mm，固定点间距不应大于1000mm。

6.电缆桥架安装

（1）桥架安装前进行图纸会审，明确空间位置关系，根据图纸要求及现场情况确定桥架的走向，桥架的标高，按图施工，避免造成返工。桥架选择社会信誉好的合格生产厂家生产的槽式桥架，其结构要满足强度、刚度及稳定性要求，符合生产厂家给出的允许荷载要求。

（2）桥架与支架间螺栓、桥架连接板螺栓固定紧固无遗漏，螺母应位于桥架外侧；当铝合金桥架与钢支架固定时，有相互间绝缘的防电化腐蚀措施。敷设在竖井内和穿越不同防火区的桥架，按设计要求位置，有防火隔堵措施。

（3）桥架支架采用L40mm×40mm的角钢及槽钢制作支架、吊架，对于不靠墙安装的400mm宽以上的桥架采用龙门架支撑，而靠墙安装的桥架采用L形及L形加斜撑的支架支撑。支架采用M12的金属膨胀螺栓牢固地固定在楼板或墙上，吊架和支架安装应采用减震支架安装。支架与预埋件焊接固定时，焊缝饱满。膨胀螺栓固定时，选用螺栓适配，连接紧固，放松零件齐全。

（4）安装机柜、机架、配线设备屏蔽层及金属钢管、线槽使用的接地体应符合设计要求，就地接地，并应保持良好的电气连接。线槽截断处及两线槽并接处应平滑、无毛刺。

7. 电缆施工

电气材料的型号、规格、电压等级应与设计图纸相符，材料与设备的合格证应齐全。电缆的型号、规格、电压等级及生产日期应清楚标明于电缆表面，电缆应保存良好。电缆外观检查应无锈、无机械损伤、扭伤等现象存在，橡胶与塑料电缆外面无老化与裂纹存在。电缆支架与紧固装置应无明显的锈斑，放电缆之前对锈蚀的电缆支架桥架应补漆，所有的紧固件应为镀锌元件。

（1）电缆施工

放电缆的准备条件：电缆施工前，所有的电缆就事先按设计图纸核实一遍。电缆的型号、规格、截面电压等级应与设计图纸相符，电缆表面无扭曲、损坏现象；380V电缆，用500V摇表测线间及对地绝缘电阻不少于10Ω。

（2）电缆敷设

电缆桥架或支架上的电缆应一层一层敷设整齐，严禁电缆交叉敷设，电缆电线的弯曲半径应符合有关规定。同一桥架内的动力、控制电缆应用隔板分开敷设。水平敷设时，在缆线的首、尾、转弯及每间隔5～10m处进行固定。垂直敷设电缆的最佳方式为从上到下。对相同截面电缆，先敷设低层再敷设上面一层，在敷设过程中，应注意电缆盘滚动方向，防止电缆盘翻倒事故的发生。电缆桥架内缆线垂直敷设时，在缆线的上端和每间隔1.5m处应固定在桥架的支架上。电缆敷设完成后，管口、洞口应加密封材料密封。在水平、垂直桥架和垂直线槽中敷设缆线时，应对缆线进行绑扎。对电缆、光缆及其他信号电缆应根据缆线的类别、数量、缆径、缆线芯数分束绑扎。绑扎间距不宜大于1.5m，间距应均匀，松紧适度。

（3）标识

电缆标牌应统一、防腐、绑扎牢固。电缆标牌上应注明线路编号、电缆型号、规格、起始点、电压等级，字迹应清楚，便于检修。电缆标牌应写于电缆的两个终端，放好的电缆应及时进行绑扎固定。

（4）接线

所有的合股导线应压接线端子，低压相导线应标明色相。电缆标牌与电缆芯线标号应与图纸一致，且排列整齐。控制电缆终端采用热缩电缆套管制作。将导线按接线图接线。接到端子板的导线应留足够的余量。绑出的线应美观，看不到交叉线。缆线在终接前，必须核对缆线标识内容是否正确；缆线中间不允许有接头；缆线终接处必须牢固，接触良好；缆线终接应符合设计和施工操作规程；对绞电缆与插座接件连接应认准线号、线位色标，不得颠倒和错接。终端制作前，对敷设好的缆线，检查其是否短路和断路再用交流兆欧表测试绝缘电阻并做好记录。

8.电源回路施工工艺

灯杆桥架工业插座施工工艺，注意剥切时不得伤及芯线及绝缘层，应制作规范，做好进箱处理（热缩管的套用、胶泥封堵进线孔等），与设备连接的相序标志应明显、正确，预留适当备用长度。安装插座应采用正规厂家生产的名牌插座，不使用拼装组装的伪劣产品，接头压接紧固，应设置地线。回路安装应做到横平竖直，整齐美观，均匀分布。

（1）地插盒安装施工工艺

地面插座是由底盒和上盖两部分组成。地面插座的安装工作应分两步进行。首先，为保证线管与地面插座的连接和线缆的穿线工作顺利进行，应将地面插座的底盒固定，与金属线管进行可靠的连接，并按施工规范中的有关规定进行良好地接地处理。地面插座的上盖对地面的整体具有一定的装饰作用，为使其装饰性不被破坏，上盖的安装应在整个工程施工的后期进行。

①钢底盒的定位：按施工图纸确定钢底盒的安装位置，用金属线管将钢底盒连接起来，在其周围浇铸混凝土进行固定。必要时可用经纬仪对需要预埋的同行同列的钢底盒进行校正、定位。

②预埋深度：首先应根据设计图纸的要求选择适当厚度的预埋钢底盒，再根据地面及楼板的结构进行预埋处理。一般钢底盒的上端面应保持在地平面 ±0.00 以下 3～5mm 的深度，然后在其周围浇铸混凝土予以固定。预埋深度在地面找平层和装饰层之间、预埋深度要求小于55mm时，可选择超薄型钢底盒。

③预埋深度在地板钢筋结构之上至装饰层之间的可选用厚度为65～75mm标准的预埋型钢底盒（图11-19）。

图11-19　地插盒安装

（2）扁平线缆安装要求

扁平电缆是标准组织生产，适用交流额定电压450V/70V及以下的移动式电气设备中，扁型结构特别适用于频繁弯曲的场合，不扭结，折叠整齐，由于它易弯曲、布线空间小等优点，所以在剧场剧院中也得到广泛的应用。一般应用于灯杆的收线，美观、整齐。

（3）机柜及支架安装

①支架制作安装：下料加工→除锈刷油→安装→接地；下料加工；按照图纸尺寸及设备要求下料、钻眼，需要用电焊组焊支架，除去焊渣、割渣。

②除锈刷油；平直型钢，采用角磨机或钢丝刷除锈，用干净的破布和毛刷将除去的锈灰擦净，刷两道樟丹防锈漆，干后刷灰调和漆，刷油要求均匀。有埋件的可以直接将支架找正焊接。无埋件的则定位划眼打孔，埋膨胀螺栓，将支架找正调平后收紧膨胀螺栓。其水平度和垂直度符合规范小于1.5%，安装完后应补樟丹防锈漆和灰调和漆。

③接地；所有与设备连接的电气设备必须接地，接地要求应符合设计和焊接规范。

④机柜安装完毕后，垂直偏差应不大于3mm。机柜、机架安装位置应符合设计要求；机架上的各种零件不得脱落或碰坏，漆面如有脱落应予以补漆，各种标志应完整、清晰；机架的安装应牢固，如有抗震要求时，应按施工图的抗震设计加装抗震垫。

9. 箱、柜安装工艺

（1）明装配电箱底口距地1.2m，用膨胀螺栓直接固定在墙上，配电箱内配线排列整齐，并绑扎成束，压头牢固可靠，配电箱上的电气器具牢固、平整、间距均匀、启闭灵活，铜端子无松动、零部件齐全；暗装配电箱底口距地1.4m，安装时标高准确，箱体平直，闸具排列整齐，配线、绑扎成束，相序分色，压线正确，牢固可靠、地线明显、绝缘耐压合格、卡片框整齐。

（2）盘柜安装时，允许偏差的范围：其垂直度每米不大于1.5mm；盘面平直度每米不大于1mm。各种操作部件应灵活轻便，无卡阻、碰撞现象，相同型号的手车、抽屉可以互换，设备之间机械联锁或电气联锁装置应动作正确可靠，各种电缆应排列整齐，编号清晰，避免交叉并应固定牢固，不得使所接的端子排受到机械应力，电缆芯线，应垂直或水平有规律地配置，不得任意歪斜交叉连接，备用芯线长度应留有余量，盘柜内的导线不应有接头，导线芯线应无损伤，每个接线端子的每侧接线宜为一根，不得超过两根，对插接式端子，不同截面的两根导线不得接在同一端子上，对于螺栓连接的端子，当接两根导线时，中间应加平垫片。

10. 电源/硅控二合一机柜安装工艺

（1）机柜安装前必须检查机柜排风设备是否完好，抽屉是否完好；机柜型号、规格，安装位置，应符合设计要求；机柜安装垂直偏差度应不大于3mm，水平误差不应大于2mm。几个机柜并排在一起，面板应在同一平面上并与基准线平行，前后偏差不得大于3mm，两个机柜中间缝隙不得大于3mm，对于相互有一定间隔而排成一列的设备，其面板前后偏差不得大于5mm。

（2）机柜的各种零件不得脱落或碰坏，漆面如有脱落应予以补漆，各种标志应完整、清晰；机柜安装应牢固，有抗震要求时，按施工图的抗震设计进行加固；机柜禁止直接安装在活动地板上，按设备的底平面尺寸制作底座，底座直接与地面固定，机柜固定在底座上，然后铺设防静电地板；安装机柜面板架前应预留有1200mm空间，机柜背面离墙距离应大于1000mm，以便于安装和施工。

（3）机柜内的设备、部件的安装，应在机柜定位完毕并固定后进行，安装在机柜内的设备应牢固；机柜上的固定螺丝、垫片和弹簧垫圈均应按要求紧固，不得遗漏；柜体安装，安装基座时要综合考虑机柜的开门方向和操作便利性，优先考虑配线舱的开门方向，设备舱门和配线舱门必须能够完全开启；机柜要做好防雷接地保护；柜体安装完毕应做好标识，标识应统一、清晰、美观，机箱安装完毕后，柜体进出线缆孔洞应采用防火胶泥封堵，做好防鼠、防虫、防水和防潮处理。

（4）端子箱安装：端子箱安装应选用无锈厚实铁质的带门箱体，线头要压接紧固，零线和地线接线排禁用塑料接线排，必须安装漏电保护器。线路应做到上进下出，横平竖直，规范整齐。箱体安装的垂直偏差不大于2mm，进出线箱排列整齐，并留有适当的余量。在出口处，应装护套保护导线。

11. 防干扰方案（工程重中之重）

（1）可控硅调光器输出端安装高频扼流圈，用来增加电流上升沿时间，抑制高频谐波分量。供电系统应采取的措施：选择大容量的电力变压器，降低变压器内阻，减少通过变压器内阻耦合所引起的干扰，或灯光与音频系统分开两个变压器供电，或采用隔离变压器。

（2）均衡分配三相电源灯光回路，使用的粗线径电源中线（三相五线制），减少由于三相电流不平衡时产生的零序电流。

（3）合理安排灯线：每个回路从调光柜到灯都采用独立"一进一出"的接法，禁止采用各回路单线输出经灯后再共用回零线的做法。灯光布线和音、视频线路符合规范要求安全距离，必须相遇时应垂直交叉而不能平行，且应有较大距离，如果需要平行排线、强电路与弱电路的铺设距离应不小于50cm。良好的接地，并将灯光硅箱接地点远离弱电设备接地位置（图11-20）。

（4）将敏感设备分开供电，将强电和弱电分回路供电。更重要的是，我们在硅箱内选择使用IGbt管作为功率元件，能耗小，近似正弦波输出，输出谐波干扰可以忽略，对视频、音频干扰极小，并具备拨出自动断路功能，保障人员和设备的安全。还具备高速短路保护和过载保护功能。

12.灯具安装施工工艺

灯具安装前应仔细阅读产品说明书，以掌握正确的安装方法、步骤。

（1）灯具的吊装需采用灯钩及保险链双重保险，经过安全认证和保险的吊装组件；灯具的安装应牢固、安全，其安装角度应易于调整；灯具输入电缆与灯具的连接必须牢固可靠；灯具输入电缆不可扭曲或绞合，灯具电缆的选用必须满足灯具使用功率的容量要求（图11-21）。

（2）灯具面板一般朝向观众区方向；各灯具电缆两端须标示永久性标志和相位标记。DMX地址码设置顺序为，由左到右，由前到后，由上到下。

13.控制室内控台以及设备安装

（1）控制台安装：控制台安装时应安放竖直，保证台面水平，且附件应完整、无损伤，螺丝紧固，台面整洁，接插件和设备接触应可靠，安装应牢固。控制室应铺设防静点地板。

（2）控制室内设备安装：控制室内采用地槽和墙槽时，电缆应从机架、控制台底部引入，将电缆顺着所盘方向理直，按电缆的排列次序放入槽内，拐弯处应符合电缆曲率半径要求；电缆离开机架和控制台时，应在距起弯点10mm处成捆空绑，根据电缆的数量应每隔100～200mm空绑一次。采用架槽时，架槽宜每隔一定距离留出线口；电缆由出线口机架上方引入，在引入机架时，应成捆绑扎，采用活动地板时，电缆在地板

图11-20　可控硅调光柜安装

图11-21　吊杆灯安装

下可灵活布放，并应顺直无扭绞；在引入机架和控制台时还应成捆绑扎，在敷设的电缆两端应留适度余量，并标示明显的永久性标记，各种电缆及控制线插头的装设应符合生产厂的要求；控制台安装时应安放竖直，保证台面水平，并且附件完整、无损伤，螺丝紧固，台面整洁，接插件和设备接触应可靠，安装应牢固。控制室应铺设防静电地板。

11.2.4 灯光系统电气、智能调试

灯光工程的调试，是一项既需要技术和经验又需要认真和细致的工作，当设计和施工都符合要求时，若调试不合理不细致，不仅无法达到工程的设计效果，还有可能使设备工作处在不正常状态。所以，在调试前要充分认识到这项工作的重要性。

1.调试前的准备

调试前要仔细确认每一台设备是否安装、连接正确，认真向施工人员询问施工遗留所导致的可能影响使用的有关问题；调试前必须再次认真阅读所有的设备说明书，仔细查阅设计图纸的标注和连接方式；调试前一定要确信供电线路和供电电压没有任何问题；调试前应该保证现场有关人员的安全；调试前还要准备相应的仪器和工具。

2.对安装、供电线路、连接情况的检查

因为灯光工程整个系统涉及的连接点和插接件比较多，在安装时也有可能因为个别的原因发生错误，所以，细致检查是有必要的。一般的检查包括设备安装安全性，供电线路是否合理，各插接件的连接是否正确等，另外还有一个重要的检查项目就是：仔细检查每一件设备的状态设置是否满足设计要求，这点不能忘记，否则极易造成设备损坏，各设备的电源选择开关是否合适；电脑灯，换色器的地址码是否设置正确等。

待以上调试步骤都确认完成后，就可以进行设备的调试了。灯光控制系统的调试对于剧场复杂的舞台灯光系统而言，由于涉及人物和舞台布景的照明以及不同需要的灯光造型，所以这方面的调试包括了灯光的色调、色彩、色温、亮度、投射范围、调光台的场景、序列程序的编辑等多方面的内容，不是一般实用工程所能简单调试的，其中控制系统的调试是工程调试的关键，系统涉及的设备较多，调试的部位也较多，遇到的问题也可能较多，所以要首先集中精力完成它。需要准备的仪器和工具：电流表、DMX发生器、万用表、网络线校正器以及绝缘检测仪器等。

3.调光硅柜的调试

（1）把所有硅抽屉拔出，确保切断输出回路的电路，检查电源线的连接点，要求牢固无缝隙，触点可靠。

（2）使用万用表测量三相五线制电源连接是否正确，再用绝缘检测仪器。

（3）检测电线绝缘程度要符合安全标准，通知供电部门供电，电源接通后，使用万用表测量电源电压是否符合，使用示波器测量电源的交流电波形图，不能有畸变，经过认真的检查测试合格后，接通处理器的电源。

（4）依照说明书检查液晶显示的内容是否正确，确认无问题后，就开始把硅抽屉一个一个地插入进行单路调试，48个硅抽屉96路可控硅全部插入调试合格后，把该台调光硅柜的地址码设定好，关断这台调光硅柜的电源，按同样程序调试下一台调光硅柜。

4.控制系统调试

对于复杂的剧场灯光系统，由于涉及人物和舞台布景的照明以及不同需要的灯光造型，所以这方面的调试包括了灯光的色调、色彩、色温、亮度、投射范围、调光台的场景、序列程序的编辑等多方面的内容，不是一般实用工程所能简单调试的。其中，控制系统的调试是工程调试的关键，该系统涉及的设备最多，调试的部位也最多，遇到的问题也可能最多，所以要集中精力完成它。

调试的步骤：从信号源开始逐步检查信号的传输情况，这项检查很有意义，因为只有信号在各个设备中传输良好，调光设备机柜、电脑灯、LED灯等设备才会得到一个正确稳定的信号，才可能有一个好的控制质量，所以在做这一步工作时，一定要有耐心，一定要仔细，进行这一步时，调光设备机柜、电脑灯、LED灯等设备先不要急着连接上，相关周边处理设备也最好置于旁路状态。依据施工图纸，检查时要顺着信号的去向，逐步检查它的电平设置、正副极性及畅通情况，保证各个设备都能得到前级设备提供的最佳信号，也能为下级提供最佳信号，在检查信号的同时，还应该逐步检查它的电平设置、正副极性及畅通情况，保证各个设备都能得到前级设备提供的最佳信号，也能为下级提供最佳信号，在检查信号的同时，还应该逐一观察设备的工作是否正常，是否稳定，这项工作意义还在于，若单台设备在这时出现故障或不稳定，处理起来比较方便，也不会危及其他设备的安全，因此，这项检查不要带入下一步进行。

5. DMX512测试

仪器，网线测线仪。步骤：接通仪器电源，打开电源开关，做好卡农五芯转网口（水晶头）转接线，转接线网口端分别连接网线测线仪两端，转接线五芯卡农端连接焊接好的信号线两端，若测线仪指示灯按顺序（从1～5）跳动，则弱电信号校通；若如出现闪动顺序错乱，则接线顺序错误；若出现某个指示灯不闪动，则某一芯信号线出现虚焊或漏焊。

6.网络测试

使网络测试仪两端分别插入剧场各点位及对应的网络机柜网络跳线盘接口，信号灯1～8依次亮为网络通畅；1236必须亮，45对冲，78加强信号；橙白—橙—蓝白—绿—绿白—蓝—棕白—棕，故障排除：无转接盒的两端水晶头剪掉重压；有转接盒的分三段测试，查出有问题的一段，将两端水晶头剪掉重压。

7.网络系统互连

灯光控制台、扩展设备、网络交换机等设备系统设置及连接。由设计人员完成调试。并出具控台使用说明书。

8.电脑调光台的调试

首先，认真检查所有设备安装是否到位，且不存在任何安全及性能隐患。保证各设备电源正常供应，连接可靠。仔细检查每台调光台的单独运转状况及网络备份功能。集控存储，Q场存储调用、效果走灯。硬盘、USB存储及调用。功能整体配置齐全、严格符合合同所述技术要求。Reporting报告是否正常。

9.电脑灯安装完成

电源、信号连接，地址码设置及电脑灯系统连通。步骤：

（1）电脑灯安装按图纸施工，电脑灯电源线插头插至直通回路。

（2）信号线由末端点位引至电脑灯，卡农母头输入，卡农公头输出，引至下只电脑灯。每道灯杆近上场门为第一只，近下场门为最后一只，按顺序连接信号线，最后一只电脑灯只有输入无输出。

（3）用内六角拧开灯头尾部灯泡安装处，灯泡安装一律戴手套安装，严禁直接触摸灯泡玻璃管。

10.舞台灯具的调试

（1）认真检查各舞台灯具的外部连接是否正确及外观是否是新机。

（2）仔细检查单机运行状况及整体运行状况。

（3）严格符合合同所述舞台灯具的技术要求。常规灯具安装完成，并按照图纸顺序逐一测试回路。仪器：40W以下为真空小灯泡。

①按照施工图纸回路顺序，逐个在调光柜上通电，点位末端连接小灯泡。

②校对现场标记铭牌和实际调光回路是否对应。

③若灯泡按照调光柜输出顺序正常开亮，则回路顺序正确；若调光柜输出回路序号跟实际开亮回路序号不匹配，则调光柜接线顺序错误或回路铭牌标记顺序错误；若调光柜输出回路只有电压指示灯亮，电流指示灯不亮，则回路出现断路，需重新检查末端接插件接线情况和调光柜相应回路接线情况。

（4）在上述项目进行完成后，需要检查一遍网络电脑调光台以及电脑灯控制台的运行速度和现场的灯具、电脑灯、烟机等在线受控设备的动作响应时间是否一致，电脑灯、烟机自检是否正常等。另外，还要注意灯光系统、音响系统以及视频系统相互有无干扰，若有，应记录下产生干扰的时间和具体设备的型号，以便日后解决（图11-22）。

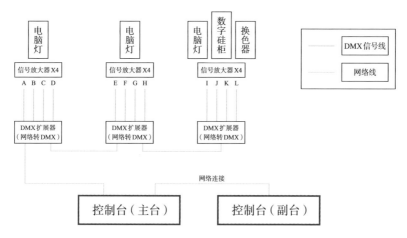

图11-22　工艺流程图

11.总体调试

在每个工程项目的调试已分别完成，且确认各套设备状态良好，没有明显的调试不当时，就应该开始整个系统的全面调试了，与各套设备各个系统单独调试不同的是，全面的总体调试没有明确的具体调整部位，它的主要任务是在各系统协同运行中，检查它们相互联系的工作部分是否协调，检查它们一起工作时是否会产生相互影响和干扰，检查灯光系统中的调光动作是否会对音响系统产生干扰等（图11-23）。

图11-23　调光控制台、吊杆灯调试

11.2.5 音响系统质量控制

大型剧院进行施工前，首先应该有一套较为严格的设计图纸，并预先考虑好施工的步骤，在施工刚开始时，就要严格按照施工的计划进行。在进行施工的过程中，还需要一些有经验的技术人员对工程的进度及质量，进行检查、监督、把关，这样才能保证音响工程的质量。

1.音响系统施工顺序

音响点位定位放线—开桥架孔洞—桥架支架制作—桥架安装—音响线布放—信号柜安装—音响安装—系统搭建—通电试运行—调试，桥架、配管施工工艺不再表述，施工同灯光系统，特别强调强电、弱电桥架严禁共用桥架布线。

2.音响系统工程施工工艺

包括现场施工线材、附件接插件、施工工艺和设备安装。

（1）线材/话筒线

采用2芯或4芯带屏蔽线材，多数使用在明装场合，线材外皮比较厚，内部有抗拉伸填充材料，柔软度好，外观美观，有多种颜色类型。适合有线话筒明装使用。本项目的明装话筒线符合使用要求。

①工程用音频信号线：采用2芯或4芯带屏蔽线材，线材内部填充材料较少，因此线材外径比较细，便于在线管内穿线。在机柜内连接设备时也便于整理和扎线，机柜内线路非常清楚，同时也有利于后期维护和检修。此类线材多数用于机柜内音频设备信号连接和线槽、线管内敷设。

②工程用音箱线：根据音箱和功放的功率不同可选用不同线径的无氧铜音箱线，通常使用线径在2.0～4.0mm平方规格的。为便于施工，并符合施工要求，应使用工程专用音箱线，线材恒截面为圆形，便于线槽和线管敷设及穿线。本项目使用的透明音箱线，在很多项目中也都在使用，作者认为这种线的电器指标虽然满足需要，但是在施工和长时间流动使用时会造成很多不便。例如，穿线时由于透明音箱线的外表皮不够光滑，会在穿线时增加摩擦系数。此类音箱线对金属导线只有一层保护，在出现线路磨损时容易造成短路。而各类音箱专用接插件的出线端全部是圆形并带有固定线的锁紧装置，防止拉线时对焊接点造成过大压力，音箱线横截面为"8"字形，不能被接插头锁紧装置很好的固定。

（2）附件和接插件

主要包括接插件、墙面接口盒和定制附件等。

①接口盒：不同项目的接口盒需要根据项目的具体要求进行配置。接口盒可以做

地面安装和墙面安装。为了与装饰相互配合，接口盒多采用隐藏式安装。可采用通用型，也就是厂家预先生产好的，由项目施工人员根据设计要求，安装在指定位置，并将预先敷设的信号线与接口盒的接头做好焊接。对于有特殊需要的工程项目，则需要定制接口面板或接口盒，接口根据实际需要配置，面板需要预先根据需求进行设计和制作，更符合实际使用需求。定制接口盒的安装完全可以根据安装位置、尺寸和安装方式确定，更加符合工程实际需要，但是也特别注意定制设备的规范性，接口要符合系统各个类型接口的行业标准。各类型接口要有规律的设置，不能随意安装，例如强电接口和弱电接口一定要分开，信号接口和大功率接口（音箱线）要分开。这样在使用时便于操作，达到使用规范。

②接插件：音频信号主要有平衡和非平衡两类。平衡接头以卡农和三芯6.35mm直插接头为主。用于话筒连接的接头通常以卡农接口为主，信号传输部分可采用三芯6.35mm直插接头和卡农接头。卡农接头的公头一定是做输出接口，而母头一定是输入接口。用于非平衡音频信号连接的接头主要有莲花接口、两芯6.35mm直插接头和卡农接头。

③功率放大器与扬声器之间的连线接插头：主要有香蕉头、两芯6.35mm直插接头、四芯或多芯音箱专用接头和螺丝接线柱。功放功率输出端通常有专用接线柱，接线柱的规格是国际标准的，因此可以直接使用音箱专用的"香蕉头"，对调整音箱输出相位和更改接线非常灵活。

（3）施工工艺

扩声系统对施工工艺的要求比较高，因为在实际中音频信号很容易受到外界干扰，例如音频信号在设备之间传输时很容易受到电磁干扰、强电干扰和信号与信号之间的相互干扰等。为避免音频信号受到外接干扰通常采用以下抗干扰手段。

①防止电源信号干扰。由于电源采用50～60Hz的频率进行传输，而这段频率人耳是可以明显辨别的，因此由于设备接地不良、信号接地不良和信号线屏蔽不良等原因，经常会在音箱中听到低频交流声，此类噪声较容易辨认。此类干扰信号多源于电源音频，因此在实际工程中保证系统具有"干净"的电源尤为重要。通常可以采用1:1的电源隔离变压器或在线式具有电源滤波功能的UPS净化电源作为信号处理设备的电源。同时，需要使用三项电源中的同一个相位的电源，避免电源相位差引起的电源噪声。在实际工程项目中常常遭到业主的反对，理由是单向取电会引起相位负载不均衡的问题，故而遭到反对。而在实际使用过程中，音箱设备引起干扰的主要是信号处理设备和前极信号传输电缆。此类设备的耗电功率比较低，通常一个系统信号处理设备的最大总耗电功率不会超过1kW，因此使用同相电源不会对整个系统的用电安全造成危险。而我们

选用的隔离变压器和UPS净化电源的功率通常在1kVA已经可以满足需要。

②防止电磁烦扰。此类干扰信号经常影响系统的信号传输，为避免此类干扰要注意信号线的抗干扰能力。首先，采用平衡式传输方式和两芯屏蔽音频专用电缆进行音频传输。由于所有设备都采用平衡式传输方式，线缆的屏蔽层会将所有设备的机壳连接在一起，这时虽然具有较好的屏蔽效果，但是有时也会由于各个屏蔽层连接成环形，加之接地不好，会使系统反而由于各个屏蔽环路而引入干扰噪声。因此，在系统中应注意灵活使用单端接地连接方法，以及每个设备之间的线缆连接只将其中1条连接线作为很好的平衡式3芯连接，而其余所有连线只将设备一段采用3芯连接，而其他所有连线把屏蔽线做开路。系统中不可避免地会有非平衡设备，这时设备之间的连线就需要参照上文提到的设备接头连接方式的表格。

③在同一个系统中，信号与信号之间的相互干扰较少。但是作者也曾多次遇到过此类故障，例如系统串音严重的现象，即某个通道已经处于静音状态，而系统仍然存在声音。这时就需要严格检查线路的连接方式。串音严重的问题通常是施工人员将信号线错误地连接在了某个设备上进而引起的。此类故障通常需要检查设备连接的做法是否标准。

④接头焊接的高标准完成。这类要求可以说是扩声系统稳定工作和避免各类型干扰的基础方法。音响系统施工实际上可以从另一个角度认为是在将各个设备进行连接的工作。在这个连接过程中其实只有连接线缆和各个连接接头。只要线缆使用符合要求，接头焊接工艺达到技术要求，便可以避免绝大多数问题。而恰恰是这个看似简单的问题，却经常会造成系统的各类故障。

适当的焊接连接显得有光泽而光滑，所用焊料量应该刚好是已经进行良好的电气连接，并使引线轮廓可见。焊料应敷匀而不堆积，而且应流至整个端子基部周围，在连接处形成一个小的焊接轮廓线，焊料边界应为斜边，而不应反过来。"冷"焊连接是不合格的。这种高抗焊性结点呈现暗色、不平，其成因是没有加热到可以让焊料自由流动的足够热量。有未清理端子顶上的"包"焊。应在焊料冷却、硬化前移动导体；焊接槽式端子（例如，卡农接头和DB9接头）时，应在引线插入端子中焊料堆积的最大和最小量。焊接时应对端子加以足够的热量，使所堆积的任何焊剂溢出表面。焊接时必须十分注意防止烙铁烧伤引线绝缘层和元件。完成焊接操作后，应及时检查焊点并除去多余焊剂和焊料。无焊料接线片和接线片连接。把连接线连到元件的方法之一是无焊料接线片。部分无焊料接线片，具有U形垫片的，通常仅用在端子板或继电器和指示灯等处。环形用于所有使用螺丝压紧的场合。

⑤电缆布线：布线要保证整洁，线路平行。线槽和机柜内线路要使用扎线带和专

用工具将电缆捆扎并在所有电缆接头处做详细线标,线路连接方式、接口和线标也要有相应图纸相对应,并有记录可供查询。直线走线电缆上的尼龙扎带间隔应为把电缆保持成所需的形状需用最少的扎带的间隔。在各引线分岔点处均设置一个扎带。对于拐角和T字形连接,把扎带放在角的两边,固定T字形连接的代替方法是利用一个的"X"形扎带。在某些情况下,特别是对于大电缆,可能需要在拐角和T字形连接处利用一个大尺寸的扎带,以增加强度。

(4)设备安装

设备安装主要分为扩声现场设备安装和机房间设备安装。现场安装设备主要有扩声系统各类输入接口的安装和扩声扬声器安装,接口的安装在前文已经提到,在此不做重复说明。这里主要说明一下现场扬声器安装的几点注意事项。

①扬声器安装:方式可大致分为吸顶式安装、吊挂式安装、壁挂式安装、隐藏式安装和落地式安装等方式。根据与装饰相互配合的方式又可以分为明装外露式和暗装隐蔽式等安装方式。根据预先设计好的扬声器安装位置进行安装,在装修封口前将音箱固定装置预埋在装饰面以下,以便于装修结束后,进行精细安装和调整。

②吸顶安装:这种安装方式主要用于会议扩声系统和公共广播系统扩声。在会议系统中为提高声场均匀度和提高传声增益具有非常好的作用。吸顶音箱的安装需要考虑均匀分布,并可以合理地利用顶棚结构,避开灯光、空调和检修口等位置。

③吊挂式安装:吊装可采用软质材料固定在承重结构上与音箱的吊装支点做连接,把音箱调到需要的位置,例如采用钢丝或尼龙带吊装。外露式吊装方式虽然没有隐蔽式安装效果好,但是此类安装方式是最有利于扩声系统发挥出好效果的一种安装方式。

④壁挂式吊装可以利用音箱专用墙面支架,将支架固定在实体墙面上,并将引线预留到位置,在装修完毕后根据工程进度将音箱固定在支架上,并调节角度。此类安装方式要注意墙面支架与音箱的配套,音箱的吊装点与音箱的吊装结构要完全吻合(图11-24)。

⑤隐藏式安装:这种安装方式要求音箱的安装位置和角度在前期设计时要充分考虑,最主要的是一定要与装修方做好衔接,在前期装修时将开孔尺寸、位置和形状沟通好,并监督装修方的施工,保证预留空间准确无误。在安装音箱的预留空间内要做吸声处理,将音箱箱体与安装结构之间的空腔做到强吸声,并要绝对保证不能有共振现象的发生。为保证音质,前面板需要用专用音箱布做遮盖,不能采用硬质材料进行装饰,这样做会损失大量的高频信号。

⑥落地式安装:比较适用于流动扩声系统,安装时可以根据需要灵活选择安装位置,可采用将音箱堆叠的方式进行放置,也可以利用专用三角支架将音箱架到适当的高

图11-24　吊挂式音箱安装

度。这样的安装方式多受现场环境限制，因此无论如何摆放都会对现场的美观效果造成影响。采用这种安装方式要特别注意音箱的扩声覆盖区域应尽量远离话筒的指向区域，以免产生噪声和杂声。

3.各类强、弱电导线的连接和敷设

在音响工程中，由于音、视频系统的信号工作电压及工作电流较低，故将音频、视频系统的信号线与高电压、大电流的灯光、电气系统的导线分称为弱电导线和强电导线，他们之间的连接及敷设要求也不尽相同。

（1）强、弱信号导线的连接及敷设方法

在音响工程的各种导线的敷设过程中，需要注意弱电导线与强电导线应分开敷设，弱电导线与强电导线不可相交错、平行，或安装于同一导线桥架上，有条件的影剧院最好将弱电导线的音频、视频分开敷设，即在同一导线桥架中，将其分开后分层敷设；强电导线也在同一导线桥架中隔开分层敷设，这样可以较好地避免产生音频、视频之间，音视频与强电之间的干扰，使重放的声音及图像的质量更佳。而且一旦某一系统的导线出现故障时，也便于检修和维修。

（2）弱信号导线的连接及敷设

音频系统的连接，大型剧院的音频系统连接中为了获得较好的重放效果，不产生失真或器材的工作状态变差，要求信号输入接口、输出接口与负荷之间的阻抗有一个合理的匹配；过去经常在音频设备相互连接时，要求负载的阻抗要大于器材输出端的阻抗，使器材能够正常的工作，但是器材输出阻抗设计得过高会降低信号的抗干扰能力，而输出阻抗过低则会使信号的一些技术指标恶化。因此根据国家有关标准规定，音频器材的线路输出阻抗一般要在50Ω以下，负载的线路输入阻抗在$10k\Omega$以上。

①另外，除了阻抗匹配的问题外，在音响工程中还必须注意信号的平衡和不平衡的输入及输出接法。

②所谓平衡和不平衡是指相对某一参考点而言。平衡是指一对音频信号的传输线在两根芯线对地阻抗相等，而不平衡接法是指两根信号的传输线中，其中一根接地。

③平衡与平衡、非平衡与非平衡之间可以直接连接传输信号，但平衡与非平衡之间的连接，则需要通过一些转换元件才能连接，例如变压器、差分放大器等。

④在非平衡输入、输出接口中，一般均使用6.25mm大二芯插头，作为音箱上的连插件。由于非平衡方式较容易受外界信号的干扰，故一般用于民用器材上的连接。剧院中的音频连接线一般均较长，较容易受到外界各种电器设备的干扰，因此在专业的影剧院一般均采用抗干扰性能较强的平衡式接线方式。采用平衡式连接通常是使用卡农插头或6.25mm大三芯插头。

（3）音频系统的接地网络

音频系统的传输信号一般电平值均较低，而且十分容易受到其他设备的电场或电磁场的干扰，这些干扰经过放大后就会变成一些噪音，影响了重放的效果。因此必须通过一些接地网络将信号的输出线屏蔽起来，抑制各种干扰源的干扰。音频系统的接地网络主要由屏蔽接地系统组成。

屏蔽接地系统就是指设备的金属外壳和信号馈线的屏蔽层接地的系统，一般是将音响系统的金属外壳后信号馈线的屏蔽层按器材功能的不同划分成几个部分，然后通过独立的金属层线接至一个公共接地端上。对信号馈线的屏蔽层一般只能一点接地，且接地的位置放于信号馈线的末端。

在进行屏蔽接地系统的敷设时需要注意，音响系统的屏蔽接地不可与供电系统的接地端接在一起，应另外设置一个供电系统，否则电气系统50Hz的电磁场会对音频系统产生干扰。在音频系统的各种信号馈线，应采用三芯屏蔽线，是传输信号的热端及地端均通过屏蔽层的内部传输，这样可以进一步减少外界电磁场对信号的影响。

另外，音响系统的接地导线应采用铜芯线，以避免其他金属材料出现氧化而产生接触不良的故障；当屏蔽线过长时（一般每100m接头时，或整线200m以上）就应在屏蔽线的中间部位断开，并将两端分别接地，这样可以进一步减少屏蔽层头尾段的接地电阻；屏蔽线应尽量横平竖直，不可形成重叠或绕圈，以免有自感产生；屏蔽接地系统的接地电阻不应大于0.5Ω。

（4）音频系统的导线连接方式

音频系统的导线连接一般主要是屏蔽线的连接，由于屏蔽线与普通的导线有所不同，在其内部信号线的外层还有一层金属屏蔽层，如果在接地时处理不当，会引入其他干扰源的干扰信号，重放声会变差，因此，屏蔽线的接线有一定的工艺要求。

（5）强信号导线的连接与敷设方法

强信号导线主要指用于电源供电、电气控制及灯光系统的电源的供给及控制信号的传输的导线。由于强信号导线处于高电压、大电流工作状态，因此在对其进行连接和敷设的过程中需要严格按照工艺要求进行操作，如果草率进行操作，轻则会使边界处发热、氧化，进而烧断导线，最终使影剧院整个系统无法正常工作；重则会烧毁设备，甚至会引发火灾等事故。在三相空调器或通风机的供电系统中，如果其中的某一项电源导线由于连接处接触不良而引起发热、氧化，进而烧断导线，就有可能使空调器或通风机缺少一项电源，进而造成其他两相电源的急剧上升，从而使空调器的压缩机或通风机的电动机烧毁。

（6）导线的连接

目前的品种及规格较多，但其基本结构是由导线的内芯导电体和外层绝缘层两部分组成。在日常的影剧院电气施工过程中，经常可以看到作业人员在剥除导线的外层绝缘时，均使用钢丝钳在导线外层切绕几圈后再将其剥除，这种做法比较方便，但是细心观察剥除后内部导线的表面就可以发现，在其表面已有一圈由于钢丝钳在用力缠绕时而使导线的表面出现较深的损伤，实际上这样就使导线的截面减小，从而使导线的安全荷载流量减小。特别是使用此方法对一些内部有多少股芯线的导线进行制作时，一般会在剥除导线的绝缘层的同时，钢丝钳也切断了机耕内部的芯线，所以这其实是一个很不好的习惯。

11.2.6 音响系统电气、智能调试

1.总体调试

前端设备和机房设备安装完成后，即可根据设计图纸、施工图纸及系统技术要求和我们编制的各子系统进行调试。调试工作应由有经验的专业工程师承担。系统的调试必须达到设计指标，经反复调整仍不能达到指标的，找出原因进行整改或返工，直至满足设计要求为止。系统的各分项工程完成后，最后要进行系统的连机统调。首先要制定好方案，按照预定的方案检查系统的运行是否正常、系统及各种参数指标是否满足设计要求，系统间的通信是否畅通，与系统联动的设备控制是否灵活，有时要反复调整多次，才能使系统达到最佳状态。设备安装调试过程中，参加安装和调试的人员要认真做好各项工作，包括单机、子系统和系统统调和各种测试结果等。为了验证系统的可靠程度，还要进行系统的运行试验，确认系统在功能方面的完备性、可靠性，并做好系统试验运行记录。这些记录均是工程验收和日后维修、维护所不可缺少的技

术文件资料。

2.音响线路的调试

音响线路系统的调试是工程调试的关键，音响系统涉及的设备量多，调试的部位最多，遇到的问题也可能最多，所以要首先集中精力完成它。需要准备的仪器和工具有：数字万用表、网线测试仪、双用网络电话钳子和音箱专用工具等。

调试的步骤：从机柜开始逐个检查电路的传输情况，这项检查很有意义，因为只有电路在各个设备传输中传输良好，音箱才会得到一个正常电流传输，所以在做这一步工作时，均须耐心仔细地进行，音箱先不连接上，检查时顺着信号的去向，逐步检查它的电压、电流及畅通情况，保证各个设备都能得到前级设备提供的电源，在检查的同时，还须逐一观察功放的工作是否正常、是否稳定，这项工作的意义就在于，若单台设备在这时出现故障或不稳定，处理起来比较方便，也不会危及其他设备的安全，因此，不得将这项检查带入下一步进行。上述无误后，将音箱逐一接入机柜，在较小的电流下，利用测试音箱首先逐一检查所有内置功放的电压是否一致，为下面的调试作好准备。下面进行调音台和机柜的调试，对于调音台的调试，可以分类进行，具有调音台的场景、序列程序的编辑等多方面的内容，可依据调试手册和设计图纸进行，周边设备同样依据厂家的说明进行。

3.舞台音响的调试

对于复杂的传统舞台音响系统，由于涉及人物和舞台布景以及不同需要的音响造型，所以这方面的调试包括了音响的投射范围，以及场景设置和编程控制等，需要进行大量认真的调试才能完成。音响的调试，首先，仔细检查每台设备的单独运行状况，因为内部的控制系统和机械部件比较精密，音响耗电功率比较大，保护措施也相对比较完善，所以如果由于运输可安装的原因造成内部控制元件损伤，故应尽量在系统连接或安装以前就单独检查每台设备的状况，这样做能做到既检查音箱又检查调音台的目的。其次，要正确地进行音箱的设置。可以说所有的音箱都要在正确的设置下才能正常地工作，所以要想单元和系统处在正常有序的状态下，正确的设置非常重要。设置的内容包括周边设备的控制形成，电源的供应方式，运动范围、控制线终端的处理方面，其中，设备在系统中的位置设定在工程中经常发生错误，严格按照产品说明书提供的表格进行，不能草率行事。再者就是对音响控制设备的设定。最后需要说明的是：在上述步骤进行完成后，需要检查一遍前级设备和音箱的信号是否一致，另外需要注意扩声系统和返听系统相互有无干扰，以利于日后解决。

4.系统测试

（1）对构成本工程的各个设备和系统进行测试

测试包括全面运行与本工程有关的所有设备，包括是否符合有关法律法规和有关部门的要求。向业主提供所建议的测试日程，并接受对该日程的认可。提供全套测试表格和文本。认为设备运行良好后，所有设备及系统均已经执行测试并符合合同规定的技术规格的所有要求、所有记录的结果，然后进行交工试运行。

（2）通电测试前的检查

电源电压：交流220伏+/−5％，安装完成后，进行审查（或检验），对所有连接的缆线进行连续性和短路测试，检查缆线是否存在过度弯曲，检查是否存在潜在的电磁干扰，检查缆线的施工工艺是否正确，检查悬挂的缆线是否下垂，各器材设备连接是否正确，检查所有的线路连接及信号接入口是否正确。

（3）调试、测试项目

连接状态，使用仪器：万用表、测线器，设备间连通、调试等。系统联调。

使用仪器：数字万用表。系统整体连能、调试、测量记录等。

（4）综合性校验测试

检查系统中各设备的连接状态是否正确，参照系统设计图，检查所有设备的连接是否正确，有无错接漏接。若正确连接，则开机通电；若有错误，则立即进行改正。检查系统中各设备的工作状态是否正确设定，按照设备说明书，正确设定各设备的正常工作模式，并正确调节其正常工作状态，若设定正确，则继续进行下一步测试；若有问题或错误，则重新设定或修改。特性测试：

参照《厅堂扩声系统声学特性指标》GYJ 25−1986标准的规定进行。主扩采用线阵列扬声器组LCR三声道主扩声形式，吊挂安装形成分布式集中扩声。观众厅主扩声设左（L）、中（C）、右（R）三个声道覆盖全场。台口两边设声像扬声器，用于前排观众席声像高度校正。设适当数量的超低频扬声器，用于扩展系统重放低频下限。其中左右声道各采用多只LA KARA I台口两侧吊挂安装，明装。中央声道采用多只LA ARCS FOCUS3 +1只 LA ARCS WIDE 声桥内暗安。左右八字墙内各安装2只超低频扬声器LA SB28和1只全频扬声器LAX12，落地安装（图11−25）。

11.2.7 LED显示屏质量控制

1.大屏安装施工顺序

施工准备→现场勘查→打孔预埋→钢结构总装→显示屏屏体安装→显示屏接线→桥架敷设→电柜安装→线缆敷设→通电测试。

模块化施工安装：

（1）工程主钢架安装：LED屏体钢架在地面焊接成局部块体，支架用分件安装的方

图 11-25　调音控制台、音箱的调试

法，先安装所有钢柱，待校正固定后，分块安装屏体钢架，随装随调整，然后进行安装固定，地面焊接施工需在现场清出足够的地方，预留人行通道。

（2）检查主钢架件：安装前按图纸查点复核构件，将构件依照安装顺序运到安装范围内，在不影响安装的条件下，尽量把构件放在安装位置下边，以保证安装的便利。

（3）整个显示画面采用模块化设计理念，模块正面为IP65标准，并具有防护措施，可确保安装完毕后，整屏具有良好的防护能力；模块外壳采用PC材料开模成形，可确保像素中心间距精度小于0.5mm，模块的机械精度小于0.5mm，任意相邻像素平整度小于0.5mm。

（4）从设计、加工、安装、调试，各个环节均以严格的工艺措施确保显示屏的尺寸精度，以保证显示屏有良好的外形观看效果，平整度、垂直度及水平度等。模块采用箱体结构以保证刚性，箱体采用铝合金压铸成形并配以CNC数控加工有较高的平整度。显示屏在安装过程中，采用激光测距仪进行平整度控制，可以保证显示屏平整度达到标准，即大屏平整度优于1.0mm、水平错位小于0.5mm、垂直错位小于0.5mm。

2. 箱体钢架施工安装

（1）工程的单元箱体具有防腐、防锈、防水、防尘的功能，防护等级达到《外壳防护等级（IP代码）》GB 4208—2017中的相关标准。屏体框架用方钢焊接成一个整体。整屏做防水处理、防雷接地处理、整屏做保温处理和通风散热处理。整屏具有防腐、防锈、防水、防尘的功能；设备接地良好，接地电阻不大于1Ω。显示屏安装方式采用壁挂式。

（2）显示屏是由许多显示单元箱体组成，箱体采用铝合金制作，具有良好的散热性能，保证模组内温度一致，保证白平衡。模块化结构设计，每个箱体由多个单元模组组成，方便安装、调试和维修。系统所使用的开关电源均使用通过国际安全认证的电源，屏幕背后保留有维修空间，方便屏幕的安装调试，以及日后的维修维护等操作。

（3）箱体结构适应国际标准设计为可拆装结构，模组设计轻巧，便于反复拆装使用。支持热拔插，模组具有自动检测，数据存储的功能；不关机更换模块后，自动检测无须重新调整，记忆存储数据保证显示屏亮度和颜色无偏差，整屏显示一致。

（4）箱体设计为智能化设计，可进行自动亮度调节，以达到色彩的一致性和在整个使用期内的软硬件智能升级。箱体外观应设计精美，轻巧易拆卸；采用有效的散热系统，可保持屏体内部温度均匀，从而保证电气性能的稳定性。

（5）整个屏体采用箱体积木化施工，简化屏体安装结构设计，使用竖梁式框架结构。在屏体长和高的选择中考虑现有结构的尺寸，最佳的观赏视距及周围的整体协调。在显示屏周边装饰设计，选材、制作上除保护屏功能处，最大限度地考虑屏体本身的美感，达到景观的效果，与周围有机融为一体。显示屏的框架采用钢架结构体系，与铝型桁架采用专用U型扣连接，有效固定屏体，屏体钢架及屏背面处理，综合考虑防风，防雨，散热特定功能。屏体要求可靠接地，接地电阻不大于1Ω。

3. LED显示屏安装

（1）箱体与屏体的钢结构采用专用连接件与竖向方钢相连接，安装过程中控制模组之间和水平和垂直方向的拼缝。

（2）显示屏安装完成后，调整模组间的平整度，使整屏的外观及平整度达到更高的水平。

（3）箱体之间接线采用航插连接，不会脱落，接触面大，效果好，不至于因为接头松紧而影响模组的供电。

（4）整屏供电有专门的配电箱，配电系统兼容双路切换供电系统，配电箱380V供电系统输入，LED和IC均采用模块化开关电源供电，开关电源输入220V交流，输出低纹波直流电压。交流线选线时采用大系数，以保证用电安全，接线时注意简洁，配电柜与显示屏之间铺设管道。

（5）通信线缆与动力线缆分管铺设，避免相互之间的干扰，提高数据传输的可靠性。

4.驱动安装

该驱动程序可用于Windows7/8/10等平台，分别配有专门的设备驱动程序，其安装方法与其他驱动程序完全一样。

（1）地线的连接：将各处接地点与大地接地电极连接起来。

（2）系统连接的注意事项：要注意插接件的极性与方向，各接插件要连接好，不得有松动或未到位现象，地线一定要连好。

5.系统连线

（1）电源线：检查电源总线数量、分类和信号线数量、分类，做好相对应线缆的标识。连接220V电源总线，要求插接可靠，走线顺畅。连接各行模块的220V总线，合理分配负荷，按相应的标准区分线色，线径的富余量，符合动力电源线径选用标准。

（2）确定电控箱位置、接电控箱要求：根据施工图，接电前必须了解线路走向，确保上端的电源已经切断，方可操作。接电时应严格按规范要求，将火、零线正确接入，确保每处紧固可靠，无断开，短路隐患。接电时应拨出各路保险，以免意外加电事故发生。接电完后应先在未插保险的情况下，测量送到屏体上的各路电压是否符合220V的要求（±10V）接完电且测量后断开总闸，箱门挂牌严禁合闸标示，锁上配电箱，防止外人误动。

6.屏体连线

屏体线缆为电源总线形式，按列控制从上到下的原则，每根线缆控制一列模组，在屏体模组两侧框架横竖固定杆上预留穿线槽，线缆沿着线槽从上到下进入屏体配电柜，线缆做好标识按从左到右的顺序接至配电箱的接线端子，尽量按照线缆路数和接线端子数量保持三项平衡。

11.2.8 LED显示屏调试

1.核对走线路径

确认布线符合设计规范要求，各信号节点连接正确，并有标识。检查电源线，检查电源总线数量、分类和信号线数量、分类，做好相对应线缆的标识是否正确。连接220V电源总线，要求插接可靠，走线顺畅。连接各行模块的220V总线，合理分配负荷，按相应的标准区分线色，线径的富余量，电源线径选用标准符合规范要求。测量送到屏体上的各路电压是否符合220V的要求（±10V），接完电且测量后断开总闸，箱门挂牌严禁合闸标示，锁上配电柜，防止外人误动。

2.调试方法

该项目LED屏幕由视频画面分割器、显示屏控制器、控制分配器、显示模组、配电柜等多个设备组成的显示系统，现场的调试是十分重要的不可缺少的一个环节。通过调试，最终需达到以下质量要求：

（1）显示屏幕整体显示正常，显示画面逐点对应

显示数据在横道、竖道的状态下工作稳定，无闪点和抽道、交叉（连）亮等失控现象。显示模块在最高灰度级和最高亮度级下，屏幕显示无暗亮、常亮。灰度控制正常，使用测试软件测试灰度过渡平滑、无跳变。均匀性、白场色坐标、亮度等技术指标到达

设计要求。显示效果达到最佳状态，观看舒适。

（2）调试各阶段的内容

显示模块组装成显示模组在工厂出厂前完成。在生产当中进行了单元模块的调试、单元模组的调试、高低温试验、高温老化、常温老化测试、系统级测试等一系列技术性调试、检测，保证出厂产品性能良好，工作稳定。

（3）现场调试主要为多块屏幕之间的连接、整机系统级调试及试运行

现场调试按以下方案实施：显示屏幕安装完成之后首先进行信号线及电源线连接，屏幕内部布线。屏幕内部布线考虑安全、经济、运行可靠及设计美观的要求，布线及线缆连接工作完成以后要重点对配电部分进行检查，保证连接正确、可靠，正确连接计算机、显示屏控制器、控制分配器，开始对每块显示屏幕进行调试、技术检测，满足设计要求。调试的重点内容为每个显示单元工作正常；每台显示屏控制器、控制分配器工作正常。按照系统连线图，将LED显示屏幕系统之间进行连接，对每一面显示屏进行加电调试。重点调试屏幕之间的一致性，显示画面同步无滞后、无错位，每块显示屏画面的分割逐点对应，到达设计要求。按照系统连线图将LED显示屏之间进行连接，对整机进行加电调试。使用测试软件调试屏幕的色温、色坐标等技术参数，使用测试软件调试画面的同步性，使用测试软件调试每块显示屏幕的画面分割区域，确保整屏无画面拼接错位现象，结合肉眼观测调试屏幕的色彩校正、亮度、色度、对比度。使用仪器测试屏幕及电源的温升、最大功耗、平均功耗。调试当中严格按照技术标准进行操作，做好调试记录。现场调试维修严格按照技术标准执行。LED屏幕试运行。对调试记录进行整理，将调试当中出现过的问题重点进行观测，保证屏幕运行稳定可靠。

11.3 舞台监督与内通

11.3.1 概述

演出监控系统或称舞台监督系统是服务于剧场演职人员的辅助系统，主要功能是满足舞台监督监视、管理、调度的需要，满足所有演职人员监视、通信、调度的需要，以及演出现场工作过程的图像留存。演出监控系统包括内部通信系统、催场广播系统、视频监控系统、灯光提示系统、舞台监督控制桌等。项目涉及舞台监督系统，除了要满足现有剧场/剧院日常演出，排练等主要调度工作的要求，项目内部通信系统设计方案采用的是硬件通话系统结合软件通话系统的整体架构，其中硬件通话系统作为剧场固定安装部分，可以满足剧场日常演出各项环节的功能要求，而软件通话系统由于其特有的灵活性，除了可以作为剧场内部通话系统的无线扩展通话单元，还可以用于剧场外的通讯

使用需求，两套系统之间可以实现互联互通，以满足业主不同组合搭配的使用要求。此方案从演艺层面上改进了舞台表演方式，强化了临场导演、指挥要求的艺术表演精准性，提升演出管理效率、质量和艺术表现力，为全面实现舞台智能化系统控制奠定了坚实的基础。

11.3.2 设计

内部通信系统、催场广播系统、视频监控系统、灯光提示系统、舞台监督控制桌等组成。内部通信系统：主基站、化妆室、候场区、侧台机械控制室、灯光音响控制室、走廊、舞台、面光、耳光、追光室等区域，主要供内部人员联系之用，满足舞台监督监视、管理、调度的需要，满足所有演职人员监视、通信、调度的需要，以及演出现场工作过程的图像留存。特别是导演调度的需要，以及监督演出现场过程中演出节目时的质量情况。

11.3.3 舞台监督与内通质量控制

（1）钢管不得采用对口融焊连接，镀锌钢导管或壁厚小于等于2mm的钢导管，不得采用套管融焊连接。进入线盒的电管，需锁扣连接。镀锌钢导管管路暗敷设时，导管表面埋设深度与建筑物、构筑物表面的距离不应小于15mm。镀锌钢导管管路暗敷设时，其弯曲半径不应小于管外径的6倍。当植埋于地下时，其弯曲半径不应小于管外径的10倍。敷设在砖墙、砌体墙内的管路，垂直敷设槽宽度不宜大于管外径5mm。固定点间距不大于1000mm。连接点外侧一端200mm处增设固定点。顶棚内电管敷设采用夹紧式通丝吊杆作为支架。支、吊架不可歪斜，固定点距离应均匀。明管敷设时在转弯外侧，终端处均应用角钢制作防晃支架。

（2）入场使用的导线必须符合设计要求，并有合格证，有入场检验合格的报告。穿带线的目的是检查管路是否畅通，管路的走向及盒、带线采用$\phi2mm$的钢丝，先将钢丝的一端弯成不封口的圆圈，再利用穿线器将带线穿入管路内，在管路的两端应留有10cm的余量（在管路较长或转弯多时，可以在敷设管路的同时将带线一并穿好）。当穿带线受阻时，可用两根钢丝分别穿入管路的两端，同时搅动，使两根钢丝的端头互相勾绞在一起，然后将带线拉出。单股导线连接采用缠绕、连接，多股导线采用绞合连接。

（3）内部通信系统、催场广播系统、视频监控系统、灯光提示系统：内部通信系统以通话主机为核心，具有点对点通信和一点对多点（广播式）两种通信方式，采用有线通信与无线通信两种通信模式。设备固定不能晃动，垂直、水平误差2mm；催场广播系统距地2.5m以上，调音开关距地1.3m高；视频监控系统：摄像机镜头要避免强光直射，应避免逆光安装，摄像机方向及照明条件应进行充分的考虑和改善，云台安装时应先检查云台的水平、垂直转动角度，检查防护罩的紧固情况及雨刷动作，检查云台、支架的安装尺寸。然后，按摄像监视范围来决定云台的旋转方位，其旋转死角应处在支、吊架和引线电缆的一侧，要保证支吊架安装牢固可靠。

11.3.4 舞台监督与内通调试

内部通信系统、催场广播系统、灯光提示系统、视频监控系统调试前按施工图纸资料和变更设计文件以及隐蔽工程的检测与验收资料等。调试必须由本专业技术负责人亲自负责。具备调试所用的仪器设备，且这些设备须符合计量要求。调试前的准备工作：①电源检测，接通控制台总电源开关，检测交流电电源；检查稳压电源上电压表读数；合上分电源开关，检测各输出端电压，直流输出极性等，确认无误后，给每一回路通电。②线路检查，检查各种接线是否正确。用250VMΩ表对控制电缆进行测量，线芯与线芯、线芯与地绝缘电阻不应小于1M欧姆。③接地电阻测量，各系统中的金属护管、配线钢管和各种设备的金属外壳均应接地，保证可靠的电气通路。系统接地电阻应小于1MΩ。

（1）视频监控系统可闭合控制台、监视器电源开关。若设备指示灯亮，即可闭合摄像头电源，监视器屏幕上便会显示图像。调节光圈（电动）及聚焦，使图像清晰。改变变焦镜头的焦距，并观察变焦过程中图像清晰度。在摄像头的标准照度下进行图像的清晰度及抗干扰能力测试。整体调试，其功能检测的内容：现场设备的接入率及完好率；监控主机的切换、控制、编程、巡检、记录等功能；对前端设备的控制功能以及通信接口功能、远端联网功能等；在联网的情况下检测与其他子系统之间的联动功能。

（2）内部通信系统用来配置舞台监督台的内部通信子系统的操作部分，主要有线话筒、无线话筒，音量、音质应符合有关标准。若音质有杂音，调试时应予以消除；催场广播系统每个广播应与调音开关匹配，广播音量大小不能影响周围环境，音量控制在化妆间内。各系统至控制台连接线路需正确无误，控制台整个系统核心，对控制台各设备、模块进行精准调试，调试结果应符合行业标准要求。

第12章

大型剧院类项目之设备系统

12.1 建筑设备

12.1.1 电梯、扶梯设计

大型剧院为公共场所，分别为观众厅、演职人员区域，部分办公室人员，为了保证演出前入场，演出后散场，因这两个时间段人员流动较多，特别是演出后，人员相对散场集中，大量观众主要通过扶梯、电梯运输，安全疏散通道，电梯、扶梯合理疏散。一个剧院的演职人员、观众人员共有多少人，按设计规范进行合理配置，某大型剧院设计18部电梯、12部扶梯，电梯设置为客梯、观光梯、消防电梯，各类电梯运行速度不尽相同，扶梯在一层载客量多，上层扶梯载客量相对少，特别是演出后散场时，所有扶梯可调整在一个方向运行，加快观众人员的疏导。

12.1.2 电梯、扶梯质量控制

编制施工组织设计方案，对项目人员针对每道安装工序进行详细的施工技术交底。对内容、性质、质量要求、采用的规范、标准、设备材料情况、现场环境等应尽量做到熟悉、了解。并保证交底工作落到实处。

1. 电梯质量控制

安装入场前对井道土建尺寸的确认，做好交接工作，双方签字认可。井道交接内容包括：机房预留孔位置，必须符合电梯安装图纸要求；机房承重梁支座位置，必须符合电梯安装图纸要求；机房门、窗应安装完成，应禁止闲人进入；通往机房的通道必须畅通；井道壁的垂直度要求应不大于30mm；井道壁上应光滑、平整、无钢筋、模板、木方及突出异物，壁上的孔洞应封堵；各层层门预留孔位置门洞高度、宽度与电梯安装图纸相符；外呼盒孔洞预留位置，应符合电梯安装图纸要求；每层门口应砌大于50mm高度的防水台阶，以免施工用水进入井道损坏电梯部件及电气件；每层门口应具

备符合安全要求的防护栏。

在每层电梯厅的墙体上提供标高线，并用墨线弹出，并附书面文字说明；底坑深度、缓冲器墩子，应符合电梯安装图纸要求；底坑内应无建渣、积水、井道壁应防渗水、防漏水并具有排水功能。

（1）电梯工序安装内容

安装前准备：拆箱点件、材料运输，拆箱记录及相应报告、设备存放、脚手架和井道照明、工具设备、安全设施及标志、制作样板和井道放线。井道验收结果：上下样板符合布置图要求；样板平行度≤5mm；样板定位。安装导轨支架水平度≤5mm；焊接导轨支承架，其焊缝应连续，并应双面焊牢，焊缝饱满；导轨支架间距≤2500mm；两端导轨架距井道顶、底两端距离≤500mm。

①安装底坑设备：油压缓冲器活塞垂直度偏差≤5mm，开关操作正常，充油符合设计要求，完全压缩后回复原状时间应≤90s；轿底/对重的撞板与缓冲器顶面的距离；油压缓冲器为150～400mm，弹簧缓冲器为200～350mm，轿底/对重的撞板中心与缓冲器中心偏差≥20mm；涨紧轮底面距底坑地面的距离；2.5m/s以上为750±50mm；1.75m/s以下为550±50mm；1m/s以下的400±50mm。对重防护网安装位置正确。

②安装并调导轨：两导轨内表面距离偏差：轿厢为0～2mm；对重0～3mm；轿厢/对重导轨全高偏差≥1mm。导轨垂直度；轿厢≤0.6mm/5m；对重≤1mm/5m。导轨接头处台阶；轿厢≤0.05mm；对重≤0.15mm。导轨接头间隙；轿厢≤0.5mm；对重≤1.0mm；导轨接头处修光长度≥150mm。

③安装地坎、门框和门套：厅门地坎高出最终地面2～5mm，水平度偏差≤2/1000；门套立柱的垂直度偏差和门梁的水平度偏差≤1/1000；厅门导轨侧面对地坎平面的垂直度≤0.5mm；厅门底端面与地坎面间隙6±2mm；轿门地坎与厅门地坎间隙偏差为0～3mm。

④各厅门安装：调整应运行轻快、平衡。门缝隙为中分门≤2mm；双折中分门≤3mm；厅门钥匙开关操作灵活可靠；门扇与门套间隙为6mm；厅门锁轮与轿厢地坎间隙为5～10mm；偏心轮间隙≤0.4mm；门锁盖、门侧挡板、护脚板安装齐全；各楼层指示盒、外呼按钮盒安装位置正确，其板面与装饰后的墙壁贴实，横竖端正。

⑤安装机房设备：曳引机承重梁支承长度应超过承重墙中心20mm；且应≥75mm；曳引轮与导向轮或复绕轮的平度≤1mm，垂直度≤2mm；限速器绳轮垂直度≤0.5mm，钢丝绳与楼板孔洞间隙应为20～40mm；且在孔洞四周筑高为50mm以上，宽度适当的台阶；控制柜安装垂直度≤1.5/1000；导向轮、复绕轮加注润滑油。

⑥安装轿厢架和对重设备：轿顶反绳轮应保证润滑，反绳轮垂直度偏差≤0.5mm；限位开关碰铁垂直度不应超过1/1000，最大偏差≤3mm；对重铁固定可靠；各安全钳块与导轨工作面间隙符合产品要求；弹性导轨弹簧的伸缩范围≤4mm。

⑦对重安装：对重框架用施工电梯运到顶层电梯厅，把顶层门口防护栏临时拆除，用脚手架管或厂家专用的施工平台材料搭设施工平台，平台应牢固、安全可靠，管卡紧固，铺设相应数量的木跳板，跳板两端应固定，防止滑动或坠落。在机房内放入钢丝绳绳头，用3t倒链吊起对重框架进入井道内，依据轿厢位置，计算出对重框架应放置的高度。

⑧安装曳引绳和限速器绳：曳引钢丝绳长度应满足轿厢/对重撞板至缓冲器顶面的距离，绳表面不应有油污，曳引张力的差值不大于5%，曳引绳头螺栓应将备母锁紧并装有销钉；限速器钢丝绳与导轨垂线平行距离偏差≤10mm；绳表面不应有油污。

⑨主钢丝安装：用手拉葫芦提升轿厢框架，使轿厢地坎与顶层地坎对平。主钢丝一头先制作好绳头螺栓，跨过曳引机轮伸至轿厢上梁的绳头板上固定，主钢丝的另一端向下悬挂在对重处，截去多余长度后制作另一端绳头螺栓，并固定在对重框架上端的绳头板上。

⑩限速器安装：将限速器钢丝绳及底坑涨紧装置悬挂好，钢丝绳固定在拉杆上，两端各用三个U型夹头固定，注意夹头方向，要让钢丝绳长端在U型夹座内，短端受U型夹环力。轿厢底部的安全钳楔块动作行程及导轨的间隙按照图纸要求的尺寸调整好。

（2）安装井道线槽和布线

敷设于线槽内的电线总截面不得超过该线槽净截面的60%，安装线槽垂直、水平度偏差≤5/1000；金属软管固定点均匀，直边间距≤1mm，拐弯处两端固定。线槽及金属软管须接地保护；各厅门锁和呼梯盒须接地保护，严禁串接地线。线槽弯角受力处应加绝缘衬垫，出入管、槽电线应有护口保护措施。

①安装机房线槽和布线：电梯动力和控制线路应隔离敷设；线槽安装的垂直度、水平度偏差≤2/1000；线槽弯角受力处应加绝缘衬垫，出入管、槽电线应有护口保护措施。所有电器设备的外壳均应良好接地，接地线截面应≥4mm/m²。各保险丝的熔量必须符合设计要求；主电源开关不应控制机房、井道、轿厢、轿顶之照明和电源插座及报警装置。

②轿厢布线：轿顶各安全开关及按钮操作灵活可靠；轿内按钮、信号、蜂鸣、风扇、空调、照明工作正常。急停、检修、独立服务、功能转换正常，称量装置准确可靠。轿底电缆支架的固定位置正确可靠（图12-1）。

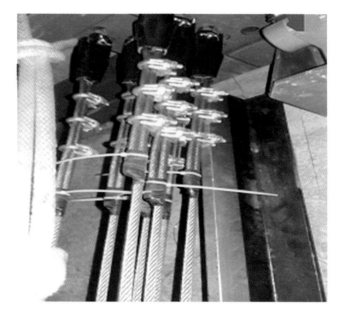

图12-1 电梯无机房安装

③安装随行电缆和保护装置：随行电缆敷设长度为轿厢压缩缓冲器时，不得与底坑地面在和轿厢底边框接触，不应有打结和波浪扭曲现象。电缆固定绑扎及安装支架应牢固，其定位使随行电缆运行中不得与任何部件发生卡阻摩擦。轿厢上、下越位50～100mm时，限位开关动作。与缓冲器接触之前，极限开关动作，切断电源。

④设备接地系统：凡是36V以上的电气设备都应做可靠接地。控制柜接地系统必须安全。主电源地线、线槽接地线及各设备的地线必须接在统一的接线端子上，不得有串联现象。外皮接地不能替代系统接地。主机接地必须接在指定的接地端子上，其他设备应可靠接地。所有呼梯盒、楼层显示盒及底坑检修盒都必须可靠接地。轿厢接地的电缆芯线不得小于3根，轿厢顶上所在接线盒及开门机盒都应可靠接地。轿内操纵盘应作可靠接地。

2.扶梯质量控制

扶梯属大型设备，地面建筑物密集、周边环境复杂，这些不仅使地面上施工场地狭小，也给使用汽车吊或设置吊装机具造成困难。因此，扶梯进场吊装就位工作是扶梯安装工作的重中之重，既要保证安全，又要保证质量，编制吊装运输方案，严格按照审批吊装运输方案及规范要求，认真做好人员针对吊装安装工序进行详细的施工技术交底工作，针对每道安装工序进行技术交底，并保证交底工作落到实处。所有施工人员持证上岗，无证人员只能从事辅助、带领及监护下才能开展无安全隐患的工作面。施工人员配备：施工人员主要由扶梯安装工、起重工，电工及辅助工组成。

3.扶梯开箱内容

安装入场前对扶梯基坑土建尺寸的确认。设备的开箱与检查工作，应在施工工序需要的阶段进行，检查设备外观的完好程度、锈蚀情况，根据装箱清单检查零件、部件、附件、备品备件是否齐全，填写设备开箱检查记录单。清点检查时应核实设备的名称，型号和规格，必要时应对照设备图纸进行检查。检阅有关技术资料和出厂合格证，操作说明书，安装技术要求资料。检查设备的外观质量，如有缺陷、损伤和锈蚀，可进行拍照签证，且合同有关方制订相应措施。设备开箱应在施工需要时进行，开箱时有关人员作好检验、清点工作，并作好记录。开箱后的设备或零部件应搬到室内或采取防雨措施，对各类设备或零部件的工作面、啮合面、密封面等要采取防锈、防碰措施。

4.施工工艺流程

施工工艺流程，如图12-2所示。

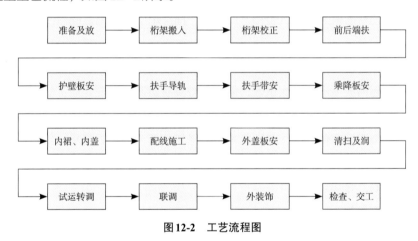

图12-2 工艺流程图

5.自动扶梯进入施工现场前的准备工作

确定与土建装饰接口的关系，在进场施工前装饰方提供各层地面标高，设备就位后负责到扶梯踏板前地面的铺砖工作时，在扶梯上部施工时注意设备保护。自动扶梯井道的测量据安装施工图，检查基础的外形尺寸及基础上的埋铁或预留孔位置。基础表面应无裂缝、空洞、露筋和掉角现象。扶梯井道测量的主要参数包括提升高度、投影长度、底坑长、宽、深及中间支撑梁位置等几个参数。井道测量采用吊线法与仪器测量相结合的方法进行测量，互相验证确保测量的准确性。主要工具：5m卷尺、50m皮尺、线坠、水准仪、激光测距仪等。测量方法：扶梯投影长度从上支撑梁边缘用线坠吊线到地面定位，然后用50m皮尺测定位点到下支撑梁边缘的水平距离长度。提升高度从土建给出的净地面基准线引到扶梯上、下支撑梁处，测量上下基准线的垂直距离高度。用

5m卷尺测量底坑及中间支撑梁的尺寸。使用吊线法测量后，再用水准仪及激光测距仪对上述测量结果进行复测，确保两种方法的测量值一致。如不符合，须分析具体原因，确保测量数据的准确性。根据土建提供的建筑轴线位置、标高的水平线，分别检查安装基准线与建筑轴线距离，安装基准线与设备平面位置和标高的偏差值。根据平面布置图在设备基础上划出设备的纵向中心线、横向中心线、标高准点，在此基础上引出安装标高基准线。

6.扶梯吊装工艺

设备的进场、上排是在准备工作完成及吊点检查做好的情况下，才能开始组织设备的进场、上排和吊装工作。

（1）吊装前的准备工作

设备在吊装前，必须全面、仔细地检查核实好工作。检查设备安装基准标记、方位线标记是否正确；检查设备的吊耳是否符合吊装要求。吊装索具的系接：主要包括滑车挂上吊耳、电动卷扬机的拉力试验和方位调整、拖排牵引和拖尾系统的设置等。

（2）试吊

试吊前检查确认；吊装总指挥进行吊装操作交底；布置各监察岗位进行监察的要点及主要内容；起吊放下进行多次试验，使各部分具有协调性和安全性；复查各部位的变化情况等。吊装就位：由吊装指挥检查各岗位到岗待命情况，并检查各指挥信号系统是否正常；各岗位汇报准备情况，并用信号及时通知指挥台；正式起吊，使设备离开临时支座200～800mm时停止，并做进一步检查，各岗位应汇报情况是否正常；撤除设备支座及地面杂物，继续起吊。

（3）吊装满足要求

①清理施工现场及沿施工线敷设轨道；

②利用结构柱及设备基础设置牵引锚点；

③在设备底座与水平运输轨道间设置运输底排及滚杠；

④将电动卷扬机与设备可靠连接（拴节点最好选择吊点，如有困难应选择设备的可受力点）；

⑤启动牵引机具将设备水平运输到设备基础上（牵引速度不宜过快要保证设备平稳前进）；

⑥通过千斤顶或起导器将设备安装就位并拆除施工机具；

⑦准备吊装设备及机具并在土建预留孔顶部安装固定手动葫芦；

⑧设备运至吊装现场并拆除设备包装检查设备吊耳，同时对设备的棱角及重要部位进行保护；

⑨在吊装孔内侧设置手动葫芦和拆卸设备运输底排（因原设备运输底排不宜在狭窄的机房内使用）；

⑩将设备吊至离地20mm处进行试吊，检查吊机、吊具及吊耳是否正常；

⑪一台吊机松钩转由预先设置的手动葫芦接替；

⑫通过手动葫芦与吊机的配合将设备逐渐拉进建筑物内，同时使设备放置于水平运输轨道上设置的运输底排及滚杠上；

⑬将设备转移走重复以上步骤进行第二台设备的吊装，以此类推。

（4）设备就位

按施工图和规范要求，使设备的纵横向中心线与基础上划定的纵横向中心线基本吻合，就位前要检查基础表面的平整度。设备就位前应找出设备本体的中心线，垫铁的铺设应符合有关规定，每组垫铁应垫实、安装要求应符合工程设计文件和随机技术文件的规定。将拖排牵引索通过滑轮组接至卷扬机，由卷扬机将设备拖至基础上。垫铁须与混凝土基础接触良好，与设备底座接触紧密，且无间隙。每组垫铁数量以不超过三块为宜，放置时厚的放在下面，薄的放在上面，最薄的放在中间。垫铁组的总高度一般在10～50mm之间。当设备的找正、找平工作结束后，各组垫铁应分别进行点焊。

（5）扶梯校正、固定

安装桁架上分段处卸掉的联结板和16个高强度连接螺栓，安装桁架上分段处卸掉的四个斜拉筋螺栓、安装桁架上分段处卸掉的底板连接螺栓、将中部梯路上的主副轮导轨、副轮导轨、主轮返回导轨和紧急导轨在分段处连接好。在分段处把两条曳引链条连接好。在桁架分段处将裙板和玻璃夹紧型件安装好。在桁架分段处把各种电线接头安装好。待调整好后，将16个高强度螺栓头铆死，以防螺栓松动。

（6）就位后自动扶梯的调整

自动扶梯吊装就位时，检查并保证扶梯上下两端承重梁有$x=25$mm左右的间隙，且上部和下部的间隙相同。自动扶梯吊装就位时，扶梯上下端的中心轴线，应尽可能与安装自动扶梯楼板开口处的中心线重合，以保证建筑总体美观、和谐。左右方向的水平调整。将水平仪放在水平仪放置杆上，通过调整自动扶梯两端的M20螺栓来进行水平的调整，水平度应不大于1/1000。

前后方向的水平调整将水平仪放在梯级踏面上，通过调整上述的M20螺栓来进行调整，水平度应不大于1/1000。

（7）扶手支架组件的安装

在扶手支架组件安装之前，先把扶手带放到上、下轮组的下面，然后从下往上进行扶手支架组件的安装，保证扶手带导轨接头间隙不超过0.2mm，台阶不超过0.2mm，导轨的直线度不超过3mm。安装下部的内端头板组件和外端头板组件时，保证内、外端头板组件与下部轮组在水平方向及垂直方向有9mm的距离，保证内、外端头板组件的内侧与轮组有大于2.5mm的间隙。上部内、外端头板组件的安装与下部相对称。进行下R段扶手支架组件的安装，保证支架组件接头处的间隙应不超过0.2mm，台阶不超过0.2mm，进行标准段扶手支架组件的安装，上R扶手支架组件的安装，它们的装配要求与上面的相同。在上R扶手支架组件装配后进行非标段扶手支架组件的装配，其要求与上面相同。

检查上述扶手支架组件的安装达到要求后，进行各支架组件的连接工作，联接后各支架组件接头处的间隙应不超过0.2mm，台阶不超过0.2mm。

（8）扶手带的安装

因在安装上、下部内端头板组件之前，已将扶手带放在上、下轮组上，此时只需将扶手带安装到扶手导轨上即可。注意安装扶手带时表面不能被划伤。

（9）扶手护壁板的安装

扶手带安装完毕后，进行试运行，经检查无异常情况后，再进行护壁板的安装。安装下端头护壁板，用吸盘吸住下端头护壁板，把下端头护壁板上端插入扶手支架组件下面的大夹紧件内，向上提拉使下端头护壁板下端与对应的围裙板处有间隙，然后把下端头护壁板下端插入围裙板上的弹簧压片内，把下端头护壁板安装到位。

（10）扶手带出入口安全装置，前壁板和端头围裙板的安装

将扶手带出入口安全装置安装到脚踏板支架上，与前壁板一起装配。按照前壁板上和端头围裙板上的孔在出入口保护装置上配作两个M4螺钉孔（出厂前已配作好），用M4螺钉将前壁板和端头围裙板固定在出入口保护装置上（图12-3）。

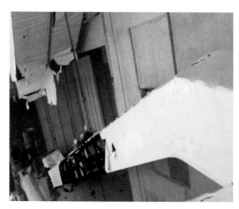

图12-3　扶梯安装

12.1.3 电梯、扶梯调试

电梯扶梯调试前需具备调试条件，三相五线制电源送到机仓；调试人员应检查扶梯的各个安全开关是否灵活可靠；各个机械装置安装可靠；电源电压符合要求；送电无异常后进行参数设定；电梯的调试运行阶段，请务必在井道、轿厢内无人的情况下进行，否则可能发生重大事故。为了便于调试员的调试，将按电梯调试时的顺序，在外围回路、机械安装完全到位的情况下方可进行调试。

1.电梯慢车调试前检查

电梯进入调试阶段，正确的调试是电梯正常安全运行的保障。在调试时应至少有两人同时作业。若出现异常情况应立即切断电源。对现场机械、电气接线进行检查。在系统上电前要进行外围接线的检查，确保人身及各部件的安全。检查器件型号是否匹配、安全回路导通、门锁回路导通且要可靠、井道畅通，轿厢无人，并且具备适合电梯运行的条件、接地良好。外围按照厂家图纸正确接线。每个开关工作正常、动作可靠。检查主回路相间阻值，检查是否存在对地短路现象。确认电梯处于检修状态。机械部分安装到位，不会造成设备损坏或人身安全。

（1）编码器的检查

编码器反馈的脉冲信号是系统实现精确控制的重要保证，特别是对同步电机的电梯，其安装不好很可能在慢车调试时出现飞车现象。所以在调试之前要着重检查编码器安装是否稳固、接线是否可靠。检查编码器信号线与强电回路是否有分槽布置，防止干扰。编码器连线最好直接从编码器连到控制柜，若连线不够长，需要延长时，则延长部分也应该用屏蔽线，与编码器连接处用烙铁焊接。编码器屏蔽层在控制器一端接地可靠。

（2）电源检查

系统上电之前要检查用户电源。其相间电压在380V，15%以内，每相不平行度不大于3%。主控板控制器进电24V、COM间进电电压为24V。检查总进线及开关容量应达到要求。注意：系统进电电压超出允许值会造成破坏性后果，要着重检查，直流电压应注意正负极。系统进电处缺相时请不要动车，以免发生事故。

（3）接地检查

检查下列端子与接地端子PE之间的电阻是否无穷大，如果偏小请立即检查原因。电源侧R、S、T与PE之间电阻。电源侧U、V、W与PE之间电阻。主板24V与PE之间电阻。编码器的电压L1、L2、L3、PGM与PE之间电阻。电机侧U、V、W与PE之间电阻。正、负母线端子与PE之间电阻。安全、门锁、检修回路端子与PE之间电阻。电梯所有电器部件的接地端子与控制柜电源进线PE接地端子之间的电阻应尽可能小，如果偏大请立即检查。

（4）慢车调试前检查

外围检查完毕，取掉抱闸控制线，合上电源，观察电梯在非运行状态抱闸控制端子无输出即使抱闸控制线接上，抱闸都不会打开，然后断电接上抱闸控制线。准备慢车运行。上电后的检查，检查控制器主板上系统进电端子间的电压，要求在DC24V，0.5A内。检查系统内、外召电源的电压要在DC24V，0.5A内。

（5）慢车调整、安装隔磁板和平衡链

调整抱闸间隙≤0.7mm；检查各部位急停、检修、超速、断绳等安全开关及按钮程序转换动作灵活可靠；开门刀与各厅门地坎间隙为5～10mm；开关门过程噪音≤65dB；安全触板应灵活可靠；隔磁板与感应器的配合间隙三面均等；平衡链悬挂牢靠运行良好；以检修速度下行试验安全钳动作可靠；轿门锁调整可靠；轿厢行驶无异声。

2.检修试运行

输入信号检查：仔细观察电梯在运行过程中接受的各开关信号动作顺序是否正常。输出信号检查：仔细观察主板的各输出点是否正确，工作是否正常，所控制的信号、接触器是否正常。运行方向检查：将电梯置于非端站，电动慢车运行，观察运行方向是否与目的方向相符，如果不同，则任意调换电机侧电源中的两相。如果电梯运行速度异常、运行中发生抖动、通过操作面板观察到的电流过大、电机运行有异常声音，请检查编码器接线，交换A、B相。

3.快车运行前检查

快车调式前检查上下强迫减速开关、限位开关、极限开关动作正常，平层插板安装正确，平层感应器动作顺序正常。编码器接线正确，编码器每转脉冲数设置正确。

（1）快车前检查

快车调试与慢车调试有一定时间间隔时，要再次执行慢车前调试检查。内、外召电源的电压要在DC24V，0.5A内。确认各安全开关动作可靠。确认安全触板回路接线正确。对讲机接线正确，通话正常。到站钟接线正确。轿厢照明、风扇接线正确。

（2）快车调整

舒适感应达到产品性能，控制系统的指令、召唤、定向、群控、开车、截车、停车、平层等符合要求。声光信号显示清晰正确；电梯附加功能应满足各项功能。轿厢内分别加空载和载荷的25%、50%、75%、100%和110%运行，以测绘平衡系数应达到40%～50%、监控系统操作正常；轿厢运行噪声≤55dB。

4.舒适感调试

在对变频器参数进行调整电梯舒适感时，应先检查机械部分。机械部分对电梯舒适感的影响具体分为以下几种情况：

（1）检查电梯曳引机蜗轮、蜗杆

电梯导轨的垂直度不但会影响电梯运行的水平震动，而且也会影响电梯运行的垂直震动。

（2）电梯运行质量也和轿厢导轨受力有关

要想获得较好的PMT测试曲线，应该做轿厢静平衡和轿厢动平衡。使轿厢导轨受力最小，才能使电梯运行达到最好。对重导轨不垂直、导轨受力不一也会影响电梯的舒适感。电梯抱闸对电梯起动、制动影响很大，调试时应认真、细致，直至调试合适、调好。

（3）电梯钢丝绳与曳引轮槽接触时也会影响电梯抖动

曳引轮通光要认真检查。电梯钢丝绳拉力不均衡也是震动的源头，要注意检查。轿厢顶、轿底、机械底的减震胶垫失效也会造成震动。对变频器参数进行调试。

5. 自动扶梯调试

安装和检查工作完成后，打扫卫生，清除扶梯内部的所有异物。分别用检修开关和钥匙操作扶梯运行，经确认运行正常后，将踏板装好，完成自动扶梯的安装。

（1）扶梯运行前检查

供电系统断相和错相保护装置有效可靠，在主电源输出端，分别断开每一相确认断相保护功能有效；在主电源输出端，交换任意两相，确认错相保护功能有效，动力电路和电气安全装置电路的绝缘电阻不小于500kΩ，其他电路（控制、照明、信号等）的绝缘电阻不小于250kΩ，供电系统断相和错相保护装置有效可靠：在主电源输出端，分别断开每一相确认断相保护功能有效；在主电源输出端，交换任意两相，确认错相保护功能有效，桁架为分段时，分段位置水平误差≤0.3mm/m（选项）上机仓整洁、无积水、无异物，减速箱表面无异物，表油位正常且无漏油、无渗油现象，下机仓整洁、无积水、无异物，下段涨紧轴水平误差≤0.3mm/m（无涨紧轴时，为下段水平梯级误差≤0.3mm/m），上段支撑角钢调节螺栓无缺失，下段支撑角钢调节螺栓无缺失，控制柜主电源开关标识明显，前裙板处的扶梯信息标牌完好无损，标识正确，扶手带无异常响声，无抖动现象，挠度为25～45mm之间，扶手带唇口两侧与导轨之间的距离≤8mm，出入口间隙左右适中，护栏/护栏盖板接口平滑过渡无明显台阶，无异物、无变形，间隙不大于0.5mm，滚轮板套件无异物，灵活转动无异响。

（2）扶梯运行

根据对应参数，制动距离应在下列范围内（选项），0.50m/s 0.20～1.00m驱动链表面无异物，润滑良好，挠度为10～20mm，扶手驱动链表面无异物，润滑良好，挠度为10～20mm，梯级链表面无异物，润滑良好，扶梯能24小时不间断、无故障运行。扶梯分别加空载和载荷的50％、75％、100％和110％运行（图12-4）。

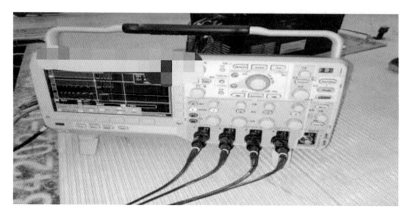

图12-4　扶梯调试

12.2　暖通设备

12.2.1　空调设备设计

大剧场的观众厅、舞台、配套用房、走道的集中舒适性空调设计。化妆室、候场、灯控室、声控室、调光柜室、功放室、硅控室、舞台机械控制室、舞台机械电气柜室、台仓、贵宾休息、办公会议、物管等配套用房的各配套功能房间的水环式多联机空调（热泵）系统设计；剧场的主要门厅、观众休息厅、营业厅等的水环热泵空调系统设计。

1.通风系统设计

剧场的通风系统包括：观众厅及其舞台、台仓地下室、配套用房、汽车库、自行车库；不满足自然排烟条件的观众休息厅、剧场配套用房和所有地上和地下的内走道等的机械排烟、机械（或自然）补风系统设计；所有不满足自然排烟条件的防烟楼梯间、合用前室的加压送风系统设计；汽车库、自行车库，设备用房、库房、卫生间、电梯机房等机械通风系统设计；空调区域空调季节、过渡季节机械通风系统设计。燃气供应系统由业主委托当地燃气公司设计与施工，本次设计配合建筑预留天然气立管位置。（本工程燃气用户为热水机组）。

2.空调系统

空调系统包括：剧场的观众厅，舞台设置独立的集中空调冷热源（冷水机组与热水机组）及其水系统。化妆室、候场、灯控室、声控室、调光柜室、功放室、硅控室、舞台机械控制室、舞台机械电气柜室、台仓、办公、会议、物管等配套用房的各配套功能房间设置水环式多联机空调（热泵）系统设计；剧场的主要门厅，观众休息厅、营业厅等设置水环热泵空调系统。其公共循环水系统采用闭式冷却塔作为排热设备，采用燃气型间接加热式真空热水机组作为辅助加热设备（简称配套系统）。集中空调冷热源及其水系统，空调水系统设计为异程式。其水力平衡问题由设置在各空调机组回水管上的动态压差平衡阀解决。水系统定压方式采用全调节稳压膨胀器定压，补水采用真空脱气机脱气，空调水质通过设于管道上的水过滤器及全程水处理器处理。

3. 配套系统

排热设备采用2台超低噪声逆流闭式冷却塔。闭式冷却塔供回水温度为30/35℃。燃气型间接加热式真空热水机组（单机制热量0.47MW），供回水温度为60/50℃。公共循环水系统采用一级泵、公共循环泵组变流量、末端（整体式水环热泵机组和水环多联机主机）定流量的闭式两管制异程式系统。夏季公共循环水系统供水温度不超过35℃，冬季公共循环水系统供水温度不低于15℃。冬夏季合用一套水泵，共两台配变频控制器。公共循环水系统的水力平衡问题由各整体式水环热泵新风机组和空调机组及水环多联机主机的回水管上的固定流量型动态压差平衡阀解决，循环水泵根据供回水干管之间的压差变化采用合数制变频控制的方式。水系统采用全调节稳压膨胀器定压，补水采用真空脱气机脱气，空调水质通过设于管道上的水过滤器及全程水处理器处理。

4. 剧场空调方式与气流组织

剧场观众厅按楼座、池座分区设置空调系统。均为低速单风道定风量全空气系统，采用双风机二次回风系统，气流组织为置换送风方式，送风管接入观众厅下部的送风静压箱，送风口结合座椅设置，排风设置在顶部，回风设置观众厅后部侧壁。空调机组设置于远离剧场观众厅的地下室空调机房内。剧场的舞台（主台和侧台）设置空调系统，采用低速单风道定风量全空气系统，其气流组织形式为温控型喷口侧送或温控直流风口顶送，其回风设置在下部，排风设置在上部以带走灯光负荷，各送、回、排风气流速度严格控制。舞台表演前开启主舞台及侧台全空气系统进行预冷、预热，演出时关闭或变频调节控制主舞台全空气系统的送风量，防止幕布晃动。

5. 配套系统

剧场的主要门厅、观众休息厅、舞美制作室、公共服务设施等采用单风机、低速单风道定风量全空气系统（采用水环热泵机组）。气流组织根据空间形态采用侧送下回或者上送上回的方式。主楼地上的化妆室、候场、灯控室、声控室、调光柜室、功放室、硅控室、舞台机械控制室、舞台机械电气柜室、台仓、办公、会议、物管等配套用房的各配套功能房间等分层、分区设置水环式多联机空调加新风系统。末端风机盘管均采用上送上回的气流组织方式。各系统的主机及新风机组均设于相应新风和空调机房内。乐池设独立的新风系统，乐池下降（使用）时新风系统开启，保证乐队人员的舒适度；乐池上升（非使用）时新风系统及相应的排风系统开启，用以通风换气。本项目所有全空气系统均可最大限度上满足过渡季节利用室外新风做"免费能源"。剧场系统的新风机组和空调机组均设湿膜加湿段，通过自动控制系统调节空调房间相对湿度。空调系统控制与监测由于室外气象条件和室内空调负荷变化大空调系统的控制采用自动控制。本工程独立设置的空调系统较多，要求各独立的集中空调系统设置独立的自动控制系统，各集中空调系统的控制系统纳入相应楼宇自动化系统自动控制的子系统。

6. 排风系统

地下室无外窗空调区域设置排风系统，并与相应空调、新风系统风机联锁启停控制。地下室汽车库按防火分区设置机械排风系统，尽量利用直通室外的车道或竖井自然进风，不具备自然进风区域设置机械送风。每个系统服务的区域不超过2000m。

车库排风系统及相应的送风系统应错时开启以避免共用风井时风井及室外百叶处风速过高。

地下室自行车库按防火分区设置机械排风系统，尽量利用直通室外的车道自然进风，不具备自然进风区域设置机械送风。地下室热水机房设置独立的机械排风系统、机械送风系统（送、排风风机防爆）。其中，排风系统兼作事故排风（天然气泄漏报警装置与相应排风系统风机及天然气入户总管上所设的快速切断阀联锁）。

所有配电房设置机械送、排风系统，系统风管设置防烟防火阀，火灾时由消防控制中心电信号关闭风机及防烟防火阀，确保气体灭火时相应区域的密闭性。气体灭火完成后手动复位开启防烟防火阀及相应通风系统以排除室内有害气体（即气体灭火后排风）。配电房预留分体空调电源，当通风不能满足排除散热量要求的时候可设分体式空调降温。地下室柴油发电机房及其储油间设置发电机非工作时的机械排风系统（自然补风），发电机工作时排风由机组自带风机负担（自然进风），发电机房储油间内日用油箱设置直通室外的带阻火器通气管，储油间考虑防止油品散失的措施。

地下室其余设备用房如水泵房、水箱间等及库房、内走道按防火分区分别设置机械送风、排风系统。高大空间的门厅上空设置机械排风系统，与空调系统联合运行以排除集于上空的热湿空气。

大剧场观众厅设置机械排风系统。排风系统设变频，并与空调系统联合运行，排风量根据空调季节室内人员密集程度采用CO_2浓度控制方式，场间换气及过渡季节时尽量利用室外新风通风换气或"免费"供冷，节约运行费用。

大剧场舞台设置机械排风系统。排风系统考虑台数加变频控制方式以适应不同工况下风量平衡，场间换气及过渡季节时尽量利用室外新风通风换气或"免费"供冷，节约运行费用。冷冻站设置机械送风、排风兼事故排风系统。

舞台台仓设置机械排风系统，升降乐池设机械排风系统，舞台升降台仓设置机械送、排风系统。层台下机械电气机房，2层声控、光控舞台机械控制室、硅控室、台仓设备机械控制室，3层声控/光控室和舞台机械控制室设平时通风兼气体灭火后排风系统。系统风管设置防烟防火阀，火灾时由消防控制中心电信号关闭风机及防烟防火阀，确保气体灭火时相区域的密闭性。气体灭火完成后，手动复位开启防烟防火阀及相应通风系统以排除室内有害气体（即气体灭火后排风）。

7.消防用防排烟系统设计及通风、空调系统防火安全措施

剧场的防烟楼梯间及其前室、台用前室、消防电梯前室均尽应可能利用可开启外窗自然排烟，防烟楼梯间每5层可开启外窗有效面积≥2m，消防电梯前室每层可开启外窗有效面积≥2m，台用前室每层可开启外窗有效面积≥3m。满足自然排烟条件的防烟楼梯间对其不满足自然排烟条件的前室设加压送风系统，所有不满足自然排烟条件的防烟楼梯间及其台用前室、消防电梯前室均分别设置加压送风系统。其中防烟楼梯间按照正压值50Pa设计，前室、消防电梯前室及台用前室按照正压值25Pa设计。

按照《剧院消防安全性能评估报告》的要求，10.5m标高堂坐观众厅休息厅与其北侧封闭楼梯间之间应设防火卷帘，火灾时防火卷帘下降到13.5m标高时将封闭楼梯间和休息厅之间上部空间隔断。封闭楼梯间在北侧外墙上部设电动排烟窗自然排烟。堂坐观众厅休息厅顶部设机械排烟系统，排烟量按照9次/h换气次数计算。16.0m标高楼坐观众休息厅设机械排烟系统，排烟量按照90m/（h·m）计算。休息厅均自然补风。剧场观众厅均设机械排烟系统排烟量按照13次/h换气次数和90m/（h·m）计算，取两者中的大值。剧场舞台设机械排烟系统排烟量按照6次/h换气次数计算。

剧场观众厅和舞台均利用平时空调系统的送风机兼作补风机以机械补风，补风量不小于排烟量的50%，舞台空调补风量不足的部分设专用补风机联合补风。其余地上房间尽量利用可开启外窗或电动百叶窗自然排烟，对不具备自然排烟条件的门厅房间及内走道设置水平或竖向机械排烟系统自然补风对顶棚高度小于6m的区域划分防烟分区，防烟分区划分采用固定的挡烟垂壁划分，最大防烟分区面积不超过500m^2。舞台下部台仓结合平时通风空调系统设机械排烟和机械补风系统，排烟量按照体积的6次/h换气次数计算，补风量不小于排烟量的50%。

地下室汽车库与平时通风系统结合设置机械排烟系统、机械（或自然）补风系统排烟系统按防烟分区设置防烟分区面积不超过2000m^2，排烟量按照《汽车库、修车库、停车场设计防火规范》GB 50067—2014中表8.2.4确定，机械补风量不小于排烟量的50%。

地下室自行车库与平时通风系统结合设置机械据烟、机械补风系统排烟量按最大防烟分区面积×120m/（h·m^2）计算，机械补风量不小于排烟量的50%。所有通风、空调、防排烟系统水平均按不同防火分区设置，通风、空调及防排烟系统的风管穿越防火分区、

楼板、防火隔墙、沉降缝两侧及垂直风管与每层水平风管交接的水平支管上均设防火阀。

热水机房及厨房内设固定式可燃气体浓度检漏报警装置，一旦天然气泄漏可自动报警及关闭天然气总管阀门并启动事故排风机。热水机房的泄爆口按不小于机房面积的10%设置，热水机房锅炉间除泄爆面外均设抗爆减压板。热水机房和厨房通风系统的风机和风管应采取导除静电的接地措施。事故通风的手动控制装置应在室内外便于操作的地点分别设置。

地下室发电机房储油间设置直通室外的通气管（配设带阻火器的通气帽），同时设置防止油品散失的措施，通风风管及风机应设置防静电措施。地下室配电房、2层声控、光控舞台机械控制室、硅控室、台仓设备机械控制室、3层声控和光控室等均结合平时通风系统设置气体灭火后的排风系统，要求失火时由消防中心控制关闭相应的通风系统风机及系统上所设置的防烟防火阀，以确保房间的密闭性气体灭火完成后手动复位开启相应防烟防火阀，并开启相应的通风系统以排除室内残留有害气体。

8.环境保护及卫生防疫

所有通风机、水源、冷水机组、风冷热泵、空调器等运转均设隔振措施，特别是与剧场观众厅相邻的空调机房楼面采用浮筑楼板或对设备设浮筑基础，以减少振动及固体传声的影响。

吊装风机（箱）、新风机组、空气处理机组、风机盘管均采用减振支吊架，运转设备进出口均采用软管连接，以减少振动及固体传声的影响。通风、空调及新风系统根据专业声学公司要求在所需的位置设置相应型号、尺寸的消声器。与噪声要求较高的区域并紧临空调、通风机房其围护结构均采取隔声措施，通风空调机房设置隔声门斗，所有空调、通风机房的门采用甲级防火隔声门。

机房楼板设减震，如"浮筑"楼面及"浮筑"基础，具体措施详见建施和声学图纸。热水机组、柴油发电机组的烟道引至屋面高空排放，公共卫生间和污水间等均设独立的机械排风。室外取风口、排风口注意项目所在地主导风向，新风口位于上风侧，新、排风口保持不低于10m的水平间距或不小于3m的高差以确保所采集新风的质量，另外空调系统均设置过滤装置及清洗措施空调房间均按卫生标准设置新风系统，以保证室内空气品质，所有配套系统的水环热泵新风机组和空调机组送风管、水环式多联机室内机回风管上设置纳米空气消毒净化器。

电影院系统的新风机组和空调机组送风管及风机盘管回风管上设置纳米空气消毒净化器。剧场系统的全空气系统的空气处理机组设置粗效过滤和静电净化中效过滤装置。

注：主要阐述有关剧场、配套用房、地下停车场及设备房的空调、防排烟系统。其他区域空调、防排烟系统不在表述。

12.2.2 空调设备及管道质量控制

施工前准备一整套专用施工工具，制作工作平台。对施工人员进行现场技术交底、安全交底。分解风管施工图，确定空调设备及风管各部件的安装位置，将风管系统拆解为直风管、弯头、变径、三通、四通等；确定各直风管及异型管的合理长度和数量；确定风管与空调设备及风管各部件的连接方式及相应的连接辅件。

1.镀锌铁皮风管制作、安装

工艺流程如图12-5所示。

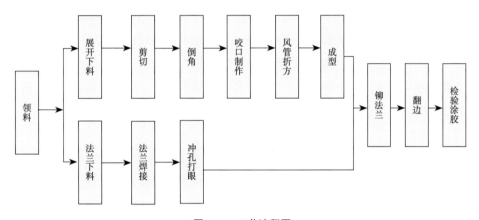

图12-5 工艺流程图

（1）施工工艺方法

风管的制作、剪板，在加工车间按制作好的风管用料清单选定镀锌钢板厚度，将镀锌钢板从上料架装入调平压筋机中，开机剪去钢板端部。上料时要检查钢板是否倾斜，试剪一张钢板，测量剪切的钢板切口线是否与边线垂直，对角线是否一致。按照用料清单的下料长度和数量输入电脑，开动机器，由电脑自动剪切和压筋。板材剪切必须进行用料的复核，以免有误。零星材料使用现场电剪刀进行剪切，使用固定式震动剪时两手要扶稳钢板，手离刀口不得小于5cm，用力均匀适当。倒角、咬口，板材下料后用冲角机进行倒角工作。采用咬口连接的风管其咬口宽度和留量根据板材厚度而定，咬口宽度如表12-1所示。

风管咬口宽度允许偏差 表12-1

镀锌钢板厚度（mm）	咬角宽度（mm）	平咬口宽度（mm）
0.5	6～8	6～7
0.6～0.75	8～10	7～8
1.0～1.2	10～12	9～10

折方：咬口后的板料按画好的折方线放在折方机上，置于下模的中心线。操作时使机械上刀片中心线与下模中心重合，折成所需的角度。折方时要互相配合并与折方机保持一定距离，以免被翻转的钢板或配重碰伤。风管缝合：咬口完成的风管采用手持电动缝口机进行缝合，缝合后的风管外观质量要达到折角平直，圆弧均匀，两端面平行，无翘角，表面凹凸不大于5mm。

（2）风管支吊架安装

风管支架、吊架的选型参照标准图集，安装位置要正确，做到牢固可靠，支吊架的间距按规范执行，风管水平安装直径或长边尺寸小于400mm，间距不得大于4m；直径或长边尺寸大于或等于400mm的，间距不得大于3m。支吊架位置按风管中心线确定，其标高要符合风管安装的标高要求，支吊架位置不得错开在系统风口，风阀、检视门和测定孔等部位。定位、测量放线和制作加工指定专人负责，既要符合规范标准的要求，还要与水电管支吊架协调配合，互不妨碍。风管安装时，要在各系统的主干管上加装固定支架，防止风管通风时出现摇晃偏位。

（3）风管安装

风管吊装可采取分节吊装和整体吊装，整体吊装是将风管在地面（楼面）连成一定长度，用倒链提升至吊架上。水平干管安装时要求风管贴梁底安装。立管可在水平干管安装前进行安装，支架间距不得大于4m，每根立管固定件不得少于两个。风管水平安装，水平度的允许偏差每米不得大于3mm，总偏差不得大于20mm；风管垂直安装，垂直度的允许偏差每米不得大于2mm，总偏差不得大于20mm。与具有转动部件的设备相连的软接头的质量要符合设计与规范要求。水平管支架与保温层之间设置木垫，以防冷桥；圆形保温风管、立管与支架接触的地方垫木垫，以防冷桥，保温圆风管、立管垫块厚度与保温层的厚度相同。风管分节安装，对于不便悬挂倒链或滑轮，因受场地限制，不能进行吊装时，可将风管分节用绳索拉到龙门脚手架操作平台或云梯上，然后抬到支架上对正法兰逐节安装，也可运用顶升机作垂直运输。

2.空调设备安装

（1）顶棚式空调机组、风机盘管及新风处理机（水冷、水环）安装

顶棚式空调机组、风机盘管及新风处理机安装工艺流程：

施工准备→电机检查试转→表冷器水压试验→吊架制安→风机盘管等安装→连接配管。

顶棚式空调机组、风机盘管及新风处理机安装施工工艺及方法：

①顶棚式空调机组、风机盘管及新风处理机安装在安装前应检查每台电机壳体及表面交换器有无损伤、锈蚀等缺陷。顶棚式空调机组、风机盘管及新风处理机安装应每

台进行通电试验检查，机械部分不得摩擦，电气部分不得漏电。风机盘管隐蔽前必须进行水压试验，试验压力为工作压力的1.5倍，但不少于0.6MPa，稳压1h内压力降不大于0.05MPa且不渗不漏。顶棚式空调机组、风机盘管及新风处理机安装，吊架安装平整牢固，位置正确。吊杆不应自由摆动，吊杆与托盘相连应用双螺母紧固找平正。冷热媒水管与风机盘管连接宜采用钢管或紫铜管，接管应平直。紧固时应采用扳手卡住六方接头，以防损坏铜管。凝结水管宜软性连接，材质宜用透明胶管，并用喉箍紧固严禁渗漏，坡度应正确，凝结水应畅通地流到指定位置，水盘应无积水现象。顶棚式空调机组、风机盘管及新风处理机安装同冷热媒管连接，应在管道系统冲洗排污后再连接，以防堵塞热交换器。

②暗装的卧式风机盘管，顶棚应留有活动的检查门，便于机组能整体拆卸和维修。风机盘管的回风箱为设备自带，无须现场制作。风机箱安装，基础放线及处理，应按施工图根据机房的轴线划出风机箱安装中心线。

根据土建1m线，用水准仪测定减振器基础处不同平面标高，用手磨砂轮机修磨基础处平面，使之平整且使各平面标高之间允许偏差不大于2mm。

风机箱安装，在风机箱基础上垫两根10cm厚的木方，将风机对准安装基准线位置，临时放置在木方上，按要求摆放好减振器，然后挪开风机，在减振器固定孔处作好标记，在标记处钻孔，埋M6膨胀螺栓固定减振器。

将其置于减振器上，用M16螺栓固定。在减振垫与风机箱框架底座之间垫铜片或钢片调整风机水平度，用水平仪在主轴上测定纵向水平度，在轴承座的水平中分面上测定横向水平度，调整好水平度，要使风机的叶轮旋转后，每次都不停留在原来的位置上，并不得碰壳。

（2）安装时应注意以下几点

①皮带传动的通风机和电动机轴的中心线间距和皮带的规格应符合设计要求。

②通风机的进出风管道等装置应单独设置支架，并与基础或其他建筑物连接牢固，风机机壳不应承受其他机件的重量。

③通风机的传动装置外露部分设防护罩，通大气的进风风口设防鼠网。

（3）空调主机——冷水及热水机组安装

①施工条件

机组安装前应具备下列施工条件：安装前应具备设计和设备技术文件，大型机组应提前准备安装方案，特别是机组现场转运和吊装方案。建筑工程基本完成后，有关的地坪、基础和沟道也应完工，其混凝土强度应达到设计强度的75%以上，安装现场应清理干净。机组安装需要的水电气源、现场照明、主辅材料、通用及专用工具及各种应急措施和应急预案已准备充分。利用建筑结构作为机组的吊装和搬运的承力点时，应对结构的承载力进行核算，必要时应经设计单位的同意。

②开箱检查和保管

开箱检查应在有关方人员在场的情况下进行，并做好开箱检查记录。开箱前应先查看箱体有无破损，并核查箱号和箱数是否正确。开箱应使用专用工具，注意箱体上的标识，避免损伤机组。检查并记录箱体包装情况，设备的名称、型号和规格，装箱清单、随机设备技术文件、资料及专用工具，设备有无缺损件，表面有无损坏和锈蚀，以及其他需要记录的情况。机组及其零、部件和专用工具，要妥善保管，不得使其变形、损坏、锈蚀、错乱或丢失。对设备的原包装除必要检查外，不要过早拆除，以保护设备。开箱后，对精密零、配件和易碎件，应作标识并单独保管。对于解体出厂的制冷机组还应遵守《风机、压缩机、泵安装工程施工及验收规范》GB 50275—2010的有关规定。

③设备基础

设备基础施工前，应先核实设备基础图和设备实际尺寸是否相符。基础的设计和施工应符合有关标准要求，若需要防振缝则应按设计要求施工。基础的位置几何尺寸等主要参数应符合以下要求：基础纵横坐标位置允许误差≤±20mm；基础平面外形尺寸允许误差≤±20mm；基础平面的水平度允许误差≤5mm/m，全长≤10mm；地脚螺栓孔中心距允许误差≤20mm。基础表面和地脚螺栓预留孔中的油污、碎石、泥土及积水均应清除干净，放置垫铁部位的表面应凿平。基础验收中出现的不合格项应及时处理后，才能进行设备安装。

④制冷机组及热水机组的放线就位

设备基础检查合格后，根据施工图和建筑物的定位轴线，在基础上放出机组就位的纵、横轴线。就位前，根据垫铁的调整高度或其他调平方式的调整范围，核实机组的标高误差。机组的平面位移允许误差≤10mm；标高允许误差≤±10mm。压缩式制冷机组的找正、调平及定位机组定位基准面、线或点应根据设备技术文件确定，当设备文件无规定时，可按《制冷设备、空气分离设备安装工程施工及验收规范》确定。设备的找平、调平应在确定的位置上检验，复检时不得改变原来确定的位置。有共用底座的制冷机组，只需在共用底座上找平，这类机组的压缩机及其他组件已对底座进行了找正、调平。

设备的调平可分为初平和精平两个步骤。利用垫铁初步调整机组的水平度，使机组的纵向和横向安装水平偏差均不大于1/1000，设备二次灌浆并达到规定强度后，精平设备，拧紧地脚螺栓。设备精平后，重新复核机组的纵向和横向安装水平度偏差、机组的平面位移允许误差，以及标高允许误差，复核并确认达到要求后，才能进行基础填塞和基础抹面工作。

垫铁、地脚螺栓及灌浆等施工按《机械设备安装工程施工及验收通用规范》进行。采用橡胶型减震垫铁时，设备调平1～2周后，应再进行调平。机组运行后，应检查机组有无平移现象（图12-6）。

图12-6　水冷机组安装

（4）冷却塔安装

冷却塔的型号、规格、技术参数必须符合设计要求。对于含有易燃材料冷却塔的安装，必须严格执行施工防火安全的规定。基础标高应符合设计的规定，允许误差为±20mm。冷却塔地脚螺栓与预埋件的连接或固定应牢固，各连接部件应采用热镀锌或不锈钢螺栓，其紧固力应一致、均匀；冷却塔安装应水平，单台冷却塔安装水平度和垂直度允许偏差均为2/1000。同一冷却水系统的多台冷却塔安装时，各台冷却塔的水面高度应一致，高差不应大于30mm；冷却塔的出水口及喷嘴的方向和位置应正确，积水盘应严密无渗漏；分水器布水均匀。带转动布水器的冷却塔，其转动部分应灵活，喷水出口按设计或产品要求，方向应一致；冷却塔风机叶片端部与塔体四周的径向间隙应均匀。对于可调整角度的叶片，角度应一致（图12-7）。

（5）水泵及附属设备的安装

水泵的平面位置和标高允许偏差为±10mm，安装的地脚螺栓应垂直、拧紧，且与设备底座接触紧密；垫铁组放置位置正确、平衡，接触紧密，每组不超过3块；整体安装的泵，纵向水平偏差不应大于0.1/1000，横向水平偏差不应大于0.20/1000；解体安装的泵纵、横向安装水平偏差均不应大于0.05/1000；水泵与电机采用联轴器连接时，联轴器两轴芯的允许偏差，轴向倾斜不应大于0.2/1000，径向位移不应大于0.05mm；减震器与水泵及水泵基础连接牢固、平稳、接触紧密。

图12-7 冷却塔安装

3. 风管保温工艺流程

保温材料下料要准确，切割面要平齐，在裁料时要使水平、垂直面搭接处以短面两头顶在大面上。风管表面粘保温钉前要将风管壁上的尘土、油污擦净，将保温钉涂上胶水后粘贴在风管表面，待胶水完全干透后才能进行保温材料的铺贴。保温材料铺设应使纵、横缝错开。小块保温材料应尽量铺覆在水平面上。保温钉与风管、部件及设备表面应粘接牢固，不得脱落。矩形风管及设备保温胶水应均布，如采用铝箔离心玻璃棉板保温需在风管上黏结保温钉，其数量底面不应少于$16/m^2$，侧面不应少于10个$/m^2$，顶面不应少于6个$/m^2$。首行保温钉距风管或保温材料边沿的距离应小于120mm。绝热材料纵向接缝不宜设在风管或设备底面。保温钉的长度应能满足压紧绝热层及固定压片的要求。固定压片应松紧适度，均匀压紧。

4. 空调水系统施工工艺

根据设计要求，当空调水管的管径$DN < 50mm$时采用焊接钢管，$250mm > DN \geq 50$时，采用无缝钢管，$DN \geq 250mm$时采用焊接螺旋钢管，空调凝结水管采用热镀锌钢管，水管的公称压力均为1.6MPa，水管与设备、阀门采用法兰或螺纹连接，其余管道当直径$\leq DN32$时采用丝接，$> DN32$时采用焊接。

空调水系统施工工艺流程，如图12-8所示。

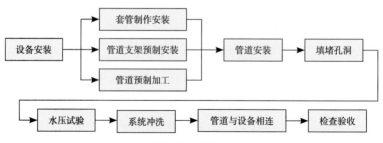

图12-8 空调水系统施工工艺流程

（1）预留、预埋

责任工长应按审定后的管道设计图向预留班组进行全面的技术交底，预埋班组应在工长交底的基础上进一步熟悉图纸，熟悉所有预留孔洞、预埋套管的位置、规格，以确保准确无误地预留预埋。预留工作随施工进度分区同步进行。空调水管穿墙、楼板处，均应配合土建预埋钢套管，套管内径应比不保温管道或保温层外径大20～30mm，应保证保温的连续性。安装在墙体内的套管两端应与墙饰面相平；穿楼板的套管应比建筑面层高30mm。管道的接头焊缝不得设在套管内。孔洞的预留采用长20cm的UPVC短管外缠塑料布确定预留位置后固定于墙体或板体钢筋上，并应及时复核其位置，保证位置准确无误。密切配合土建，待混凝土板初凝后，应及时从板上将套管抽出，以保证预留孔洞的成形，同时，套管也可多次重复利用，剪力墙上的套管待土建拆模后进行复查清理。

（2）支吊架安装

供回水支管、冷凝水管道支架采用《室内管道支吊架》05R417-1图集标准做法。各层水平干管支架：当梁间距小于4米时，各层水平干管支架材料。当同一位置有多路管道时，尽量采用共用支架，共用支架采用槽钢制作。

（3）支吊架的制作

严禁用气割焊进行下料、吹眼孔。支吊架抱卡的制作应与管道接触紧密。支吊架的防腐应均匀，不应出现油漆流淌现象。对设在管道井内的立管支架，应在土建工程施工时进行预埋，不得任意打洞埋设，以免损坏建筑物。有条件者应尽可能地采用钢膨胀螺栓固定。用膨胀螺栓固定支架时，应先在墙上按支架螺栓孔的位置钻孔，孔的直径与膨胀套外径应相等，深度与螺栓长度相等。然后分别将膨胀螺栓穿入支架螺栓孔并打入墙孔内，再用扳手拧紧螺母。安装好后的支架上表面应符合预定的标高和坡高的要求，并应平整而不歪斜扭曲。公称直径≥25mm的贴墙水平安装的冷冻供、回、冷凝水等管道，可采用托架。

（4）管道及附件安装

安装管道时，应先按照施工图、技术核定单、工程更改通知单和技术交底要求，在施工现场确定管道支架和附件的平面和立面位置，并确定基准线。管道的支架和吊架的间距，应符合设计要求，如设计无规定时，应按规范的规定执行，当数根管道共用一支架或吊架时，其间距应按最小管子选定。

（5）管道安装

安装管道时，应先分系统、分段地进行适当的加工预制，再把准备好的管段及其附件按施工图合理组配。加工预制管段中，应使管道的接头最少、连接可靠、便于维修。用螺纹管接头连接的直管段长度超过50m时，应适当加设活接头或法兰。凡是可以在地面装配的附件，应尽量在地面进行。对焊连接管端的10～15mm范围内，应除净油漆、油污和铁锈等污物。管道对焊连接的两端对口间隙应根据管子壁厚来决定；管子壁厚≤4mm者，间隙应为1.5～2mm；管子壁厚＞4～12mm者，间隙应为1.5～2.5mm。管子组对接时应用角尺和样板尺检查其平直度，其允许偏差为管子壁厚的1/5。对于有纵向焊缝和螺旋焊缝的焊接钢管对接时，两管端纵向焊缝起点应错开1/4～1/12圆周。管道对焊连接时，两个环形焊缝中心之间的距离不得小于管子外径，且≤100mm，焊接距离管（不包括压制或热推弯头）起弯点≤100mm，且不得小于管子外径。在管道上开孔焊接支管线时，不得在其焊缝上开孔，距焊缝应≤2倍管子公称直径。孔的大小和支管内径应相适应，当支管壁厚＞4mm时，应铲出端面坡口。支管与主管的焊后交角的偏差不得超过1°。

（6）阀门在安装前

应做强度和严密性试验，强度试验压力为公称压力的1.5倍，严密性试验压力为公称压力的1.1倍。试验压力在试验持续时间内应保持不变，且壳体填料及阀瓣密封面无渗漏。水平安装的各种阀件的手轮或手杆，最好朝上并与铅垂线成45°夹角范围以内，不得朝下。截止阀的安装方向，应保证介质低进高出地通过阀门（当介质流动方向经常有变动时，则应根据情况选择最恰当的安装方向）。止回阀的安装方向，应符合介质的流动方向，其安装位置（水平或铅垂等）应符合其构造特点。管道穿墙处，应设置钢保护套管，管道与保护套管之间的间隙应均匀一致，且不得将保护套管作支架使用。冷冻水等管道在穿墙处，应按设计要求进行绝热，绝热层外还应加设保护套管。各种螺栓在使用前均应清洗、涂油。螺栓拧紧后，其端部应伸出螺母1/2螺栓直径，不得缩入螺母或伸出过长，连接件上有数个螺栓时，螺母都应在连接件的同一侧。

（7）压力试验

在管道系统安装完毕后，应对管路进行水压试验（设备应暂不接口，接设备的进出水管可临时串联），在进行水压试验前，必须考虑好周详的排水措施后，方可进行试压。

①准备工作：试验前，应核实已安装的管道、管件、阀门、紧固件、支吊架、焊缝等是否符合设计要求及有关技术规定。应先将不宜和管道一起试验的阀门、仪表和配件等，从管道上拆卸下来，并装上临时短管或堵板。应将与设备相连的管路断开，并装上临时短管。以防杂物堵塞设备。

②水压试验：管道系统压力试验均采用水压试验，试验压力按照设计规定执行。试验用压力表应经检验合格，精度不低于1.5级，表的最大刻度值为试验压力的1.5～2倍，压力表不得少于2块。水压试验前，应在管道的最高处装设放气阀，最低处装设排水阀。与管道连通的设备应分开试验。水压试验时，应缓慢升至试验压力，并稳压

10min，压力下降不超过0.02MPa，再将系统压力降至工作压力，以外观检查无泄漏为合格。

（8）氟利昂管道系统的安装

管道、管件的内外壁应清洁、干燥；铜管管道支吊架的型式、位置、间距及管道安装标高应符合设计要求，连接设备的管道应设单独支架；管径小于等于20mm的铜管道，在阀门处应设置支架；管道上下平行敷设时。铜管道弯管的弯曲半径不应小于3.5D（管道直径），其最大外径与最小外径之差不应大于0.08D，且不应使用焊接弯管及皱褶弯管；铜管道分支管应按介质流向弯成90°弧度与主管连接，不宜使用弯曲半径小于1.5D压制弯管；铜管切口应平整、不得有毛刺、凹凸等缺陷，切口允许倾斜偏差为管径的1%，管口翻边后应保持同心，不得有开裂及皱褶，并应有良好的密封面；采用承插钎焊焊接连接的铜管，在焊接连接的铜管时需采取氮气压力保护焊接，其插接深度高度应符合规范的规定，承插的扩口方向应面向介质流向。当采用套接钎焊焊接连接时，其插接深度应不小于承插连接的规定。采用对接焊缝组对管道的内壁应齐平，错边量不大于0.1的倍壁厚，且不大于1mm；管道穿越墙体或楼板时，均应配合土建预埋钢套管，套管内径保温管道或保温层外径应大20～30mm，应保证保温的连续性。安装在墙体内的套管两端应与墙饰面相平；穿楼板的套管应比建筑面层高30mm。管道的接头焊缝不得设在套管内。孔洞的预留采用长20cm的UPVC短管外缠塑料布确定预留位置后固定于墙体或板体钢筋上，并应及时复核其位置，保证位置准确无误。密切配合土建，待混凝土板初凝后，应及时从板上将套管抽出，以保证预留孔洞的成形，同时，套管也可多次重复利用，剪力墙上的套管待土建拆模后进行复查清理。

（9）管道保温

全面检查管道与墙面及其他管道、设备间的距离，发现不够保温位置时，需整改的要整改。清理管道表面的灰尘、泥砂等杂物。选择符合管径要求的管套。管道已经通过试压，并且管道的油漆已经干燥（油漆已经过24小时以上），没有退油现象。

①管道保温的工序：将保温管套沿纵向轻轻拉开，套入水管后，用手进行紧逼，然后用胶水密封管套纵缝。管套与管套之间连接时，必须在管套的端面（环缝）上涂上保温胶水，管套的纵缝要求错开，且纵缝不得垂直向下，管套与管套之间用胶水将接缝密封。管套与木环之间连接时，必须在管套端面和木卡瓦端面，分别涂上保温胶水，进行紧逼。

②管道保温应注意的事项：管道的管件（三通、弯头）等和部件（阀门）等保温的厚度与直管相同。在现场按实物形状加工，开料尺寸要准确，接缝不大于1mm，且要用胶水进行填充黏合，绝对不允许有空鼓现象。风机盘管进出口处的保温，必须要把保

温材料包扎在水盘范围内，以防冷凝水滴在顶棚上。管道保温工作必须在管道试压合格和进行除油漆处理后方可进行。安装于室外的管道保温层外应包镀锌薄钢板。

12.2.3 空调设备及管道调试

1.空调系统的调试

如图12-9所示。

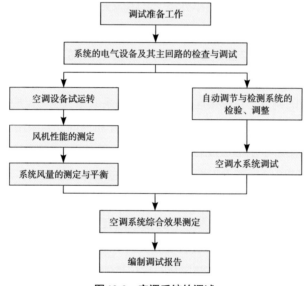

图12-9 空调系统的调试

2.通风空调设备调试

应熟悉空调系统的全部设计资料，包括图纸和设计说明书，充分领会设计意图，了解各种设计参数、系统的全貌以及空调设备的性能及使用方法等。搞清送（回）风系统、供冷和供热系统、自动调节系统的特点，特别要注意调节装置和检验仪表所在的位置。

（1）仪器、工具的准备

准备好试验调整所需的仪器和必要工具，仪器在使用前必须经检验合格。设备单机试运转，空调系统的电气设备及其主回路的检查与测试由电气调试小组检测，调试合格后，应对空调设备进行单机试运转。其中包括通风机和水泵试运转，空气处理设备，风冷热泵机组的试运转。通过试运转可考核设备的安装质量，及时发现设备故障并及时排除，为调试工作打下基础。试运转程序与要求按施工验收规划的规定执行。

（2）通风机性能的测定

通风机是空调系统用来输送空气的动力设备，它的性能是否符合设计要求，将直接影响空调系统的使用效果和运转的经济性。在一般情况下，只须测出风机的风量、风压和转速。在特殊情况下（例如，风机性能达不到设计要求，须查明原因）。还要测定轴功率，求出风机效率，并同产品样本特性曲线作比较。测量仪器：LZ-45型转速表、YYT-200B型斜管压力计、Y25型毕托管、QDF0～30m/s热电风速仪、DEM6型三杯风速仪、钳型电流表、万用表。

（3）风机风压的测定

风压，即风机的压力，通常以全压表示。测定风机的全压，必须分别测出压出端和吸入端测定截面上的全压平均值。风机压出端的测定截面，应尽可能选在靠近通风机出口而气流比较稳定的直管段上。本工程为组合式空调机组，应在压出端的中间段上测定。风机吸入端的测定截面位置应尽可能靠近风机吸入口处。通风机的全压应是风机压出口处所测得的全压与风机吸入口处所测得的全压的绝对值之和。即 $P = |P1| + |P2|$。

（4）风量的测定

通风机的风量应分别在其压出端和吸入端进行测定。在压出端测定截面上测风量的方法与系统总风量测定方式一样。在吸入端测风量时，可在风机吸入口安全网处用风速仪进行，一般选取上、下、左、右和中间五个点进行定点测量，也可有匀速移动测量法。转速的测定，即使用转速表可直接测量通风机或电动机的转速。

（5）系统总风量的测定与调整

空调设备试运转后，先测定风机的性能，然后对送（回）风系统风量进行测定与调整，使系统总风量、新风量、回风量以及各支、干管的风量符合设计要求（图12-10）。

图12-10　空调组合式风柜

（6）冷却塔本体应稳固、无异常振动

其噪声应符合设备技术文件的规定。风机试运转符合规定；冷却塔风机与冷却水系统循环试运行不少于2h，运行应无异常情况。多台冷却塔并联运行时，各冷却塔的进、出水量应达到均衡一致。

3.空调水系统的调试

水系统管道检查，阀门安装方向是否正确。法兰、阀门及管道与设备连接的紧固螺栓应均匀紧固。管道系统连接完毕无断点，水压试验合格。

（1）空调水系统吹扫和冲洗调试部分

吹洗工作应在管道全部或某一段管道强度试验后、严密性试验前进行。对管道进行吹洗的顺序一般应按主管、支管、疏排管的顺序进行，当前段管道吹洗完毕后，即可连续下一管段继续进行。吹洗前，应先将不允许吹洗的管道附件，如孔板、调节阀、节流阀、止回阀、过滤器、仪表等暂时拆下来，并临时用短管代替。吹出口一般应设在阀门、法兰或设备入口处，并应用临时工时管道接至室外安全处，防止污物进入阀门或设备。吹洗用的排出管的截面宜和被吹洗管道截面相同，或稍小于被吹洗管道截面，但不得小于被吹洗管道截面的75％。6排出管端应设置临时固定支架，且能承受流体的反作用力。被吹洗管道的吹出口应设阀门，吹洗时此阀门应时开时关，不允许吹洗的设备或管道应用盲板隔离起来。在吹扫过程中，应不断用手锤敲击管壁，特别对焊缝、死角和管底部分应多敲击，但不得敲伤管壁。吹扫中，排出口附近及正前方不得有人，并应设置警告牌和设专人监护。管道进行冲洗时，其流速不应小于1.5m/s；冲洗应从管道的起端开始，每个冲洗段的长度不宜超过500m。冲洗时，若管道分支较多且末端截面较小，则应将干管上的阀门或法兰连接处暂时拆除1～2处，支管和干管连接处的阀门也暂时拆除，用盲板封闭起来，然后分段进行冲洗。冲洗是否合格，应以出口处的水色和透明度与入口处相一致为合格。

（2）仪表及阀门检验

检查压力表、温度计安装位置是否正确，同时压力表和温度计必须经锅检所检验校核，管道上最高处必须安装自动排气阀和手动排阀。水泵出口阀门开启量应很小或关闭，管道旁通阀门应关闭，空调机组上的进、出水阀门应完全开启。

（3）系统设备检查

水泵试运转前，地脚螺栓及紧固连接部件的螺栓是否全部紧固完毕，护装置安装牢固可靠；水泵加注润滑油的规格、质量、数量应符合设备技术文件规定；手动盘车，检查水泵运转有无卡阻、摩擦声现象；水泵接上电源后，按启动开关，检查水泵运转方向是否正确。

（4）空调水系统的循环

检查水泵和附属系统的部件安装是否正确，水泵与附属管路系统上的阀门启闭状态是否符合要求，进行水泵试运转，检查试运转情况，转向应符合设计要求。系统按水流方向正向补水，根据系统设置情况先将分水器控制一个系统的主阀门打开；检查主阀至楼层管道控制阀门一段是否有漏水情况，未发现漏水现象就将楼层控制阀门打开；检查主管至盘管风机段有无漏水情况，发现有漏水情况应及时排水并做好记号进行修复；重新注水后无问题即可将风机盘管进出水阀门打开，检查有无漏水（渗水）情况，发现问题后及时处理，直至整个空调水系统无渗漏为止。因水系统试压是分楼层或分系统进行的，此时为保证系统大循环无问题，也可将各系统（楼层）连在一起进行试压，直至系统无问题即可进入下一步工作。进行系统大循环，打开循环水泵，看水泵的流量是否符合设计要求，运行一段时间后，打开过滤器，排出脏物，反复几次，至过滤器出水清澈为止（图12-11）。

图12-11 空调冷却、冷冻水泵房

（5）运行程序

先开启冷却水泵→再开启水泵进口阀→冷冻水泵开启→开启水泵进口阀。达到设计进出水压后，开启各个风机盘管（新风机组、组合式风柜），打开排气阀放掉积存空气，检查管道内是否存在空气。

泵在启动前，入口阀应全开，出口阀应全闭，待启动后才慢慢打开出水阀。水泵运转后，在水系统的最高处打开手动排气阀，以及空调机组内盘管上的手动排气阀排出管内的空气。用改刀当听音器，检查水泵的轴承、叶轮运转声音是否正常，泵内是否有空气。缓慢增大水泵出口上的阀门开启度，增大管道内的水流量，达到设计负荷后，检查水泵出口压力和回水管上的压力是否正常，同时，现场巡视管道上有无异常现象，如发现问题应立即通过对讲机通知试车人员停机。

泵在设计负荷下连续运行应不小于2h，滚动轴承的温度不应高于70℃。水泵的机械密封正常情况下泄水量应小于3滴/min。

停机步骤：关闭出口阀门→停止电机→关闭进口阀门。

4.氟利昂系统调试

制冷剂阀门安装前应进行强度和严密性试验。强度试验压力为阀门公称压力的1.5倍，时间不得少于5min；严密性试验压力为阀门公称压力的1.2倍，持续时间30s不漏，则为合格。自控阀门安装的位置应符合设计要求。电磁阀、调节阀、热力膨胀阀、升降式止回阀等的阀头均应向上；热力膨胀阀的安装位置应高于感温包，感温包应装在蒸发器末端的回气管上，与管道接触良好，绑扎紧密；安全阀应垂直安装在便于检修的位置，其排气管的出口应朝向安全地带，排液管应装在泄水管上。安装管道完成，系统试压，按设计要求或规范要求试验压力为工作压力的1.2倍，用洗洁精的液体检查铜管焊接处是否存在渗漏现象，减压至工作压力，稳压48小时观测。氟机系统的吹扫排污应采用压力为0.6MPa的干燥压缩空气或氮气，以浅色布检查5min，无污物为合格。系统吹扫干净后，系统抽真空，达到负压后0.05～0.1MPa加部分氟利昂，通过排净系统管道内部分氮气，正式加制冷剂，开主机运行系统的末端设备及管道，监测系统压力，按设计规范至工作压力。检查主机、末端设备是否正常，设备内部是否有杂音，管道压力、电流、电压是否正常，测试各区域及房间温度、风量、湿度。一般试运行8～12h，结束系统运行，做各项测试记录，以便分析调试存在质量原因。

5.空调送回风、水系统联合试车

设备开机顺序：冷却水泵启动→冷却塔启动→冷冻水泵启动→制冷机组启动→风机盘管、新风机组、组合式风柜启动。设备关机顺序与开机相反。设备开机、关机注意事项：制冷机组启动前应先加热润滑油，油温不低于25℃，油压高于排气0.15～0.3MPa。滤油器前后压差不大于0.1MPa。机组的吸气压力不低于0.05MPa（表压），排气压力不高于1.6MPa。R22制冷剂时，排气温度不大于105℃曲温在30～65℃。冷却水进入制冷机组的水温不大于32℃，出口温度不大于38℃。冷冻水出口温度在7～8℃内，回水温度在12～13℃内。设备联合试运转不小于8h。

（1）空调水系统管路的水量调整

在设备单机试运转结束后，即可进行联动试运转。联动试运转一般为8h。在联动试运转期间可进行管路水量的调整。管路水量的调整可通过调整各主、支干管上的阀门来实现。调整时，用温度计测出空调器的进、出水口的水温。风机盘管在放气阀处检测冷冻水的回水温度。由于离制冷机组较远的环路沿程阻力较大，冷冻水量较少，而离制冷机组较近的环路的沿程阻力较小，冷冻水量较大。通过比较所测得的空调设备回水温度可以确定环路的水量是否平衡。整个系统运行一段时间后检查凝结水管排水是否通畅，若滴水盘有积水，需重新检查滴水盘是否有异物堵塞引出口或调整凝结水管坡度。

（2）空调系统综合效果的测定

综合效果测定是在各单体项目试验调整后，检验系统联动运行的综合指标能否满足设计与生产工艺要求的全面考核。测定前的准备工作，首先检查空调系统测定调试内容是否满足设计招标及自控仪表单体校验的精度要求。在整个综合效果测定期间，保证电源、热源、冷源和水源的供应不间断。综合效果测定应连续进行，测定时间根据生产工艺要求和室温允许波动范围大小而定。对于舒适型空调系统经过4～8h运行测定即可。

1）测定方法：测量仪表，干湿球温度计，PS–1A型声级计，房间内测点的布置，送（回）风温度的测点布置在送（回）机出风口处；敏感元件处的测点，布置在自动调节系统确定的敏感元件安装位置附近，该点对于无区域温差要求的房间来说，它的读数用来衡量室温允许波动范围是否满足规定要求；中心点的测点布置在房间的中心位置；房间相对湿度的测点布置在除气流死区以外的任意位置上，但每次测量时必须在同一位置上进行；测点距地面应有一定的高度，如果用水银温度计测量，所有温度计温包离地面的距离相等，悬挂在0.8～1.2m的高度处为宜。若使用热电偶测量时，测量点的平面位置和高度不应偏移。

2）房间内空气参数的测定方法：测定时，首先要控制室内人员数量。根据选用的仪表不同，测定方法也有所不同，当用水银温度计测量时，重点房间的测试人员要按时读取各测点的温度数值，并同时测量出房间的相对湿度，而其他房间的各测定点温度数值，由一人按时巡回读取记录即可。

3）噪声的测量：空调系统的噪声测量，测量的对象是通风机、水泵、冷冻机、消声器和房间等。测量时一般在夜间进行，排除其他声源的影响。测点的选择应注意传声器放置在正确地点上，以提高测量的准确性。对于风机、水泵、电动机等设备的测点，应选择在距离设备1m、高1.5m处。对于消声器前后的噪声可在风管内测量。对于空调房间的测点，一般选择在房间中心距地面约1.5m处。

4）整理资料编写调试报告：空调工程经过系统试验调整后，需要将分散的资料编制成完整的试验调整报告，以作为交工验收的依据。一般试验报告应包括：空调系统试验调整总说明（包括工程概况、空调设备和系统试验数据的汇总和分析），以及系统存在的问题和改善的方法等。

（3）电气设备和电气控制系统的试验调整报告

空调设备中电机性能试验，如风机、冷冻机、水泵、电动执行机构及调节阀等设备的电机性能试验报告。电气控制系统的接触器、断电器及空气开关等性能试验调整报告。电气控制系统的电气线路试验和整组系统试验报告。自动调节设备及检测仪表的单位试验及系统试验调整的有关报告。敏感元件、调节器、执行调节机构及检测仪表的单体性能试验报告。自动调节系统试验调整报告。

（4）综合效果测定记录

通风机和系统新、回、送风量及各送回风口风量的测定与调整报告。

1）通风机的风量应分别在其压出端和吸入端进行测定。在压出端测定截面上测风量的方法与系统总风量测定方式一样。在吸入端测风量时，可在风机吸入口安全网处用风速仪进行，一般选取上、下、左、右和中间五个点进行定点测量，也可有匀速移动测量法。

2）新、回、送风风管风量测定的关键是测定断面的选择和断面平均风速的确定。测定断面应选在气流稳的直管段上，这样测出的结果比较准确。风管断面上的气流是不均匀的，因此测点愈多，结果就愈准确。一般情况下，矩形风管内测定断面内的测点位置，测定孔的孔径为12～15mm，孔开在短边。圆形风管应根据风管管径的大小分成若干个相等面积的同心圆环。风管内测点的位置确定以后，即可利用毕托管测出各点的风速，得到风速的算术平均值。

3）风口测量方法和仪表：通常采用热球风速仪或叶轮风速仪，在风口处直接测量风口的风量。为了使测量准确，可使用加罩的方法；测点位置和测点数是按截面大小划分等面积小块，测其中心点风速，测点数不少于4点。

4）系统总风量的调整

空调设备试运转后，先测定风机的性能，然后对新风、送（回）风系统风量进行测定与调整，使系统总风量、新风量、回风量以及各支、干管的风量符合设计要求。

12.2.4 消防防排烟及常闭正压风口质量控制

设备、风管与空调系统工艺内容基本余同，不再表述，主要防排烟风口、常闭正压风口及风管的制作材料必须为不燃材料。所选用的材料，应符合设计的规定，如防火、防腐、防潮和卫生性能等要求。

（1）根据设计图纸和技术文件，现场核对防排烟风口和常闭正压风口工艺流程及走向，风口预留位置的坐标、标高、几何尺寸等。防排烟风口和常闭正压风口检查尺寸、规格符合设计要求，表面应平整、无变形、自带调节部分应灵活、无卡死和松动现象。风口及其他部件应有出厂合格证书和材料质量证明文件。防火阀、排烟阀（口）的安装方向、位置应正确。防火分区隔墙两侧的防火阀，距墙表面不应大于200mm。排烟风机及其进出口软接头应当能够在温度280℃条件下连续工作30min。入口处的总管上应设置当烟气温度超过280℃能够自动关闭的排烟防火阀，该阀应与排烟风机联动，当阀门关闭时，排烟风机应停止运转。当任何一个排烟口、排烟阀开启或排风口转为排烟口时，系统应转为排烟工作状态，排烟风机应转换为排烟况，当烟气温度大于280℃时，排烟风机应随设置于风机入口处的防火阀的关闭而自动关闭。

（2）送风机的进风口宜直接与室外空气相联通。送风机的进风口不宜与排烟机的出风口设在同一层面。如必须设在同一层面时，上下设置时，进风口应在排烟机出风口的下方，两者边缘垂直距离不应小于3m；水平设置时，两者边缘水平距离不应小于10m。风口与风管连接严密、牢固保证风口与风管离缝处不漏风；风口在室内墙面或顶棚做到横平竖直，表面平整，风口与装饰面贴实，达到无明显缝隙。防、排烟风口安装保证风口的安装方向，安装操作高度，以及与风管连接处的防火处理，以保证防火系统的功能。机械传动部件应不脱落、不松弛、运行可靠。

（3）防排烟风口、常闭正压风口与风管连接应严密、牢固，以及与风管连接处的防火处理，以保证防火系统的功能。横平竖直，表面平整，风口与装饰面贴实，达到无明显缝隙。表面应平整，线条清晰；无扭曲变形；转角、拼缝处应衔接自然，且无明显缝隙。单个风口的水平度偏差控制在3/1000，垂直度偏差控制在2/1000，同室安装应达到整体协调美观。风口的安装方向以及与风管连接处的密闭处理，避免雨水渗入。先安装调节阀框，后安装风口的叶片框同一方向的风口其调节装置应设在同一侧。风口预留孔洞要比喉口尺寸大，留出扩散板的安装位置。

12.2.5 消防防排烟设备及风阀（风口）调试

防排烟系统安装检查，安装应已全部完毕，试运转前应会同建设单位、监理单位进行全面检查，全部符合设计要求和施工质量验收规范规定。防排烟系统部件安装环境检查，系统的调节阀、防火阀、排烟阀、送风口和回风口内的阀板、叶片应在开启的工作状态。

（1）通风机起动检查，风机经一次启动立即停止运转，检查叶轮与机壳有无摩擦或不正常的声响。风机的旋转方向应与机壳上箭头所示方向一致；通风机运转电流检查，风机启动时，应用钳形电流表测量电动机的启动电流，待风机正常运转后再测量电动机的运转电流。如运转电流值超过电机额定电流值时，应将总风量调节阀逐渐关小，直到回降到额定电流值。通风机运转轴承检查，在风机正常运转过程中，应以金属棒或长柄螺丝刀，仔细监听轴承内有无噪声，以判定风机轴承是否有损坏或润滑油中是否混入杂物。通风机运转轴承温度检查，风机运转一段时间后，用测温仪测量轴承温度，所测得的温度值不应超过设备说明书中的规定。滚动轴承的温度≤80℃，滑动轴承的温度≤60℃；通风机持续运转时间，风机经试运转检查一切正常，再进行连续运转，运转持续时间不少于2h（图12-12）。

图12-12　防排烟机房

（2）风管严密性检验，风管的强度应能满足在1.5倍工作压力下接缝处无开裂。风管的允许漏风量：低压系统风管 $QL \leqslant 0.1056P0.65$。中压系统风管 $QM \leqslant 0.0352P0.65$。常闭的送风口、排烟阀（口）手动调试，进行手动开启、复位试验。执行机构动作应灵敏，脱扣钢丝的连接应不松弛，不脱落。

（3）机械加压送风系统调试，根据设计模式，开启送风机和相应的送风口，测试送风口处的风速，以及楼梯间、前室、合用前室、消防电梯前室、封闭避难层（间）的余压值，分别达到设计要求。

（4）机械排烟系统调试，根据设计模式，开启排烟风机和相应的排烟阀（口），测试排烟阀（口）处的风速应到设计要求；测试地下室的机械排烟系统，还应开启送风机和相应的送风口，测试送风口处的风速应到设计要求。常闭送风口开启调试，任何一个常闭送风口开启时，送风机均能自动启动。常闭送风口与火灾自动报警系统联动调试，当火灾报警后，应自动启动有关部位的送风口、送风机。常闭排烟阀（口）开启调试，任何一个常闭排烟阀（口）开启时，排烟风机均能自动启动。常闭排烟阀（口）与火灾自动报警系统联动调试，当火灾报警后，地上部分设置的机械排烟系统应启动有关部位的排烟阀（口）、排烟风机。地下室的机械排烟系统应启动有关部位的排烟阀（口）、排烟风机和送风口、送风机。

12.3　电气设备、弱电工程

12.3.1　电气设备工程设计

主要负荷分级：剧场的舞台照明、贵宾室、演员化妆室、舞台机械设备、电声设备、电视转播、消防设施用电、客梯、弱电进线间、排污泵及生活泵、应急照明及疏散指示标志、走道照明为一级负荷；剧场观众厅照明、空调机房电力和照明、锅炉房电力和照明等为二级负荷；除一级、二级负荷外的负荷为三级负荷。

（1）本工程由市电不同区域的两10kV开关站各引出一路10kV电源，为本项目高压电源，两路电源同时工作，互为备用。设置10kV高压配电室由高压配电室以放射式引出10kV电源至干式变压器。本工程变压器总装机容量为5700kVA；各变压器主要电气参数及服务区域详附表。设置一座柴油发电机房，设一台风冷式自启动成套柴油发电机组作为本工程应急电源。当市电停电时，柴油发电机组在30s内自动启动提供应急电源，保障重要负荷用电；当市电停电又有消防要求时，仅保证消防负荷用电。柴油发电机组主用功率为1200kW。

（2）低压出线采用放射式与树干式相结合的供电方式，消防设备双电源末端自动切换。电力和照明供电压220/380V使用电压电力为220/380V，照明为220V。在变电所0.4kV侧设功率因数集中自动补偿装置，电容器组采用自动循环投切方式，补偿后高压侧功率因数不低于0.9。带节能电感镇流器的气体放电灯单灯就地设电容补偿，补偿后功率因数不低于在舞台灯光、舞台机械等产生谐波源的装置处就近设置有源滤波装置。

（3）应急照明备用电源采用集中蓄电池柜和柴油发电机相结合的使电方式，蓄电池柜应满足相关规定中对电池初装容量的要求。楼梯间、疏散走道，车库，自行车库、电梯前室、门厅、观众厅等处设有应急照明及疏散指示标志灯，应急备用电源连续供电时间不少于60min。作疏散用的应急照明，水平疏散通道最低照度不应低于1lx人员密集场所最低照度不应低于3lx，楼梯间、（合用）前室最低照度不应低于5lx。消防控制室、消防水泵房、自备发电机房、配电室、防排烟机房等备用照明时间不少于180min，备用照明照度不低于正常照明的照度。

消防疏散指示标志和消防应急照明灯具应符合现行国家标准《消防安全标志　第1部分：标志》GB 13495—2015和《消防应急照明和疏散指示系统》GB 17945—2010的有关规定。门厅、观众厅、走道等区域设置智能型疏散照明系统智能疏散指示照明采用LED灯具，智能疏散照明采用安全电压24V电源。剧院、影院设踏步灯或座位排号灯供电压不大于36V的安全电压。

（4）所有灯具均为一类灯具，加PE线。开关，插座和照明灯具靠近可燃物时，应采取隔热、散热等防火措施。卤钨灯和额定功率不小于100W的白炽灯泡的吸顶灯、槽灯、嵌入式灯，其引入线应采用瓷管、矿棉等不燃材料作隔热保护。额定功率不小于60W的白炽灯、卤钨打、高压钠灯、金属卤化物灯、荧光高压汞灯（包括电感镇流器）等，不应直接安装在可燃物体上或采取其他防火措施。火灾时应急照明灯由消防控制室控制点亮，并由消防信号在配电间或楼层配电箱处控制切除非消防电源。火灾时由消防信号强制电梯归一层并切除非消防电梯电源。非消防电源的切除通过空气断路器的分离脱扣器来实现。

12.3.2 电气设备质量控制及调试

施工准备及施工程序，熟悉图纸做好技术交底工作。随土建进度做好电气预留预埋工作，及半成品保护工作。施工程序：防雷、接地安装→预留预埋→电气配管→电缆托架安装→电气设备安装→接地母线敷设和设备接地→电线电缆敷设→校线和接线→灯具开关插座安装。

1.电气配管施工工艺

暗管敷设流程：准备工作→预制加工（揻管、切管）→箱盒定位→管路连接→暗管敷设→管路密封处理（需要时）。明敷流程：准备工作→预制加工（管弯，加工支架、吊架）→箱盒定位→管路敷设、连接丝扣、套管→变形缝管路密封处理（需要时）。

钢套管不得采用对口熔焊连接，镀锌钢导管或壁厚小于等于2mm的钢导管，不得采用套管熔焊连接。进入落地配电箱的电管，应排列整齐，管口应高出基础面50～80mm。埋入地下的电管不宜穿过设备基础，在穿过建筑物基础时应加保护管。镀锌钢导管管路暗敷设时，导管表面埋设深度与建筑物、构筑物表面的距离不应小于15mm。镀锌钢导管管路暗敷设时，其弯曲半径不应小于管外径的6倍。当植埋于地下时，其弯曲半径不应小于管外径的10倍。敷设在钢筋混凝土墙及楼板内的管路，紧贴钢筋内侧与钢筋绑扎固定。直线敷设时，固定点间距不大于1000mm。敷设在砖墙、砌体墙内的管路，垂直敷设剔槽宽度不宜大于管外径5mm。固定点间距不大于1000mm。连接点外侧一端200mm处增设固定点。

2.电气配管施工质量控制

根据设计图，加工选择好各种盒、箱；揻弯采用冷弯。确定箱盒位置，以土建弹出的水平线为基准，挂线找平标出箱、盒位置。明管和暗管敷设工艺。在多粉尘、易爆等场所敷设管路时，应按照设计和有关防爆规程进行施工。

（1）支吊架应按设计图或标准图集加工，当导管采用金属吊架固定时，圆钢直径不得小于8mm，并设置防晃支架，在距离盒箱、分支处或端部0.3～0.5m处设置固定支架。根据设计尺寸确定盒、箱等的位置，管路水平，垂直位置。按规定的固定点尺寸要求，计算支架，吊架的位置。固定点应均匀，管卡与终端转弯中点，电气器具或接线盒边缘的距离，都要符合规范要求。明配或埋于混凝土内的导管弯曲半径不宜小于管外径的6倍，当两个接线盒之间只有一个弯曲时，其弯曲半径不宜小于管外径的4倍。检查管路是否畅通，内侧有无毛刺，镀锌层是否完整无损。吊棚内电管敷设采用夹紧式通丝吊杆作为支架。

（2）配电箱，接线盒不准用电焊开孔。在需要密封的房间，管线进出均应接密封管件，确保封闭效果。金属软管引入设备时，应采用金属软管接头连接，在动力工程中长度不大于0.8m，照明不大于1.2m。不得利用金属软管作为接地导体。盒、箱固定正确、可靠，管子进入箱、盒处应顺直，在盒、箱内的长度应小于5mm，螺纹露出锁紧螺母2～4扣，线路进入电气设备和器具的管口位置正确。管道与箱，盒的接地连接，其接地线选用应正确，且走向合理，色标正确。明管敷设时在转弯外侧，终端处均应用角钢制作防晃支架。支、吊架不可歪斜，固定点距离应均匀。镀锌钢导管管路连接处，两侧连接的管口应平整、光滑、无毛刺、无变形。管材插入连接套管接触应紧密。镀锌钢导管管路外壳应有可靠接地，与接地线不应熔焊连接。镀锌钢导管管路不应作为电气设备接地线。植埋于地下或楼板内的刚性塑料导管，在穿出地面或楼板易受机械损伤的一段应采取保护措施。钢导管跨越建筑物变形缝处应设置补偿装置。

3.管内穿线

入场使用的导线必须符合设计要求，并有合格证，有入场检验合格的报告。根据管口大小选择合适护线圈在穿线时时行保护。根据导线规格选择标准的接线端子（线鼻子）。单股导线连接采用缠绕、搪锡连接，多股导线采用绞合连接，不得选用带酸性的焊剂。

（1）操作流程：施工准备→选择导线→穿带线→清扫管路→带护口→导线与带线的绑扎→放线及断线→导线连接→导线焊接→导线包扎→线路检查绝缘摇测。选择导线：各回路的导线应严格按照设计图纸选择型号规格，相线、零线及保护地线应加以区分，用黄、绿、红导线分别作A、B、C相线，黄绿双色软线作接地线，淡蓝色线作工作零线。穿带线：穿带线的目的是检查管路是否畅通，管路的走向及盒、箱质量是否符合设计及施工图要求。带线采用ϕ2mm的钢丝，先将钢丝的一端弯成不封口的圆圈，再利用穿线器将带线穿入管路内，在管路的两端应留有10～15cm的余量（在管路较长或转弯多时，可以在敷设管路的同时将带线一并穿好）。当穿带线受阻时，可用两根钢丝分别穿入管路的两端，同时搅动，使两根钢丝的端头互相钩绞在一起，然后将带线拉出。清扫管路：配管完毕后，在穿线之前，必须对所有的管路进行清扫。清扫管路的目的是清除管路中的灰尘、泥水等杂物。具体方法为：将布条的两端牢固地绑扎在带线上，两人来回拉动带线，将管内杂物清净。

（2）放线及断线：放线前应根据设计图对导线的规格、型号进行核对，放线时导线应置于放线架或放线车上，不能将导线在地上随意拖拉，更不能野蛮使力，以防损坏绝缘层或拉断线芯。剪断导线时，导线的预留长度按以下情况予以考虑：接线盒、开关盒、插座盒及灯头盒内导线的预留长度为15cm；配电箱内导线的预留长度为配电箱箱体周长的1/2；出户导线的预留长度为1.5m，干线在分支处，可不剪断导线而直接作分支接头。

（3）导线连接：截面积在10mm²及以下的单股铜芯线直接与设备器具的端子连接。截面积在2.5mm²及以下多股铜芯线拧紧搪锡或接续端子后与设备、器具的端子连接。截面积大于2.5mm²的多股铜芯线，除设备自带插接式端子后与设备、器具的端子连接；多股铜芯线与插接式端子连接前，端部必须拧紧搪锡。每个设备和器具的端子接线不多于2根电线。

（4）线路检查及绝缘测试：线路检查：接、焊、包全部完成后，应进行自检和互检；检查导线接、焊、包是否符合设计要求及有关施工验收规范及质量验收标准的规定，不符合规定的应立即纠正，检查无误后方可进行绝缘摇测。绝缘摇测：导线线路的绝缘摇测一般选用500V，量程为0～500MΩ的兆欧表。测试时，一人摇表，一人应及时读数并如实填写"绝缘电阻测试记录"。摇动速度应保持在120r/min左右，读数应采用一分钟后的读数为宜。绝缘电阻要求，照明线路绝缘电阻值不得低于0.5MΩ，动力线路绝缘电阻值不小于1MΩ。

4.桥架安装

（1）施工工艺：弹线定位，根据设计图、BIM深化设计图纸确定合箱、柜等电气器具安装位置，从始端至终端，先干线后支线，找好水平或垂线，在线路的中心线放线弹线。桥架支架与吊架所用材料应平直，无扭曲，钢支架要焊接牢固，焊缝长度符合要求（图12-13）。

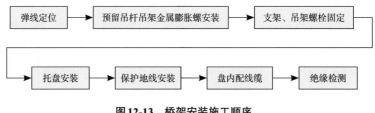

图12-13 桥架安装施工顺序

（2）支、吊架采用现场制作的方式，用角钢和圆钢制作，安装应牢固，在有坡度的建筑物上安装支、吊架应与建筑物坡度相同，支架间距水平安装时宜为1.5～3m，垂直安装时不大于2m。同一位置安装的强弱电桥架，其支吊架应统一制作安装。梯架、托盘和槽盒全长不大于30m时，不应少于2处与保护导体可靠连接。全长大于30m时，每隔20～30m应增加一个连接点，起始端和终点端均应可靠接地。

（3）镀锌梯架、托盘本体之间不跨接保护连接导体时，连接板两端不应少于2个有防松螺母或防松垫圈的连接固定螺栓。桥架应平整，无变形，内部无毛刺，接口平整，各种附件齐全。桥架直线的连接应采用连接板，用垫圆弹垫螺母拉紧，接缝处应严密平齐。桥架进行交叉转弯，丁字连接，应采用单通、二通、三通、四通或平面二通、平面三通等进行变通连接。桥架与盘、箱柜连接时，应通过连接板，螺栓与盘箱柜可靠连接。桥架接地采用通铺镀锌扁钢的方式。有上下高差和进出线时，应采用立上弯头和立下弯头，安装角度要适宜。托盘在井立每层应封堵，托盘末端也应封堵。直线段梯架、托盘长度超过30m时，应设置伸缩节，当穿越变形缝时设补偿装置。

5.电缆敷设工艺

施工准备→电缆敷设设计→电缆敷设→电缆头制作安装。技术准备：施工图纸、电缆清册、电缆合格文件、现场检验记录。现场布置，电缆通道畅通，排水良好；电缆支架、桥架的支架防腐层应完整，固定牢固，间距应符合设计规定；屏柜及端子箱已安装。机具及材料：吊车、汽车、放线架、吊装机具（包括与电缆盘重量和宽度相配合的钢棒），电缆捆扎材料、打印好的电缆牌等。施工前核对电缆规格、型号、截面、电压等级是否符合设计要求，外观有无扭曲，坏损等。预分支电缆还应注意安装的位置。

（1）电缆敷设质量控制：对1kV以下的用1000V的兆欧表测量线间和对地绝缘电阻，应不低10MΩ。测试完毕后，封好电缆头，以避免受潮。电缆的搬运，短距离一般用滚动电缆轴的方法，滚动时按电缆轴上箭头所指方向，以免线圈松垮。选择好电缆盘支架位置，注意轴向方向，电缆端应在轴上方引出。水平敷设方法可用人力或机械牵引。电缆沿桥架或托盘敷设时，应单层敷设，排列整齐。不得有交叉，拐弯处应以最大截面电缆允许弯曲半径为准。电缆敷设排列整齐，每敷设一根固定一根，水平敷设的电缆，首尾两端、转弯两侧及每隔5～10m处设固定点。垂直敷设电缆时，有条件的最好自上而下敷设。用吊车将电缆吊至楼层顶部；敷设前，选好位置，架好电缆盘，电缆的向下弯曲部位用滑轮支撑电缆，在电缆轴附近和部分楼层应设制动和防滑措施；敷设时，同截面电缆应先敷设低层，再敷设高层。自下而上敷设时，低层小截面电缆可用滑轮大麻绳人力牵引敷设。高层大截面电缆宜用机械牵引敷设。

（2）电缆的排列和固定：电缆敷设排列整齐，间距均匀，不应有交叉现象。大于45℃倾斜敷设的电缆每隔2m处设固定点。水平敷设的电缆，首尾两端、转弯两侧及每隔5～10m处设固定点。对于敷设于垂直桥架内的电缆，每敷设一根应固定一根，全塑型电缆的固定点为1m，其他电缆固定点为1.5m，控制电缆固定点为1m。敷设在竖井及穿越不同防火区的桥架，按设计要求位置，作好防火阻隔。电缆挂标志牌，标志牌规格应一致，并有防腐性能，挂装应牢固。标志牌上应注明电缆编号、规格、型号、电压等级及起始位置。沿电缆桥架敷设的电缆在其两端、拐弯处、交叉处应挂标志牌，直线段应适当增设标志牌。交流单芯电缆或分相后的每相电缆不得单独置于钢导管内，固定用的夹具和支架，不得形成闭合铁磁回路。

6.配电箱安装

XL-21箱出线基本都在顶部以线槽方式引出，要求顶部开孔，挂墙式箱应在现场开孔。本工程配电箱为暗装、挂式明装和井道落地安装，暗装配电箱底边距地1.5m，安装完毕后土建按建筑图纸要求封闭背后墙体，控制按钮（柜）距地1.5m。配电箱应安装在安全、干燥、易操作的场所，配电箱内配线应排列整齐，并绑扎成束，压头牢固可靠，配电箱上的电气器具应牢固、平整、间距均匀、启闭灵活，铜端子无松动，零部件齐全。落地配电箱基础应平直，牢固，接地可靠。挂式明装的配电箱采用膨胀螺栓固定在墙上。

（1）根据设计要求找出配电箱位置，并按照箱的外形尺寸配合土建预留孔洞。箱体安装应固定平直。管线入箱后，将导线理顺，分清支路和相序，绑扎成束，剥削导线端头，逐个压在器具上。进出配电箱的导线应留有适当余度。

（2）照明配电箱（柜）安装应符合规范：箱（柜）内配线整齐，无绞接现象。导线连接紧密，不伤芯线，不断股。垫圈下螺丝两侧压的导线截面积相同，同一端子上导线连接不多于2根，防松垫圈等零件齐全；箱（柜）内开关动作灵活可靠，带有漏电保护的回路，漏电保护装置动作电流不大于30mA，动作时间不大于0.1s。照明箱（柜）内，分别设置零线（N）和保护地线（PE线）汇流排，零线和保护地线经汇流排配出。位置正确，部件齐全，箱体开孔与导管管径适配，暗装配电箱箱盖紧贴墙面，箱（柜）涂层完整；箱（柜）内接线整齐，回路编号齐全，标识正确；箱（柜）安装牢固，垂直度允许偏差为1.5‰；底边距地面为1.5m，照明配电板底边距地面不小于1.8m。

（3）落地配电柜安装时采用10号槽钢，安装配电柜时用螺栓将槽钢及配电柜连接牢固。基础型钢安装允许偏差如表12-2所示的规定。

柜、屏、台、箱安装垂直度允许偏差为1.5‰，相互间接缝不应大于2mm，成列盘

盘基础安装允许偏差　　　　　　　　　　　表12-2

项　目	允许偏差	
	(mm/m)	(mm/全长)
不直度	1	5
水平度	1	5
不平行度	/	5

面偏差不应大于5mm。

（4）通电试运行：配电箱等安装完毕，且各路的绝缘电阻摇测合格后，方允许通电试运行。配电箱卡片框内的卡片填写好部位，编上号。通电后应仔细检查灯具的控制是否灵活准确，开关与灯具的控制顺序应相对应。检查插座的接线是否正确，其漏电开关动作应灵敏可靠，如果发现问题须先断电，然后查找原因进行修复。

7. 灯具开关插座安装质量控制

（1）灯具安装的固定应符合规范：灯具重量大于3kg时，固定在螺栓或预埋吊钩上；灯具固定牢固可靠，不使用木楔。每个灯具固定用螺钉或螺栓不少于2个；当绝缘台直径在75mm及以下时，采用1个螺钉或螺栓固定。当钢管做灯杆时，钢管内径不应小于10mm，钢管厚度不应小于1.5mm。固定灯具带电部件的绝缘材料以及提供防触电保护的绝缘材料，应耐燃烧和防明火。当灯具距地面高度小于2.4m时，灯具的可接近裸露导体必须接地（PE）或接零（PEN）可靠，并应有专用接地螺栓，且有标识。变电所内，高低压配电设备及裸母线的正上方不应安装灯具。投光灯的底座及支架应固定牢固，枢轴应沿需要的光轴方向拧紧固定。

（2）应急照明灯具安装应符合规范：应急照明灯具、运行中温度大于60℃的灯具，当靠近可燃物时，采取隔热、散热等防火措施。应急照明线路在每个防火分区有独立的应急照明回路，穿越不同防火分区的线路有防火隔堵措施；疏散照明线路采用耐火电线、电缆，穿管明敷或在非燃烧体内穿刚性导管暗敷，暗敷保护层厚度不小于30mm。电线采用额定电压不低于750V的铜芯绝缘电线。

（3）插座开关，插座接线的安装应符合规定。单相两孔插座，面对插座的右孔或上孔与相线连接，左孔或下孔与零线连接；单相三孔插座，面对插座的右孔与相线连接，左孔与零线连接；单相三孔、三相四孔及三相五孔插座的接地（PE）或接零（PEN）线接在上孔。插座的接地端子不与零线端子连接。同一场所的三相插座，接线的相序一致。接地（PE）或接零（PEN）线在插座间不串联连接。暗装的插座面板紧贴墙面，四周无缝隙，安装牢固，表面光滑整洁、无碎裂、划伤，装饰帽齐全；照明开关安装位置便于操作，开关边缘距门框边缘的距离0.15～0.2m，开关距地面高度1.3m；相同型号并列安装及同一室内开关安装高度一致，且控制有序不错位。暗装的开关面板应紧贴墙面，四周无缝隙，安装牢固，表面光滑整洁，无碎裂、无划伤，装饰帽齐全。

8. 配电系统调试

配电房送电前的检查，低压配电室的土建施工工作已全部完成，门窗全部安装好，能上锁、防鼠、防虫，进户套管全部封填好，室内干净，干燥。配电柜内无尘、灰、无杂物、清洁，开关分合灵活，插头连接部位是否紧固可靠，柜内的主要元件经有关部门检测合格。配电房接地、接零完整、可靠，无漏接现象。相关变压器经24h运行正常，低压配电柜进电源已正式送电。

（1）外部电气设施送电前的检查。各电气竖井内土建工作已全部完成，竖井门安装完毕、已上锁，竖井内清洁、干燥。各送电配电箱已安装完毕，并经自检合格，箱内电气元件已检查、调试合格，各开关的启、断灵活，送电前应全部处于断开位置。各配电干线已全部施工完毕，电缆线路固定牢固、可靠，桥架安装及接地工作已全部完成，并经自检合格。

（2）低压配电系统调试、送电，根据干线系统图的划分及送电的先后顺序，在送电前，对相关干线电缆进行绝缘电阻的测试，采用500VMΩ表进行摇测，电缆线间、相对地、相对零的绝缘电阻值均应不小于5MΩ，并做好绝缘测试记录；对干线电缆的相序进行检查，利用500VMΩ表进行短路检测，从配电房低压配电柜输出端（即电缆首端）至配电箱电源进线端（即电缆末端）的相序对应情况，电缆首尾端的接线相序（A相、B相、C相、N线、PE保护线）应一致；检查各系统的配电箱安装情况应符合设计及规范要求，箱内器件符合设计要求，各低压电器动作情况良好，各回路控制符合设计要求，箱内接线牢固符合规范要求。低压配电箱/柜送电——送电时，先合总开关，后和分开关。停电先停分开关，然后停总开关。低压配电柜没有向二级配电箱送电的回路，要在开关上挂上"禁止合闸"的警告牌。按干线系统的划分及配合单位用电部位的要求，对各干线逐一、逐级送电，并确认工作正常（从低压配电柜—至中间分配电箱—至终端用电箱），逐级送电，逐级测试电源、电压等，并确认正常，系统经空载运行24h，并确认空载运行一切正常后，即可配合相关用电单位进行带负荷工作调试（成套配电箱（柜）的运行电压、电流正常，各种仪表指示正常。照明系统应满负荷连续运行24h，所有灯具均应开启，每2h记录运行状态1次，连续运行时间内无故障。动力负荷根据设备要求进行试运转，且试运转工作正常）。双电源系统自动切换试验——在配电房内对双电源配电箱的工作及备用回路送电，此时末端配电箱内的双电源开关应处于工作回路合闸位置，然后在配电房内切断工作回路电源，此时末端配电箱的双电源自动转换开关经自动延时后，自动转换到备用回路合闸位置，如此经两次重复试验，确认双电源自动转换开关工作正常，双电源切换正常。操作时，操作人员利用对讲机相互联系，确认工作和备用回路电源投送无误。电机调试——在干线系统调试合格后，对各动力设备进行调试、试运转。检查设备电机的绝缘电阻，用1000V的兆欧表进行测试，绝缘电阻不低于1MΩ；检查电机手动盘动灵活，无卡碰现象。检查电机接线牢固正确，且外壳接地良好。检查电机控制箱，符合设计要求，核对保护整定值符合规范要求（电机额定电流的1.15倍），箱内接线牢固正确，回路控制符合设计要求。电机通电试运转，电机一般应在空载情况下试运行，时间为2h，确认电机工作正常，启动正常，旋转方向符合要求，声音正常，运行电流正常，电机温升正常，符合铭牌要求（滑动轴承温升不超过45℃，滚动轴承温升不超过60℃），并做好试运转记录。

12.3.3 弱电设计

通信及综合布线网络系统、视频监控系统、门禁及一卡通系统、离线式巡更系统、公共信息显示系统、智能化集成系统、无线对讲系统。

1. 通信及综合布线系统

工程采用电话及综合布线合用系统，大剧院不设电话站，采用由电信运营商提供号段服务的方式，号段内互相通话免费，对外直拨计费。网络中心机房设置在地下一层，机房内设30mm架空地板。电话电缆及光缆分别由室外弱电人孔通过弱电管井引入机房。语音信号和数据信号分别由弱电机房用六类大对数电缆和多模光纤引出，按综合配置设计整个系统，采用光纤、铜缆相结合的方式兼顾先进性与经济性。综合布线系统由工作区子系统、水平布线子系统、楼层配线间干线系统、终端设备管理间及建筑群子系统组成。

2. 视频监控系统

大剧院一层设监控机房（和消防控制室合用）。本工程拟采用分布式监视系统，由主控制台、数字标清摄像机、视频编码器、主频解码器、交换机、视频服务器、监视器、防盗报警控制器接口、红外双鉴探测器、磁盘存储服务器、硬盘摄像机电源、UPS电源等组成，实现对设防区域再现画面和声音进行有效监视和记录，同时对非法入侵进行可靠及时、准确无误的报警。在各建筑的主要出入口、走道、休息厅、营业厅、大小剧场、多功能厅、地下车库、电梯厅、电梯轿厢内等场所设置保安监视摄像机。一层各出入口设红外双鉴探测器与红外摄像机联动。电梯轿厢设彩色针孔型（带广角镜头）摄像机。重要机房的出入口设摄像机。所有摄像机的电源由监控室集中提供220V电源，在弱电井或摄像头处提供变电、整流设备。监控摄像机具有固定、摇头、俯仰移动、变焦和适用于照度低环境等特性，并装在能获取最好画面的位置。数字硬盘录像机能够连续地记录摄像机的数据以便记录所有监视区的活动情况并使画面随时再现成为可能。中心主机系统采用全数字P系统，所有摄像点可同时录像，安保中心的主机根据需要实现全屏幕、四画面、十六画面监视器显示的画面包含摄像机号、地址时间等信息。根据需要，部分摄像机在安保中心可控，如云台控制、聚焦调节等。按系统图所示做时序切换控制。切换时间1～30s可调同时可手动选择某一摄像机进行跟踪、录像。

图像质量按五级损伤制评定，图像质量不低于4级，图像水平清晰度、彩色电视系统不应低于270线，画像画面的灰度不应低于8级，在专用残疾人卫生间设置声光呼叫信号装置。

3.电梯运行监控系统

电梯设置电梯运行监控系统，电梯运行监测屏设于消防控制室。当电梯内报警器被按下时，监测屏将显示报警电梯序号及楼层。通过五方对讲系统可实现电梯轿厢内、电梯机房、消防控制室监测屏、电梯基坑及井道顶的五方通话，系统所有管线均穿电缆托盘或钢管暗敷设。

4.门禁及一卡通系统

大剧院设专用门禁系统主要在各设备机房及办公门口设置磁卡式专门禁装置。一卡通在各售票及结账处设刷卡POS机可办理消费结账，各专业门禁及POS机均通过综合布线信息插座接入主网络系统。系统由电磁门锁、读卡器、开门按钮、门禁控制模块、双门控制器、电源组成员工按工作权限刷卡进入工作区域工作，火灾时相关区域强制打开门禁系统。

5.离线式巡更系统

在各层需要巡查的地点设置信息点位，采用离线感应式巡更系统对大楼进行管理，保安人员可以按人员、按线路、按预设时间进行巡查采集数据统一在控制中心进行管理，以确保整个大楼无安防死角。

6.公共信息显示系统

大剧院在一层设两块全彩屏像素间距10～12mm；另设部分小型CD显示屏，屏幕显示系统能显示相关文字、图形和视频，还与有线电视、综合布线系统等相连把相关的多媒体信息显示在屏幕上。公共信息管理工作站设置在地下一层的弱电管理中心。

7.无线对讲系统

由于本项目的特殊性，故对保安工作要求很高，尤其是对保安人员的通信工具更是要求很高，因此设置本系统。无线对讲信号将覆盖大剧院的每个角落，在建筑物内任何地方使用对讲机都可以接收被呼叫信号，也可以发送出呼叫信号，且没有信号死角。

8.智能化集成系统

智能化系统的集成以计算机网络为基础、软件为核心，通过信息交换和共享将各个具有完整功能的独立分系统组合成一个有机的整体，以实现大楼内相应专业子系统之间信息资源的共享与管理、互操作和快速响应与联动控制，以达到自动化监视与控制的目的。智能化系统集成完成集中监视、联动控制管理功能信息存储、共享、查询与打印功能对信息的多媒体显示和报警功能。主要包括：机电设备管理和监控功能、消防自动化系统监视功能、综合安保系统管理和监控功能、紧急广播系统管理和监控功能、联动功能（楼宇自控系统与消防报警系统的联动等）。

12.3.4 弱电质量控制及调试

1.通信及综合布线网络系统质量控制

施工前应对所用器材进行外观检验，检查其型号规格、数量、标志、标签、产品合格证、产品技术文件资料，有关器材的电气性能、机械性能、使用功能及有关特殊要求，应符合设计规定。

电缆电气性能抽样测试，应符合产品出厂检验要求及相关规范规定。光纤特性测试应符合产品出厂检验要求及相关规范规定。

（1）缆线敷设：缆线布放前应核对型号规格、程式、路由及位置与设计规定相符。缆线的布放应平直、不得产生扭绞，打圈等现象，不应受到外力的挤压和损伤。缆线在布放前两端应贴有标签，标明起始和终端位置，标签书写应清晰，端正和正确。电源线、信号电缆、对绞电缆、光缆及建筑物内其他弱电系统的缆线应分离布放。

①缆线布放时应有冗余。在交接间，设备间对绞电缆预留长度，一般为3～5m；工作区为3～6m；光缆在设备端预留长度一般为3～5m；有特殊要求的应按设计要求预留长度。

②排屏蔽4对对绞电缆的弯曲半径应至少为电缆外径的4倍。屏蔽4对对绞电缆的弯曲半径应至少为电缆外径的8倍。主干对绞电缆的弯曲半径应至少为电缆外径的10倍。芯或4芯水平光缆的弯曲半径应大于25mm，其他芯数的水平光缆、主干光缆和室外光缆的弯曲半径至少为光缆外径的10倍。缆线桥架内缆线垂直敷设时，在缆线的上端和每间隔1.5m处应固定在桥架的支架上；水平敷设时，在缆线的首、尾、转弯及每间隔5～10m处进行固定。布放缆线的牵引车，应小于缆线允许张力的80%，对光缆线瞬间最大牵引力不应超过光缆允许的张力。在以牵引方式敷设光缆时，主要牵引力应加在光缆的加强芯上。缆线布放过程中为避免力和扭曲，应制作合格的牵引端头。如果用机械牵引时，应根据缆线牵引的长度、布放环境、牵引张力等因素选用集中牵引或分散牵引等方式。

③布放光缆时，光缆盘转动应与光缆布放同步，光缆牵引的速度一般为15m/s。光缆出盘处要保持松弛的弧度，并留有缓冲的余量，又不宜过多，避免光缆出现背扣。

（2）缆线在终接前，必须核对缆线标识内容是否正确。缆线中间不应有接头。缆线终接处必须牢固、接触良好。对绞电缆与连接器件连接应认准线号、线位色标，不得颠倒和错接。

（3）终接时，每对对绞线应保持扭绞状态，扭绞松开长度对于3类电缆不应大于

75mm；对于5类电缆不应大于13mm；对于6类电缆应尽量保持扭绞状态，减小扭绞松开长度。对绞线与8位模块式通用插座相连时，必须按色标和线对顺序进行卡接。插座类型、色标和编号应符合规范要求。

①光纤与连接器件连接可采用尾纤熔接、现场研磨和机械连接方式。光纤与光纤接续可采用熔接和光连接子（机械）连接方式。

②光缆芯线终接当采用光纤连接盘对光纤进行连接、保护，在连接盘中光纤的弯曲半径应符合安装工艺要求。光纤熔接处应加以保护和固定。光纤连接盘面板应有标志。

（4）设备安装：机柜、机架安装完毕后，水平、垂直度应符合厂家规定。如无厂家规定时，垂直度偏差不应大于3mm。机柜、机架上的各种零件不得脱落或碰坏。漆面如有脱落应予以补漆，各种标志完整清晰。机柜、机架、配线设备箱体的安装应牢固、应按设计图的防震要求进行加固。安装机架面板、架前应留有1.5m空间、机架背面离墙距离应大于0.8m，以便于安装和施工。

（5）配线设备机架安装要求：采用下走线方式、架底位置应与电缆上线孔相对应；各直列垂直倾斜误差不应大于3mm，底座水平误差每平方米不应大于2mm；接线端子各种标志应齐全。模块设备应完整无损，安装就位、标志齐全。

安装螺丝应拧牢固，应产生松动现象。面板应保持在一个水平面上。安装在活动地板或地面上，应固定在接线盒内，插座面板有直立和水平等形式，接线盒盖可开启，并应严密防水、防尘。接线盒盖面应与地面平齐。

（6）信息插座底座的固定方法：以施工现场条件而定，宜采用机螺钉。信息插座应有标签，以颜色、图形、文字表示所接终端设备类型。安装位置和高度应符合设计要求。交接箱或暗线箱宜暗设在墙体内，预留墙洞安装，安装高度符合设计要求。接地要求：安装机架，配线设备及金属钢管、线槽、接地体，保护接地导线截面、颜色应符合设计要求，并保持良好的电气连接，压接处牢固可靠。

（7）综合布线系统调试：综合布线工程电气测试包括电缆系统电气性能测试及光纤系统性能测试。电缆系统电气性能测试项目应根据布线信道或链路的设计等级和布线系统的类别要求制定。各项测试结果应有详细记录，作为竣工资料的一部分。有关电气性能测试记录格式见规范要求。

（8）系统验收：为保证大剧院项目设计、供应及安装弱电系统工程的验收工作，在系统测试工作开始前20d提交测试工作计划和方案，详细说明测试工作内容、测试方法、测试仪器和仪表。综合布线系统测试包括：工程电气性能测试，光纤特性测试。系统测试完毕后，即组织有关技术及管理人员对整个系统进行验收，如表12-3所示的规定。

综合布线系统工程检查验收项目及内容 表12-3

阶 段	验收项目	验收内容	验收方式
施工前检查	1.环境要求	土建施工情况：地面、墙面、门、电源插座及接地装置； 土建工艺：机房面积、预留孔洞；施工电源；地板敷设	施工前检查
	2.器材检验	外观检查；型式、规格、数量；电缆电气性能测试；光纤特性测试	施工前检查
	3.安全、防火要求	消防器材；危险物的堆放；预留孔洞防火措施	施工前检查
设备安装	1.交接间、设备间、设备机柜、机架	规格外观；安装垂直、水平度；油漆不得脱落、标志完整齐全；各种螺丝必须紧固；抗震加固措施接地措施	随工检验
	2.配线部件及8位模块式通用插座	规格、位置、质量；各种螺丝必须紧固；标志齐全；安装符合工艺要求；屏蔽层可靠连接	随工检验
电、光缆布放（楼内）	1.桥架及线槽布放	安装位置正确；安装符合工艺要求；符合布放线缆工艺要求；接地	随工检查
	2.缆线暗敷（包括暗管、线槽、地板等方式）	线缆规格、路由、位置；符合布放线缆工艺要求；接地	隐蔽工程
	3.管道缆线	使用管孔孔位；缆线规格；缆线走向；缆线的防护设施的设置质量	隐蔽工程签证
缆线终接	1.8位模块式通用插座	符合工艺要求	随工检查
	2.配线部件	符合工艺要求	
	3.光纤插座	符合工艺要求	
	4.各类跳线	符合工艺要求	
系统测试	1.工程电气性能测试	连接图；长度；衰减；近端串音（两端都应测试）；设计中特殊规定的测试内容	竣工检查
	2.光纤特性测试	衰减；长度	竣工检验
工程总验收	1.竣工技术文件	清点、交接技术文件	竣工检查
	2.工程验收评价	考核工程质量、确认验收结果	

2.视频监控系统质量控制

在安全防范系统的施工工程中，必须和土建工程紧密配合，完成视频监控系统内所需线管预埋的铺设工作，保证在走线放管的时候不会与强电暖通在走线路线方向存在干扰交叉的问题，此外还要确保在施工工艺的处理上不会影响装饰工程的美观度。由于装修工程直接影响视频监控系统前端设备的安装以及机房设备的安装，因此需要协调好装修工程的装修时间，协调装修工程和弱电工程进度。

（1）材料、设备进场准备：组成安全防范系统的前端设备器材应符合设计要求，具有开箱清单、产品技术说明书、合格证等质保资料。机房控制设备，如视频矩阵切换器、数字硬盘录像机、报警主机等应符合设计或合同要求，符合产品技术要求。

（2）设备安装：摄像机的安装，闭路监控设备在安全、整洁的环境中方可安装，其安装要点如下：

①安装前每个摄像机均应通电检测摄像机及镜头工作是否正常，并进行粗调及后焦距的调整，摄像机与镜头处于正常工作状态后，方可安装。

②从摄像机引出的电缆应留有1m的余量，以避免影响摄像机的转动。不得利用电缆插头和电源插头来承载电缆的重量。

③摄像机宜安装在监视目标附近且不易受到外界损伤的地方，安装位置不应影响附近现场人员的工作和正常活动。摄像机镜头要避免强光直射，应避免逆光安装，摄像机方向及照明条件应进行充分的考虑和改善。

④解码器宜安装在距离摄像机不远的现场，应不影响建筑的美观，若需安装在顶棚内，顶棚应有足够的承重能力，并在临近处有检修孔，以便维修。

⑤云台安装时应先检查云台的水平、垂直转动角度，检查防护罩的紧固情况及雨刷动作，检查云台、支架的安装尺寸。然后按摄像监视范围决定云台的旋转方位，其旋转死角应处在支、吊架和引线电缆的一侧，要保证支吊架安装牢固可靠，并应考虑电动云台的转动惯性，在其旋转时不应发生抖动现象。在搬动、架设摄像机的过程中，不得打开镜头盖。

⑥初步安装好后，通电试看，进行细部检查各项功能，观察监视区域的图像质量，符合要求后再进行固定。

（3）监视器的安装：监视器应端正、平稳安装在监视器柜上。应具有良好的通风散热环境。监视器的安装位置应避免阳光或人工光源直射荧光屏，荧光屏的表面背景光的照度不得高于100lx。当有不可避免的光时，应采取遮光措施。监视器的各调节旋钮，应暴露在便于操作的位置，并可加保护盖。主监视器距监控人员的距离应为主监视器荧光屏对角线长度的4～6倍。监视器柜的背面与侧面距墙不应小于0.8m。

（4）控制台的安装：控制台的整个台体安装应竖直平稳，机柜内的设备部件应在机架定位并加固后进行，设备安装应牢固、端正，安装所用的螺丝、垫片、弹簧、垫圈等均应按要求装好，不得遗漏。根据机柜、控制台等设备的相应位置，设置电缆槽和进线孔，电缆的弯曲半径应大于电缆直径的10倍。控制台或机架内接插件和设备接触可靠，安装牢固，无扭曲脱落现象。

监控室内的所有引线均应根据监视器、控制设备的位置设置电线槽和引线孔。所有引线在与设备连接时，均要留有余量，并做永久性标志，以便维修和管理。敷设的电缆两端留适当余量，并标示明显的永久性标记，以便于维护及管理。

（5）供电与接地：视频与报警系统采用集中供电，当供电线与控制线都用多芯线时，多芯线与电缆可一起敷设，否则供电线缆与信号线缆应分开敷设。测量所有接地极的接地电阻，必须达到设计要求，达不到设计要求时，要采取相应措施，系统的工程防雷接地安装，应严格按设计要求施工，接地安装应配合土建施工同时进行。

（6）系统调试：电视监控系统调试应在建筑物内装修和系统施工结束后进行。电视监控系统调试前应具备施工时的图纸资料和变更设计文件以及隐蔽工程的检测与验收资料等。调试负责人必须有中级以上专业职称，并由熟悉该系统的工程技术人员担任。具备调试所用的仪器设备，且这些设备符合计量要求。

检查施工质量，作好与施工队伍的交接。

①电源检测：接通控制台总电源开关，检测交流电电源；检查稳压电源上电压表读数；合上分电源开关，检测各输出端电压，直流输出极性等，确认无误后，给每一回路通电。

②线路检查：检查各种接线是否正确。用250VMΩ表对控制电缆进行测量，线芯与线芯、线芯与地绝缘电阻不应小于0.5MΩ。接地电阻测量：监控系统中的金属护管、电缆桥架、金属线槽、配线钢管和各种设备的金属外壳均应接地，保证可靠的电气通路。系统接地电阻应小于1MΩ。

③摄像机的调试：闭合控制台、监视器电源开关、若设备指示灯亮，即可闭合摄像机电源，监视器屏幕上便会显示图像。调节光圈（电动）及聚焦，使图像清晰，改变变焦镜头的焦距，并观察变焦过程中图像清晰度。在摄像机的标准照度下进行图像的清晰度及抗干扰能力测试。

④遥控云台，若摄像机静止和旋转过程中图像清晰度变化不大，则认为摄像机工作正常。

⑤整体调试：功能检测，包括视频安防监控系统的监控范围、现场设备的接入率及完好率；监控主机的切换、控制、编程、巡检、记录等功能；对数字视频录像式监控系统还应检查主机死机记录、图像显示和记录速度、图像质量、对前端设备的控制功能以及通信接口功能、远端联网功能等；对数字硬盘录像监控系统除检测其记录速度外，还应检测记录的检索、回放等功能。联网调试，在联网的情况下检测与其他子系统之间的联动功能。

3.门禁及一卡通管理系统质量控制

门禁系统由门禁控制器、读卡器、电锁、电源、出门按钮、感应卡、管理软件等组成。控制器安装，设备箱安装位置、高度应符合设计要求，底边距地宜为1.4m。明装设备箱时，应找准标高，进行钻孔，埋入金属膨胀螺栓进行固定。箱体背板与墙面平齐。设备箱的交流电源应单独敷设，严禁与信号线或低压直流电源线穿在同一管内。终端设施安装，安装电磁锁、电控锁、门磁前，应核对锁具、门磁的规格、型号是否与其安装的位置标高、门的各类和开关方向相匹配。电磁锁、电控锁、门磁等设备安装时应预先在门框、门扇对应位置开孔。按设计及产品说明书的接线要求，将盒内留出的导线与电磁锁、电控锁、门磁等设备接线端子相压接。电磁锁安装，首先将电磁锁的固定平板和衬板分别安装在门框和门扇上，然后将电磁锁推入固定平板的插槽内，即可固定螺丝，按图连接导线。在玻璃门的金属门框安装电磁锁，一般置于门框的顶部。读卡器、出门按钮等设备的安装位置和标高应符合设计要求。如无设计要求，读卡器和出门按钮的安装高度宜为1.4m，与门框的距离宜为100mm。

4.离线式巡更系统

信息纽扣安装→中心设备（软件、通信座）安装→系统软件设置→系统检验。设备安装，系统采用离线式的巡更钮。确定好巡更路线，选定关键地点作为信息采集点，将巡更钮固定在适当的高度（一般1.4m），巡更钮外表必须明显易见，且方便巡更棒头触及。安装应牢固、端正，户外应有防水措施。

①系统调试：电子巡更系统调试主要包括软件设置，设置步骤为建立巡查点→设置路线→每条路线设置巡查点→设置班次→每个班次设置巡查任务→登记巡查点信息钮→登记巡查棒→设置巡查员名单→登记巡查人员钮→当班人员巡查前，先读自己的人员钮，然后读各巡查点。

②系统检验：检查离线式巡更系统，确保信息钮的信息正确，数据的采集、统计、打印等功能正常。

5.公共信息发布系统

安装位置的现场确定→管线预埋（管线预埋分为数据流中的综合布线点的预置接口和对强电的供电接口预留）→显示屏安装（装修后）→各屏幕试运行→系统验收→电子信息发布系统培训→系统交付使用。

（1）液晶屏安装：液晶屏定位（根据设计图纸），强电线缆敷设及地插安装，网络线缆敷设及网络接口安装，安装液晶屏，驱动程序安装，该驱动程序可用于WIN95、WIN98、XP、WIN2000、WIN7等平台，分别配有专门的设备驱动程序，其安装方法与其他驱动程序完全一样。系统连接的注意事项：要注意插接件的极性与方向，各接插件要连接好，不得有松动或未到位现象，地线一定要连好。

（2）系统试运行及测试：整个系统搭建完成之后，请先检查各信号线和数据线连接是否正常，然后给整个一体机供电，对屏体进行检查，当全屏检查完成并确认无误后，关闭所有的电源。恢复系统正常连接，重新启动系统。

①系统测试：对于电子信息发布系统机顶盒及液晶屏出厂验收前都已经通过相应的质检和成品的屏体指标验收，因此系统安装完后主要是对其整体亮度、软件联网控制显示的系统调试。整体亮度的调试检测比较直观，是根据系统完工后三方人员对其进行实地调试检验的一个工序，软件系统联网控制和屏体显示是系统调试的重点，对其说明如下。

②多媒体信息的编辑制作调试：①文字信息，是节目制作中最普通、最常用的信息，文字信息的准备和处理比较简单，主要有文字编写、文字翻译（多语言系统）、文字录入、文字特技，在软件工具中对各种字体、大小、颜色任意选择、多种对齐和特技显示方式，然后根据屏体的显示来进行调试校对；②图形信息，图形是信息量较大的一种信息表达方式，它可以将复杂和抽象的信息直观地表达出来，也为制作美观的界面提供了必要的手段，在节目软件制作工具中，主要调试其支持图形的缩放、裁剪和拼接程度。

③图像信息：图像直接反映了真实情景，有照片和录像两个来源，录像机中的视频信号可以播放，通过冻结操作，将图像捕捉存入硬盘，并观看其编辑操作功能支持裁剪、拼接、旋转、反转、锐化等处理的反应程度，以及调试其图像亮度、对比度、色度调整等功能。

④声音信息：声音是重要的多媒体信息，以提供配音解说、背景音乐、特技音响等方面的信息，可对声音进行编辑及各种处理，验证其是否已达到较好的音响效果。

⑤视频信息：视频信息的存贮方式是录像带或激光视盘，视频信息制作的主要工作是摄像，在进行调试阶段根据视频信息验证屏体是否达到质量要求。

⑥对显示屏监视和控制功能的调试：显示屏是显示系统中的关键设备，视其上位控制计算机能对其显示内容、显示方式全面控制，同时控制软件提供界面实现对其运行状态的监视。

6.智能化集成系

作为智能建筑的最高界面管理，智能化集成系统涉及各相关智能化集成子系统。首先，应详细深入了解各子系统技术细节、系统工作原理和对外提供接口方式。其次，针对各子系统接口进行深入的调试，并完成相应接口程序开发，通过接口程序实现不同子系统信息在网络上的共享，以便统一管理各子系统信息。系统集成主要包括：网络建设、系统编程、系统组态及设定、系统联调及测试、试运行、验收（智能化集成系统以下简称BMS系统），如图12-14。

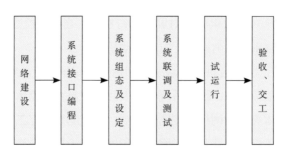

图12-14 系统集成

（1）施工工艺：在系统集成实施之前，先要完成网络环境建设，应试运行数天，保证其稳定性，以便日后编程。系统集成的基础是各个智能化子系统，各子系统都具有独立的硬件结构和完整的软件功能，在实现底层物理连接和标准协议之后，由软件功能实现的信息交换和共享是系统集成的关键内容。智能化系统集成的成功与否除了集成系统本身应具有先进、可靠、灵活等功能外，弱电各子系统的配合是必不可少的，凡是与子系统接口配合良好的都得到了很好的效果。子系统接口开放的程度及配合得好坏是集成系统成败的关键，因此必须在工程实施以前明确接口的界面及协议的内容，集成系统供应商及子系统供应商共同认可的文件，以便在实施中明确分工，落实工作计划及制定验收标准。另外，子系统供应商应提供所有监控点的地址、编号、物理位置及相应说明等监控点表，该表应根据工程实施过程至少分三次提供，允许子系统供应商工程过程中有所改动，集成系统供应商应及时加以修改。子系统最终修改应在集成系统验收一个月以前提供。

（2）系统实施：BMS系统在系统实施时需要开发与第三方系统的接口驱动程序，因此，各子系统厂商必须提供其系统的接口协议及所采用的接口形式。同时，有义务配合BMS系统的实施。确定集成方案，系统集成软件虽然采用现有成熟的系统产品，但是面向任何一种具体的应用对象，总是需要进行二次开发，建立确定的针对性的工作流程，才能够真正发挥效用，也就是说，我们建立的软件集成系统是一套"定制的"系统，从这一点上来说和硬件设施有很大区别。软件（二次）开发工作首先从调查研究开始，在掌握大剧院全部业务流程特点的基础上，进行系统需求分析和技术论证。我们提供的软件解决方案，将尽可能"面面俱到"，使得大剧院的工作人员借助于计算机网络和系统集成平台，建立完整的自动化工作流程。

（3）系统编程、接口开发：作为智能建筑的最高界面管理，智能化集成系统涉及各相关智能化集成子系统。首先，应详细、深入地了解各子系统技术细节、系统工作原理和对外提供接口方式。其次，针对各子系统接口进行深入的调试，并完成相应的接口程序开发，通过接口程序实现不同子系统信息在网络上的共享，以便统一管理各子系统信息。系统集成软件采用结构化、模块化的体系结构，这不仅有助于系统的升级和发展，同样对系统软件的开发和生成也有巨大好处。系统软件的总体结构考虑好以后，就可以设计各种软件功能的模块，制订软件开发任务单，进行功能模块的研制和编程。在系统软件面向应用对象的二次开发过程中，各种单元功能模块必须进行实地的，或者模拟的中间试验。严格的中间试验，将可以有效地消除大量隐蔽的程序"Bug"，大大提高系统的适用性、可靠性和稳定性。而软件编制和组态过程中，进行阶段性功能评审，可以确保系统功能的完善和合理，并为下一阶段系统汇总联调创造必要条件。

①楼宇自控系统（BAS）接口程序开发：分析楼宇自控系统对外开放接口情况，接口模式及接口协议，对接口协议所提供子系统信息、数据、算法进行分析，充分了解子系统工作状况。消防自动化系统（FAS）接口程序开发，分析消防自动化系统对外开放接口情况，接口模式及接口协议，对接口协议所提供的子系统信息、数据、算法进行分析，充分了解子系统工作状况。

②接口编程：主要是将消防自动化系统接口协议编译成集成系统所能接受和使用的数据格式，并通过接口程序获取FAS系统信息，同时集成管理系统也可以下传信息给FAS系统。从接口程序获得BA系统信息后，集成管理系统通过丰富、强大的软件功能对子系统信息作综合处理，例如设备状态监视、报警提示、维护提示等。限于消防法规，BMS对消防自动化系统实行只监不控的功能。

③防盗报警系统接口程序开发：分析防盗报警系统对外开放接口情况，接口模式及接口协议，对接口协议所提供的子系统信息、数据、算法进行分析，充分了解子系统工作状况。接口编程：主要是将综合安保系统接口协议编译成集成系统所能接受和使用的数据格式，并通过接口程序获取综合安保系统信息，同时集成管理系统也可以下传信息给综合安保系统。从接口程序获得综合安保系统信息后，集成管理系统通过丰富、强大的软件功能对子系统信息作综合处理，例如设备状态监视、设防、撤防时间表设定、报警提示、维护提示、跨子系统联动等。

④电子巡更系统接口程序开发：分析电子巡更系统对外开放接口情况，接口模式及接口协议，对接口协议所提供子系统信息、数据、算法进行分析，充分了解子系统工作状况。接口编程：主要是电子巡更系统接口协议编译成集成系统所能接受和使用的数据格式，并通过接口程序获取电子巡更系统信息，同时集成管理系统也可以下传信息给电子巡更系统。从接口程序获得电子巡更系统信息后，集成管理系统通过丰富、强大的软件功能对子系统信息作综合处理。

（4）系统调试：完成系统组态后，进行测试和联调，主要测试集成系统和各子系统的对应情况、系统反应速度和联动执行情况。根据设计文件、产品标准和产品技术文件的要求，对各子系统之间进行网络连接、串行通信连接、专用网关（路由器）接口连接等。根据各子系统提供的监控点的地址、编号、物理位置及相应说明等监控点表，完成系统组态工作。系统组态要求各子系统数据应在同一界面下显示，为汉化和图形化界面，数据显示应准确和快速，其性能指标应符合设计文件要求。BMS系统数据库（包括实时数据库、历史数据库）参数设置等资源管理。按产品技术文件的要求，对BMS系统软件进行功能配置。按设计文件、产品技术文件的要求，对跨子系统联动处理配置，系统联动功能主要有：

①消防自动化系统与视频监控系统、空调系统、通风系统和电梯系统的联动，配置好联动功能后，检查逻辑是否符合设计文件要求，并进行模拟联动试验；联动情况应做到安全、正确、及时和无冲突。

②防盗报警系统与视频监控系统、照明系统的联动，配置好联动功能后，检查逻辑是否符合设计文件要求，并进行模拟联动试验；联动情况应做到安全、正确、及时和无冲突。

③系统集成商与用户商定的其他联动功能，配置好联动功能后，检查逻辑是否符合设计文件要求，并进行模拟联动试验，联动情况应做到安全、正确、及时和无冲突。

④设定各子系统管理人员、操作人员在服务器和客户端的权限密码。每名系统管理员、操作员都安排一个唯一的系统登录密码，该权限决定他（她）的操作范围，更改数据点的权限。该工作需要由院方管理人员参与。

⑤按设计文件的要求，对集成系统的综合管理功能、信息管理和服务功能进行处理配置。配置完成后，进行模拟操作使用，验证各项功能满足设计文件、技术文件的要求。对调试、测试记录进行记录，要求真实、准确、完整。

（5）系统试运行：在系统软件总体建立以后，同样需要进行实地的，或者模拟的测试。系统测试和验收测试，我们会邀请用户参与操作和使用，并提出改进意见。用户的建设性意见，将是系统完善化的最重要方面。系统编程完成后即投入试运行。在此期间对集成系统接口程序、系统组态和联动编程进行纠错和优化，经过数次反复最终形成最全面、合理、完善的集成系统，完成试运行后，组织业主、设计院和有关专家进行系统验收。

（6）系统检测：智能化集成系统的检测应在楼宇自控系统（BAS）、消防自动化系统（FAS）、监控系统、电子巡更系统等检测完成，集成系统完成调试并经过一个月试运行后进行。检测前应编写集成系统检测大纲，检测大纲应包括检测内容、检测方法、检测数量等。集成系统检测的技术条件应依据集成系统合同技术文件、集成系统设计文件及集成系统中所使用的硬件和软件的技术文件。

①主控项目：子系统之间的硬连接、串行通信连接、专用网关（路由器）接口连接等应符合设计文件、产品标准和产品技术文件的要求，检测时应全部检测，100%合格为检测合格；检查系统数据集成功能时，在服务器和客户端分别进行检查，在服务器端各子系统的数据应在同一界面下显示，界面应为汉化和图形化，数据显示应准确和快速，其性能指标应符合设计文件要求。对各子系统应全部检查，100%合格为检测合格。

②集成系统的整体指挥协调能力：在服务器和有操作权限的客户端检查报警信息及处理、设备连锁控制情况。对各子系统应全部检查，每个子系统检查数量为设备数量的20%，被检数量100%合格为检测合格。应急状态的联动逻辑的检测方法为：在现场模拟火灾信号，在服务器观察报警和做出判断情况，记录视频监控系统、紧急广播系统、空调系统、通风系统和电梯及自动扶梯系统的联动逻辑是否符合设计文件要求；在现场模拟有人非法侵入（越界或入户），在服务器观察报警和做出判断情况，记录视频监控系统、紧急广播系统和照明系统的联动逻辑是否符合设计文件要求；系统集成商与用户商定的其他方法。以上联动情况应做到安全、正确、及时和无冲突。检测符合要求的为检测合格，否则为系统检测不合格。

（7）集成系统的综合管理功能、信息管理和服务功能的检测按合同技术文件的有关规定进行。功能检测的方法，应通过现场实际操作使用，运用案例验证满足功能需求的方法来进行。多媒体接入系统的网络管理功能，视频图像显示应清晰，图像切换应正常，网络系统的视频传输应稳定。信息管理平台软件的检测参照规范有关内容执行。检测集成系统的冗余、容错功能，包括冗余切换（包括双机备份及切换、数据库备份、备用电源及切换），故障检测与自诊断，事故情况下的安全保障措施等是否满足设计文件要求。集成系统不得影响火灾自动报警及消防联动系统的独立运行，对其系统相关性进行检测。对过程质量记录进行审查，要求真实、准确、完整。

7.无线对讲系统

信号源设备安装在机房内，馈线从弱电管路引出，天线安装在相应的位置。分布端主馈线由中继台引出，到功分器，由功分器铺设电缆至各天线。中继台的安装要求清洁、美观，实际施工时可根据具体的室内装修情况做小范围的调整，所有器件均要良好固定。

（1）室内馈线：室内馈线采用同轴传输馈线，要满足防火要求；所有馈线的布放要求整齐、美观，不得有交叉、扭曲、裂损的情况；弯曲半径应符合馈线的技术指标；同轴电缆敷设时请先将盘绕的同轴电缆在较宽敞的地面顺势放开，严禁拉成"麻花"，避免电缆存在的扭绞应力。当电缆端做好射频插头时，要注意对插头的防护，避免插头碰伤并保持插头的清洁。

（2）室内天线安装：安装天线时，应该注意以下事项：天线位置与顶棚内的射频馈线连接良好，并使用扎带固定，位置符合设计方案的位置，保持天线外表的洁净，天线暗装。

（3）功分器的安装：应用捆扎带、固定件固定，不允许悬空放置。与该类器件相连的馈线列交叉，在距接口300mm处的馈线均应固定。

第13章

大型剧院类项目之消防工程

13.1 消防设备及弱电设计

13.1.1 消防设备及管道

一般大型剧院为公共建筑，各类设备多，人员密度大，对消防各系统布置要求高，本工程消防设施分为室内及室外用地红线范围内的室内消火栓消防系统，自动喷水灭火系统、雨淋系统、防护冷却水幕系统、自动扫描灭火装置系统、气体灭火系统、自动扫描灭火装置系统、建筑灭火器配置、室外的消防各系统水泵接合器、室外消火栓水系统环网。

火灾自动报警及消防联动控制系统、背景音乐兼火警广播系统，本工程采用控制中心报警系统。本工程采用控制中心报警系统。消防控制室位于一层，火灾报警控制器数量为2台，总容量约为3600多个点。每一台火灾自动报警控制器连接的火灾探测器、手动报警按钮及模块等设备的总数不应超过3200点。每条回路应不超过200点并应预留10%的余量。

系统组成：由报警控制主机、探测器（烟、温）、手动报警按钮、声、光报警器各种联动用中继器，消防联动控制柜、火警通信设备组成。

舞台部分的消防管道安装应与舞台工艺充分配合施工，避免与舞台工艺产生矛盾。本专业管道施工应与土建及其他机电专业配合施工，做好相应的预留配合。

1.消防给水系统

本工程采用区域型临时高压消防体制，集中设置消防水池，消防加压泵房，在屋顶设置消防水箱，以满足室内外消火栓系统、室内消火栓系统、自动喷水系统、自动扫描系统、雨淋系统、冷却水幕系统的防火用水量。用水量持续时间2h，地下一层设置消防水池1458m³，屋顶设置消防水箱36m³。消防水池全额存储以满足本建筑室内外消防用水量，共1458m³，项目按同一时间一次火灾考虑设计本工程的消防；消防加压泵房集中设置在地下一层，地下室消防水池设置为两座三格（为了保证检修时能提供更多的消防储水量），每格消防水池设置取水口，消防水池有效最低水位与室外消防车取水口同一水平最低水位，室外消防车取水口位置设置道路旁边，以利消防车快捷取水。

2. 室内消火栓消防系统

本工程消火栓水系统竖向及水平管环网不分区，地下四层、地下一层、四层、七层形成水平管环网，由消防水池及消火栓水泵直接供消火栓环网的水系统。系统工作压力为1.0MPa；在屋顶消防水箱出水管设置流量开关，消火栓泵出口设置有低压压力开关，作为消火栓泵的启泵信号，消火栓按钮仅作为报警信号；从消防泵房接两根出水管至室内消火栓系统环网管，室内消火栓系统在室内构成环状管网，并在环网上设水泵接合器，消火栓水泵采用两台卧式消防专用给水泵，一用一备。所有消火栓栓口充实水柱按不小于13m，栓口压力不小于0.35MPa设计；本工程消火栓设置为SNW65型减压稳压消火栓（二层及以下）减压稳压消火栓栓口压力设置为0.35MPa。

3. 自动喷水灭火系统

整个项目除不宜用水灭火或高度超出自动喷淋系统保护高度的空间外均设置有自动喷淋系统保护，自动喷水系统竖向不分区，由消防水箱及喷淋泵直接供水，系统工作压力为1.00MPa；从消防泵房接两根出水管至自动喷淋系统环管，并在环网上设水泵接合器在地下室的环管上引出管接湿式报警阀；报警间的水力警铃均应设置在报警阀间的外墙上，报警阀间设排水沟，并设置不小于DN100排水管道及地漏排至地下室集水坑；地下室部分按中危险Ⅱ级进行设计，地上部分房间按中危险Ⅰ级设计；地下室按160m²作用面积及8L/m²·min的喷水强度设计计算；地上部分按160m²作用面积及6L/m²·min的喷水强度设计计算；在地下室车库部分设置有泡沫－水喷淋系统，设计混合泡沫灭火时间为10min，混合泡沫与水喷淋灭火时间共60min，泡沫剂采用水成膜，泡沫罐PGNL1500；自动喷淋泵采用两台卧式消防专用喷淋水泵，一用一备。自动喷淋系统（水流指示器之前安全信号阀后）部分楼层应设置减压孔板。具体设置为地下室各层DN150，减压孔板φ48，楼层三层以下DN150减压孔板φ50，减压孔板采用6mm厚不锈钢板制作，直径不小于管径的30%。

4. 自动扫描灭火装置系统

在观众厅外的休息厅，是一个高度大于12m的空间，其玻璃顶下部无法设置喷头的部分改为设置自动扫描灭火装置，系统设计用水量为20L/s。每只灭火装置设置有红外探测组件及图像探测、电磁阀等，均与自动扫描装置一一对应关系（灭火装置参数：保护半径25m，标准工作压力0.60MPa，单只设计用水量5L/s）。系统工作压力

1.20MPa，系统设置有水泵接合器两座，并与消火栓系统等共用高位消防，且保证水箱高度大于灭火装置且标高不小于1.0m，自动扫描灭火装置给水泵为2台卧式消防专用给水泵，一用一备。

5. 雨淋系统

在大剧院的主舞台上方，葡萄架下方设置有雨淋系统，雨淋系统设计参数按严重危险级Ⅱ设计，按260m²作用面积及16L/m²·min的喷水强度设计，系统流量为90L/s，系统工作压力为1.00MPa；整个舞台设置有4只雨淋阀控制，并设置有6座水泵接合器，系统共用屋顶消防水箱雨淋系统给水泵采用两台卧式消防专用给水泵，一用一备。

6. 防护冷却水幕系统

在大剧院的主舞台台口设置有钢质防火幕，在主舞台侧设置有防护冷却水幕系统，系统设计参数：防火幕长度19m及1.0L/s·m的喷水强度设计，系统流量为20L/s，系统工作压力为0.70MPa；整个防护冷却水幕系统设置有22只水幕喷头，并设置有2座水泵接合器，系统共用屋顶消防水箱，防火冷却水幕系统给水泵采用两台卧式消防专用给水泵，一用一备。

7. 建筑灭火器配置

建筑各部位均按国家有关规范要求，其危险等级和火灾种类配置灭火器。

8. 气体灭火系统

高低压变配电室以及剧场重要的设备机房均设置气体灭火系统；采用预制无管网柜式七氟丙烷气体灭火装置（充装压力2.5MPa）灭火，灭火设计浓度采用9%，灭火浸渍时间10min，设计喷放时间不少于8s。同一防护区的多台灭火装置之间动作响应时差不大于2s，灭火设计浓度不应小于灭火浓度的1.3倍，惰化设计浓度不应小于惰化浓度的1.1倍；各气体灭火房间设置相应的泄压口，七氟丙烷的泄压口底边设于防护区净高的2/3以上，除泄压口外的开口在喷灭火剂前应能自动关闭。

预制无管网灭火系统设自动控制和手动控制两种启动方式。

（1）自动控制：当剧场重要的设备机房长期无人值班或很少有人出入时，应将火灾报警控制器上的控制方式选择键置于"自动"位置，同时将剧场重要的设备机房门外的手动/自动转换开关置于"自动"状态。此时控制系统处于自动工作状态，当剧场重要的设备机房发生火灾时，气体灭火系统自动完成剧场重要的设备机房内的火灾报测、报警联动控制及喷气灭火整个过程。剧场重要的设备机房内的单一探测回路探测火灾信号后，控制盘启动设在该剧场重要的设备机房内的警铃。同时向系统提供火灾预报警信号。同一剧场重要的设备机房内的两个回路都探测到火灾信号后，控制盘启动设在该剧场重要的设备机房区域内外的声光报警器，经过30s延时后，火灾报警控制器输出24V

直流电，启动灭火系统。灭火剂经管网释放到剧场重要的设备机房，控制面板喷放指示灯亮，同时报警控制器接收压力信号器反馈信号，开启剧场重要的设备机房内门灯，避免人员进入，直至确认火灾已经扑灭。

（2）手动控制：当剧场重要的设备机房经常有人工作时且有人值班的情况下，为了防止系统误动作，应将火灾报警控制器上的控制方式选择键置于"手动"位置，并将剧场重要的设备机房门外的手动／自动转换开关置于"手动"状态。此时系统处于手动控制状态。当剧场重要的设备机房发生火灾时，火灾探测器将探测到的火灾信号输送给控制器，控制器立即发出声、光报警信号，同时发出联动信号，但不会输出启动灭火系统信号，此时需要经值班人员确认火灾后，按下控制器上相对应剧场重要的设备机房的紧急启动按钮，即可按预先设定的程序启动灭火系统，释放七氟丙烷气体进行灭火。这种手动控制，实际上还是通过电气方式的手动控制。手动启动后，系统将不经过延时而被直接启动，释放灭火剂。

13.1.2 设备配置及系统功能

探测单元设置于剧院地下室、各配套用房、设备机房各层走道、楼梯间及消防电梯前室等公共区域。楼梯口、消防电梯前室、建筑内部拐角处等明显部位设置火灾光报警器、声光警报器，不宜与安全出口指示标志灯设置在同一面墙上。并在确认火灾后启动建筑内所有火灾声光警报器，疏散通道或出入口处等设置手动火灾报警按钮。火警电话采用多线制，每个报警区域内应均匀设置火灾警报器，其声压级不应小于60dB，在环境噪声大于60dB的场所其声压级应高于背景噪声15dB。

1.消防联动控制内容

在火灾自动报警系统中，当接收到来自触发器件的火灾报警信号时，能自动或手动启动相关消防设备并显示其状态的设备，称为消防联动控制设备。消防联动控制设备启动时主要有：灭火系统控制，包括室内消火栓、自动灭火系统、雨淋系统、防护冷却水幕系统、自动扫描灭火装置系统、气体灭火系统、自动扫描灭火装置系统的控制；建筑灭火器配置，室外的消防各系统水泵接合器，室外消火栓水系统环网的控制；防排烟系统的控制；消防电梯的控制；火灾应急广播、火灾应急照明与疏散指示的控制；消防通信设备的控制，及时向消防部门发出信号。

2.消防联动模块及中继器的安装

消防模块及中继器一般安装在弱电井内模块箱内，模块箱底距地1.5m；防火卷帘模块及中继器安装防火卷帘控制箱；电梯及楼梯前室正压送风风阀，模块安装在墙面风阀电动机构内；防排烟风机、风阀、信号阀、水流指示器、配电箱（柜）、控制箱等模块及中继器，安装模块箱内，模块箱底距地1.5m。模块严禁安装在配电箱（柜）、控制箱内。

3.短路隔离器的安装

每只总线短路隔离器保护的火灾探测器、手动火灾报警按钮和模块等消防设备的总数不应超过32点；总线穿越防火分区时，应在穿越处设置总线隔离器，总线短路隔离器可放置于模块箱内或沿线路由就近挂墙安装，底边距地1.5m，当安装于顶棚内时，底边宜距顶棚0.2m，附近应有检修顶棚并作明显标志；火警系统线路垂直部分均沿弱电竖井内金属封闭线槽规格敷设，水平部分沿每层水平消防金属封闭线槽敷设。探测器吸顶棚（或吸顶板）安装，接线盒暗设于顶棚（或顶板）内；系统中所有火灾自动报警线路及50V以下的供电线路、控制线路SC20热镀锌钢管，暗敷在楼板或墙内。

4.防排烟系统

失火防烟分区报警确认信号，防排烟区域的全部防排烟风阀（风口）和排烟风机及补风机开启，同时关闭与排烟无关的通风、空调系统。当烟雾温度达280℃时，关闭排烟风机的280℃排烟防火阀，同时关闭排烟风机及补风机；防火卷帘联控，着火时，用于防火分隔防火卷帘自动第一次距地1.8m，第二次防火分隔防火卷帘自动一次落地联控。

5.消防水系统

在消火栓系统出水干管上设置的低压力开关、屋顶消防水箱出水管上设置的流量开关或报警阀压力开关等信号作触发信号，直接启动消火栓水泵。消火栓箱按钮应作为报警信号及启动消火栓泵的联动触发信号，由消防联动控制器联动控制消火栓水泵的启动，消防喷淋系统由水力报警兼报警信号启动，水流指示器、安全信号阀仅作显示。

（1）消防喷淋系统，湿式报警阀动作信号送至消防中心及消防喷淋泵房自动启动喷淋水泵，并显示泵运行信号。

（2）消防专用电话网络应为独立的消防通信系统，消防控制室设置火警专用总机电话，主要设备机房如消防水泵房、变配电室、防排烟机房、消防电梯机房等处设置消防专用分机电话。手动报警按钮处设置消防电话插孔，总消防控制室应设置可直接报警的外线电话。失火防烟分区报警确认信号报警，由总线联动关停相关部位非消防电源、强启应急照明电源。消防水池应设置就地液位显示装置，并应在消防控制中心或值班室等地点设置显示消防水池水位的装置，同时应有最高和最低报警水位。

（3）消防联动控制器应能按设定的控制逻辑向各相关的受控设备发出联动控制信号，并接受相关设备的联动反馈信号。各受控设备接口的特性参数应与消防联动控制器发出的联动控制信号相匹配。需要火灾自动报警系统联动控制的消防设备，其联动触发信号应采用两个独立的报警触发装置，报警信号的"与"逻辑组合。消防应急广播与普通广播或背景音乐广播合用时，应具有强制切入消防应急广播的功能，且确认火灾后应同时向全楼进行广播。

（4）火灾自动报警系统应设置交流电源和蓄电池备用电源。超高空间区域采用图像防火灾报警系统及极早期烟雾探测报警系统。

6. 防火门监控系统

防火门监控主机设置在一层消防控制室内，各个分机设置于竖井内，用于显示并控制防火门开启、关闭状态，对防火门处于非正常打开的状态或非正常关闭的状态给出报警提示，使其恢复到正常工作状态，确保防火门功能完好，并上传防火门状态信息至消防联动控制器。

区域划分应满足消防广播区域的划分要求，本系统按照建筑物防火分区划分为多个广播区域，话筒音源可自由选择的对各区域回路或单独，或编程，或呼叫进行广播，且不影响其他区域组的正常广播。系统节目通过网络广播线路分路、分层同时送到大楼内所有的公共区域。

13.2 消防设备及管道质量控制及调试

消防管道系统的工艺

消防管道系统包括消火栓消防系统、自动喷水灭火系统、雨淋系统、防护冷却水幕系统、自动扫描灭火装置系统。各系统给水管均采用热浸镀锌钢管，当管径 $DN \geq 100$mm时，采用法兰或卡箍连接.当管道 $DN < 100$ 时采用丝扣连接。室外埋地部分管道采用焊接钢管，焊接连接；埋地部分管道应加强防腐处理（图13-1）。

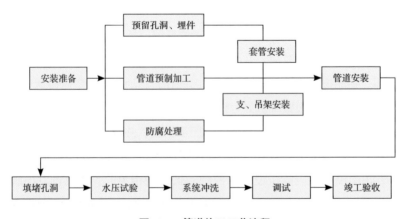

图13-1 管道施工工艺流程

1. 管道安装

管道连接（螺纹）套丝时，为防止板牙过度磨损和保持螺纹光滑，加工次数按规定执行：$DN<32mm$ 时为 $1\sim2$ 次；$DN=32\sim50mm$ 时为 $2\sim3$ 次；$DN>50mm$ 时应为 3 次。螺纹连接时，管端螺纹外面的填料清除掉，填料不得挤入管腔，以免阻塞管路。管道连接后，把挤到外面的填料清除掉。各种填料在螺纹里只能使用一次，若螺纹拆卸、重新装紧时，应更换新填料。螺纹连接选用合适的管钳子，不得在管钳子的手柄上加套管增长手柄来拧紧管子。

2. 法兰的装配

石棉橡胶垫、橡胶垫等非金属垫片应质地柔韧，无老化变质或分层现象。表面不应有折损、皱纹等缺陷，法兰与管子焊接装配时，法兰端面应与管子中心线相垂直，其偏差可用角尺和钢尺检查，当 $DN\leqslant300mm$ 时允许偏差度为 $1mm$，管子插入法兰内距离端面应留出一定距离，一般为法兰厚度的一半，最多不超过厚度的 2/3，以便于内口焊接。法兰连接时应保持平行，其偏差不大于法兰外径的 1.5‰，且不大于 $2mm$。不得用强紧螺栓的方法消除偏斜。法兰连接应保持同一轴线，其螺孔中心偏差一般不超过孔径的 5%，并保证螺栓自由穿入。法兰垫片应符合标准，不允许使用斜垫片或双层垫片。采用垫片时，周边应整齐，垫片尺寸应与法兰密封面相符。垫片安装时，可根据需要，涂以石墨粉。法兰连接应使用同一规格螺栓，安装方向一致，紧固螺栓应对称均匀，松紧适度，紧固后外露长度不大于 2 倍螺距。螺栓紧固后，应与法兰紧贴，不得有楔缝。需要加垫圈时，每个螺栓所加垫圈应不超过一个。

3. 沟槽式卡箍连接

沟槽式卡箍连接，如图 13-2 所示。

图13-2　沟槽式卡箍连接

（1）操作方法

根据施工图，安装主管，主管上等径三通采用成品沟槽式等径三通，$DN<50mm$ 管径中小三通采用开孔器在主管上开孔，用机械式卡箍连接。$DN\geqslant50mm$ 管径中小三通，根据主、支管管径比选择安装沟槽式管件或机械式卡箍。当选择安装沟槽式管件需要在管道上滚槽，压槽深度根据管径的大小进行确定。滚槽要求管口必须平整，所压沟槽才能达到使用要求。

滚槽用切管机将钢管切割至所需长度，切口应平整，切口处毛刺应用砂轮机打磨。将需加工沟槽的钢管架设在沟槽机及尾架上。用水平仪测量钢管水平度，调整钢管使之保持水平。将钢管端面与滚槽机止面贴紧，使钢管中轴线与滚槽机止面呈90°。启动滚槽机电机，缓慢压下千斤顶，使上压轮均匀滚压钢管，至预定沟槽深度即停机。用游标卡尺检查沟槽深度和宽度，确认是否符合要求。千斤顶卸荷，从滚槽机上取下钢管。

（2）机械卡箍管件安装

安装三通、四通的钢管应在与支管连接部位用开孔机开孔。用链条将开孔机固定于钢管预定开孔处。启动开孔机，缓慢转动开孔机立柱顶部的手轮，直至钻头完成在钢管上开孔的工作。在操作过程中，为保护钻头，需适量添加开孔钻头用润滑剂。清理钻落的金属和开孔部位残渣，孔洞处毛刺须用砂轮机打磨光滑。将机械三通、卡箍置于钢管孔洞上下，注意机械三通、橡胶密封与孔洞之间间隙均匀，紧固螺栓到位。

（3）管道安装技术

先装大口径、总管、立管，后装小口径、分支管的原则。安装过程中应按顺序安装，避免出现跳装、分段装，以免出现管段之间连接困难和影响管路整体性能。准备好符合要求的沟槽管段、配件和附件。检查接头橡胶密封圈是否有损伤，将其套上一根钢管的端部。将另一根钢管靠近已套上橡胶密封圈的钢管端部，两端处应留有一定间隙，间隙应符合要求。将橡胶密封圈套上另一根钢管端部，使橡胶密封圈位于接口中间部位，并在其周边涂抹润滑剂。检查管道中轴线是否保持水平。在接口位置橡胶密封圈外侧安装上、下卡箍，并将卡箍凸边卡进沟槽内。用手力压紧上、下卡箍耳部，并用木榔头槌紧卡箍凸缘处，将上、下卡箍靠紧在卡箍螺栓孔内，穿上螺栓，并均匀轮换拧紧螺母，防止橡胶密封圈起皱。检查确认卡箍凸边全圆周卡进沟槽内。

（4）断管要求

管道断管时应严格控制安装尺寸，管道断管采用割刀，断口表面如有影响质量的局部凹凸不平处，应加以修整、打磨，打磨时应采用平锉。

（5）管道卡箍连接

管道卡箍连接时应检查密封胶圈是否完好无损，安装时密封胶圈应采用润滑剂，管道应避免强力组对，保证组对质量。沟槽式管件的凸边应卡进沟槽后再紧固螺栓，两边应同时紧固，紧固时发现橡胶圈起皱应更换新橡胶圈。机械三通连接时，应检查机械三通与孔洞的间隙，各部位应均匀，然后再紧固到位；机械三通开孔间距不应小于500mm，机械四通开孔间距不应小于1000mm；机械三通、机械四通连接时支管的口径应满足有关规范的规定。配水干管（立管）与配水管（水平管）连接，应采用沟槽式管件，不应采用机械三通。

4.支吊架制作安装

管道、管件、阀件等的支、吊架加工制作，其型号、材质、尺寸、焊接等应符合设计要求、规范规定和相应图集标准要求。管道支架、吊架安装前，应按设计要求、BIM深化设计图纸测放其具体布置位置。支架吊架埋设时，其位置应正确，埋设应牢固，支架底板应平整。管道安装时不宜使用临时支架吊架，如必须时应有明显的标记，并不得与正式支吊架相冲突，管道安装完毕后应予以拆除。管道应固定牢固，管道支架或吊架之间的距离不应大于有关的规定。管道支架、吊架的安装位置不应妨碍喷头的喷水效果，管道支架、吊架与喷头之间的距离不宜小于300mm，与末端喷头之间的距离不宜大于750mm。配水支管上每一直管段、相邻两喷头之间的管段设置的吊架均不宜少于1个，吊架的间距不宜大于3.6m。当管道的公称直径等于或大于50mm时，每段配水干管或配水管设置防晃支架不应少于1个，且防晃支架的间距不宜大于15m；当管道改变方向时，应增设防晃支架。竖直安装的配水干管除中间用管卡固定外，还应在其始端和终端设防晃支架或采用管卡固定，其安装位置距地面或楼面的距离宜为1.5~1.8m。

5. 阀门连接

法兰或卡箍连接阀门应在关闭状态下安装，安装时应按设计要求核对型号并按介质流向确定其安装方向（止回阀、截止阀）。水平管道上的阀门，其阀杆一般应安装在上半周范围内。当操作空间有限时，可适当调整手柄朝向，但不得安装在下半周范围内。阀门的安装位置应不妨碍设备、管道及阀门本身的拆装和检修。阀门安装高度应方便操作和检修。阀门安装前，先检查填料，作好试验，试验应在每批（同牌、同型、同规格）数量中抽查10%，且不少于一个，检查后方可安装。其压盖螺栓应留有调节裕量。阀门安装前，应按设计图纸核对型号，并按介质流向确定其安装方向。当阀门与管道以法兰方式连接时，阀门应在关闭状态下安装。法兰接口平行度允许偏差为法兰外径的1.5%，不大于2mm，螺孔中心偏差为孔径的5%。正确安装螺栓，螺栓使用相同规格，安装方向一致，螺栓对称紧固，紧固好的螺栓应露出螺母之外。安装完毕之后，应对其操作机构和传导装置作必要的调整，使其动作灵活、指示正确。末端试水装置和试水阀的安装位置应便于检查、试验，并应有相应排水能力的排水设施。排气阀的安装应在系统管网试压和冲洗合格后进行；排气阀应安装在配水干管顶部、配水管的末端，且应确保无渗漏。

（1）减压阀的安装应符合下列要求：减压阀安装应在供水管网试压、冲洗合格后进行。减压阀安装前应进行检查，其规格型号应与设计相符，阀外控制管路及导向阀各连接件不应有松动，外观应无机械损伤，并应清除阀内异物。减压阀水流方向应与供水管网水流方向一致。应在进水侧安装过滤器，并宜在其前后安装控制阀。

（2）倒流防止器的安装：应在管道冲洗合格以后进行。不应在倒流防止器的进口前安装过滤器或者使用带过滤器的倒流防止器。宜安装在水平位置，当竖直安装时，排水口应配备专用弯头。倒流防止器宜安装在便于调试和维护的位置。倒流防止器两端应分别安装闸阀，而且至少有一端应安装挠性接头。倒流防止器上的泄水阀不宜反向安装，泄水阀应采取间接排水方式，其排水管不应直接与排水管（沟）连接。

（3）安装完毕后，首次启动使用时，应关闭出水闸阀，缓慢打开进水闸阀，待阀腔充满水后，缓慢打开出水闸阀。阀门在安装前，应做强度和严密性试验，强度试验压力为公称压力的1.5倍，严密性试验压力为公称压力的1.1倍。试验压力在试验持续时间内应保持不变，且壳体填料及阀瓣密封面无渗漏。

6. 管道试压

管网安装完毕后，应对其进行强度试验、严密性试验和冲洗。消防管道安装完毕，应对消防各系统进行压力试验，试验压力分别按设计规定，系统试验合格后进行整体调试。水压试验用的压力表应经检定合格。

（1）水压试验前应做好排水准备工作，以便于试压后管内存水的排除。管道灌水时，应认真进行排气。如排气不良（加压时常出现压力表针摆动不稳，且升压较慢），应重新进行排气。试验用的压力表不少于2只，精度不应低于1.5级，测量程度为试验压力值的1.5～2倍。对不能参与试压的设备、仪表、阀门及附件应加以隔离或拆除。系统试压过程中，当出现泄漏时，应停止试压，并应放空管网中的水，消除缺陷后，重新再试。系统测试压力完成后，应及时拆除所有的临时盲板及试验用的管道，并应与记录核对无误，并填好相应的记录。

（2）管网冲洗宜用水进行。冲洗前，应对系统的仪表采用保护措施。止回阀和报警等应拆除，冲洗工作结束后及时复位。冲洗前，应对管道支架、吊架进行检查，必要时应采取加固措施。对于不能经受冲洗的设备和冲洗后可能存留脏物、杂物的管段应及时进行清理。

（3）当系统设计工作压力等于或小于1.0MPa时，水压强度试验压力应为设计工作压力的1.5倍，并不应低于1.4MPa；当系统设计工作压力大于1.0MPa时，水压强度试验压力应为该工作压力加0.4MPa，水压强度试验的测试点应设在系统管网的最低点。对管网注水时，应将管网内的空气排净，并应缓慢升压；达到试验压力后，稳压30min后，管网应无泄漏、无变形，且压力不应大于0.05MPa，水压严密性试验应在水压强度试验和管网冲洗合格后进行，试验压力应为设计工作压力，稳压24h后，检查管网与阀门及阀件应无变形，泄漏现象，则为合格。

7. 设施设备安装

（1）喷头安装

喷头的商标、型号、动作温度、响应时间指数（RTI），制造厂及生产日期等标志应齐全。喷头的型号、规格等应符合设计要求。喷头外观应无加工缺陷和机械损伤，喷头螺纹密封面应无伤痕、毛刺、缺丝或断丝现象。闭式喷头应进行密封性能试验，以无渗漏、无损伤为合格。试验数量宜从每批中抽查1%，但不得少于5只，试验压力应为3.0MPa；保压时间不得少于3min，当两只以上（含两只）不合格时，不得使用该批喷头。当仅有一只不合格时.应再抽查2%，但不得少于10只，并重新进行密封性能试验；当仍有不合格时，亦不得使用该批喷头。自动喷水喷头安装在系统管网经过试压、冲洗后和室内装修完毕后进行，接喷头的配水管管径不小于DN25。喷头安装使用专用扳手，严禁利用喷头的框架施拧；喷头的框架、溅水盘产生变形或损伤时，采用规格、型号相同的喷头更换。自动喷水喷头安装后，逐个检查溅水盘有无歪斜，玻璃球有无裂纹和液体渗漏，若有这些情况，则应更换喷头。施工时严防喷头粘上水泥、砂浆等杂物，并严禁喷涂涂料、油漆等污染物质，以免妨碍感温作用。

（2）水流指示器的安装

水流指示器的安装应在管道试压和冲洗合格后进行，水流指示器应与其所安设部位的管道相匹配。水流指示器的规格、型号应符合设计要求。水流指示器的浆片、膜片一般垂直于管道，其动作方向应和水流方向一致；不得反向。安装后的水流指示器浆片、膜片应动作灵活，不允许与管道有任何摩擦接触。系统中的信号阀靠近水流指示器安装，且与水流指示器安装间距不小于300mm。

（3）报警阀组附件的安装

报警阀组的安装应先安装水源控制阀、报警阀，再进行报警阀辅助管道的连接，水源控制阀、报警阀与配水干管的连接，应保证水流方向一致，报警阀组安装位置应符合设计要求。安装报警阀组的室内地面应有排水设施。压力表应安装在报警阀便于观测的位置；排水管和试验阀应安装在便于操作的位置。水源控制阀安装应便于操作，且应有明显开闭标志和可靠的锁定设施。湿式报警阀的安装应确保报警阀前后的管道中能顺利充满水。压力波动时，水力警铃不得发生误报警，报警水流通路上的过滤器应安装在延迟器前，且便于排渣操作的位置。水力警铃应安装在公共通道或值班室附近的外墙上，且应安装检修、测试用的阀门。水力警铃和报警的连接应采用镀锌钢管，当镀锌钢管的公称直径为15mm时；其长度不应大于6m；当镀锌钢管的公称直径为20mm；安装后的水力警铃启动压力不小于0.05MPa。报警阀应进行渗漏试验。试验压力应为额定工作压力的2倍，保压时间不应小于5min，阀瓣处应无渗漏（图13-3）。

（4）水泵安装

熟悉水泵的有关技术资料，并掌握安装要求。配合土建施工进行水泵基础施工，搞好水泵基础的预留预埋。安装前应对水泵基础进行复核验收，基础尺寸、标高及其偏差

图13-3　湿式报警阀组

图13-4　消防水泵房

应符合标准规范要求。水泵开箱检查：按设备技术文件的规定清点水泵的零部件（水泵减振器及减振台座与水泵设备配套供应），并做好记录，对于缺损件应及时与供应商联系妥善解决；接口的保护物和堵盖应完善。核对水泵的主要安装尺寸，应与工程设计相符。水泵就位后应根据施工验收规范、相关要求调平调正，其横向水平度不应超过0.1mm/m，水平联轴器轴向倾斜0.8mm/m，径向位移不超过0.1mm。调平调正设备固定后进行配管，在水泵进出口安装橡胶软接头时，保证其在自然状态下连接，不得强行拉、扭连接。水泵的减振安装，应根据设计图纸及规范的要求进行（图13-4）。

（5）消火栓箱安装

检查位置无误后，再进行安装、稳固箱体，并用水平尺找平、找正。安装好后须通知土建专业。待土建湿作业完成后再安装箱体，并继续系统水压试验。消火栓栓口应朝外，栓口中心距地面为1.1m，允许偏差20mm。栓口中心距箱侧面为140mm，距箱后表面为100mm，允许偏差均是5mm。

交工前进行配件的安装，消防水带应折好放在挂架上或双头外卷、卷实、盘紧放在箱内。消防水枪竖放在箱体内侧。

（6）消防水炮的安装

首先，查看消防水炮的规格、喷射量、射程与设计是否符合。检查消防水炮安装的入口法兰与安装处管路的法兰是否相吻合。准备好密封法兰的胶垫，其胶垫要求质地柔韧、光滑、无裂纹、无起层、无皱等瑕疵。将消防炮稳稳地贴近安装处，使用两个法兰相对应，放入密封胶垫后，逐个插入螺栓。按顺序逐次、逐步地将固定螺栓拧紧。用水平尺校正消防炮的水平底座，达到与地面平行。用手轮转动消防水炮的水平、垂直旋转部分，达到灵活、平稳和内部阻塞、卡死现象，装上消防水炮的电缆插头。

（7）水泵接合器安装

水泵接合器的组成部分、组合顺序、安装尺寸、位置与标高必须符合设计要求。其组合顺序：法兰短管、法兰闸阀、安全阀、单向阀、水泵接合器。单向阀的流向应朝向室内管网。组装好的水泵接合器组应平衡地设置在坚实可靠的混凝土基础上，以避免各法兰连接处承受非轴向外力。水泵接合器应安装在便于消防车接近的人行道或非机动车行驶地段，距室外消火栓或消防水池的距离宜为15～40m。自动喷水灭火系统的消防水泵接合器应设置与消火栓系统的消防水泵接合器区别的永久性固定标志，并有分区标志。

（8）雨淋阀安装

雨淋阀组的观测仪表和操作阀门的安装位置应符合设计要求，并应便于观测和操作，雨淋阀的开启控制必须安全可靠。雨淋阀的开启无论是用电动、传导管启动或手动，其传导管网的安装均应参照湿式喷水灭火系统。

自动喷水灭火系统、雨淋系统、防护冷却水幕系统、自动扫描灭火装置系统中的常用阀门，雨淋系统及防护冷却水幕系统中采用ZSFY型雨淋阀，喷淋系统中采用ZSFZ型报警阀，信号蝶阀ZSFD–16Z型，压力开关为PS10型，所有阀门的公称压力均为1.6MPa。

（9）建筑灭火器配置

灭火器均采用磷酸铵盐干粉灭火器，在每一处消火栓箱下部内均配置两具手提式灭火器，局部部位增设手提式灭火器（灭火器箱）或推车式灭火器设置点，确保其最大保护距离满足规范要求。地下室车库范围可采用挂式安装，其他处应设置在灭火器箱内落地或嵌墙安装；其安装（箱体型号XMDF2–2，XMQK2–2型）可参见图集07S207P100执行，灭火器配置部位、危险等级、火灾种类、最低配置标准配置、种类最大保护距离等。

（10）气体灭火系统

气体灭火系统采用七氟丙烷柜式或组合分配式系统，气体灭火系统有关要求详见相应的设计图纸，气体灭火系统安装详见国标图集07S207。

a.气体灭火系统的安装：地下一层的高、低压变配电房采用无管网的单元独立式七氟丙烷气体灭火系统。设备检验，七氟丙烷管网式气体灭火装置系统产品进场时应对其外观全数进行检查，并核查出厂合格证及相关消防校验报告。安装应牢固、可靠，避免阳光直射，操作空间足够。控制按钮的安装位置应便于操作。声光报警器安装高度距地2.2m。放气指示灯安装在门的上方（靠外），应明显。探测器的安装与其他火灾自动报警系统探测器安装方法相同。

b.系统调试：气体灭火系统的调试应在系统安装完毕，并在相关的火灾报警系统和开口自动关闭装置、通风机械和防火阀等联动设备的调试完成后进行。

气体灭火系统调试前先准备好技术资料；调试时安排专人对安装场所看守，严禁任何人员进入；为了保证调试的顺利进行，届时我们将请来厂家专业的技术人员进行全程指导，确保调试顺利、安全、可靠。调试完成后应将系统各部件及联动设备恢复正常状态。

8.消防系统的调试

系统调试应在系统施工完成后进行。系统调试应具备下列条件：消防水池、消防水箱已储存设计要求的水量。系统供电正常。消防水泵扬程、流量、给水设备的压力、水位符合设计要求。湿式喷水灭火系统管网内已充满水，阀门均无泄漏。与系统配套的火灾自动报警系统处于工作状态。调试内容和要求，系统调试应包括下列内容：水源测试、消防水泵调试、稳压泵调试、报警阀调试、排水设施调试、联动试验。

（1）水源测试应符合下列要求

按设计要求核实消防水箱、消防水池的容积，消防水箱设置高度应符合设计要求，消防储水应有不作其他用途的技术措施。按设计要求核实消防水泵接合器的数量和供水能力，并通过移动式消防水泵做供水试验进行验证。

（2）消防水泵调试应符合下列要求

水泵的单机试运转，水泵单机调试前应检查电动机的转向是否与水泵的转向一致、各固定连接部位有无松动、各指示仪表、安全保护装置及电控装置是否灵敏、准确可靠。先用手转动水泵，检查转子及各运动部件运转是否正常，有无异常声响和摩擦现象。调试时查看附属系统运转正常；管道连接牢固无渗漏，运转过程中还应测试轴承的温升，其温升应符合规范要求。水泵试运转结束后，应将水泵出入口的阀门和附属管路系统的阀门关闭。

①消防水泵以自动或手动方式启动消防水泵时，消防水泵应在30s内投入正常运行。以备用电源切换方式或备用泵切换启动消防水泵时，消防水泵应在30s内投入正常运行。

②稳压泵应按设计要求进行调试。当达到设计启动条件时，稳压泵应立即启动；当达到系统设计压力时，稳压泵应自动停止运行；当消防主泵启动时，稳压泵应停止运行。

（3）报警阀调试应符合下列要求

湿式报警阀调试时，在试水装置处放水，当湿式报警阀进口水压大于0.14MPa、放水流量大于1L/s时，报警阀应及时启动。带延迟器的水力警铃应在5～90s内发出报警铃声，不带延迟器的水力警铃应在15s内发出报警铃声；压力开关应及时动作，并反馈信号。

（4）雨淋阀调试宜利用检测、试验管道进行

自动和手动方式启动的雨淋阀，应在15s之内启动；公称直径大于200mm的雨淋阀调试时，应在60s之内启动。雨淋阀调试时，当报警水压为0.05MPa时，水力警铃应发出报警铃声。调试过程中，系统排出的水应通过排水设施全部排走。

（5）联动试验应符合下列要求

湿式系统的联动试验，启动1只喷头或以0.94～1.5L/s的流量从末端试水装置处放水时，水流指示器、报警阀、压力开关、水力警铃和消防水泵等应及时动作，并发出相应的信号。

①雨淋系统、水幕系统的联动试验，可采用专用测试仪表或其他方式，对火灾自动报警系统的各种探测器输入模拟火灾信号，火灾自动报警控制器应发出声光报警信号并启动自动喷水灭火系统；采用传动管启动的雨淋系统、水幕系统联动试验时，启动1只喷头，雨淋阀打开、压力开关动作、水泵启动。

②自动扫描射水灭火装置调试应符合：自动扫描射水灭火装置的调试应逐个进行。通电后复位状态、监视状态正常。使系统处于手动状态，在自动扫描射水灭火装置进入监视状态后，在其保护范围内，模拟火灾发生，待火源稳定燃烧后，在规定的时间内，自动扫描射水装置应完成对火源的扫描和定位并发出报警、启动水泵、打开电磁阀等信号。此时使系统变为自动状态，则水泵立即启动、电磁阀立即打开、喷头立即喷水灭火。射出的水帘应直接击中或顶盖火源，且分布均匀，与地平面呈垂直状。火源熄灭后，可人工复位自动扫描射水灭火装置，使其重新处于监视状态。自动扫描射水灭火装置在复位、扫描旋转过程中应转动均匀、灵活。

13.3 消防弱电系统质量控制及调试

施工工艺流程，如图13-5所示。

13.3.1 火灾自动报警系统工程

必须按照施工验收规范，并应符合当地消防部门的要求，火灾自动报警系统提供的设备必须满足国家相关规定。消防设备必须有完整的产品说明书、设备测试证明书及系统图等（厂商提供），所有设备、器件开箱做外观检查和相关检验，水流探测器和监控

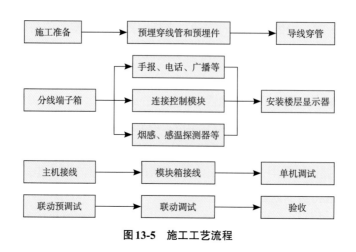

图13-5　施工工艺流程

器进行模拟试验，合格后方能实施安装。所有消防系统设备及器件（含水、电）、应急照明系统应具备3C认证、来源证明。消防弱电部分的桥架及电线管安装详见强电部分，不再表述。

13.3.2　电气配线

电线电缆敷设前，应对电缆和电缆附件的型号、规格，电缆外观进行检查和绝缘测定，不合格的严禁使用。

电缆线路施工时，电缆应防止扭伤和过分弯曲，电缆的弯曲半径以不得小于外径的15倍为宜。电缆金属护套、电缆支架、电缆托盘等，应进行接地或接零。火警线路选用低烟无卤阻燃RVS线，所有联动控制线均为低烟无卤阻燃控制电缆；为了便利施工和维护，火灾探测器等的传输线路应选择不同颜色的导线，同一系统中相同用途导线的颜色应统一，以便识别。所配导线的端部均应有与图纸相符合的明显标号，可采用导线塑料管打号机。不同系统，不同电压等级、类别的线路禁止穿在同一管内，在报警系统中，探测器回路信号线，控制器间的控制线，电源线应分别穿管敷设，联动系统中的联动信号线、通信线及工作电源线也应分管敷设。

在穿线前应对导线的种类、电压等级和绝缘情况进行检查，并应对管内或线槽内的积水及杂物清除干净。导线在管内或线槽内不能有接头或扭曲，导线的接头应在接线盒内焊接或用端子连接。

火灾自动报警系统导线敷设后，在确保回路正常通路的情况下，又未装任何设备，应对每回路的导线用500V的兆欧表测量绝缘电阻，其对地绝缘电阻值不应小于20MΩ。线槽内敷线应有一定的余量，不得有接头，电线按回路编号分段绑扎固定，垂直方向敷线固定点间距不应大于2m。从接线盒、线槽等处引到探测器底座盒，控制设备盒、扬声器箱、消火栓按钮等线路均应加金属软管保护。火灾探测器的传输线路宜选择不同颜色的绝缘导线或电缆，正极线为红色，负极线为蓝色。同一工程中相同用途导线应一致，接线端子应有标号。柜、箱的线端子宜选择压接或锡焊接点的端子板，其接线端子上应有相应的标号。

13.3.3 设备安装

所有设备应做开箱检查，设备、配件应无损坏，资料齐全，需做功能检验的，在安装前应进行功能检验工作。检验合格经业主认可后，才可进行安装。设备安装前应妥善保管、存放。安装后应采取防护措施，防止丢失、损坏。设备安装应按照制造厂家、安装说明书或图纸要求的方法进行安装，设备安装应牢固、端正。安装在轻质墙上时，应采取加固措施。控制柜如需从后面检修，安装后，后面面板距离不应小于1m，正面操作时，单例布置时距离不应小于1.5m，双列布置时距离不应小于2m。在值班员经常工作的一面，控制柜距离墙不应小于3m。

1. 火灾探测器安装

火灾探测器安装至墙壁梁边的水平距离不应小于0.5m且不应有遮挡物，至送风口边的水平距离不应小于1.5m，至多孔送风顶棚孔的水平距离不应小于0.5m，至灯具0.5m。探测器安装应牢固、端正，其确认灯应面向便于人员观察的主要入口方向。先安装探测器底座时其底座穿线孔宜封堵，安装完毕后为防止污染应采取保护措施。

在宽度小于3m的内走道棚顶上设置探测器时，宜居中布置，感温探测器的安装间距不应超过10m，感烟探测器的安装间距不应超过15m，探测器距离墙的距离不应大于探测器间距的一半。探测器的底座应固定牢靠，外露式底座必须固定在预理好的接线盒上，嵌入式底座必须用安装条辅助固定，导线剥头长度应适当，导线剥头应焊接焊片，通过焊片接于探测器底座接线端子上，焊接时，不能使用带腐蚀性的助焊剂，如直接将导线头接于底座端子，导线剥头应拧紧且芯线不能散开。探测器底座的外接导线，应留有不小于15m的余量，以便维修。

工程中如不顶棚时，应校核梁对探测器保护面积的影响，且须符合下列条件：

（1）当梁突出顶棚的高度小于200mm时，可不计梁对探测器保护面积的影响。

（2）当梁突出顶棚的高度为200～600mm时，应按火灾报警系统施工及验收规范，确定梁对探测器保护面积的影响和一只探测器能够保护的梁间区域的个数。

（3）当梁突出顶棚的高度超过600mm时，被梁隔断的每个梁间区域至少设置一只探测器。当被梁隔断的区域面积超过一只探测器保护面积时，被隔断的区域应按国家消防规范规定计算探测器的设置数量。当梁间净距小于1m时，可不计梁对探测器保护面积的影响。

2.手动报警按钮安装

一般安装在墙上距地面高度1.5m处，应安装牢固，并不得倾斜，对接导线留有不小于10cm的余量，且端部应有明显的标志。

3.各类模块的安装

在安装时一定要认清其型号，被控制的设备，被控制设备所能提供的接点及接线方式，达到的要求等。模块一定要固定牢固，安装于被控制的设备的附近，模块的接线及保护措施要得当。

4.火灾报警控制器的安装

引入控制器的导线配线应整齐，避免交叉并应用线扎好或其他方式固定牢靠，电缆芯线和所配导线的端部，均应标明编号，火灾报警控制器联动驱动器内应将电源线、探测回路线、通信线分开套管并编号，所有编号都必须与图纸上的编号一致，字迹要清晰，有改动处应在图纸上作明确标注；电缆芯线和导线应留有不小于20cm的余量，焊片压接在接线端子上，每个端子的压接线不得超过两根；导线引入线穿线后，在进线管处应封堵。控制器的主电源引入线，应直接与消防电源连接，严禁使用电源插头。主电源应有明显标志，控制器的接地应牢靠并有明显标志。

5.消防联动控制设备的安装

消防控制中心设备在安装前应对各附件及功能进行检查，合格后才能安装，报警控制主机柜安装一般另加基础槽钢螺栓紧固。设备定位应便于操作与监视，设备后面的维修距离不宜小于1m。联动设备的接线，必须在确认线路无故障，设备所提供的联动节点须在正确的前提下进行。消防控制中心内的不同电压等级，不同电源类别的端子，应分开并有明显标志。联动驱动器内应将电源线、通信线、联动信号线、回授线分别加套管并编号。所有编号必须与图纸上的编号一致，字迹要清晰，有改动处应在图纸上作明确标志。消防控制中心内外接导线的端部都应加套管并标明编号，此编号应和施工图上的编号及联动设备导线的编号完全一致。消防控制中心接线端子上的接线必须用焊片压接，接线完毕后应用线扎好，将每组线捆扎成束，使得线路美观并便于开通及维修；设备接线应整齐，避免交叉，固定牢靠，每个接线端子接线不得超过2根，导线绑扎成束并留有不小于20cm的余量。

13.3.4 系统的调试：系统调试程序

准备工作→系统单机测试→联动控制系统单机动作测试→系统功能测试→资料整理及验收移交。

1.调试前准备工作

准备好调试所需的施工图纸、资料、仪器和工具，组织和安排好调试人员，分工要清楚、责任要明确。按设计图纸、检查系统线路的每个回路，对于差错部位进行改正，检查主电源和备用电源是否符合要求。

2.系统单机调试

对所有烟感探测器逐个用喷烟器进行吹烟试验，对温感探测器逐个用喷火器加热其热敏元件使其达到或超过报警温度，观察消防中心是否接到预警报信号。

3.消防报警按钮报警功能测试

对所有报警按钮逐个接通其报警开关，观察消防中心是否接到报警信号，警铃是否动作。

4.水流指示器报警功能测试

逐层打开喷淋管的放水阀放水，看水流指示器是否动作，控制面板是否能接到报警信号，并发出信号警铃动作。

5.消防紧急广播测试

开通消防广播台，逐层试通消防广播，并逐层将消防广播切换信号送至各层消防广播切换器，检查其切换动作是否正确可靠；再在开通背景音乐的情况下检测其切换运作。

6.联动控制系统单机动作试验

开通联动控制台，并检查其授电等情况是否正常，各层照明和各种动力总电源切断动作试验。联动控制台发出切断电源信号是否起作用，是否有信号返回联动控制台。

7.联动控制系统功能调试

开动消防中心所有设备，利用模拟信号或手动装置对整个系统的各种报警和控制功能进行测试。利用备用电源，重复以上各项功能的测试。

8.调试记录及报告

在整个调试过程中，调试人员根据实际情况，填写试验记录，试验记录应包括调试步骤、调试方法和仪器，调试中发现的问题及排除方法，各种整定、测试数据等，最后由调试负责人签注结论性意见作为技术资料提交有关部门。

第14章

大型剧院类项目之座椅选型及安装

14.1 剧场座椅设计规范要求

14.1.1 剧场建筑等级按观众厅容量分类

（1）特大型：1601座以上。

（2）大型：1201～1600座。

（3）中型：801～1200座。

（4）小型：300～800座。

14.1.2 观众厅面积的规定

（1）甲等剧场不应小于0.80m²/座。

（2）乙等剧场不应小于0.70m²/座。

（3）丙等剧场不应小于0.60m²/座。

14.1.3 座椅扶手中距

（1）硬椅不应小于0.50m。

（2）软椅不应小于0.55m。

14.1.4 座席排距应符合下列规定

（1）短排法：硬椅不应小于0.80m，软椅不应小于0.90m，台阶式地面排距应适当增大，椅背到后面一排最突出部分的水平距离不应小于0.30m。

（2）长排法：硬椅不应小于1.00m；软椅不应小于1.10m。台阶式地面排距应适当增大，椅背到后面一排最突出部分水平距离不应小于0.50m。

（3）靠后墙设置座位时，楼座及池座最后一排座位排距应至少增大0.12m。

14.1.5 每排座位数目应符合下列规定

1.短排法

双侧有走道时不应超过22座，单侧有走道时不应超过11座；超过限额时，每增加一座位，排距增大25mm。

2.长排法

双侧有走道时不应超过50座，单侧有走道时不应超过25座。

14.1.6 预留残疾人轮椅座席

观众席应预留残疾人轮椅座席，座席深应为1.10m，宽为0.80m，位置应方便残疾人入席及疏散，并应设置国际通用标志。

14.1.7 走道布局

观众厅内走道的布局应与观众席片区容量相适应，与安全出口联系顺畅，宽度符合安全疏散计算要求。

14.1.8 池座首排距离

池座首排座位排距以外与舞台前沿净距不应小于1.50m，与乐池栏杆净距不应小于1.00m。

14.1.9 观众厅纵走道

观众厅纵走道坡度大于1/10时应做防滑处理，铺设的地毯等级应为B1级材料，并有可靠的固定方式，坡度大于1/6时应做成高度不大于0.20m的台阶。

14.1.10 栏杆

座席地坪高于前排0.50m时及座席侧面紧邻有高差之纵走道或梯步时应设栏杆。

14.2 四川大剧院规模及座椅要求

14.2.1 四川大剧院规模

四川大剧院主要功能为满足歌剧、舞剧、话剧、戏剧等演出需要；四川大剧院分大剧场和小剧场两个场馆。其中：

1.大剧院观众厅座椅数量

（1）池座部分

豪华座椅（570mm）的63座，普通座椅（550mm）967座，活动座椅（550mm）94座。

（2）楼座部分

普通座椅（550mm）477座。

2.小剧院观众厅座椅数量

小剧院普通座椅（550mm）450座，其中固定座椅444座，活动座椅（550mm）6座。

14.2.2 座椅技术要求

1.耐久性

为保证座椅的力学性能，座椅必须进行实用性测试，其中耐久性试验必须达到2万次及以上；座椅翻转（含阻尼装置）耐久性试验必须达到5万次及以上。

2.试验和测试报告

必须由符合规定的实验室（国外）或国家认证机构（国内）出具报告。

3.材料选用

所有选材都应当符合现行的安全及耐用标准，列出各个部位的材料选用表，并要求提供主要材料相关的检测报告，尤其是以下几点要求（表14-1）：

（1）钢材质量报告：钢材型号、成分、强度。

（2）木材质量报告：含水率（低于14%）、防菌、防虫、防潮处理证明。

（3）面料实验报告：气流阻试验、质量试验（坚韧度和耐磨性）。

（4）泡沫实验报告：密度、气流阻试验、回弹等试验。

（5）单支座板式钢片翻转装置及阻尼的试验报告：耐久性试验，噪声测试。

（6）涂装试验报告：钢材涂装试验、木材涂装试验。

（7）防火等级试验报告：包括木材、面料、泡沫材料的阻燃性试验，其中木材提供其涂装涂料阻燃检测报告。

（8）座椅力学性能试验：静载试验、冲击试验、耐久性试验。

（9）声学试验报告：不低于12把（含）座椅在标准声学实验室的测试。

（10）送风柱的测试报告、额定风速、风量下的风口噪声测试报告。

需求名称		需求说明
产品特性、规格及要求	外观	根据人体工程学标准设计，提供舒适的角度：满足人体工程学要求的中靠背剧院专用要求。 ①要求背面及座椅面为发泡海绵软包，外背板、外座板、扶手侧板为夹层板贴红榉木皮，扶手为实木材料。 ②座椅的整体结构为钢木结构，独立式固定站脚兼送风口。可连排固定安装。 ③座椅安装尺寸豪华座椅570mm、活动座椅550mm。 ④座椅外观式样：中标投标单位提供样品，由业主确定
	性能	①背靠和坐垫均采用软质海绵弹性体接触结构，织物外表面包覆，座包具有起立自动回复功能。 ②站脚部分为全金属结构，扶手内置钢架结构。 ③所提供产品必须保证在使用中坚固、结实、不易破坏，无任何异常声响，长期使用无变形，并且各座位回复自如。 ④配行号牌及座位号牌，可方便寻找，对号入座。使用的材料应符合环保要求、无毒无害、可回收
座椅尺寸及数量	座椅数量	①大剧院座椅1601座，豪华座椅570mm的63座，普通座椅（550mm）967座，活动座椅（550mm）94座；楼座：普通座椅（550mm）477座； ②小剧院普通座椅（550mm）450座，其中固定座椅444，活动座椅（550mm）6座
	尺寸	座椅参考尺寸详见尺寸图。业主方有权根据实际情况对座椅的部分尺寸做出修改，中标后价格不做调整
号牌	要求	中标人在中标后需提供3种座位牌号布置方案以供业主确定，造价不变动
吸声	要求	提供类似产品（适用于在歌剧院场所）的声学指标，执行国家相关标准，投标时须提供同系列产品送权威机构检验的声学检测报告。中标后须提供本次招标座椅的声学检测报告
	性能	达到本剧院的声学要求，具体在中标后签订合同时确定
软包结构	背包	①木结构支承，全海绵软靠，外覆面料，造型符合人体工程学的曲线设计，受压部门海绵厚度大于80mm，海绵须牢固粘贴于背内板之上不允许有变形和错位的现象。 ②背包须造型美观、自然、线条流畅、表面工整且左右对称；外覆之面料须平滑地紧贴在海绵的表面，不允许有非工艺性的褶皱和扭曲，经使用压缩释放后不能出现褶皱和脱离现象
	座包	①钢木结构支承，回复机构为钢架上板簧驱动，海绵垫通过层夹板结合于钢架之上，外覆面料，座包厚度≥115mm。底部采用加班盖板。须可方便拆卸以便维护和维修之用。 ②座包须造型美观，自然，线条流畅，表面工整且前后、左右对称；外覆之面料须平滑地紧贴在海绵的表面，不允许有非公益性的褶皱和扭曲，经使用压缩释放后不能出现褶皱和脱离现象
面料	材料	国产剪绒，中标人可附多种面料色板以供评选，最终采用的面料及色标由业主方选定，投标人在报价时应考虑该因素，中标后价格不做调整

需求名称		需求说明
面料	性能	①所用面料需做防污、防泼水、防尘处理，具有防火阻燃和防静电的功效，阻燃达到国家B1级标准的要求并考虑吸声功能。 ②手感舒适，使用长时间无皱褶、无破裂、不起球、不褪色
木结构	材料	①扶手板用实木制作，材料为进口榉木。 ②背外衬板采用优质榉木面夹板。 ③座外板采用优质榉木面夹板
	性能	①各木制构件均暂采用胡桃木色底处理，表面用聚氨酯清漆上光。 最终颜色由招标方选定，中标后价格不做调整。 ②椅背胶合板厚度≥15mm，所有供货必须是同等厚度； ③座外板厚度≥15mm，所有供货必须是同等厚度
内板结构	材料	背内板为不少于11mm厚高强度木夹板，内支撑为不低于1mm冷轧钢板
	性能	达到国家标准的要求
座背泡棉	材料	采用冷熟化聚氨酯发泡材质
	性能	①座垫：高回弹海绵，密度≥45kg/m³； ②椅背：高回弹海绵，密度≥30kg/m³； ③制造时须做防火阻燃处理，添加高效阻燃元素 ④到国家标准，海绵达到国家标准GB 17927—2011
金属件	材料	①主材为国优冷轧碳素钢板Q235表面采用塑粉喷，防锈要求酸洗、磷化、钝化等工序。 ②筒形脚由脚板和支承架两部分组成，均采用3mm钢板冲压及卷制成形，经焊接及紧固组合成椅脚整体。紧固件强度等级8.8级以上
	性能	各焊接处须牢固，无变形，焊缝须经打磨处理，不允许有明显的焊接迹和表面缺陷，所有金属部分做磷化防锈处理；外表面用黑色静电喷粉装饰

座椅承重要求达到200kg以上

下送风座椅技术标准	椅脚要求	送风口外部罩的形状为圆形。 ①承重散风管露出地面的部分便于安装椅子的金属结构部分及整体椅子的各个部分。 ②座椅的下送风风管固定部位可以承重600kg。 包含与座椅一体的整套"椅脚送风"设备，包括椅脚送风管阻尼系统
	风量要求	根据ISO7730标准： 风口送风量为30～50m³/h。 总压力损失不大于30Pa
	送风标准	风速举例，若风量为55m³/h，脚踝处风速为不大于0.2m/s，颈部风速为不大于0.10m/s 下送风风桶高度140mm，直径为160mm或190mm两种，根据暖通设计选用
	声学测试	<NR20

需求名称		需求说明
安装	要求	根据本工程建筑、结构及通风等专业施工设计图，负责场地座椅的具体设计、排列、安装及下送风口固定等工作。合同签订后应根据现场进度要求完成上述工作。保证按设计标准严格做到排列整齐、椅脚平稳、牢固、风口与周边密封，每个座椅翻转灵活，符合设计要求。安装完毕后需将杂物清理出场

4.综合说明

5.特殊技术要求

（1）安全与防火

①座椅的设计、制造和安装，应符合GBJ 16《建筑设计防火规范》，GB 50045《高层民用建筑设计防火规范》GB 50016—2014，《剧场建筑设计规范》JGJ 57—2016的规定，以及国际有关公共场馆类型建筑规定AMl8（排椅）公共场所防火安全规则（第17版）。

②座椅制作的每种材料的防火等级应符合《建筑内部装修设计防火规范》GB 50222—2017和《垫料家具着火的评估：第一部分、着火源：点着的香烟、第二部分、着火源：模拟火柴火苗》、《通过无焰燃烧和有焰燃烧火源对软椅的可燃性进行评估的试验方法》BS5852的规定。必须提供行业标准中阻燃要求或满足剧院座椅试验报告。

（2）机械耐力及材料的使用寿命

①为了保证座椅的机械耐力，应按照《家具力学性能试验椅凳强度和耐久性》GB/T 10357.3—2013五级以上标准、《影剧院公共座椅》QB/T 2602–2013和《家具：排椅一强度和耐久性实验方法》四级以上标准对座椅样品做测试。

②座椅的翻转机构和阻尼装置，无论是现有的还是经过改进的，都需要进行模拟翻转试验。

③试验必须由符合规定的权威认证的实验室（国外）或国家认证机构（国内）完成，且必须提供所有的实验记录结果。

（3）座椅制造及材料的选择

①无论是面料、泡沫、金属件和钢结构、木料等都应当是优质的材料。并通过安全、防火、耐用等检测或质量等级。剪裁、缝纫、绷面、组装、木料加工、金属件加工等都需要在工厂内以最现代的和符合行业标准的生产手段完成，以此保证最好的生产质量。

②座椅生产厂商应选用外观优雅的针织类面料，要求耐磨性高，渗透力强，吸声效果好，达到国家标准；防火等级符合现行的国家标准；并满足以下指标：

a.600Pa/（m·s）<气流阻<800Pa/（m·s）。

b. 色彩，红（中标后确定样版）。

6. 声学效果

（1）组成座椅样品的各类部件测试

应根据EN20354、ISO354声学—混响室吸声测量规范标准进行测试以确定吸声因素，此测试的目的在于：选择使用的材料，确定所用材料从声学角度适合座椅的生产。被测试的部件包括面料、泡棉。

（2）对于座椅样品应根据EN20354、ISO354标准或相应的中国标准进行吸声测试。

（3）测试按不少于12把（含）座椅样品进行，每把座椅需要展平测量面积0.7m²。

（4）椅子不应当明显增加就座听众的吸声作用；椅子的吸声作用应当尽可能缩小大厅在有听众和无听众之间的声学变化。

（5）椅子的背面应具有声音反射作用，折起座位的底部应当具有吸声作用。折起座位上部的软垫部分以及椅背的前面应具有吸声作用。

（6）座椅的总体吸声等效面积应基本在如表14-2所示的范围内。

座椅总体吸声等效面积   表14-2

频率（Hz）	125	250	500	1000	2000	4000
吸声量（m²）	0.15～0.35	0.25～0.45	0.30～0.50	0.35～0.50	0.35～0.55	0.35～0.55

（7）吸声系数的测试方法

根据EN20354、ISO354国际标准，在混响室中对不少于12把（含）座椅进行测试，包括有人座和无人座，以及不同排列组合的各种情况下进行测试，并在批量生产后测试，并同时提供测试结果。

7. 座椅尺寸要求

座椅尺寸要求，如图14-1所示。

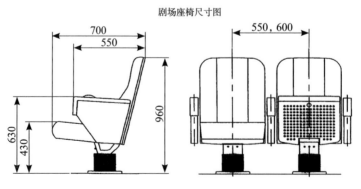

图14-1 座椅尺寸要求

14.3 四川大剧院座椅设计

14.3.1 设计说明

座椅设计说明，如图14-2所示。

一、概述

该图纸为四川大剧院舞台座椅施工图。根据建筑设计方的施工图纸展开，按照现行的国家有关规范规程及有关设计标准图集制作而成。甲方在进行过程中，应采用最佳及最合适的标准，但必须满足中华人民共和国建筑装饰工程行业标准。该工程的施工操作和工程质量标准，按现行的装修工程规范、验收标准、安全技术规定和省市其他有关规定执行。

二、设计参照依据

1）JGJ57 剧场建筑设计规范
2）GBJ16 建筑设计防火规范
3）GB50045 高层民用建筑设计防火规范
4）GB50222 建筑内部装修设计防火规范
5）GB/T3325 金属家具通用技术条件
6）GB/T3324 木家具通用技术条件
7）QB/T高回弹软质聚氨酯泡摸抹素塑料

8）GB8624建筑材料燃烧性能分级方法
9）GB17927软体家具、弹簧床垫和沙发抗燃特性的评定
10）QB/T1952.1软体家具沙发
11）QB/T2602影剧院公共座椅
12）GB/T10357.3家具力学性能试验座椅横强度和耐久性
13）GB/T5455纺织品物阻燃性能测定：燃烧性能试验、垂直法
14）GB/T5454纺织品阻燃性能试验：氧指数法
15）GB/T2406塑料燃烧性能试验：氧指数法
16）GB6343泡沫塑料和橡胶表面（体积）密度的测定
17）GB6344软质泡沫聚合物材料拉伸强度和断裂伸长率的测定
18）GB6669软质泡沫聚合物材料压缩永久变形的测定
19）GB6670软质聚氨酯泡沫塑料回弹性能测定
20）GB10807软质泡沫聚合物材料压陷硬度试验方法
21）GB10808软质泡沫塑料撕裂性能测定方法
22）GB1720漆膜附着力测定法

三、工程概况

四川大剧院舞台座椅由大剧院和小剧场组成，其中大剧院池座1124座、楼座477座。小剧院450座。

四、主材说明

1.面料（材料燃烧性能：B1级）

面料由建筑设计确定，要求耐磨性高、渗透力强、吸音效果好。
满足以下指标：
气流阻：600～800Pas/m
色彩：色牢度：4～5级以上
顶破强力：1400N
耐磨性：平整＞5000次
环保：甲醛含量＜20mg/kg

2.泡棉（材料燃烧性能：B1级）

满足以下指标
前靠垫：40～45kg/m³
座垫：50～55kg/m³
气流阻：500～1000Pas/m
泡棉标准：ISO854：泡棉密度

3.金属件和钢结构件（材料燃烧性能：A级）

满足以下指标
表面处理：电泳＋环氧树脂喷涂。保证盐喷400h或盐浴100h不生锈。漆膜附着力二级以上。
颜色：黑色哑光。
机械耐力和使用寿命：迭片无故障使用20万次以上。阻尼装置完全无声＜NR-20，无故障使用5万次以上。

4.木料（材料燃烧性能：B1级）

座椅扶手、座板、背板及扶手侧板要求为优质榉木，实心木料，合成木料在高频介质热压机上加工成型。
木质坚硬而颗粒微小，符合绿色环保要求。
连接采用镶嵌结合企口舌条，棱角一律削倒。
胶：实心木料采用木工用乙基白胶粘接，合成材料采用尿素甲醛粘接，热封加强坚硬度，甲醛含量不得超标。
面材表面处理ongoing初步磨光底漆，细致磨光上涂PU漆不低于四层。

5.声学要求

座椅结构要求：敲击不发出共鸣声音，坐垫放下和翻上（即当人坐下和起立时）不得发出声音。
座椅吸声系数要求：

频率（Hz）	125	250	500	1000	2000	4000
吸音量（m³）	0.15～0.30	0.30～0.50	0.40～0.55	0.40～0.60	0.40～0.60	0.40～0.60

图14-2　座椅设计说明

14.3.2 大剧场座椅平面布置图

（1）10.5m座椅平面布置图，如图14-3所示。

（2）11.3m座椅平面布置图，如图14-4所示。

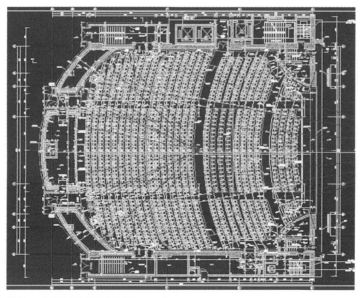

说明：1. 大剧院观众厅座椅总数为1601座。

2. 大剧院观众厅池座座位数为1124座。

3. 移动座椅94座，中心距550mm；VIP豪华座椅63座，中心距580mm；
普通座椅967座，中心距550mm；残疾人座椅4座（与6个活动座椅互换）。

4. 普通坐席区排距900mm，VIP坐席排距1050mm。

图14-3　10.5m座椅平面布置图

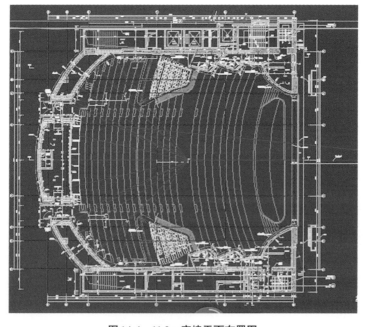

图14-4　11.3m座椅平面布置图

（3）16.0m座椅平面布置图，如图14-5所示。

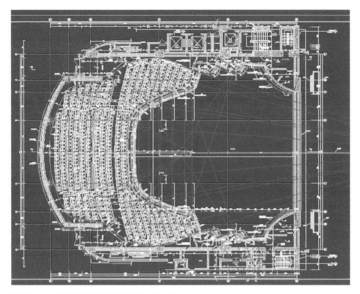

说明：1.大剧院观众厅座椅总数为1601座。

2.大剧院观众厅楼座坐席数为477座（全部为普通坐席）。

3.普通坐席中心距为550mm。

图14-5　16.0m座椅平面布置图

（4）小剧场座椅平面布置图，如图14-6所示。

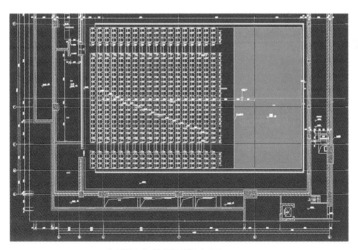

小剧场座椅平面排布图　1:50

说明：1.小剧场观众厅座椅总数为450座。

2.坐席中心距为550mm。

图14-6　小剧场座椅平面布置图

14.3.3 座椅详图

座椅详图，如图14-7所示。

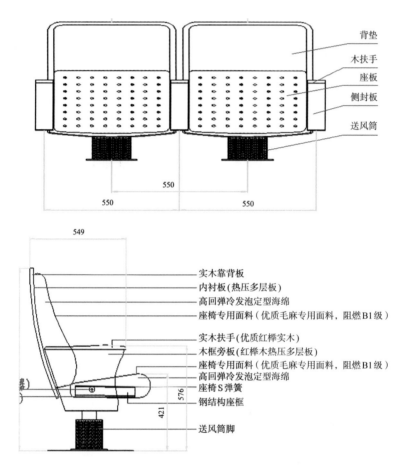

图14-7 座椅详图

14.4 剧场送风设计

14.4.1 送风方式

剧场建筑内部环境的舒适性尤为重要，一般来说，上部空间高大，上部的面光室、耳光室等设备用房的散热量较大，基于这些特性，大剧院剧场观众厅通常采用座椅送风的方式（图14-8）。

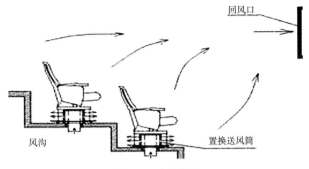

图14-8　座椅送风

14.4.2　座椅送风方式优点

座椅送风是将经过处理的空气由安装在座椅下部的送风口以较低的流速送出，这样可以使冷量和新风直接作用于观众区，使得观众区的舒适性更好。

另一方面，将排风口设置于面光及耳光等散热量较大的设备的周围，这样可以将一部分热量及时地排出室外，以减少室内负荷，同时室内形成了下送上回的气流组织。

14.5　四川大剧院座椅安装管理

14.5.1　座椅安装

1.过渡盘安装（钢板250mm×250mm×8mm/φ159mm×3mm）

（1）放线

根据总包建筑图确定场地的中心线及圆弧线，按座椅布置图确定座椅下送风风口位置，在中心点做出明显标记。

（2）复核

按深化的座椅送风孔布置图对台阶后完成面及两边前面尺寸再次复核，发现错误及时通知并做好整改工作。

（3）根据孔位协调装饰单位变动脚手架位置，方便安装过渡盘。

（4）安装过渡铁板

将250mm×250mm×8mm钢板放置在送风口上，中心对齐。四角用M8×80击芯膨胀固定在台阶上。

（5）安装过渡盘

把过渡盘放进已开好的孔中，在装饰找平层上用螺栓固定，经复核无错误后拧紧。

（6）用木盖板将过渡盘风口盖住

2.座椅安装（豪华沙发椅 YH-8780型）

（1）安装准备

根据安装方案及工艺要求备齐卷尺、尼龙细线、黑油笔、电线锤、扳手、手电钻等工具及布置好现场施工用电。

（2）孔位确定

根据座椅布置图找出基准线。复核过渡盘尺寸。

（3）固定送风筒

在已完成的过渡盘上将送风筒用M8mm×35mm内六角固定住，注意中心距控制在可调节的范围内。

（4）固定座椅

用M8mm×40mm、M8mm×45mm外六角螺栓、平弹垫、盖螺母将座椅支架体及扶手固定于送风筒。

（5）调整

根据座椅布置图将背支架方管圆弧调整到尽量圆滑过渡。

（6）安装椅背

将背板固定在支架方管上，用紧顶螺钉固定，调整整排内背的圆弧，使一排内背整体圆滑，再将外背板固定在内背上。

（7）安装椅座

将椅座安装在椅座支架上，用M8mm×25mm外六角螺钉固定，调整弹簧钢板强度，使椅座翻放时间统一。

（8）自检纠正

根据座椅技术指标要求，发现偏差及时调整。

（9）报验、验收

办理竣工验收资料并报验，如发现有不合格项及时纠正、处理，直至验收合格。

14.5.2 座椅安装管理

1.管理机构

管理机构图，如图14-9所示。

2.技术保证措施

（1）认真熟悉产品结构及安装工艺要求，熟悉场地和有关文件资料，领会甲方技术要求，经常保持紧密沟通，提出预见性的技术措施和施工方法，防止因情况不明而造成

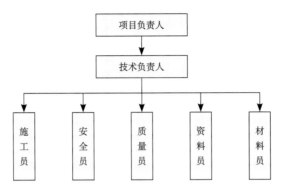

图14-9　管理机构图

的损失。

（2）对甲方交付的有关控制桩、水准点等进行复核测量，划线确定基准。同时，施工中随时进行核对，做好各种量具、器具检验工作。

（3）做好施工中的技术复核工作。

（4）施工中严格按施工技术规范施工，对施工过程中发现的问题，及时与监理部门和甲方协商解决，现场施工人员无权随意变更设计。

（5）认真搞好工序的交接验收工作。

（6）做好施工前的技术培训，要求各岗位人员明确自己的职责。

3.质量保证措施

（1）加强进程质量控制，树立"质量第一"的观念，正确处理质量与进度的关系，建立"以质取胜"的意识，树立效益观念，既重经济效益又重社会效益。树立标准化观念，把质量标准、技术规范作为工作准则，树立一切为用户服务的思想。

（2）按技术规范要求，合理调配施工人员、设备及工具，确保工程质量符合要求。

（3）严格工程的质量检查，坚持自检、互检、交接检并用的原则，上道工序不合格，下道工序不准进行。

（4）开展质量创优活动，并定期组织检查，公开检查结果，并实行责任人追究制度。

（5）在施工过程中，各项指标均按技术规范的上限要求完善质量保证和自检体系，严格工序管理，控制阶段工程质量。确保整体质量目标的实现。

（6）形成以项目经理为主的质量管理网络，上下通力合作，确保质量目标的实现。

（7）主动接受政府各部门和监理部门的监督，发现问题及时解决。

第15章

大型剧院类项目之声学装修及精装修

15.1 项目概述

四川大剧院是国内首个大小剧场重叠布置的剧场，也是省内第一个全过程咨询试点项目，同时也是四川人心中的艺术圣地——四川省锦城艺术宫的延续，地处天府广场东侧，与四川省图书馆相互协调对应，形成完整的城市空间，其独特性不言而喻。

15.1.1 前世今生

在过去的三十多年里，锦城艺术宫一直是成都乃至整个四川省最主要的演出场所。而当下，随着舞台艺术的不断发展，老艺术宫的舞台设备和设施、剧场内的装饰以及声学设计及材料等，早已经满足不了现代演出的需要，因此这座诞生于1987年的艺术宫错过了《电影之歌》《猫》等不少大型音乐剧的演出。

现今，随着四川大剧院的正式投入使用，"服役"32年之久的锦城艺术宫正式宣布"退役"。

15.1.2 文化传承

四川大剧院取材于传统建筑，运用了大面积实墙、深挑檐、缓坡屋顶等建筑元素，立面以印篆体书写"四川大剧院"为核心元素，彰显了四川大剧院特有的文化内涵与灵动气息（图15-1、图15-2）。

除此之外，还将原锦城艺术宫外墙面上，由江碧波教授设计的金丝壁画完美地融入四川大剧院的设计之中，体现了老艺术宫——新大剧院一脉相承的历史沿袭关系，提升了四川大剧院的文化底蕴（图15-3、图15-4）。

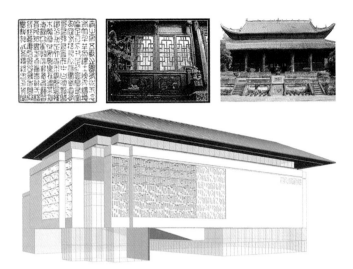

图15-1　设计元素

图15-2　立面印篆体

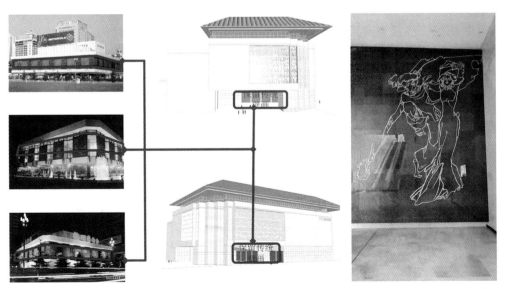

图15-3　新老大剧院艺术元素结合构思　　　　图15-4　壁画融入新大剧院

15.2　项目目标

四川大剧院建设项目声学装修及精装修工程设计施工技术复杂、建筑声学失败风险高。总体特点可以概括为：工艺复杂、工程量大、造型复杂、工期短、质量标准高、建筑声学要求高、专业配合多。

在保质、保量、保工期的前提下，配合本项目获得中国建设工程鲁班奖，其总体声学和建筑艺术达到国际领先、国内一流水平。

15.3　项目原则

本项目作为四川省第一个全过程咨询项目，对投资控制十分严格，因此，从投资方面来说，本项目的原则是结算价不突破控制价，所有影响投资控制的因素尽量做到事前控制，少发生或者不发生变更。

作为一个文化地标性建筑，其公共区域的装修风格应该典雅大气，富有艺术气息，而作为一个演出类的建筑，应当满足剧场的演出声学等需求，并通过声学检测。

15.4　剧场声学装修

四川大剧院作为观演类建筑，同时也是国内首个大小剧场重叠的同类建筑，对声学的要求十分高。为了满足四川大剧院的演出声学要求，本项目在主体施工阶段就对各种设备机房的噪声，管道等的振动有着专门的处理方式，为声学精装修做了充分的准备。在声学精装修阶段，最重要的两个方面就是浮筑楼板以及GRG材料的声学控制。

15.4.1　设计要求

本项目设计分为大小剧场、观众休息厅、公共区域、入口公共大厅、剧场附属房间以及办公用房等几个主要部分。其中大小剧场是整个建筑的核心，且两个剧场重叠布置，在设计时应当着重考虑剧场的声学要求、所选择的材料以及最终施工所呈现出来的样式、形状等，对剧场内声音的反射以及折射必须严格按照专业声学的要求执行，务必要做到相互不受影响；声闸、声锁廊的设计也是重点控制对象，其不仅是锁声隔声的关键部位，同时也是观众进入剧场时需要通过的地方，因此，其所选材料对吸声要求和观感要求都非常高。

15.4.2 主要部位设计概览

本项目装修的重中之重在于公共大厅及大小剧场。大小剧场是整个建筑的核心部分，其声学装饰效果的成败决定了整个项目的成功与否，而其所呈现出的视觉效果，将直接影响观众在观看演出时的视觉体验。因此，剧场的装修直接决定了整个项目的最终效果，是整个剧场建筑的灵魂。

1.大剧场

将剧场墙体与顶棚有机融为一体，塑造出浑然一体的流畅感，顶棚以穹顶的方式呈现在观众席上方，点缀上满天星的灯光，同时在细节处体现出不规则的变化，营造艺术气息（图15-5、图15-6、表15-1）。

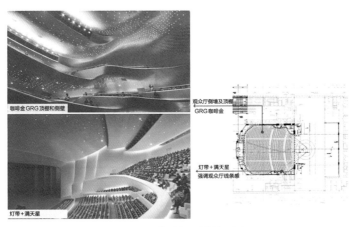

图15-5 大剧场设计效果图

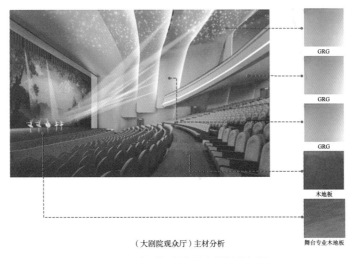

（大剧院观众厅）主材分析

图15-6 大剧场观众厅主材料分析图

大剧院观众厅材料表 表15-1

声学要求：满足马歇尔戴声学要求					
部位	材料	色彩	色号	规格	备注
楼地面	实木地板	木纹色	1.9Y/5/4		
舞台地面	木地板	黑色	N2.75		
观众厅墙面	GRG吸声材料	深咖啡金色	3.1Y/6.5/4/4		
观众厅墙面、顶棚	GRG吸声材料	深咖啡金色	3.1Y/6.5/4/4		
座席		暖咖啡色	3.1Y/6.5/4/4		
灯光		灯带+满天星	4.4Y/7/4.8		

2. 小剧场

因其空间与使用功能所限，小剧场不适用于大剧场的大弧度连续变化的造型设计，小剧场整体空间以现代素雅而简约的形态设计，强调线性变换与细节变化，以一种精雕细琢的方式进行打磨，给人以灵动、精美的感觉（图15-7、表15-2）。

（小剧院观众厅）主材分析

图15-7 小剧场主材料分析图

小剧场观众厅材料表 表15-2

声学要求：满足马歇尔戴声学要求					
部位	材料	色彩	色号	规格	备注
楼地面	实木地板	深咖啡色	1.9Y/5/4		
观众厅墙面	GRG吸声材料	灰黑色	N3.75		

声学要求：满足马歇尔戴声学要求					
部位	材料	色彩	色号	规格	备注
顶棚	涂料	灰黑色	N3.75		
座席		深蓝色	5PB 3.5/1		
舞台台面		黑色	N2.75		

15.4.3 施工要求

剧场类项目的隔声及减震设计十分重要，关系剧场建筑核心功能的使用。本项目的声学设计由××声学股份有限公司进行设计，隔声降噪由××大学进行设计，土建设计是与××声学股份有限公司和××大学紧密配合，并在其指导下，确认完成的。

本项目要达到预期的声学效果，需要从主体施工到精装修竣工，对声音及震动的严格把控贯穿整个过程当中，由各个施工单位、施工流程与各个专业的紧密配合，在主体施工当中，各专业在施工时应注意以下事项：

1.结构专业

大剧场下方的静压箱位置，对剧场影响较大，因此在进行静压箱混凝土施工时应特别注意振捣密实、加强养护，避免开裂。

2.建筑隔声

（1）墙体

①剧场舞台及观众厅空间四周的墙体为满足隔声量60dB，由2道200mm厚的多孔砖墙构成，墙间中空200mm，墙面抹灰均需密实均匀。

②空调机房、水泵房、冷却站、风机房、柴油发电机房等设备房间噪声较高，墙体隔声采用50mm厚离心玻璃棉和8mm厚穿孔吸声硅钙板组成。

③剧场舞台及观众厅空间四周的电梯井、管道井等墙面的抹灰须密实均匀。

（2）隔声门

①为满足消防疏散要求，观众厅隔声门采用无门槛的类型，在此基础上，隔声门的隔声量应达到50dB。

②舞台车载货梯的卷帘门的隔声量应达到40dB。

③地上部分剧场舞台及观众厅空间四周有噪声的设备房间，其隔声门的隔声量须达到45dB。

（3）静压箱

静压箱内100mm厚，A级防火密胺棉（10kg/m³）须采用环保胶粘，且静压箱内密胺棉的铺贴应连续、完整且不出现冷桥。

（4）顶棚

空调机房、水泵房、冷却站、风机房、柴油发电机房等噪声较高的设备机房，顶棚须用聚晶晶砂环保吸声板。

3.建筑减震

（1）设备基础

空调机房、风机房、冷冻站等有设备振动的设备房间，地面采用浮筑楼板，使用橡胶隔振垫，在隔振垫上做120mm厚混凝土板，混凝土板与周围的墙体须采用柔性材料隔断；屋面风机减振基础同样采用浮筑基础，减振效率大于90%，撞击声改善量大于30dB。

（2）橡胶减振垫

橡胶减振垫须采用氯丁橡胶或天然橡胶，橡胶寿命需达50年。

4.给水排水专业

（1）减振及降噪处理措施对冷却塔冷却效果的影响评价，需要降噪处理专业方案设计后提交专业厂家校核，当影响超过5%时，宜对冷却塔做出相应修改，不应降低减振及降噪处理标准。

（2）管道进入大小剧场区域内时，应采用金属软管进行柔性连接。

（3）大剧院上方有一个雨水斗无法避开剧场区域，采用50mm厚消声棉包裹，再用石膏板封堵，且不接触到管道。

（4）机房管道出机房处应当设置软连接，水管道机房内应采用柔性支吊架。

5.暖通专业

（1）与大小剧场紧临或较近、机房地板且未与地面土壤直接接触的空调、通风机房，应按声学要求设置浮筑地面，设备基础设于浮筑楼面上。浮筑地面、减震基础的具体做法应符合专业要求。

（2）所有吊装的运转设备（如风机、风机箱、新风机组、水环热泵机组、多联机室内机）均采用减振支吊架。

（3）与运转设备（如风机、风机箱、空调基础、新风机组、水环热泵机组、多联机室内机）相连的风管采用带夹筋的铝箔软管连接、相连的水管采用橡胶软接头和不锈钢软管连接，冷冻站、水泵房内水管应设置减振支吊架。

（4）为大小剧场服务的通风、空调系统的风系统消声设置。

由安装单位提交确定的为大小剧场服务的通风、空调系统的设备参数，包括风机及设备进出口噪声值、各中心频率段的噪声值；由设计院审核上述参数并提交给专业声学顾问，再由专业声学顾问根据暖通专业提供的风系统管材、风系统设计图纸、风系统设备清单及其参数、室内噪声标准要求，计算各风系统所需要设置的消声器种类、规格、尺寸、各中心频率的消声量，并且对风系统的风速、消声器设置的级数、位置等提出具体要求；设计院再根据专业声学顾问提出的要求修改施工图纸，安装单位根据修改后的施工图纸及消声器性能、技术要求进行招标采购，要求采用合格厂家设备、要求随机提供消声器性能参数。

（5）管道穿越墙体，应保证封堵处的严密、密实，确保封堵处的隔声量不小于相应穿越处土建构件的隔声量。

（6）风管安装应按设计图纸施工，特别注意为大小剧场服务的风系统，不能随意增加弯头等局部阻力，弯头、三通等应设置足够的曲率半径（不小于相应宽度的1/2），避免增加风系统阻力，避免增加风系统的次声噪声。

6.精装修

在主体施工过程中，严格按照声学要求完成了各专业的施工，保障了剧院建筑的结构声学要求后，精装修的施工作为本项目呈现在观众面前的最终成果，起着至关重要的作用，其装饰装修所使用的声学性能材料也有着严格的要求。

GRG作为强度高、质量轻、不变形、不开裂且具有良好声波反射性能的材料，自然是本项目首选的声学装饰材料。

大剧场声扩散体采用竖向线条式，末端进行渐消处理。施工单位在声扩散体加工及安装时，应注重线条末端施工质量，采取必要措施，保证声扩散体的整体感观效果。对GRG的选择与施工上应注意以下问题：

（1）厂家必须保证GRG板（包括顶棚和墙面）的容重和厚度要求，即容重不得低于1500kg/m^3，厚度不得低于50mm。

（2）厂家必须严格按照图纸制作GRG板，必须保证GRG板的制作精度，包括尺寸和形状精度，尺寸的误差控制在1～2mm之内，角度的偏差不大于1°～2°。

（3）GRG板的安装必须满足：在纵横两个方向上，GRG板支撑点之间的间距不超过600mm。

（4）关于GRG材料的物理机械性能（与声学无关，而是有关将来安装后的GRG板是否会开裂和倒塌），由各投标GRG厂家提供测试试件，由项目全咨单位或设计院牵头聘请一所国内大学的机械或金相实验室对各厂家提供的试件进行统一的测试，测量试件的物理机械性能，并通过比较测试结果来判断孰优孰劣。根据测试数据可以为选择GRG厂家提供一个材料性能优劣的科学依据。最低要求的检测项目和相应的测量标准如表15-3所示。

GRG材料物理机械性能的检测项目　　　　　　　表15-3

	检测项目	推荐的测试标准
1	材料的面密度	《建筑幕墙用铝塑复合板》GB/T 17748—2016
2	材料的抗拉性能	《塑料拉伸性能测定方法》ASTM D638—2003
3	材料的抗压性能	《玻璃纤维增强水泥性能试验方法》GB/T 15231.2—2008
4	材料的抗弯或抗折性能	《未增强和增强塑料及电绝缘材料绕行曲线性能的实验方法》ASTM D790—2010
5	材料的抗冲击性能	《塑料及电绝缘材料的抗击性试验方法》ASTM D256—2006
6	材料的韧性	—
7	材料的表面硬度	《增强塑料巴柯尔硬度试验方法》GB/T 3854—2017

7. GRG装饰板管理及施工要求

本工程使用声学反射性能好的GRG板，大面积平直、曲面及双曲面的GRG产品。GRG板的管理及施工是本工程装饰及声学效果能否达到设计要求的重要前提，是本工程装修施工的重中之重。

（1）GRG施工重点

①室内GRG无缝连接；整体偏差指数不大于20mm。

②施工放线，室内很少有直线，定位放线是关键。

③开模筑模成品加工时间较短。

④声罩穿孔率的设置。

（2）GRG施工难点

①室内无缝拼接，整体偏差指数不大于20mm，施工难度较大。

②主声道声罩穿孔率一般要求高于70%，由于饰面板穿孔率超过70%以后很难和墙面融为一体（从视觉上），因此室内平衡点难以把握。

③施工放线是难点，室内很少有直线，大剧场室内空间多为双曲面和三维空间。

④无缝拼接中怎样处理变形且不破坏是难点。

（3）声学装饰管理重点及难点

①重点控制GRG面密度45～55kg/m²。

②现场GRG安装接缝批灰，面积越少越好，要求加工精度高。

③控制GRG板的厚度严格按照声学设计要求进行制作。

④控制GRG生产加工安装精度。

15.4.4 技术保障

针对本项目特殊的声学要求，在精装修阶段，全过程咨询控制的重中之重放在了GRG的管理以及浮筑楼板的管理。

GRG的技术管理

本工程选用的GRG造型板具有良好的声学和装饰性能，满足本工程声学的要求。

GRG造型板预制成型前，通过现场实测复核，并利用计算机辅助设计建立空间模型，进行GRG专项施工图的深化设计，按设计方提供的空间模型进行深化设计，深化的成果需设计方确认。设计图纸需对GRG组件定位尺寸、吊点位置、埋筋位置、钢架位置、材料选型、拼装节点等进行明确标注，以保证加工尺寸与现场尺寸完全一致。深化设计时应充分考虑机电专业末端设备与GRG组件的合理连接，考虑现场开孔质量保证措施，保证造型设计协调、美观、具备可实施性。

进场时，所有材料按要求分类分别存放，并在明显位置逐块进行编号，并标明材料的名称、品种、规格、数量、使用部位等，以避免混用乱用。

（1）主要施工顺序及工艺流程

主要施工顺序为GRG安装龙骨架，GRG嵌板制作安装，其流程图如图15-8所示。

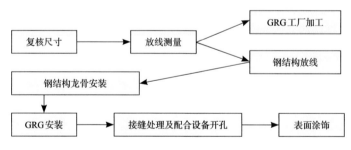

图15-8 GRG嵌板制作安装流程图

（2）测量放线复核尺寸

现场测量，利用计算机辅助软件建立空间模型，设定拼装断点，通过X轴Y轴的交汇处定位好控制点，轴线宜测设成风格状，如原图轴线编号不够，可适当增加虚拟的辅助轴线。方格网控制在3m×3m左右（弧形轴线测设成弧线状）。测设完成的轴线用墨线弹出，并醒目地标出轴线编号，不能弹出的部位可将轴线控制点引申或借线并做标记。轴线测设的重点应该是起点线、终点线、中轴线、转折线、洞口线、门边线等具有特征的部位，作为日后安装的控制线。

将现场实测的尺寸和标高绘制成图，与原土建图纸和装饰设计理念图纸做对比，加上钢结构转换层和施工作业必要的操作面厚度后，若超出了装饰设计理念图的范围（即GRG材料包不住结构），则应马上汇报给全过程咨询单位，全过程咨询单位专业工程师应立即要求装饰单位设计人员对设计参数及几何尺寸进行调整，并给出书面意见报给装饰施工单位。

（3）钢结构龙骨的制作及安装

钢结构龙骨的制作及安装，如图15-9所示。

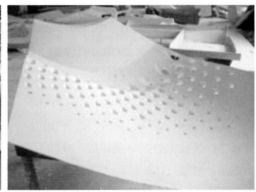

图15-9　钢结构龙骨的制作及安装

现场实测图完成后，出具钢结构布置图，具体的钢结构设计将由具有相关资质的单位完成并报原设计单位及监理单位审核通过。

为了便于后续的安装，钢结构的主龙骨与GRG板的模数一一对应，所以主竖向龙骨间距严格按照图纸的设计间距确定，施工时做到下料准确，焊接工艺符合标准，完成后的主龙骨误差要求控制在±5mm。

横向龙骨为50mm镀锌角铁，GRG因为是干挂式连接，必须在横向龙骨上预先钻孔，钻孔间距与GRG板的连接件间距相同，误差不超过5mm，每道竖向龙骨间距与GRG板的连接件安装间距一一对应，这样将最大程度上保证安装的基本精度，个别的尺寸可通过连接件再进行微调（图15-10）。

图15-10　横向龙骨

（4）工厂加工生产制作GRG

工厂收到经现场提供的确认过的深化图以后，将组织工厂进行加工生产。首先通过电脑数码控制自动铣床机（CNC）刨铣制模，模具制作完成后将进行GRG板的生产。

说明：考虑到加工安装的累积误差可能导致最后整体无法"合龙"的问题，除了传统的定位放线技术以外，可将空间划分成若干个区域，每个区域内再进行板块的深化，然后在工厂进行加工，加工完成后在工厂进行预拼装，并与设计尺寸进行比对以消除加工误差，确保在控制范围运至现场准备安装（图15-11）。

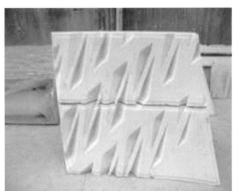

图15-11　工厂加工生产制作GRG

（5）GRG板的安装控制措施

①对到场的GRG进行仔细核对编号和使用部位，利用现场测设的轴线控制线，结合水平仪控制标高，进行板块的粗定位、细定位、精确定位三步骤，经复测无误后进行下一块的安装，安装的顺序宜以中轴线往两边进行，以将出现的误差消化在两边的收口部位。

②要保证GRG嵌板安装的整体平整度，防止以后变形，应先要确定钢架转换层的控制标准在规定范围内，通过连接件进行微调。

③在安装大面积GRG嵌板前，在钢架层上进行放线控制，标示出对应的GRG嵌板块的位置，检验连接件是否在可调整的范围内，间距是否符合要求，等整体协调好之后，再开始按预定顺序安装。

（6）GRG板拼缝调整处理

为保证GRG嵌板接缝因各种原因而造成的开裂现象，拼缝应按照刚性连接的原则设置，内置螺钉连接并分层抹灰处理，连接件应该在板材的背面设置，加工时预理，安装过程中必须用扳手拧紧。嵌缝材料将采取GRG专用接缝材料，并在接缝处填充胶条，以防止因热胀冷缩造成的板缝开裂现象。

（7）质量验收

GRG材料目前属于新型材料暂无质量验收标准，因此全过程咨询单位管理人员参照《建筑装饰工程施工及验收标准》GB 50210—2018中关于饰面板安装工程检验批质量验收记录表进行验收（表15-4～表15-6）。

GRG单板外观及施工最大允许偏差　　　　　表15-4

项次	项目		允许偏差	检验方法
1	缺棱掉角	长度	≤15mm	观察和尺量检查
		宽度	≤15mm	观察和尺量检查
		数量	不多于1处	观察检查
2	裂纹	长度	不允许	观察检查
		宽度		
		数量		
3	蜂窝麻面	占总面积	≤1.0%	观察、手摸和尺量检查
		单处面积	≤0.5%	观察、手摸和尺量检查
		数量	不多于1处	观察检查
4	飞边毛刺	厚度	≤1mm	观察、手摸和尺量检查
5	平整度	表面平整度	≤1mm	观察和尺量检查
		弧度平整	≤1mm	观察和尺量检查
6	拼缝质量	接缝高低差	≤1mm	直尺和塞尺检查
		接缝间隙	≤1mm	直尺和塞尺检查

GRG板构件尺寸及形位公差　　　　　表15-5

项目名称	标准规格板公差范围	非标准规格板公差范围
全长误差	−5～0	±（L/1000+2）
全宽误差	−5～0	±（L/1000+2）
墙面外角对角线差	≤6mm	/
外框厚度误差	±2	外边缘边框±5，其余±2
墙面外沿直线度	≤5mm	≤（L/1000+2）
墙面平面度	≤5mm	≤（L/1000+2）
边缘板的端面边缘线轮廓度	/	≤20

主要物理性能参数   表 15-6

序号	项目	技术指标	备注
1	体积密度（g/cm³）	≥1.8	《玻璃纤维增强水泥性能试验方法》GB/T 15231.2—2008
2	抗压强度（MPa）	≥35	
3	抗弯强度（MPa）	≥22	
4	抗拉强度（MPa）	≥10	
5	抗冲击强度（kJ/m²）	≥45	
6	巴氏硬度	≥50	
7	玻璃纤维含量（%）	≥5	
8	吸水率（%）	≤3	
9	抗折强度（MPa）	≥8	
10	吊挂件粘附力（N）	≥6000	V=5mm/min
11	放射性核素限量	A级	《建筑材料放射性核素限量》GB 6566—2010
12	防火性能	A1级	《建筑材料及制品燃烧性能分级》GB 8624—2012
13	标准厚度(mm)	20～25mm	
14	面密度（kg/m²）	40kg/㎡	
15	热膨胀系数	≤0.01%	

①隐蔽工程（钢结构）验收

工程的隐蔽工程至关重要，工地现场的项目管理人员必须认真熟悉施工图纸，严格检查节点的安装，做好质检记录；施工管理人员一旦发现现场基础情况与施工图纸不一致，必须及时报告项目管理人员，由项目管理人员要求设计人员做出必要的修改。

②GRG板的验收

当每道工序完成后，班组检验员必须进行自检、互检，填写《自检、互检记录表》，专业质检员在班组自检、互检合格的基础上，再进行核检，检验合格填写有关质量评定记录、隐蔽工程验收记录，并及时填写《分部分项工程报验单》报监理工程师进行复检，复检合格后签发《分部分项工程质量认可书》。工程自检应分段、分层、分项地逐一、全面地进行。

15.4.5 声学测试成果

本项目声学装饰部分，重点对浮筑楼板与剧场内部的声学效果等对剧场演出影响较大部位的声学性能做出了检测。

1.设计阶段送样检测

在前期的设计过程中，先通过专业声学顾问单位和设计单位的协调配合，设计出减振隔声垫符合楼板，再根据设计的楼板制成相应构件，然后送至专业声学检测单位进行检测，检测合格后，该设计方案方能通过（表15-7、图15-12）。

检测结果 表15-7

数值 \ 频率Hz	100	200	250	400	500	800	1000	1250	1600	2000	2500	4000
Ln,w=78dB的基准楼板规范化撞击声压级	67.0	68.5	69.0	70.0	70.5	71.5	72.0	72.0	72.0	72.0	72.0	72.0
浮筑楼板实测规范化撞击声压级	49.1	42.9	38.0	33.4	31.6	28.3	23.2	21.2	18.5	14.1	14.1	17.7
撞击声压级改善量 ΔL	17.9	25.1	31.0	36.6	38.9	43.2	48.8	50.8	53.5	57.9	57.9	54.3

按照GB/T 50121的评价结果：Ln,w=35dB，ΔLw=43dB，$C_{I,r}$=-3dB，$C_{I,\Delta}$=-7dB，ⅡC=75dB

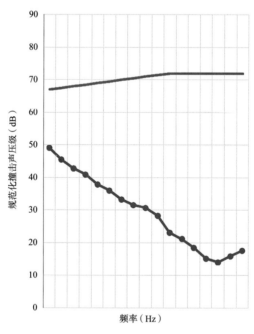

图15-12 规范化撞击声压级曲线

（1）撞击声隔声改善量实验室检测

样品名称：减振隔声垫复合楼板

规格型号：vibration 200/450

送样数量：15m^2

送样日期：2015年06月10日

检测日期：2015年07月07日

检测项目：撞击声隔声改善量实验室测量

检测依据:《建筑隔声评价标准》GB/T 50121—2005；参考《声学建筑和建筑构件隔声测量第8部分：重质标准楼板覆面层撞击声改善的实验室测量》ASTM E492/ASTM E989，GB/T 19889.8—2006/ISO 140-8：1997。

检测结论：在计权规范化撞击声压级为L_n，$w=78dB$的钢筋混凝土楼板上，铺装该减振隔声垫后，撞击声隔声检测，计权规范化撞击声压级L_n，$w=35dB$，计权撞击声压级改善量$\Delta L_w=43dB$.依据《民用建筑隔声设计规范》GB 50118—2010中的楼板撞击声隔声标准，该浮筑楼板撞击声隔声性能均达到住宅建筑、学校建筑、医院建筑和旅馆建筑相应等级标准（图15-13）。

图15-13　检测报告

（2）空气声隔声检测

样品名称：减振隔声垫复合楼板。

规格型号：vibration 200/450。

送样数量：10m²。

送样日期：2015年06月10日。

检测日期：2015年07月07日。

检测项目：实验室空气声隔声检测。

检测依据：《声学　建筑和建筑构件隔声测量　第3部分：建筑构件空气声隔声的实验室测量》GB/T 19889.3–2005/ISO 140–3：1995；《建筑隔声评价标准》GB/T 50121–2005。

检测地点：清华大学建筑环境检测中心隔声室（表15–8、图15–14）。

检测结果

表15-8

频率（Hz）	100	200	250	500	1000	1600	2500	4000	Rw（C,Ctr）	STC
隔声量（dB）	56.5	59.7	59.1	65.9	75.4	83.5	85.7	89	71（−1；−5）	71

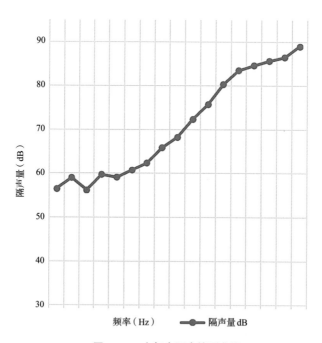

图15-14　空气声隔声检测曲线

检测结论：依据《建筑隔声评价标准》GB/T 50121—2005 5.1.1中建筑构件空气声隔声性能分级判定：该构件采用频谱修正量C（频谱1）时，计权隔声量为$R_\text{w}+C=70\text{dB}$，隔声性能分级为9级；该构件采用频谱修正量C_u（频谱2）时，计权隔声量为$R_\text{w}+C_\text{tr}=66\text{dB}$，隔声性能分级为9级（图15-15）。

图15-15 检测报告

2.现场检测

2018年8月25日至2018年8月26日，针对四川大剧院大小剧场间浮筑地面进行隔声测试，测试内容包括空气声隔声和撞击声隔声。

测试依据标准：

（1）《声学 建筑和建筑构件隔声测量第4部分：房间之间空气声隔声的现场测量》GB/T 19889.4-2005/ISO 140-4：1998。

（2）《声学建筑和建筑构件隔声测量 第7部分：楼板撞击声隔声的现场测量》GBT 19889.7-2005。

（3）《建筑隔声评价标准》GB T 50121—2005。

现场测试数据（表15-9、表15-10）：

空气声隔声测试数据及结果（倍频程测试）　　　　表15-9

频率	发声1	发声2	接收1	接收2	计算混响时间	$D_{nt,w}+(C,C_{tr})$
125	84.6	84.8	42	42.8	1.50	
250	92.2	90.8	46.1	46.2	1.50	
500	90.6	90.1	39.9	40.4	1.50	59.5（−3，−1）
1000	89	89.5	33.5	28.1	1.50	
2000	87.2	87.1	27.9	34.8	1.50	

撞击声隔声测试数据及结果（倍频程测试）　　　　表15-10

测试状态	频率	接收室声压级	计算混响时间	$L_{nt,w}$
	125	44.5	1.50	
	250	45.2	1.50	
有浮筑	500	43.6	1.50	40
	1000	41.8	1.50	
	2000	35.1	1.50	
	4000	31.6	1.50	
测试状态	频率	接收室声压级	计算混响时间	$L_{nt,w}$
	125	59.3	1.50	
	250	62.4	1.50	
无浮筑	500	64.6	1.50	71
	1000	67.0	1.50	
	2000	65.7	1.50	
	4000	63.8	1.50	

测试现场状态：

现场浮筑地面已按照原定方案施工完成，发声室和接收室均未做"房中房"结构。发声室和接收室上下对应。测试在夜间工地停工后进行，室内背景噪声满足测试要求。

测试结果分析：

通过对大剧院浮筑地面样板间进行隔声测试和撞击声测试数据进行分析，现有样板间浮筑地面的空气声隔声量为$D_{nt}+C_{tr}$=58.5dB，接收室撞击声声压级为L_{nt}，w=40dB，撞击声改善量为31dB。

按照原会议商定方案，在小剧场四周还有双层墙体组成的房中房结构，在大剧场观众厅上方还有GRG装饰顶棚，顶棚上方空间内做吸声处理。结合现有测试数据进行综合估算。

　　大小剧场间空气声隔声能够满足80dB要求，撞击声能够满足小于45dB要求（图15-16）。

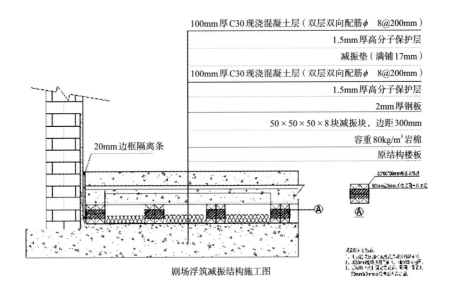

100mm厚C30现浇混凝土层（双层双向配筋φ8@200mm）
1.5mm厚高分子保护层
减振垫（满铺17mm）
100mm厚C30现浇混凝土层（双层双向配筋φ8@200mm）
1.5mm厚高分子保护层
2mm厚钢板
50×50×50×8块减振块，边距300mm
容重80kg/m³岩棉
原结构楼板

20mm边框隔离条

剧场浮筑减振结构施工图

图15-16　剧场浮筑楼板结构施工图

15.5　公共区域装修

　　剧场公共区域装修的重点是入口公共大厅，入口公共大厅是整个剧场给人的第一印象，首先需做到庄严大气、富有艺术气息；其次，贵宾厅作为接待贵宾的重要场所，采用简洁柔和的元素，灵活运用石材、木材以及灯光，体现剧场建筑的庄重与大气；观众休息厅是观众驻足停留的地方，设计应尽量使用简约明快的风格，观之赏心悦目，感之放松身心；卫生间运用现代的元素，将材料各自的颜色融入整个空间，给人以整体的舒适感；公共通行区域是人员通行的地方，应尽量使用舒缓流畅的设计元素；剧场附属房间是演员使用的房间，应满足各房间的功能需求；办公用房是剧场工作人员使用的房间，应满足使用单位的使用功能需求。

15.5.1　总体要求

　　由于四川大剧院在当地人们心中特殊的艺术文化地位以及其特殊的地理位置，我们从整体风格、光影效果、视觉效果、投资等多个方面对本项目做出了严格的要求。

1.整体风格

四川大剧院作为一个替代老艺术宫，沿袭当地人们心中艺术圣地的建筑，从整体风格上来讲，我们需要通过对空间的分割与重组、对装饰建筑材料的灵活运用，营造出金碧辉煌，不失典雅的艺术殿堂气息。在这种主基调下，内部装饰的整体色调以淡金色为主，配以暖灰、深棕、木色等相同色系的颜色，通过材质的变化，打造出一个统一协调、浑然天成的内部空间。

2.光影效果

由于前期外幕墙的设计已经包含了镂空篆体字，在内部装饰中，应充分利用镂空的外幕墙，综合运用现代的声光电技术，演绎出光与影的交汇、古今文化的碰撞、文字与文化的传承。运用斑驳的光影，体现大剧院浓郁的文化气息。

3.视觉效果

作为一个地标性剧场类建筑，其外形脱胎于传统建筑，外墙面采用印篆体书写"四川大剧院"，其内部采用现代元素，由现代元素组成的各类曲线或线条，由外至内，层层递进，别有洞天。传统与现代的碰撞，艺术与生活的交流，在视觉上应给人以由传统到现代的交融、由生活到艺术的升华的感觉。

4.投资要求

本项目与精装修单位所签订的合同为EPC（项目总承包）合同，鉴于本项目作为四川省的第一个全过程咨询项目试点项目，对整体投资的把控十分严格。因此，在与精装修单位订立EPC合同时就明确了本项目的设计为限额设计，合同专用条款第5.1.14条明确约定：承包人在本项目中应限额设计，由于承包人单方面原因，对设计预算未满足本目标限额要求的，经发包人审核认为属不合理设计的，承包人应无条件修改。

15.5.2 方案确定

本项目声学精装修工程是EPC招标，在声学精装修单位中标进场之前，没有详细确定的施工图，本项目的项目管理部人员在项目的前期就多次与四川省锦城艺术宫（使用单位）、四川省政府投资非经营性项目代建中心（代建中心）、主体结构设计院等经过多次的协商、沟通与专题会议的开展，对本项目主要部位的设计方案进行了确定。

1.公共大厅

公共大厅给观众的第一印象，应尽量做到简约大方且富有艺术气息，在装修上采取简约明快、庄重大方的设计风格，运用起承转合的流线贯穿公共大厅、线性叠级式顶棚的铝格栅创造出连续的层级变化，以动态的现代表达形式演绎出观演建筑的韵律和节奏。感性与理性结合，突出观演空间的文化性和浪漫性，纯正饱和的色彩表达出文艺的激情。采用现代的材料、工艺、技术。四川竹子式的线性格栅有强烈的视觉冲击力。以传统的材料，运用现代构成搭配，墙面竖向秩序列阵，营造仪式感，色彩冷暖相间制造节奏感，让观众从空间中感受艺术的魅力（图15-17）。

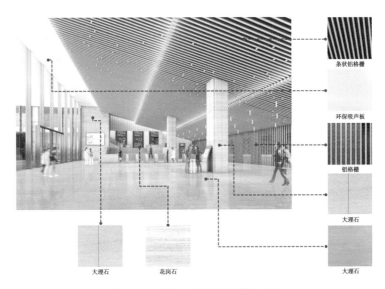

图15-17　公共大厅主要材料分析图

2.贵宾厅

贵宾厅作为接待贵宾的重要场所，在设计上主要采用柔和大气的装修风格，运用深色木材与浅色石材的深浅搭配，以简约概括的设计手法，营造出简洁、大气的空间氛围（图15-18）。

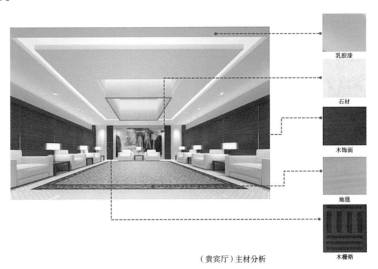

图15-18　贵宾厅主要材料分析图

3.大剧场观众休息厅

大剧场观众休息厅高12m，大气通透。外墙面镂空篆体字与室内的设计元素交相辉映，相得益彰，使建筑内外空间形成良好的融合与互动。通过流畅优美的空间线条，开合有序的空间序列，光与影的轮转，给观众带来视觉与精神上的双重愉悦感（图15-19）。

4.小剧场观众休息厅

菱形的模数构成玻璃屋顶，通透明亮，独特的色彩与质感，以精细现代的手法刻画细节，突出浓重的文化氛围，以开放空间将室内与室外无缝连接，纵览外部美景（图15-20）。

图15-19　大剧场观众休息厅效果图　　图15-20　小剧场观众休息厅效果图

15.5.3 装修要点

在确定了主要装饰装修部位的方案之后，本项目管理部人员针对确定的方案，对剧场内每个详细部位的装饰材料及做法制定了明确的施工规范。

针对本项目严格的投资控制，本着经济节约的原则，本项目在前期确定做法及材料时，充分考虑了剧场内各个区域的交通状况及人流量等情况，将剧场内部分区域，分部位分别进行了设计。在施工的过程中，针对不同的部位，要求也不尽相同。

1.入口大厅

入口门厅地面采用25mm厚1200mm×1200mm花岗石或大理石，入口正对面的背景墙采用不小于15mm厚800mm×800mm大理石或不小于25mm厚

800mm×800mm花岗石+竹木板或竹铝复合型材，其他墙面采用不小于15mm厚800mm×800mm大理石或不小于25mm厚800mm×800mm花岗石，顶棚由于在结构上被超白全玻璃幕墙分为了室内与室外，因此在做法上也分为了两个部分，顶棚1采用聚晶晶砂环保吸声板，顶棚2采用铝格栅，断面不小于205mm×100mm，且壁厚不小于1.2mm（表15-11）。

一层入口门厅材料表 表15-11

声学要求：满足马歇尔戴升学要求					
部位	材料	色彩	色号	规格	备注
地面铺装	花岗石或大理石	暖灰色 暖咖啡色	4.4Y/8.5/2.4 4.4Y/7/4.8	1200mm×1200mm 1200mm×1200mm	
楼梯踏步	花岗石	暖咖啡色	4.4Y/7/4.8		
大厅墙面	大理石	浅暖色	5Y/9/1.4	600mm×600mm	
顶棚1	条状铝格栅或竹木板	仿木色	6.3Y/8/8		
顶棚2	龙骨+聚晶晶砂环保吸声板	咖啡金色	3.1Y/6.5/4/4		
柱子	石材	金色	9.4Y/9/4.8		
大厅入口正对墙面	石材、竹木板、铝格栅	浅暖色 仿木色	5Y/9/1.4 6.3Y/8/8		
其他装饰	波纹板、金属拉索	淡金色	9.Y/9/4.8		
灯具	局部灯带+点灯	暖黄色			

2. 大剧场休息厅

大剧场休息厅空间跨度较大，不同的标高较多，造型复杂，因此顶棚、地面与墙面均根据不同的对象做出了不同的要求。

（1）地面

地面按标高不同分为10.50m、16.00m及20.00m三个标高，其地面做法均一致，面层材料都是25mm厚1200mm×1200mm花岗石或大理石，最终颜色、光泽度等可根据现场实际情况及观感要求调整。

（2）墙面

墙面按照功能区域不同可分为观众厅外墙、观光电梯外立面以及其他墙面。观众厅墙面面材采用竹木板或竹铝复合型材。观光电梯外立面装饰采用丝径大于1.2mm金属拉索网或波纹板。其余墙面面层采用15mm厚800mm×800mm大理石或25mm厚800mm×800mm花岗石。

（3）顶棚

顶棚根据地面标高的不同，顶棚也可以根据标高不同分为三个部分，其中，16m
处顶棚采用不小于12mm厚石膏板，20m处顶棚采用聚晶晶砂环保吸声板，其余顶
棚采用条状铝格栅或竹木板，铝格栅断面要求不小于250mm×100mm，壁厚不小于
1.2mm厚。

以上所有地面、墙面、顶棚等施工时应考虑安装吸声材料，用于控制厅内的混响时
间，确保良好的大厅声学环境，满足声学效果及要求（表15-12）。

大剧院观众休息厅材料表 　　　　　　　　　　　　　表15-12

声学要求：需满足马歇尔戴声学要求					
部位	材料	色彩	色号	规格	备注
楼地面1	大理石	暖灰色	4.4Y/8.5/2.4	800mm×800mm	
楼地面2	大理石	暖咖啡色	4.4Y/7/4.8	800mm×800mm	
观众厅墙面	竹材	暖黄	5Y/9/1.4		
普通内墙	大理石	浅暖色	9.4Y/9/1.2		
顶棚1	仿木铝格栅	咖啡金色	3.1Y/6.5/4/4		
顶棚2	镀锌钢板＋聚晶板＋晶砂透声＋铝板面层	深金色	8.8Y/8/8		
柱子	大理石	淡金色	9.4Y/9/4.8		
栏杆	波纹板栏板	淡金色	9.4Y/9/4.8	H=1100	
电梯厅	波纹板外包	淡金色	9.4Y/9/4.8		

3.小剧场休息厅

小剧场休息厅的元素较多，除正常的顶棚、地面、墙面以外，还有景观电梯外立
面、踏步、拦河等装饰内容。

顶棚采用竹木遮阳格栅，格栅应满足紫外线照射不变形等技术标要求。地面采用
25mm厚1200mm×1200mm大理石或花岗石。观众厅外墙采用竹木板或金属格栅，
景观电梯外立面装饰采用丝径大于1.2mm金属拉索网或波纹板，其余墙面采用不小于
15mm厚800mm×800mm大理石或不小于25mm厚800mm×800mm花岗石。

以上所有地面、墙面、顶棚等施工，若有必要时应考虑安装吸声材料，用于控制厅
内的混响时间，确保良好的大厅声学环境，满足声学效果及要求（表15-13）。

4.贵宾厅

贵宾厅的施工对装饰材料及细节处理等要求相对普通部位较高，地面采用纯羊毛高

小剧场观众休息厅材料表　　　　　　　　　　　　　表 15-13

声学要求：需满足马歇尔戴声学要求					
部位	材料	色彩	色号	规格	备注
楼地面	半抛光石材	浅暖色	5Y/9/1.4	800mm×800 mm	
顶棚	竹木遮阳格栅	浅暖色	5Y/9/1.4		
楼梯踏步	半抛光石材	浅暖色	5Y/9/1.4		
观众厅外墙	竹板＋金属格栅	深咖啡色	1.9Y/5/4		
普通墙面	半抛光石材	浅暖色	5Y/9/1.4		
钢柱	防火涂料＋氟碳漆	深灰色	N3.25		
栏杆	半抛光石材	浅暖色	5Y/9/1.4		
电梯厅	波纹板外包	淡金色	9.4Y/9/4.8		

档地毯，厚度不小于15mm。墙面采用竹木板＋布艺软包＋干挂石材，石材表面晶面处理。顶棚采用环保型乳胶漆（不少于一底两面，并达到使用要求），其造型、叠级等应结合实际情况进行深化设计（表15-14）。

贵宾厅材料表　　　　　　　　　　　　　　　　　表 15-14

声学要求：满足马歇尔戴声学要求					
部位	材料	色彩	色号	规格	备注
楼地面	地毯	咖啡色	4.4Y/7/4.8		
墙面装饰	木材＋石材＋纤维	深暖色＋深木色	1.9Y/5/4		
顶棚	吸声无缝板材＋涂料	浅暖色	5Y/9/1.4		
洁具	面盆、蹲便器	白色			
灯具	水晶灯				

5. 电梯前室区域

本项目共有电梯18部，不同的电梯所服务的区域不一致，面向的乘客群体也不完全相同。因此，针对电梯前室区域的施工，按照以下两个方面考虑：

（1）部分观众及演员无法到达的消防电梯、±0.00m以下客运电梯前室，顶棚采用石膏板＋乳胶漆天棚，墙面采用不小于15mm厚大理石或不小于25mm厚的花岗石，地面采用800mm×800mm防滑地砖。

（2）观众及演员能够到达的消防电梯及客运电梯前室，顶棚及墙面与第（1）条相同，地面采用25mm厚1200mm×1200mm大理石或花岗石，除此之外，顶棚可考虑造型或叠级。

6.化妆间、抢妆间

化妆间分为普通化妆间和VIP化妆间，化妆间、抢妆间除地面、墙面、顶棚以外，还应着重考虑为实现演员化妆功能所必需的化妆柜、洗手台、插座等。

（1）普通化妆间及抢妆间地面铺装采用800mm×800mm防滑地砖，墙面用不少于一底两面环保乳胶漆，顶棚用不小于600mm×600mm矿棉板，洗手台用石材台面，且石材不小于30mm厚，化妆柜采用成品多层实木复合化妆柜，每个化妆台配置不少于4个插座。

（2）VIP化妆间除地面采用25mm厚1200mm×1200mm花岗石或大理石外，其余均与普通化妆间一致。

7.排练室

本项目有舞蹈排练室和合唱排练室两种排练室。舞蹈排练室是演员排练舞蹈的地方，演员在排练时双脚需要在地面不停移动变换，因此舞蹈排练室的地面主要用舞蹈专用木地板；而合唱排练室的演员虽然不需要与舞蹈演员排练时一样，但在排练时也是长时间的站立，因此合唱排练室地面采用与普通地板相比更加柔和的软木地板。

15.5.4 管理成果

如今，四川大剧院建设项目已经顺利完工，所有区域的装饰装修均按照规定的方式完成了施工，且得到了使用单位的高度认同。大剧院从建成投入使用以来，经历了《永不消逝的电波》《图兰朵》《巴黎圣母院》等数十场演出，并且演出仍在继续。从目前经历的情况看，人们对四川大剧院的整体风格还是比较满意的，对四川大剧院取代锦城艺术宫的认可度也比较高。

剧院文化从艺术宫成功传承到了四川大剧院，如图15-21所示。

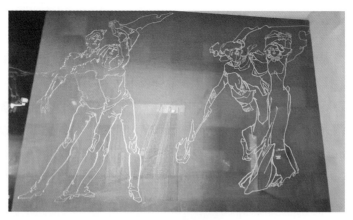

图15-21　新老传承

光影艺术在此也得到了完美演绎，如图15-22所示。

辉煌大气的造型，通透明亮的空间，如图15-23所示。

以菱形的模数构成玻璃屋顶，精细现代的手法刻画的小剧场观众厅休息厅（图15-24）。

15.5.5 管理办法

在本项目严格的投资把控以及高标准的装饰要求下，本项目除剧场声学装修以外，管理的重点在于施工质量，尤其是入口大厅、大剧场观众休息厅、小剧场观众休息厅的装饰效果以及对投资的控制管理。

1.施工管理

本项目的初步方案以及详细做法等确定好以后，由本项目全咨单位的造价咨询人员根据确定的内容给出工程量清单和招标控制价，用于工程招标，同时也是声学精装修单位进场后的设计依据之一。

在声学精装修单位进场后，公司的项目管理人员立即组织施工单位按照要求开始施工图设计以及装饰装修方案的设计。声学精装修单位设计人员按照合同要求完成施工图纸设计后，立即提交项目管理部。项目管理部收到图纸后，组织项目管理人员、监理人员、造价咨询人员等对图纸进行消化并针对施工图纸存在的问题进行记录，汇总。问题汇总后，由项目

图15-22　光影艺术

图15-23　大气通透的公共空间

图15-24　小剧场休息厅

管理人员组织声学精装修单位的设计人员召开专题会议，对汇总的问题进行逐一分析与梳理。声学精装修单位设计人员根据会议结果，对图纸进行修改。经过一次次的修改与问题筛查，最终确定各施工部位的施工工艺、材料规格、型号等。

在施工图完成后，由声学精装修单位负责根据施工图编制施工组织设计，以及针对本项目的重点、难点等编制专项施工方案，以及装饰效果方案，以便在施工过程中对施工质量与成果进行控制，装饰效果方案应取得使用单位、代建中心以及主体工程设计单位的一致通过。在编制施工方案的同时，要求施工单位预先组织施工人员及材料等。施工方案经项目部管理人员审查通过后，要求施工单位针对本工程的施工特点，开工前对所有施工人员进行技术培训，对管理人员、技术人员进行专业强化培训；对各工种操作人员进行岗前培训，实行持证上岗；对涉及入口大厅、大剧场观众休息厅、小剧场观众休息厅以及其他部位施工难点技术项目的管理人员和操作人员针对各自技术特点专项培训，强化全员质量意识，并制定质量岗位责任制，务必保证重要部位的施工质量。完成施工前的准备工作后，立即投入施工。

因本工程装饰质量标准要求比较高，而本工程装饰的一大特点是各功能区装饰的统一性和标准性，因此，为了更好地控制各功能区的装饰质量，施工时采取"样板"先行的质量控制程序。由施工单位对关键部位，如大小剧场观众休息厅与观众厅相接的墙面、入口大厅正对的墙面、入口大厅地面、小剧场观众休息厅顶棚等先做样板，样板制作完成且施工单位自检满意后，告知项目管理部，项目管理部管理人员组织使用单位、代建中心等单位进行样板的验收，验收合格后再进行施工。

在施工过程中，对于涉及入口大厅、大小剧场观众休息厅以及其他影响本项目整体观感的部位的施工，应编制详细作业指导书，做好技术交底，尤其是对面层材料的质感、颜色、规格等的选择，必须做到不偏离装饰效果方案与"样板"。工序完成后，除了需要经监理工程师检查签字，还需要经过使用单位——四川省锦城艺术宫的认可后方可进入下道工序。

在工程竣工阶段，先由施工单位进行自检，自检合格满意后，通知项目管理部，由项目管理部的项目管理人员以及监理人员按照施工验收规范以及前期的方案、样板等对已完工程进行预检，找出存在的问题。预检完成后，施工单位针对监理工程师提出的问题进行整改，整改完成后再次请项目管理人员及监理工程师进行现场检查，直至问题全部整改完成后，方可准备竣工验收。

2. 投资管理

针对本项目严格的投资管理制度，声学精装修项目的投资控制在最初方案的确定到最终的竣工结算，贯穿整个过程当中。

在方案确定时，所有的方案均需根据项目管理部造价咨询人员的意见与建议，确定本项目各区域材料的品种、规格、档次与型号等。

在编制招标工程量清单时，因为没有详细的施工图纸，项目部的管理人员凭借自己丰富的管理经验与实际施工经验，对每一个环节的施工工艺，施工流程等都考虑在内，因此所有区域的所有做法及材料等都已在清单中得到体现，并且在中标单位进场后，作为重要的设计依据，承包单位如无正当理由不得随意变更招标工程量清单中的做法、材料等内容，这样控制的重点就放在了可能出现的现场签证和设计变更上。

针对大多数项目在最终的结算时都会出现大量的变更，导致投资大幅度增加，本项目在合同中对变更做了严格的约束，根据专用合同条款第15条的约定，"变更的定义：指在设计、施工过程中，施工内容与招标时提供的'图纸、工程量清单、技术标准和要求'三者的内容、范围和要求完全不一致（只要满足三者之一不视为变更）时造成合同费用增减的内容，同时经发包人按代建程序书面确认后的变更（不包含承包人为满足招标时图纸、工程量清单、技术标准等要求而发生的变更）"。且根据代建中心的管理办法第三、（四）条"现场签证、工程变更的办理流程"的约定，签证按事前审批和事后审批两个步骤实施，签证事前审批是指签证事项发生前，由提出单位以正式文件提出，由项目管理单位组织有关参建单位或专家进行论证，论证通过后应形成专题报告，报代建中心审批，审批通过后再实施。事后签证是指签证事项实施完成后，按审批流程办理签证。根据该管理办法，签证、变更等金额高于1万元的，必须按事前审批流程办理（图15-25、附表1~6）。

通过完整且无太大缺陷与纰漏的工程量清单等前期技术资料对整体投资进行控制，再通过合同以及相应的管理办法等对变更、签证等进行约束，以此保证不突破结算价不超控制价，少发生甚至不发生现场签证、设计变更的原则。

（四）现场签证、工程变更办理流程：签证事前申请（1万元以下的现场零星签证除外）→签证事前审批（1万元以下的现场零星签证除外）→签证事项实施→实施单位提出签证申请（专题报告并附相关依据）→设计单位审核（若需要时）→监理单位审核→造价咨询单位（或项目管理单位）审核并填报附表11、附表12并出具咨询报告→项目管理单位审核并填报附表6（或附表7或附表8或附表9）→代建中心审批→代建办审批（若需要时）。

图15-25 代建中心签证变更管理流程

附表1

四川代建项目1万元以下经济签证申报审批表

编号：识别号＋期数

工程名称		合同编号	
实施单位 （盖章）	（实施单位名称）		
提出单位 及理由	×××单位依据×××（文件或会议纪要）第×××条，提出×××变更，（适用变更）或：××单位依据××××情况，提出×××签证（适用现场签证）		
签证金额	签证事项合同 清单内金额（元）	签证金额（元）	金额增减（元）
	（新地项目应注明： 新增，合同内金额0元）	（项管审定预算金额）	
	经济签证的金额作为施工期投资控制的预算金额和进度款支付依据，最终结算金额以审计结论为准		
经济签证 原因和依据	（注明变更单位、原因、文件依据，注明签证审批依据的合同条款号及内容。如：根据×年×月×日×××文件，使用单位提出××××事项，依据合同××页××条×××内容的约定，进行签证变更，签证依据有×××、×××……等资料，资料目录如下：） 1.××文件或会议纪要； 2.×××技术核定单或设计变更通知或设计修改施工图； 3.×××工程量签证和计算式； 4.×××隐蔽工程照片和现场摄像资料（电子文件存档备查）； 5.完成签证事项的确认资料； 6.申请单位申报预算及监理、造价咨询单位（或项管）审核预算书		
增减金额 来源和去向	减少（或增加）标内暂列金或标内结余资金调剂使用或标外结余资金调剂使用或项目预备费调剂使用		
投资控制评价	合同价×××元，暂列金×××元，扣除预估材料调差和人工费等政策调整增（减）金额×××元，本标段合同价内可用暂列金×××元，本次经济签证×××元，累计发生签证（含本期）×××元，预计本项目结算价是否超出合同价。（如超出合同价，应对标外价和总投资控制情况进行分析；本项目一、二类费用的概算金额和实际合同金额执行情况，本项目标外可调剂使用的金额情况，项目总投资是否可控）		

工期影响	判定该经济签证是否属于关键线路的工作内容，是否影响工期，延迟或缩短工期×××日历天		
质量标准影响	该签证确保了××××工程部位满足×××的功能需求和×××质量标准（或无影响）		
设计单位（盖章）	从设计专业角度对该签证的必要性、可靠性和可行性进行分析，建议进行签证（与设计无关的签证，可删除此栏） 年　　月　　日		
监理单位（盖章）	项目总监（签章）：对签证的必要性进行确认，满足合同专用条款第×××条的规定，拟同意签证 年　　月　　日		
造价咨询单位（盖章）（如未委托造价咨询的，可删除此栏）	造价项目负责人（签字并盖执业章）：符合合同第×××条的约定，已对签证依据、工程量、单位和合价进行审核，详见造价咨询专题报告，建议签证 年　　月　　日		
项目管理单位（盖章）	造价工程师（签字）：（已委托造价咨询单位的，应删除此栏。未委托的，参照造价咨询单位的造价工程师意见填写） 年　　月　　日	项目经理（签章）： 　　签证依据充分，工程量和造价已经造价工程师审核，满足合同专用条款第×××条的规定，项目总投资可控，拟同意签证 年　　月　　日	
省代建中心（盖章）	工程管理处	监管工程师（签字）：经复核，签证事项属实 年　　月　　日 处长（签字）：签证事项属实，拟同意签证 年　　月　　日	财务合同预算处（签字）： 签证依据充分，工程量和价格已经专业工程师审核，拟同意签证，具体金额以结算审计结论为准 年　　月　　日
	分管领导（签字）： 年　　月　　日		

备注：1.本表由项目管理单位填报，附表11、附表12作为本表附件。2.所有要求"盖章"的地方，应加盖单位公章或其授权章。3.本表应双面打印，一式六份。

附表2

四川代建项目1万～20万元经济签证申报审批表

编号：识别号＋期数

工程名称		合同编号	
实施单位 （盖章）	（实施单位名称）		
提出单位 及理由	×××单位依据×××（文件或会议纪要）第×××条，提出×××变更，（适用变更）或：××单位依据××××情况，提出×××签证（适用现场签证）		
签证金额	签证事项合同 清单内金额（元）	签证金额（元）	金额增减（元）
	（新地项目应注明： 新增，合同内金额0元）	（项管审定预算金额）	
	经济签证的金额作为施工期投资控制的预算金额和进度款支付依据，最终结算金额以审计结论为准		
经济签证 原因和依据	（注明变更单位、原因、文件依据，注明签证审批依据的合同条款号及内容。如：根据×年×月×日×××文件，使用单位提出×××事项，依据合同××页××条×××内容的约定，进行签证变更，签证依据有×××、×××……等资料，资料目录如下：） 1. ××文件或会议纪要； 2. ××技术核定单或设计变更通知或设计修改施工图； 3. ×××工程量签证和计算式； 4. ×××隐蔽工程照片和现场摄像资料（电子文件存档备查）； 5. 完成签证事项的确认资料； 6. 申请单位申报预算及监理、造价咨询单位（或项管）审核预算书		
增减金额 来源和去向	减少（或增加）标内暂列金或标内节余资金调剂使用或标外节余资金调剂使用或项目预备费调剂使用		
投资控制评价	合同价×××元，暂列金×××元，扣除预估材料调差和人工费等政策调整增（减）金额×××元，本标段合同价内可用暂列金×××元，本次经济签证×××元，累计发生签证（含本期）×××元，预计本项目结算价是否超出合同价。（如超出合同价，应对标外价和总投资控制情况进行分析；本项目一、二类费用的概算金额和实际合同金额执行情况，本项目标外可调剂使用的金额情况，项目总投资是否可控）		
工期影响	判定该经济签证是否属于关键线路的工作内容，是否影响工期，延迟或缩短工期×××日历天		

质量标准影响	该签证确保了×××工程部位满足×××的功能需求和×××质量标准（或无影响）	
设计单位 （盖章）	（与设计无关的签证，可删除此栏）从设计专业角度对该签证的必要性、可靠性和可行性进行分析，建议进行签证 年　　月　　日	
监理单位 （盖章）	项目总监（签章）：对签证的必要性进行确认，满足合同专用条款第×××条的规定，拟同意签证 年　　月　　日	
造价咨询单位 （盖章） （如未委托造 价咨询的，可 删除此栏）	造价项目负责人（签字）：符合合同第×××条的约定，已对签证依据、工程量、单位和合价进行审核，详见造价咨询专题报告，建议签证 年　　月　　日	
项目管理单位 （盖章）	造价工程师（签字并盖执业章）：（已委托造价咨询单位的，应删除此栏。未委托的，参照造价咨询单位的造价工程师意见填写） 年　　月　　日	项目经理（签章）： 　　签证依据充分，工程量和造价已经造价工程师审核，满足合同专用条款第×××条的规定，项目总投资可控，拟同意签证 年　　月　　日

省代建 中心 （盖章）	工程 管理 处	监管工程师（签字）：经复核，签证事项属实 年　　月　　日	财务合同预算处（签字）： 签证依据充分，工程量和价格已经专业工程师审核，拟同意签证，具体金额以结算审计结论为准 年　　月　　日
		处长（签字）：签证事项属实，拟同意签证 年　　月　　日	
	分管领导（签字）： 年　　月　　日		主要负责人（签字）： 年　　月　　日

　　备注：1.本表由项目管理单位填报，造价咨询报告、附表11、附表12作为本表附件。2.所有要求"盖章"的地方，应加盖单位公章或其授权章。3.本表应双面打印，一式六份。

附表3

四川代建项目20万～50万元经济签证申报审批表

编号：识别号+期数

工程名称		合同编号	
实施单位 （盖章）	（实施单位名称）		
提出单位 及理由	×××单位依据×××（文件或会议纪要）第×××条，提出×××变更，（适用变更）或：××单位依据××××情况，提出×××签证（适用现场签证）		
签证金额	签证事项合同 清单内金额（元）	签证金额（元）	金额增减（元）
	（新地项目应注明： 新增，合同内金额0元）	（项管审定预算金额）	
	经济签证的金额作为施工期投资控制的预算金额和进度款支付依据，最终结算金额以审计结论为准		
经济签证 原因和依据	（注明变更单位、原因、文件依据，注明签证审批依据的合同条款号及内容。如：根据×年×月×日×××文件，使用单位提出×××事项，依据合同××页××条×××内容的约定，进行签证变更，签证依据有×××、×××……等资料，资料目录如下：） 1.××文件或会议纪要； 2.××技术核定单或设计变更通知或设计修改施工图； 3.×××工程量签证和计算式； 4.×××隐蔽工程照片和现场摄像资料（电子文件存档备查）； 5.完成签证事项的确认资料； 6.申请单位申报预算及监理、造价咨询单位（或项管）审核预算书		
增减金额 来源和去向	减少（或增加）标内暂列金或标内节余资金调剂使用或标外节余资金调剂使用或项目预备费调剂使用		
投资控制评价	合同价×××元，暂列金×××元，扣除预估材料调差和人工费等政策调整增（减）金额×××元，本标段合同价内可用暂列金×××元，本次经济签证×××元，累计发生签证（含本期）×××元，预计本项目结算价是否超出合同价。（如超出合同价，应对标外价和总投资控制情况进行分析；本项目一、二类费用的概算金额和实际合同金额执行情况，本项目标外可调剂使用的金额情况，项目总投资是否可控）		
工期影响	判定该经济签证是否属于关键线路的工作内容，是否影响工期，延迟或缩短工期×××日历天		

质量标准影响	该签证确保了××××工程部位满足×××的功能需求和×××质量标准（或无影响）	
设计单位 （盖章）	从设计专业角度对该签证的必要性、可靠性和可行性进行分析，建议进行签证（与设计无关的签证，可删除此栏） 　　年　　月　　日	
监理单位 （盖章）	项目总监（签章）：对签证的必要性进行确认，满足合同专用条款第×××条的规定，拟同意签证 　　年　　月　　日	
造价咨询单位 （盖章） （如未委托造价咨询的，可删除此栏）	造价项目负责人（签字并盖执业章）：符合合同第×××条的约定，已对签证依据、工程量、单位和合价进行审核，详见造价咨询专题报告，建议签证 　　年　　月　　日	
项目管理单位 （盖章）	造价工程师（签字并盖执业章）：（已委托造价咨询单位的，应删除此栏。未委托的，参照造价咨询单位的造价工程师意见填写） 　　年　　月　　日	项目经理（签章）： 　　签证依据充分，工程量和造价已经造价工程师审核，满足合同专用条款第×××条的规定，项目总投资可控，拟同意签证 　　年　　月　　日
省代建中心 （盖章）	工程管理处	监管工程师（签字）：经复核，签证事项属实 　　年　　月　　日	招标处（签字）： 　　符合招投标相关精神，拟同意签证 　　年　　月　　日

省代建中心 （盖章）	工程管理处	处长（签字）：签证事项属实，拟同意签证 　　年　　月　　日	财务合同预算处（签字）： 签证依据充分，工程量和价格已经专业工程师审核，拟同意签证，具体金额以结算审计结论为准 　　年　　月　　日
	分管领导（签字）： 　　年　　月　　日	主要负责人（签字）： 　　年　　月　　日	

　　备注：1.本表由项目管理单位填报，造价咨询报告、附表11、附表12作为本表附件。2.所有要求"盖章"的地方，应加盖单位公章或其授权章。3.本表应双面打印，一式六份。

附表4

四川代建项目50万元以上经济签证申报审批表

编号：识别号＋期数

工程名称			合同编号	
实施单位 （盖章）	（实施单位名称）			
提出单位 及理由	×××单位依据×××（文件或会议纪要）第×××条，提出×××变更，（适用变更）或：××单位依据××××情况，提出×××签证（适用现场签证）			
签证金额	签证事项合同 清单内金额（元）		签证金额（元）	金额增减（元）
	（新地项目应注明： 新增，合同内金额0元）		（项管审定预算金额）	
	经济签证的金额作为施工期投资控制的预算金额和进度款支付依据，最终结算金额以审计结论为准			
经济签证 原因和依据	（注明变更单位、原因、文件依据，注明签证审批依据的合同条款号及内容。如：根据×年×月×日×××文件，使用单位提出×××事项，依据合同××页××条×××内容的约定，进行签证变更，签证依据有×××、×××……等资料，资料目录如下：） 1.××文件或会议纪要； 2.×××技术核定单或设计变更通知或设计修改施工图； 3.×××工程量签证和计算式； 4.×××隐蔽工程照片和现场摄像资料（电子文件存档备查）； 5.完成签证事项的确认资料； 6.申请单位申报预算及监理、造价咨询单位（或项管）审核预算书			
增减金额 来源和去向	减少（或增加）标内暂列金或标内节余资金调剂使用或标外节余资金调剂使用或项目预备费调剂使用			
投资控制评价	合同价×××元，暂列金×××元，扣除预估材料调差和人工费等政策调整增（减）金额×××元，本标段合同价内可用暂列金×××元，本次经济签证×××元，累计发生签证（含本期）×××元，预计本项目结算价是否超出合同价。（如超出合同价，应对标外价和总投资控制情况进行分析；本项目一、二类费用的概算金额和实际合同金额执行情况，本项目标外可调剂使用的金额情况，项目总投资是否可控）			
工期影响	判定该经济签证是否属于关键线路的工作内容，是否影响工期，延迟或缩短工期×××日历天			

质量标准影响	该签证确保了××××工程部位满足×××的功能需求和×××质量标准（或无影响）	
设计单位（盖章）	从设计专业角度对该签证的必要性、可靠性和可行性进行分析，建议进行签证（与设计无关的签证，可删除此栏）　　　　　　　　　　　年　　　月　　　日	
监理单位（盖章）	项目总监（签章）：对签证的必要性进行确认，满足合同专用条款第×××条的规定，拟同意签证　　　　　　　　　　　年　　　月　　　日	
造价咨询单位（盖章）（如未委托造价咨询的，应删除此栏）	造价项目负责人（签字并盖执业章）：符合合同第×××条的约定，已对签证依据、工程量、单位和合价进行审核，详见造价咨询专题报告，建议签证　　　　　　　　　　　年　　　月　　　日	
项目管理单位（盖章）	造价工程师（签字并盖执业章）：（已委托造价咨询单位的，应删除此栏。未委托的，参照造价咨询单位的造价工程师意见填写）　　　　　　　年　　　月　　　日	项目经理（签章）：签证依据充分，工程量和造价已经造价工程师审核，满足合同专用条款第×××条的规定，项目总投资可控，拟同意签证　　　　　　　年　　　月　　　日
省代建中心（盖章）	工程处（签字）：经复核，签证事项属实，拟同意签证　　　　　　　年　　　月　　　日	招标处（签字）：符合招投标相关精神，拟同意签证　　　　　　　年　　　月　　　日
省代建中心（盖章）	办公室（签字）：经×年×月×日××会议研究结论，拟同意签证　　　　　　　年　　　月　　　日	财务合同预算处（签字）：签证依据充分，工程量和价格已经专业工程师审核，拟同意签证，具体金额以结算审计结论为准　　　　　　　年　　　月　　　日
省代建中心（盖章）	分管领导（签字）：　　　　　　　年　　　月　　　日	主要负责人（签字）：　　　　　　　年　　　月　　　日

　　备注：1.本表由项目管理单位填报，造价咨询报告、附表11、附表12作为本表附件。2.所有要求"盖章"的地方，应加盖单位公章或其授权章。3.本表应双面打印，一式六份。

附表5

(_____工程名称_____)经济签证预算审核汇总表

编号：识别号＋期数

施工单位		监理单位		造价咨询单位 （或项目管理单位）	
申报金额（元）：		审核金额（元）：		审核金额（元）：	
造价人员（签字盖 执业专用章）：		监理工程师 （签字）：		造价人员（签字盖 执业专用章）：	
项目经理（签字）：		项目总监（签字）：		项目经理（签字）：	
单位名称（盖章）：		单位名称（盖章）：		单位名称（盖章）：	

年　月　日

附表6

经济签证分部分项工程量清单计价审核表

工程名称： 编号：识别号＋期数

序号	项目编码	项目名称	项目特征	单位	施工单位申报			监理单位审核			造价咨询单位 （或项目管理单位）审核			备注
					工程量	单位	合价	工程量	单位	合价	工程量	单位	合价	
														相同项目组价
														类似项目组价
														新组价
合　计														

备注：应附必要的合同和招标投标文件、批准签证的文件、计量依据、计价依据等充分完善的证明材料。

年　月　日

前　言

单片机作为计算机的一个重要分支，具有普通计算机所不具备的一系列优点。其体积小、功能强、可靠性高、价格低、性能稳定，被广泛应用于智能仪器仪表、自动控制、通信系统、家用电器和计算机外围设备等。此外，单片机嵌入式系统（如 STM32）还在农业、化工、军事、航空航天等领域得到广泛应用。可编程序控制器（Programmable Logic Controller，PLC），是现代微机技术与传统继电器控制技术相结合的产物，具有高可靠性、强逻辑功能、体积小、可随时在线改动控制程序、具有远程通信以及联网功能，易与计算机连接、能对模拟量控制、具有高速记数与位控等优异性能。因此，单片机及 PLC 的学习、开发与应用造就一批计算机应用与智能化控制的工程技术人员，掌握更多的应用实例具有重要的意义。

目前，单片机及 PLC 的使用领域已十分广泛，如智能仪表、智能家居、无线控制、导航系统。各种产品一旦用上了单片机，就能起到产品升级换代的功效，并且能体现智能性，如智能可穿戴式体温仪等。其中 Atmel 公司、STC 公司的 51 内核系列单片机与 Intel 公司的 MCS-51 单片机在结构体系、指令系统方面完全兼容，在此基础上提升至意法半导体公司 STM32。因此，本书以基于 51 内核、ARM Cortex-M 内核的单片机、PLC 为主，综合红外无线控制、GSM、ZigBee 技术、LabVIEW、MATLAB、组态软件等，介绍应用中所需的基础知识和基本技能。通过具体实例，理论联系实际，充分体现了高等教育的应用特色和能力本位，突出人才应用能力的创新素养的培养，内容丰富，实用性强。

本书是作者从事智能控制 15 年研究工作的总结，作者感谢研究团队各位老师的支持；感谢学生李少威、岳志阳、吕旭超、张超凡、王晓坤、张俊峰等卓有成效的工作以及程亚楠、施玉平、张宏振、余财、李诗莹、杨斌等付出的努力，在此一并表示感谢。

王欣欣　王丽君

2021 年 4 月

于华北水利水电大学

目　　录

第1章

基于单片机的红外控制
系统的设计与实现

1.1　总体方案设计

随着科技的进步和人们物质文化生活水平的不断提高，各种用电设备被发明创造出来并逐步出现在人们的生产生活中。人们对用电设备自动化、智能化控制的要求也越来越高，红外控制作为一种便利的近远距控制方式也处在不断的发展之中。传统的红外控制器采用专用的遥控编码及解码集成电路，由于功能键数及功能受到特定的限制，应用范围也受到很大限制。而采用单片机进行红外遥控系统的应用设计，具有编程灵活多样、操作码个数可随便设定等优点。

本设计应用 STC89C52 单片机作为发射和接收红外线的中心部件，综合应用了单片机的中断系统、定时器、计数器等知识。采用码分制红外编码，红外接收器通过对红外光脉冲发射情况的识别，判断出控制操作，从而完成整个红外遥控发射和接收过程。此红外控制系统实现发射、接收功能的软件部分分别由汇编语言和 C 语言编写，焊接硬件调试后可实现基本预定功能（LED 灯PWM 调光、交流电白炽灯调光、多通道开关、温度实时显示、温度设定、保温、报警、密码启停控制等），本设计实物具有硬件电路简单、软件功能完善、性价比较高等特点。

■ 1.1.1　红外编码方式的选择

1. PWM 脉宽调制串行码

所谓的 NEC 标准是指遥控载波频率为 38 kHz（占空比为 1∶3），周期约110 ms 的重复码，当某个按键被按下时，系统首先发射一个全码。如果键持续按下时间超过 108 ms 仍未松开，接下来将发射连发代码，它告知接收端，某键在被连续地按着，如图 1-1 所示。

| 4.5 ms | 4.5 ms | 客户码8位 | 客户码8位 | 数据码8位 | 数据码的反码 8位 |

图 1-1　NEC 标准下的发射码表示

发射数据时，数据 0 用"0.56 ms 高电平+0.565 ms 低电平 = 1.125 ms"表示，数据 1 用"高电平 0.56 ms+低电平 1.69 ms = 2.25 ms"表示。当一体化接收头收到 38 kHz 红外信号时，输出端输出低电平，否则输出高电平。所以一体化接收头输出的波形与发射波形是反向的，如图 1-2 所示。

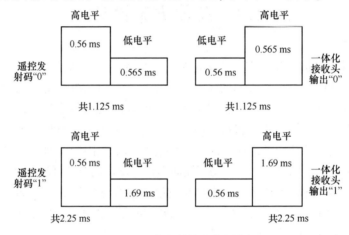

图 1-2　红外发射接收信号波形

2. PPM 脉冲位置调制

PHILIPS 标准：载波频率为 38 kHz；没有简码，点按键时，控制码在 1 和 0 之间切换，若持续按键，则控制码不变。一个全码=起始码"11"+控制码+系统码+指令码，一体化接收头输出数据 0 用"低电平 889 μs+高电平 889 μs"表示，输出数据 1 用"高电平 889 μs+低电平 889 μs"表示。连续码重复延时 114 ms。其编码调制如图 1-3 所示。

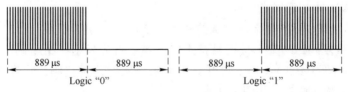

图 1-3　PHILIPS 编码调制

3. 红外码分制编码

采用脉冲个数编码，不同脉冲个数代表不同的控制指令，载波频率为 38 kHz。码分制编码编程比较简单，在按键较少的情况下具有明显优势，本设计最小为 3 个脉冲，最大为 18 个脉冲。为了使接收可靠，设起始码宽为 3 ms，有效指令码均为 1 ms，有效码间隔为 1 ms，结束码为 0.5 ms。遥控码数据帧间隔大于 10 ms。编码如图 1-4 所示。

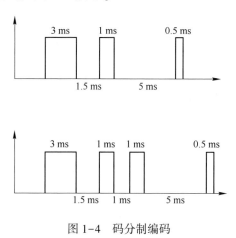

图 1-4　码分制编码

▌1.1.2　系统整体设计架构及分析

1. 整体架构

（1）红外发射部分主要由按键控制电路、LCD 显示电路、红外发射电路组成，其硬件架构如图 1-5 所示。

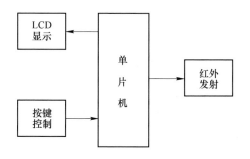

图 1-5　红外发射端硬件架构

（2）红外接收部分主要由红外线接收电路、LED 灯 PWM 调光电路、白炽灯调光电路、温度传感器电路、LED 数据显示电路、多通道开关控制电路及其他控制电路组成，其硬件架构如图 1-6 所示。

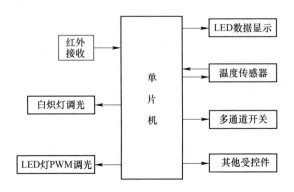

图 1-6　红外接收端硬件架构

利用单片机进行遥控系统的应用设计，具有编程灵活多样、操作码个数可随意设定等优点。通过有效编程，可直接在单片机的 I/O 口输出 38 kHz 载波调制电压波形。利用编程实现不同按键对应不同的编码信号，当按下指令键时，由软件产生所需的调制编码信号，再由发射电路向外发射。接收电路接收发射过来的红外信号，经过放大解调还原成为原始的编码信号。软件配合硬件完成译码操作，最后由控制电路完成相应的控制操作。红外控制距离在 6 ~ 10 m 满足近距离的非接触控制要求。

单片机 I/O 接口丰富，可以实现控制状态的显示、温度显示、温度设定及报警、密码启停、LED 灯及交流白炽灯亮暗调节等。如此，经过单片机及外围电路和程序的有机结合形成的基于单片机的红外控制系统就能实现目标控制功能。

2. 系统功能需求及功能实现方式

发射部分按键采取独立式按键，独立式按键相对于矩阵式按键具有硬件电路简单、编程容易的特点，适合控制功能较少的情况。发射部分按键控制状态显示需要显示按键名称及按键控制功能。LCD1602 液晶显示器可显示英文、数字字符，并且可以显示自定义字符，采用 LCD1602 可以满足按键控制状态的要求。

（1）控制 LED 灯亮暗变化。采用 PWM 脉冲调宽，通过改变脉冲占空比可实现 LED 灯亮暗控制。

（2）控制白炽灯亮暗变化。采用光电耦合器 P521 及全波整流桥产生交流零点同步信号触发单片机外部中断，利用单片机定时器定时中断产生控制双向可控硅的导通的脉冲信号，定时不同导致双向可控硅的导通时间不同，从而白炽灯的发光功率也不同，实现了白炽灯亮度的变化。

（3）温度的实时显示、温度红外遥控设定及温度报警。采用 DS18B20 温度传感器实时测温，采用四位共阳极 LED 数码管实时显示温度，四位共阳极 LED 数码管也可用作温度设定时的数值显示。通过编程实现温度与温度设定值的实时比较，当达到温度报警条件时，报警器开始报警。

（4）密码启停控制。输入密码时数值会通过四位共阳极 LED 数码管实时显示，按下确认键，在四位共阳极 LED 数码管中会显示输入密码失败的信息；输入密码成功后执行密码启停控制，在四位共阳极 LED 数码管中会显示输入密码成功的信息。

（5）多通道开关控制。利用多通道中的一道控制以 74HC00 芯片控制的闪烁灯，实现多通道开关控制外部用电设备的功能，其余多通道开关控制发光二极管亮灭实现开关控制功能。

红外发射部分软件采用汇编语言编写，红外接收部分软件采用 C 语言编写。发射和接收部分硬件由电路板焊接而成。整个过程采用逐步推进的方式，首先完成单片机最小系统的设计，完成第一个功能的相应程序编写及硬件焊接调试，再完成第二个功能的相应程序编写并合理地移植到上一个程序之中，让两者完美融合，紧接着完成第二个功能块的硬件焊接调试，这样逐步推进，完成整个系统的软硬件调试工作，最终实现本红外系统设计所要求的所有功能。

1.2　红外控制系统的硬件电路设计

■ 1.2.1　红外发射部分硬件电路设计

1. 按键电路的设计

单片机按键一般分为独立式按键和矩阵式按键两种。独立式按键的硬件和软件结构比较简单，本设计采用独立式按键上拉电阻保证了按键断开时，I/O 口线有确定的高电平，其上拉电阻选择为 10 kΩ，其电路如图 1-7 所示。

2. 按键状态显示电路的设计

（1）LCD1602 字符型液晶显示屏是一种专门用于显示字母、数字、符号等的点阵式字符液晶显示模块。LCD1602 引脚功能说明见表 1-1。

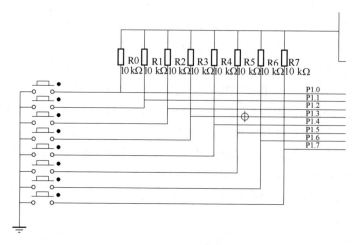

图 1-7 独立式按键电路

表 1-1 LCD1602 引脚功能说明

编号	符号	引脚说明	编号	符号	引脚说明
1	VSS	电源地	9	D2	数据
2	VDD	电源正极	10	D3	数据
3	VL	液晶显示偏压	11	D4	数据
4	RS	数据/命令选择	12	D5	数据
5	R/W	读/写选择	13	D6	数据
6	E	使能信号	14	D7	数据
7	D0	数据	15	BLA	背光源正极
8	D1	数据	16	BLK	背光源负极

（2）LCD1602 内部的控制器共有 11 条控制指令，见表 1-2。

表 1-2 LCD1602 内部控制器

序号	指令	RS	R/W	D7	D6	D5	D4	D3	D2	D1	D0
1	清显示	0	0	0	0	0	0	0	0	0	1
2	光标返回	0	0	0	0	0	0	0	0	1	*
3	置输入模式	0	0	0	0	0	0	0	1	I/D	S
4	显示开/关控制	0	0	0	0	0	0	1	D	C	B
5	光标或字符移位	0	0	0	0	0	1	S/C	R/L	*	*

续表

序号	指　　令	RS	R/W	D7	D6	D5	D4	D3	D2	D1	D0
6	置功能	0	0	0	0	1	DL	N	F	*	*
7	置字符发生存贮器地址	0	0	0	1	字符发生存贮器地址					
8	置数据存贮器地址	0	0	1	显示数据存贮器地址						
9	读忙标志或地址	0	1	BF	计数器地址						
10	写数到 CGRAM1 或 DDRAM)	1	0	要写的数据内容							
11	从 CGRAM 或 DDRAM 读数	1	1	读出的数据内容							

　　LCD1602 的读/写操作、屏幕和光标的操作都是通过指令编程来实现的（说明：1 为高电平、0 为低电平）。与 HD44780 相兼容的芯片时序见表 1-3。

表 1-3　基本操作时序

操作	输入	输出
读状态	RS=L，R/W=H，E=H	D0~D7=状态字
写指令	RS=L，R/W=L，D0~D7=指令码，E=高脉冲	无
读数据	RS=H，R/W=H，E=H	D0~D7=数据
写数据	RS=H，R/W=L，D0~D7=数据，E=高脉冲	无

　　读/写操作时序如图 1-8 和图 1-9 所示。为了在液晶模块准确寻址，在传送字符数据给 LCD 之前必须要先把字符地址送给 LCD。例如，把字符 B 送入地址编号为 05H 的字符框，第一步发送地址 05H（写指令），第二步发送字符 B（写数据）。LCD 利用 RS 的高低电平区分传送给 LCD 的是数据还是字符，利用 R/W 可以区分对液晶模块的读/写操作。

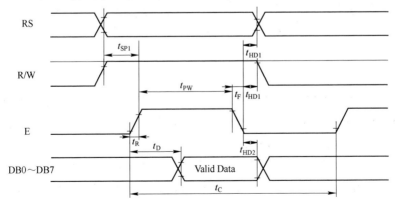

图 1-8　读操作时序

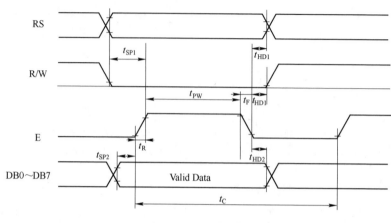

图 1-9 写操作时序

（3）LCD1602 的 RAM 地址映射。LCD1602 不是一个快显示器件，在执行指令之前要首先确认 LCD1602 的忙标志，若其为低电平，表示不忙，为高则表示忙。显示字符时要先输入显示字符地址，也就是告诉 LCD1602 在哪里显示字符，LCD1602 的内部显示地址如图 1-10 所示。LCD1602 液晶显示器可以显示两行字符，每行最多可显示 16 个字符，第一行地址：00H 至 0FH；第二行地址：40H 至 4FH。地址和 LCD1602 的字符框为一一对应的关系。

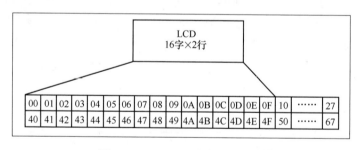

图 1-10 LCD1602 内部显示地址

LCD1602 分为带背光和不带背光两种，基控制器大部分为 HD44780，底部带 LED 背光的比不带背光的要厚，是否带背光在应用中并无差别，LCD 的尺寸及引脚位置如图 1-11 所示。

（4）本设计中 LCD1602 的硬件电路如图 1-12 所示。其中 D0 ~ D7 接单片机 P0 口，为提高流过液晶显示模块的电流强度，P0 口外接 10 kΩ 排阻。RS 接 P3.0 口，RW 接 P3.6 口，E 接 P3.7 口。

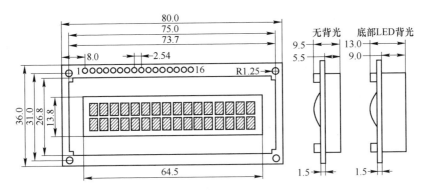

图 1-11 LCD 尺寸及引脚位置

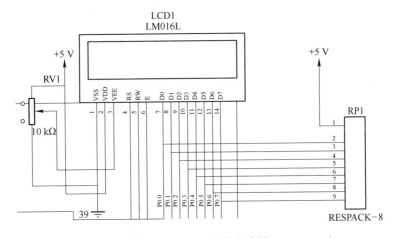

图 1-12 LCD 硬件电路图

3. 红外信号发射电路的设计

常用的红外发光二极管外形与普通发光二极管相似，红外发光二极管受电流激发而发出红外光。管子压降约 1.4 V，工作电流一般小于 20 mA。为了适应不同的工作电压，回路中常串有限流电阻。本设计采用 5 V 直流电源供电，由于 (5 V−1.4 V)/R11<20 mA，R11>180 Ω，所以 R11 可以采用 0.2 kΩ。

红外发光二极管的工作脉冲占空比常采用 1/3~1/4；一些红外遥控器占空比采用 1/10。减小脉冲占空比可以使小功率红外发光二极管的发射距离大大增加，因为利用红外线控制相应的受控装置时，其控制的距离与发射功率成正比，而脉动光（调制光）的有效传送距离与脉冲的峰值电流成正比，减小脉冲占空比可以提高峰值电流。为保证控制距离，本设计采用的脉冲占空比为

1/3。

红外编码信号调制 38 kHz 载波信号过程如图 1-13 所示。调制过程也就等效于编码信号与载波信号逻辑相与。本设计利用定时中断、延时等方式直接在 P3.1 口输出相"与"后的调制电压信号。红外线发射电路如图 1-14 所示，发射部分总电路如图 1-15 所示。

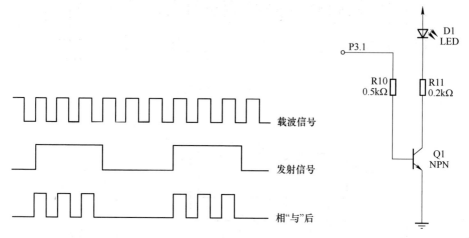

图 1-13 红外编码信号调制 38 kHz 载波信号过程　　图 1-14 红外线发射电路

按键功能简述：P1.0 键为控制 LED 灯键；P1.1 键为白炽灯开关键；P1.2 键为白炽灯调光键；P1.3 键为温度系统开关键；P1.4 键为控制加温键；P1.5 键为控制降温键；P1.6 键为多通道开关 1（控制发光二极管亮灭）；P1.7 键为多通道开关 2（控制闪烁灯）；P2.0 键为温度设定键；P2.1 键控制四位共阳极 LED 数码管 1 位加 1；P2.2 键控制四位共阳极 LED 数码管 2 位加 1；P2.3 键控制四位共阳极 LED 数码管 3 位加 1；P2.4 键控制四位共阳极 LED 数码管 4 位加 1；P2.5 键为确认键；P2.6 键为取消键；P2.7 键为密码设定键。

■ 1.2.2　红外接收部分硬件电路设计

1. 红外信号接收电路的设计

根据发射端载波频率 38 kHz 选择红外接收头 VS1838B。红外线接收电路如图 1-16 所示。红外接收头内部放大器增益很大，容易引起干扰，要在接收头的 VCC 脚和 GND 之间加上滤波电容，一般为 22 μF 左右，所以选择 C1 为 22 μF。在 VCC 和高电平之间接 R2（0.34 kΩ），进一步降低电源干扰。在 OUT

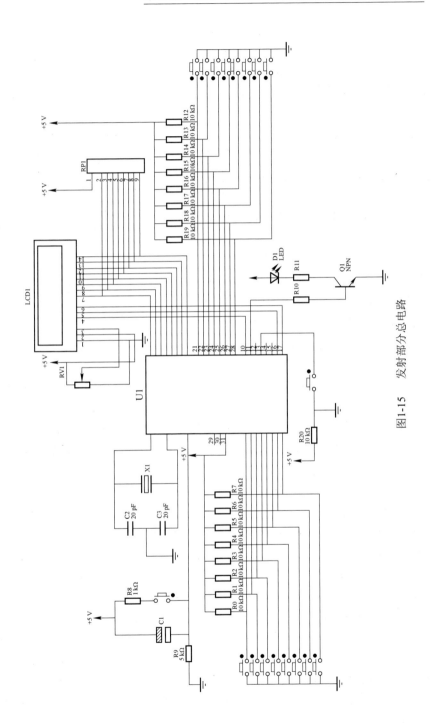

图1-15   发射部分总电路

引脚与外部高电平之间接 R1 （10 kΩ），目的是拉高 OUT 引脚电平，保证 VS1838B 输出高电平时的电平足够高，从而保证接收红外信号工作能够正常进行。

2. LED 直流灯的调光电路设计

（1）占空比：指高电平在一个周期之内所占的时间上的比率，在周期性地发射脉宽相等的脉冲时，脉冲占空比等于脉宽所占周期时间的比率。在电控系统中，以往所采用的普通开关式的执行器件已经不能满足现代控制要求了，准确地说，占空比控制应该称为电控脉宽调制技术，它是通过电子控制装置对加在工作执行元件上一定频率的电压信号

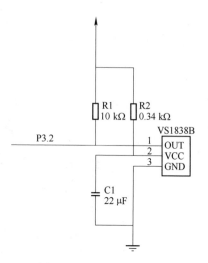

图 1-16　红外线接收电路

进行脉冲宽度的调制，以实现对所控制的执行元件工作状态精确、连续的控制。

（2）PWM（Pulse Width Modulation）：译为脉冲宽度调制，是一种利用微型计算机的数字输出控制模拟电路的非常有效的技术，广泛应用于测量、功率控制转换、通信等领域。采用 PWM 调整脉冲占空比可达到调整电压、电流、功率的效果。PWM 可用来对模拟信号电平进行数字化编码。使用较高分辨率的计数器，一个具体的模拟信号电平可用调制的占空比方波进行编码。PWM 信号还是数字的，在给定的任何时刻，直流供电满幅值时存在供电和不供电两种方式。以一种断或通的重复的脉冲序列方式把电流源或电压源加到模拟负载上。负载上加直流供电时也就是通的时候，供电被断开时也就是断的时候。如果带宽足够宽，那么任何模拟量值都可以使用 PWM 编码。

（3）白色 LED 灯：LED 灯具有节能、长寿、可工作在高频启停状态、环保、价廉、封装简单、视觉效果好、效率高、热量低、无频闪等显著优点。

（4）LED 灯的调光电路如图 1-17 所示。LED 灯选择 LED 灯珠，其参数有工作电压 3～5 V；工作电流不超过 350 mA；正向压降 1.2 V 左右。（5-1.2）/R<0.35，R>11 Ω，本设计中选择 LED 灯珠限流电阻为 60 Ω。P1.0 口控制 PNP 三极管的导通与关闭，当 P1.0 口为低电平时，三极管导通，否则关闭。通过改变 P1.0 口发出的一定占空比的电压脉冲，可以改变三极管的导通时间，同时也就改变了电流通过 LED 灯珠的时间，这样就可以改变 LED 灯珠

的亮暗，从而达到 LED 灯调光的目的。

3. 交流白炽灯的调光电路设计

（1）光耦合器的定义及工作原理。光耦合
器（Optical Coupler, OC）也称为光电隔离器或
光电耦合器，简称光耦，是开关电源电路中常
用的器件。光耦以光为媒介来传输电信号，通
常把红外线发光二极管与光敏半导体管封装在
同一管壳内。当输入端加电信号时红外线发光
二极管发出红外光线，光敏半导体接收光线之
后就会产生光电流，从输出端流出，从而实现
"电→光→电"的转换。以光为媒介把输入端
信号耦合到输出端的光电耦合器，由于具有体
积小、无触点、寿命长、抗干扰能力强、输入
与输出之间绝缘、单向传输信号等优点而获得
广泛应用。

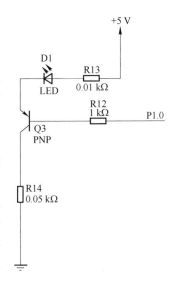

图 1-17　LED 灯的调光电路

　　光耦合器对输入、输出电信号有很好的隔离作用，所以在各种电路中获得
广泛应用。光耦合器一般由三部分组成：光的发射、光的接收及信号放大。输
入的电信号驱动发光二极管（LED）发出红外光波，接收端接收红外光产生光
电流，经后续电路放大后输出完成电→光→电的转换，起到输出、输入相互隔
离的作用。光耦可用于电气绝缘、电平转换、驱动电路、开关电路、斩波器、
远距离信号传输、多谐振荡器、级间隔离、信号隔离、脉冲放大电路、级间耦
合、数字仪表、固态继电器（SSR）、仪器仪表、通信设备及微机接口中。在
单片开关电源中，利用线性光耦合器可构成光耦反馈电路，通过调节控制端电
流来改变占空比，达到精密稳压的目的。

　　（2）光耦 P521 的参数及引脚图示。P521 是可控制的光电耦合器件，其
集电极发射极电压：55 V（min）；电流转移的比例：50%（min）；等级 GB：
100%（min），有效隔离电压：2500 V（min）；Anode：阳极；Cathode：阴极；
Emitter：发射极；Collector：集电极。P521 的相关参数见表 1-4，P521 建议操
作条件见表 1-5，P521 引脚如图 1-18 所示。

表 1-4　P521 的相关参数

特　性	标号	521-1	521-2/521-4	单位
正向电流（LED）	IF	70	50	mA

续表

特　性	标号	521-1	521-2/521-4	单位
集电极发射极电压	VCEO	55		V
发射极集电极电压	VECO	7		V
集电极电流	IC	50		mA
结温	TJ	125		℃
储藏温度	TSTG	-55~125		℃
工作温度	TOPR	-55~100		℃
无铅焊接温度	TSOL	260（10 s）	260（10 s）	℃

表 1-5　P521 建议操作条件

参　数	符号	最小	典型	最大	单位
电源电压	VCC	—	5	24	V
正向电流	IF		16	25	mA
集电极电流	IC		1	10	mA
操作温度	Topr	-25	—	85	℃

（3）全波整流电路的相关介绍。整流电路是利用半导体二极管的单向导电性将交流电变成单向脉动直流电的电路，全波整流电路是整流电路的一种，能够把交流电转换成单一方向的电流，最少由两个整流器合并而成，一个负责正方向，一个负责负方向。最典型的全波整流电路是由四个二极管组成的整流桥，一般用于电源的整流，也可由 MOS 管搭建。全波整流电路是一种具有第一和第二电源端子的全波整流电路，其第一和第二电源端子分别加有第一和第二电源电位，第一电源电位高于第二电源电位，其特征在于所述全波整流电路包括：差分放大器，具有在其间加有输入交流信号的第一和第二放大器输入端，用于差分地放大输入交流信号，所述差分放大器具有第一和第二放大器输出端，用于分别产生第一和第二放大的输出电压，二者彼此相反；电压参考电路，用于在第一和第二电源电位之间产生参考电压。全波整流桥电路如图 1-19 所示，本设计采用的供应桥式整流桥 2W10 是一种中功率的中频全桥整流元件，其主要参数有交流输入电压 1000 V（max），直流输出电压 1000 V（max），直流输出电流 2 A（max），正向峰值电压 1000 V，反向重复峰值电压 1500 V，反向重复峰值电流 1500 mA，绝缘电压 1000 V。

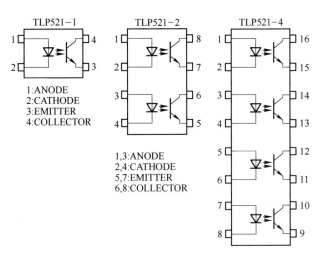

图 1-18　P521 引脚图示

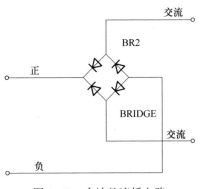

图 1-19　全波整流桥电路

（4）光耦 MOC3022 的参数见表 1-6，光耦 MOC3022 的引脚如图 1-20 所示。其中，ANODE：阳极；CATHODE：阴极；MAIN TERM：输出端引脚。光耦 MOC3022 内部结构如图 1-21 所示。

表 1-6　MOC3022 的参数

特　性	标号	数值	单位
正向电流（LED）	IF	15	mA
通态峰值电压	VTM	3	V
断态输出电压	VDM	400	V

续表

特 性	标号	数值	单位
隔离电压	Viso	5.3	kV
结温	TJ	−40~100	℃
储藏温度	TSTG	−40~150	℃
工作温度	TOPR	−40~85	℃
无铅焊接温度	TSOL	260	℃

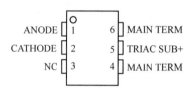

图 1-20　光耦 MOC3022 的引脚

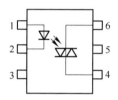

图 1-21　光耦 MOC3022 内部结构

（5）双向可控硅的相关介绍。晶闸管是晶体闸流管的简称，其符号及外形如图 1-22 所示，晶闸管正常工作时的特性有：①当晶闸管承受反向电压时，不论门极是否有触发电流，晶闸管都不会导通；②当晶闸管承受正向电压时，导通的条件是门极有触发电流；③晶闸管一旦导通，将保持导通状态；④利用外加电压和外电路的作用使流过晶闸管的电流降到接近于零的某一数值以下可使已经导通的晶闸管关断。将一对普通晶闸管反并联组成双向可控硅，双向可控硅为三极交流开关，也称双向晶闸管或双向可控硅。

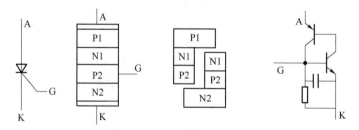

图 1-22　晶闸管符号及外形

TRIAC 为三端元件，其三端分别为 T1（第二端子或第二阳极）、T2（第一端子或第一阳极）和 G（控制极），为闸极控制开关，与 SCR 最大的不同点在于 TRIAC 无论在正向或反向电压时都可以导通，其结构及电路如图 1-23 所示。因为它是双向元件，所以不管 T1、T2 的电压极性如何，若闸极有触发信号作用时，则 T1、T2 间呈导通状态；反之，不加闸极触发信号，则 T1、T2 间有极高的阻抗。由于 TRIAC 为控制极控制的双向可控硅，控制极电压 VG 极性与阳极间电压 VKA 四种组合分别如下：① VT1T2 为正，VG 为正；②VT1T2为正，VG 为负；③VT1T2 为负，VG 为正；④VT1T2 为负，VG 为负。一般使用①与④或②与③，以使正负半周能得到对称的结果，最方便的控制方法则为①与④控制状态，因为控制极与 VKA 同极性。本设计采用的 Z0409MF 双向可控硅的引脚主要参数有电流/IT（RMS）：2 A；电压/VDRM：600～800 V;触发电压/VGT：1.3 V；触发电流/IGT：3～10 mA，工作温度：−40～+125 ℃。

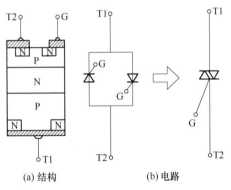

(a) 结构　　　　　　　　(b) 电路

图 1-23　双向可控硅的结构和电路

（6）白炽灯调光的原理。白炽灯的调光通过单片机控制双向可控硅的导通来实现。双向可控硅在导通后将保持导通状态，直到交流电压过零点时自动关断。通过控制双向可控硅开始导通的时间，就可以控制灯光亮度。要驱动交流，可以用继电器或光耦与可控硅（晶闸管 SCR）的组合来驱动。由于继电器是机械动作，响应速度较慢，不能满足控制需要，所以选择能够快速响应的可控硅。负载为纯电阻式负载白炽灯。

（7）交流过零点信号（同步信号）提取电路如图 1-24 所示，对于电阻元件的选择计算如下：5 V/R3＜IC，由 P521 参数知 IC 可取 2 mA，所以 R3＞2500 Ω,为保证 P3.3 为高电平时，电平足够高，选择 R3 阻值为 5 kΩ。光耦 P521-1 输入电流取为 15 mA，输入电压取为 1.5 V，为了限制电压电流，必须加入合适的电阻，R＝220 V/0.015 A＝14.7 kΩ，此处选择电阻大小为 30 kΩ，即 R4＝30 kΩ，R5＝30 kΩ。交流过零点信号（同步信号）的波形图如图 1-25 所示。

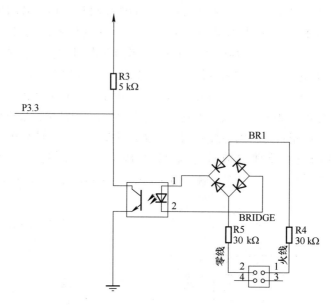

图 1-24　交流过零点信号（同步信号）提取电路

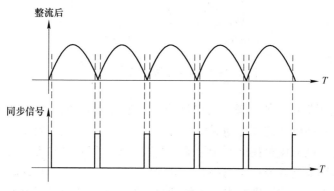

图 1-25　交流过零点信号（同步信号）的波形图

（8）白炽灯调光驱动电路如图 1-26 所示，对于电阻元件的选择计算如下：(5V-0.7 V)/R6<15 mA，所以 R6>287 Ω，R6 选择为 300 Ω。因为电流/IT（RMS）为 2 A，220×1.414V/R7<2 A，所以 R7>156 Ω，R7 选择为 200 Ω。

（9）白炽灯调光的实现过程：①由市电提供 220 V、50 Hz 的交流电；②由过零点检测电路提取同步信号，同步信号的下降沿触发中断；③在中断服务程序中开启定时器计时，计时时间到使 P1.2 口输出低电平脉冲，从而产生触发信号导通双向可控硅。定时时间决定了白炽灯通过交流电时间的长短，也就

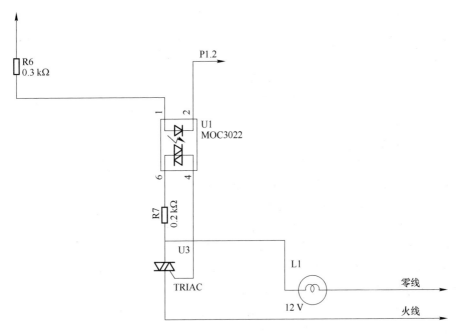

图 1-26 白炽灯调光驱动电路

决定了白炽灯的亮暗程度。触发信号作用如图 1-27 所示。

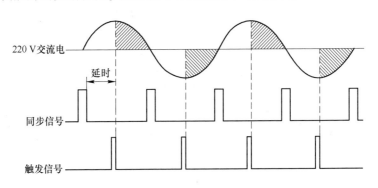

图 1-27 触发信号作用图示

4. 闪烁灯的电路设计

由四路双输入单输出逻辑电路构成的标准 C-MOS 集成电路芯片 74HC00 内部结构如图 1-28 所示，如果分别将各个双输入与非门逻辑电路的输入端连接起来，就可以构成四路非门逻辑电路。利用发光二极管制作的闪烁灯电路图如图 1-29 所示。在开关 SW1 闭合的情况下，如果 P1.7 口输出低电平，则闪烁灯系统处于供电状态。

C2（选 200 μF，与滑动变阻配合可使闪烁时间为 1~2 s）在闪烁灯系统处于非供电状态时，内部无存储电荷。

R16（选 30 kΩ，作上拉电阻用）决定了 1、2、12、13 引脚的起始电平为高电平，闪烁灯系统开始工作时，电容 C2 开始充电，在此过程中 D1 LED 灯、D3 LED 灯中有电流通过而发光。电容 C2 充满电后开始放电，在此过程中电流流过滑动变阻器 RV1（选择为 10 kΩ，通过调整滑动变阻器

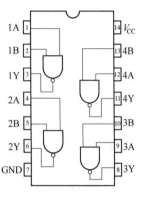

图 1-28　74HC00 内部结构图

的阻值可以改变 C2 充放电的时间，从而控制闪烁时间的长短）导致 D2 LED 灯、D4 LED 灯中有电流通过而发光，在此过程中 C2 两端电压降低，1、2 引脚电压降低，放电过程完成时，6 引脚变为高电平，D1 LED 灯、D3 LED 灯中有电流通过而发光，C2 开始反向充电，如此周而复始，D1 LED 灯、D3 LED 灯及 D2 LED 灯、D4 LED 灯交替亮灭。

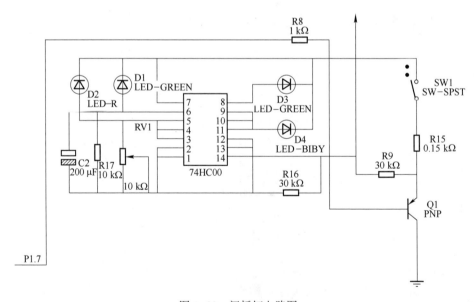

图 1-29　闪烁灯电路图

R17 选择 10 kΩ，作系统关闭时消耗 C2 存储电荷用。R15 选择0.15 kΩ，

作限流电阻用（闪烁灯系统可直接接 3 V 直流电源，现用 5 V 直流电源供电），R9 选择为 30 kΩ，作上拉电阻用，保证 Q1 PNP 三极管截止时，发射极高电平足够高。

5. 温控系统的电路设计

数字化温度传感器 DS18B20 支持"一线总线"接口。一线总线独特且经济的特点，使得用户可以轻松地组建传感器网络，为测量系统的构建引入全新概念。分辨率设定及用户设定的报警温度存储在 EEPROM 中，掉电后依然保存。DS18B20 初始化时序如图 1–30 所示，DS18B20 的读/写时序如图 1–31 所示，读/写 DS18B20 必须遵守严格的时序，这样才能对 DS18B20 进行正确的操作。

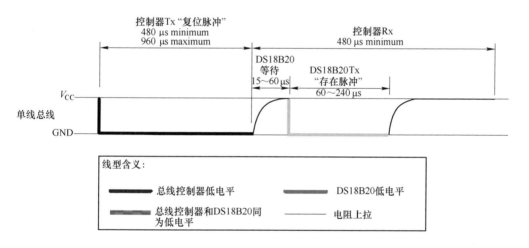

图 1-30　DS18B20 初始化时序图

（1）温度数值显示电路设计。

DS18B20 的硬件电路图如图 1–32 所示。本设计使用上拉电阻 R28（5 kΩ）。数码管可以分为共阳极与共阴极两种，共阳极就是把所有 LED 的阳极连接到同一接点，而每个 LED 的阴极分别为 a、b、c、d、e、f、g 及 dp（小数点）；共阴极则是把所有 LED 的阴极连接到同一接点，而每个 LED 的阳极分别为 a、b、c、d、e、f、g 及 dp（小数点）。四位共阳极 LED 数码管的引脚如图 1–33 所示。

四位共阳极 LED 数码管的电路图如图 1–34 所示。由于单片机 I/O 口驱动能力有限，直接驱动四位共阳极 LED 数码管时，不能够提供足够的驱动电流，导致数码管亮度较暗，因此利用三极管的电流放大作用来驱动四位共阳极 LED

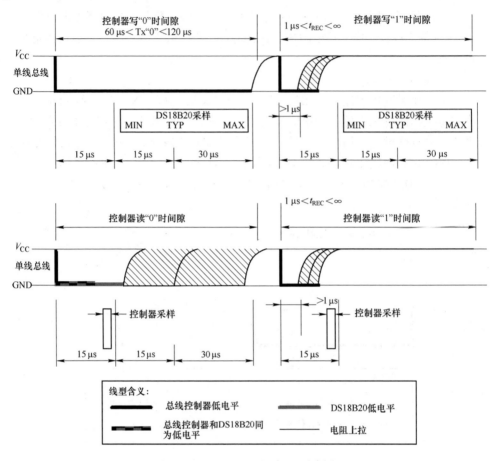

图 1-31 DS18B20 的读/写时序图

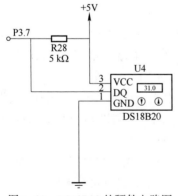

图 1-32 DS18B20 的硬件电路图

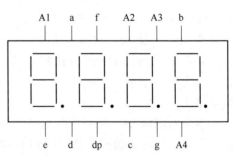

图 1-33 四位共阳极 LED 数码管引脚图

数码管。R11 为限流电阻，选择为 300 Ω。驱动电流可达 5 V/300 Ω = 16.7 mA，使数码管有较为合适的亮度。

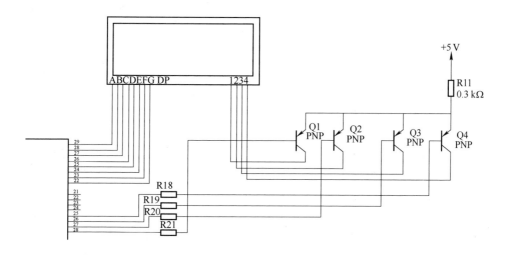

图 1-34　四位共阳极 LED 数码管的电路图

（2）温度报警电路设计

温度报警电路如图 1-35 所示，采用三极管进行电流放大。

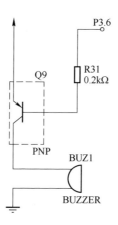

图 1-35　温度报警电路

6. 密码启停系统的电路设计

密码启停的电路如图 1-36 所示。本设计采用的继电器型号为 HK4100F-

DC 5V-SHG，其主要参数有触点负载：3 A，AC 250 V，3A，DC 30 V；阻抗：≤100 mΩ；额定电流：3 A；电气寿命：≥10 万回；线圈阻值：150 Ω（误差10%）；线圈功耗：0.2 W；额定电压：DC 5 V；吸合电压：DC 3.75 V；释放电压：DC 0.5 V，工作温度：−25～70 ℃；绝缘电阻：≥100 MΩ。

电阻元件阻值选择的计算：因为线圈功耗为 0.2 W，额定电压为 5 V，可以求得其额定电流为 0.04 A，5 V/150 Ω = 33.3 mA，所以选择限流电阻阻值为 0，D11 选择为 LED 灯珠，其允许通过的最大电流值为 20 mA，压降为 1.2 V，（5 V−1.2 V)/R33 < 0.02 A，所以 R33 > 190 Ω，本设计选择 R33 为0.25 kΩ。

由于继电器的线圈由金属丝缠绕而成，与电感元件相当，在断电的瞬间，电感元件的电流不会发生突变。在没有 D10 的情况下，三极管两端所加的电压极高，很容易将三极管击穿烧毁，所以在电路中加入稳压二极管，其接法如图 1-36 所示。这样，在断电的瞬间由 D10、继电器线圈、R34（起限流作用，阻值选为 0.5 kΩ）构成回路，D11 起到"续流"作用，有效地消除了瞬间电弧对电成元件的不利影响。

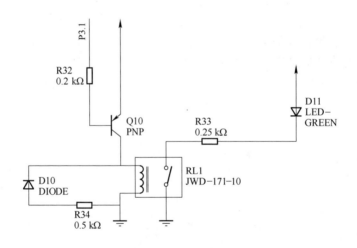

图 1-36　密码启停的电路

7. 红外控制系统其余电路设计

红外控制系统其余电路主要是二极管显示电路，这些二极管的亮灭代表了不同的含义，P1.6 口所控制的二极管代表了多通道开关 1 的控制对象，其亮灭表明了多通道开关 1 的开或关。由于发光二极管允许的最大电流为20 mA，压降为 1.2 V。(5 V−1.2 V)/R27<20 mA，所以 R27>190 Ω，选择 R27 为 200 Ω。由于单片机 I/O 口能够提供的电流有限，所以可以明显看出 D8 发光二极管很暗，其电路图如图 1-37 所示，P1.2 口为保温标志，在其控制的发光二极管亮起时，表明保温功能开启。P1.4 口控制的发光二极管亮时表明温度系统处于加温状态，反之处于不加温状态。P1.5 口控制的发光二极管亮时表明温度系统处于减温状态，反之处于不减温状态。此类电路统一采用如图 1-38 所示的设计方式。由上述计算可知选择限流电阻的阻值要大于 190 Ω，所以限流电阻可选为 200 Ω、300 Ω、400 Ω 或 500 Ω。红外接收部分整体电路如图 1-39 所示。

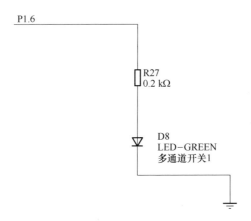

图 1-37　P1.6 口多通道开关 1 电路

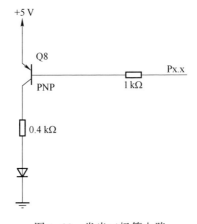

图 1-38　发光二极管电路

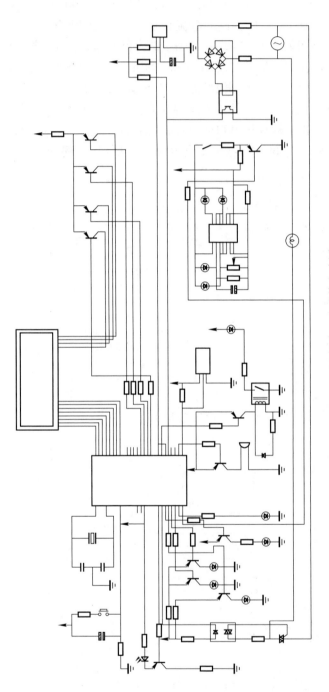

图1-39　红外接收部分整体电路图

1.3　红外控制系统的软件设计

1.3.1　发射端程序流程图

红外发射端主程序流程如图 1-40 所示，首先初始化程序（包括 LCD 初始显示），然后再执行按键扫描程序，扫描程序流程如图 1-41 所示。

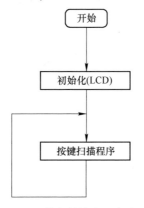

图 1-40　红外发射端主程序流程图

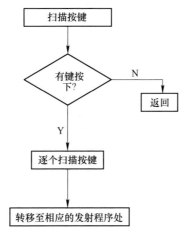

图 1-41　按键扫描流程图

按键扫描流程：先判断是否有键被按下，若有键被按下，则逐个查找，找到哪个按键按下，然后转移至相应的红外发射程序。红外发射程序流程如图 1-42

所示。

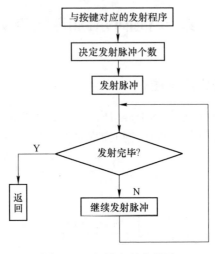

图 1-42 红外发射流程图

1.3.2 接收端程序流程图

系统的接收端部分主程序的流程图如图 1-43 所示。其中，利用中断判断红外信号的流程图如图 1-44 所示。

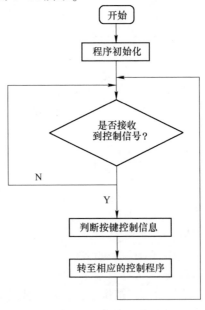

图 1-43 接收端主程序流程图

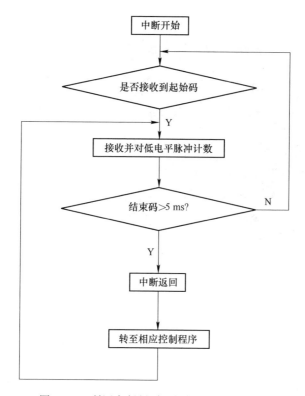

图 1-44　利用中断判别红外信号程序流程图

1.4　系统调试与分析

▌1.4.1　硬件调试及分析

　　基于单片机的红外控制系统设计，红外信号的发射及接收是整个系统的基础，在系统设计中占有举足轻重的地位，红外信号能否正常发射及接收关系到系统能否正常工作。在设计基于单片机的红外控制系统时，首先要解决的问题就是红外信号的发射和接收。在焊完红外发射和接收电路板后，第一个问题就出现了：按下发射端控制键，接收端完全没有反应。发射端程序为独自设计编写的汇编程序，接收端为独自设计编写的 C 语言程序，刚开始以为是编写的软件出现了问题，在再三检查程序之后，发现问题不在软件上，并且通过发射端 Proteus 仿真，示波器上可以显示出正确的调制波形，如按下发射端 P1.0 键之后发射的红外调制波形如图 1-45 所示。

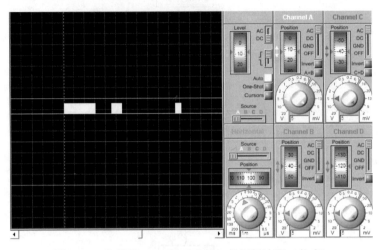

图 1-45 发射端 P1.0 键对应的红外调制波形（仿真）

现在已经确定是硬件的原因，目的就很明确了。通过数字示波器，首先检查发射端电路，红外线信号的发射主要是由 P3.1 口控制，由三极管驱动红外发光二极管完成。检查发射端首先要确定红外发光二极管能否正常工作，将示波器连接头的两极分别接在红外发光二极管的正负两极，发现按下按键时，示波器可以显示正确的波形，证明发射端没有问题。然后检查接收端，接收端采用一体化红外接收头 VS1838B，VS1838B 集红外信号接收放大解调为一体，当接收到 38 kHz 左右的红外调制信号时，其输出端输出低电平，否则输出高电平。利用红外接收头的这个特性，将数字示波器正接线头接 VS1838B 的输出端，将数字示波器负接线头接 VS1838B 的接地引脚端，然后将发射端对准接收端，按下按键。此时并没有看到想要的结果（没有出现预期的低电平），会不会是接收头出现了问题？重新试用了几个崭新的红外接收头之后，利用新的红外接收头做类似的实验，示波器依旧没有发出预想的低电平脉冲。这时考虑到了市场遥控器，市场遥控器发射的红外调制信号的载波频率一般为38 kHz，如果用市场遥控器对准接收端的接收头，按下按键，数字示波器应该会出现低电平脉冲波形。按照这样的思路，最终检查出之前使用的红外接收头是坏掉的，而新购的实验之后数字示波器上都有低电平脉冲波形出现。现在又出现了新的问题，为什么用自己焊接的发射器不能让那些崭新的红外接收头输出低电平呢？刚开始检查的红外二极管两极间是有有效信号的。这时突然意识到红外发光二极管坏掉了，即使两极间有电压信号，但是由于发光二极管坏掉，也不能发出红外光。把红外发光二极管换掉之后，硬件调试所遇到的一个大问题就解决了。按下发射端 P1.0 键之后，接收端接收头输出波形如图 1-46 所示。

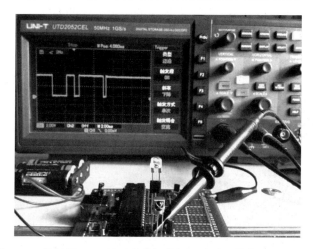

图 1-46　发射端 P1.0 键对应的红外解调波形（数字示波器显示）

发射端 P2.0 键对应的红外调制波形（仿真）如图 1-47 所示。

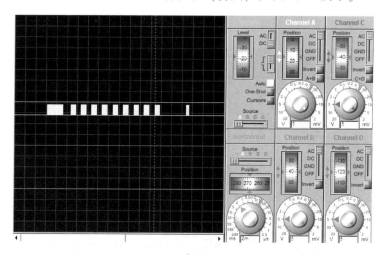

图 1-47　发射端 P2.0 键对应的红外调制波形（仿真）

发射端每个按键被按下后都应该发射出相应的红外波形，这是红外系统正常工作的保证，为验证发射端按键都能正常工作，采用仿真验证及硬件验证的双重方式进行验证。如图 1-48 所示清晰地显示了发射端发射红外调制的信号，将仿真示波器横向单元格的单位调小就可以很清楚地知道载波频率的一些情况，如图 1-49 所示，横向坐标 50 μs，可以看出脉冲周期为 26 μs（频率 38 kHz），占空比 1/3，正是编程想要实现的波形。其他按键对应的波形图都调试正确，通过测试可以知道，按下发射端的每个按键都可以发出相应的控制红外调制波形。这样，系统的正常工作就有了基本的保证。

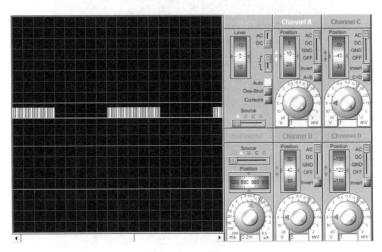

图 1-48　发射端发射红外调制信号图（仿真）

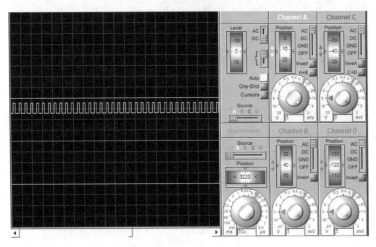

图 1-49　发射端发射红外 38 kHz 调制信号图（仿真）

硬件调试在结合软件调试及模拟仿真的基础上进行可以极大地提高效率，硬件调试还可以反映软件出现的一些问题。当硬件的控制作用没有达到预期效果时，就要考虑软件的问题。在 LED 灯调光、白炽灯调光、温度系统设计、密码启停系统设计中，大都通过硬件的执行效果以发现软件中存在的一些问题，然后有针对性地修改软件，这样反复调试，直至达到一种理想的控制效果。硬件调试不是孤立进行的，而是与软件调试及模拟仿真紧紧结合在一起。为避免在硬件上出现较大的问题，经常需要做大量的工作，在硬件焊接之前，查清元件参数，搞懂元件的工作原理，再设计电路图，又经过反复论证、模拟仿真，确认无误后才开始实物焊接。在实物焊接过程中，着重注意引脚的正确连接及焊接质量。有了上述的这些工作，全部硬件的焊接几乎是一遍成功的。硬件调试成功后各功能模块的演示图如图 1-50 和图 1-51 所示。

图 1-50　红外发射端硬件功能演示图

图 1-51　红外接收端 LED 灯及白炽灯调光演示图

1.4.2 软件的调试及分析

软件是单片机控制系统的灵魂，十分重要。本设计发射信号端软件采用汇编语言编写，接收信号端软件采用 C 语言编写。在编写软件的过程中遇到了非常多的问题。现在将在程序编写过程中遇到的问题分为发射端程序（汇编语言）和接收端程序（C 语言）分别表述如下。

1. 汇编问题

（1）在编写发射端汇编程序的过程中，需要用到定时中断以实现 38 kHz 载波的软件调制。在设计程序时有一个思路是"在所编写中断服务程序中使用跳转指令将程序跳转至中断服务程序外"，如果这样做能成功，会很大程度地简化汇编程序。于是编写了一个相似的程序如下所示，采用 Proteus 软件仿真，看能否实现预定功能（实现 P2.1 口 LED 灯闪灭），结果仿真没有成功。将程序稍加改变后，把中断服务程序中的 SJMP NEXT1 改为 MOV R0, #25 仿真就成功了。刚开始疑惑的一点是："中断服务程序中不能使用跳转指令（如 SJMP NEXT1）跳转至中断服务程序外吗?"仔细查阅资料后发现了问题所在，即中断服务程序执行结束的标志就是执行了 RETI 返回，并且同一中断的优先级是相同的，所编写的中断服务程序经 SJMP NEXT1 跳转后执行 NEXT1: MOV R0, #25 语句，然后执行 SJMP ＄，程序在此进入死循环，因为没有执行 RETI 意味着中断服务程序没有结束，当下一次 TF0 被置 1，本应该触发的中断却因为同级中断不能被打断而不能去执行中断服务程序，程序执行 SJMP ＄语句，永无休止。这就说明了所编写的汇编程序不能实现预定功能，必须要做一些修改。

```
    ORG 0000H
LJMP MAIN
    ORG 000BH
    LJMP TT0
    ORG 0030H
MAIN: CLR P2.1
      MOV TMOD, #02H
MOV TH0, #00H
      MOV TL0, #00H
      SETB EA
      SETB ET0
      SETB TR0
NEXT1: MOV R0, #25
```

```
     SJMP $
TT0: DJNZ R0, NEXT
     CPL P2.1
     SJMP NEXT1 (将此处改为 MOV R0, #25 仿真就可成功)
NEXT:
 RETI
 END
```

（2）在设计时，发射端的有些按键按下之后是否发射红外控制信号，需要判断其他按键被操作的情况。P1.2 按键需要判别 P1.1 按键的情况，P1.1 按键控制白炽灯的开关，P1.2 按键控制白炽灯调光，在白炽灯为关的状态下，P1.2 按键被按下时没有调光控制。因此 P1.1 按键被按下一次，白炽灯亮时，P1.2 按键才能工作。在程序中设置白炽灯灯控开关标志为 FLAGL，FLAGL 为 1 代表开状态，FLAGL 为 0 代表关状态。原问题程序段如下：

```
KEY1: CPL FLAGL
JNB P1.1, KEY1
     LJMP HIT1
KEY2: JNB P1.2, KEY2
     JNB FLAGL, IFHIT
     LJMP HIT2
```

调试之后发现，在按下 P1.1 键之后（开状态），按下 P1.2 键有时可以调光，有时不能调光，没有规律性。既然有时可以调光，就说明问题不在硬件上，仔细检查程序后发现问题出现在 KEY1：CPL FLAGL 和 JNB P1.1，KEY1 语句上。正常情况下，按下 P1.1 键时 FLAGL 要置为 0，但上述语句中 FLAGL 是否置 0 却跟 JNB P1.1，KEY1 语句有关，也就是与 P1.1 按下时间的长短有关，这样就解释了上面的问题。把程序修改为下面程序。

```
KEY1: JNB P1.1, KEY1
CPL FLAGL
     LJMP HIT1
KEY2: JNB P1.2, KEY2
     JNB FLAGL, IFHIT
     LJMP HIT2
```

问题就解决了。P1.3 键和 P1.4 键、P1.5 键有同样的问题，做出类似的程序修改之后，问题得以解决。

（3）发射端的每一个按键都有其对应的功能，在调试的过程中却出现了按键 P1.2、P1.4、P1.5 偶尔控制 LED 灯（本应该由 P1.0 键控制）的情况。从两方面分析出现该问题的原因：①硬件焊接原因，因为若硬件焊接有碎屑造成线路偶尔短接就可能会造成上述现象，仔细检查焊接电路后，稍微修改程序代码（在 JNB FLAGL，IFHIT 语句之前加上 LCALL DELAY10MS 延时语句），那么 P1.2 按键偶尔控制 LED 灯的现象就会消失，其他两个按键依然会偶尔控制 LED 灯，由此确认不是硬件的原因。②软件原因，这个问题较为严重，因为控制的可靠性得不到保证，但这个问题又十分隐蔽，在多次检查测试程序后，终于找到了问题所在。原问题程序段如下：

```
IFHIT: MOV A, P1
       CJNE A, #0FFH, KEYHIT
       SJMP IFHIT
KEYHIT: LCALL DELAY10MS
       CJNE A, #0FFH, WHICHHIT
       AJMP IFHIT
WHICHHIT: JNB P1.0, KEY0
       JNB P1.1, KEY1
       JNB P1.2, KEY2
       JNB P1.3, KEY3
       JNB P1.4, KEY4
       JNB P1.5, KEY5
       JNB P1.6, KEY6
       JNB P1.7, KEY7
KEY0: JNB P1.0, KEY0
       LJMP HIT0
KEY1: JNB P1.1, KEY1
       CPL FLAGL
       LJMP HIT1
KEY2: JNB P1.2, KEY2
       JNB FLAGL, IFHIT
       LJMP HIT2
```

问题在于，在连续按下 P1.2 键的情况下，程序执行 JNB FLAGL，IFHIT 跳转程序至 IFHIT 后还会判断出有按键按下，但在程序执行 WHICHHIT 语句判断 P1.2 口的状态之前，P1.2 键有可能已经不在按下状态。于是在执行 WHICHHIT 语句时，就会出现没有按键按下的情况，这时程序在执行 JNB P1.7，KEY7 语句之后继续往下执行，首先执行如下语句：

```
KEY0: JNB P1.0, KEY0
   LJMP HIT0
```

因为此时没有按键按下，所以程序直接执行 LJMP HIT0 语句，这时就会发射控制 LED 灯的信号，就出现了不想要出现的情况。知道问题所在也就明白了加延时解决问题的原因，加了延时之后，程序在执行 JNB FLAGL, IFHIT 跳转程序至 IFHIT 后还会判断出有按键按下，但因为加了延时程序，按键放开的时间几乎不会出现在跳转 WHICHHIT 之后，判断 P1 口位状态之前。但这并没有百分百解决问题。

```
KEYHIT: LCALL DELAY10MS
        CJNE A, #0FFH, WHICHHIT
        AJMP IFHIT
WHICHHIT: JNB P1.0, KEY0
```

延时程序的加入造成了控制时间的增加，于是最终采用了一种完美的方式完全解决了上述问题，并保证了控制的可靠性。修改后的程序段如下：

```
JNB P1.7, KEY7
LJMP IFHIT
KEY0: JNB P1.0, KEY0
```

在 JNB P1.7, KEY7 和 KEY0: JNB P1.0, KEY0 之间增加了语句 LJMP IFHIT，也就是在判断 P1 口没有按键被按下的情况下，程序直接跳转至 IFHIT，判断是否有按键被按下。

（4）发射端要求使用 LCD 显示毕业设计人的姓（王）、名（XK）及学号（201008004）并滚动显示。发射端程序完全由汇编程序编写。汇编语言是一种低级语言，编写的程序是直接面向硬件的，在编程的过程中要经常对一些寄存器进行赋值操作，然而程序所用到的寄存器只是当前的一个工作寄存器组，共 8 个寄存器（R0~R7）。寄存器的资源非常宝贵，在程序中一个寄存器可能出现在不同的程序段承担不同的功能，就像寄存器 A 在执行程序时对其操作非常频繁。在编程中就用到了同一寄存器在不同的程序段承担不同的语句功能，虽然同一个寄存器可以这样用，但前提是执行一个程序段对寄存器内容的改变不会影响到其他使用相同寄存器的程序段的执行。所编程序出现的问题就在于此，在汇编程序的后面编写了一个 0.5 ms 延时子程序。在原程序中，此延时程序用到了一个寄存器 R7，在前面有关 LCD 显示的程序中也有用到寄存器 R7。因为 LCD 滚动显示要经常用到 0.5 ms 延时子程序，在调用此延时子程序之后，寄存器 R7 内容已经改变，然而程序要继续执行有关的 LCD 显示的程序，当用到寄存器 R7 时，其内容已经改变，这时就出现了错误的结果，LCD 不能正常显示，把延时中的 R7 寄存器换成 RAM 存储地址后重新修改程序，问题得以解决。错误显示图如图 1-52 所示，正确显示图如图 1-53 所示。

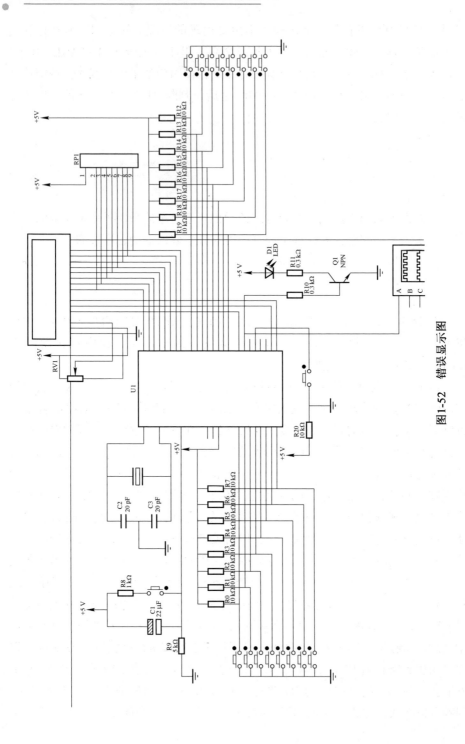

图 1-52 错误显示图

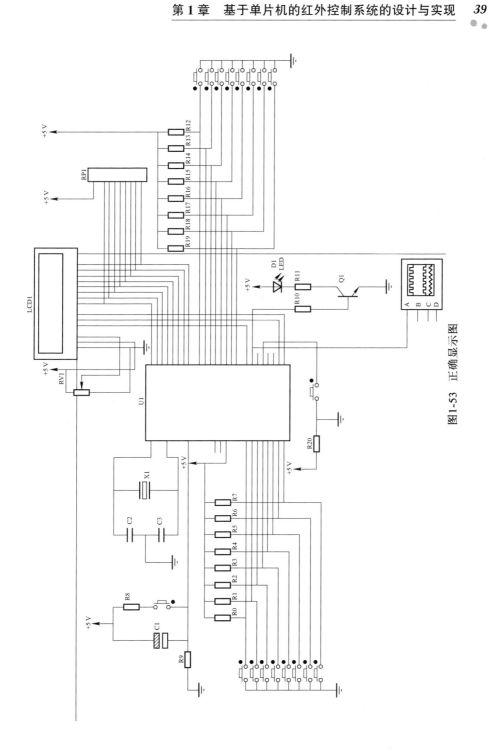

图1-53 正确显示图

2. C 语言问题

（1）编写接收端的红外接收 C 程序，根据接收头的输出特性，要先判断起始码低电平的持续时间是否为 3 ms，若为 3 ms，程序继续往下执行；否则，返回主程序。原问题程序段如下：

```
while (RXXD==0);
  TR0=0;
LOWUS=TH0*256+TL0;
if ((LOWUS<2820)||(LOWUS>3180))
    {
        return;
    }
```

由于现实环境比较复杂，有可能出现干扰信号，这样红外接收头就会输出一个下降沿触发外部中断 0。因为在外部中断 0 的中断服务程序的开始处关闭了外部中断 0，即语句 EX0=0，在上述程序中，如果低电平的时间与 3 ms 的时间相差太大，则返回主程序，但根据程序编写情况，返回主程序之后，不会再执行 EX0=1 的语句，这就意味着永久禁止了外部中断 0，当正常红外信号传来时，中断服务程序不会被执行，导致接收失败。正确的程序段如下：

```
while (RXXD==0);
  TR0=0;
LOWUS=TH0*256+TL0;
if ((LOWUS<2820)||(LOWUS>3180))
    {
      EX0=1;
      return;
    }
```

也就是在 return 之前，先将外部中断 0 开启，以保证下次接收红外信号时进入外部中断 0 的中断服务程序。

（2）DS18B20 能测的最低温度为 -55 ℃，本设计温控系统采用 DS18B20 测温，允许显示负温度。疑问程序段如下：

```
if ( (temp_data [1] &0xf8)! =0x00)
{
        temp_data [1] =~ (temp_data [1]);
        temp_data [0] =~ (temp_data [0]) +1;
        n=1;
        flag=1;
} //负温度求补码
```

```
if(temp_data [0] >255)
{
    temp_data [1] ++;
}
```

所疑问的是 if（temp_data［0］>255）这一语句，因为前面已经定义 temp_data［］数组为无符号字符型数组，也就是说 temp_data［0］是字符型变量，无符号字符变量为 8 位。if（temp_data［0］>255）这一语句的功能是判断低位是否有进位，但 8 位无符号字符变量取值范围为 0~255，如果有进位，那么~（temp_data［0］）为 11111111，~（temp_data［0］）+1 则变成 0 了（进位后最高位舍去），是不是应该改为：if（temp_data［0］=0）呢？经仿真软件证实上述程序可用。

1.5 总   结

以 STC89C52 单片机为基础的红外控制系统，经过软件及硬件的综合调试，硬件焊接成功，工作正常，能够实现各项预定功能，具有可靠性高、便利、简洁、智能等特点。此系统与人们的生产生活联系紧密，其造价低廉，适用于日常生活中各种近距离的非接触控制。

第 2 章

基于红外控制的无线
遥控车的设计与实现

随着智能化设备的发展，现在的生活越来越依赖于智能化的设备，如智能手机、智能相机、智能遥控等。智能化设备的出现对人类的生活作出了巨大贡献，极大地提高了工作效率。在智能化的设备中，无线遥控功能为人们省去了很多麻烦，也添加了很多便利。

本章设计红外遥控小车，主要包括两大部分：红外遥控器的制作和小车模型的设计。此次设计的遥控器与市面上的遥控器不同的一点是：该遥控器是自主设计并制作的，而且其中的芯片可以更换。现在市场上的遥控器几乎都是针对各自设备设定的，不能直接应用于通用的智能仪器，也不能满足一般控制场合的需求，如利用一个遥控器同时控制多部设备的工作。随着家电行业的不断发展，如今家电市场的竞争也越来越激烈了，作为家电的重要组成部件之一，遥控器的竞争也相当激烈。红外遥控器是一种用户可以在几米甚至十几米外就能对各种电器进行操作控制的简易装置，在家电产品中有着广泛的应用。但是却存在着一种现象，如今各产品的遥控器功能相当烦琐复杂，同时也不能相互兼容。而通过本章设计的遥控器就可以解决这个问题，手动更换芯片可以实现对各种电器的遥控功能，真正实现一物多用的环保理念。

2.1 红外遥控小车的设计方案

2.1.1 技术要求

通用红外遥控系统由发射和接收两大部分组成，如图 2-1 所示。

发射部分包括按键模块、编码信号产生模块、38 kHz 载波产生模块、红外二极管发射模块。接收部分包括红外接收模块、电源处理模块、直流电机驱动模块、小车模型动力系统。

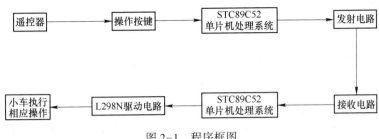

图 2-1　程序框图

通过红外遥控系统实现了对无线遥控小车的控制，包括红外遥控的编码、调制、接收、解码和指挥控制等阶段。控制系统主要由电源电路、单片机控制系统和外部硬件电路构成。电源采用充电电池+7.4 V 作为单片机电源，单片机控制系统负责控制无线遥控小车的运作，主要由 AT89S52 单片机、直流电机、按键、红外发射管、L298N 驱动电路、接收管组成；外部硬件电路由 L7705 稳压芯片、三极管、车身、车轮组成。

1. 按键

遥控器面板上共有 7 个按钮，分别为 K1、K2、K3、K4、K5、K6、K7。

- K1 为总开关，控制小车的运动与停止。
- K2 为前进键，按下后小车向前移动。
- K3 为倒车键，按下后小车向后移动。
- K4 为加速键，按下后小车加速移动。
- K5 为减速键，按下后小车减速移动。
- K6 为左转弯键。
- K7 为右转弯键。

2. 遥控程序

（1）红外编码

红外遥控的发射系统采用红外发光二极管发出经过调制的红外线。红外接收系统的接收电路由红外接收二极管、三极管和硅光电池组成，将接收到的经红外发光二极管发射的红外光转换为相应的电信号，再经过放大、调幅，解调出控制信号后送给执行电路执行开或关的操作。自制红外遥控器，根据红外遥控器 NCE 协议，通过单片机的编码将 38 kHz 的方波与原始信号进行结合，通过按下遥控器上的按键发射出特定的方波序列，实现遥控码的发射。

（2）接收并红外解码

通电后，若遥控器未发出小车移动指令，小车不移动。遥控按键被按下后，进入中断实现红外解码和控制电机输入信号的改变，实现小车的移动。

3. 主要功能

用红外遥控器控制小车的前进、后退、左转、右转、加速和减速。

2.1.2 处理芯片的选择

1. 芯片总体介绍

无线遥控小车的遥控器和接收器均采用宏晶集团生产的 STC89C52 RC 单片机来实现。STC89C52 是由 STC 公司生产的一种低功耗、高性能 CMOS 8 位微控制器，具有 8KB 系统可编程 Flash 存储器。STC89C52 使用经典的 MCS-51 内核，但做了很多的改进使得芯片具有传统 51 单片机所不具备的功能。在单芯片上，拥有灵巧的 8 位 CPU 和在线系统可编程 Flash，使得 STC89C52 为众多嵌入式控制应用系统提供高灵活、超有效的解决方案。STC89C52 可以按照常规方法进行编程，也可以在线编程。常用的编程软件是美国 Keil Software 公司推出的 Keil μ Vision 系列软件，它是最为经典的单片机软件集成开发环境。其 51 单片机通用的微处理器和 Flash 存储器结合在一起，特别是可反复擦写的 Flash 存储器有助于后期软硬件的调试，大大降低了开发成本。

2. 芯片引脚结构

MCS-51 系列单片机的封装形式有两种：一种是双列直插式（DIP）封装；另一种是方形封装。因方形封装的单片机人工焊接比较麻烦，而且容易出现漏焊和多焊的现象，所以本设计采用双列直插式封装。STC89C52 具有 32 个 I/O 口，均可进行双向数据传输，这 32 个 I/O 口分为四个部分，即 P0、P1、P2 和 P3 口，每个部分有 8 个对应的引脚。P1 口作为独立的 I/O 口使用，其他三个端口除了作为普通的 I/O 口使用外还有第二功能，如 P0 口还能作为模/数转换端口，当 P0 口作为普通的 I/O 端口使用时，外部需加上拉电阻。P3 端口即 P3.0~P3.7，占据 pin10~pin17 共 8 个引脚。P3 端口可以用作通用的 I/O 口，可进行位操作，同时还具有特定的第二功能。本设计就用到了 P3.2 口的第二功能：作为外部中断 0 的输入引脚。当在单片机内部设置好外部中断 0 的工作方式后，在 P3.2 引脚出现高电平或者脉冲信号（提前设置好外部中断 0 的触发方式）时，单片机就会停止当前的一切工作，去执行单片机中断程序里面的函数。

复位引脚：复位引脚即 RES 引脚（9 脚），复位引脚的作用就是无论控制芯片现在处于什么工作状态，通过复位电路强制让控制芯片恢复到原始状态。这样就可以避免单片机的程序跑飞，或者持续运行在某一位置，防止出现单片机的不稳定性带来的死机、无法使用的情况。单片机的复位是很重要的，它既可以完成单片机的初始化，也可以使单片机重新开始运作。RES 引脚是单片机进行复位操作的唯一引脚，其基本原理是在单片机的时钟振荡电路启动后，若 RES 引脚外持续出现两个机器周期（24 个时钟振荡脉冲）以上的高电平，单片机就会自动复位，完成复位操作。复位完成后，程序便从 0000H 地址单元开始执行。

▌2.1.3　其他部分器件的选择

1. 红外发射和红外接收器件的选择

红外发射部分采用 IRLED 红外二极管实现，红外接收部分则采用 HS0038B 红外一体接收管实现。本设计发送装置采用的是直径为 3 mm、5 mm 的小功率红外线发射管，如图 2-2 所示，小功率发射管正向电压为 1.1 ~ 1.5 V，电流为 20 mA。若把它接在+5 V 的电压上，需要串接一个 150 Ω 的电阻。红外线发射管的强度一般与发射方向有关，当它的方向角度为 0 时，其放射强度就会减小。本设计接收装置使用 HS0038B，它与上面介绍的 IRLED 红二极管配对，用于接收发射系统的发射编码信号。

HS0038B 是塑封一体化红外遥控接收集成电路，其内部结构如图 2-3 所示，它内部包含了红外光接收、电信号放大、整形、解调等电路，不需要任何外接元件，可独立完成从红外线接收到输出兼容 TTL 电平信号的所有工作。它所识别的就是 38 kHz 的载波，当接收到没有 38 kHz 载波的红外信号时，HS0038B 不产生任何信号，这时它的输出引脚为高电平（即 1）；当接收到有 38 kHz 载波的红外信号时，它的输出引脚置 0，变成低电平，这时用于红外的接收工作。HS0038B 的第 1 脚接地，第 2 脚接+5 V 工作电压，第 3 脚为 OUT 输出端口。

图 2-2　红外二极管

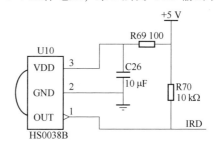

图 2-3　HS0038B 内部结构图

2. 小车动力装置选择

方案一：采用步进电机。步进电机是一种感应电机，它的工作原理是利用电子电路将直流电变成分时供电的多相时序控制电流。使用这种电流为步进电机供电，步进电机才能正常工作，驱动器就是为步进电机分时供电的多相时序控制器，其工作电压为 5 ~ 12 V。

方案二：采用直流电机。直流电机是电机运行时采用的直流电源。结构是定子绕组由主磁极励磁绕组、换向绕组及补偿绕组组成，转子由电枢绕组和换向器组成。

方案选择：虽然步进电机已被广泛地应用，但步进电机并不能像普通的直流电机和交流电机在常规环境下使用。它必须在由双环形脉冲信号、功率驱动电路等组成的控制系统中方可使用。因此用好步进电机确非易事，它涉及机械、电机、电子及计算机等许多专业知识。相比直流电机来讲，步进电机编程麻烦，速度较慢，价格昂贵。所以本设计中的小车动力选择直流电机。

3. 直流电机驱动芯片的选择

直流电机的驱动使用的是 L298N 芯片，L298N 是由 ST 公司生产的一种高电压、大电流电机驱动芯片。该芯片采用 15 脚封装。主要特点是：工作电压高，最高工作电压可达 46 V；输出电流大，瞬间峰值电流可达 3 A，持续工作电流为 2 A，额定功率 25 W。内含两个 H 桥的高电压大电流全桥式驱动器，可以用来驱动两个直流电机。还可以根据输入信号的不同使直流电机发生顺时针转动、逆时针转动、加速转动和减速转动。它采用标准逻辑电平信号控制（单片机控制方便）是一个以小信号控制大信号的装置，具有 4 个输入端和 4 个输出端，操作简单，容易实现直流电机的控制。

4. 电源系统的选择

遥控器使用单片机控制红外发射管发射特定红外波，单片机的工作电压为 5 V。遥控器还有一个特点就是要携带方便，不适合用太长的电线。所以遥控器的供电装置使用由三节干电池（每节电压为 1.5 V）组成的电池盒。小车的动力装置直流电机需要 7 ~ 12 V 之间的直流电源，而单片机和 HS0038B 的工作电压是 5 V。为了实现二者均可使用，采用 7.2 V 的直流充电电池。在电源模块添加一个 L7705 稳压芯片，L7705 稳压芯片是一个将大电压转化为 5 V 电压的芯片，输入电压为 5 ~ 50 V，输出电压为 5 V，它的输出正好满足单片机和 HS0038B 芯片的使用。

2.2 硬件电路介绍

■2.2.1 遥控器设计

遥控器的原理图如图 2-4 所示，利用三极管控制开关的作用，上面一个信号输入端口不停地发送 38 kHz 的方波信号，另外一个信号输入端口输入基带信号，也就是接单片机控制引脚。采用 PNP 三极管，当输入信号为 1 时，Q2 截止，不管 38 kHz 载波信号如何控制 Q1，电路不导通，此时没有红外光产生；当单片机输入信号为 0 时，Q2 导通，此时产生 38 kHz 的红外光并发送出去。

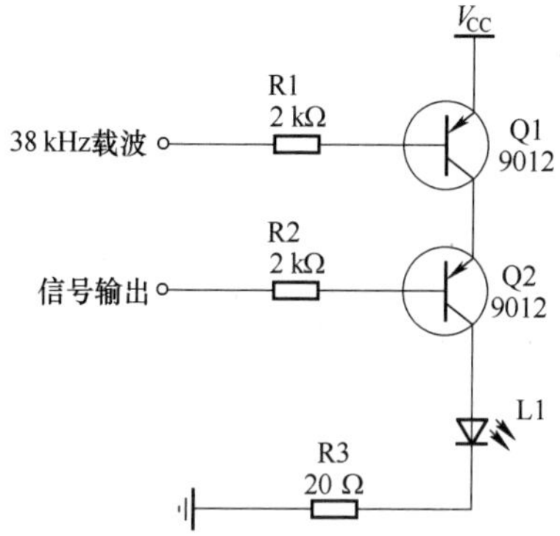

38 kHz 载波常用的产生方法如下。

（1）利用 455 kHz 晶振进行 12 分频。

（2）利用 NE555 定时器产生。

（3）利用单片机 PWM 波产生。

接下来分别测试上面三种方法的使用情况。

方案一：利用 455 kHz 的晶振进行 12 分频外界振荡器，输出缓冲后接 CP 端口。原理：455/12 kHz ≈ 37.9 kHz。分频电路如图 2-5 所示。

图 2-4　遥控器的原理图

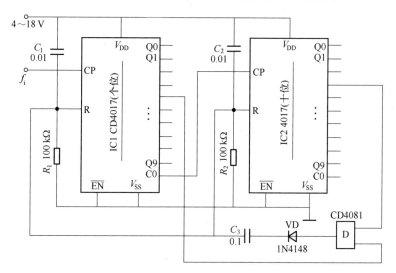

图 2-5　455 kHz 晶振分频电路

方案二：利用 NE555 定时器接成的多谐振荡器。如图 2-6 所示，NE555 定时器能很方便地接成施密特触发器，那么可以先把它接成施密特触发器，调节电容和电阻的比值，然后改接成多谐振荡器。将施密特触发器的反向输入端经 RC 积分电路接回它的输入端，就构成了多谐振荡器。

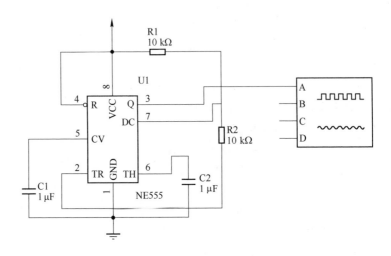

图 2-6　NE555 定时器构成多谐振荡器

　　方案三：利用单片机 PWM 波产生 38 kHz 的方波信号。单片机产生 PWM 波的方法有两种，第一种方法是利用定时器中断产生，给单片机某一输出端口置 1，然后用定时器定时 13 μs（38 kHz 的半个周期为 13 μs），给 TH0 和 TL0 写入初值，定时完成后，将这个 I/O 口反转，再定时 13 μs，即可产生 38 kHz 的方波。第二种方法是利用单片机执行语句需要一定的时间这个特性写一个延时程序，让某一 I/O 口置 1，然后延时 13 μs，再让其清 0，再延时 13 μs，如此进入一个死循环当中，就可以产生 38 kHz 的方波信号。

　　综合三种方案，第一种方案搭建电路比较复杂，而且在电子市场中 455 kHz 的晶振很难买到，所以不采用第一种方案。第二种方案利用 NE555 定时器的外部接法产生，手工焊接难免出现导线中产生电阻和电感的影响，市场上没有 12.5 Ω 的电阻，而且市面上的滑动变阻器调节范围太大，不容易调出 12.5 Ω 的电阻，这样会导致产生的 38 kHz 的信号不准确。第三种方案利用单片机产生 38 kHz 方波的方法，因为单片机的输出属于数字信号，所以产生 38 kHz 的信号会比较准确，加上 STC89C52 的外围电路（振荡电路、复位电路）比较简单，单片机在电子市场上比较多，所以采用第三种方案。对于第三种方案中的两种方法采取哪一种都是可以的，都会比较准确地产生 38 kHz 的方波信号，二者选其一，本系统选择了第二种方法。如图 2-7 为遥控器在 Proteus 中的原理图。

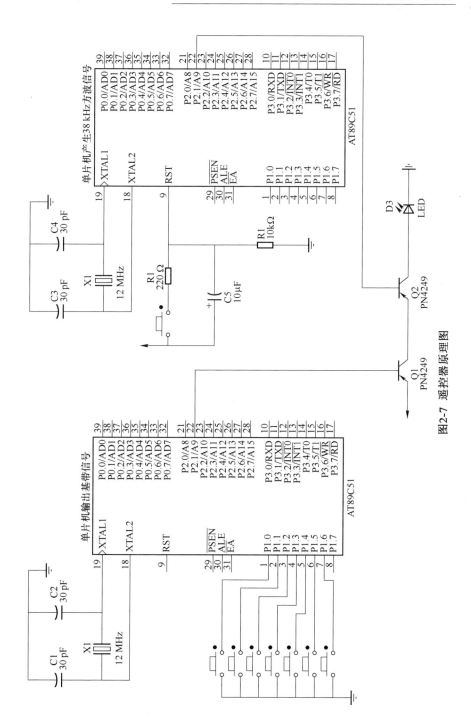

图2-7　遥控器原理图

■ 2.2.2 无线遥控小车电路设计

无线遥控小车的驱动电路和电源电路如图 2-8 所示。单片机与驱动电路的连接方式如图 2-9 所示。

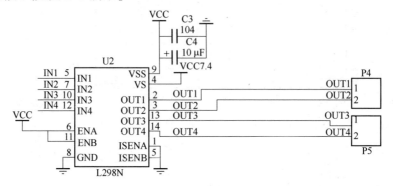

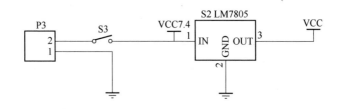

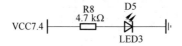

图 2-8　小车电源电路和驱动电路

在电源电路中，利用 LM7805 稳压芯片将 7.4 V 的直流电源稳压变成+5 V 的直流电源，以供单片机和 L298N 驱动芯片使用，电源中 C5～C8 为滤波电容，P3 口接+7.4 V 充电电池的正负极。

在 L298N 的驱动电路中：

（1）4 脚接+7.4 V 电源正极，作为输出电压端口。

（2）9 脚接经 LM7805 稳压芯片产生的+5 V 电源正极，用于 L298N 芯片的工作。8 脚接地。

（3）5 脚、7 脚、10 脚、12 脚分别接控制单片机 P1.0～P1.3 引脚，用于给 L298N 输入信号。

（4）2 脚和 3 脚分别接一个直流电机的两端。类似地 13 脚和 14 引脚接另

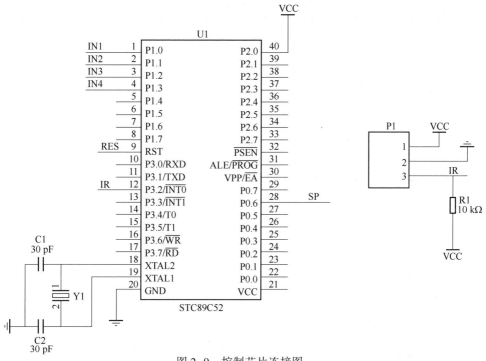

图 2-9　控制芯片连接图

外一个直流电机的两端。

（5）6 脚和 11 脚为两个输出端的使能端，把它直接与+5 V 的接口相连，使其一直处于使能状态。

（6）1、15 脚是输出电流反馈引脚，其他与 L298N 相同。在通常使用中这两个引脚也可以直接接地。

小车采用前驱结构，其后面接一个万能轮。前置两个独立直流电机带动车轮。当小车直线行驶时，让其前面两个直流电机以同样速度转动。当小车进行后退操作时，通过 L298N 内部的 H 电桥使两个直流电机的两端同时反向即可。小车的转弯方式采用差动模式，即若要小车执行左转弯，让其左轮不转，右轮转动。同理，若要小车执行右转操作，让其右轮不转，左轮转动。所以给 L298N 的输入信号和运行结果见表 2-1。

HS0038B 的输出引脚接控制芯片单片机的第 12 引脚，如图 2-9 所示，这里用到了单片机 P3 口的另外一个功能，12 引脚除了作为一般的 I/O 引脚外，还作为外部中断 0 的输入引脚，将单片机设置为外部中断 0 的，触发方式设置为下降沿触发。当有 38 kHz 的红外信号发射时，单片机就停止当前工作，进入外部中断 0 进行解码操作。

表 2-1　小车驱动方式对应表

小车运动状态	左轮电动机运动状态	右轮电动机运动状态	控制端INT1	控制端INT2	控制端INT3	控制端INT4
直线前进	正转	正转	1	0	1	0
直线后退	反转	反转	0	1	0	1
左转弯	停止	正转	0	0	1	0
右转弯	正转	停止	1	0	0	0

2.3　系统软件设计

■ 2.3.1　遥控器编码设计

1. 遥控编码的 NEC 协议

遥控器的基带通信协议很多，大概有几十种，常用的就有 ITT 协议、NEC 协议、Sharp 协议、Philips RC-5 协议、Sony SIRC 协议等。用得最多的是最早日本发明的 NEC 协议。NEC 协议的数据格式包括了引导码、用户码、用户反码、按键键码和键码反码，最后一个停止位主要起到隔离作用，一般不进行判断，编程时也不予理会。其中数据编码总共是 4 字节 32 位，如图 2-10 所示。第一字节是用户码，第二字节可能也是用户码，或者是用户反码，这些由用户自定义，第三字节就是当前按键的按键键码，而第四字节是键码反码，可用于对数据的纠错。

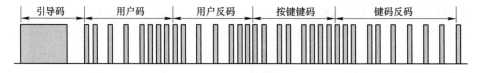

图 2-10　NEC 协议组成

这个 NEC 协议是将每一位数据本身进行编码，编码后再进行载波调制。最后通过红外二极管发射出来。

逻辑"1"和"0"波形如图 2-11 所示。

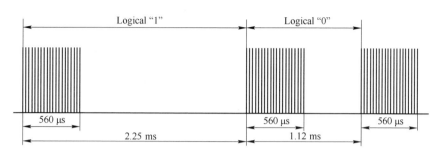

图 2-11　逻辑 "1" 和 "0" 波形

引导码：9 ms 的载波+4.5 ms 的空闲。

比特值 0：560 μs 的载波+560 μs 的空闲。

比特值 1：560 μs 的载波+1.68 ms 的空闲。

从图 2-10 里可以看出，前面最黑的一段是引导码的 9 ms 载波，然后是 4.5 ms 空闲的引导码，而后边的数据码是众多载波和空闲的交错，它们的长短就由其要传递的具体数据来决定。而 HS0038B 这个红外一体化接收头，当收到有载波的信号时会输出一个低电平，空闲时会输出高电平，这就导致遥控器的编码和 HS0038B 的解码输出恰好相反。

2. 遥控器的编码程序设计

根据硬件图 2-7，第二个单片机用 PWM 波产生 38 kHz 的方波信号，单片机执行语句需要一定的时间，写一个延时程序让 P2.1 口置 1，然后延时 13 μs，再让其清 0，再延时 13 μs，如此进入一个死循环当中，即可产生 38 kHz 的方波信号。延时程序如下：

```
sbit k=P2^1;
void delay_13 (void)    //13 μs 的延时程序
{
    unsigned char a;
    for (a=3; a>0; a--);
}
void main ()
{
    while (1)
    {
        k=1;
        delay_13 ();
```

```
        k = 0;
        delay_13 ();
    }
}
```

第一片单片机产生基带信号,基带信号也用延时程序产生,只是延时时间比上面编码的延时稍微长一点。根据 NEC 协议,先是 9 ms 的载波 1 和 4.5 ms 的空闲 0 组成的引导码,然后发送 32 位的二进制数,这些数分别是用户码、用户反码、按键键码、键码反码。这些二进制数的体现也是根据 NEC 协议产生的。如 bit 值 1 为 560 μs 的载波和 560 μs 的空闲组成,bit 值 0 为 560 μs 的载波和 1680 μs 的空闲组成。根据发射遥控器的原理图,使用 PNP 结构的三极管作为基带信号的发射开关,只有基带信号发送器端口置低电平时才会有载波发射出去,高电平时没有信号发出。所以在编码的过程中要把 NEC 协议的内容反过来,即发射端的应该为:

引导码:9 ms 的低电平+4.5 ms 的高低平。

比特值 0:560 μs 的低电平+560 μs 的高电平。

比特值 1:560 μs 的低电平+1.68 ms 的高电平。

根据上面的原理,遥控按键的编码可以设计如下:

```
void value_0 ()  //比特 0
{
    P2 = 0x00;    //让 P2.1 端口置 0
    delay_560 (); //560 μs 的延时程序
    P2 = 0x02;    //让 P2.1 端口置 1
    delay_560 (); //560 μs 的延时程序
}
void value_1 ()  //比特 1
{
    P2 = 0x00;    //让 P2.1 端口置 0
    delay_560 (); //560 μs 的延时程序
    P2 = 0x02;    //让 P2.1 端口置 1
    delay_1680 (); //1680 μs 的延时程序
}
```

因为每个按键的引导码、用户码和用户反码都相同,所以把这些按键键码统一放在一个函数里面,程序如下:

```
void yindao ()  //引导码+用户码
{
    P2 = 0x00;    //让 P2.1 端口置 0
```

```
delay_9000 ();  //9000 μs 的延时程序
 P2 = 0x02;     //让 P2.1 端口置 1
delay _4500 ();  //4500 μs 的延时程序
        value_0 ();  //用户码为 0x00
        value_0 ();
        value_0 ();
        value_0 ();
        value_0 ();
        value_0 ();
        value_0 ();
        value_0 ();
            value_1 ();  //用户反码 0xFF
            value_1 ();
            value_1 ();
            value_1 ();
            value_1 ();
            value_1 ();
            value_1 ();
            value_1 ();
}
```

根据按键键码的不同编写键码值，组合起来就构成了完整的一个按键的编码值，程序如下：

```
void  zuo ()  //5AA5 的编码程序
{
        yindao ();
        value_0 ();  //键码值为 0xA8
        value_0 ();
        value_0 ();
        value_1 ();
        value_0 ();
        value_1 ();
        value_0 ();
        value_1 ();

          value_1 ();  //键码反码为 0x57
            value_1 ();
            value_1 ();
```

```
        value_0 ();
        value_1 ();
        value_0 ();
        value_1 ();
        value_0 ();
}
```

这里用到了一个很巧妙的方式，即编码和解码的方式问题。看程序上面编码的顺序是 0001 0101（0x15），实际上，在解码的过程中，每接收一位数据，就存在数据缓冲区里面，再接收下一位数据的时候，让刚才的数据进行右移操作，就会出现这样的情况：先接收到的数据在解码的时候不是第一位，而是最后一位，即上面数据变为 1010 1000（0xA8）。

2.3.2 无线遥控小车解码程序设计

无线遥控解码程序用到了单片机的计数器和外部中断 0。当小车上的 HS0038B 接收到红外信号时，输出一个低电平信号。提前设置外部中断 0 为边沿触发方式（即 IT0 = 1）。当低电平到来时，单片机的 INT0 引脚产生一个下降沿，并自行进入中断。进入中断后先进行红外的初始化（设置中断控制寄存器 TCON，中断方式控制寄存器 TMOD 的初值），然后对接收到的高电平和低电平进行计时分析，根据 NEC 协议，进一步转化为二进制数，接着执行一系列的操作。程序设计的流程图如图 2-12 所示。首先要进行红外线的初始化操作，程序如下：

```
void InitInfrared ()
{
        INT = 1;     //确保红外接收引脚被释放
        TMOD &= 0x0F;    //清零 T1 的控制位
        TMOD |= 0x10;    //配置 T1 为模式 1
        TR1 = 0;        //停止 T1 计数
        ET1 = 0;        //禁止 T1 中断
        IT0 = 1;        //设置 INT0 为边沿触发
        EX0 = 1;        //使能 INT0 中断
}
```

获取高电平和低电平的时间是用计数器来实现的，首先判断输入引脚是否为高电平，一旦检测到高电平，计数器 1 就开始工作计数，直到出现下降沿停止计数，再把计数值乘以机器周期，就得到了获取高电平的时间。同理，低电平的计数方式也是如此设计。下面的程序是解码程序中最重要的一部分，就是

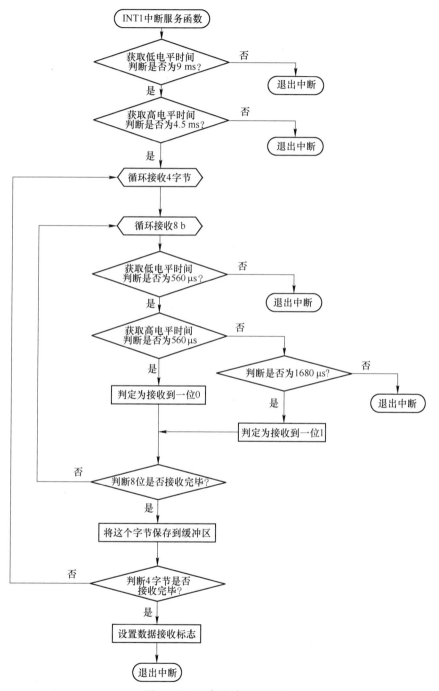

图 2-12 程序设计的流程图

把编码转换为单片机可以识别的二进制数。

```
for (i = 0; i<4; i++)      //循环接收 4 字节
{for (j = 0; j<8; j++)      //循环接收判定每字节的 8b
{//接收判定每 b 的 560 μs 低电平
    time = di ();
    if ((time<305) || (time>733)) //时间判定范围为 330~770 μs
    {    //误码, 退出
        IE1 = 0;
        return;
    }

    time = gao ();
    if ((time>305) && (time<733)) //时间范围为 330 - 770 μs
    {                            //在此范围内说明该 bit 值为 0
        byt >>= 1;    //因低位在先, 所以数据右移, 高位为 0
    }
    else if ( (time>1345) && (time<1751) )
    //时间判定范围为 1460~1900 μs
    {        //在此范围内说明该 bit 值为 1
        byt >>= 1;    //因低位在先, 所以数据右移
        byt | = 0x80; //高位置 1
    }
    else   //不在上述范围内则说明为误码, 直接退出
    {
        IE1 = 0;
        return;
    }
}
    ircode [i] = byt;    //接收完 1 字节后保存到缓冲区
}
```

■ 2.3.3   控制小车的程序设计思路

直流电机的正反转是通过对 L298N 芯片输入端口的改变而实现的, 而直流电机的加速、减速是通过调节直流电机的 PWM 波的占空比实现的。在一个周期内的占空比越大, 意味着通电时间越长, 电机的转速则越大。相反, 在一个周期内的占空比越小, 断电的时间越长, 电机的转速则越小。在小车的前进过程和后退过程中, 加入小车的左转和右转函数, 在程序的结尾加入占空比调

节的函数，这样即可实现小车的前进、后退、左转、右转的控制操作。

2.4　系统调试与问题分析

控制电路板的安装以及调试在整个电路的设计中占有重要位置，所谓"实践是检验真理的唯一标准"，它是把理论付诸实践的最好过程，也是把纸面设计转变为实际产品的重要阶段。在把硬件和软件设计完成后，没有调试时，小车是不动的，在调试的过程中发现了很多问题，利用控制变量法一步步地解决问题，最终将基于红外控制的无线遥控车设计完成。本设计常用的调试仪器有万用表、示波器、直流稳压电源等。

■ 2.4.1　调试前不加电源的检查

焊接完成后，首先不应接电源，而是应该先将各个模块对照电路原理图和实际线路检查一下连线是否正确，包括是否有错接、少接、多接等问题；检查焊接和接插是否良好；检查元器件引脚之间是否有短路，连接处是否有接触不良等情况；检查二极管、三极管、红外一体化接收头和电解电容的极性是否正确；检查电源供电（包括极性、信号源连线）是否正确；检查电源端对地是否存在短路（使用万用表检查）。

经过上述一系列检查，由于制板焊接时的粗心大意，存在以下几个问题。

（1）电源电路中有两个引脚不小心短路。

（2）三极管以及红外一体化接收头 HS0038B 管脚连接方式错误。

（3）电源供电极性连接错误。

解决上述问题之后，再次对照电路原理图进行一系列检查，直至再无任何电路问题之后，开始进行下一项调试。

■ 2.4.2　接通电源后的电路系统检测与调试

1. 接通电源后的遥控器电路检测

遥控器的检测是比较复杂的，不仅要看红外发光二极管两端是否有电压，而且要看红外发射管两端的频率，这就用到了示波器。电路连接完成后，按下遥控器上的按键，小车没有移动，此时需要从头到尾一步步进行排查。

首先，对遥控器的 38 kHz 的输出引脚用示波器进行测量，检测其输出的信号频率是否为 38 kHz。用示波器测量后，发现其周期为 80 μs，频率只有 10.2 kHz，远远达不到设计的要求。此时应去检测软件程序，在软件程序的仿真中发现，延时程序的初值设置有一定的错误，修改过初值后，又一次用示波器检测，发现 38 kHz 正常，检测结果如图 2-13 所示。

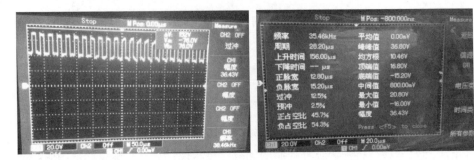

图 2-13　实测示波器

经过调节延时程序的初值，最终使其输出的方波信号频率稳定在 35.46 kHz，而且占空比维持在 50% 左右，达到了比较理想的状态。

接下来测量按下按键后另外一个单片机输出的基带信号是否正常。可以把示波器的两端夹在单片机的 P2.1 引脚上，发现并未按任何键的时候，单片机自动不停地发射一系列波；按下按键后，示波器上的波形也未改变。这一点就导致遥控器不能实现遥控的目的。仔细检查程序，发现在主函数的死循环过程中并没有添加跳出某一指令的标志。子程序中的部分代码如下：

```
char getkey () //获取按键信息
{
    if (! P1.0) return 1;
    if (! P1.1) return 2;
    if (! P1.2) return 3;
    if (! P1.3) return 4;
    if (! P1.4) return 5;
    if (! P1.5) return 6;
    if (! P1.6) return 7;
    if (! P1.7) return 8;
    return 0;
}
```

理论上没有错误，实际上此函数检测不出按键信息，查阅相关资料后发现，if 语句后面如果不添加子程序，许多 if 在一起使用往往会出现判断混乱的状况，改成如下程序：

```
while(1)
{
```

```
    if (P10==0)
{zuo ();} //执行左转弯程序
    if (P11==0)
{you ();} //执行右转弯程序
    if (P12==0)
{hou ();} //执行后退程序
    if (P13==0)
{qian ();} //执行前进程序
    if (P14==0)
{ting ();} //执行停止运动程序
    if (P15==0)
{jia ();} //执行加速运动程序
    if (P16==0)
{jian ();} //执行减速运动程序

}
```

改完之后按键波形就变成了理想当中的情况，如图 2-14 所示。

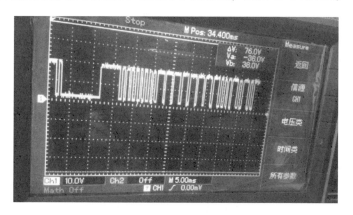

图 2-14　基带信号产生波形

最后测试红外发射管两端的信号，当按键按下后，其输出一个基带信号与 38 kHz 载波相结合的信号，如图 2-15 所示。

2. 小车不能直线行驶的调试

问题：当小车焊接完成后，先让小车进行了简单的直线行驶，即不加入接收程序，单独地让两个电机以同样的速度转动，观察单片机是否对小车起到控制作用。经测试发现，小车能够正常行驶，但行走路线略微不直，总向一边偏斜。这种状况可能由以下三种原因造成。

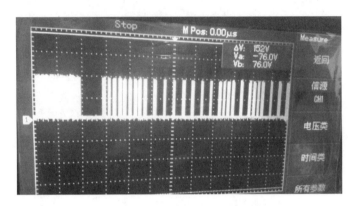

图 2-15   调制后信号

原因一：因为小车的电池和空心芯片面包板没有固定，会出现小车的左右两边负载不同，从而导致小车的两个轮子转速不同，以致小车直线行驶略微偏移。

调试：采用控制变量的思想进行检测和调试，把小车的电池和电路板固定到小车底盘上，使其尽量均匀分布。在进行测试时，发现小车还是会偏移，分别用一定的配重加载在小车的左侧和右侧后，发现小车还是偏移。此结果说明两端负载的不同对小车的影响不大。排除第一种原因。

原因二：单片机的输出信号存在偏差，导致 L298N 控制电机的输出有误差，出现两个轮子转速不同，小车不能直线行驶。

调试：首先把由 L298N 控制的两个电机接口进行互换，发现小车偏移现象并未解决，然后又换了另外一个 L298N 芯片，发现问题仍未解决，因此排除第二种原因。

原因三：每个直流电机内部构造并非完全一样，在生产过程中，难免出现一定的误差。当给两个电机相同的输入信号时，两个电机的转速不同也会导致小车直线行驶发生偏移现象。

调试：将两个电机位置互换，发现小车原来向右偏移，在换过电机后开始向左偏移，这说明小车偏移是电机内部原因造成的。

解决办法：更换电机，使两个电机在相同信号下的转速尽可能一致。

3. 小车左右转弯问题的调试

问题：将红外遥控接收程序烧录到单片机后，发现当遥控器按下左转弯按键和右转弯按键后，小车的一个车轮转动，另外一个车轮不转，出现了小车原地转圈的现象，这样的转弯幅度过大，比较难控制转弯的路线。

解决办法：将小车的转弯模式由原来的一轮转动、一轮不转改为一轮正常转动、一轮减速转动。这样，小车的转弯路线更容易控制，行走更加流畅。

2.4.3　遥控器的优化

上述遥控器需要两个单片机才能实现，一个单片机产生原始信号，另一个单片机产生 38 kHz 载波。若是在软件方面能实现一个单片机就可以直接产生调制后的信号，将减少使用的资源，使遥控器的制作更加方便。设计后期用了一个很巧妙的方法，使遥控器简化为用一个单片机控制，设计原理图如图 2-16 所示。

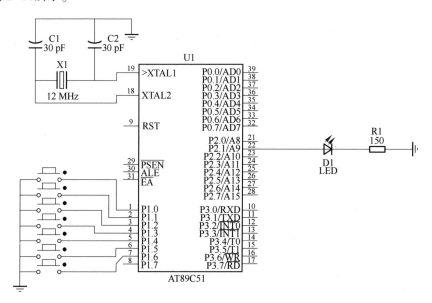

图 2-16　一个单片机控制的遥控器原理图

发送程序如下：

```
void fasong (void)
{
    unsigned int i, j, k, send_num;
    for (k=0; k<308; k++)  //9 ms 的载波
    {
        A=1;
        delay_13μs ();
        A=0;
        delay_13μs ();
```

```
    }
A = 0;  //发送前导 5 ms 高电平
delay_4500μs ();

for (j = 0; j<4; j++) //发送 4 字节，低位先发送
{
    send_num = send [j];
    for (i = 8; i>0; i--)
    {
            if (send_num&0x01)  //位 1  1500 μs 低电平
                                +500 μs 高电平
            {
                        for (k = 18; k>0; k--)
                        //560 μs 载波
                         {
                                A = 1;
                                delay_13μs ();
                                A = 0;
                                delay_13μs ();
                         }
                        A = 0;
                        delay_1680 ();
            }
    else//位 0   500 μs 低电平   +   500 μs 高电平
    {
        for (k = 18; k>0; k--)  //560μs 载波
         {
                A = 1;
                delay_13μs ();
                A = 0;
                delay_13us ();
         }
        A = 0;
        delay_560 ();
    }
    send_num = send_num>>1;
        }
```

```
        }
    }
```

上面的程序可以实现一个单片机的 I/O 直接产生调制后的信号，而且可以根据编码的不同直接修改数据，比使用了两个单片机的遥控器更加节省了资源，也简化了程序。

2.5　总　　结

红外遥控器是一种利用红外遥控系统控制被控对象的装置。一般的红外遥控器运用编码芯片、解码芯片进行编码与解码的过程，而本设计利用单片机通过 C 语言编程进行编码过程与解码过程，实现了设计的低成本化。整个系统由数字电路和模拟电路两个部分组成。本设计的红外遥控小车有七项功能：利用红外通信的原理，通过手工制作的遥控器实现小车的前进、后退、左转、右转、加速、减速、停止。本设计的无线遥控小车有效控制距离为 10 m，利用单片机控制直流电机的运动状态而改变小车的运动状态。其中小车的速度具有 5 挡可调，极大地方便了操作小车，控制更加人性化。

在当今智能化飞速发展的情况下，烦琐的电子设备的引线给人们的生活带来诸多不便，也增加了导线发热燃烧的风险。在这样的背景下，通过本设计研究红外遥控的设备，为人类节省空间和资源，让遥控小车为人们的生活娱乐和工作带来方便。

下面是本设计的一些实物图，如图 2-17 和图 2-18 所示。

图 2-17　遥控器模型

图 2-18 小车模型

■ 第 3 章 ■

基于 ZigBee 的环境
信息系统的设计与实现

3.1 系统总体设计

无线传感器网络扩展了人们获取信息的能力，将客观物理信息与传输网络联系在一起，在一代互联网中为人们提供最直接、最有效、最真实的信息[2]。无线传感器网络无论是在国防安全还是在国民经济方面都得到了充分的认同和应用。在环境温湿度监测方面，无线传感器网络提供了便利的技术手段，通过将包含温度、湿度、光、气压、红外、可见光等多种传感器的大量传感器节点设置在某些不便于人类直接监测的自然环境中，系统通过自组织无线网络，将数据传输到较远的基站，再由此经过互联网、卫星传输至服务器，然后由终端用户获取。ZigBee 技术是一种低传输速率的无线个人区域网（Low Rate Wireless Person Area Network，LR-WPAN），适用于低数据传输量、低传输速率、短距离、多分布的场合，能够为用户提供机动、灵活的组网方式。

基于 ZigBee 的环境信息系统（下称本系统）分为上位机系统和下位机系统。下位机系统由采集节点和 ZigBee 协调器组成，上位机系统则是运行于用户 PC 端的监测软件。下位机上电启动后组建 ZigBee 网络，等待上位机发出采集命令。上位机运行后，用户首先设置串口相关参数和采集周期，然后发出采集命令。协调器接收到采集命令后，将其发送给采集节点。采集节点接收到命令后对消息进行解析，根据采集要求启动周期性的采集。采集结果和节点自身的网络状态通过 ZigBee 网络传递给协调器，由其代为转发汇聚给上位机。在转发前，协调器将网络通信质量也一并发给上位机。上位机收到数据帧后进行解析处理，通过 GUI 界面的图表将信息进行展示，同时将数据导入到 Excel 文件中供用户查看。

3.2 系统硬件设计

本系统的 ZigBee 网络为无线网状的温湿度传感器网络，如图 3-1 所示，它由采集节点、协调器和终端 PC 组成。路由器节点既可以采集数据，也可以对其他机电的数据进行路由转发，为了节省资源，数据采集节点全部设置为路由器。因此在实际网络中只使用两种类型设备，即协调器和路由器。协调器负责整个网络的建立和管理，对监测区域进行控制，并通过串口把传感器传来的数据送到上位机进行分析处理；路由器主要负责数据的转发，可实现多跳，从而扩大网络的覆盖范围，并监测所在环境的信息，将采集到的数据传到控制中心。整个系统由 1 个 ZigBee 协调器、4 个采集节点组成。

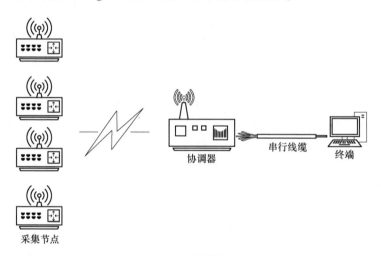

图 3-1 系统结构图

■ 3.2.1 协调器功能模块

协调器功能模块主要包括：CC2530 数据处理模块、电源模块、串口模块、LCD 模块、键盘模块和 LED 部分等，如图 3-2 所示。CC2530 数据处理模块主要负责控制节点的处理操作、任务管理等；电源模块通过电压转换模块为节点提供 3.3 V 的电压；串口模块为上位机和节点间提供了接口，将 USB 协议转换为串口协议；LCD 模块主要是用来显示节点的状态；LED 用来指示网络的连接情况。如果实际应用中需要增加传输距离，可增加射频放大模块（PA）。

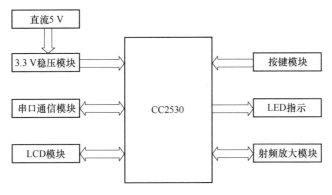

图 3-2　协调器硬件框图

3.2.2　采集节点功能模块

采集节点主要由 CC2530、数据存储模块、传感器采集模块、按键模块、电源模块和 LED 指示等组成，如图 3-3 所示。其中，传感器采集模块主要是负责数据的采集，并进行数据的转换。LED 部分是来表示节点是否加入或退出网络。采集节点由于不受环境的限制，所以一般采用电池供电。

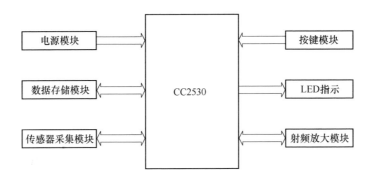

图 3-3　采集节点硬件框图

3.2.3　传感器模块设计

监测系统中的温湿度监控由温湿度传感芯片 DHT11 实现，DHT11 同时具有温度数据和湿度数据采集的功能，采集结果以数字信号反馈给控制器，精度：湿度，±5%RH，温度，±2 ℃；量程：湿度，20%～90%RH，温度，0～50 ℃。传感器与控制器的数据交互采用串行的形式进行，采集结果经过模/数转换后逐位发送。DHT11 内部包括一个电阻式感湿元件和一个 NTC 测温元件，外部提供简单的接口，只需要提供电源接口、数据接口和接地即可，数据接口通过上拉电阻与 CC2530 芯片的通用 I/O 口相连接。DHT11 与单片机通信协议为单总线，一次通信时间为 4 ms 左右，数据分为小数部分和整数部分，通信过程如下。一次完整的数据传输为 40 bit，高位先出。

数据格式	8 bit 湿度整数	8 bit 湿度小数	8 bit 温度整数	8 bit 温度小数	8 bit 校验码

DHT11 与 CC2530 的通信采用单总线协议，每次通信由 CC2530 发起，DHT11 响应并送出。DHT11 与 CC2530 的连接电路如图 3-4 所示。

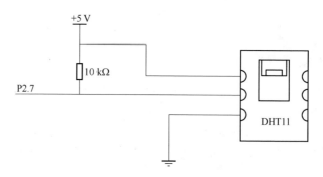

图 3-4 DHT11 与 CC2530 的连接电路

■3.2.4 ZigBee 底板设计

1. 电源设计

ZigBee 底板采用外部 5 V 电源供电，通过电源适配器与电源接口相连，由底板上的电源转换模块转换为 3.3 V 电压从而为整个电路板供电。电路原理图如图 3-5 所示。其中，POWER 为电源插口，输出 5 V 电压；Power SW 为开关，5 V 电压经过保险丝和滤波电路后，由电压转化电路将其转换为 3.3 V 电压为整个电路板供电。电压转换电路采用 AMS117 3.3 V 电压转换芯片，其中 C4 为输入旁路电容，C5 为输出旁路电容，使用钽电容。

2. LED 及按键设计

底板上有 3 个 LED 指示灯，分别接 CC2530 的 P1.0、P1.1 和 P1.4 接口。3 个指示灯可以根据程序进行设置以显示 ZigBee 的不同状态。Joystick 方向按键仅使用一个 I/O 端口以模拟输入的方式实现多方向按键功能，通过 ADC 采样获取端口输入电压从而判断按键的位置。其电路连接如图 3-6 所示。

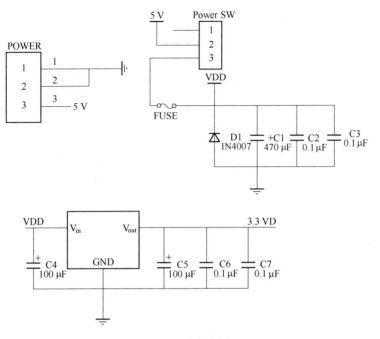

图 3-5　底板电源

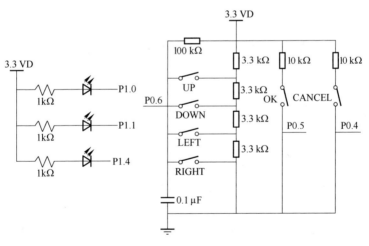

图 3-6　LED 及按键电路

3. J-TAG 接口

J-TAG 接口用于芯片代码的烧写和在线调试仿真，可以通过设置断点的方式暂时中断程序的执行，实时地对程序的运行状态、变量和寄存器的值进行

查看，为程序的开发提供了很大的便捷。其原理图如图 3-7 所示。由于
CC2530 的 P2.1 和 P2.2 为 CC2530 的调试接口，所以在图中，J-TAG 接口有
效的连线只有四条：地线、电源线、CC2530 的 P2.1 和 P2.2。其中 J-TAG 接
口的引脚 1 接地线，引脚 7 接电源，引脚 3 和引脚 4 分别接 DD 和 DC，其余引
脚悬空。

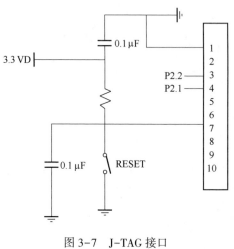

图 3-7　J-TAG 接口

3.3　基于 Z-Stack 应用开发

■ 3.3.1　传输协议

Z-Stack 是德州仪器公司（TI）开发的免费部分开源的 ZigBee 协议栈，需要
与 TI 的硬件平台配套使用进行 ZigBee 的应用开发。传输协议分为两部分：
ZigBee 网络内部的无线通信以及 ZigBee 协调器与上位机系统之间的串行通信。
为保证两部分传输的可靠无差错，需要使用一种机制保障实现可靠的数据传输。

由于本系统传输的数据量不大且对传输的速率要求不高，综合考虑后，选
择停止等待自动重传协议（Stop-Wait Automotic Repeat Request，ARQ）。ARQ
协议需要在链路上传输两种类型的信息：数据包和响应包。发送方在发送有效
数据包之前对数据进行编号，并保存该数据包的副本。发送完毕，开启定时
器，等待接收方的应答，收到响应包后，根据响应包内的信息选择重发数据包
副本还是继续发送下一个数据包。若超时未收到响应包，则重发副本。接收方

接收到数据包后，首先判断数据包是否与上一个重复，若重复，则丢弃该数据包，并发送包含重复信息的响应包给发送方。通过以上的确认和重传机制，就可以保证在不可靠的通信链路上实现可靠的通信，但这是以牺牲信道利用率为代价的。ZigBee 网络内部的通信以簇为区分信息的标识符（Cluster ID），簇分为输入簇和输出簇两类，它们联系着从设备流出和向设备流入的不同类型的数据。通过对 Cluster ID 的识别可对不同的数据类型做出相应的处理。发送方发送的数据以 CLUSTER_DATA 作为标识符，接收方发送的响应数据以 CLUSTER_RSP 作为标识符，如图 3-8 所示。其中序号用来标识所发送数据的编号，每成功发送一次，序号自动递增。

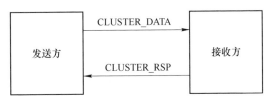

图 3-8　传输形式

簇数据结构见表 3-1。

表 3-1　簇数据结构

CLUSTER ID	数据格式 data format		
CLUSTER_DATA	序号 seq	长度 len	数据 data
CLUSTER_RSP	状态 state		序号 seq

假定采集节点（记为 A）向协调器（记为 B）发送数据，在传输的过程中由于干扰造成数据包的丢失，B 收不到数据，也不发送响应包。A 发送后设置一个重发定时器，并等待 B 的响应包，当定时结束后仍未收到，则重发同一数据。

B 接收到数据后，首先检查本数据包序号是否与记录中的上一数据包序号重复，如果重复，则将状态标识为 OTA_DUP_MSG，然后丢弃这个重复的数据包。如果 B 正在处理上一个数据包，则将状态置为 OTA_BUSY_MSG；如果写入成功，将状态置为 OTA_SUCCESS_MSG。B 将状态和数据包序号一起存储到响应包里返回给数据发送方 A。A 根据接收到的响应包的状态来判断本次发送是否成功，是否需要重新发送数据。当 A 接收到 OTA_SUCCESS_MSG 或者 OTA_DUP_MSG 的标识符时，判断本数据包已经发送成功；否则，当 A 接收到 OTA_BUSY_MSG 的标识符时，则重传该数据包。流程图如图 3-9 和图 3

-10 所示。B 在成功接收到 A 的数据后以类似的 ARQ 协议发送给上位机。两次传输的区别在于标识符的不同,而双方通信流程相同。

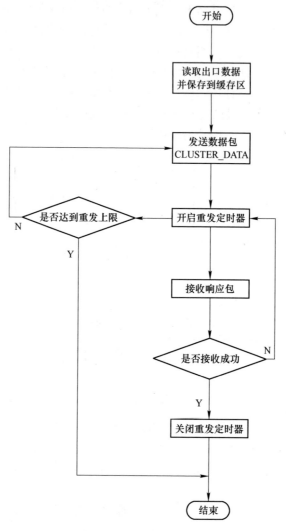

图 3-9 发送数据流程

■ 3.3.2 数据帧格式

为了便于对数据进行解析和处理,定义了 CLUSTER_DATA 中数据 data 的数据结构以及上位机发送给采集节点的数据结构,见表 3-2。其中,节点 ID 由用户自行设定,用于区分不同的采集节点;温度值和湿度值由传感器

DHT11 采集获得；网络地址由函数 NLME_GetShortAddr（）获得；RSSI 表示
接收的信号强度，与发射和接收的距离相关；LQI 表示接收数据帧的能量与质
量，与正确接收到数据帧的概率有关。上位机发送给采集节点的命令格式见
表 3-3。命令由用户发送，用来表示启动采集还是停止采集，0XFF 表示启动采
集，0X55 表示停止采集，数据为采集的事件间隔的索引。

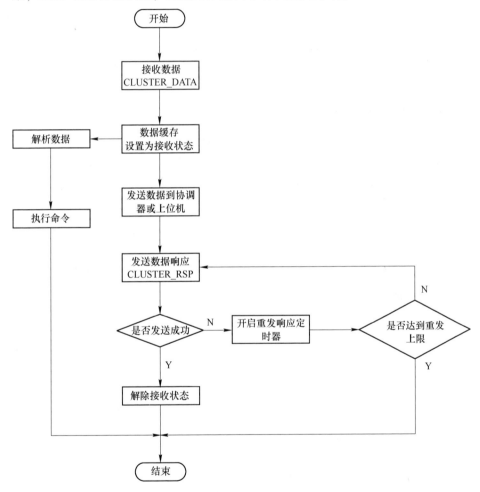

图 3-10　接收数据流程

表 3-2　采集节点数据结构

字节数	1	1	1	1	1	1	2	1	1
内容	节点 ID	数据长度 Len	温度整数 Temp_H	温度小数 Temp_L	湿度整数 Hum_H	湿度小数 Hum_L	网络地址 Addr	RSSI	LQI

表 3-3 上位机命令结构

字节数	1	1	1
内容	命令 CMD	长度 Len	数据 DATA

3.4 上位机设计

■ 3.4.1 功能模块设计

上位机在监测系统实现的功能有：①发送采集命令。②接收下位机采集数据。③处理数据并实现可视化。④数据存储。上位机根据以上应用需求包括三个主要模块：①串口通信模块。②数据处理模块。③数据可视化模块，如图 3-11 所示。其中串口通信模块负责实现 PC 与 ZigBee 协调器双向通信，通信协议遵循 ARQ。工作流程为初始化串口、打开串口、保存接收缓存区数据。数据处理模块的功能是将保存的数据进行解析并提取相应的数据。数据可视化模块将解析出的数据存放到节点信息表中和温湿度曲线图上，若需要导出数据，则可将数据保存到 Excel 文件中。

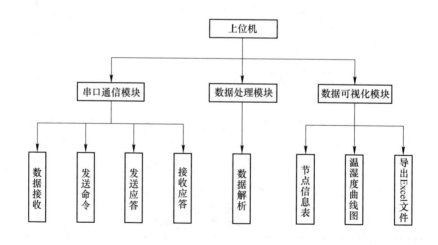

图 3-11 上位机功能模块

■ 3.4.2　上位机软件设计

上位机是使用 C#语言在 Visual Studio 集成开发环境中创建的 WinForm 窗体应用程序，是上位机和用户进行交互的可视化界面。窗体内可见的成员称为控件，包括按钮控件、文本控件、表格控件等；隐藏的成员称为组件，包括定时器、Serial Port 等。上位机使用 Visual Studio 平台下的 Serial Port 组件进行串口通信。根据通用串口传输协议，并结合系统对数据通信速率等参数的要求，选定串口通信的典型参数：波特率，115200 bit/s；数据位，8 bit；停止位，1 bit;校验位，无；流控制，无。每当串口数据达到设定的阈值时，将触发串口的回调函数，用于对串口缓存区的数据进行读取和处理。需要特别注意的是，在串口回调函数中对串口数据读取之前需要使线程休眠一段时间，以确保数据全部接收完毕再进行读取。休眠的时间要根据所发数据的长度合理设置，要保证在第二次接收之前完成，大概范围可由波特率和接收的数据长度估算，如图 3-12 所示。

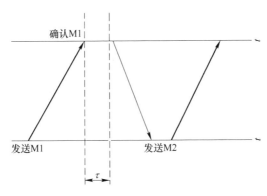

图 3-12　线程休眠时间

节点信息使用 ListView 控件进行显示，该控件的所需数据由串口处理模块提供，显示的数据包括 ID、网络地址、RSSI、LQI、网络状态等。通过添加定时器控件可以周期性地更新数据。温度和湿度曲线图使用 Chart 控件进行显示，数据处理模块将节点数据存放于相应的队列中，通过入队和出队的操作动态更新数据。根据采集周期的设置，设置合适的刷新时间进行曲线图的更新。

■ 3.4.3　数据保存

为方便对数据的保存和日后处理，本系统将采集节点获取的数据存到 Excel 文件中。将数据保存为 Excel 文件有两种方法：①通过调用本机的 Office

软件，在后台打开 Excel 进程实现存储。②使用 NOPI 组件将 Excel 数据以数据流的形式存储。由于第二种方法不需要安装 Office 软件，且读出、写入速度快，对计算机性能要求小，所以本系统使用 NOPI 组件保存 Excel 文件。

3.5 系 统 调 试

将协调器与 PC 通过 USB 线缆连接，采集节点天线与传感器安装完后，通过使用串口助手，可以看到当发出启动命令后，协调器将采集节点的数据发送给上位机，命令以十六进制的形式进行发送，0×01 为数据包的标识符，0×00 表示发送序号，0×02 表示命令的长度，0×FF 表示启动，0×01 表示采集周期为 5s 的索引。协调器收到命令后立即发送响应，并将命令传达给采集节点，启动 0×02 代表响应的标识符，0×00 为序号，后续的 0×00 代表接收协调器成功。采集节点收到命令立即启动采集，并发送采集结果。将采集节点和协调器上电，依次复位采集节点，然后复位协调器。设置 COM 口打开串口，设置采样周期和是否存入 Excel 文件，启动采集。接收到数据后，整体效果如图 3-13 和图 3-14 所示。经过测验，系统满足设计要求，且运行情况良好，状态稳定。

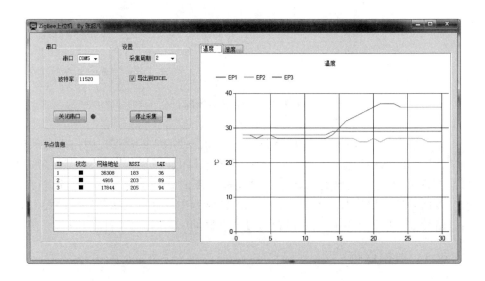

图 3-13 温度曲线

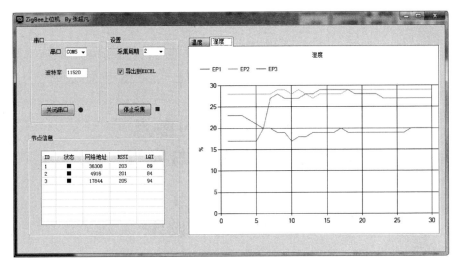

图 3-14　湿度曲线

3.6　总　　结

随着无线传感器网络的快速发展，包括 ZigBee 技术在内的众多技术将会在诸多领域产生越来越大的影响力。本系统在研究 WSN 的结构特点以及 ZigBee 技术原理的基础上，结合德州仪器公司的 CC2530 芯片以及 TI 的商用 ZigBee 协议栈 Z-Stack，设计并实现了一套能够对环境温度和湿度进行实时在线监测的 WSN 软硬件系统。系统组成包括采集节点、ZigBee 协调器以及上位机，采集节点与协调器作为下位机，使用 IAR 作为软件的集成开发环境。上位机为用户 PC 端的监测软件，使用 C#语言开发。采集节点负责响应上位机的采集命令，实现对环境信息进行周期性的采集并将数据通过 ZigBee 网络传输给协调器。协调器负责 ZigBee 网络的建立维护，对采集节点信息的接收以及将上位机命令及时传送给采集节点。上位机设计了 GUI 界面，主要实现对采集信息的处理、存储、可视化以及对节点状态的显示。协调器与上位机采用串口通信，为保障它们之间的可靠通信，采用了停止等待自动重传协议。系统经测试检验，各项功能运行正常，性能稳定，满足设计要求。

第4章
基于 ZigBee 的多点测温系统的设计与实现

4.1 系统总体设计

随着生产技术的不断发展，数字温度检测技术广泛应用于工业远程控制系统中，并逐步显示出远程和网络的特性。一般的温度采集系统，主要实现方式为有线连接各个节点，此方法的缺点是布局非常复杂和可扩展性很差。事实上，在一些领域中有线连接方式经常不能应用。所以，最理想的方式是采用无线连接收集以及传送数据。作为新兴的短距离、低功耗、低成本的无线通信技术，ZigBee 已经广泛应用于消费性电子、工业控制、医疗监控、家电自动化等领域。本章在无线传感器以及网络协议技术之上，设计出一种基于 ZigBee 的无线多点温度采集系统。

4.1.1 系统的整体介绍

基于 ZigBee 的多点测温系统（下称本系统）由数据汇聚模块（协调器）、温度传感器模块（终端）和上位机（计算机）、单片机显示设备四部分组成。数据汇聚模块（协调器）负责组建 ZigBee 网络，实现终端设备采集的数据传输到计算机上；温度传感器模块（终端）负责采集、存储、上传温度数据。多个终端设备置于不同的地方，每个传感器节点把采集到的数据传给协调器，协调器接收到数据之后，通过串口将数据发送到计算机上，随后计算机会显示收到的温度数据。本系统为了体验数据的真实性，增加了端点温度显示模块，为单片机控制 lcd1602。

4.1.2 系统的硬件结构介绍

多点无线温度采集系统框图如图 4-1 所示。

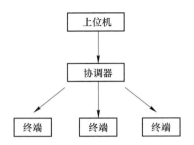

图 4-1　多点无线温度采集系统框图

1. ZigBee 硬件简介

在 ZigBee 网络中只有三种逻辑设备类型：协调器（Coordinator）、路由器（Router）和终端设备（End-Device）。通常，ZigBee 网络由一个协调器以及多个路由器和多个终端组成。由于设计较为简单，没有多层结构和更多的终端节点，不需要更为强大的网络结构，对功耗没有过高的要求，所以本系统采用了星形网络结构。ZigBee 共有 5 种工作方式，本次采用主动工作模式，使系统处于完全工作模式，这样的设置达不到最低功耗，但本次电路较为简单，对功耗要求不高，故采用这种模式。ZigBee 有 3 种消息发送方式，本系统采用的是点播方式，即点对点的发送方式。ZigBee 是双晶振的，本系统全部采用 32 MHz 晶振，如图 4-2 所示。

在物联网中，节点的设计中一般都会选择 CC2530 无线射频模块。该模块是 TI 公司推出的一款非常强大的芯片，主要支持 ZigBee 技术，目前只有一种封装。它具有非常优越的性能，其内部包含一个具有非易失性数据存储、DMA 控制器的低功耗 8051 单片机，硬件有 AES 加密/解密功能，802.15.4 MAC 提供服务与硬件的支持，还集成一个 2.4 GHz DSSS（直接序列扩频）数字射频收发器。这些性能完全可以满足本系统的设计需求。在此基础上还可以加装功能，并且与 GPRS 模块进行对接，可以完成 ZigBee 网络和 GSM 网的无缝连接。因此，本系统选择采用 TI 公司的 CC2530 芯片。

（1）协调器

由于本系统中的协调器只接收数据和将数据利用串口发送到计算机上，并在计算机上显示出来，所以直接使用 CC2530 开发板作为本系统的协调器（见图 4-3）。主要利用开发板上集成的串口模块进行与上位机的通信。这样可以节省设计成本，并且完全可以达到设计需要的优越性能。

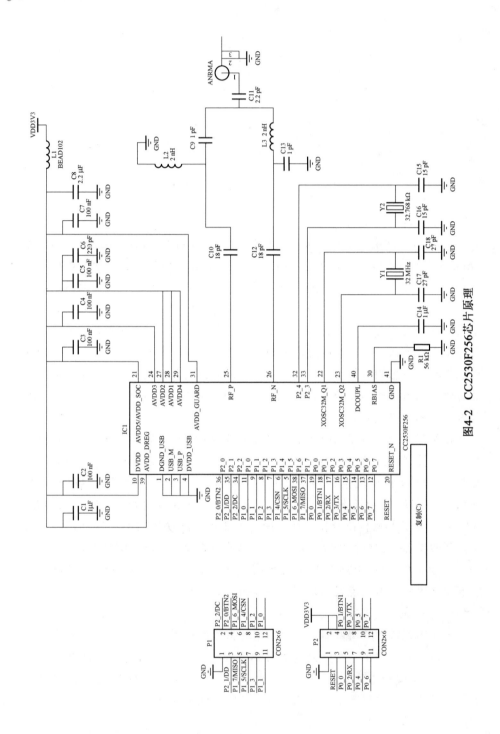

图4-2 CC2530F256芯片原理

图 4-3　协调器展示图

（2）终端设备

本次使用两个终端设备进行温度的采集与传送（见图 4-4）。终端设备上的电源采用的是 3 V 的纽扣电池进行供电，ZigBee 所需要的电源为 3.3 V，经过多次测试发现 3 V 电源完全可以满足需求。温度采集端（端点）较简单，DS18B20 输出引线：红色（VCC），白色（DATA），黑色（GND）；还有一种是红色（VCC），绿色（DATA），黄色（GND），焊接时 DS18B20 白色或绿色数据引线接在 P0.7 口，然后将 DS18B20 的红色线对准 3 V 电源，剩下的一条线便为接地线，与 CC2530 模块的电源地对接即可。

图 4-4　终端设备展示图

2. 温度传感器介绍

本系统的温度传感器采用的是 DS18B20，DS18B20 温度传感器是一款比较智能的温度传感器，也是目前运用量最大的一款传感器，这么高的使用率主要得益于它优异的性能特点。它是美国 DALLAS 半导体公司生产的 DS18B20 型单线智能温度传感器，与一般传统的测温元件相比，它能直接读出被测温度，而且可根据实际要求通过简单的编程实现 9~12 位的数字值读数方式。它具有体积小、接口方便、传输距离远等特点。由于只有一个数据口，该软件的编程较为复杂。

首先接不同硬件，编程是有一点区别的；其次显示温度的位数不同，编程也是有区别的。本次 ZigBee 接 DS18B20 编程时，先初始化，然后将温度值转化为二进制，提取 5 位温度数据左移存入寄存器，然后提取 5 位温度数据存入寄存器，随后将 10 位数据发送出去。延时过后，重复前面的采集过程。单片机接 DS18B20 不同的地方在于每次发送 16 位的温度数据，其他过程大体相同。

3. 单片机显示模块介绍

单片机显示模块主要由单片机最小系统和 1602 液晶显示屏组成，单片机最小系统采用的是 STC89C52 单片机，该款单片机是最常用的一款单片机，性能优点很多，它由 STC 公司生产，具有 8KB 系统可编程 Flash 存储器。STC89C52 与 STC89C51 最大的相同点是都使用了 MCS-51 内核，但 STC89C52 做了很多的改进使得芯片具有传统 51 单片机不具备的功能。

（1）STC89C52 最小系统

单片机最小系统是指用最少的元件组成的单片机工作系统，即能正常工作的最简单电路。STC89C52 外部只需要增加电源电路、时钟电路、复位电路即可构成单片机最小系统（见图 4-5）。电源电路使用便携式计算机 USB 接口 5 V 电压供电；因不需要精确计时，时钟电路采用 12 MHz 晶振，与之串联的两个电容均采用 30 pF；考虑到整个系统的复位操作，在 CC2530F256 复位的同时不便对 STC89C52 进行上电自动复位，因此采用按键手动复位的方式，STC89C52 使用两个复位电路，其中一个复位电路为最小系统复位电路，另一个复位电路与 ZigBee 模块相关。

（2）LCD1602 与 STC89C52 的接口

用 STC89C52 的 P0 口作为数据传输口，P1.0、P1.1 分别作为 LCD 的 RS、EN 的控制端，R/W 始终接地。EN 是下降沿触发的片选信号，R/W 是读/写信号，RS 是寄存器选择信号。本模块设计要点在于显示模块初始化：首先清屏，再设置接口数据位为 8 位，显示行数为 1 行，字型为 5×7 点阵；然后设置为整体显示，取消光标和字体闪烁；最后设置为正向增量方式且不移位。向 LCD 的显示缓冲区中发送字符，程序中采用 2 个字符数组，一个显示字符，另一个显示温度数据，要显示的字符或数据被送到相应的数组中，完成后再统一

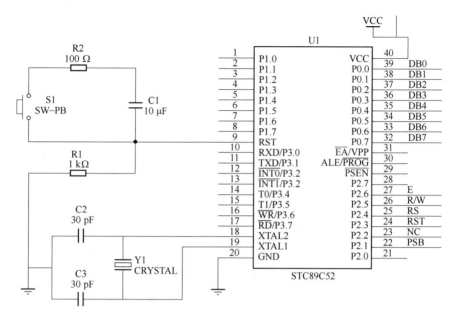

图 4-5　STC89C52 最小系统

显示。首先取一个要显示的字符或数据送到 LCD 的显示缓冲区，判断是否够
显示的个数，不够则地址加一取下一个要显示的字符或数据。

　　LCD1602 与 STC89C52 的连接图如图 4-6 所示。

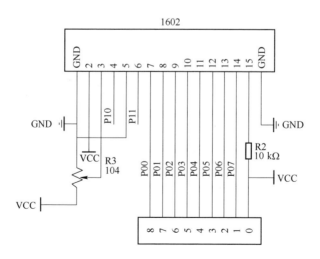

图 4-6　LCD1602 与 STC89C52 的连接图

（3）实物展示

本系统的单片机显示设备主要是显示两个端点其中一个的现场采集温度的数值，以便比较发送的温度是否有误差，设备的主要组成为单片机最小系统和1602 液晶显示器（见图 4-7）。设计的主要目的为与上位机的温度数据进行比对，保证温度的准确性。单片机上有预留接口可以与 ZigBee 相接协同工作，图 4-8 为将 ZigBee 终端模块接到单片机显示模块。

图 4-7　单片机显示设备展示图

图 4-8　单片机显示设备与终端模块对接展示图

4.2　系统方案论证与实现

■ 4.2.1　系统方案论证

本系统在设计初期打算实现一个三级的网络系统以实现网络的温度采集，

主要由协调器、路由器、终端设备组成。协调器功能比较简单，它完成上位机和温度传感器模块的透明传输；路由器的功能主要为路由功能，但是协调器也可以实现路由的功能，所以设计不需要路由器加入。因此，系统只需要由协调器和终端设备组成。

系统端点的显示采用的是单片机控制 1602 液晶显示器，这样的组合比较简单且很容易实现，但设计初的想法是 DS18B20 是一个比较集成的温度采集器，具有线性优良、性能稳定、灵敏度高、抗干扰能力强、使用方便等优点，可以大大提高测量温度的精度，因此很容易与 ZigBee 组合形成系统，所以只需要将 ZigBee 采集到的温度数据通过串口发送到单片机，然后由单片机控制 1602 液晶显示器进行温度的显示，这样便可以实现端点温度的实时显示。之后发现并行发送三位数据单片机的 I/O 口不太够用，ZigBee 也一样，所以放弃此方案。

第二个方案是让单片机和 ZigBee 分开工作，但共用一个 DS18B20 温度采集器。方案看似比较简单，但涉及一个问题，单片机的供电电压是 5 V，而 ZigBee 的供电电压是 3.3 V，在同时连接 DS18B20 时，之间会形成电压差而影响工作。所以在进行一系列的实验后，最后在单片机接 DS18B20 温度传感器时，可以在单片机电源接 ZigBee 端接一个 5 kΩ 的电阻，这样就不会影响 ZigBee 接入单片机，与单片机共用一个 DS18B20 同时工作。最后须注意，调节单片机显示数据的频率必须和 ZigBee 显示数据的频率一样，一般都为 1 s 采集显示一次。最终选择该方案。

▌4.2.2　系统方案实现

1. 系统准备

首先连接电路，可以分为 ZigBee 部分和单片机部分，ZigBee 部分主要为两个端点电路，每个都加入 3 V 的纽扣电池作为电源，系统硬件电路就形成了。首先，需要做的是将程序写入单片机中，从 IAR 工作界面中打开程序，可以发现程序分为协调器程序、路由器程序、终端程序（图 4-9 所示为协调器程序下载界面），需要对应硬件电路将程序下载进来（下载前需要先编译，没有错误之后才可以下载，如果下载时候出现问题如图 4-10 所示，或者有其他问题，可以按复位键重新下载）。

2. 系统测试

（1）系统测试工具

硬件：数字万用表、51 单片机开发板、ZigBee 开发板、5 V 直流稳压电源。

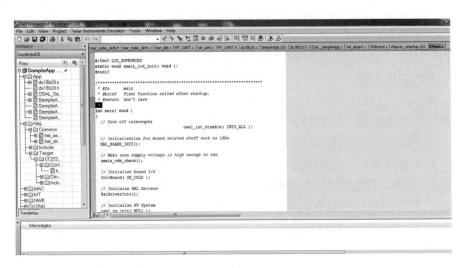

图 4-9　协调器程序下载界面

图 4-10　程序下载过程中出现的错误

软件：IAR EW、Keil C51、ISP 串口助手。

（2）测试方法

数字万用表主要用于测试元件的电压值、电阻值和电流值，并对导通/截止状态进行判别。51 单片机开发板主要用于显示模块的程序功能设计，与 ISP 串口助手协同工作将程序烧入 51 单片机，并检测程序控制信号是否正常被执行。ZigBee 开发板和 IAR EW 协同工作可以将程序烧入 ZigBee 模块，并检测程序控制信号是否正常被执行。5 V 直流稳压电源用于为整个系统供电。

3. 系统方案实现展示

系统方案实现及结果如图 4-11~图 4-14 所示。

图 4-11　单片机显示部分与 ZigBee 组合显示的温度值（2 号终端）

需要说明的是，这部分 ZigBee 和单片机共用了一个电源，不需要显示时，ZigBee 可以装一个 3 V 的纽扣电池作为电源。如图 4-14 所示，端点 1 采集的温度为 24 ℃，端点 2 采集的温度为 25 ℃，前后拍摄有 1 min 左右的延迟，所以温度稍微有点儿差距。

图 4-12　协调器与计算机相连

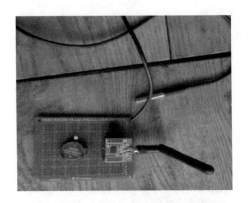

图 4-13　2 号端点在另一旁采集温度

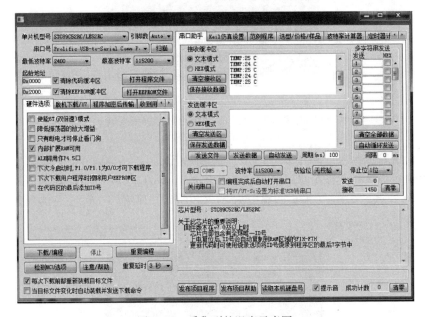

图 4-14　采集到的温度示意图

4.3　软 件 设 计

　　Keil C51 是由美国 Keil Software 公司出品的 51 系列兼容单片机 C 语言软件开发系统，专为编写单片机程序而设计，具有一定的调试功能。在本系统中，主要用于 STC89C52 的程序设计、编写、修改，生成 hex 的十六进制文件。ISP 串口助手与 51 开发板协同工作将程序烧入 51 单片机。

　　IAR EW（IAR Embedded Workbench）是瑞典 IAR Systems 公司为微处理器开发的一个集成开发环境，支持 ARM、AVR、MSP430 等芯片内核平台。在本系统中，主要用于 ZigBee 模块的程序设计、编写、修改，并与 ZigBee 开发板协同工作将程序烧入 STC89C52 单片机。

1. 串口发送程序

```
void UartSendString (char * Data, int len)
{
  uint i;
  for (i = 0; i<len; i++)
  {
    U0DBUF = * Data++;
    while (UTX0IF == 0);
    UTX0IF = 0;
    void main ()
  {
    char str [9] =" DS18B20:";
    char strTemp [6];
    uchar ucTemp;
    float fTemp;
    InitCLK ();      //设置系统时钟源
    InitUart ();     //串口初始化
    P0SEL &= 0x7f;   //DS18B20 的 I/O 口初始化
    while (1)
  }
memset (strTemp, 0, ARRAY_SIZE (strTemp) );
UartSendString (str, 8);        //输出提示信息
#if defined (FLOAT_TEMP)
fTemp = floatReadDs18B20 ();    //温度读取函数，带 1 位小数位
sprintf (strTemp,"% .01f", fTemp); //将浮点数转换成字符串
UartSendString (strTemp, 5);    //通过串口发送温度值到计算机显示
#else
ucTemp = ReadDs18B20 ();    //温度读取函数
strTemp [0] = ucTemp/10+48;    //取出十位数
strTemp [1] = ucTemp% 10+48;    //取出个位数
UartSendString (strTemp, 2);        //通过串口发送温度值到计算机显示
```

```
#endif
UartSendString (" \ n", 1);              //按 Enter 键换行
Delay_ms (1000);         //延时函数使用定时器方式
  }
}
```

2. 读取温度数据程序

```
void SampleApp_Send_P2P_Message ( void )
{ byte str [5];
  char strTemp [10];
  byte temp;
  temp = ReadDs18B20 (); //读取温度数据
  str [0] = temp/10+48;
  str [1] = temp% 10+48;
  str [2] = ';
  str [3] = 'C';
  str [4] = ' \ 0';
  HalUARTWrite (0," TEMP:", 5); //终端串口输出提示信息
  HalUARTWrite (0, str, 2);
  HalUARTWrite (0," \n", 1);
  osal_memcpy (strTemp," TEMP:", 5);
  osal_memcpy (&strTemp [5], str, 5);
  HalLcdWriteString (strTemp, HAL_LCD_LINE_3); //LCD 显示
  //将数据无线传给协调器
  if (AF_DataRequest (&SampleApp_P2P_DstAddr, &SampleApp_epDesc,
                    SAMPLEAPP_P2P_CLUSTERID,
                    4,
                    str,
                    &SampleApp_TransID,
                    AF_DISCV_ROUTE,
                    AF_DEFAULT_RADIUS) = = afStatus_SUCCESS )
  {
  }
  else
  { //Error occurred in request to send.
  }
}
```

3. 接收数据程序

```
void SampleApp_MessageMSGCB ( afIncomingMSGPacket_t * pkt )
```

```
{ uint16 flashTime;
  switch ( pkt->clusterId )
  {
    case SAMPLEAPP_P2P_CLUSTERID:
    HalUARTWrite (0," TEMP:", 5);       //提示接收到数据
    HalUARTWrite (0, pkt->cmd.Data, pkt->cmd.DataLength);
  //输出接收到的数据
    HalUARTWrite (0," \n", 1);    //按 Enter 键换行
    break;
    case SAMPLEAPP_PERIODIC_CLUSTERID:
    break;
    case SAMPLEAPP_FLASH_CLUSTERID:
    flashTime = BUILD_UINT16 (pkt->cmd.Data [1], pkt->cmd.Data
[2]);
    HalLedBlink ( HAL_LED_4, 4, 50, (flashTime /4) );
    break;
  }
}
```

4. 修改时钟程序

```
void Ds18b20Delay (unsigned int k) //时钟频率为 32MHz
{ unsigned int i, j;
  for (i=0; i<k; i++)
  for (j=0; j<2; j++);
}
```

改成

```
void Ds18b20Delay (unsigned int k) //时钟频率为 32M
{ while (k--)
  {asm (" NOP" );
    asm (" NOP" );
    asm (" NOP" );
    asm (" NOP" );
    asm (" NOP" );
    asm (" NOP" );
    asm (" NOP" );
    asm (" NOP" );
    asm (" NOP" );} }
```

4.4 总 结

本章在无线传感器以及网络协议技术之上，设计出一种基于 ZigBee 的无线多点温度采集系统，使用基于 ZigBee 网络的方式通过测量温度节点采集温度数据。串口通信线路主要用于连接节点和计算机界面。根据 ZigBee 技术的研究内容和无线传感器网络的研究现状及 ZigBee 技术的优点，分析 Z-Stack 协议栈结构。硬件方面包含温度传感器模块（终端模块）、数据汇聚模块（协调器模块）。根据需求进行软件编程，完成上位机用户监控界面和温度传感器模块（终端模块）、数据汇聚模块（协调器模块）的设计。数据汇聚模块完成组建网络、分配网络地址的功能；温度传感器模块完成加入网络、数据采集、数据存储、数据上传、通信的功能，达到可以通过远程无限发送在计算机上显示的效果。

■ 第 5 章 ■

基于 GSM 的家居防盗
报警器的设计与实现

5.1　系统总体方案设计

随着人们社会生活水平的提高，对安全的认识程度也有很大的提升。近年来，相关法律法规对安全防范的标准又有了进一步的要求，安防已经成为众人关注的焦点之一。现在的安防系统大都是采用有线的方式，而对于较大的楼盘，通常是将楼内的温感探测器、烟感探测器、可燃气体探测器以及监控设施的信号集中到有人值守的消防控制中心，当有报警信号或火灾信号时，系统启动相应的报警装置、灭火设施以及安全通道。但对于没有加入这些系统的普通家庭来说，安防就成为他们担忧的问题之一。

基于 GSM 的家居防盗报警器（下称本设计）主要采用 STC 公司的 STC89C52 RC 单片机作为微处理器设计防盗报警装置。该装置基本的组成部分包括热释电红外传感器、防盗传感器、单片机控制电路、GSM 发送接收模块、报警电路、无字库 12864 液晶显示电路、报警信息存储电路、实时时钟时间记录电路。该热释电红外传感器集放大调理电路为一体，将接收到的电压信号直接转化为单片机能处理的高低电平信号；温度传感器也集成了信号采集和放大电路，实时输出温度信号，供单片机处理。单片机对热释电红外信号和温度传感器信号进行分析和处理后，做到准确报警。为使报警装置更加完善，在声光报警的基础上加上了时间记录，以及无字库 12864 液晶显示电路。变化的光信号可以引起用户注意，弥补了在嘈杂环境中声音报警的局限，并启动 GSM 系统进行短信通知。基于防盗报警器的设计要求，系统总体框图如图 5-1 所示，该系统由热释电红外传感器、温度传感器、调理电路、无字库 12864 液晶显示电路、声光报警、电源模块、时钟电路、GSM 模块组成。

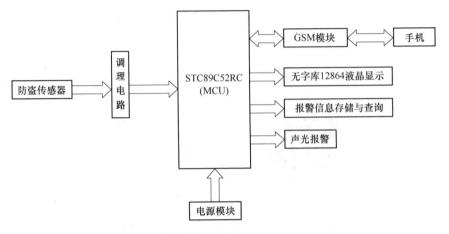

图 5-1　系统硬件框图

5.2　系统硬件电路设计

■5.2.1　热释电红外模块设计

本系统中的传感器模块主要由传感器、信号处理电路等组成，考虑到信号处理电路连接复杂、设计误差比较大、灵敏度不高等问题，在传感器模块设计中主要采用将信号调理电路集成到一起的模块。

1. 热释电红外传感器的原理

热释电红外传感器主要是由一种高热电系数的材料，如锆钛酸铅系陶瓷等材料制成尺寸为 2 mm×1 mm 的探测元件。在每个探测器内装入一个或两个探测元件，并将两个探测元件以反极性串联，以抑制由于自身温度升高而产生的干扰。而由于人体辐射的红外线中心波长为 9～10 μm，探测元件的波长灵敏度在 0.2～20 μm 范围内几乎稳定不变。在传感器顶端开设了一个装有滤光镜片的窗口，这个滤光镜片可通过光的波长范围为 7～10 μm，正好适合于人体红外辐射的探测，而对其他波长的红外线由滤光镜片予以吸收，这样便形成了一种专门用作探测人体辐射的红外线传感器。探测元件将接收到的人体红外辐射转变成微弱的电压信号，经装在探头内的场效应管放大后向外输出。为了提高探测器的探测灵敏度以增大探测距离，一般在探测器的前方装设一个菲涅尔透镜，该透镜用透明塑料制成，将透镜的上、下两部分各分成若干等份，制成一种具有特殊光学系统的透镜，它和放大电路相配合，可将信号放大 70 dB 以上，这样就可以测出 10~20 m 范围内人的行动。一旦有人进入探测区域，人体红外辐射通过部分镜面聚焦，并被热释电元接收，经信号处理而输出电压信号。

菲涅尔透镜利用透镜的特殊光学原理，在探测器前方产生一个交替变化的"盲区"和"高灵敏区"，以提高它的探测接收灵敏度。当有人从透镜前走过时，人体发出的红外线就不断地交替从"盲区"进入"高灵敏区"，这样就使接收到的红外信号以忽强忽弱的脉冲形式输入，从而增强其能量幅度。

2. 热释电红外模块 HC-SR501

本系统采用热释电红外传感器 HC-SR501 采用德国原装进口 LHI778 探头设计，灵敏度高，可靠性强，工作模式电压超低，广泛应用于各类自动感应电器设备，尤其是干电池供电的自动控制产品。本系统所选的传感器模块其感应角度为小于 100° 的锥角，感应距离最大可到 7 m，安装于不同位置时，感应范围分别如图 5-2、图 5-3 所示。其中，图 5-2 显示的是安装在竖直位置的感应范围，图 5-3 显示的是安装于水平位置的感应范围。

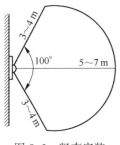

图 5-2　竖直安装

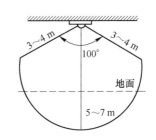

图 5-3　水平安装

5.2.2　温度传感器

本系统采用的是 DS18B20 集成温度采集模块、美国 Dallas 半导体公司的数字化温度传感器。DS18B20 是世界上第一片支持"一线总线"接口的温度传感器。内部结构主要由四部分组成：64 位光刻 ROM、温度传感器、非挥发的温度报警触发器 TH 和 TL、配置寄存器。

DS18B20 的测温原理如图 5-4 所示。图中低温度系数晶振的振荡频率受温度影响很小，用于产生固定频率的脉冲信号发送给计数器 1。高温度系数晶振随温度变化其振荡率明显改变，所产生的信号作为计数器 2 的脉冲输入。计数器 1 和温度寄存器被预置在 -55 ℃ 所对应的一个基数值。计数器 1 对低温度系数晶振产生的脉冲信号进行减法计数，当计数器 1 的预置值减到 0 时，温度寄存器的值将加 1，计数器 1 的预置将重新被装入，计数器 1 重新开始对低温度系数晶振产生的脉冲信号进行计数，如此循环直到计数器 2 计数到 0 时，停止温度寄存器值的累加，此时温度寄存器中的数值即为所测温度。图 5-4 中的斜率累加器用于补偿和修正测温过程中的非线性，其输出用于修正计数器 1 的预置值。

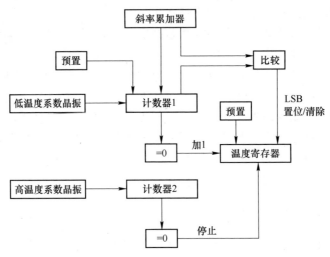

图 5-4　DS18B20 的测温原理图

■5.2.3　单片机最小系统电路

　　本系统使用的时钟电路、信号采集电路的供电电压都是+5 V，为了使整个系统的电压保持稳定，在设计过程中加入稳压芯片 LM7805 和滤波电容，系统采用交流 220 V 经稳压、滤波后输出电压为+5 V，该电源电路如图 5-5 所示。在 STC89C52 中，有一个用于构成内部振荡器的高增益反向放大器。单片机引脚 XTAL1 和 XTAL2 分别是放大器的输入端和输出端，放大器和作为反馈元件的片外石英晶体一起构成了自激振荡器振荡电路。由于单片机的一个机器周期含有 6 个状态周期，而每个状态周期为两个振荡周期，故一个机器周期共有 12 个振荡周期。在本系统中，为了得到标准无误的波特率，采用了 11.0592 MHz 的晶振，晶振电路如图 5-6 所示。

　　复位电路是使单片机的 CPU 或系统中的其他部件处于某一确定的初始状态，并从此状态开始工作。通常单片机的复位电路有两种：上电复位电路和按键复位电路。上电复位是单片机上电时执行的复位操作，它是利用电容充电的原理实现的。按键复位电路同时具有上电复位和按键复位的功能，它主要是利用电阻的分压实现的。复位电路参数的选择应能保证复位高电平持续时间大于两个机器周期。本系统采用按键复位电路。复位电路如图 5-7 所示。当单片机检测到报警信息后，液晶显示屏显示"家中有贼！"，扬声器发出"警笛声"以及发光二极管闪烁报警，并一直循环。此后，如需停止报警，按下复位按键即可。

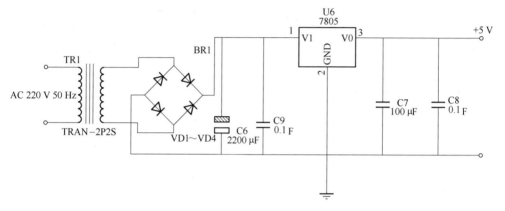

图 5-5　系统供电电源电路

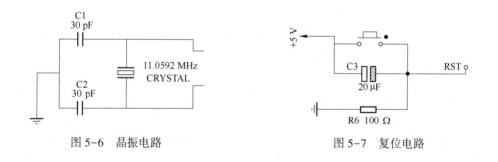

图 5-6　晶振电路　　　　　　　　图 5-7　复位电路

5.2.4　显示电路

本系统主要采用无字库 12864 液晶显示屏显示报警信息，并在没有报警信号时准确显示万年历时间和温度界面。当没有报警信号产生时，屏幕显示"家中正常！"字样，并自动进入万年历界面和温度显示界面；当采集到报警信息时，屏幕显示"家中有贼！"字样。在万年历界面下，若 P0.3 为低电平则进入万年历闹钟设置界面，在 P0.2 为低电平时为删除按钮，在 P0.1 为低电平时为数字增加，在 P0.0 为低电平时为数字减小。当页面为万年历状态时，若 P2.6 为低电平则进入信息查询页面，显示报警信息，若 P2.7 为低电平则进入翻页状态，若 P2.5 为低电平则为向上翻页。显示电路如图 5-8 所示。

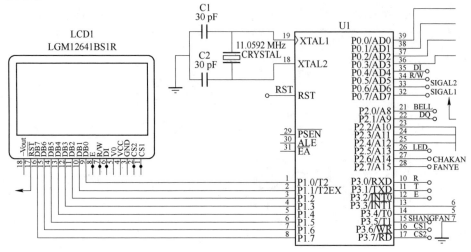

图 5-8　显示电路

■5.2.5　串口通信电路

本系统中通信端口的设计有两个作用，向单片机 STC89C52 中烧写程序，在有报警信息的情况下，单片机通过串口向 TC35I——GSM 模块发送打电话或发送短信息的指令。由于 STC89C52 可以利用 ISP 在线下载程序，且通信是近距离使用，故采用简单的 MAX232 芯片即可以完成通信任务。它是由德州仪器公司推出的一款兼容 RS-232 标准的芯片。由于计算机串口 RS-232 电平是-10~10 V，而一般的单片机 STC89C52RC 应用系统的信号电压是 TTL 电平0~+5 V，MAX232 可进行电平转换，该器件包含两个驱动器、两个接收器和一个电压发生器电路提供 TIA/EIA-232-F 电平。本系统中串口电路如图 5-9 所示，其中 D2 为串口下载指示灯，正常传送信号时该灯闪烁。

■5.2.6　信息存储电路

为了方便报警信息的查询，本设计中采用了 I^2C 总线协议进行程序的编写，利用 AT24C02 芯片对报警时间进行记录。在 I^2C 总线进行数据传送时，时钟信号为高电平期间，数据线上的数据必须保持稳定，只有在时钟线上的信号为低电平期间，数据线上的高电平或低电平状态才允许变化，其变化方式如

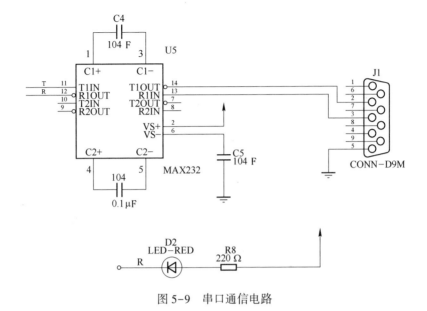

图 5-9　串口通信电路

图 5-10 所示。当 SCL 线为高电平期间，SDA 线由高电平向低电平的变化表示起始信号；当 SCL 线为高电平期间，SDA 线由低电平向高电平的变化表示终止信号。需要注意的是，字节传送与应答每一字节必须保证是 8 位长度，如图 5-11 所示。在数据传送时，必须先传送最高位（MSB），每一个被传送的字节后面都必须跟随一位应答位（即一帧共有 9 位）。如果一段时间内没有收到从机的应答信号，则自动认为从机已正确接收到数据。

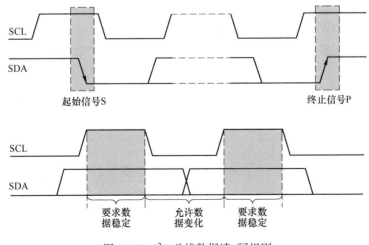

图 5-10　I^2C 总线数据读/写规则

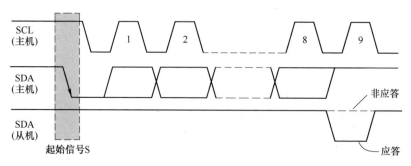

图 5-11 I²C 数据传送与应答

AT24C02 支持 I²C，总线协议规定将任何将数据传送到总线的器件作为发送器。数据传送是由产生串行时钟和所有起始停止信号的主器件控制的。主器件和从器件都可以作为发送器或接收器，但由主器件控制传送数据（发送或接收）的模式，通过器件地址输入端 A0、A1 和 A2 可以实现将最多 8 个AT24C02 器件连接到总线上。本设计只采用一个 AT24C02 存储器，用于记录报警信息，其电路如图 5-12 所示。

AT24C02 的芯片地址如图 5-12 所示，1010 为固定，A0、A1、A2 正好与芯片的 1、2、3 引脚对应，为当前电路中的地址选择线，三根线可选择 8 个芯片同时连接在电路中，当要与哪个芯片通信时传送相应的地址即可与该芯片建立连接。最后一位 R/W 用于告诉从机下一字节的数据是读还是写，0 为写入，1 为读出。串行时钟输入管脚 SCL 用于产生器件所有数据发送或接收的时钟；SDA（漏极开路输出管脚）双向串行数据/地址管脚用于器件所有数据的发送或接收；管脚 A0、A1、A2 用于多个器件级联时设置器件地址。如果只有一个AT24C02 被总线寻址，这三个地址输入脚（A0、A1、A2）可悬空或连接到VSS；WP 为写保护引脚，如果 WP 管脚连接到 VCC，所有的内容都被写保护，只能读，当 WP 管脚连接到 VSS 或悬空，允许器件进行正常的读/写操作。

■5.2.7 实时时钟电路及显示电路

本系统为了准确记录报警的时间及正确显示万年历，采用了 DS1302 实时时钟芯片。DS1302 的引脚如图 5-13 所示，其中 VCC1 为后备电源，VCC2 为主电源。若主电源关闭，也能保持时钟的连续运行。DS1302 由 VCC1 或 VCC2两者中的较大者供电。X1 和 X2 是振荡源，外接 32.768 kHz 晶振。RST 是复位/片选线，通过把 RST 输入驱动，置高电平，来启动所有的数据传送。RST输入有两种功能：首先，RST 接通控制逻辑，允许地址/命令序列送入移位寄存器；其次，RST 提供终止单字节或多字节数据的传送手段。当 RST 为高电平时，所有的数据传送被初始化，允许对 DS1302 进行操作。如果在传送过程中 RST 被置为低电平，则会终止此次数据传送，I/O 引脚变为高阻态。在上电运行时，在 VCC>2.0 V 之前，RST 必须保持低电平。只有在 SCLK 为低电平时，才能将 RST 置为高电平。I/O 为串行数据输入/输出端（双向），SCLK 为时钟输入端。电路连接图如图 5-14 所示。

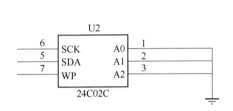

图 5-12　存储器 AT24C02 电路连接图

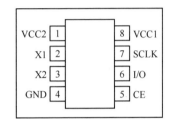

图 5-13　DS1302 引脚图

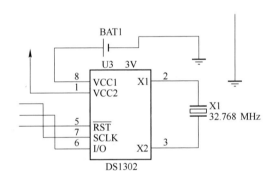

图 5-14　时钟电路原理图

　　DS1302 控制字节的最高有效位（位 7）必须是逻辑 1，如果它为 0，则不能把数据写入 DS1302 中；位 6 如果为 0，则表示存取日历时钟数据，为 1 表示存取 RAM 数据；位 5 至位 1 指示操作单元的地址；最低有效位（位 0）如果为 0 表示要进行写操作，为 1 表示进行读操作，控制字节总是从最低位开始输出。本系统为了更加人性化，增强了人机界面交互的效果，采用无字库 12864 液晶用于显示，型号为 KXM12864J。它是一种图形点阵液晶显示器，主要采用动态驱动原理由行驱动——控制器和列驱动器两部分组成了 128（列）×64（行）的全点阵液晶显示。工作电压为+5 V±10%，可自带驱动 LCD 所需的负电压；全屏幕点阵，点阵数为 128（列）×64（行），可显示 8（行）×4（行）个（16×16 点阵）汉字，也可完成图形、字符的显示；与 CPU 接口采用 5 条位控制总线和 8 位并行数据总线输入/输出，适配 M6800 系列时序；内部有显示数据锁存器；具有简单的操作指令，显示开关设置，显示起始行设置、地址指针设置和数据读/写等指令。

5.3 GSM 模块设计

西门子工业 GSM 模块通过接口连接器和天线连接器分别连接 SIM 读卡器和天线。SIM 电压为 3 V/ 1.8 V，TC35I 的数据接口（CMOS 电平）通过 AT 命令双向传输指令和数据，可选波特率为 300~115 kbit/s，自动波特率为1.2~115 kbit/s。它支持 Text 和 PDU 格式的 SMS（Short Message Service，短信息）。可通过 AT 命令或关断信号实现重启和故障恢复。TC35I GSM 模块由供电模块（ASIC）、闪存、ZIF 连接器、天线接口等 6 部分组成。本系统中的 GSM 是在单片机 STC89C52 采集到报警信息并发送打电话/发短信指令后，通过串口接收并进行相应动作的系统模块。

▌5.3.1 TC35I 接口电路设计

TC35I 接口电路如图 5-15 所示，只需利用单片机的 RXD 和 TXD 管脚对 TC35I 进行控制，即可完成短信方式的数据传输。TC35I 默认的串行通信方式是 8 位数据位，1 位停止位，无校验位，波特率在 1.2~115 kbit/s 之间自动可调。值得注意的是，TC35I 管脚的定义是针对外部连线，对于 TC35I 来说，TXD 是信号输入脚，连接单片机的 TXD；RXD 是信号输出脚，连接单片机的 RXD。在设计电路的时候，需要进行电平转换，主要通过加上拉电阻来实现。

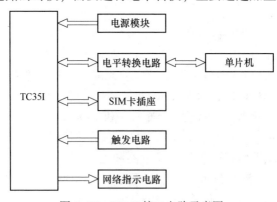

图 5-15　TC35I 接口电路示意图

■ 5.3.2　AT 指令

控制器与 GSM 模块之间主要采用 RS-232 连接，使用 AT 指令实现相互通信。常用的短信 AT 指令见表 5-1。

表 5-1　常用的短信 AT 指令

AT 指令	功　　能
AT+CSMS	选择短信服务（支持 GSM-MO、SMS-MT、SMS-CB）
AT+CMGF	设置短信格式（1—TEXT，0—PDU）
AT+CSCA	设置短信服务中心地址
AT+CMGS	发送信息
AT+CMGR	读取短信
AT+CMGD	删除短信
AT+CSAS	保存设置（保存+CSAS 和+CSMP 的参数）
AT+CRES	恢复设置
AT+CNMA	新信息确认应答
AT+CPMS	优先信息存储（定义用来读/写信息的存储区域）
AT+CNMI	新信息指示（选择如何从网络上接收短信）
AT+CMGL	列出存储的信息
AT+CMGW	写短信并存储
AT+WMGO	信息覆盖写入

■ 5.3.3　打电话的工作模式

本系统采用 ATD 指令，向特定用户打电话以实现报警功能。这个命令用来设置通话、数据或传真呼叫。本系统中所用到的程序如下：

```
#include <absacc.h>
#include <intrins.h>
#define uint unsigned int
#define uchar unsigned char

sbit START_ TC = P3.6;  //启动 TC35I 的控制端（由于调试时使用的模块始终处
                          于工作状态，
//故本口没有使用）
uchar code PhoneCall [] = {" 13526880898;" }; //打电话数据
uchar code AT [] = {" AT" }; //联机命令
init_ chuankou ()
{ EA = 0; //关总中断
```

```
    ET1 = 0; //禁止中断1
    SCON = 0X50;
    TMOD = 0X20;
    TH1 = 0XFD;
    TL1 = 0XFD; //波特率为9600 bit/s
    TR1 = 1;
}
delay_Xms (uint t)
{ uint i, j;
  for (i=t; i>0; i--)
   for (j=113; j>0; j--);
}
Print_Char (uchar ch) //发送单个字符
{ SBUF = ch; //送入缓冲区
  while (TI = = 0); //等待发送完毕
  TI = 0; //软件清零
}
Print_Str (uchar * str, uint len) //发送字符串, 调用 Print_ Char (),
                            Dlen 表示字符串长度
{ while (len--)
   {
      Print_Char ( * str++);
   }
}


start_ TC35I ()   //启动 TC35I 的函数
{ START_ TC = 0; //启动 TC35I
  delay_Xms (1500); //时间必须大于100 ms
  START_TC = 1; //完成启动, 此后一直保持高电平
}
void GSM_AT () //发 AT 的函数
{ Print_Str (AT, 2);
  Print_Char ('\r'); //以回车作为结束符号, 手机才能识别
  ES = 1;
  delay_Xms (1000); //延时
}


void phone ()
```

```
{ Print_Str (PhoneCall, 15); //｛" ATD13526880898;" ｝, 打电话数据
  Print_Char ('\r');
  ES = 1;
  delay_Xms (5000);
  delay_Xms (5000);
}
```

5.4　系统软件设计及综合调试

　　根据整体设计要求，本系统采用 C 语言进行编程，利用软件 Keil C 进行调试。当单片机系统上电后显示人机交互界面并显示欢迎用户使用的信息，此时若热释电红外传感器 1 和 2 都没有信号，即二者都是低电平，屏幕显示"家中正常!"字样，并延时若干秒后进入万年历界面（在屏幕的右下角显示当前温度），系统进入信号检测和万年历显示界面（注："家中正常!"字样只在初次进入系统时显示）。当热释电传感器 1 或 2 有信号时，或者二者都有信号时显示"家有盗贼!"字样，并且扬声器发出"警笛声"以提示用户报警，同时发光二极管闪烁。远程控制要求若出现报警信息后系统启动 GSM 模块向设定的用户手机打电话以提示用户查看家中是否正常。系统主程序流程图如图 5-16 所示。

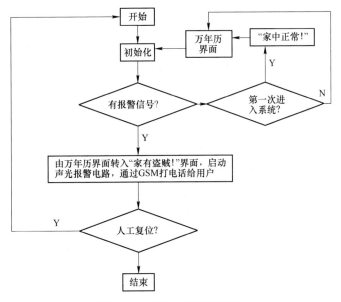

图 5-16　系统主程序流程图

系统的串口调试主要是单片机程序烧写和 GSM 模块通信，通过 ISP 烧写工具将 .HEX 文件烧写至单片机中，如图 5-17 所示。系统启动 GSM 模块，开始向设定的用户打电话。通过 Proteus 和 Keil C 进行联调可以得出不同情况的调试图，如图 5-18 至图 5-22 所示。

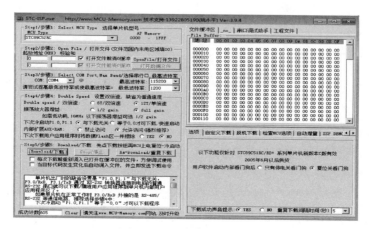

图 5-17　程序烧写过程图

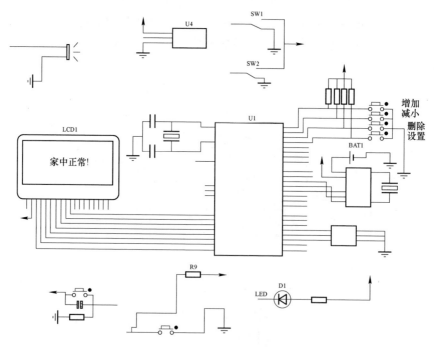

图 5-18　初次检测"家中正常！"

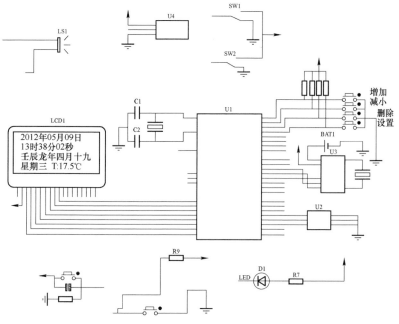

图 5-19　初次检测后进入"万年历"界面

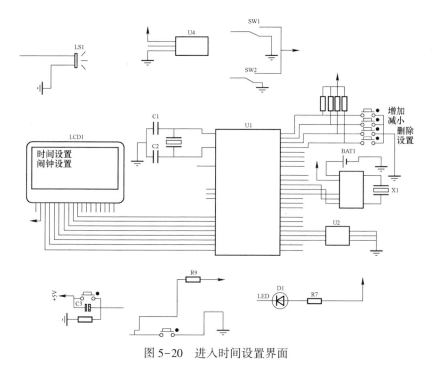

图 5-20　进入时间设置界面

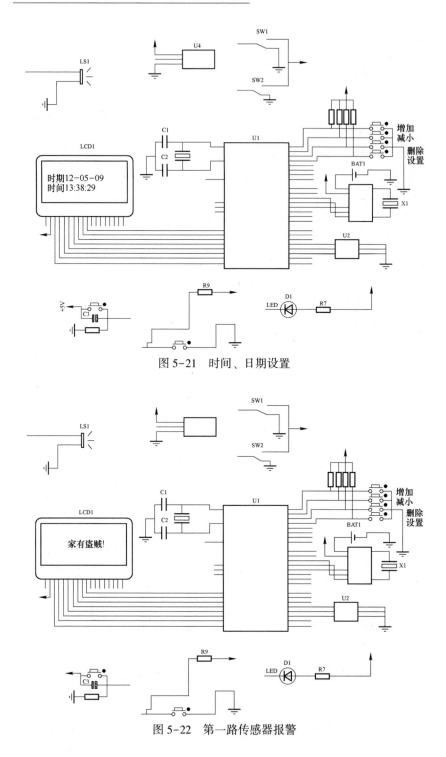

图 5-21 时间、日期设置

图 5-22 第一路传感器报警

5.5　总　　结

　　基于对家居安防系统的实际要求，设计出了本套家居防盗自动报警系统。本系统具有反应灵敏、功能全面、使用方便、性价比高等特点，适用于现代化的家居生活。本系统主要由单片机和液晶显示模块组成，借助于最可靠、最成熟的 GSM 移动网络，以最直观的电话模式直接把报警信息反映到用户手机中。本系统采用热释电红外传感器进行检测，变有形的传统防盗网络为无形的防盗网络，以提醒用户及时采取措施以减少经济损失。本系统主要包括硬件设计和软件设计两个部分。硬件部分包括单片机控制电路、热释电红外传感模块、实时温度采集模块、实时时间显示电路、声光报警电路、无字库 12864 液晶显示模块、AT24C02 报警信息存储模块、GSM 模块。软件部分包括 C 语言程序、Proteus 仿真图、DXP2004 原理图及 PCB 电路图。单片机采用 STC 公司生产的 STC89C52，整个系统在软件控制下工作。经过软件系统和硬件系统的认真调试，本系统能够达到预期的效果，完成预期的任务，能够准确地实现报警信息的采集、存储、查询、实时时间和温度的显示以及 GSM 拨号的功能。

第6章

基于 GSM 的酒精浓度
检测仪的设计与实现

随着我国汽车保有量的不断增多，交通事故时有发生，成为影响人民生活安全的重大问题，国内每年由于酒后驾车引发的交通事故达数万起，而造成死亡的事故中 50% 以上都与酒后驾车有关，酒后驾车已经成为交通事故的"祸首"。因此，设计一种能够随时检测驾驶人体内酒精含量的便携检测仪，对于提高驾驶人主动安全驾驶，避免交通事故发生具有重要意义。本章研究了汽车控制系统中的酒精检测部分，利用单片机和传感器技术检测驾驶人是否饮酒过量而醉酒驾车，可以有效预防交通事故的发生。整个系统具有检测、显示、报警等多种功能，而且基于 GSM 全球移动网络系统同时向目的手机发送短信报警，只要在 GSM 网络覆盖的地区就能接收到报警信息，便于向接收系统远程报警，相对于传统的报警方式具有无操作距离限制、大众化等优点。

6.1　总体方案设计

本设计基于单片机和酒精传感器实现。首先考虑的是传感器的传感特性，通过对不同气体传感器的参数进行对比，最后选用稳定性较高、价格低廉的气敏电阻式传感器 MQ-3。气敏电阻式传感器非线性一般都较大，并且不规则，难以用简单的函数逼近，硬件校正也很复杂，可以利用单片机的软件编程对其进行处理。STC 系列的 51 单片机编程方便，功能项对传统 51 单片机有了加强，所以选用 STC89C52 单片机作为系统核心。任务要求数字化显示，需要进行 A/D 转换、显示处理等，ADC0809 转换芯片、七段数码管等构建整个系统。信号由传感器读入，经 A/D 转换为数字信号，单片机驱动数码管显示。经计算得到一定的酒精浓度阈值，并在程序中设定，若检测酒精浓度超过阈值则报警，现场声光报警。本设计也可以附加 GSM 短信报警，将 GSM 短信模块与单片机的串口连接，控制串口发送数据指令控制模块运行。整个系统框图如

图 6-1 所示。

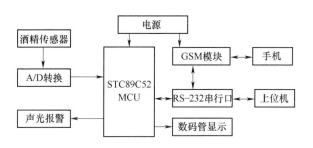

图 6-1　总体系统框图

▉ 6.1.1　传感器的选择与电路设计

　　气体传感器有半导体气体传感器、电化学气体传感器、催化燃烧式气体传感器、热导式气体传感器、红外线气体传感器等。从应用范围和普及程度上看半导体式传感器是应用最广的，半导体式传感器分为电阻式传感器和非电阻式传感器，电阻式传感器利用其电阻值变化检测气体浓度，而非电阻式传感器则是利用一些物理效应和特性原理设计，电阻式传感器由于研究较早，目前使用较多。电阻式半导体型传感器的原理是利用半导体气敏元件同气体接触，造成半导体性质变化，通过检测这些物理特性的变化反映被测的参数值。电阻式半导体型传感器具有结构简单、灵敏度高、动态性能好等特点，采用的半导体为敏感材料容易实现传感器智能化和集成化，输出电物理量，功耗低，安全可靠。半导体气体传感器的传感特性如图 6-2 所示。经分析比较，本

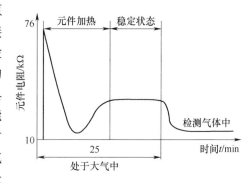

图 6-2　半导体气体传感器传感特性

设计选用 MQ-3 型酒精传感器，MQ-3 为电阻式半导体传感器。

　　MQ-3 的标准电路由加热电路和信号输出电路组成。加热电压 VH 为 5 V，加热电阻为 31 Ω，传感器敏感体电阻 RS 的大小由通过与其串联的负载电阻 RL 上的有效电压信号 VL 输出大小来控制，公式推导为：RS/RL =（VC - VL）/VL，其中，VC 为回路电压且 VC<15 V。负载电阻 RL 选用 0~200 kΩ 的

可调电阻，通过调节 RL 可以得到 0~5 V 的电压输出，所以 MQ-3 酒精传感器不需要外加放大电路即可直接与单片机相连。传感器的信号测量电路如图 6-3 所示。

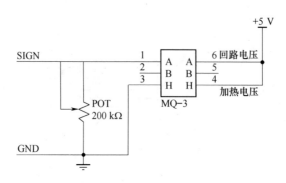

图 6-3　MQ-3 驱动电路连接图

由公式 RS/RL=(VC-VL)/VL 可知，当测出电压 VL 的值时，可推出当前敏感体的电阻值，由灵敏度 Rs/Ro 与酒精度的对应关系可得到当前酒精浓度值。由传感器灵敏度特性曲线可知，在不同温度和湿度的情况下，传感器灵敏度为非线性变化，驱动电路的电压输出值与酒精浓度呈非线性关系。设计中考虑到如果已知酒精浓度传感器的信号输出与气体浓度的对应关系，可以采用查表方式作近似线性化处理，将对应关系分为多段，然后分别进行线性化，该方法称作"分段线性化"，然后根据实际采样得到的信号输出电压，再判断在哪一段线段上，按照直线方程计算酒精浓度。

6.1.2　A/D 转换电路

1. ADC0809 引脚功能

本设计中传感器的输出信号为模拟量，在单片机进行处理前先进行 A/D 转换，以便于单片机处理，此处选用美国国家半导体公司生产的 ADC0809。该芯片的引脚分布如图 6-4 所示，其主要功能如下。

IN0~IN7：8 位模拟量输入通道。也就是说它可以分时地分别对 8 个模拟量进行测量转换。一个时间段只对一路模拟量输入采集，选择哪一路由模拟量输入通道选择信号 ADD A、ADD B、ADD C 决定。

ALE：地址锁存允许信号。在低电平时向 ADD A~ADD C 写地址，当 ALE 跳至高电平后 ADD A~ADD C 上的数据被锁存。

START：启动转换信号。当它为上升沿后，将内部寄存器清 0；当它为下

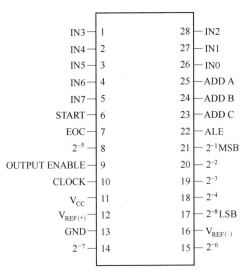

图 6-4　ADC0809 引脚图

降沿后，开始 A/D 转换。

D0 ~ D7：转换后数据的输出口。

OE：输出允许信号，是对 D0 ~ D7 的输出控制端。OE = 0，输出端呈高阻态；OE = 1，输出转换得到的数据。

CLOCK：时钟信号。ADC0809 内部没有时钟电路，需由外部提供时钟脉冲信号，一般为 500 ~ 640 kHz。

EOC：转换结束状态信号。EOC = 0 的表示正在进行转换；EOC = 1 时表示转换结束。

$V_{REF(+)}$、$V_{REF(-)}$：参考电压。参考电压用来与输入的模拟量进行比较，作为测量的基准。一般 $V_{REF(+)}$ = 5 V、$V_{REF(-)}$ = 0 V。

2. ADC0809 工作过程

在 IN0 ~ IN7 上可分别接上要测量转换的 8 路模拟量信号，由于一个时间内只测一路传感器，本设计将 ADD A ~ ADD C 全部接地，默认输入通道 IN0；将 ALE 由低电平置为高电平，从而将 ADD A ~ ADD C 送进的通道代码锁存，经译码后被选中的通道的模拟量发送给内部转换单元；给 START 一个正脉冲，当上升沿时，所有内部寄存器清零，下降沿时，开始进行 A/D 转换；在 A/D 转换期间，保持低电平 ADC 的 START 和 ALE 引脚可以接在一起，由单片机统一置高电平开始工作；在 A/D 转换期间，可以对 EOC 不断进行查询，当 EOC 为高电平时，表明转换工作结束，否则表明正在进行 A/D 转换；A/D 转换结束后，输出允许 OE 设置为 1，这时 D0~D7 的数据便可以读取至单片机。

3. A/D 转换器时钟方案

ADC0809 的转换工作是在时钟脉冲的条件下完成的，因此首先在 CLOCK 端接时钟信号，一般使用 500~640 kHz，本设计使用 STC89C52 单片机中定时/计数器 T2 编程产生时钟信号并输出。T2 是 STC89C52 单片机比传统 51 单片机多出的一个 16 位定时器，由特殊寄存器 T2CON 和 T2MOD 确定工作方式。通过设定 T2，在 P1.0 口输出时钟，图 6-5 为 T2 的时钟输出方式示意图。

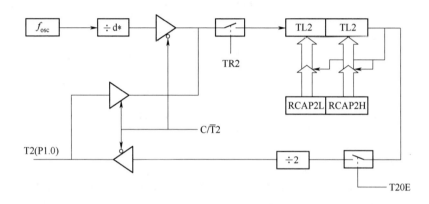

图 6-5 T2 的时钟输出方式示意图

通过软件对 T2CON.1 位 C/$\overline{T2}$ 复位 0，对 T2MOD.1 位 T2OE 置 1，将 T2 设置为时钟信号发生器，TR2 控制时钟信号输出开始或结束，由单片机晶振频率、T2 定时和重装的计数初值决定时钟信号的输出频率，计算公式如下：

$$时钟信号输出频率 = \frac{f_{osc}}{n \times [65536 - (RCAP2H, RCAP2L)]}$$

当 1 个机器周期含有 12 个振荡周期时，$n = 4$。由公式可知，确定晶振频率以后，时钟信号频率取决于计数初值，在 11.0592 MHz 的晶振频率下，要产生 500 kHz 信号，计数初值的计算公式如下：

$$计数初值 = 65536 - [11.0592M/(500k * 4)] \approx FFFA$$

产生时钟信号部分的源程序如下：

```
T2CON   EQU 0C8H；定义特殊寄存器地址
T2MOD   EQU 0C9H
TR2     EQU  T2CON.2
```

RCAP2L　EQU 0CAH；定义初值重装寄存器

RCAP2H　EQU 0CBH

TH2　EQU 0CDH；定义初值装载寄存器

TL2　EQU 0CCH

MOV T2CON，#00H；00000000，定义定时器工作在内部计数模式

MOV T2MOD，#02H；00000010，设置 P1.0 口输出脉冲

CLR TR2；关闭输出

MOV TH2，#0FFh；装载计数初值 FFFA

MOV TL2，#0FAH

MOV RCAP2H，#0FFH　；重载计数值 FFFA

MOV RCAP2L，#0FAH

SETB TR2；启动输出 500 kHz 脉冲

4. A/D 转换器与单片机的连接电路

ADC0809 的电路与单片机连接如图 6-6 所示，ADC 的数据输出接单片机的 P2 口，控制脚如 START、ALE、EOC、OE 分别与 P3 口连接，ADC0809 的电源电压为 5 V，参考电压 $V_{REF(+)}$ 设为 +5 V，传感器信号从 IN0 输入。P3.3 脚连接 ADC 的 START 和 ALE 脚，P3.4 接 EOC 脚，P3.5 接 OE 脚。

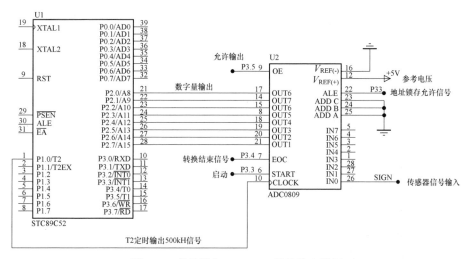

图 6-6　单片机与 ADC0809 的连接电路图

6.1.3　GSM 短信报警设计

TC35i 是西门子公司推出的 GSM 通信模块。TC35i 模块数据的输入/输出接口是一个符合 RS-232 标准的异步串行口，工作在 CMOS 电平（2.65 V），

数据接口配置为 8 位数据位、1 位停止位、无校验位，可以在 300~115 kbit/s 的波特率下运行，该串口可以与单片机的串口直接通信，但需要电平转换。开发板上集成了 MAX232 的电平转换电路，已将 CMOS 电平转换为 RS-232 电平，与单片机的串口转换电路直接连接。本设计实现的短信报警功能是把单片机与 TC35i GSM 模块的开发板连接，利用串口发送 TC35i 的操纵 AT 指令实现向手机发送短信。本设计中使用到的 AT 指令见表 6-1。

表 6-1　典型 AT 指令

AT 指令	功能描述
AT 回车	连机指令
ATV 回车	数据通信设备回应格式
AT+CMGF = 1, 0 回车	设置短信为 Text, PDU 模式
AT+CACA = "xxx" 回车	设置短信中心
AT+CMGS = "xx" 回车	发送短信
AT+CMGR 回车	读取短信
AT+CMGD = "XX" 回车	删除短信
AT+IPR = xx 回车	设置波特率

通过上位机串口和 TC35i 连接体现发送一条短信的流程，上位机串口调试软件为串口调试助手 SComAssistant。验证模块版本，网络是否注册成功。如图 6-7 和图 6-8 所示，模块返回值成功，工作正常。

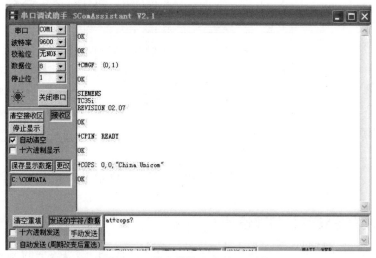

图 6-7　检查模块通信是否正常

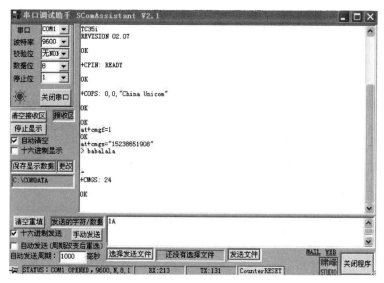

图 6-8　发送短信成功

1）发送 at+cmgf＝1 并按回车键，设置短信模式为英文 Text 模式。

2）发送 at+cmgs＝"15238651908" 并按回车键，设置目的手机号码。

3）当模块返回" ＞" 号时，输入短信内容并按回车键。

4）发送 ctrl+z，以十六进制发送 1A。

模块回复" +CMGS：24，OK"，验证短信发送成功。

6.2　系统软件设计

系统软件设计模块化，由主程序、A/D 子程序、显示子程序和报警子程序构成。主程序流程图如图 6-9 所示。

6.2.1　A/D 转换程序

传感器的模拟电压值信号经 ADC0809 转换器转换，经过 IN0 输入通道转换为 8 位的二进制 00H 到 FFH，然后存放到 ADC 缓存单元中。A/D 转换大概需要 100 μs 左右，程序流程图如图 6-10 所示。

6.2.2　报警程序设计

报警方式分为声光报警和 GSM 报警两种。在程序中设定显示的阈值，经数据处理之后进行判断。若小于阈值，则正常显示当前数值；若大于阈值，则转入报警程序，同时显示当前数值。声光报警部分的程序流程图如图 6-11 所示。

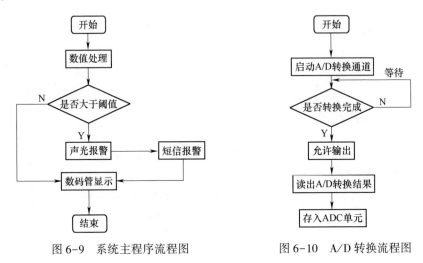

图 6-9 系统主程序流程图   图 6-10 A/D 转换流程图

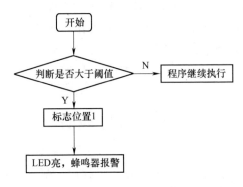

图 6-11 报警子程序流程图

TC35i GSM 模块经串口和单片机连接，单片机可以经串口向 TC35i 发送 AT 命令操作短信报警，将要发送的短信内容编码存放在程序中，将 A/D 转换后的数值与阈值进行比较，当大于或等于阈值时，启动 GSM 报警子程序。发送短信流程图如图 6-12 所示。

部分软件程序设计如下：

＊＊＊＊＊＊＊＊＊串口初始化程序＊＊＊＊＊＊＊＊＊＊＊＊＊＊＊＊＊＊

```
Void serial_init ( )
```

```
    ｜ SCON = 0x50;
     PCON = 0x00;
     TMOD = 0x21;
     TH1 = 0xFD;
     TL1 = 0xFD;
     TR1 = 1;
     EA = 1;
    ｝
```

* * * * * * * * * * * 串口发送一个字符/ASCII 码 * * * * * * * * * * *

```
Void send_ char ( unsigned char asc)
    ｜ TI = 0;
     SBUF = asc;
     while (TI! = 1);
     TI = 0 ;
    ｝
```

* * * * * * * * * * 串口发送字符串函数 * * * * * * * * * * * * * * *

```
void send_ string (unsigned char * s)
{ undsigned char i = 0;
     while (s [i]! = '\0')
    ｜    i++;
         send_ char (s [i] );
         delay (2);
    ｝
}
```

* * * * * * * * * * * * 串口接收中断函数 * * * * * * * * * * * * * *

```
void serial ( ) interrupt 4
    ｜ if (RI)
    ｜ RI = 0;

         Rsbuf [i++] = SBUF;
         if (i>MAX)
           ｜ MAX = i;｝
    ｝
    ｝
```

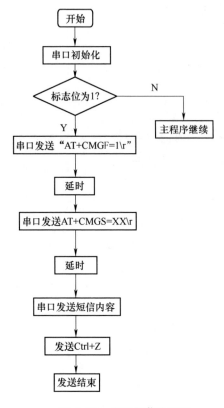

图 6-12 发送短信流程图

6.3 传感器标定及数据处理

■6.3.1 传感器的标定

当能显示正确电压值后，需要建立酒精浓度值与电压的对应关系。因此，要显示酒精浓度值，需要找到电压与浓度之间的关系，然后才能建立酒精浓度值与显示的映射关系。测量用的酒精溶液是用无水乙醇和纯净水按体积比进行配制的，单位为 mL/mL，表示 1 mL 酒精溶液中含酒精的体积。准备多个不同浓度的酒精气体样品，从小到大依次用气敏传感器检测，记录对应的电压值，记录样品的浓度和电压值之间的关系，如图 6-13 所示。根据曲线图的走向可以看出传感器的酒精浓度检测的大致范围，然后根据这个范围选择 7 个合适的浓度值，多次测量电压值，再取平均值作为最后的电压值，把 6 个标准区间范围确定下来，见表 6-2。

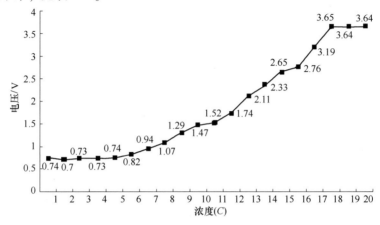

图 6-13　浓度与电压关系曲线图

表 6-2　样品对应电压值　　　　　　　　　　　　单位：V

样品浓度 C/（mL/mL）	C_1	C_2	C_3	C_4	$\overline{C}$
0.375	3.68	3.54	3.60	3.61	3.61
0.333	3.19	3.20	3.17	3.22	3.20
0.167	2.76	2.74	2.73	2.74	2.74
0.100	2.33	2.35	2.34	2.30	2.33
0.033	1.74	1.70	1.75	1.73	1.73
0.020	1.47	1.42	1.43	1.46	1.45
0.010	0.76	0.74	0.76	0.73	0.75

在酒精气体浓度的每个小区间内，将电压值与数码管显示值之间的关系当作线性处理，即每段小区间对应着一个线性映射关系，见表 6-3。在不同线性转换电压区间的范围和对应的线性转换关系确定好了以后，根据表 6-3 所对应的关系，修改数据处理程序部分，建立酒精浓度和电压之间的关系，使最终显示的数据为酒精浓度值。

表 6-3　浓度与电压线性映射关系

电压值区间/V	浓度转换关系
3.61～3.20	$C = 0.11V - 0.022$

续表

电压值区间/V	浓度转换关系
3.20~2.74	$C=0.35V-0.789$
2.74~2.33	$C=0.17V-0.296$
2.33~1.73	$C=0.11V-0.156$
1.73~1.45	$C=0.046V-0.047$
1.45~0.75	$C=0.014V$

■ 6.3.2 数据处理

本设计需要进行三次数据的转换：从模拟电压信号到数字信号的转换、从数字信号到电压值的转换和从电压值到浓度值的转换。首先根据 A/D 转换的原理把模拟电压信号转化成数字信号。在做仿真时用一个滑动变阻器模拟传感器的电压变化，变化范围是 0~5 V，理论上对应的数字范围是 0~255，由 AD0809 的数据输出公式 $Dout = Vin \times 255/5 = Vin \times 51$（其中，$Vin$ 为输入模拟电压，$Dout$ 为输出数据）可以建立模拟信号和数字信号的关系，从而在仿真之余可从理论上检测结果的正误。在此模块中采用了一个比较特殊的取位函数，即将数字信号对 51 进行取位操作，得到电压值。仿真结果如图 6-14 所示。此时滑动变阻器的电压为 5 V×40% = 2 V，而 LCD 显示的电压正好是 2 V，结果正确。

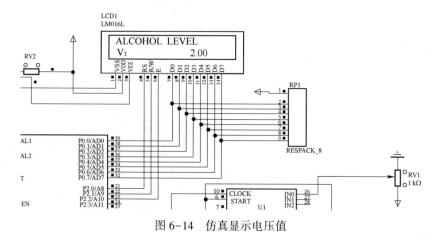

图 6-14 仿真显示电压值

根据酒精浓度和电压之间的关系将电压信号转换为浓度值时，需要将表 6-3 中的电压值区间转化为单片机能识别的整型数据做数据处理，并把函数关系中的数据扩大 1000 倍，得到新的函数关系见表 6-4。但此时得到的数据为浓度的 100000 倍，所以在显示的时候设置了小数点的位置，使显示出来的数据直接以 mL/mL 为单位，方便读取。

表 6-4　新的函数关系

数据值区间	浓度转换关系
184～163	$C = 110V - 22$
163～140	$C = 350V - 789$
140～119	$C = 170V - 296$
119～88	$C = 110V - 156$
88～74	$C = 46V - 47$
74～38	$C = 14V$

仿真结果如图 6-15 所示。此时电压输入仍为 40%，对应数字应该为 102，代入数据处理表可计算出 $100000C = 64000$，那么 LCD 应该显示 0.06400，可见显示正确。

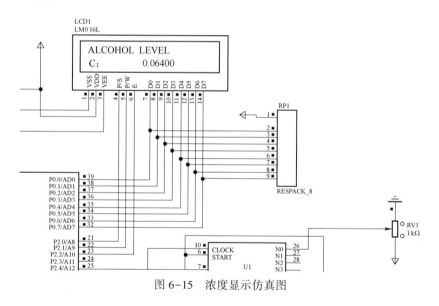

图 6-15　浓度显示仿真图

6.4　总　　结

本章研究了基于 GSM 的酒精浓度检测仪的设计与实现，利用单片机和传感器技术检测驾驶人是否饮酒过量而醉酒驾车，可以有效预防交通事故的发生。整个系统具有检测、显示、报警等多种功能，而且基于 GSM 全球移动网络系统同时向目的手机发送短信报警，只要在 GSM 网络覆盖的地区就能接收到报警信息，便于向接收系统远程报警，相对于传统的报警方式具有无操作距离限制、大众化等优点。

第 7 章

基于 STM32 的空气污染
检测系统的设计与实现

7.1 系统总体设计

如今我国 GDP 居世界第二，但是背后的环境代价太大，已经到了环境承载力的极限了。虽然已经在着手解决空气污染的问题，但是由于过去经济增长较快，污染也呈现几何增长。各种化石能源与汽车尾气排放等原因使得我国空气质量严重下降，尤其是 PM2.5 细小颗粒物成为了人们关注的主要对象。由于人类无时无刻都处在有污染的环境中，于人的健康有巨大的伤害，长期处于污染环境中的人患癌症的风险比不处于污染环境中的人要高出很多，所以有一个洁净的空气环境对人的健康是非常重要的。要对空气进行检测并及时对受污染的空气进行处理，从而让身体处在一个比较健康的环境中，因此设计一个空气净化系统有着很大的现实意义。

本设计选用 STM32F429IGT6 型号的单片机，利用传感器检测技术，检测相应的物理量，通过一些芯片和放大电路对输出的物理量进行采用。数据经过处理后，通过相关的通信协议把需要显示的信息在 OLED 屏幕显示出来。用 5 V 有源蜂鸣器作为系统的报警系统，在污染物浓度过大时，达到警告的目的。通过温湿度的值来控制继电器的通和断，利用继电器的低压控制高压，通过控制电路的通和断来控制电压较大的电器产品，如空调和电风扇等的打开和关闭。通过颗粒物的浓度大小判断电机是否工作，利用电机转动所产生的风速，使室内空气循环流通。系统的总体框图如图 7-1 所示。

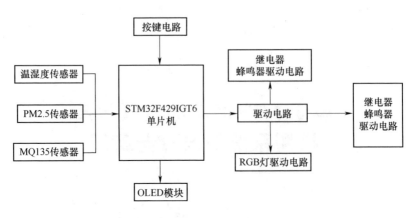

图 7-1 系统总体框图

7.2 硬件电路设计

■ 7.2.1 STM32F429 最小系统

STM32F429 单片机内部设计有复位电路, 在 VDD 小于 2.0V 时会产生掉电复位。所以外部复位电路并不是必要的, 但为了调试方便, 一般开发时还是会在 NTST 脚连接一个简单的复位电路, 如图 7-2 所示。虽然 STM32F429单片机里面有时钟源, 但是内部的时钟源不是很可靠, 要使设备能够稳定地运行就需要外接一个晶振电路。例如, 使用高速外部时钟源配置系统时钟, 首先高速外部时钟信号经过锁相环 PLL 对时钟进行倍频, 然后把时钟输出到各个功能部件。所以还是尽量使用外部晶振, 通过外部 (HSE-OSC) 接口可以接晶振, 也可以使用其他的时钟源, 时钟源最好是方波也可以是三角波, 当是正弦波的时候, 占空比应在二分之一上下。频率不能超过25 MHz。它是单片机稳定运行的基础, 一旦振荡器不工作, 系统会瘫痪, 晶振电路如图 7-3 所示。

■ 7.2.2 USB 转串口电路

在进行设备调试时候, 现在计算机端的接口大多数都是 USB 接口, 为了衔接这两个接口, 就需要利用 USB 转串口电路, 这样就可以使用串口来调试,然后通过计算机端安装的串口调试助手显示单片机打印出了什么东西，以此来确保单片机输出的数据正确。为了能正确地使用串口调试信息，计算机还需要安装 CH340 驱动程序。

图 7-2　复位电路　　　　　　　　　图 7-3　晶振电路

使用 USB 转串口可以使用的芯片有多种，它们的作用都是将串口的高低电平转换成 USB 接口能识别的电平。这次设计使用的芯片型号是 CH340。该芯片的工作电压是 5 V 或者是 3.3 V，在实际使用时，串口连接到的对端设备需要注意电压匹配的问题。如果在 5 V 供电模式下，可以与 3.3 V 系统兼容，但是在 3.3 V 的模式下是不可以兼容 5 V 的。因此在设计时要确认好对端串口的电平范围，然后决定芯片到底是工作在 3.3 V 还是 5 V 工作模式下。在设计电路的时候，采用 5 V 供电时，芯片 V3 引脚需要接一个 104 电容到地。采用 3.3 V 供电时直接将 V3 脚与 3.3 V 电源引脚短接即可，电路图如图 7-4 所示。

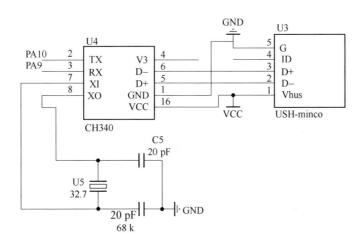

图 7-4　USB 转串口

■ 7.2.3 驱动电路

驱动电路的本质是一个放大电路，将微弱电信号转换成强电信号，使其负载电路可以正常工作。为了满足不同的负载电路，就要设计不一样的驱动电路，但其本质都差不多，如风扇驱动电路、LED 驱动电路、蜂鸣器驱动电路等。

1. 蜂鸣器继电器驱动电路

继电器在日常生活中很常见，例如在汽车转弯时，需要打开转向灯来提醒过往车辆以免发生车祸。打开转向灯后都会间断地听到噼啪噼啪的响声，这声音就是由继电器内部结构在通电和断电时机械运动引起的。蜂鸣器在通电时可以触发声响报警器件，按其驱动方式的原理可分为有振荡源的蜂鸣器（也叫白激式蜂鸣器）和无振荡源蜂鸣器（也叫他激式蜂鸣器）两种类型。此次电路图的设计是利用三极管的导通条件控制继电器和蜂鸣器进行工作的。利用单片机给基区一个高电位电路导通的工作条件，蜂鸣器和继电器就导通工作，此次设计的系统采用的是 5 V 有源压电式蜂鸣器。

蜂鸣器连接图如图 7-5 所示。

2. 电风扇驱动电路

电机是风扇的重要组成部分，叶片的转动搅动了静止的空气，于是空气就开始有规则地流动，便形成了风。通电线圈产生磁场，由于线圈的磁场与磁体产生的磁场，磁极相同的一面会出现排斥，磁极不同的一面会出现吸引，不断地重复就带动了转子的运动。将电能转化为机械能，使得叶片转动带动空气

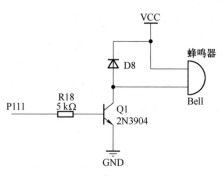

图 7-5　蜂鸣器连接图

流动，便产生了风，任何导体都存在电阻，只是不同的导体电阻率不同而已，所以不管什么样的电机或者风扇都会由于导体导电而发热，造成能量的损失。

单片机输出的电平，虽然电压可以达到风扇的工作电压，但是电流非常小，单片机输出的电压是无法驱动风扇转动的，只能通过电机驱动芯片，给输入脚一个高电位便可以控制电机的转动。L9110 电机驱动芯片有八个引脚，四个电源引脚，两个输出引脚分别连接电机的两端，一个引脚给高电平信号，电机就会正向转动，另一个引脚给高电平信号，电机就会反向转动。电风扇的驱动电路如图 7-6 所示。

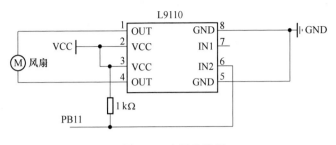

图 7-6　电机连接图

7.2.4　RGB 灯显示

　　光的三原色是红、绿、蓝，也就是说只要红、绿、蓝三种颜色经过不同的组合就会产生不同的颜色，RGB 灯可以显示多种颜色，但是它只需要三个引脚就可以完成，如果使用不同的颜色的 LED，占用的资源就会比较多。普通的 LED 灯只能显示单一的颜色，如果需要的色彩比较丰富，LED 灯就需要特别多的硬件电路设计，使用 RGB 灯会节约很多的资源。如果只有一种灯亮时则是单一色光，这三个灯可以组成不同颜色的灯光。RGB 灯的电路连接如图 7-7 所示。

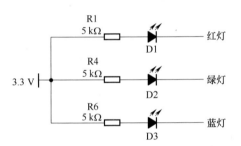

图 7-7　RGB 灯连接图

7.3　传感器的选择

7.3.1　PM2.5 传感器

　　PM2.5 灰尘传感器可以检测灰尘和烟雾的浓度。在大多数空气净化方面都用到了这个传感器，该传感器体积比较小，外接电路比较简单，移动比较方便。通过检测到的模拟电压大小来判断灰尘浓度的大小，使用起来会比较简单，常用于空调、空气质量监控仪等相关产品。此传感器就是利用了光沿直线传播的原理来检查灰尘的浓度。光是沿直线传播的，当光线在传输过程中遇到障碍物时就会发生折射，如果照射在透明的物质上，一部分光线可以透过，另一部分发生了折射，这时直线的光照强度就会减小，接收到的光照强度就会减小，通过对比发射源的光照强度与接收到的光照强度，就可以得到光照的衰减值。传感器中部有一个孔，可以让空气自由地流动。传感器工作时，内部的 LED 光定向地发射光源，光源发射的光线遇到障碍物也就是不透光的灰尘后光照减弱，测量得到的光照强度与发射源的光照强度进行对比就得到了灰尘的浓度值。传感器与单片机连接的电路图如图 7-8 所示。

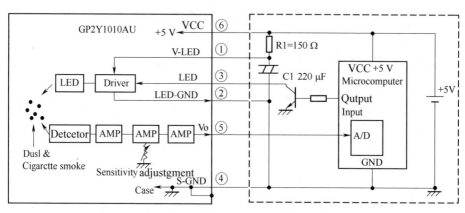

图 7-8　灰尘传感器与单片机连接的电路图

■ **7.3.2　数字温湿度传感器**

温湿度传感器 DHT11 是一款已经对输出的数字信号进行校准的温湿度传感器，校准系数以程序的形式储存在 OTP 内存中。传感器的体积较小，功耗非常低，但是传输距离可以超过 20 m，使用的距离比较远，封装简单，外部是 4 针的引脚，连接方便，使得它的运用范围比较广，电源引脚（VDD 与 GND）之间可增加一个 100 nF 的电容，用于去耦滤波。此电容可以提供较稳定的电源，如果电源供电不稳定会出现数据读取错误。DHT11 数据输出的读取：DHT11 使用串行单线双向接口，传感器内部具有自我校准电路。传感器输出的数据一共是 40 位，5 个 8 字节的数据。这 40 个数据位包括温度整数位、温度小数位、湿度整数位和湿度小数位，再加上校验位，每个数据位有 8 字节。电路连接如图 7-9 所示。

■ **7.3.3　空气污染传感器**

MQ135 空气污染传感器可以对空气中的污染源有很高的灵敏度，比如，氨气、硫化物、苯蒸汽等。对烟雾和其他对人体有害的气体也有很高的敏感度，这个传感器可以检测多种有害气体。二氧化锡是一个重要的半导体传感器材料，在比较干净的空气中的导电率非常低，在受污染的空气中二氧化锡的导电率会随着污染气体浓度的增加而增大。通过欧姆定律得知，当导电率非常高时，物质传输电流的能力就会比较强，在处于污染的环境中时，污染物浓度越高，传感器的导电率会越高，导电能力会越强，输出也就会越大，通过测量输出量的大小就可以知道污染物的浓度大小。MQ135 模块与单片机连接如图 7-10 所示。

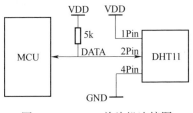 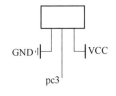

图 7-9　DHT11 单片机连接图　　　　图 7-10　MQ135 模块与单片机连接图

7.3.4　OLED 显示模块

　　OLED 屏是由无数个有机发光二极管组成的，其重要组成部分是氧化锡，一端与电力的阳极相连，另一端与阴极相连，组成了一个三层的结构，不同的配置就产生了红、黄、蓝三基色。OLED 液晶屏幕不像电容屏幕那样需要背景光源，相对来说亮度就比较强，即使在强光照射下也能清晰地显示信息。OLED 模块常用的通信协议有 SPI 和 IIC，外观上使用 SPI 通信协议的 OLED 模块的引脚会多一点，包括电源线、时钟信号线、数据传输信号线、位选线、复位信号线等。而使用 IIC 通信协议的 OLED 模块只有三根线，包括电源线、时钟线、数据线。相对来说，使用 IIC 通信协议无论是从硬件还是软件上来说都要简单一些。

　　汉字字模就是将汉字放入一个矩形中，可以是正方形或者是长方形，如果是正方形，就会有 $M×M$ 个小方格，每个小方格用两种状态显示，即亮和灭，1 表示通，则该小方格的灯就会被点亮；0 表示该小方格的灯未被点亮，即灭的状态。将要显示的汉字与字模进行对比，在重合的地方小方格就会被点亮，也就把汉字显示出来了。通常汉字字模需要专业的汉字取模软件，可以根据自己的需要，选取相应的汉字取模软件，设置相应的输出方向也就是数据排列顺序选项，通常有从左到右从上到下、从上到下从左到右等，再设置汉字的选择方式，通常有汉字和 ASCII 选项，设置好相应的选项后，在汉字编辑区输入需要取模的汉字，单击生成字模，最后把生成的字模放到需要使用的文件夹里面。设计汉字读取程序时需要考虑字模的读取方向，如果读取方向错误会导致乱码。

7.4 软件程序设计

▌7.4.1 主程序设计

主程序是单片机运行的重要组成部分，单片机通过硬件连接电路、软件实现各个硬件之间协调工作。在这个主程序中，首先要完成各个子程序的初始化；然后根据任务要求调用各个子程序，中断程序不会打断主程序的执行。主程序流程如图 7-11 所示。

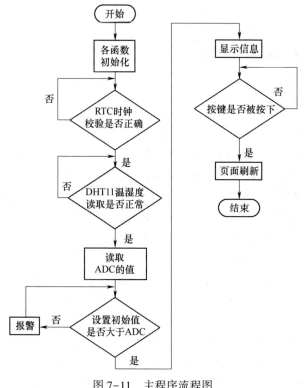

图 7-11 主程序流程图

▌7.4.2 按键中断程序

STM32F429 系列单片机外部中断控制器有 23 个，每个中断都有一个边沿检测，每个外设的 GPIO 口都可以作为外部中断，在配置外部中断时需要在外

部中断控制器中编写中断处理函数。当产生中断的时候，单片机先去执行中断
函数，中断函数执行完成后再执行主函数程序。单片机的中断处理函数有不同
的优先级，首先执行优先级最高的函数。外部中断的配置过程定义作为外部中
断的 GPIO 口、引脚、中断源中断线。配置中断嵌套控制器：配置优先组，配
置中断源，配置抢占优先级，配置子优先级，使能中断通道。按键的配置过
程：定义 GPIO 和按键结构体，开启相应的时钟，选择按键引脚，连接中断源
到相应的引脚选择中断源，选择中断模式，下降沿触发，使能中断线。

▌7.4.3　RTC 实时时钟

RRC 实时时钟主要包括闹钟、日历、自动唤醒三个部分，RTC 可以实时
显示年月日时分秒，F1 系列的 RTC 只能输出秒中断，F4 系列的单片机除了可
以输出秒中断，其他的时间需要软件来实现。配置过程中首先选择时钟源，然
后进行预分频，最后选择相应的时钟。软件编程时要注意：定义年月日和时分
秒的初始值；分频因子；初始化时间和日期；在主函数里配置 TRC；检测电
源是否复位，如果电源没有复位，则检查外部是否复位；使能 PWR 时钟；
PWR_ CR：DBF 寄存器置 1，使能 RTC。RTC 备份寄存器和备份 SRAM 的访
问；等待 RTC APB 寄存器同步；清除 RTC 中断标志位；清除 EXTI Line17 悬
起位（连接到 TRC Alarm）；显示时间和日期。

▌7.4.4　ADC 电压采集程序

STM32F429 有三个 ADC，这些 ADC 有多种模式和分辨率可以选择，每个
ADC 有独立模式、双重模式和三重模式，STM32F429 的 ADC 多达 19 个通道，
其中外部 16 个通道可以随意使用，但是这 16 个通道对应着不同的 GPIO 口，
在配置 ADC 时需要查看相应的参考手册，按照手册中的说明进行配置。其中
有规则通道和不规则通道，不规则通道就是常说的注入通道，模拟电压通过
ADC 转换以后就可以得到相对精确的数字值，再通过串口打印显示在计算机
上就能得到相应的电压值。在测量的电压值大于单片机的最大输入电压时需要
由戴维南定理进行降压。在使用 DMA 通道时只需要在初始化时占用 CPU 的资
源，配置完成后不会再次占用 CPU 资源，可以提高 CPU 的利用率。

软件编程步骤：定义 ADC 的引脚和 ADC 通道以及 DMA 通道；打开 ADC
时钟，配置 ADC I/O 引脚模式，初始化 ADC I/O 口；配置 ADC 工作模式，打
开 DMA 时钟，打开 ADC 时钟；配置 DMA 初始化结构体；配置 DMA 为循环传
输模式；初始化 DMA，使能 DMA 通道；开启 ADC，并且转换，初始化 ADC
校准器，等待校准寄存器初始化完成；等待校准完成；ADC 的值通过 DMA 方

式传到 SRAM；通过串口调试助手打印出来。

▌7.4.5 蜂鸣器继电器驱动程序

驱动子程序的主要功能是在距离值超过预警值时，能够使蜂鸣器发声和继电器工作从而达到报警的目的并且对报警进行处理。报警驱动的主要原理是 ADC 的值与设定值进行比较，如果大于设定值，则报警器工作，继电器接通电路处理受污染的空气。蜂鸣器继电器程序流程如图 7-12 所示。

▌7.4.6 RGB 灯显示程序

RGB 驱动子程序的主要功能是利用不同颜色的灯显示室内污染物的浓度，在污染物浓度为零时 RGB 灯处于灭的状态，在污染物浓度达到最高值时显示红灯。通过灯的颜色在距离较远时也可以知道室内污染物的浓度范围，RGB 灯显示流程如图 7-13 所示。

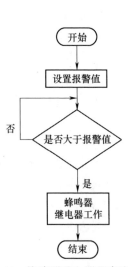

图 7-12 蜂鸣器继电器程序流程图

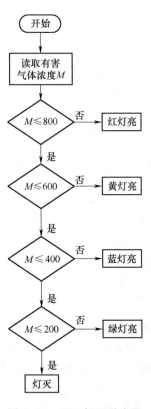

图 7-13 RGB 灯显示流程

7.4.7　OLED 显示字符串程序

显示汉字字符串程序设计如图 7-14 所示。

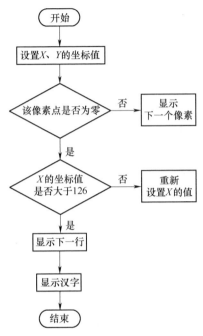

图 7-14　显示汉字字符串程序设计

7.5　系　统　调　试

　　DHT11 温湿度传感器输出数字量，当对环境要求较高时温湿度传感器需要远离热源，为降低热传导对传感器的影响，在设计电路时需要远离发热的元件，设计电路图时需要考虑此传感器和镀铜的金属导电层的距离，两者之间最好相距几毫米。MQ135 传感器只能简单判断是否有污染物存在，由于 MQ135 传感器在工作时会发热，所以在设计电路时需要考虑热源的影响，对温度要求比较高的电路需要考虑降温措施。由于灰尘传感器是依靠灰尘颗粒物对光的折射导致光的衰减来判断浓度大小，如果测试环境有污染光源，则测量的浓度值就会产生误差，导致测量不准确，所以在测量时应尽量避开干扰光源，并且程序需要一条一条地逐步执行，此时会产生延时，也会导致参数的误差。基于这些问题，系统在设计时进行了总体的改进。

7.6 总　结

在分析了空气污染现状的基础上，利用 STM32F429 作为主芯片设计控制系统。对如何检测空气污染的程度和简单处理进行了介绍，并且也介绍了 STM32F429 的内部的一些结构以及某些外设的功能。在此理论知识的基础上，利用 STM32F429 单片机对系统检测与接收、显示报警及复位等硬件电路进行了设计，并对设计电路进行了分析。掌握了系统的工作流程，设计了该系统的主程序、显示程序、RTC 时钟程序、温湿度检测程序、MQ135 和灰尘传感器程序、电机驱动和蜂鸣报警程序。空气污染检测系统可应用在多种场合，有较强的实用性，可提高用户在日常生活中的安全性。

第 8 章

基于 STM32 和蓝牙通信的
可穿戴式体温仪的设计与实现

8.1 系统总体设计

在现代医学中,体温是一个极其重要的生理参数。病人的体温提供了病人生理状态的各种信息。传统的水银式体温计通过口腔、腋下、直肠等人体器官直接接触人体的表面来测量人体的平均温度。其缺点是测量的时间过长,而且受测量位置的影响较大,给使用者带来诸多不便。如今其他类型的电子测量人体体温计已经变得越来越流行,有很多医院用电子体温计测量体温。这一事实至少说明电子测量仪器的性能与水银温度计的性能已经相当接近了。由于传统水银温度计具有多种不便因素,如汞的严重污染,携带不方便,非常容易破碎,测量时间太长等缺点,本系统为解决此问题设计出了一种便携式的数字温度显示计,它的测温时间比起水银温度计有着绝对的优势,准确度也能和水银温度计不相上下。

可穿戴设备可以直接在人体内体现,或是整合到用户的衣服和配件后形成便携式设备。可穿戴设备不仅仅是一种硬件方面的设备,更是通过软件支持以及数据交互、云端交互来实现其强大的功能,将会给我们的生活、感知带来极大的转变。本系统使用 STM32F10XZET6 芯片,这款芯片是基于 ARM Cortex-M3 系列的 32 位微处理器,使用其内部时钟 RTC 时钟计时,使用芯片 9341 控制的 LCD 电阻屏作为显示模块,使用 LED 灯实现提示功能,使用 DS18B20 温度传感器采集人体体温数据,采用 HC-05 蓝牙模块以实现和手机的通信。

8.2 温度采集系统设计

DS18B20 传感器只有一个数据线控制时序，即单总线系统。单总线系统包括一个总线控制器和一个或多个从机，DS18B20 传感器总是充当从机。所有的数据和指令都是低位首先通过单总线传递的。在单总线系统中定义只有一个信号线，每个总线上的设备必须是开漏或三态输出，DS18B20 的单总线端口（DQ 引脚）是开漏式的。本系统传感器连

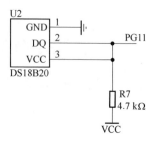

图 8-1 传感器硬件连接图

接电路如图 8-1 所示，DQ 接到 PG11 管脚，配置 PG11 为两种模式（推挽输出和浮空输入）。单总线需要一个 4.7 kΩ 的外部上拉电阻，单总线的空闲状态的电平都是高电平。无论何时需要暂停某一执行过程后，还需要恢复执行的话，总线务必停留在空闲形态。在恢复期间，如果单总线处于空闲状态，寄存器与寄存器之间的重装载可以无限长。如果数据线被拉低并维持了 480 μs，总线上的所有器件都进入工作状态。

DS18B20 的正常工作依赖于不同的时序。①DS18B20 复位时序：使用 PG11 的推挽输出模式，将 PG11 电平拉低，延时至少 480 μs 后将 DQ 拉高并延时 15 μs。②DS18B20 响应时序：使用 PG11 的浮空输入模式，判断 200 μs 内 PG11 电平是否变低，如果没有变低，则证明 DS18B20 传感器未连接成功；如果变低了，则判断在 240 μs 内 PG11 电平是否变高，如果没有则没有响应，如果有则证明 DS18B20 成功响应。DS18B20 写时序分为写 1 时序和写 0 时序，写 1 时序使用 PG11 的推挽输出模式，将 PG11 拉低 2 μs，将 PG11 拉高并持续 60 μs；写 0 时序使用 PG11 的推挽输出模式，将 PG11 拉低并持续 60 μs，将 PG11 拉高并延时 2 μs。DS18B20 读时序：先使用 PG11 的推挽输出模式，将 PG11 拉低并延时 2 μs 后将 PG11 拉高，然后配置为浮空输入模式，延时 12 μs 后判断 PG11 的管脚的状态，若为高电平，则读出来的位为 1，否则为 0。

8.3 显示器模块设计

本系统中采用的显示设备是像素为 240×320 的电阻液晶点阵屏，控制芯片是 9341，连接接口是 8080，是一种硬件接口格式。

▌8.3.1　触摸屏工作原理

系统触摸屏使用的是 XPT2046 芯片，参考的电压值直接决定芯片的输出数据是多少，芯片里具有可编程的模/数转换器 ADC，可以配置成单端或差分模式。将这款芯片作为触摸屏使用时要将其配置为差分模式。差分模式下可以很便携地消除由于驱动开关造成的测量误差，这样可以有效地提升转换数据的精度，便于使用。获得坐标值时候要对 X 轴和 Y 轴分别进行判断：X 轴坐标的判断方法是给 X 轴加上电压，然后读取 Y 轴的电压值；Y 轴坐标的判断方法是给 Y 轴加上电压，然后读取 X 轴的电压值，再将得到的电压值经过三点校准后转化为所需要得到像素点的坐标值。触摸屏和芯片各引脚连接图如图 8-2 所示。

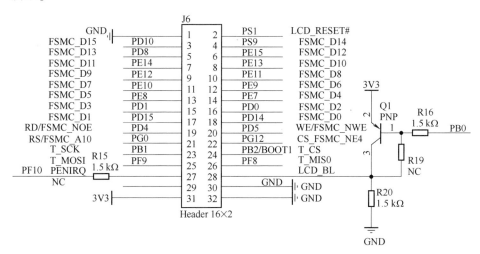

图 8-2　触摸屏和芯片管脚连接图

▌8.3.2　触摸屏的通信协议

1. 物理连接

触摸屏使用 SPI 通信协议，即全双工同步的串行通信。SPI 通信协议有两个数据线和一个时钟线，即 MISO 数据线、MOSI 数据线和 SCK 时钟线。MISO 数据线：在连接这个数据线之后主设备作为输入设备，从设备作为输出设备。使用这个引脚时，如果是从机，就发送数据，如果是主机，则接收数据。MOSI 数据线：在这个数据线下的主设备作为输出设备，从设备作为输入设备。即主机发送数据，从机接收数据。本系统中采用的触摸屏还有一个 NSS 片选功能线。这是一个可以选择的引脚线，用来选择主设备或者从设备。将这个位置使能之后，就可以将这个管脚作为输出引脚，然后这个引脚作为主机模式时电平会被拉低。当设备是主机状态时候，MATR 为可以自动清除，使得设备直接进入从机模式，也就是说主从机模式是可以相互切换的。

2. 时序

本系统中的主从设备都是在同一个周期中，时钟线为高电平时，开始发送数据，时钟线一直为低时，结束发送数据。数据线处于上升沿时发送数据，数据线处于下降沿时接收数据。但是 SPI 通信协议可以改变这个接收时序，涉及时钟极性和时钟相位的关系。时钟极性为 CPOL，表示数据线在不发送数据时时钟线的状态。当 CPOL=1 时，就代表空闲状态下的时钟线为高电平，开始发送数据时，时钟线就要拉低，作为开始位。决定数据线上升沿发送还是下降沿发送的是时钟相位（CPHA），CPHA=1 就代表上升沿发送数据；下降沿接收数据，CPHA=0 就代表下降沿发送数据，上升沿接收数据。具体的 SPI 时序图如图 8-3 所示。

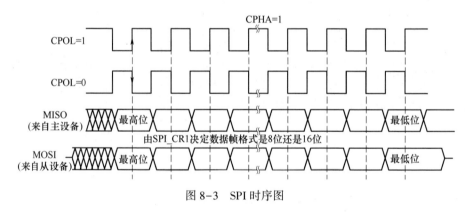

图 8-3　SPI 时序图

8.4　蓝牙模块设计

8.4.1　蓝牙模块的工作模式

蓝牙是一种无线技术，无线技术即指两个或者多个设备可以不接触式地进行无线通信，其通信距离比较近，一般都在 10 m 以内。在本系统中采用的蓝牙模块是 HC-05 嵌入式蓝牙串口通信模块，它具有两种工作模式：命令响应模式和正常工作模式。串口模块用到的引脚定义，PIO8 这个端口上接上一个指示灯，指示模块工作状态，模块上电后闪烁，不同的状态闪烁间隔不同。PIO11 外接一个按键，用于模块状态切换。它默认是低电平，此时蓝牙模块处于正常工作状态，在长按此按键之后，引脚变为高电平，此时蓝牙模块处于命令响应工作状态。模块在上电后默认为工作在从模式的工作状态下，将其设置为主模块的步骤分为五步：第一步将 PIO11 端口电平拉高；第二步将模块上电，让模块进入 AT 命令响应状态；第三步使用串口助手，串口助手的蓝牙模块的波特率为 38400 bit/s，数据位为 8 位，停止位为 1 位，没有校验位，也没有硬件流控制；第四步在串口助手上发送 "AT+\ r\ n"，如果成功，则返回 " OK\ r\ n"，其中\ r\ n 为回车换行；第五步将 PIO 这个引脚的电平置为低电平，重新上电，模式配置为主模式，这样蓝牙模块就可以自动地搜索从机，然后建立连接。

■8.4.2　蓝牙模块的指令集和调试

本蓝牙模块使用的串口助手如图 8-4 所示。

图 8-4　串口助手

本设计使用到的 AT 指令如下。

（1）测试指令：AT\r\n。

响应：OK，如图 8-5 所示。

（2）模块复位指令：AT+RESET\r\n。

响应：OK。

图 8-5 测试指令图

（3）获取版本型号：AT+VERSION? \r\n。

响应：+VERSION：<Param> OK。

（4）恢复默认状态：AT+ORGL \r\n。

响应：OK。

（5）获取蓝牙模块地址：AT+ADDR? \r\n。

响应：+ADDR：<Param> OK。

（6）设置蓝牙模块设备名称：AT+NAME=<Param> \r\n。

响应：OK。

（7）设置蓝牙模块设备密码：AT+PSWD=<Param> \r\n。

响应：OK。

（8）设置主从或者回环模式：AT+ROLE=? \r\n（? = 1 主模式；? = 0 从模式；? = 2 回环模式）。

响应：OK。

■8.4.3 计算机通过蓝牙模块与手机之间的通信

将模块切换为自动连接模式，手机下载蓝牙串口软件。通过蓝牙模块实现计算机和手机的通信，手机界面显示如图 8-6 所示，计算机上位机显示如图 8-7所示，进入手机 APP 后搜索设备，输入密码之后连接设备，将串口助手上的波特率修改为 9600 bit/s，在串口助手的发送命令栏上发送想要发送的汉字、英文，如发送"测试蓝牙"四个汉字，在手机 APP 上就可以接收到发送的汉字；在手机上发送"蓝牙测试成功"字样，在串口助手上即可显示出发送的字体。至此，可以确定蓝牙功能均能实现，可以放心使用。

■8.4.4 蓝牙模块和单片机之间的通信原理

本蓝牙模块与单片机之间的通信协议是串口通信协议，即 UART 通信协议。在此设计中，使用的是 STM32F10XZET6 上的第一个串口，将蓝牙模块连

图 8-6　手机界面显示图

图 8-7　计算机串口图

接到串口 1 的两个引脚——PA9 和 PA10 上就可以实现它们之间的通信。UART 是一个通用的同步或者异步的收发器。它采用全双工的通信方式，可以和外部设备进行串行数据的交换。UART 的波特率控制着它的传输速度，是一个非常重要的参数。它不仅可以支持全双工双向通信，同样支持同步单向通信和半双工单线通信，还可以使用缓冲器配置 DMA 方式，实现高速数据通信。UART 可编程的数据长度可以是 8 位也可以是 9 位，可以支持一个或者两个停止位。在发送的过程中，通过检测标志，然后接收缓冲器满之后发送缓冲器空，最后发送传输结束标志。

UART 的发送数据的过程为：先发送一个开始位（位数为 1，电平为低电平），然后发送数据位（数据位可以是 8 位或者 9 位，数据位 1，电平为高电平；数据位 0，电平为低电平），之后发送奇偶校验位（奇校验：查看数据中的 1 的个数，然后加上奇偶校验位 1 的个数等于奇数。偶校验：查看数据中的 1 的个数，然后加上奇偶校验位 1 的个数等于偶数）。本系统为了简便，没有使用此校验，最后发送停止位（停止位可以为 0.5~2 位，本系统中采用的是 1 位的停止位，电平为高电平）。

8.4.5 蓝牙模块软硬件实现

蓝牙模块与单片机的硬件连接电路如图 8-8 所示，由于单片机和蓝牙模块使用的都是 TTL 电平，不需要使用电平转换模块，可以直接连接。和单片机连接的两个引脚为 TXD 和 RXD，蓝牙模块的 TXD 为其发送引脚，需要连接到单片机的 PA10（单片机的接收引脚 RXD）引脚上，其 RXD 为其模块中的接收引脚，需要连接到单片机的 PA9（单片机的发送引脚 TXD）引脚上。+5 V 引脚接到单片机上的 VCC 即可，GND 引脚接单片机上的 GND 引脚。START 引脚可以与单片机上一个控制 LED 灯的引脚相连接，在不同的工作状态下，LED 灯的亮度闪烁时间等元素会有变化。EN 是使能端口，接到一个高电平的管脚上即可。

本系统采用的 STM32F10XZET6 芯片拥有独立串口的中断，使用到了串口的中断模式。串口的基本配置完毕之后，配置一下通道管理者 NVIC 并打开中断，可以使用串口中断机制，具体流程图如图 8-9 所示。其中，初始化串口包括配置串口波特率、数据位、接收和发送模式、停止位、校验位、是否需要硬件流控制。手机通过蓝牙模块向单片机上发送数据时，触发单片机的串口中断模式，从而进入串口中断服务函数，在此函数中采集接收到的数据，在别的程序中调用接收到的数据，来实现相应的功能串口中断服务函数。

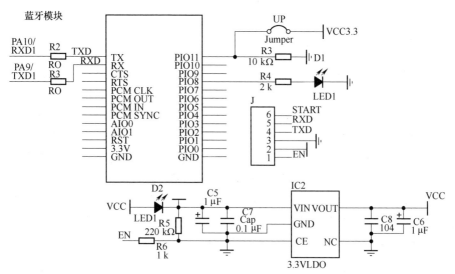

图 8-8　蓝牙模块硬件电路图

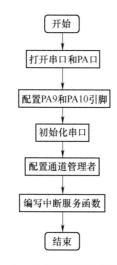

图 8-9　串口配置和中断流程图

8.5　系统时钟设计

本系统需要定时采集温度数据，然后发送到手机 APP 上，所以需要精准的时钟来计算时间，从而可以定时发送采集到的温度数据，因此采用 RTC 实时时钟为万年历计时。

8.5.1 RTC 时钟说明

采用 RTC 模块的好处是它的时间配置系统位于后备存储区域，对系统进行复位操作时是禁止对后备寄存器访问的，采用 RTC 作为时钟计时，然后在开发板上装上纽扣电池就可以实现复位断电不丢失的效果。RTC 简化框图如图 8-10 所示，实时时钟是一个独立的定时器。RTC 模块具有一组可以持续计数的计数器，在相应的软件配置下，可提供时钟日历的功能。修改备份寄存器中的值可以重新设置系统当前的时间和日期。修改时钟的界面如图 8-11 所示，在这个界面中按下下面的数字按键就可以将日期显示到上面的年、月、日、时、分中，如果设置错误，按下"撤销"按键就可以撤销一个设置，设置完成时，按下"确认"按键，新设的时间就成为当前的时间。这一功能的

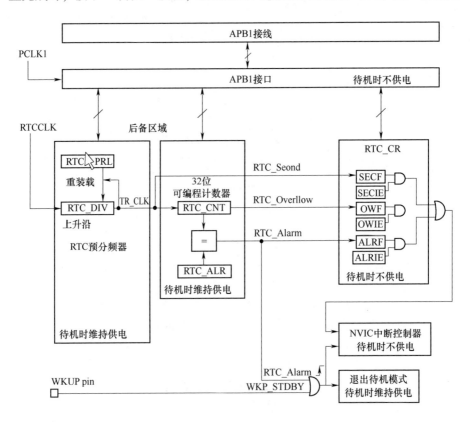

图 8-10 RTC 简化框图

图 8-11　修改时间界面

实现牵扯到触摸屏的操作、LCD 显示屏的操作、对系统备份寄存器的操作、RTC 时钟计数器操作等。使用到的 RTC 时钟是将数据保存到备份寄存器中，在系统复位后备份寄存器将不会再被访问，想要修改系统时间就要使备份寄存器可以被修改，这里需要使能 RCC_APB1 寄存器，然后使能后背时钟寄存器，具体程序如下：

```
RCC->APB1ENR | = (0x01<<27)|(0x01<<28);
PWR->CR | = (0x01<<8);
```

在对备份寄存器操作之后，为了保护备份寄存器不被修改，还需要对备份寄存器加锁，具体程序如下：

```
RCC->APB1ENR & = ~ ((0x01<<27)|(0x01<<28));
PWR->CR & = ~ (0x01<<8);
```

想要修改系统的时间，就需要有一个对比值，本系统中，将系统的时间设置为 1970 年 1 月 1 日。修改的系统时间与这个初始日期相比较，计算出其与这个日期之间的差值，其中涉及平年和闰年的计算，闰年是能被 4 整除不能被 100 整除或者可以被 400 整除的年份，其余的年份都是平年。闰年是 366 天，平年是 365 天。闰年中的二月份是 29 天，平年中的二月份是 28 天。首先计算出修改的系统日期和 1970 年之间相差的年份，将这个时间换算成秒（平年数×365×24×60×60+闰年数×366×24×60×60），然后计算出设置的系统时间本年份的天数，如设置的系统时间为 2016 年 5 月 24 日 11 时 11 分，将 5 月 24 日 11 时 11 分换算成秒，然后加上年份换算成的秒数，将这个数值送到 RTC 时钟计数器中，这样就完成了对系统时间的设置。

■8.5.2 RTC 时钟软件操作

RTC 时钟具有可编程的预分频系数，分频系数最高可以达到 2^{20}，它拥有
32 位可编程的计数器，可以计时 136.2 年左右，足以满足本系统的需求。拥
有两个分离的时钟用于 APB1 接口的 PCLK1 和 RTC 时钟（RTC 时钟的频率必
须小于 PCLK1 时钟频率的四分之一）。可以选择的 RTC 的时钟源有：HSE 时
钟（将其时钟频率除以 128）、LSE 振荡器时钟和 LSI 振荡器时钟。RTC 时钟
还有两个独立的复位类型：APB1 接口由系统复位、RTC 核心（预分频器、闹
钟、计数器和分频器）只能由后备域复位。RTC 还具有 3 个专门的可屏蔽中
断：闹钟中断、秒中断和溢出中断。闹钟中断可以用来设置闹钟，秒中断
（本设计中使用的中断机制）用来产生一个可编程的周期性中断信号（最长可
达 1 s），溢出中断即为配置之后在计数到达初始值时会自动将重装载值清零。

使 RTC 可以正常工作的流程为首先初始化 BKP 寄存器并且允许对备份区
域操作，使用外部高速时钟源（时钟频率为 32.768 kHz）作为 RTC 时钟源，
然后初始化 RTC 时钟源并检测是否初始化完毕。如果没有完毕，则一直等待
其初始化完毕；如果完毕，之后设置 RTC 时钟分频并将计数器进行初始化。
等待上次写寄存器操作完成和 APB1 与 RTC 同步，将寄存器模式设置为可以
被修改的模式，设置 RTC 的时间初始值，然后退出修改寄存器的模式，配置
中断管理者，使能 RTC 时钟并打开 RTC 中断，编写 RTC 中断服务函数即可使
用 RTC 系统时钟。具体配置程序如下：

```
NVIC_ InitTypeDef NVIC_ InitStruct;
  if (BKP_ ReadBackupRegister (BKP_ DR1)! =0X6065) //初始化 BKP
  {
    RCC_ APB1PeriphClockCmd ( RCC_ APB1Periph_ BKP | RCC_
    APB1Periph_ PWR, ENABLE);
    PWR_ BackupAccessCmd (ENABLE); //允许对备份区域操作
    BKP_ DeInit (); //对 BKP 中的寄存器初始化
    RCC_ LSEConfig (RCC_ LSE_ ON); //初始化 RTC 时钟源 LSE（外部
    32768 Hz 的晶振）
    //检测 RTC 外部 LSE 时钟是否初始化完毕
    while (RCC_ GetFlagStatus (RCC_ FLAG_ LSERDY) = = RESET);
    //配置 RTC 时钟为 LSE
    RCC_ RTCCLKConfig (RCC_ RTCCLKSource_ LSE);
    RCC_ RTCCLKCmd (ENABLE);
    //设置 RTC 时钟分频和计数初始化
```

```
        RTC_ WaitForLastTask ();            //等待上次写寄存器操作完成
        RTC_ WaitForSynchro ();             //等待 APB1 与 RTC 同步
        RTC_ EnterConfigMode ();            //进入可以修改寄存器模式
        RTC_ SetPrescaler (32768-1);        //设置 RTC 分频
        RTC_ WaitForLastTask ();            //等待上次写寄存器操作完成
        RTC_ SetCounter (0);                //给计数器设置初值
        RTC_ WaitForLastTask ();
        RTC_ ExitConfigMode ();             //退出修改寄存器模式
        BKP_ WriteBackupRegister (BKP_ DR1, 0x6065);
}
else
        RTC_ WaitForSynchro (); //等待 RTC 与 APB1 同步
//NVIC 的初始化
NVIC_ InitStruct.NVIC_ IRQChannel = RTC_ IRQn;
NVIC_ InitStruct.NVIC_ IRQChannelCmd = ENABLE;
NVIC_ InitStruct.NVIC_ IRQChannelPreemptionPriority = 1;
NVIC_ InitStruct.NVIC_ IRQChannelSubPriority = 1;
NVIC_ Init (&NVIC_ InitStruct);
RTC_ ITConfig (RTC_ IT_ SEC, ENABLE); //开中断
}
```

■ 8. 5. 3　时钟显示的设计

在这个设计中，拥有独立的 RTC 计数值获取函数，获取计数值之后将其转化为年-月-日-小时-分钟-秒的形式，然后封装在一个字符串数组中并在显示屏上将这个字符串数据逐点点亮以显示出时间。将显示时间的函数放在中断或者死循环里从而实现时间的跳动，这样就能进行一天 24 小时的精确计时。选用 RTC 的原因是 RTC 使硬件计时不会受到软件的影响，计数器不会因为程序的原因导致时间的不准确。RTC 时钟还具有一个很大的好处就是复位不丢失，如果开发板中带有纽扣电池，还可以实现掉电不丢失，手机、计算机上的时间计时就是使用的 RTC 计时。

■ 8. 5. 4　滴答时钟的说明

本系统配置传感器时序、LCD 屏幕配置等有很多地方需要延时，所以必不可少地使用到了精准延时（软件实现的精准延时）。本设计中使用的精准延时是滴答时钟。

滴答时钟属于 CORTEX-M3 内核中的部件，它的时钟来源为 AHB 时钟作

为运行时钟，计数器的计数方式是向下计数，每来一次中断，计数器的值就向下减 1，直至为 0。当计数器的值被减至 0 时，有硬件自动把重装载寄存器中保存的数据加载到计数器中，也就是说它会自动重装。当计数器的值被倒计至 0 时触发中断，就可以在中断服务函数中处理定时事件了。

要让滴答时钟正常工作，必须要对滴答时钟进行初始化。它的配置很简单，只有三个控制位和一个标志位，都位于寄存器中，按照寄存器中的位配置滴答时钟即可。配置完毕之后，就可以编写滴答时钟的中断服务函数。一切做完之后，就可以使用内核中自带的计数器进行时序图中的精准延时的配置。

8.6 系统调式

▌8.6.1 界面设计

LCD 屏幕界面采用的是两张非常美丽的图片，不至于让人感觉太过单调。这两张图片如图 8-12 所示，将图片在 LCD 屏上显示出来，需要进行三个步骤：首先，由于本设计采用的 LCD 屏是 240×320 大小的屏幕，若想将彩图在屏幕上完全显示出来，就需要将图片的大小在画图软件中修改为 240×320 大小；然后，利用图片的取模软件将图片各个像素点生成一个 C 语言数据，将软件中最大高度设置为 320，最大宽度设置为 240，输出灰度设置为 16 位真彩色，其余参数保持默认设置，单击右上角的"保存"按钮将生成的数组文

图 8-12 背景图片

件名保存为 .c 格式。最后，将文件添加到软件中，将这个数组在 LCD 屏上显示出来即可在屏幕上显示出这两张图片。

　　本系统可以检测到温度传感器是否连接成功，如果没有连接成功，在 LCD 屏上就会提示温度传感器连接失败。这时就需要人工地将传感器连接好，如果传感器失效，应及时替换传感器。检测传感器是否连接成功的原理程序如下，如果这个函数的返回值是 0，则证明 DS18B20 连接成功，可以进行测温操作，否则需要检查传感器。连接不成功时在屏幕上的显示如图 8-13 所示。

图 8-13　传感器连接失败图

```
u8 B20_ Check (void)
{
    u8 retry = 0;
    B20_ OUT_ Config ();          //配置为输出模式
    B20 (LOW);                    //拉低 DQ
    Delay_ us (750);              //拉低 750 μs
    B20 (HIGH);                   //拉高 DQ
    Delay_ us (15);              //拉低 15 μs
    B20_ IN_ Config ();          //配置为输入模式
    while (B20_ S&&retry<200)     //200 μs 内检测电平是否变为低电平
    {
        retry++;
        Delay_ us (1);
    }
    if (retry>=200)
```

```
        return 1;
     else
        retry = 0;
   while (! B20_ S&&retry<240)      //240μs 内检测电平是否变为高电平
     {
        retry++;
        Delay_ us (1);
     }
     if (retry>=240)
        return 1;
     else
        return 0;
 }
```

将采集到的温度数据在 LCD 屏上显示出来并在温度数据发生改变时及时在 LCD 屏上改变温度数据，系统时间准确地在 LCD 屏上显示出来，系统时间显示的有年、月、日、小时、分钟、秒，还有星期数实时改变，复位不丢失，温度和时间的正常显示图如图 8-14 所示，这些温度数据和时间数据都是实时采集出来的，时刻处于更新状态。为了方便在屏幕上将温度和时间数据显示出来，将这个数据封装成为两个字符串数据，具体程序如下：

```
//温度封装的字符串
   TEM [0] = temp/1000 +'0';
   TEM [1] = temp%1000/100+'0';
   TEM [2] = '.';
   TEM [3] = temp%100/10+'0';
   TEM [4] = temp%10+'0';
   TEM [5] = '\0';
//时间数据封装的字符串
//小时、分钟、秒数据封装的字符串
time_ s [0] =hour1/10+'0';
   time_ s [1] =hour1%10+'0';
   time_ s [2] =': ';
   time_ s [3] =min1/10+'0';
   time_ s [4] =min1%10+'0';
   time_ s [5] =': ';
   time_ s [6] =sec1/10+'0';
   time_ s [7] =sec1%10+'0';
   time_ s [8] ='\0';
```

//年、月、日数据封装的字符串

```
data [0] =year/1000+'0';
data [1] = (year%1000) /100+'0';
data [2] = (year%100) /10+'0';
data [3] =year%10+'0';
data [4] ='-';
data [5] =month/10+'0';
data [6] =month%10+'0';
data [7] ='-';
data [8] =day/10+'0';
data [9] =day%10+'0';
data [10] ='\0';
```

8.6.2　警示功能和远程控制

当温度数据高于人体正常体温时（这里为了方便延时设置的正常体温为 33℃），开发板上的 4 个 LED 灯均常亮，而且 LCD 屏上会出现"温度过高，请注意!!"字样提示我们温度过高，及时注意。具体显示如图 8-15 所示，LED 灯硬件连接图如图 8-16 所示，在硬件连接图中可以看到，若想让 LED 灯处于常亮的状态，管脚的电平必须为低电平，这样才能使回路处于导通状态。在检测采集到的体温数据高于 33℃时将 PA5、PA6、PB5、PE5 4 个管脚的电平全部拉至低电平即可实现警示功能。

图 8-14　温度和时间的正常显示图

图 8-15　温度过高显示图

LED0　　PB5　　R0　　　　　B5　　3V3
　　　　　　　　　200 Ω　　　LED

LED1　　PE5　　R1　　　　　E5　　3V3
　　　　　　　　　200 Ω　　　LED

LED2　　PA5　　R2　　　　　A5　　3V3
　　　　　　　　　200 Ω　　　LED

LED3　　PA6　　R3　　　　　A6　　3V3
　　　　　　　　　200 Ω　　　LED

图 8-16　LED 灯硬件连接图

　　为了方便演示，本系统每隔 10 s 就会将采集到的体温数据通过蓝牙模块发送至手机 APP 上，直观显示每天不同时刻的体温，如果温度过高，则会发送"温度过高，请注意!!"字样，手机 APP 端具体显示图如图 8-17 所示，在触摸屏上规划出一片区域，写上"发送"两字，同时将开发板上的 UP 按键和系统连接起来，按下触摸屏上的区域或者开发板上的 UP 按键就可以通过蓝牙模块将当时的温度数据发送至手机 APP 上。如何按下触摸屏发送区域在显示器设计章节已经详细介绍过了，这里主要介绍按键如何实现其对应的功能。按键的硬件连接图如图 8-18 所示，在按键被按下之后，PA0 端口为低电平，

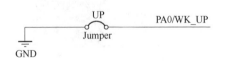

图 8-17　手机 APP 定时接收图　　　　　　图 8-18　按键的硬件连接图

未按下时，PA0 端口处于高电平状态，循环检测 PA0 管脚的状态，当管脚状态为低电平时就发送一次采集到的体温数据。

在触摸屏上再次规划出一片区域，写上"设置"两字，单击这片区域之后就会进入修改时间的界面。修改好想要设定的时间之后，单击"确定"按钮，就会返回显示温度的主界面，这时主界面的时间、日期都是在修改日期界面设定过的。直接使用手机发送 wendu#字样（每次发送均以"#"作为结束）也可以将当时的温度数据反馈到手机上。

8.6.3　程序总思路

程序总流程图如图 8-19 所示，其中各部件初始化函数包括串口分组函

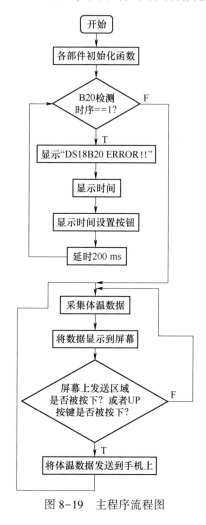

图 8-19　主程序流程图

数、串口初始化函数、按键初始化函数、滴答时钟初始化函数、片外 FLASH 初始化函数、LCD 初始化函数、触摸屏初始化函数、RTC 时钟初始化函数、显示背景图片函数、显示名片函数、LED 灯的初始化函数、B20 复位时序函数。

8.7 总　　结

　　本系统通过 DS18B20 温度传感器、HC-05 蓝牙模块和 STM32F10XZET6 芯片使穿戴式体温仪的基本功能已经实现，可以实时监测人体体温，定时在手机 APP 上显示温度数据，有需要时也可以及时得到温度数据。本系统还对显示界面做了一些优化，在界面上可以修改系统时间以实现非常人性化的功能，便于日常使用。整个系统功能实现的核心在于传感器与芯片通信以及蓝牙模块与芯片之间的通信。通信实现过程中需要综合调试，以保证通信不会出现错乱。在通信功能实现后，就是 LCD 屏的显示了，需要将各种温度、时间等数据不出差错地在屏幕上显示出来。系统时钟的选择也是一个不可忽视的环节，在选择时钟时，需要精准调试，时钟必须采用硬件计时以保证其精准性。整体来说，本系统具有较高的使用价值。

■ 第 9 章 ■

基于 CAN 总线和 LabVIEW 的
信号监控系统的设计与实现

9.1　系统方案设计

为实现供电系统能正常提供稳定的大电流，需要要监控电源内部各器件的工作状态。通过微处理器 PIC18F248 采集各个状态量，包括一些重要部件（变压器、电抗器、IGBT 和肖特基二极管、母排）的温度，同时为了电源内部的散热，在其顶部安装 6 个风机，系统对它们实现转速测量。本地工控机带有 Windows 系统，通过 CAN 总线进行通信，上位机通过 NI 公司的图形化编程软件 LabVIEW 语言设计界面，驱动 CAN 卡接收数据，完成实时显示并进行判断。其控制示意图如图 9-1 所示。

图 9-1　电源本地控制示意图

本系统可以完成各种信号采集传感器的选用、接口和性能分析，硬件系统的主处理模块、各传感器接口调理电路的分析与设计，温度传感器的驱动负载能力及抗干扰问题，CAN 总线的相关理论、应用及硬件实现电路，使用 LabVIEW 语言驱动 CAN 卡，并设计界面进行实时显示。通过测试及现场操作，本系统实施成本适中、性能可靠、控制效果理想，具有广泛的实用价值。

9.2　硬件电路分析与软件设计

监控系统应具有对被测对象的特征量进行测量、传输、处理及显示等功能。一个监控系统是传感器、预处理电路、数据处理和其他数据通信装置等的有机组合。一个典型的监控系统如图 9-2 所示。

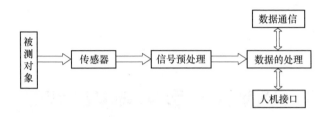

图 9-2　监控系统框图

本系统需监控的温度点共分为 4 组 12 个点，4 组分别表示为 T1、T2、T3、T4，分别安装在 4 个 IGBT 散热片、2 个电抗器、4 个变压器和两个肖特基二极管散热片上；母排温度分为 2 组 16 个点，两组分别以 T5、T6 表示；铂电阻共 3 组 3 个点，分别表示为 T7、T8、T9；风机转速单点构成一组，共 6 组，依次表示为 F1～F6）。本系统的组成框图如图 9-3 所示。

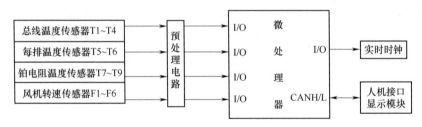

图 9-3　本监控系统组成框图

■9.2.1　微处理器最小系统

根据单片机执行指令结构类型的不同，可以分为集中指令集（CISC）和精简指令集（RISC）。采用 RISC 结构的单片机数据线和指令线分离，这使得取指令和取数据操作可同时进行，执行效率更高，速度更快。Microchip 公司的 PIC 系列单片机采用的就是这种结构，故选用 PIC18F248 单片机，并且它内部带有符合国际标准的 ISO CAN 总线模块，其 CAN 协议与 CAN 2.0B 版本相一致，这样单片机的外围电路不必加 CAN 控制器芯片，只需加驱动芯片，硬件电路实现简单。PIC18F248 内有上电复位电路（POR）且带有片内 RC 振荡器的监视定时器（WDT），具有可编程代码保护功能。处理器通过 CAN 总线将数据发送至上位机，只要加上 CAN 总线的隔离电路就构成了最小电路，如图 9-4 所示。

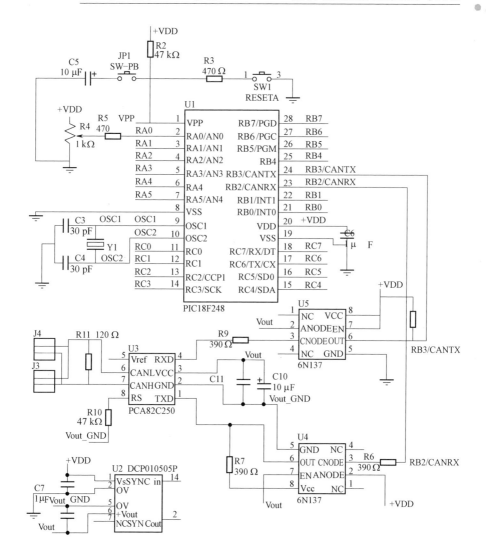

图 9-4　监控系统最小系统电路图

■9.2.2　监控多路多点温度

温度测量选用典型的一总线传感器 DS18B20，可以将温度直接以数字量的形式输出，采用外加供电方式，这样可以增强抗干扰能力，保证工作的稳定性。同时，PIC 微处理器 I/O 口有高达 25 mA 的输出电流，而 DS18B20 的操作电流最高为 1.5 mA，因此可直接使用 I/O 口驱动负载。但是当探头个数增多、连接电缆加长时，须进一步提高驱动能力及抗干扰能力。

1. 上拉电阻问题

DS18B20 数据输入/输出端要求外接一个一定阻值的上拉电阻 RL（DS18B20 的资料中提供的阻值为 4.7 kΩ）。这样当总线闲置时其状态为高电平，不管什么原因，如果在传输过程中需要暂时挂起，且要求传输过程还能继续的话，则总线必须处于空闲状态。位传输之间的恢复时间没有限制，只要总线在恢复期间处于空闲状态（高电平）即可。如果总线保持低电平超过480 ms，总线上的所有器件将复位。但是当总线上的负载增加（即探头个数增加或者连接电缆长度加长）时，端口驱动能力达不到要求，则无法正确读出温度数据。通过减小上拉电阻的大小来提高驱动能力，同时由于干扰信号也遵循欧姆定律，所以在越存在干扰的场合，选择的上拉电阻就要越小，这样干扰信号在电阻上产生的电压就越小。

2. 阻抗匹配问题

在实际使用中，发现每片 DS18B20 与一总线之间接一个 50 Ω 的匹配电阻可提高系统的稳定性。由于 DS18B20 都是通过漏极开路和数据线接口，接电阻后可有效限制电流，避免场效应管击穿而使芯片损坏。同时，当总线上有多个探头时，会引起阻抗失配，从末端返回的反射波会影响总线上的其他的器件。因此在总线上串接电阻将有效地降低阻抗失配，减小反射能量，同时不会给驱动器带来额外的直流负载。

3. 抗干扰问题

对整个监控系统进行测试时发现，附近发生的电焊以及在电源满功率（4000 A，10 V）状态下进行工作时，测温探头会受到干扰，出现时序错误。经分析得知干扰信号以信号线为去路，以地线为返回路进行传输，大量的电磁干扰从空间耦合到电缆上，形成共模干扰电压。

针对产生的共模干扰，采用在一总线的输入端接一个共模扼流线圈的方式进行抑制。将三根同样长度的漆包线绕在同一个空心磁环上，匝数和相位都相同（绕制同向），一端接至端子，另一端分别连接到 DS18B20 对应的三根引线上。这样，当电路中的正常电流流经共模电感时，电流在同相位绕制的电感线圈中产生反向的磁场，此时磁场相互抵消，正常信号电流主要受线圈电阻的影响；当有共模电流流经线圈时，由于共模电流的同向性，会在线圈内产生同向的磁场而增大线圈的感抗，使线圈表现为高阻抗，产生较强的阻尼效果，以此衰减共模电流，达到滤波的目的。加入一定匝数的共模线圈后发现，系统的抗电磁干扰能力增强，更适用于工作在开关电源内部。

4. 单路多点、多路多点测温

在进行多点测量时，在主机进入操作程序前必须用读 ROM（33H）命令将所有 DS18B20 的序列号分别读出来。当主机需要对众多在线 DS18B20 的其中某一个进行操作时，首先要发出匹配 ROM 命令（55H），接着主机提供 64 位 ID 号，之后的操作就是针对该 DS18B20 的。程序上先跳过 ROM，启动所有 DS18B20 进行温度转换，之后通过匹配 ROM，再逐一地读回每个 DS18B20 的温度数据。电路连接简图如图 9-5 所示，软件实现流程图如图 9-6 所示。考虑到一个 I/O 口驱动探头个数及距离有限，实际情况下可以采用多个 I/O 口驱动，即多路。现以多路多点进行说明，在程序上只需初始化不同的端口即可。

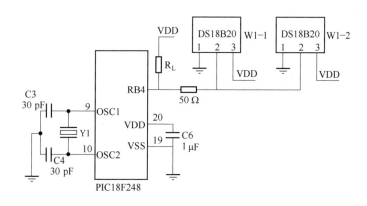

图 9-5　多点连接电路简图

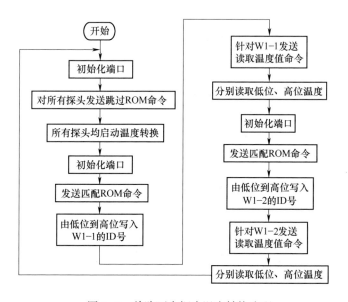

图 9-6　单路两个探头温度转换流程

▊9.2.3　监控风机转速

本系统采用霍尔开关传感器 DN6837 进行转速测量。该传感器是集电极开路（OC 门），因此在输出端与电源之间接一个 1.5 kΩ 的电阻，同时为了提高其带负载的能力，接一个三极管用于放大电路。DN6837 片内设有稳压电路、施密特电路，通过晶体管的集电极输出信号，并且输出脉冲信号。输出信号直接接至单片机 PIC18F248 的 I/O 口进行计数分析。风机测速的电路如图 9-7 所示，测速流程如图 9-8 所示。

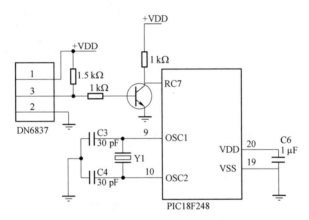

图 9-7　风机转速测量电路图

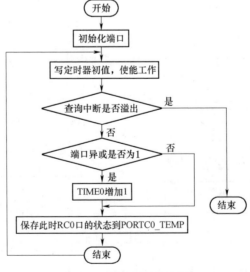

图 9-8　风机测速流程图

9.3　CAN 总线传输功能实现

▌9.3.1　CAN 总线硬件功能实现

　　PIC18F248 单片机内部集成了 CAN 控制模块，它是通信控制器，执行的是 Bosch 公司规范的 CAN 2.0B 协议。为了加强 CAN 总线的差动发送和接收能力，电路采用了 CAN 总线收发接口电路 PCA82C250，可以降低射频干扰（RFI）且具有很强的抗电磁干扰（EMI）能力。在 CAN 总线接口与 PCA82C250 之间接入光电耦合器可增强系统的抗干扰能力，采用高速光耦 6N137，光耦两侧应采用 5 V 的 DC-DC 隔离电源。同时考虑到总线两端的阻抗匹配问题，加接 120 Ω 的电阻以提高整个系统通信的可靠性和抗干扰能力。其硬件控制电路如图 9-9 所示。

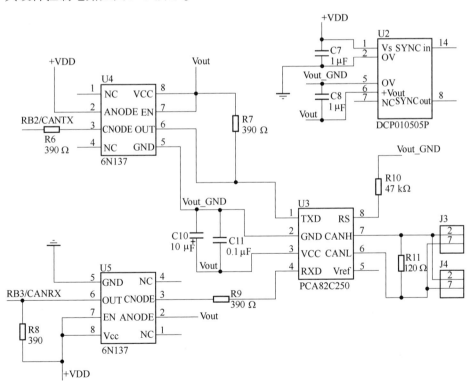

图 9-9　CAN 总线硬件控制电路图

■9.3.2 CAN 总线高层通信协议

CAN 总线是通过帧 ID 来解决总线访问冲突的，帧 ID 越小，帧优先级越高。两个节点同时向总线发送数据帧，帧优先级高的节点获得总线控制权，优先级低的节点转换成接收状态，在监听到下次总线空闲后，重新发送数据。为了保证系统可靠运行，必须对系统中的帧 ID 进行严格分配，对于确定 ID 的数据帧只能由某个确定的节点来发送，避免不同的节点同时发送帧 ID 相同的数据帧。本系统中所有 CAN 控制器工作在 BasicCAN 方式，数据帧为标准帧，帧 ID 为 11 位。根据整个 CAN 系统的规模，节点数少于 32 个，因此每个模块分配一个 5 位（帧 ID 的低 5 位）的节点编码，同一系统中节点编码不重复，将帧 ID 的高 6 位定义为命令码。如果节点编码为 11111，表示广播数据，所有节点都可以接收。

下面以 DS18B20 数据帧为例说明数据帧的格式。描述符为 2 字节，由 11 位 ID、RTR（远程发送请求位）、数据长度位组成，见表 9-1。

表 9-1 DS18B20 数据帧列表

识别码字节 1								识别码字节 2							
ID10	ID9	ID8	ID7	ID6	ID5	ID4	ID3	ID2	ID1	ID0	RTR	DLC3	DLC2	DLC1	DLC0
0	1	0	0	0	0	1	0	0	1	0	0	1	0	0	0
命令码						节点编码					RTR	数据长度位			

接收数据长度为 8 字节，转换成 4 个温度数据，格式见表 9-2。

表 9-2 DS18B20 温度数据排序

D0	D1	D2	D3	D4	D5	D6	D7
高字节	低字节	高字节	低字节	高字节	低字节	高字节	低字节
温度 0		温度 1		温度 2		温度 3	

■9.3.3 CAN 总线软件设计

在未安装 CAN 卡的情况下，采取 CAN 自检的方式进行调试。自检方式允许信息不发送到 CAN 总线，而是在发送缓冲器和接收缓冲器之间内部进行信息的发送与接收，这种工作方式适用于系统的开发测试过程中。在这种方式下，器件可以接收来自它自己的信息，就像信息来自其他节点一样。该程序中接收采用中断方式，发送采用查询方式，其程序流程如图 9-10 所示。本监控系统选用的是周立功单片机公司的 PCI-51XX 智能 CAN 接口卡（型号为 PCI-

5110）。

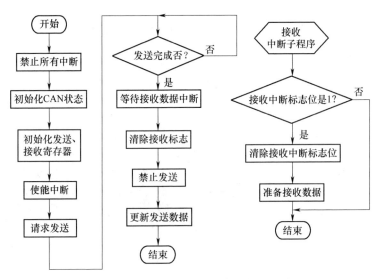

图 9-10　CAN 总线自检方式流程图

9.4　监控系统界面设计

LabVIEW 是完全图形化的编程语言，它不采用传统的文本式编程方式，而采用数据流编程方式——图标表示变量或功能模块，用连线表示数据的传递方向。单片机读取的传感器数据通过 CAN_Bus 传送至上位机，上位机采用 LabVIEW 设计的界面完成数据的实时显示。该系统界面实现的功能包括：驱动 CAN 卡（打开、启动、复位、关闭等）、接收并显示单片机传送的温度/转速数据、设定阈值比较判断、对不正常的情况进行报警。主界面包括菜单项、控制项和显示项三部分，如图 9-11 所示。

菜单项即针对 CAN 卡的设备操作，包括启动 CAN 卡、复位 CAN 卡、关闭 CAN 卡及退出功能。

控制项包括准备接收按钮、数据保存路径及 CAN 卡启动指示灯。

显示项主要包括对电源内部温度、风机转速及母排温度的显示，在各个子部分中分别使用数字及图表的形式显示对应数据，并在程序中给定阈值，当温度过高或转速过慢时，指示灯变亮以提示用户。

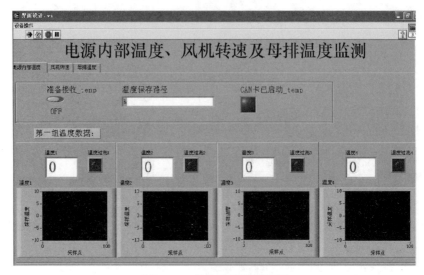

图 9-11　监控系统界面示例

■9.4.1　CAN 卡驱动程序设计

第一步，调用 CAN 接口卡库函数需要用到 LabVIEW 中的调用动态链接库。具体实现时，使用 LabVIEW 功能模块中 Advanced 子模块里的"调用库函数节点（Call Library Function Node）"，如图 9-12 所示。

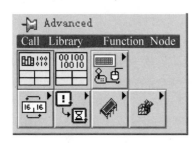
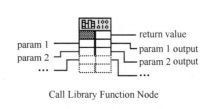

图 9-12　LabVIEW 中的调用库函数节点

双击该节点，可在弹出的对话框（如图 9-13 所示）中对此节点进行配置（以复位 CAN 为例）：

（1）在 Library Name or Path 选项中，单击 Browse 按钮，打开文件对话框，找到 PCI 接口卡的库函数，找到 ControlCAN. dll 文件，或直接输入此节点所要链接的 DLL 路径名。

（2）在 Function Name 右侧的下拉列表框中找到 VCI_ ResetCAN，或直接

输入函数名。

（3）在 Calling Conventions 右侧的下拉列表框中选择 C，表明所调用的库为使用 C 语言自己创建的库，若调用的函数为 Windows 标准共享库函数，则选择 stdcall（WINAPI）选项。

（4）在 Browse 按钮下方的下拉列表框中选择 Run in UI Thread，表明该调用过程运行在用户接口线过程中。

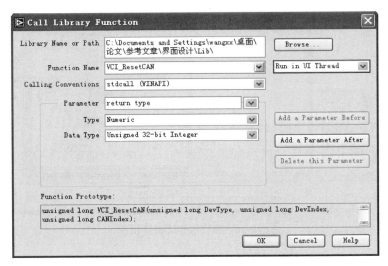

图 9-13　调用库函数节点配置对话框

（5）完成函数输入/输出参数和类型的配置，见表 9-3。

表 9-3　函数输入输出参数和类型的配置

Parameter	Type	Data Type	Pass
return type	Numeric	Unsigned 32-bit Integer	Value
DevType	Numeric	Unsigned 32-bit Integer	Value
DevIndex	Numeric	Unsigned 32-bit Integer	Value
CANIndex	Numeric	Unsigned 32-bit Integer	Value
Function Prototype			

Unsigned long VCI _ ResetCAN（unsigned long DevType, unsigned long DevIndex, unsigned long CANIndex）;

单击 Add a Parameter After 按钮，定义函数的第一个参数，按照库函数要求完成 Parameter 框、Type 框、Data Type 框；添加第二个参数；依次设置其他参数。设置完成后，被调用的函数原型会在 Function Prototype 中列出。如果所有输入/输出参数设置正确，则单击 OK 按钮关闭配置对话框。按照上述添加链接函数库的方法，完成库函数 VCI-OpenDevice、VCI-InitCan、VCI-StartCAN、VCI-Receive、VCI-CloseDevice 的节点配置。

第二步，按照图 9-13 所示的库函数使用流程完成驱动程序。在菜单项中的设备操作中包括启动 CAN 卡、复位 CAN 卡、关闭 CAN 卡及退出四项，其程序框图如图 9-14 所示。

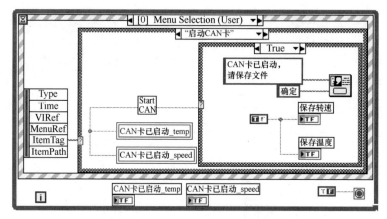

图 9-14　设备操作项程序框图

这里使用子 VI（Start CAN）完成子界面的调用。其中包括选择设备类型、初始化 CAN 的参数（设定验收码、屏蔽码、波特率等），双击 Start CAN 子 VI 可出现其前面板（见图 9-15）。

图 9-15　启动 CAN 的前面板

运行 Start CAN，其初始化状态连接至选择结构（Case Structure），当返回值为 True 时，CAN 卡成功启动，并将两个布尔型的变量"保存温度"和"保存转速"置为 1，否则启动失败。用同样的方法在用户菜单选择项（Menu Selection（User））下编辑复位 CAN 卡和关闭 CAN 卡项，如图 9-16 所示。

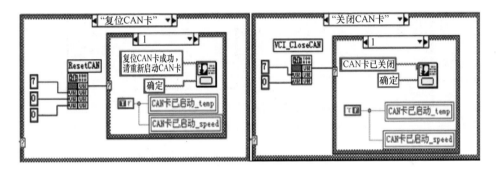

图 9-16 复位/关闭 CAN 卡程序框图

■ 9.4.2 数据接收和显示

接收数据时，需要使用 LabVIEW 库函数中的 VCI_CAN_OBJ 结构体和 VCI_Receive 函数。VCI_CAN_OBJ 在 VCI_Receive 函数中被用来传送 CAN 信息帧，为布尔型数组，其构成成员包括报文 ID、TimeStamp（接收到信息帧时的时间标识）、TimeFlag（是否使用时间标识）、SendType（发送帧类型）、RemoteFlag（远程帧）、ExtendFlag（扩展帧）、DataLen（数据长度）、Data（报文的数据）等几项。其中，报文 ID 由 11 位的二进制数构成，低 5 位为 CAN 的节点编码，高 6 位为 CAN 的命令码，通过制定不同的 ID 确认接收数据的不同。接收到的数据通过一定的数学运算，将其转换为十进制数，进而方便利用图表显示，可以直观地观察数据变化的历史曲线（见图 9-17）。

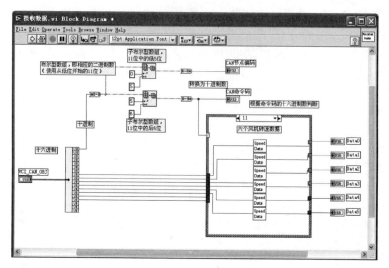

图 9-17　接收数据源代码

9.5　总　　结

　　本系统基于 CAN 总线的优点，结合具体的应用环境以及传输要求，设计了可靠的通信接口电路，使检测数据可以可靠地通过 CAN 总线传送至上位计算机进行综合显示分析。完成了系统硬件电路设计与传感器的接口，并实现了整个系统运行软件。同时采用 LabVIEW 开发平台编写打开设备、保存数据、接收数据等几个子 VI，便于程序调用。在菜单中可以添加不同的功能模块，并且不会影响原有模块的运行从而完成实时显示界面的设计。经过调试后系统工作正常，CAN 总线传输可靠，无误码率，各项指标均达到设计要求。

第 *10* 章

基于 **LabVIEW** 和 **MATLAB** 的
语音控制系统的设计与实现

10.1 系统方案设计

语音信号是日常生活中最普遍的信息交流方式，是一种典型的非平稳随机信号，在生活中的方方面面都发挥着极其重要的作用。伴随着信息科学技术的跨越式发展和计算机的普及，语音交互技术使用得越来越广泛，语音识别、语音合成、语音编码和识别说话人等技术也更加广泛地应用到工业和人们的日常生活中。

通过本章的研究，可以采集到语音信号的特征参数，实现特定语音与特定指令的一一对应，从而达到机器"听得懂"的功能。语音信号的采集是人机交互的前提和基础，声卡是计算机对语音信号进行采集和处理的重要部件，可以对信号进行放大、滤波、采样保持和数/模、模/数转换。计算机自带的附件中有录音机功能，而且可以将音频保存为文档的形式，然而若要对信号进行进一步处理分析，则必须依赖外部软件，而 Windows 自带的录音功能极其有限且不能扩展，这就给平时的研究带来不便。LabVIEW 是一款由美国国家仪器公司开发的图形化编译平台，它本身含有一整套能够完成任何编程任务的庞大函数库，可以实现数据采集、GPIB、串口控制、数据分析、数据显示及数据存储等。这里就要利用到它本身自带的强大的数据采集及存储功能。但是对于信号分析处理功能来说，LabVIEW 就有点不足，这里就要调用 MATLAB script 脚本节点，MATLAB 具有强大的数据分析及处理功能，可以完美地实现对信号的分析及处理。这里将 LabVIEW 和 MATLAB 两者的优势相结合，有效采集信息，并且能够完美分析，方便快捷地为语音信号的后期处理提供有效的参数。

本章的主要工作包括：①利用 LabVIEW 构造用于信号采集的虚拟实验系统，通过声卡实现对语音信号的采集，即录制，并且存储，将采集到的信号存储为 wav 格式。②利用 LabVIEW 构造音乐播放器，实现对采集的语音信号进行播放，并可以实现暂停、播放、变音播放、停止等功能。③通过 MATLAB 实现对语音信号的分析和处理，分别对信号进行傅里叶变换、加噪、滤波等处理，得到信号的各种时域频域波形。主要实现是通过在 LabVIEW 程序框图中调用 MATLAB script 脚本节点，实现连接软件通信，对语音信号进行快速准确的分析。

10.2　基　　础

■ 10.2.1　声卡

声卡也叫音频卡，有三个基本功能：一是音乐合成发音功能；二是混音器（Mixer）功能和数字声音效果处理器（DSP）功能；三是模拟声音信号的输入和输出功能。本系统采用集成式声卡，集成式是指芯片组支持整合的声卡类型。由于大部分用户对声卡的要求并不是非常高，一般只要能用就可以，集成是将声卡集成在计算机主板上，这样不仅不占用 PCI 接口，而且成本变得更加低廉。从数据采集的角度来看，利用计算机自身携带声卡进行数据采集就是一个非常不错的选择，不仅方便快捷而且研发成本低，同时具有数/模、模/数转换的功能，兼容性好，稳定性高。

■ 10.2.2　LabVIEW

LabVIEW（Laboratory Virtual Instrument Engineering Workbench，实验室虚拟仪器工程平台）是由美国国家仪器（NI）公司所开发的图形化程序编译平台。与 C、汇编等编程语言一样，LabVIEW 也是通用的编程系统，它里面包含一个完善的函数库，可以用来实现数据采集、GPIB、数据分析、数据存储及显示等各种功能。LabVIEW 是一种利用图标代替文本创建应用程序的图形化编程语言，与传统的按照语句和指令的先后顺序执行的编程语言不同，数据流在 LabVIEW 中的流向决定了 VI 和函数执行的顺序。

LabVIEW 在前面板控件选板中专门设计了很多与现实中的仪器外观相似的控件，可以很方便地在前面板创建用户界面。在后面板（即程序框图）中，函数控件选板提供了大量的函数控件图标，可以通过图标连线实现对前面板对象的控制，这就成了 G 代码。本系统用到的函数主要为位于编程-图形与声音-声音选项下面的各个函数，主要包括输入、输出以及文件中的各个函数，如

图 10-1~图 10-3 所示。

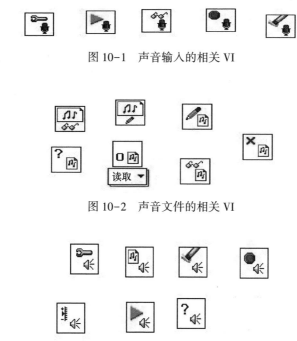

图 10-1　声音输入的相关 VI

图 10-2　声音文件的相关 VI

图 10-3　声音输出的相关 VI

■ 10. 2. 3　MATLAB

　　MATLAB 是美国 MathWorks 公司出品的商业数学软件，主要应用于算法开发、数据可视化、数据分析以及数值计算的高级技术计算语言和交互式环境。它主要包括 MATLAB 和 Simulink 两大部分。将数值分析、矩阵计算、科学数据可视化以及非线性动态系统的建模和仿真等诸多强大功能集成在一个易于使用的视窗环境中。MATLAB 可以进行矩阵运算、绘制函数和数据、实现算法、创建用户界面、连接 MATLAB 开发工作界面与其他编程语言的程序等，主要应用于工程计算、控制设计、信号处理与通信、图像处理、信号检测、金融建模设计与分析等领域。本系统主要是利用了 MATLAB 强大的信号处理能力，MATLAB 具有一系列函数，通过编写程序实现对语音信号的时域频域变换，以及对信号进行加噪和去噪处理，得到时域及频域波形图。

■ 10. 2. 4　MATLAB script 脚本节点

　　虚拟仪器编程软件 LabVIEW 与在数值计算和绘图方面功能强大的数学软

件 MATLAB 结合使用将大大提高虚拟仪器的开发功能。LabVIEW 使用脚本节点可以执行 MATLAB 脚本。

如图 10-4 为 MATLAB script 脚本节点示意图，位于函数选板-数学-脚本与公式中，打开脚本节点即可操作，可以任意调整大小及放置位置。MATLAB script 可以通过右键单击节点框选择添加输入、添加输出，并且可以为每一个输出及输入变量编辑相应的名字。M 文件的导入可以直接将编辑好的 M 文件粘贴到节点中，也可以通过右键单击选项中的导入功能导入编好的程序。使用 MATLAB script 脚本节点时应该注意：在 LabVIEW 中 MATLAB script 不能判断数据类型，因此用户需要设定每一个数据的类型。通过鼠标右键单击"选择数据类型"一项，选择合适的类型。LabVIEW 和 MATLAB 的数据类型必须匹配，LabVIEW 所支持的 MATLAB 数据类型主要有 real、complex、1-D Array of real、1-D Array of complex、2-D Array of real、2-D Array of complex、string、path 八种。

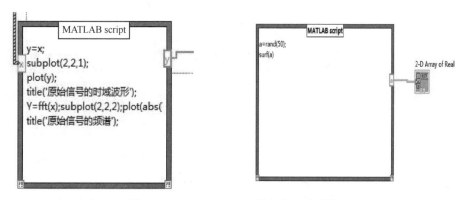

图 10-4   MATLAB script 脚本节点示意图

应注意的问题：首先，LabVIEW 通过 ActiveX 技术使用 MATLAB 脚本节点，因此 MATLAB 脚本节点只能应用在 Windows 平台上。其次，计算机上必须安装有 MATLAB 6.5 以上的版本才能使用 MATLAB 脚本节点。

10.3   语音信号采集及处理

语音信号是一种典型的非平稳声音信号，由于气息运动和声带振动就产生了声音。语音信号具有"短时性"。在一段语音中，语音信号保持着一种相对平稳状态。语音信号在频域内的频率范围主要集中在 300～3400 Hz，当语音信号的采样频率大于等于语音信号最高频率的两倍时，语音信号的信息就能被完整地保存下来。因此对语音信号的采样一般采用 8000 Hz 的采样率就可以得到离散的语音信号。

10.3.1　采集语音信号

对于语音信号的采集，必须先对语音信号采集的相关知识有一定的了解。采样定理又被称为奈奎斯特定理，就是在进行模/数转换的过程中，如果设置语音信号的采样频率 f_s 大于或者等于语音信号中最高频率的 2 倍，即 $f_s \geq 2f_{max}$ 时，则原始语音信号中的信息经过采样之后能完整地保留下来。一般在实际应用中应保证采样频率为信号最高频率的 5~10 倍。采样频率即计算机每秒钟采集声音信号的个数，即录音设备 1 s 内采样的语音信号次数，采样频率越大，得到的声音信号就越接近真实声音。它主要用来衡量声卡、语音文件的质量标准。在当今主流的民用声卡中，采样频率一般共分为 8 kHz、11.025 kHz、22.05 kHz 和 44.1 kHz，少数可以达到 48 kHz。采样位数可以理解为声卡对声音信息处理的解析度。这个数值越大，录制和回放的声音就越接近真实，如今社会上流行的都是 16 位的声卡。

语音信号的采集通常有两种途径：一是通过市面上的一些数据采集卡来实现，但是这种方法对学生来说成本较高；二是软件及计算机声卡采集，也就是本系统所用的方法。通过计算机声卡加上 LabVIEW 编写的声音采集程序就可以实现对语音信号的录制、存储、回放、变音播放。这种方法不仅能够完整地实现功能，并且成本低廉、经济实惠，适合学生研究使用。

本系统采用的是计算机内置麦克风，对着麦克风说一小段话，语音信号就会通过话筒传到声卡，经过模/数转换得到数字信号。在 LabVIEW 中有很多函数支持声卡，位于编程–图形与声音–声音下面的 VI 库中，分别为声音的输入、输出，声音文件可以用来实现对声卡的控制。声音的采集程序前面板和程序框图的搭建主要用来实现录音以及存储的功能，所有采集到的音频信息均被自动保存为 wav 声音格式。图 10-5 为声音信号采集的程序框图。

语音采集搭建的程序采取了 while 循环结构，下面对 while 结构进行具体介绍。

while 循环结构框位于函数–结构–while 循环中，重复执行内部的子程序框图，直至条件接线端（输入端）收到特定的布尔值。连线布尔值至 while 循环的条件接线端，可以通过右键单击条件接线端，在快捷菜单中选择为真（T）时停止或为真（T）时继续。也可以连线错误簇至条件接线端，右键单击条件接线端，在快捷菜单中可以设置为真时停止或为真时继续。while 循环至少要

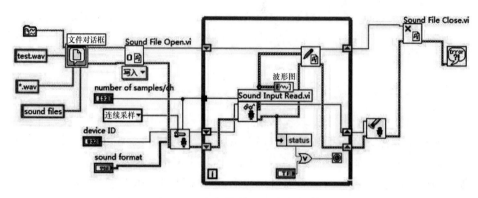

图 10-5　声音信号采集的程序框图

运行一次，while 循环中条件接线端设置为真时停止，错误输出与停止开关两者求或，只要有一个为真就停止录音，即当程序检测到有错误或者用户单击停止按钮时程序运行停止。while 循环结构框图左下角的字母 i 表示循环计数，记录循环次数。

图 10-6 为文件对话框，位于函数-编程-文件 I/O-高级文件函数中，开始路径为默认数据目录，默认名称为 test. wav，文件类型均为 wav 格式，类型标签为声音文件。当执行声音采集程序时，首先会跳出一个对话框，提示选择声音文件的存储路径。

图 10-7 为配置声音输出模块，通过该函数可以实现对采集声音的设置，位于函数-编程-图形与声音-输入中。例如，每通道采样数设置为 10000，采样模式为连续采样，声音格式是对

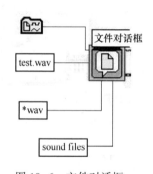

图 10-6　文件对话框

采集声音的设置，采样率为 22050，通道数为 2，每采样比特数为 16。

图 10-8 中分别为声音输入清零、关闭声音文件、简易错误处理器，前两者位于编程-图形与声音中，简易错误处理器位于编程-对话框与用户界面-简易错误处理器，当程序执行出现错误时就出现一个对话框，提示错误。

■10.3.2　回放语音信号

利用采集语音信号的程序成功地将语音信号录入，并且存储为 wav 格式，这时候就要使用 LabVIEW 构建一个音乐播放器，实现对语音信号各种控制，如播放、暂停、变音播放等。

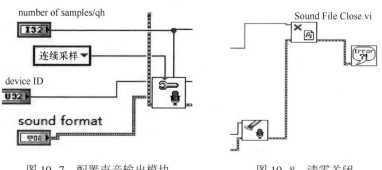

图 10-7　配置声音输出模块　　　　图 10-8　清零关闭

由图 10-9 可知，语音信号播放的程序框图使用到了三种不同的结构，分别为条件结构、while 循环、事件结构。如图 10-10 所示即为条件结构，用来通过判断不同条件选择器接线端的值执行不同的路径。包括一个或者多个子程序框图和分支。执行结构时，同时只能有一个子程序框图或分支被执行，选择器接线端的值可以是布尔、字符串、整数、枚举类型，用来确定执行哪一个分支。可以通过右键单击结构边框来添加或者删除分支，通过标签工具可输入条件选择器标签的值，并配置每个分支处理的值为 2。

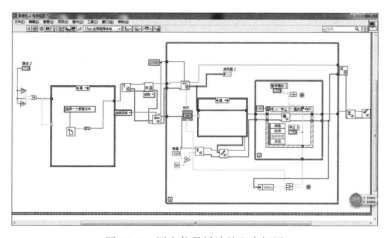

图 10-9　语音信号播放的程序框图

在声音信号的回放过程中，条件结构框主要有两个应用，第一个是判断路径是否为空字符串、空路径或者非法路径，如果符合其中任何一项，则执行真分支，系统界面会跳出一个"打开一个录音文件"对话框，要求打开一个录制好的 wav 格式语音文件；若判断为假，则执行假分支，即路径合法（存在可以用于播放的 wav 格式录音文件)，可以继续执行下去。

条件结构在回放过程中的第二个应用为判断是否需要实现变音播放，在条件选择器接线端接一个布尔开关，当按下开关时，分别会产生真/假信号，分别对应条件结构的真假分支，执行原音播放和变音播放。这里所说的变音播放仅仅是基于对原始语音的波形重新采样，通过波形重采样可以得到不同的播放形式。改变采样

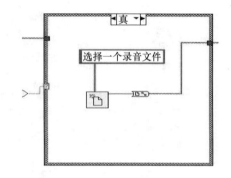

图 10-10　条件结构

点的间隔可以改变声音的播放效果，达到变音目的，然而，由于对于原始的语音信号波形进行重新采样将会导致采样频率的改变，致使声音质量的下降，会出现语速改变等问题。

图 10-11 和图 10-12 分别为应用于变音的条件结构的真假分支，布尔开关的真假改变对应原音播放与变音播放。当选定原音播放时，执行真分支如图 10-12所示，LabVIEW 中的数据流直接通过分支，并没有进行任何改变，因此声音播放不会有任何改变。当选定变音播放时如图 10-11 所示，数据流要经过波形重采样，通过调整 dt 和插值模式可以改变重采样后输出的波形，从而实现声音的不同形式播出。

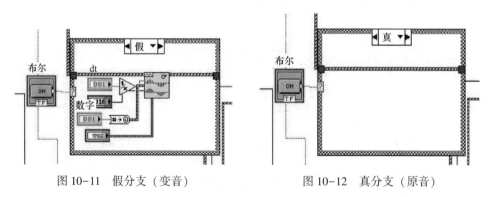

图 10-11　假分支（变音）　　　　　图 10-12　真分支（原音）

如图 10-13 所示，这里使用到的波形重采样是连续采样，重置相位为相位输入控件的值，重置标识为 0，默认为 FALSE，dt 是重采样的波形用户定义的采样间隔，对输入控件求倒数即可得到，通过改变输入控件的值改变重采样采样间隔，得到声音播放的不同形式。插值模式指定重采样使用的算法，分别

有强制、线性、样条、FIR 滤波，这里采用强制，将每个输出采样设置为等于时间上最接近的输入采样的值。FIR 滤波器规范指定用于 FIR 滤波器的最小值，这里不做设定。T0 表示重采样波形输出的用户定义的开始时间。

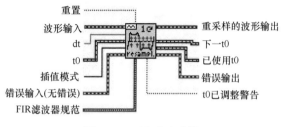

图 10-13　波形重采样

事件结构如图 10-14 所示，事件结构位于函数–编程–结构中，包括一个或者多个子程序框图或时间分支，结构执行时，同时只能有一个子程序框图或分支在执行。事件结构可等待直至事件发生，并执行相应分支处理该事件。右键单击结构框，可以添加新的分支并配置要执行的事件。连线时间结构边框左上角的"超时"接线端，指定时间结构等待事件发生的时间，以 ms 为单位，默认值为–1，表示永不超时。

在语音信号播放器中，事件结构表示，设置超时等待时间为 100 ms，即等待事件发生的时间，之后执行另一个分支，即停止，停止设备从缓存播放声音，也可通过事件中的停止按钮停止声音播放，当按下停止播放按钮时，最外方的 while 循环将停止。

这里 ▭▭ 是复合运算，位于编程–数值–复合运算中，采用或运算，三个输入分别为错误输出按名称接触捆绑、读取声音文件中的文件结束和上面提到的停止播放按钮，三者有任一个为真，即使 while 循环停止，从而实现播放的停止。这里 ▭▭ 为暂停播放的关系图，当按下暂停播放按钮时会实现暂停，再按一下会实现断点播放。

10.3.3　时间显示及回放

时间显示模块（见图 10-15）比较简单，位于编程–定时–获取时间实现中，对其创建显示控件，即可实现在 LabVIEW 界面上的时间显示。

为了实现采集回放的串联执行，本系统中应用到了顺序结构，考虑到程序比较复杂，采取层叠式的顺序结构会显得更加条理化。顺序执行录音播放功能，当按下执行按钮时，会弹出提示框，提示选择或输入文件路径，之后进行音频录入。录音结束后，按下停止录音按钮，会弹出"打开一个录音文件"

的提示框，之后选择录音文件并进行音乐播放。

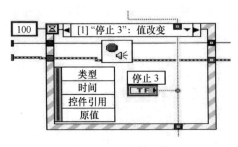

图 10-14　事件结构

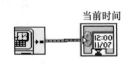

图 10-15　时间显示模块

■ 10.3.4　分析及处理语音信号

对语音信号的分析处理主要使用 MATLAB 进行，前面对 MATLAB 已经进行了介绍，本部分主要完成对语音信号、加噪、滤波后的时域频域分析。在 MATLAB 软件编程平台，wavread 函数用来对语音信号进行采样，同时得到采样频率和采样点数。通过使用 wavread 函数，理解采样频率、采样位数等概念。

wavread 函数调用格式如下。

- x=wavread（file）：读取 file 所规定的 wav 文件，返回采样值放在向量 x 中。
- [x，fs，nbits] =wavread（file）：采样值返回向量 x 中，fs 表示采样频率（Hz），nbits 表示采样位数。
- x=wavread（file，N）：读取前 N 点的采样值放在向量 x 中。
- x=wavread（file，[N1，N2]）：将 N1 到 N2 点的采样值放在向量 x 中。

首先画出语音信号的时域波形，然后在 MATLAB 中利用傅里叶变化函数 fft 对信号进行快速傅里叶变换，得到语音信号的频谱特性，从而加深对频域特性的理解。

其程序如下：

```
[y, fs, nbits] =wavread ('test.wav');% 把语音信号加载入 MATLAB 仿真软
                                          件平台中
sound (y, fs, nbits);    % 回放语音信号
n = length (y) ;         % 求出语音信号的长度
Y=fft (y, n);           % 快速傅里叶变换
```

```
subplot (2, 1, 1); plot (y); title ('原始信号波形');
subplot (2, 1, 2); plot (abs (Y)); title ('原始信号频谱')
```
程序结果如图 10-16 所示。

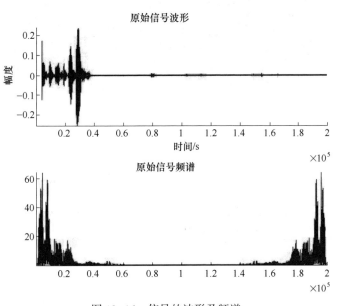

图 10-16　信号的波形及频谱

1. 噪声信号的产生

利用 MATLAB 中的随机函数 rand (n) 产生噪声加入语音信号，模仿语音信号被污染，并对其进行频谱分析。噪声信号的时域频域波形如图 10-17 所示。程序如下：

```
N=length (y); %求出语音信号的长度
noise=rand (N, 2) /20; %噪声信号的函数
K=fft (noise); %快速傅里叶变换
subplot (2, 1, 1), plot (noise);
title ('噪声信号波形');
subplot (2, 1, 2), plot (abs (K) );
title ('噪声信号频谱');
axis ([0, 250000, 0, 100]);
```

加入噪声信号的程序如下：

```
y=wavread ('test.wav');
N=length (y);
noise=rand (N, 2) /20;
```

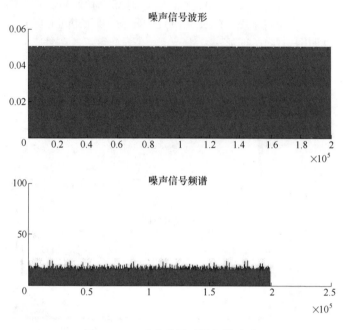

图 10-17 噪声信号时域频域波形

```
k = y+noise;      % 噪声信号的叠加
K = fft (k);
subplot (2, 1, 1);
plot (k);
grid on;
title ('加噪后的时域波形');
subplot (2, 1, 2);
plot (abs (K) );
title ('加噪后的频域波形');
grid on ;   % 添加栅格
axis ([0, 45000, 0, 200]);
```

加入噪声后的波形如图 10-18 所示。

2. 数字滤波器

设计数字滤波器的任务就是寻求一个因果稳定的线性时不变系统，并使系统函数 H（z）具有指定的频率特性。数字滤波器根据其冲激响应函数的时域特性可分为两种，即无限长冲激响应（IIR）滤波器和有限长冲激响应（FIR）滤波器。IIR 滤波器具有无限持续时间冲激响应。这种滤波器一般需要利用递

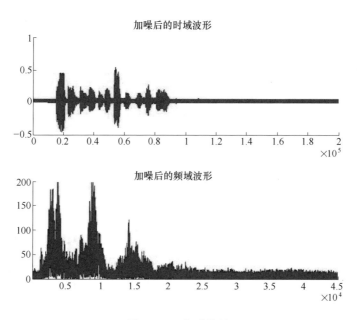

图 10-18　加噪信号

归模型来实现，因而有时也称为递归滤波器。FIR 滤波器的冲激响应只能延续一定时间，在工程实际中可以采用递归的方式实现，也可以采用非递归的方式实现。

　　IIR 滤波器设计只能保证其幅频响应满足性能指标，相位特性无法考虑且往往非线性。FIR 滤波器的突出优点是，在保证满足滤波器幅频响应要求的同时，还可以获得严格的线性相位特性，这对于高保真的信号处理，如语音处理、数据处理和测试等是十分重要的。在进行声音信号采集时，不可避免会有一些噪声信号录入，这里就利用滤波器对声音信号滤波，在本系统中采取 FIR 滤波器。

　　其程序如下：

```
y=wavread ('test.wav');
N=length (y);
sound (y);
Y=fft (y); figure (1);
subplot (2, 1, 1); plot (y); title ('原始信号的时域波形'); xlabel ('时间'); ylabel ('幅值');
subplot (2, 1, 2); plot (abs (Y) ); title ('原始信号的频域波形');
xlabel ('频率 Hz'); ylabel ('频率幅值');
```

```
noise = rand (N, 2) /20;
k = y + noise; % 信号叠加
K = fft (k);
sound (k);
figure (2);
subplot (2, 1, 1); plot (k); xlabel ('时间'); ylabel ('幅值');
title ('加噪后的时域波形');
subplot (2, 1, 2); plot (abs (K) ); axis ( [0, 20000, 0, 500] );
title ('加噪后的频域波形'); xlabel ('频率 Hz '); ylabel ('频率幅值');
fp = 1000; fm = 1200; rs = 100; Fs = 8000; % 滤波器设计
wp = 2 * pi * fp /Fs;
ws = 2 * pi * fm /Fs;
Bt = ws-wp;      % 计算过渡带宽度
beta = 0.112 * (rs-8.7);% 计算 kaiser 窗的控制参数 beta
M = ceil ( (rs-8) /2.285 /Bt);% 计算 kaiser 窗所需阶数 M
wc = (wp+ws) /2/pi;
b = fir1 (M, wc, kaiser (M+1, beta) );% 调用 kaiser 计算低通 FIDF 的 b
figure (3);
freqz (b);
x = fftfilt (b, y, k); % 利用 kaiser 滤波器对语音信号滤波绘图
X = fft (x);      % 对加噪滤波后的信号做 FFT 变换
freqz (b);
grid on
figure (4);
subplot (2, 2, 1); plot (k); xlabel ('时间'); ylabel ('幅值');
title ('加噪后语音信号的时域波形');
subplot (2, 2, 2); plot (x);
title ('加噪语音滤波后信号的时域波形');
subplot (2, 2, 3); plot (abs (K) );
xlabel ('频率 Hz '); ylabel ('频率幅值');    % 画出加噪后语音信号频谱图
title ('加噪后语音信号频谱图')
subplot (2, 2, 4); plot (abs (X) );
xlabel ('频率 Hz '); ylabel ('幅值');    % 画出滤波后的信号频谱图
title (' 加噪语音滤波后的信号频谱图')
sound (x);
```

kaiser 窗特性如图 10-19 所示。

仿真结果如图 10-20 所示。

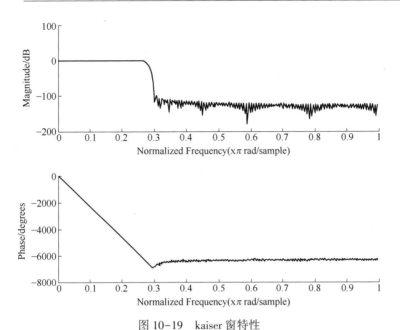

图 10-19　kaiser 窗特性

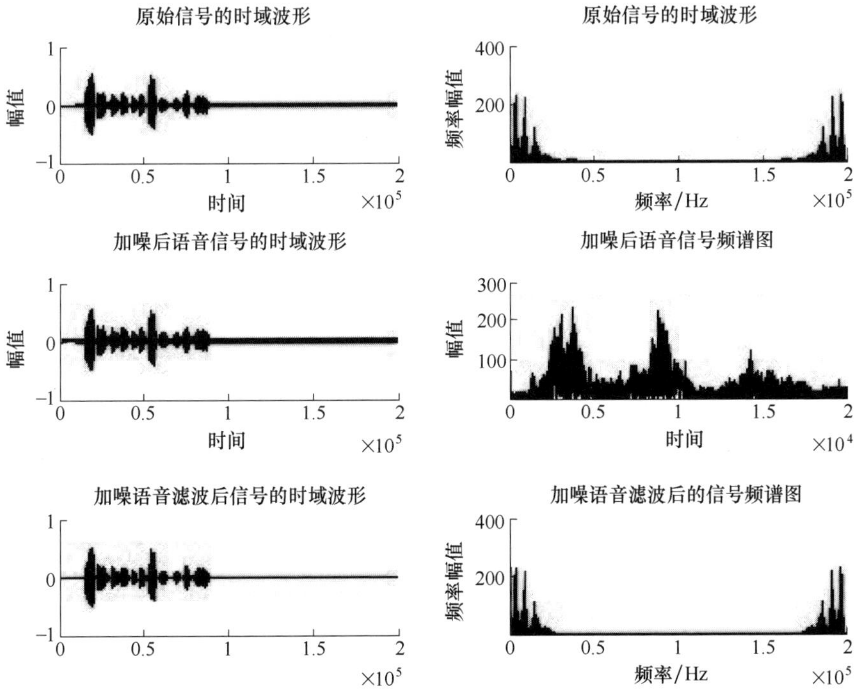

图 10-20　信号各种变换对比图

10.4 总 结

本系统采用计算机声卡、LabVIEW 以及 MATLAB 对语音信号进行采集及分析处理。利用 LabVIEW 进行界面构造,可以实现对声卡的控制,从而实现对实时语音信号的录入及回放。利用 MATLAB 强大的数学计算和绘图功能,满足语音信号处理的要求。本系统成功实现了对语音信号的采集、回放、原音播放、变音播放等操作,对采集到的信号进行了时域频域分析,并对声音信号中加入的白噪声信号进行滤波处理,效果良好。语音识别是一个非常广泛的科研项目,国内外已经有很多不同的研究案例,采取的方案也不尽相同。通过本系统对语音信号的采集及分析处理,对语音识别和控制增加了一定的了解,可以为以后的研究打下基础。

第 *11* 章

基于 **LabVIEW** 的电机
控制系统的设计与实现

11.1 系统总体设计

步进电机是将电脉冲信号转变为角位移或线位移的开环控制元件。在非超载的情况下，电机的转速、停止的位置取决于输入脉冲信号的脉冲数和脉冲频率，因此广泛应用于机械、电子等精密控制仪器中，不像普通直流电机在常规下使用。本系统介绍的一种由 LabVIEW 结合单片机实现对步进电机的控制，能直接在 LabVIEW 上实现对步进电机转速及转角的控制。与传统的单片机控制或 LabVIEW 作为上位机对其控制相比，具有软件成本较低、程序编程简单和易控制等优点。本系统控制对象为五线四相式的步进电机，这种方法也可以适用于其他类型的步进电机。

系统利用 LabVIEW 软件实现上位机监控功能，采用 RS-232 以总线方式实现上位机 LabVIEW 与 STC89C52 单片机的串行通信，上位机 LabVIEW 从串口接收到的数据用形象的表盘实时显示。RS-232 是目前最常用的串行通信总线接口，本章利用 RS-232 串行通信接口。首先，LabVIEW 与 STC89C52 单片机结合使用，保证了 LabVIEW 与 STC89C52 单片机的同步，防止数据的丢失。同时 LabVIEW 可以调节 STC89C52 单片机的控制符，通过串口与之传送数据、调节电机的参数，实现 LabVIEW 对电机的实时监控。步进电机控速系统是目前控制领域的主要方向之一，在控制系统中应用新型的智能控制，可以改良电机系统的动态、静态参数，目前虚拟仪器的应用越来越广泛，在虚拟仪器的环境下实现步进电机控制系统的研究有重大的意义。

11.1.1 总体设计思路

首先利用虚拟仪器图形化界面的强大功能快速地编制好用户界面。用户可以简单地通过主界面上的控件操作系统以完成步进电机的运转。通过主界面上的显示控件，进行运转显示等。其次编写试验中各种控制电机转速转向的功能模块，这是软件系统最核心的部分。其中包括初始参数设置、数据发送、数据接收、状态显示，对接收的数据进行保存、显示。在确定整体软件系统功能和任务的前提下，可以设计出主要程序结构和程序流程图，明确了各个功能模块的划分，在定义的公用数据接口上，进行各模块的编程。这样可以使程序更有条理，容易进行修改和维护。

■11.1.2　系统组成

系统由单片机、步进电机控制电路和 RS-232 接口电路为主，由 LabVIEW 前面板中输入步进电机转向和转速状态，经由 LabVIEW 软件使计算机串口产生对应的信号，单片机始终对计算机串口进行监测，当发现并口输出变化时，单片机输出相应的脉冲信号给电机驱动芯片，然后单片机向上位机发送信号，使之显示转速和转向状态。最后经由驱动模块实现对步进电机的控制。在各个模块中，LabVIEW 实现数据的采集与发送，即实现方便控制的作用，同时将控制信息通过串口发送出去；单片机模块实现控制信息的接收与处理，产生控制步进电机的脉冲信号并显示转速和转向状态。串口通信晶振应为 11.0592 MHz，这样才可以实现与 PC 间的准确通信，如图 11-1 所示。

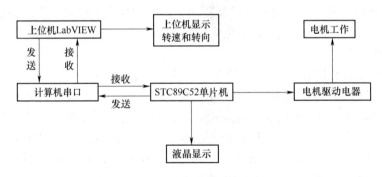

图 11-1　总体系统图

■11.1.3　下位机系统组成

系统下位机以单片机和步进电机为主，加上基本的外围电路构成。其中，步进电机是数字控制电机，就是将脉冲信号转换成电机角位移，即给一个脉冲信号，步进电机就转动一个角度。步进电机区别于其他控制电机的最大特点是：它通过输入脉冲信号的频率来控制步进电机，也就是说，步进电机转动的总角度由输入的脉冲数决定，而步进电机的转动速度由输入脉冲的频率决定，如图 11-2 所示。

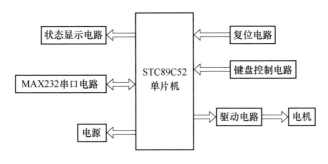

图 11-2　单片机控制步进电机图

11.2　系统硬件电路及软件设计

■ 11.2.1　硬件设计

本设计的硬件电路主要有最小系统、控制电路、驱动电路、显示电路、串口通信电路五大部分。最小系统主要是为了使单片机正常工作。控制电路主要由开关和按键组成，根据相应的工作需要和实际状况进行操作。显示电路主要显示步进电机的工作状态即电机的转速和转向。驱动电路即 ULN2003 电路是对单片机输出的脉冲信号进行功率的放大，从而使电机转动。系统的主要功能有：单片机复位和晶振电路的设计；对步进电机的启动、正向转动、反向转动、加速减速的控制设计；步进电机的转速 LCD1602 显示；串口电路的设计。总体电路如图 11-3 所示。

■ 11.2.2　软件整体设计

本系统的软件由下位机单片机部分 C 语言和上位机 LabVIEW 的 G 语言组成，在此主要介绍本系统实现软件的各个模块的功能与软件流程。下位机 C 语言程序主要由液晶初始化程序、串口初始化程序、键盘液晶显示程序、串口接收发送程序、电机驱动程序等构成。上位机 LabVIEW 程序由 VISA 串口配置初始化参数、串口发送接收信号和显示转速和转向的状态组成，系统程序的主流程框图如图 11-4 所示。

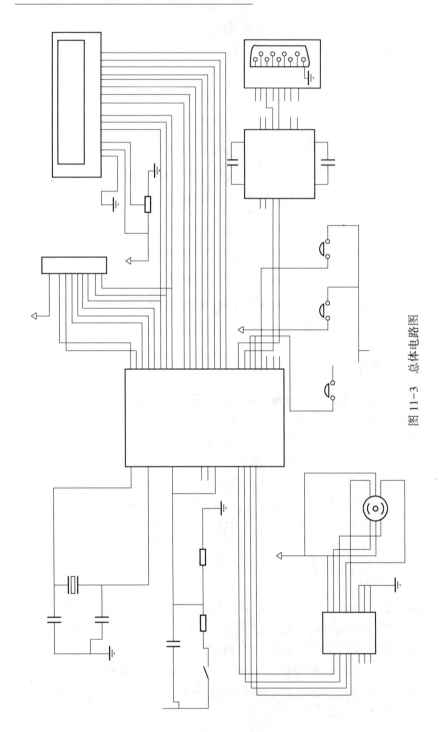

图 11-3 总体电路图

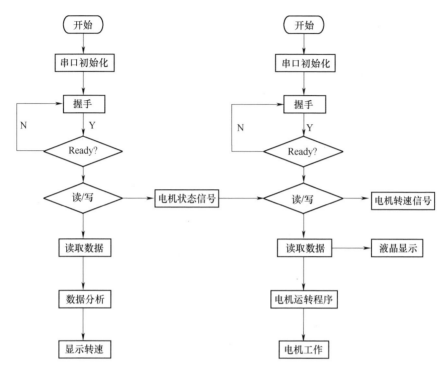

图 11-4　系统软件主流程图

▌11.2.3　下位机单片机程序设计

1. 步进电机原理

从本系统的设计要求可知，该系统的输入量为电机的速度和转向，速度上应该有增减变化，一般由加减按钮控制电机速度，这样只需要两根线，再加上一根电机转动方向线和一根电机启动信号线，共需要 4 根输入线。系统的输出线与步进电机的绕组数有关。这里使用 28BYJ-48 型步进电机，可以各单片机共用一个电源。步进电机的四相绕组用 P1 口的前四个端口控制，由于 P1 口驱动能力不够，即 P1 口输出的电流和电压不够驱动步进电机，因而用 ULN2003 来增加驱动能力，用 P2 口和 P0 口控制液晶以显示正反转的转向和电机转速。工作波形如图 11-5 所示。

2. 转动方向的控制

对步进电机转动方向的控制也就是对步进电机正反转的控制。简单地说，改变输入步进电机的脉冲顺序就可以改变步进电机的转动方向，也就可以实现

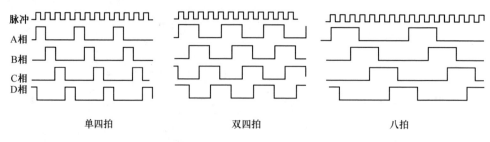

图 11-5　五线四相步进电机工作波形图

步进电机的转向控制，并且在运行过程中正反转之间可以非常顺畅地相互切换。以五线四相步进电机为例，考虑到步进电机自身运行的平稳性、噪声等各方面的影响，通常采用的是四相八拍的工作方式。假设步进电机正转时的通电顺序为 A—AB—B—BC—C—CD—D—DA，当通电顺序为 A—AD—D—DC—C—CB—B—BA 时，步进电机就会反向运转。

3. 转动速度的控制

电机输入脉冲的频率决定着步进电机的转速。因此，可以通过对步进电机输入脉冲频率的改变来控制电机的转动速度。具体要求是在电机高速或低速的情况下，步进电机都应该正常地转动，在其运行过程中可以实时地对步进电机的速度进行调节。通过分析可以看出，本系统功能的实现可以采用多种方法，由于随时可以输入转速控制信号和转向控制信号，其中中断的效率最高，即单片机串口中断打开，当有从上位机发送的数据传过来时，通过检测接收的信息来调取相应的电机转动程序。

4. 步进电机控制流程

软件主要功能是单片机根据设定的电机驱动程序，通过串口接收信号实现步进电机的加减速控制，使控制电机转动，并通过 LCD1602 显示屏显示步进电机的运行参数。图 11-6 所示为电机的控制过程，单片机程序运行后，对串行中断口进行扫描，用以接收串行中断口 RI 值。当 RI 值为高电平时，用 SBUF 来对串口信息进行接收，而后返回主函数并根据串口所获取的信息来调用相应程序以达到控制转速和转角的目的。

当单片机开始工作时，通过其中的复位电路对单片机的端口进行上电，复位系统经过初始化，则其具体功能如下：

（1）系统初始化。系统初始化包括液晶初始化程序、串口初始化程序、步进电机工作状态的初始化和液晶初始化。

（2）串口中断接收程序。串口初始化，通过 RI 的值来判断是否有数据发

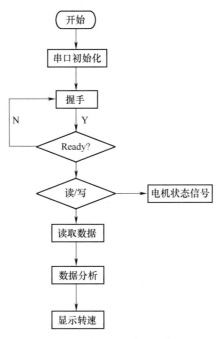

图 11-6　单片机程序流程框图

送，如果 RI 为 1，则说明有数据通过串口发送，单片机 SBUF 接收并保存。

（3）电机状态扫描程序。主程序通过不断扫描 K1 的值，即通过串口接收的信号来调用相应的电机转动程序，从而控制步进电机工作。

（4）液晶显示程序。当调用步进电机相应转动程序时，同时调用相应的液晶显示电路，使之显示步进电机的转速和转向状态值。

5. 控制程序分析

单片机控制步进电机的程序采用 C 语言编写。程序中，定义了数组 FFW 和 REW，用于存储脉冲信号对应的电机转向数据。通过调用这两个数组发送给 P1 口，步进电机便能实现正转和反转功能。另外，程序中还定义一个电机转速控制变量 spad，通过改变其值来调节转速。还定义了一个电机状态控制变量 K1，通过上位机发送命令字改变电机状态控制变量的值便可以实现对转速的控制。

在 main 函数部分，先调用"串口初始化程序"、液晶 LCD1602 初始化，再调用"控制字符的判断程序"以实现对电机的速度和转向的控制。main 函数的最后部分将单片机收到的命令字返回上位机，方便查看串口通信的情况并显示电机的转速。下面给出了主函数电机转向和转速控制的程序段。

```
uchar code REW [8] = {0x01, 0x03, 0x02, 0x06, 0x04, 0x0c, 0x08,
0x09}; //反转
uchar code FFW [8] = {0x01, 0x03, 0x02, 0x06, 0x04, 0x0c, 0x08,
0x09}; //正转
```

电机正转子程序如下：

```
void motor_ ffw ()
{
  uchar i;
   uint j;
  for (j = 0; j<2; j++)
  { for (i = 0; i<8; i++)          //一个周期转 45°
    {
      P1 = FFW [i];               //取数据
      delay (spad);               //调节转速
    }
   }
}
```

中断串口接收程序如下：

```
void INT_ (void) interrupt 4
{uchar Rcv = 0;
if (RI = =1) //查询接收标志位 RI
{RI = 0;
Rcv = SBUF;
K1 = SBUF;
}         }
```

串口发送程序如下：

```
void fasong (unsigned char temp)
{SBUF = temp;
while (! TI);
TI = 0;}
```

■ 11. 2. 4   上位机程序设计

PC 的通信是通过单片机的串口和 PC 串口之间的硬件连接实现的。上位机使用 LabVIEW 中的 VISA 进行串口函数一些参数的配置，并将串口初始化。VISA 写入函数将"写入缓冲区"的数据写入需发送数据的串口，VISA 读取函数从串口中读取指定字节数的信息，并将数据显示在"读取缓冲区"，VISA

关闭函数即指关闭串口的会话窗口或会话的事件对象。本章设计的步进电机控制系统采用上述 VISA 通信函数控件结合条件结构进行编写，并通过程序的仿真和调试，从而实现了对步进电机转向、转速的控制，图 11-7 为上位机的程序流程框图，实现将用户需要的转速与转向信号以十六进制通过串口输出。

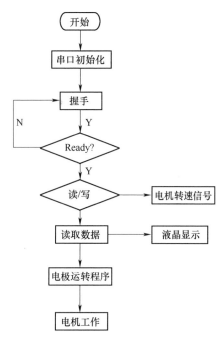

图 11-7　上位机程序流程图

1. VISA 库

VISA 即 LabVIEW 的构架，已经成为仪器控制的通用标准的程序接口，建立了与仪器接口的标准 I/O 规范。它可以将 I/O 控制功能适用于多种仪器仪表上（如 GPIB、VXI、串口等多种仪器接口控制操作），也适用于各种硬件接口类型，其应用于单处理器结构、多处理器结构和分布式网络结构等。LabVIEW 中的串口通信控件位于 VI 的仪器选项中，其调用路径为：函数—仪器 I/O—串口，主要包括的串口通信 VI 如图 11-8 所示。

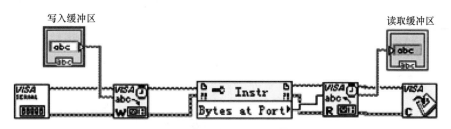

图 11-8　VISA 的主要模块

VISA 资源配置即串口通信参数的初始化；串口写，即将写入缓冲区中的数据发送到指定的串口，用于给下位机发送数据；串口读，即将串口接收缓冲区中的数据读取指定字节数到计算机内存中保存起来；串口关闭，结束即把指定的串口资源之间的会话窗关闭。

VISA 串口配置函数控件即是完成串口的初始化，包括串口资源名称、波特率、奇偶位的校验等，与该 VISA 函数相连的有两个输入变量，变量为选择串口和波特率的设置，分别和串口资源名称、波特率的数据设置相连，变量值是利用前面板上相应控件来设定的。图 11-8 为 VISA 的主要控制模块，图标上面的输出端子输出的是串口资源名称，下面与之相连的是错误码。VISA 写入函数有三个输入端子，图 11-8 串口写函数的其中一个输入端子是 VISA 配置函数控件的串口资源名；还有一个输入端子是错误，意思是若前面的函数出错了，会往其中输入错误码，然后继续向下面传递信息，有错误码出现时程序是有错误的；另外一个输入端子是写入缓冲区，其数据的格式即字符串。VISA 读函数有两个输入端子，其中一个输出端子串口资源名称，下面输出端子是错误码，继续向下传递信息。VISA 读取函数中间的输入端子是每次从串口读取的数据字节数，本系统设置的字节数是由字节数属性节点自动控制；VISA 关闭函数控键的用处是在程序结束之前，必须要把正在使用的串口关闭，如果不关闭，其他程序就不能使用该串口。

2. 系统前面板设计

LabVIEW 对步进电机控制，可以实现电机正反转和加减速的功能。其实现方法是通过串口发送控制字符，由下位机读取信息，并调用相应的子程序。例如，发送字符 z 表示正转，发送字符 d 表示停止。对电机的控制可以灵活使用，根据不同的控制需求调整相应的控制策略。

按照功能模块可以划分为：串口的通信模块、转速的显示和数据的存储模块、串口参数设定模块、步进电机控制模块等。选择电机的转速和转向值后按确定键。LabVIEW 程序主要通过系统枚举控制量实现对步进电机正反转和加减速的控制，当其中某一状态量选择是，相应的正反转指示灯亮起时，再通过串口发送对应步进电机的控制字符。图 11-9 为步进电机正反转的前面板。

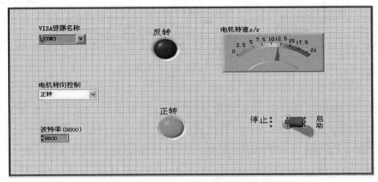

图 11-9　电机控制前面板

3. 系统后面板设计

当下位机接收到电机状态信号时，通过调用相应的电机控制子程序，进而来控制步进电机。同时下位机通过串口向 LabVIEW 发送转速信号，当上位机接收到信息时，通过 LabVIEW 中相应的数据转换函数，从而使之在前面板中显示，其程序图如图 11-10 所示。该程序分为双条件循环，外条件循环控制是否允许串口发送，即控制步进电机的启动，若条件为真，即允许串口发送信息；内条件循环通过串口发送串控制符，前面板用一个系统枚举来选择发送的字符，即来控制步进电机。再由单片机接收串口信息并调用相应的子程序。其中，控制符与步进电机的具体功能对应关系见表 11-1。

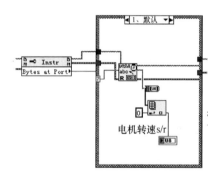

图 11-10　上位机通过串口向单片机发送控制符

表 2-1　控制符对应电机状态

控制字符	0x11	0x66	0x22	0x33	0x44	0x77	0x55
电机状态	正转减速	正转	正转减速	反转加速	反转减速	反转	急停

从串口读函数中输出的信息为字符串，但表盘显示的需要是常数，所以串口读输出的字符串先通过"字符串至字节数组转换"函数，把字符串常量转换成无符号字节数组，然后通过"索引数组"函数对数组中的元素进行拆分，就像本章中把"索引数组"左连线端写 0，则索引出来的是数组的第一个元素，这样就把串口接收的字符串信息转换为 8 位无符号字节数据，然后通过表盘在前面板中显示转速，如图 11-11 所示。必须用接收字节数作为条件，把串口读和其他转换函数放在条件结构中，这样接收的数据不会出现闪一下就没有的情况。后面板的整体函数如图 11-12 所示。

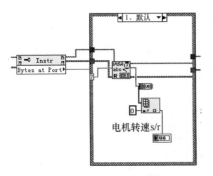
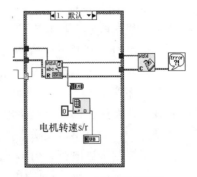

图 11-11   串口接收字符串转换成常数   图 11-12   后面板程序图

11.3   系统的仿真与调试

■ 11.3.1   单片机程序调试

单片机程序调试即把系统按其功能分成若干模块，如电机驱动模块、串口读模块、串口写模块、液晶显示模块等。对不同的功能，编写一段小的程序，并借助于万用表、硬件来检查程序的正确性。是否有逻辑错误还要看接上电路板通过仿真以后，步进电机能否正常转动，显示是否正常，上位机是否接收串口的数据并正常显示。

新建工程，建立用户源程序。按照单片机 C 语言源程序的格式要求和语法规定，把源程序输入 Keil 编程软件，并保存数据。然后设置单片机类型，本系统使用的单片机是 STC89C52，但 Keil 中只有 AT 系列的单片机，没有 STC 系列，但两者功能基本相同，所以使用 AT89S52 单片材。由于本系统需要用到串口通信，设置晶振为 11.0592 MHz，否则串口不能正常握手。在 Keil 软件中，对输入的程序进行编译、仿真，如果出现了问题，有时程序只要把定义的变量换一下位置，就能编译正确。这一步只是查看软件语法是否正确，必须和 Proteus 仿器与上位机配合，才可以对源程序的具体功能进行调试。最后进行 Proteus 和 Keil 的联调。硬件调试出现以下问题。

（1）电路的工作不能缺少电源，所以电源是必不可少的。电源利用 US 换线将 220 V 的电压转换为 5 V 左右的电压，并且要加一个电源指示灯，来显示是否能正常提供电压。

（2）电路板焊接完成以后，要先检查电路的设计是否正确、元器件的焊接是否合理，焊接完成后还需要仔细检测。用万用表分别检测电源接口两端是否为 5 V，结果发现电源接口两端电压低于 5 V，用万用表仔细检查了每根线，发现在电路正极引出前接了电阻，由于电阻发生了分压。再次将电路板焊好并检查完之后，用万用表检测两端输出电压，结果正确，电源准备工作完毕。

（3）步进电机一开始不能正常工作，可能是电路焊接出错，为了防止出现虚焊等错误，于是把万用表调到二极管挡，当黑、红表笔短接，若万用表有声音响应，说明两个焊接端焊接正常。用万用表将电路板检查了一遍之后发现没有问题，程序也是正确的。然后仔细查看步进电机工作原理和驱动电路图，发现 ULN2003 驱动芯片中不只 10、11、12 引脚接地并且 8 引脚也必须接地，否则电机不能正常转动，若电机转动，则电机只振动不能反转。接好后，电机能够正常转动了。

（4）液晶无转速值显示。在这里对单片机输入了一段显示功能的检测程序，用于启用电机转速转向状态显示功能，但 LCD 液晶上却无任何显示。经整体检查，由于刚开始连接上出现了错误，接口正确，致使步进电机状态值无法顺利地送入单片机系统中，重新连接后，数码管上仍没有数值显示，又经检查后发现是液晶初始化程序上出了问题，硬件电路用的是P2 口的八位输入数据，并且程序中的使能端也需要更改，经修改后电机工作正常。

（5）对系统硬软件的综合调试是完成系统功能的最后一步调试，也就是总体功能的仿真与调试。经上面的程序和硬件调试，系统中的一些明显错误已被排除，但这还不能使系统正确地工作。根据系统具体所要实现的功能，能够仔细检测到出故障部位，这样才能保证调试的准确性。

■ 11.3.2　**LabVIEW** 调试

LabVIEW 中串口通信程序设计是通过 VISA 实现的，其中常用的 VISA 模块包括串口初始化、串口写、串口读、串口关闭四个模块。使用时，要通过串口初始化模块设置串口通信的串口资源、波特率、数据位、停止位、奇偶校验等参数，其值应与下位机的设置一致，从而保证串口的正确使用。那么首先要由软件对串口的读/写进行调试。

下位机和上位机之间采用串口通信方式，在仿真环境下，可以通过虚拟串口实现这种功能。本设计中虚拟串口的设计是通过虚拟串口软件 VISA 实现的。一般计算机中只有一个或两个 RS-232 串口，使用此软件可以根据用户自身的具体功能，在计算机上产生多个虚拟的串口，产生的虚拟串口用法和实际串口的用法一样。可在计算机的硬件管理器中找到 RS-232 串口线所产生的虚拟串口 COM4。

在 LabVIEW 中也要用虚拟串口 COM4 才能与单片机正常连接。先用硬件电路与"串口大师"软件进行调试，在"串口大师"中配置与硬件电路相同参数才能正常通信。数据能从单片机正常发送到"串口大师"中，但不能收到上位机发送过来的信息，是因为串口初始化中没有允许数据接收。更改后数据接收成功，能控制开发板 P0 口 LED 灯的点亮。结果表明串口通信硬件焊接良好，程序正确。

通过 RS-232 进行 LabVIEW 与单片机硬件的调试，在前面板控制电机状态，发现电机能正常运转，液晶也能正常显示电机的转速和转向的状态，说明单片机能正常接收到上位机发送的数据，从而控制步进电机。但是上位机中的转速数据显示一闪就没有了，数据刷新太快，原因是上位机的串口在不断地读取数据（即使读取 0 字节也是读取，会输出空字符串）把原来的字符串显示控件的内容给覆盖了。经过更改程序图，如图 11-13 所示，把读串口和显示控件都放在条件分支结构中。另一个分支是 0，里面只用把 VISA 资源的线连过去，别的什么都不用放。这样串口就只有在有数据发送来的时候才会读取了，没有数据发送过来时，原数据也能保持住。

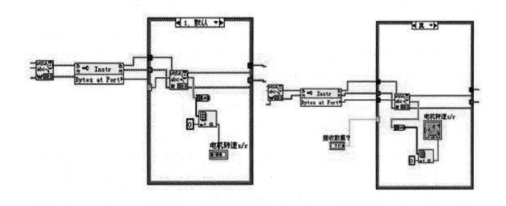

图 11-13 程序的更改前与更改后

图 11-14~图 11-17 是上位机与实物硬件的仿真图。

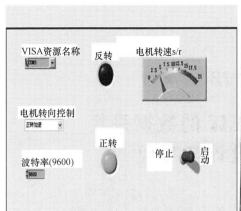

图 11-14　步进电机正转加速的运行图

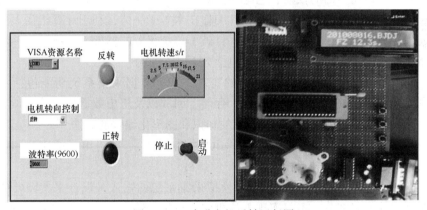

图 11-15　步进电机反转运行图

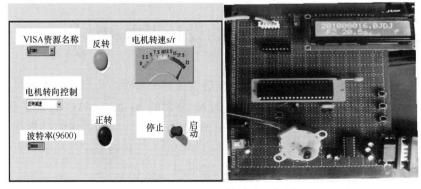

图 11-16　电机反转减速运行图

第 *12* 章

基于 **LabVIEW** 的数据采集
系统的设计与实现

LabVIEW 作为虚拟仪器的开发工具，功能强大的数据采集（Data Acquisition，DAQ）产品软件的支持是其特色之一，因此使用 LabVIEW 进行数据采集十分简单、方便。虚拟仪器是在计算机基础上通过增加相关硬件和软件构建而成的具有可视化界面的仪器，它融合了测试理论、仪器原理和技术、计算机接口技术、高速总线技术以及图形软件编程技术等于一体，利用计算机强大的数字处理能力来实现仪器的诸多功能，打破了传统仪器的框架，形成了一种新的仪器模式。本系统设计的主要内容包括如下几个部分。

（1）设计该数据采集系统具体的实现方案，数据采集系统功能包括对步进电机速度信号的实时采集、处理、存储、回放以及历史数据检索等。

（2）学习并掌握 LabVIEW 的相关知识和图形化编程的算法。

（3）按要求设计下位机（即步进电机控制系统），步进电机的速度和转向可以通过按键和串口灵活控制。

（4）利用 LabVIEW 中的信号源模拟采集系统的输入。设计采集需要的物理信息硬件电路部分，不仅实现下位机向上位机传输数据，还实现上位机对下位机信息的控制。

12.1　数据采集的设计平台和结构

按照设计的具体要求结合计算机和数据采集卡搭建符合要求的数据采集系统的软硬件平台。采集硬件用的是美国 NI 公司的 NI USB-6351 数据采集卡，所用到的软件开发环境为 LabVIEW，美国 NI 公司已经为 LabVIEW 的数据采集程序库中内置了众多数据采集卡的驱动控制程序。一块数据采集板卡可以完成 ADC、DAC、数字 I/O 以及计数器/定时器操作等多种功能。

▌12.1.1　数据采集的相关技术

　　数据采集，具体地说，就是把要采集的物理信号转换为模拟信号，再把模拟信号转换为数字信号才能被计算机识别，然后送入计算机中存储并进行相应的处理，最后得出想要的数据，同时还要显示或打印得到的数据，这样可以方便地监视并控制物理对象，工业生产中的数据采集系统必须能够快速处理复杂多变的数据，这样就对数据采集系统的精度和速度要求比较高。

　　数据采集最关键的部分就是将被测对象转换成数字信号，在这之前应该对物理信号进行采样，采集信号时设置的采样率相当重要，采样率设置得越高，在规定的时间内采样点就越多，计算机内部对信号的数字模型就越精确，若采样率不够，则会引起波形畸变。因此在数据采集过程中的采样率必须保证一定的值，才能保证采集到的数据的准确性，采样率足够和不足够的频率图如图 12-1 和图 12-2 所示。

图 12-1　采样率足够

图 12-2　采样率不够

　　由耐奎斯特采样理论可知，采样频率必须至少是信号最高频率的两倍。例如，某一信号的最高频率达到了 10 kHz，则采集该信号时的采样频率至少需要 20 kHz。另外，还要抑制外部的噪声误差，可以使用对应的信号调理电路。当然还有一个办法就是增加每通道采样点数，再取这些信号的平均值以减小噪声误差，这样误差就可以减小到乘以每通道采样点数的平方根分之一。例如，如果设定的每通道采样数为 100，则误差将减小到 1/10。在数据采集过程中，被测信号大体可分为数字信号和模拟信号。其中数字信号可分为开关信号和脉冲信号，模拟信号又可分为直流信号、时域信号和频域信号，如图 12-3 所示。

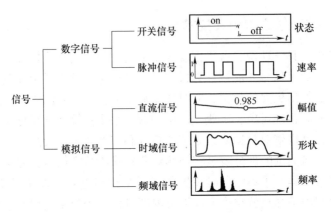

图 12-3 信号的种类

1. 数字信号

第一种数字信号是开关信号，其与信号的瞬间状态有关，实际上 TTL 信号就是最简单的开关信号；第二种数字信号是脉冲信号，这种信号为连续的状态转换，要关注的信息就是发生单个状态转换的个数、状态之间的转换速率以及相邻两个或者多个状态转换的时间间隔，本设计采集的步进电机速度，实际上采集的是步进电机的驱动脉冲信号。

2. 模拟信号

模拟直流信号由于变化非常缓慢，可以近似地认为其是静止的模拟信号。在采集这类信号时，要求数据采集系统有足够的精度。时域信号类似于频域信号，主要关注这类信号的波形、斜度以及峰值等。对于频域信号，主要关注的是信号的频域内容，因此系统必须要有频域分析功能。另外，由于这些信号根据接入数据采集板卡时的参考点不同，可以分为接地信号和浮地信号。顾名思义，接地信号就是以系统地为参考点的信号，浮地信号就是一个不与任何地连接的信号。

■12.1.2 测量系统的分类与选择

根据接入信号的方式不同，测量系统可分为差分测量系统（DEF）、参考单端测量系统（RSE）和非参考单端测量系统（NRSE）。

1. 差分测量系统

信号的正负极两端分别连接一个模拟输入通道。具有仪器放大器功能的数据采集设备可配置成差分测量系统。理想的差分数据测量系统能够精确测量模拟输入通道（+）和（-）与输入端口之间的电位差，并最大限度地抑制共模电压。当然，若输入信号的共模电压超过仪器设备的允许范围，将会大大减小测量系统的共模抑制比。为了避免这种不必要的测量误差，很有必要限制数据采集设备地与信号地之间的电压差，如图 12-4 为八通道差分测量系统。

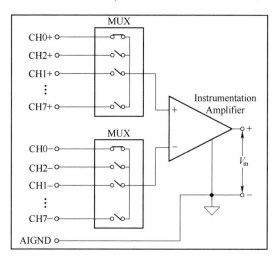

图 12-4 八通道差分测量系统

2. 参考单端测量系统

所有被测量的信号都用同一个参考电压，也称为接地测量系统。在接地测量系统中，被测信号一端接模拟输入通道，另一端直接与系统地 AIGND 相连。图 12-5 为十六通道参考单端测量系统。

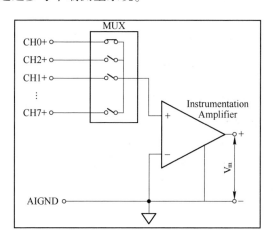

图 12-5 十六通道参考单端测量系统

3. 非参考单端测量系统

在测量信号时，信号一端接一个模拟输入通道，与参考单端的区别是另一端接公共参考端（AISENSE），但这个参考端的电压是不断变化的，图 12-6 为八通道非参考单端测量系统。

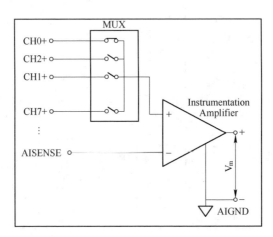

图 12-6　八通道非参考单端测量系统

下面来分析一下不同的信号源该选择哪种测量系统。

对于接地信号源来说，差分测量系统虽然会减半可使用通道数，但是却能够很好地抑制共模电压。不建议使用参考单端测量系统，因为接地信号的接地环路的电势差容易引起测量误差。非参考单端测量系统由于无法抑制共模信号所以也不推荐使用。对于浮地信号来说，最佳选择是 DEF，其次是 RSE，最后是 NRSE，其中在 DEF 和 NRSE 模式下，需要连接对地的偏置电阻。

12.1.3　数据采集系统的硬件平台

根据本系统的设计任务，以及所涉及的数据采集的一些技术，数据采集系统的总体结构框图如图 12-7 所示，前段是传感器，负责将物理信号转换为模拟信号，然后是信号调理电路对信号的调理，最终就获得符合采集要求的模拟信号。而采集部分主要有 A/D 转换、数据信号缓存以及信号处理等单元，当然这些模块都已经集成在数据采集板卡中，最后是管理单元，管理单元实现数据的保存、显示以及打印等。

1. 传感器

传感器部分是与被采集的物理信号直接接触的，负责把外界的各种物理信息如温度、压力、湿度、烟雾等物理信号转变为模拟电信号。在本系统中步进

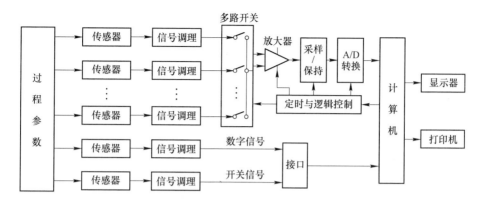

图 12-7　数据采集系统框图

电机信号来源已经是变换好了的脉冲信号，虽然传感器部分在本系统中没有得到体现，但在设计过程中也是必须要考虑的一部分。

2. 信号调理

从传感器得到的信号基本上都要经过信号调理电路的调理才能进入数据采集设备，常用的信号调理功能有信号放大、滤波、线性化等。除了这些通用的功能外，还要根据具体传感器的特征和要求来设计特殊的信号调理功能。图 12-8 为数据采集结构图，在数据采集过程中，信号经过数据采集板卡的采集处理传入计算机，图中的缓冲（Buffer）是数据采集存储过程中的重要环节。

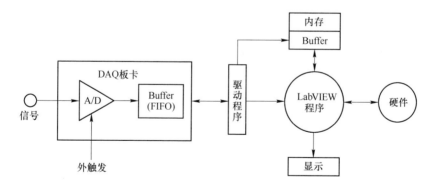

图 12-8　数据采集结构图

（1）缓冲

这里说的缓冲指的是计算机内存中用来临时存放数据的一个区域，如数据采集过程中每秒都要采集几千个数据，在短短一秒内显示所有数据是不可能的，这时候数据采集板卡就会把采集到的数据发送到缓冲中快速存储起来，然后计算机再有序地读取这些数据进行显示或者分析。如果采集板卡有 DMA 性能，整个模拟输入过程中就会有一个通向计算机内存的高速硬件通道，这样采集到的数据可以直接送到计算机内存中。

（2）触发

触发涉及初始化、同步数据采集或终止数据采集的任何方式。软件或者硬件都可以对设备进行触发，软件触发例如在虚拟仪器前面板中使用布尔开关去启动或者停止数据采集，这种方式最简单方便；硬件触发就是让数据采集板卡上的电路控制触发器，这种触发方式有很高的精确度。在本系统中需要使用数据采集卡，数据采集板卡的性能有多个参数，有关数据采集板卡的几个重要参数说明如下。

采样频率是指在一定时间内获取原始数据信息的数量，为了能够最大限度地还原原始信号，选择的采集板卡的采样频率必须要足够高。分辨率是指模/数转换时的位数，分辨率太低，容易造成部分信号在模/数转换时被漏掉，这样就不能真实地反映出原始信号。电压动态范围是指 ADC 能扫描到的最低电压和最高电压之间的范围。I/O 通道数则表明了数据采集卡所能够采集的最多的信号路数。本数据采集系统采用的是美国国家仪器公司生产的 NI USB-6351 数据采集板卡。NI USB-6351 是美国国家仪器公司面向 USB 的 X 系列多功能数据采集板卡，凭借 NI-STC3 定时和同步技术、利用 USB 串行口通用总线实现信号的读/写等功能，获得优化的驱动与应用软件，将性能提升至新高度，该板卡的主要性能如下：

• 16 路模拟信号输入通道，采样率为 1.25 MS/s（单通道）和 1 MS/s（多通道），电压输入范围为-10~+10 V。

• 2 路模拟量输出通道，分辨率为 16 位，采样率为 2.86 MS/s。

• 24 条数字 I/O 线（其中 8 条为 10 MHz 硬件定时线）。

• 4 路 32 位计数器/定时器。

• NI-DAQmx 测试软件和硬件配置支持。

• NI-STC3 定时和同步技术，可以实现高级定时和触发。

需要注意的是，在安装配置数据采集卡之前，一定要安装 NI-DAQmx 的驱动程序软件，否则数据采集卡无法正常工作。

■ 12.1.4 数据采集系统的软件平台

软件具有抽象性，它与硬件不同的是缺乏"可见性"，属于逻辑部件。在软件的运行过程中，不会因为长期使用而被"用坏"，对于一个数据采集系统来说，功能越强大，后台的程序就越复杂，本系统要完成对步进电机的速度的采集，整个系统大致分为四个层次，分别是运行界面、采集软件主程序、各个功能模块程序以及构成各功能模块的子 VI，图 12-9 是数据采集系统软件总体设计的层次图。

数据采集的软件系统主要用于过程控制、信号传输以及将采集到的数据进行实时显示，它可以自动保存和打印采集到的数据。采集过

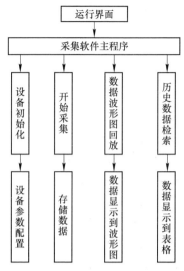

图 12-9　本测试系统软件总体设计的层次图

程中用到的数据采集程序已经写在软件 LabVIEW 中，如图 12-10 是一种数据采集的虚拟仪器系统的窗口。

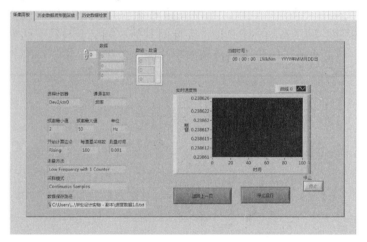

图 12-10　数据采集的虚拟仪器系统窗口

12.2　数据采集系统下位机的设计

本系统下位机是用 STC89C52RC 单片机控制的步进电机控制系统，要求按下不同的键，分别使步进电机实现顺时针旋转、逆时针旋转以及加速、减速等

工作状态，还要实现上位机通过串口对下位机的控制。

12.2.1　步进电机简介

步进电机实际上是一种将电脉冲信号转化为角位移的执行机构，一个单脉冲信号可以驱动步进电机按设定的方向转动一个固定的角度（即步进角），这时电机转子转过的角位移就是步距角，那么一个连续的脉冲信号就可以驱动步进电机不间断地旋转，步进电机的速度取决于该脉冲信号的频率，通过控制驱动步进电机的单脉冲个数可以准确地控制角位移量，以达到定位的目的。电机内部的线圈组数即为步进电机的相数，电机相数不同，其步距角也不同，目前应用最广泛的是有 A、B、C、D 四个线圈的四相步进电机。常说的拍数指的就是步进电机转过一个齿距角所需的脉冲数，本次设计的步进电机控制系统采用的是四相八拍运行方式，即按照 A—AB—B—BC—C—CD—D—DA—A 的通电顺序使电机正转，如果想实现步进电机的反向旋转，只需要按照相反顺序通电即可，从而实现了对电机的正反转控制。

四相步进电机内部构造如图 12-11 所示，当仅仅给 B 相供电时，B 相磁极与转子 0 号齿对齐，此时电机的 A、C 和 D 三相就会与转子的 1（4）、2（5）号齿产生一个夹角。同理，当仅仅给 C 相供电时，C 相磁极立马会与 1（4）号齿对齐，转子转动一定角度，而此时其他三相又会与转子的另外两个齿产生夹角。以此类推，给步进电机的四个线圈轮流供电，转子会沿着一定方向转动。

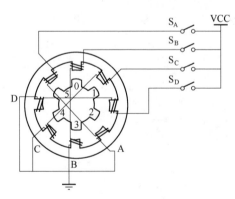

图 12-11　　四相步进电机结构示意图

12.2.2　硬件电路的设计

本系统的 CPU 选用 STC89C52RC 单片机作为步进电机的控制芯片，该芯片有 40 个排列直插式引脚。单片机常用的各引脚功能如下。

- VCC：电源接入引脚。
- VSS：系统接地引脚。
- XTL1 和 XTL2：晶振接入引脚。
- P0～P3：数据输入/输出口。

这里需要说明的是 P3 口的第二功能，本次设计需要使用串口与上位机进行通信，使用的就是 P3.6 与 P3.7 的串口写和串口读功能。

步进电机的驱动电路主要是 ULN2003A 芯片。ULN2003A 芯片是一个 7 路反相器，即第 1 到 7 引脚输入端为低电平时，对应输出端第 16 到 10 引脚输出为高电平，反之亦然。第 9 引脚 COM 提供工作电压，本系统中引脚 1、2、3、4 分别与单片机的 P1.0、P1.1、P1.2、P1.3 口相连接，电动机中间引脚直接与 VCC 相接，目的是驱动电机，使其正常工作，如图 12-12 所示。

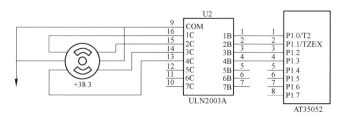

图 12-12　步进电机驱动模块电路

本系统通过 5 个独立按键作为步进电机控制的按键输入，并连接到单片机的 P3 口，同时还要用串口实现上位机对步进电机的控制，通过单片机内部的程序将键盘的输入信号读入并执行相应的动作，并从 P2 口接一个七段数码管显示挡位，这样就可以准确地控制整个系统，系统总体设计方案方框图如图 12-13 所示。

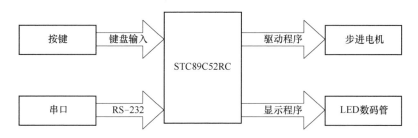

图 12-13　系统总体设计方案方框图

■12.2.3 步进电机的软件主程序设计

软件设计功能主要包括通过按键以及串口对步进电机进行控制，51 单片机内部自带全双工串行口功能，该串行口波特率由软件设置，单片机内部的定时器或者计数器决定其 4 种工作方式，并且可以配置中断系统触发方式，使用起来相当方便。有两个物理上相互独立的接收、发送缓冲器 SBUF，单片机对外也有独立的发送和接收的引线端 RXD（P3.0）和 TXD（P3.1），上位机与下位机的通信通过串行口来实现，数据发送端和接收端分别与单片机的 RXD（P3.0）和 TXD（P3.1）相连接，下位机与上位机通信的上位机软件具体设计将在后面的章节里详细介绍。根据系统的具体要求以及实际电路的情况，设计出了下位机软件主程序框图，如图 12-14 所示。

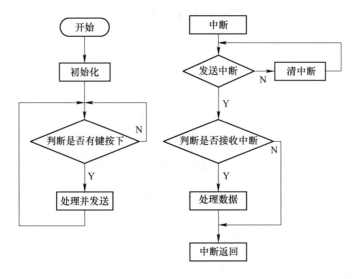

图 12-14　主程序流程图

12.3　上位机的关键技术和设计方案

■12.3.1　数据采集系统关键技术

自从 NI-DAQmx 发布以来，NI 数据采集用户就充分利用了其许多特性，这些特性是为了节省开发时间和提高数据采集应用程序的性能而设计的，一个能节省大部分开发时间的特性是 NI-DAQmx 应用程序编程接口（API），仅仅需要学会如何使用一个单一的函数集就可以在多种编程环境中对大部分 NI 数据硬件进行编程，下面简单介绍一下在数据采集过程中用到的几个关键技术。

图 12-15　数据采集助手

1. 数据采集过程中用到的几个 DAQmx 函数

（1）DAQ Assistant（数据采集助手）是一个图形化的界面，如图 12-15 所示，用于交互式地创建、编辑和运行 NI-DAQmx 虚拟通道和任务。一个 NI-DAQmx 虚拟通道包括一个 DAQ 设备上的物理通道和对这个物理通道的配置信息。

图 12-16　创建虚拟通道函数

（2）NI-DAQmx 创建虚拟通道函数（见图12-16），其用来创建一个或多个虚拟通道并且将它添加成一个任务。

（3）NI-DAQmx 定时函数（见图 12-17），配置定时以用于硬件定时的数据采集操作。

（4）NI-DAQmx 启动任务函数（见图 12-18）的功能是将一个任务显式地转换至运行状态。

图 12-17　NI-DAQmx 定时函数　　图 12-18　NI-DAQmx 启动任务函数

（5）NI-DAQmx 读取函数（见图 12-19）的作用是从特定的采集任务中读取采样。

（6）NI-DAQmx 清除任务函数（见图 12-20）功能是可以清除特定的任务。

图 12-19　NI-DAQmx 读取函数　　图 12-20　NI-DAQmx 清除任务函数

2. 文件 I/O、属性节点和 VISA 技术

LabVIEW 设计过程中还用到了大量的文件 I/O 以及属性节点,在上位机与下位机通信功能设计过程中还用到了 VISA 技术等。

(1) 文件 I/O。对于一个完整的测试系统或数据采集系统,经常需要将硬件的配置信息写入配置文件或者将采集到的数据以一定格式存储在文件中保存数据。因此,LabVIEW 提供了强大的文件 I/O 函数用以满足不同的文件操作需求,LabVIEW 中函数选板里的文件 I/O 函数在程序框图函数选板编程目录里,LabVIEW 支持各种文件类型,本系统主要用到的是文本文件(Text Files,见图 12-21 和图 12-22)和表单文件(Spreadsheet Files,见图 12-23 和图 12-24)。

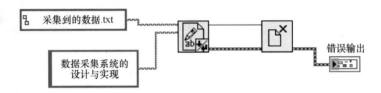

图 12-21 写入文本文件举例

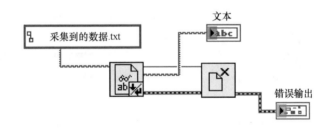

图 12-22 读取文本文件举例

图 12-23 写入表单文件　　　图 12-24 读取表单文件

(2) 属性节点(Property Node)。属性节点可以用来通过编程设置或获取控件的属性,通过属性节点可以让控件的功能与动态行为更加丰富,在一个独立的 VI 中,可以通过属性节点更改一个控制器或者指示器的值。属性节点有

两种创建方法，第一种是直接右键单击控件，然后选择创建属性节点，它的标签显示和原来的控件标签显示一样；第二种是先放置一个属性节点（编程→应用程序控制→属性节点），再获取各种引用句柄（包括 VI 引用、应用程序引用、控件引用等，其中控件引用的创建办法是：右键单击控件→创建→引用），然后将引用输出连到属性节点的输入，此时属性节点的名称就会显示为引用的名称，这样一眼就能看出这个属性节点的来源。

（3）VISA 技术。NI 公司为 LabVIEW 内置了功能强大的 VISA 库，VISA 即虚拟仪器软件规范，是用于仪器编程的标准 I/O 函数库及其相关规范的总称，计算机与仪器之间借助存在于计算机系统中的 VISA 库进行连接，从而实现计算机对仪器（下位机）的控制。VISA 是一个高层 API，其本身并不具备编程能力，用户可以通过调用虚拟仪器内的底层驱动程序来实现对仪器的编程，其层次如图 12-25 所示。VISA 的软件结构包含三部分，如图 12-26 所示。

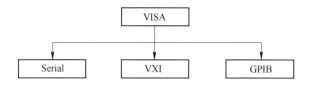

图 12-25　VISA 层次图

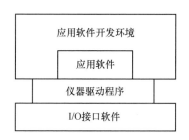

图 12-26　VISA 的软件结构图

12.3.2　数据采集系统软件的详细设计方案

若要采集步进电机的速度，实际上就是采集驱动步进电机的脉冲频率。要使数据采集系统测试软件能流畅运行并正常工作，所用计算机需为 64 位 Windows 7 操作系统，要求数据采集软件测试系统具有良好的维护性和扩展性，要适应在不同环境下都能正常对数据进行采集，数据采集软件的用户界面要美观、大方等。按照设计任务提出的功能要求，自顶层向下逐层进行细化，每一个模块都能完成相对独立的功能。系统详细设计的流程图如图 12-27 所示。

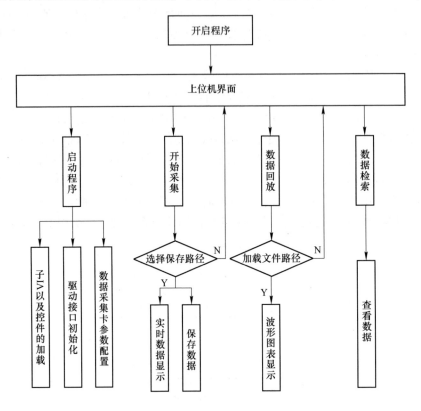

图 12-27　系统的详细设计方案

（1）上位机界面。

上位机界面的设计主要根据设计的具体要求而增加必要的控件，努力做到简洁有序。

（2）数据采集系统启动模块。

启动模块中主要完成子 VI 以及控件的加载、驱动接口初始化、数据采集卡参数配置，其中硬件参数的设置包括：计数器选择、频率采集最大值以及最小值的设置和触发方式、采样频率、采集模式等。按照要求正常连接数据采集卡后，将设置好的硬件参数通过驱动接口发送至硬件系统。

（3）开始采集。

数据采集模块主要完成数据的采集以及数据由数据采集卡传输到计算机的硬盘里，数据采集过程中要用到 DAQmx 函数，这一模块包含了数据采集、数据显示以及数据保存等一系列的动作。

（4）历史数据回放与检索。

历史数据回放与检索功能是将存储在计算机硬盘里的数据重新显示在波形图表或者电子表格上，这一模块在整个系统中都相当重要，采集过程中会把采集到的数据以及时间以文本文件的格式存储起来，回放时用 LabVIEW 中的文本读取函数读取文件，并直接显示到波形图或者表格上。

（6）串口控制步进电机。

这一部分功能是实现上位机对步进电机的控制，单片机采用 11.0592 MHz 晶振，串口波特率设置为 9600 bit/s，波特率由定时器 1 产生，串口工作在方式 1，数据位为 8 位，无奇偶校验。具体实现这一功能时，上位机数据发送部分通过 VISA 配置函数以及 RS-232 串行口将数据发送给单片机，单片机根据接收到的数据做出对步进电机的控制，同时再返回一个数据到接收缓冲区，仍然通过 VISA 配置函数显示在上位机的数据接收部分。

12.4　数据采集系统的实现

本系统实现的是对步进电机速度信号的采集，系统前面板分别由欢迎界面、串口控制步进电机面板、参数设置系统、实时数据采集系统、历史数据回放与查询等几部分组成。

▓ 12.4.1　欢迎界面

软件打开的第一个界面就是欢迎界面，还特地设置了登录账户和密码，以保证只有内部人员才能使用，防止数据丢失以及外人的篡改。图 12-28 为用户欢迎界面登录的程序框图。

▓ 12.4.2　串口控制步进电机面板

这一部分就是上位机与下位机的通信界面，左边四个输入选项是对串口进行配置。工作时，在"发送数据"文本框中填写要发送的数据，然后按下"发送数据"按钮发送，VISA 资源名称窗口会根据具体下位机插入计算机的哪个 USB 端口进行配置。单片机接收到数据后，会返回一个数据显示在接收数据窗口，如果单片机不能返回数据，则在通信状态窗口会显示通信异常，图 12-29 为串口控制步进电机的前面板，图 12-30 为串口控制步进电机的程序框图。

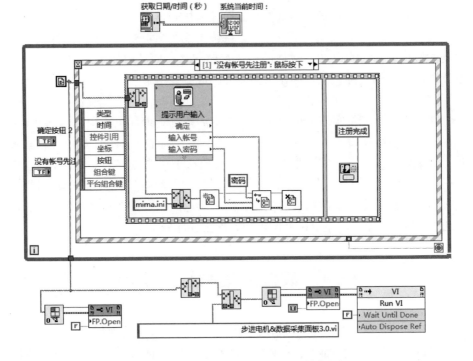

图 12-28 用户欢迎界面登录的程序框图

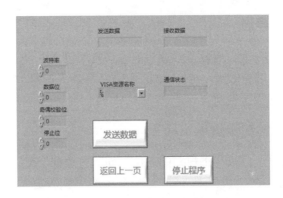

图 12-29 串口控制步进电机的前面板

■ 12.4.3 参数设置系统

本系统拟设计基于 NI USB-6351 数据采集卡进行数据采集，由于该卡支持 DAQmx 驱动程序，所以本系统直接使用 DAQmx-Data Acquisition 进行开发。

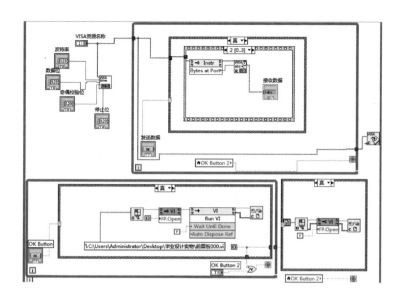

图 12-30　串口控制步进电机的程序框图

在这部分中，主要是采集参数的设置，其中包括物理通道的选择，采样模式、采样率、每通道采样数、输入方式的配置等，如图 12-31 所示。

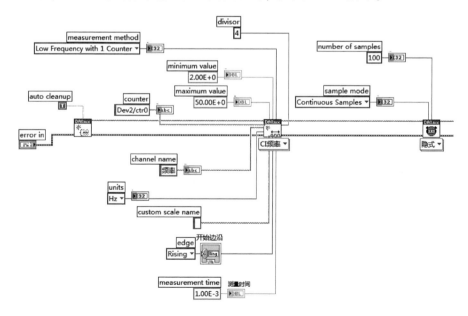

图 12-31　参数设置部分程序框图

■12.4.4　实时数据采集系统

实时数据采集系统由单通道的采集数据实时数值显示以及波形图表显示等部分组成。图 12-32 为数据采集实时显示前面板，图 12-33 为程序框图。

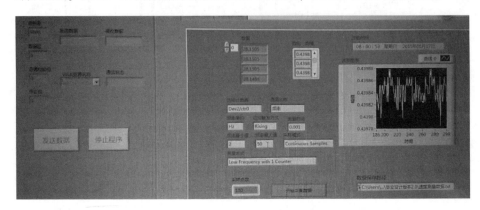

图 12-32　数据采集实时显示前面板

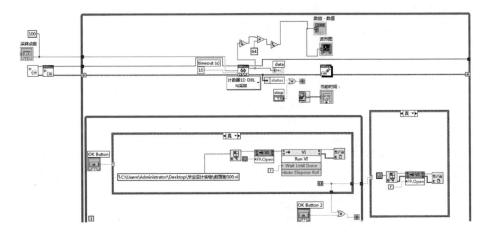

图 12-33　数据采集实时显示程序框图

■12.4.5　历史数据回放

本系统采用的是实时采集并存储的设计方案，在采集的同时，软件会源源不断地把数据保存到计算机硬盘里，本系统设计这一功能可以形象地把历史数据以图表的形式投放在波形图表里。图 12-34 为历史数据回放前面板，

图 12-35 为历史数据回放程序框图。

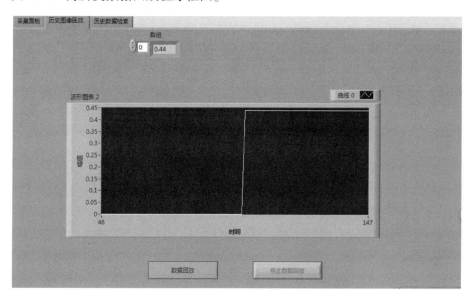

图 12-34　历史数据回放前面板

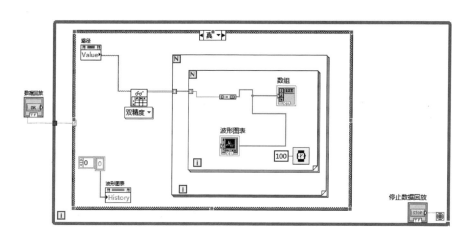

图 12-35　历史数据回放程序框图

12.4.6　历史数据查询

本系统采用实时采集并存储的设计方案，将所有采集的数据都保存到计算机硬盘里，方便工作人员对历史数据随时查询。图 12-36 为历史数据查询前面板，图 12-37 为历史数据查询的程序框图。

2015-05-17	8:01:00	0.440	0.440	0.440	0.440	0.440	0.440	0.440	0.440
2015-05-17	8:01:04	0.440	0.440	0.440	0.440	0.440	0.440	0.440	0.440
2015-05-17	8:01:07	0.440	0.440	0.440	0.440	0.440	0.440	0.440	0.440
2015-05-17	8:01:11	0.440	0.440	0.440	0.440	0.440	0.440	0.440	0.440
2015-05-17	8:01:14	0.440	0.440	0.440	0.440	0.440	0.440	0.440	0.440
2015-05-17	8:01:19	0.440	0.440	0.440	0.440	0.440	0.440	0.440	0.440
2015-05-17	8:01:26	0.220	0.220	0.220	0.220	0.220	0.220	0.220	0.220
2015-05-17	8:01:33	0.220	0.220	0.220	0.220	0.220	0.220	0.220	0.220
2015-05-17	8:01:40	0.220	0.220	0.220	0.220	0.220	0.220	0.220	0.220
2015-05-17	8:01:48	0.220	0.220	0.220	0.220	0.220	0.220	0.220	0.220
2015-05-17	8:01:55	0.220	0.220	0.220	0.220	0.220	0.220	0.220	0.220
2015-05-17	8:02:02	0.220	0.220	0.220	0.220	0.220	0.220	0.220	0.220
2015-05-17	8:02:07	0.220	0.220	0.220	0.220	0.220	0.220	0.220	0.220
2015-05-17	8:02:14	0.220	0.220	0.220	0.220	0.220	0.220	0.220	0.220
2015-05-17	8:02:21	0.220	0.220	0.220	0.220	0.220	0.220	0.220	0.220
2015-05-17	8:02:28	0.220	0.220	0.220	0.220	0.220	0.220	0.220	0.220
2015-05-17	8:02:36	0.220	0.220	0.220	0.220	0.220	0.220	0.220	0.220
2015-05-17	8:07:05								
2015-05-17	8:07:13								

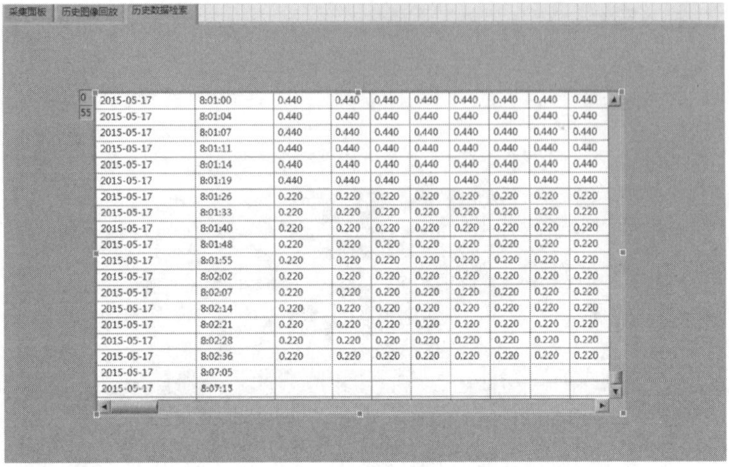

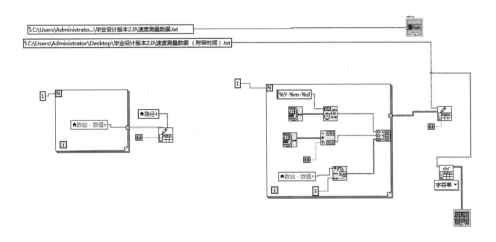

图 12-36　历史数据查询前面板

图 12-37　历史数据查询的程序框图

12.5　总　　结

本系统是以数据采集为目的，基于虚拟仪器技术进行设计并实现，数据采集系统上位机界面采用 LabVIEW 软件设计实现，下位机采用 STC89C52RC 单片机实现按键控制步进电机的加速、减速、正转和逆转等功能，同时也可以通过串口用上位机来控制步进电机，两者之间采用美国 NI 公司的数据采集板卡 NI USB-6351 进行通信，实现对步进电机速度信号的实时采集、存储以及历史数据查询与回放等功能。

■ 第 *13* 章 ■

基于单片机和组态软件的温室
环境控制系统的设计与实现

13.1 系统设计思路

我国地域面积较大，人口也比较多，对很多东西的需求量都很大，如蔬菜、花卉之类的植物。南方气候比较温和，适合这些植物的生长，但是北方的一些地区常年气温都很低，空气也很干燥，这样的条件不适合蔬菜、花卉这些植物的生长，这里就引出了温室大棚的话题，专业术语就是温室环境的控制。温室环境控制系统主要就是对一些影响蔬菜作物生长的因素进行监控，这些因素主要有温度、湿度、二氧化碳浓度、光照强度四个方面。为了实现对温室环境进行自动化控制，故要求设计一个温室环境控制系统，对该环境中影响植物生长的各项参数进行控制。根据需要选用合适的传感器、主控元件、提高温度和降低温度的装置、增湿和除潮装置、光照装置等，传感器采集信息通过串口与 PC 进行通信，传感器采集的数据经过下位机单片机处理，然后通过串口通信的方式发送给上位机组态王。组态王监控温室内各项参数的变化情况，如果超出了设定的参数范围，下位机单片机将控制相应的装置启动工作，当各项参数达到设定范围内，单片机控制相应的装置停止工作。

传感器采集模块包含三个传感器对外界环境进行信息采集，以单片机为核心的一个控制模块，由单片机、显示模块、报警模块组成，报警模块除了有蜂鸣器之外，还有 8 个 LED 灯，超过设定的阈值会亮；外部设备模块主要就是包括一些单片机控制的外部设备，有提高温度的装置、增加光照的装置、提高温室内湿度的装置等；上位机监控模块即组态王监控，在组态王软件里有一个温室大棚的模拟画面，画面里面有以上提到的外部设备和控制它们的开关。

传感器采集模块对检测对象进行信息采集，将采集到的信息传递给单片机，单片机对这些数据进行处理。单片机程序里面对每个检测对象都设定一个数值范围，处理后的数据与这个数值范围相比较，如果某一项不在设定的范围内，则单片机控制相应的外部设备工作，以把这一项的参数值稳定在设定的范围内。单片机也与上位机组态王建立通信，通过控制组态王上的外部设备的开关来达到控制组态王画面上的虚拟外部设备的目的，实现组态王动态画面显示。

13.2　方案论证与主要器件选型

▌13.2.1　方案比较与选择

方案一：以单片机为核心，通过传统的模拟信号输出的传感器采集信息，传感器采集到的信号是非常微弱的，如果想要被单片机所处理，就必须加一个信号放大模块，将微弱的信号经过放大器放大。但是这些信号只是被放大了，信号类型并没有被改变，依然是模拟信号，而单片机只能识别数字信号，不能够识别这些信号。所以还需要一个将模拟信号转换为数字信号的电路，最终的数字信号就可以直接被单片机识别，可以直接将数据发送给单片机进行处理。这个方案的思路很正确，也确实可行，但是电路比较烦琐，可能出问题的地方太多了，调试过程比较困难。该方案的系统组成框图具体如图13-1所示。

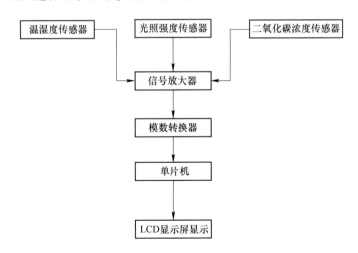

图13-1　方案一系统组成框图

方案二：以单片机为核心，三个传感器采用的都是模块化，整个模块输出的信号直接是数字信号，采集到的信号可以直接传递给单片机进行处理。系统中还有报警电路和 LCD 显示电路，该系统也可以利用 RS-232 协议实现单片机和 PC 上的组态软件进行通信，实现计算机对这些因素的实时监控。该方案的系统组成框图具体如图 13-2 所示。

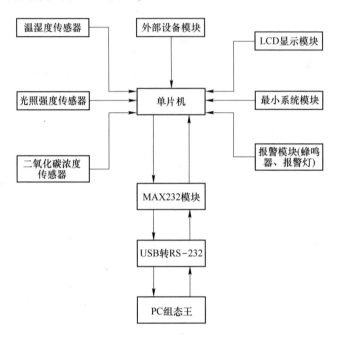

图 13-2　方案二系统组成框图

该方案的电路设计比较简单，功能可靠，测量效率高。相对于方案一，在功能、性能、可行性等方面都有很大的提升，硬件电路相对来说比较简单，焊接的时候比较容易，成本也比较低，最重要的是能和计算机进行通信。所以这次的设计采用的是方案二。

■ 13. 2. 2　传感器的选择

1. 温湿度传感器的选择

温度传感器的类型有很多，有些传感器的成本比较低但是非线性，有些传感器的精度比较高但是成本高，而且所测量的温度范围有限。湿度传感器也有很多种。为了电路简化，本系统选择的是温湿度一体化的传感器模块，温湿度传感器也有很多种，如电压输出型有 AH11、AHT11、AHT2M1 等，这些传感器的输出电压不是 5 V，如果需要连接单片机，需要设计相关的提供电源的电源电路，过程比较麻烦。还有数字信号输出型，这类传感器有 DHT11、AM2302，每种传感器都有各自的优缺点。考虑到成本和满足设计的性能问题，选择比较常见的温湿度传感器 DHT11，其引脚说明见表 13-1。

表 13-1　DHT11 引脚说明

Pin	名称	说　明
1	VCC	接高电平，供电 3~5 V
2	DATA	串行数据线，单总线
3	GND	接地，电源负极

单片机读取温湿度传感器发送过来的数据是读取 40 bit，数据格式见表 13-2。

表 13-2　数据格式

数据格式	湿度整数部分（A）	湿度小数部分（B）	温度整数部分（C）	温度小数部分（D）	校验数据（E）
	8 bit	8 bit	8 bit	8 bit	8 bit

不是每一次读取到的数据都是正确的，必须要满足一个条件：A+B+C+D=E。如果相等，则此次接收到的数据是正确的；如果不相等，则此次接收到的数据是错误的，需要舍去这串数据。读取的数据都是二进制数，而平常的温度显示都是十进制数，因此在编写程序的时候，需要加一段进制转换的程序，使这些数据在显示屏上直接显示十进制数，也即所测得的数据。

2. 光照强度传感器的选择

光照强度传感器也有很多种类，如 HA2003 光照传感器、FM-GZ 光照传感器、BH1750FVI 光照传感器等，考虑到设计成本和温室内各种条件下传感器的性能，BH1750FVI 传感器具有较高的性能，抗干扰能力强，而且成本也较低。选择这个传感器对温室的光照进行测量，BH1750FVI 传感器数据的传输方式用的是 I^2C 总线。具体的引脚说明见表 13-3。

表 13-3　BH1750FVI 引脚说明

引脚编号	端口名称	端　口　说　明
1	VCC	接电源高电平，供电 3~5V
2	ADD	接地，接电源负极
3	SDA	I^2C 接口 SDA 端口

引脚编号	端口名称	端口说明
4	SCL	I^2C 接口 SCL 端口
5	GND	接地，接电源负极

光照强度传感器的供电电压是 3~5 V，计算机的 USB 输出电压是 5 V，正好与之匹配。而且这个传感器模块有自带的模/数转换器，输出的信号直接就是数字信号，不需要再外加 A/D 转换电路，在焊接电路的时候简单方便了很多。这个传感器测量光照强度的范围较广，而且精度也非常高，精确到了 1 lx，输出电压 3~5 V，可以直接与单片机相连。BH1750FVI 传感器接收的数据格式是 16 bit：8 bit 高字节+8 bit 低字节，该传感器读取的是 16 bit 二进制数，二进制数转化为十进制数，用该十进制数除以 1.2，得到的结果就是当前的光照强度。

3. 二氧化碳浓度传感器的选择

测量二氧化碳是一个常见的问题，因此测量二氧化碳的传感器种类也比较多，考虑到性价比和功能实现，选择 SGP30 空气质量传感器作为测量二氧化碳浓度的传感器模块。其测量精度较高，上下误差 10%，输出方式和选择的光照传感器一样都是 I^2C，工作温度的范围很大（-40~85 ℃），在正常的情况下不会因为温度不合适而造成传感器损坏或者在测量精度上出现大的问题。传感器模块的输出电压是 1.8~5 V，可以与单片机直接相连，不用设计专门的电源电路，使用方便。

■ 13.2.3 主控元件的选择

本系统选择 AT89S52，是 AT89C52 的升级版，性能上与 AT89C52 相比有了很大的提升，而且在价格上也与之差不多。这个芯片也是 40 引脚，引脚的定义、排列顺序都和 AT89C52 完全一致，所以 AT89C52 的程序可以直接烧进去使用，非常方便。该芯片性价比较高，而且也能够实现所需要的功能。

■ 13.2.4 外部设备的选择

外部设备的选择相对来说比较简单一点，主要考虑的问题就是成本和功能，而且也不需要这些外部设备的功能有多强大，相反的是这些外部设备的功能都比较简单，以下是所需要的外部设备。

(1) 湿帘：通过增减湿帘的含水量来控制温室内湿度。

(2) 遮阳网：通过打开或者关闭遮阳网来控制温室内的光照强度。

（3）补光灯：到了晚上时，光照强度肯定不够，此时可以通过打开补光灯来增加温室内的光照强度，达到植物光合作用的合适光照。

（4）加热系统：当温室内的温度低于正常范围时，可以打开加热系统开关，加热系统就会工作，实现对温室内温度的控制。

（5）喷灌系统：当温室内的湿度或者温度没有在正常范围内时，则可以打开喷灌系统开关，对温室内温度或湿度进行控制。

（6）风机、天窗：控制温室内的温度和湿度。

（7）二氧化碳增施系统：控制温室内的二氧化碳浓度。

13.2.5　通信上位机的选择

温室环境控制系统中需要实时检测各个因素的变化，需要一个上位机来实现实时监控，本系统选择组态王。它具有适应性很强、适应各种恶劣的环境、开放性能较好、扩展性较强等优点，在组态王监控系统中，可以大致将其分为三个部分，分别是控制层、监控层、管理层，监控层在这三个部分中起着纽带的作用，对下连接控制层，对上连接管理层。组态王不仅可以对现场环境进行实时的检测和控制，而且在自动控制系统中也可以双向传递数据。组态王监控系统的设计主要考虑三个方面，分别是建立自己所需要的变量、建立需要的画面和写动态显示的脚本。通过对控制系统所需要实现的功能的分析，设计出符合要求的组态画面。

13.2.6　通信方式的选择

组态王和单片机的通信方式有 RS-232、RS-485、RS-422 三种。

（1）RS-232：这个通信方式的接口有两种，一种是 9 个引脚，另一种是 25 个引脚，比较早的是 9 个引脚的，现在基本上都是 25 个引脚。计算机上一般有一个 25 引脚的 RS-232，它定义了数据终端设备和数据通信设备之间的串行连接，是串行通信接口的标准。

（2）RS-485：9 个引脚，它和 RS-232 基本上差不多，这个传输方式传输的距离较远一些，而 RS-232 只能进行近距离传输。在连接电路时，RS-485 一般都是将 A、B 两个端口直接对应相连即可，除此之外，两者在通信协议上也不同。

（3）RS-422：平衡电压数字接口电路。这种通信方式是一对多，即一个主机可以控制多个从机。

这三种通信方式的通信距离也不同，RS-232 可以通信 15 m；RS-485 可以通信 1200 m；RS-422 最远，可以达到 1219 m。

通过查阅资料和对这三种通信方式的了解，比较常见的是 RS-232 通信，用得比较多，所以本系统选择 RS-232 通信方式。RS-232 通信方式比较简单易懂，而且成本也很低。RS-232 的引脚说明见表 13-4。

表 13-4 RS-232 引脚说明

引脚序号	2	3	5	1、4、6	7、8
引脚定义	RXD	TXD	GNG	内部相连	内部相连

单片机和 PC 通信系统组成框图如图 13-3 所示。

单片机和 PC 进行串口通信时，不仅需要 USB 转 RS-232 的导线，还需要一个电平转换芯片，由于选择使用 RS-232 通信，需用 MAX232 芯片进行电平转换。MAX232 芯片的引脚比较多，这个芯片的内部有两组通信输入/输出口，本系统只需要连接一个单片机，所以只选择一组。除了输入/输出的两个引脚之外，还有给这个芯片供电的 V+和 V-两个引脚。

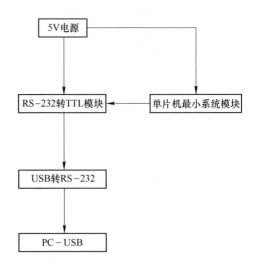

图 13-3　通信系统组成框图

13.3　系统硬件电路设计

■ 13.3.1　单片机最小系统的设计

选择的主控元件是 AT89S52 单片机，不是一个单独的单片机芯片就可以完成其控制作用的，这需要一个最小系统，一般只需要振荡电路和复位电路两个部分即可。有些功能强大的单片机，其内部就集成有这些电路，但是 AT89S52 单片机没有，需要自行设计，其具体的部分如下。

（1）振荡电路

振荡电路最重要的部分是晶振，控制着时钟周期，这个周期直接关系到单片机程序的执行，如果没有晶振，单片机就无法运行程序，更无法进行控制操作。除了晶振外，还有两个电容，电路连接方式如图 13-4 所示，构成单片机最小系统的振荡电路。因为需要串口通信，在这个过程中会有串口的波特率设置，晶振大小不同，设置波特率的程序也不同，而且有些误差还特别大，所以选择 11.0592 MHz 的晶振，在这个晶振下的波特率设置几乎没有误差，非常准确，振荡电路如图 13-4 所示。

（2）复位电路

复位电路使用按键的方式复位。有些时候单片机会受到外界各种因素的影响，这些因素可能会导致单片机不能按照程序执行或者直接停止工作，这时候只需要复位一下单片机，程序就会重新执行。具体的电路如图 13-5 所示。

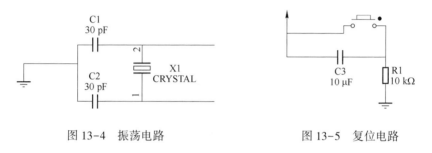

图 13-4　振荡电路　　　　　　图 13-5　复位电路

13.3.2　报警电路的设计

报警电路比较简单，这个部分组成元件有 8 个 LED 灯和一个有源蜂鸣器，8 个 LED 灯起到一个信号的作用，在图 13-6 中，D1 和 D8 两个 LED 灯就分别代表了二氧化碳浓度的上下阈值，如果二氧化碳浓度超过了设定的范围，则 D1 就会亮，并且蜂鸣器也会发出警报；如果低于设定的范围，则 D8 灯就会亮，蜂鸣器也会发出警报。同样地，D2 和 D7 两个 LED 灯代表了光照强度的上下阈值，当光照强度超出这个设定范围，则 D2 就会亮，同时蜂鸣器也会发出警报；如果低于设定的范围，D7 就会亮，蜂鸣器也会响。D3 和 D6 代表湿度值的上下阈值，超过设定范围，D3 亮，蜂鸣器响；低于设定范围，D6 亮，蜂鸣器响。D4 和 D5 代表温度值的上下阈值，超过设定范围，D4 亮，蜂鸣器响；低于设定范围，D5 亮，蜂鸣器响。由于单片机端口数量不够，所以在实际电路中只有四个 LED 灯，分别代表四个参数不在指定范围的时候报警显示。具体电路如图 13-6 所示。

13.3.3　上位机组态王画面设计

本系统选用的上位机是组态王，在组态王里面就是建立一个动态的监控画

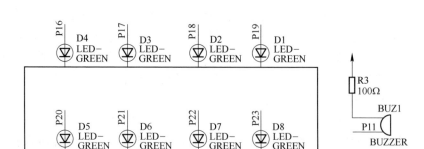

图 13-6　报警系统电路

面，画面上主要的元件就是外部设备和控制它们的开关。需要在组态王上面显示的外部设备有风机、补光灯、加热系统、二氧化碳增施系统、喷灌系统、遮阳网、天窗、湿帘。这些外部设备都需要在各自的开关控制下显示一个动态的画面。

　　无论是开关还是外部设备都需要关联相对应的变量。在组态王的数据词典中定义以下变量：风机扇叶旋转状态、风机开关、补光灯、补光灯开关、加热系统状态、加热系统开关、二氧化碳含量、二氧化碳增施系统开关、湿帘状态、湿帘开关、遮阳网状态、遮阳网开关、天窗状态、天窗开关、喷灌系统含水量、喷灌系统开关，以及 4 个时间变量：时间 1、时间 2、时间 3、时间 4。都关联同一个时间变量，当时间 = 1 时，矩形出现；当时间 = 2 时，三角形 1 出现；当时间 = 3 时，三角形 2 出现；当时间 = 4 时，三角形 3 出现。其他的三个外部设备原理都和这个一样。

　　由于加热系统、天窗、湿帘、遮阳网，这四个外部设备都是由几个图形组成的，打开控制它们的开关，组成的几个图形依次出现，所以四个时间变量是用来控制这些图形的出现顺序的，如湿帘由三个三角形和一个矩形组成。

　　风机：在组态王软件中的图库中选择搅拌器代表风机的扇叶。在画面中建立六个扇叶，因为风机工作的时候，扇叶是转动的，六个扇叶不是代表这个风机有六片扇叶，而是代表扇叶转动的六个状态，实际画面中风机转动过程中只有一片扇叶。然后再关联一个风机开关以控制风机工作。具体如图 13-7、图 13-8 所示。

　　补光灯：在图库中选择一个指示灯代表补光灯，关联一个补光灯开关来控制补光灯的亮和灭。具体如图 13-9、图 13-10 所示。

　　加热系统：加热系统就是绘制三个三角形作为火苗的形状来表示加热的，关联加热系统开关。打开开关，让它们依次出现，就表示加热系统处于工作状态。具体如图 13-11、图 13-12 所示。

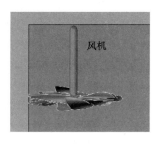

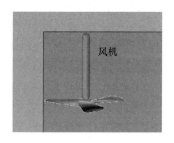

图 13-7　风机未工作状态　　　　　　图 13-8　风机工作状态

图 13-9　补光灯灭的状态　　　　　　图 13-10　补光灯亮的状态

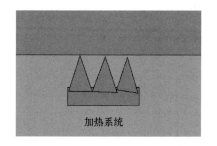

图 13-11　加热系统未工作状态　　　　图 13-12　加热系统工作状态

　　二氧化碳增施系统：在组态王图库中选择一个反应器表示二氧化碳的储存罐，关联二氧化碳增施系统开关。打开开关，反应器的液位会发生变化，如图 13-13 和图 13-14 所示的画面就表示正在释放二氧化碳。

　　湿帘：用一个矩形和三个三角形组成的一个图形代表湿帘，关联湿帘开关变量后，打开湿帘开关，矩形和三个三角形依次出现，这就表示湿帘处于工作状态。具体如图 13-15、图 13-16 所示。

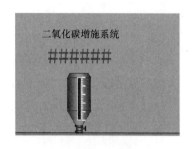 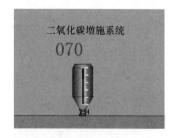

图 13-13   二氧化碳增施系统未工作状态   图 13-14   二氧化碳增施系统工作状态

图 13-15   湿帘未工作状态   图 13-16   湿帘工作状态

天窗：在组态王画面中绘制两个矩形表示天窗，关联变量天窗开关。打开开关后，这两个矩形也是依次出现，说明天窗处于工作状态。具体如图 13-17、图 13-18 所示。

图 13-17   天窗未工作状态   图 13-18   天窗工作状态

遮阳网：在组态王画面中绘制六个渐渐变小的矩形表示遮阳网，关联一个遮阳网开关变量。打开开关，这六个小矩形依次出现，说明遮阳网处于工作状态。具体如图 13-19、图 13-20 所示。

喷灌系统：在组态王图库中选择一个反应器表示喷灌系统，关联一个控制喷灌系统的开关变量。打开开关，反应器里面的液位会发生变化，这种情况下的喷灌系统就处于工作状态。具体如图 13-21、图 13-22 所示。

图 13-19 遮阳网工作过程状态　　　　图 13-20 遮阳网工作状态

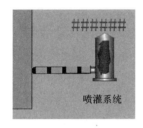

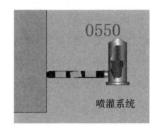

图 13-21 喷灌系统未工作状态　　　　图 13-22 喷灌系统工作状态

　　在实际的工作过程中，用一个小盒子代表温室，小盒子的密封性很不好，与外界完全能相通，让这些外部设备工作而小盒子内的某一项参数值在短时间内改变是不现实的。基于上述各种原因，直接在电路板上焊接了比较容易构造的三个外部设备，用电机代表风机，用一个 LED 灯代表补光灯，用一个电阻代表解热系统，当其中某一项参数值超过阈值时，这些外部设备就会工作。新建的变量如图 13-23 所示，组态王监控画面如图 13-24 所示。

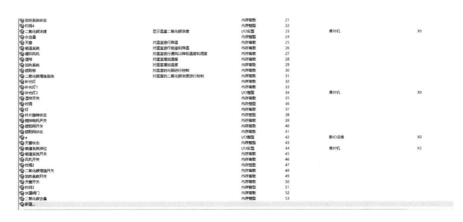

图 13-23 组态王变量图

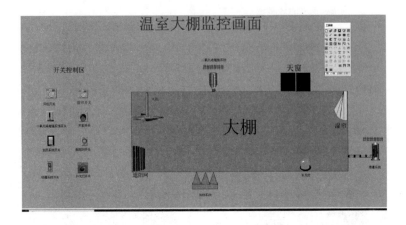

图 13-24　组态王监控画面

13.4　软件程序设计

13.4.1　温湿度传感器程序设计

DHT11 传感器采集数据使用单总线，这种通信方式的定义见表 13-5。

表 13-5　单总线的格式定义

名　称	单总线格式定义
起始信号	微处理器把数据总线（SDA）拉低一段时间，至少 18 ms（最大不得超过 30 ms），通知传感器准备数据
响应信号	传感器把数据总线（SDA）拉低 8.3 μs，再接高 87 μs 以响应主机的起始信号
数据格式	收到主机起始信号后，传感器一次性从数据总线（SDA）串出 40 位数据，高位先出
湿度	湿度高位为湿度整数部分数据，湿度低位为湿度小数部分数据
温度	温度高位为温度整数部分数据，温度低位为温度小数部分数据，且温度低位 Bit8 为 1 则表示负温度，否则为正温度
校验位	校验位＝湿度高位+湿度低位+温度高位+温度低位

传感器接通电源之后，需要稳定一段时间，然后单片机就对传感器发送开始信号，等到传感器接收到这个开始信号，这个传感器就会从低速模式转换为

高速模式。在这个模式下传感器开始采集信息了，采集一段时间后，会接收到单片机发来的结束信号，传感器会对这个信号做出回应，并把采集到的数据传送给单片机，传出的是 40 位数据，这个过程就是传感器的第一次信息采集。数据时序图如图 13-25 所示。

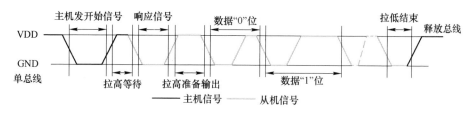

图 13-25　数据时序图

单片机读取 DHT11 的数据分为四个部分。

第一部分：DHT11 刚上电之后是不稳定的，需要等待 1 s 来越过这个不稳定的状态。在这个时间段内，不能发送任何指令，1 s 过后，传感器就开始测试环境的温湿度，并把采集到的数据记录下来。而 DATA 引脚在连接电路时外接了一个上拉电阻，所以这个引脚一直处于高电平状态，时刻进行信息采集。

第二部分：单片机的 I/O 口要保持一个 18～30 ms 的低电平状态，在这个时间段内，单片机的引脚设置为输出状态。18～30 ms 过后，把单片机该引脚的输出状态转换成输入状态。由于传感器 DATA 引脚外部链接了一个上拉电阻，所以这个 DATA 引脚就会变成高电平，等待着 DHT11 的应答信号，主机发送起始信号示意图如图 13-26 所示。

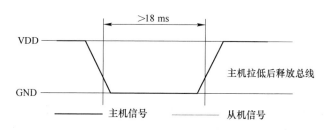

图 13-26　主机发送起始信号

第三部分：传感器 DATA 引脚时刻检测外部信号，当单片机的信号被这个引脚检测到时，该引脚的等待信号就会结束。经过短暂的延时之后，传感器会给单片机发送响应信号，这个响应信号需要保持 83 μs，这个延时时间过后，传感器会发送一个保持 87 μs 的高电平信号给单片机，通知单片机准备接收数据。此时，单片机的 I/O 检测到了传感器的信号，就会等到信号结束后直接接收数据。从机响应信号示意图如图 13-27 所示。

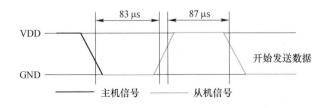

图 13-27　从机响应信号

第四部分：DHT11 输出的是 40 bit 二进制数据，传感器发送数据给单片机时，单片机的 I/O 口会出现高低电平变化的情况，单片机就是根据高低电平的变化来接收 40 bit 二进制数据。位数据分别有 0 和 1 两种格式，端口出现 54 μs 低电平和 23~47 μs 高电平的情况就代表格式 0，端口出现 54 μs 低电平和 68~74 μs 高电平的情况就代表格式 1。位数据 0、1 格式信号如图 13-28 所示。

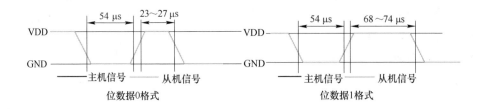

图 13-28　数据格式

结束信号：DHT11 的 DATA 引脚输出 40 bit 二进制数据后，这个引脚依然处在低电平状态，并会一直持续 54 μs，过了这个时间，该引脚将由输出状态转换为输入状态。由于外部上拉电阻的原因，该引脚又会自然地变成高电平，等待着单片机的下一次信号到来，在这个时间段内，传感器一直在对环境的温湿度进行检测，并把检测到的数据记录下来，等到单片机发来信号，就会把这些数据发送出去。其具体的工作流程图如图 13-29 所示。

■ 13.4.2　光照强度传感器的程序设计

光照传感器 BH1750FVI 使用 I^2C 通信方式，所以在编写程序时要严格按照规定。BH1750FVI 传感器读取数据大致可以分为两个部分。

第一部分：单片机通过 I^2C 总线向传感器发出一个起始信号，同时向传感器发送设备地址和写的信号。发送完成后，传感器等待着单片机的信号传过来，等到传感器接收到信号后，就会给单片机发送一个响应信号，单片机接收到响应信号就表明可以开始接收了。然后主机开始向从机发送内部寄存器的地址，主机等待传感器的响应，等待时间最长为 180 ms，这样就完成了第一次的测量，此时主机向从机停止发送。时序图如图 13-30 所示。

第二部分：读取所测量的结果，即读取 BH1750FVI 的 16 位数据，数据分为高位和低位，这个过程是单片机通过 I^2C 总线向传感器发送起始信号，并且向传感器发送设备地址和写的信号，传感器会响应这个信号，响应完之后，也会给单片机发送一个信号，这个信号就是提醒单片机可以开始读取数据了，单片机接收到了允许读取数据的信号后就开始读取数据。首先读取的是高 8 bit 数据，接收完这个高 8 位会给传感器发一个信号，然后继续读取剩下的 8 bit，接着主机就停止发送信号，这样采集过程就结束了。时序图如图 13-31 所示。

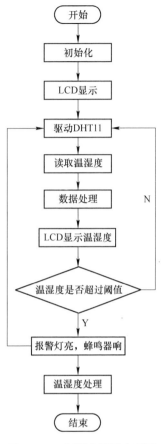

图 13-29　温湿度测量流程图

图 13-30　主机发送起始信号时序图

其具体的工作流程图如图 13-32 所示。

13.4.3　二氧化碳传感器程序设计

选用二氧化碳浓度传感器 SGP30 是一个模块，一共集成了四个气体传感

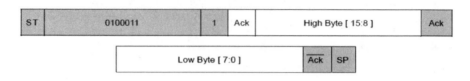

图 13-31　读取数据时序图

元件，其中一个是二氧化碳传感器，可以用来检测二氧化碳的浓度。这个模块具有完全校准的空气质量输出模块，考虑到单独测量二氧化碳的传感器价格都很高，而且 SGP30 传感器易于集成，因此本系统选用该传感器作为检测二氧化碳的装置。这个传感器也是采用的 I^2C 接口，基本的步骤如下。

传感器模块的通信顺序：传感器上电，通信初始化；主机定期请求测量并按照以下顺序读取数据：主机发送测量命令；主机等待测量完成，等待最大执行时间，或者等待预期持续时间，然后轮询数据，指导传感器确认读取头。

SGP30 传感器支持 I^2C 快速模式，所有的 SGP30 命令和数据都会映射到 16 bit 地址空间。此外，数据和命令都通过 CRC 校验进行保护，这样可以大大提高通信的可靠性，发送到传感器的 16 bit 数据已经包括了一个 3 bit 的 CRC 校验和，传感器发送和接收的数据是由一个 8 bit 的 CRC 来完成。在写入的方向上，必须要传输校验和，这是因为 SGP30 传感器只接收后面跟着正确校验和的数据。在读取方向上，由主机决定是否要读取和处理校验和。

SGP30 传感器加上规定的阈值电压 Vpor，传感器就开始通电。当电压达到阈值电压后，传感器需要时间，TPU 进入空闲状态。进入空闲状态后，就可以从主机那里接收命令了，每个传输序列都以启动条件开始，以停止条件结束。

测量通信序列包括启动条件、I^2C 写入头和 16 bit 测量命令，传感器指示每个字节的正确接收。在第 8 个 SCL 时钟的下降沿之后，它会将 SDA 引脚拉低，表示接收数据。确认测量命令之后，SGP30 就开始测量，进行测量时，不能与传感器进行通信，传感器会中止与 XCK 状态的通信。传感器测量完成后，主机可以给传感器发送一个启动条件，然后发送一个 I^2C 读取头来读取测量的结果。传感器将确认读取头的接收并且用数据进行响应。响应数据以数据字为结构，其中的一个字由两字节的数据组成，这个数据后面跟一字节的 CRC 校验和。主机必须确认每字节的 ACK 条件，以便传感器继续发送数据。如果传感器在任何一数据字节后没有收到来自主机的 ACK，它将不会继续发送数据。接收到最后一个数据字的校验和后，必须发送一个 XCK 和 STOP 条件。如果 I^2C 主机对后续数据（如 CRC 字节或后续数据字节）不感兴趣，它可以在接收到任何数据字节后，在 XCK 后面加上停止条件，中止读传输以节省时间。

注意，不能多次读取数据，超过指定数量的数据访问将返回 1 的模式。数据采集流程如图 13-33 所示。

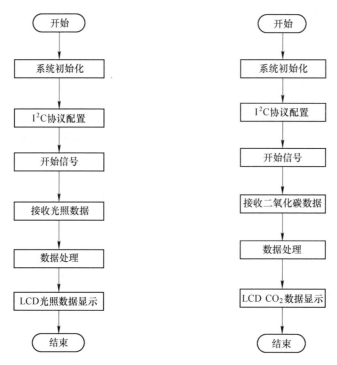

　　图 13-32　光照测量流程图　　图 13-33　二氧化碳测量数据采集流程图

13.4.4　通信程序的设计

　　通信程序就是组态王和单片机的通信，这个通信的过程比较简单，就是一个读取数据和发送数据的过程，但是格式要严格按照它们之间的通信协议来设置。这个通信程序主要包括：串口中断程序、接收数据的 hex 校验程序、协议处理程序、十六进制和 ASCII 码之间的转换程序等。

　　串口中断程序：通过串口中断程序接收组态王发送过来的数据，不是只要数据传送过来就会被接收，必须是符合要求的数据。这些可以被接收的数据会被存储起来，当接收到有效的数据后，会有一个接收完成的标志，协议处理程序会接收到接收完成的信号，将接收到的有效数据进行处理，与此同时将发送缓冲区的数据发送出去。

　　协议处理程序：通信协议处理程序包括三部分，分别是单片机对组态王查询命令的响应、组态王对单片机发送过来数据的处理、组态王对发送给单片机数据的处理。

主程序进行系统初始化后，一直对接收标志 RECOK 进行监视，当收到接收标志后进行数据校验，校验正确后则继续进行协议处理。

在组态王软件中首先建立一个工程，本系统为温室环境控制系统，则将这个工程命名为"温室环境控制系统"，如图 13-34 所示。

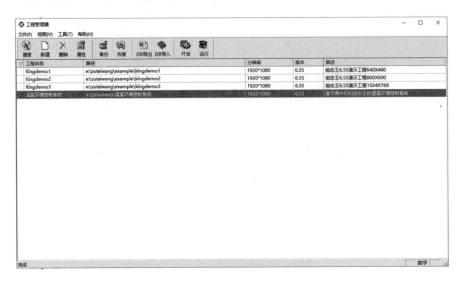

图 13-34　组态王工程画面

然后需要注册设备，设计中下位机是单片机，所以需要在组态王软件的设备栏里选择一个 COM 串口建立一个设备，并命名为"单片机"。这个 COM 口不是随便选的，而是根据硬件电路的实际连接情况来选择的，USB 转 RS-232 的通信数据线在连接计算机时选择哪一个 COM 口，这里建立设备所选择的 COM 口必须与其一致。建立设备之后还需要对组态王建立单片机设备时所选的 COM 口和 USB 转 RS-232 数据线所选择的 COM 口的参数进行设置，这里有波特率、数据位、奇偶校验位、停止位，这些参数的设置也必须一致。

单片机和组态王的通信就是一个读和写的过程，所以上位机向下位机发出的命令只有两条，分别是"上位机发送读命令"和"上位机发送写命令"。同样地，下位机也会对这两条命令进行响应。如果正常，则会响应"正常"；如果不正常，则会响应"不正常"。

上位机发送读命令，根据这两条命令来判断是否通信成功。读数据格式见表 13-6。

表 13-6　读数据格式 1

字头	设备地址	标志	数据地址	数据字节数	异或	CR

下位机应答，若正常，则其应答的数据格式见表 13-7。

表 13-7　应答数据格式 1

字头	设备地址	数据字节数	数据…	异或	CR	

下位机应答，若不正常，则其应答的数据格式见表 13-8。

表 13-8　应答数据格式 2

字头	设备地址	＊＊＊	异或	CR

发送写命令的时候，写数据格式见表 13-9。

表 13-9　写数据格式

字头	设备地址	标志	数据地址	数据字节数	数据…	异或	CR

下位机应答，若正常，则其响应数据格式见表 13-10。

表 13-10　响应数据格式

字头	设备地址	##	异或	CR

下位机应答，若不正常，则其读数据格式见表 13-11。

表 13-11　读数据格式 2

字头	设备地址	##	异或	CR

13.5　系统调试

13.5.1　温湿度 DHT11 程序调试

第一次进行调试出现的问题是 DHT11 的启动问题，主机发送了信号给 DHT11 传感器，但是接收不到 DHT11 的相应信号，问题程序段如图 13-35 所示。

问题：测试时会在 if 条件语句里面加一条语句：Printf " DHT11 已启动"，如果 DHT11 启动了，就发出响应信号。在串口调试的时候会出现"DHT11 已启动"，但是在出口调试助手上没有显示，一直接收不到数据。

解决办法：DHT11 传感器通电之后，有一个需要稳定的过程，这里要求

```
55  }
56  void dht_take_sample()
57  {
58      unsigned char flag;
59      dht_start();
60      if(!DHTIO)                          //从机发出响应信号
61      {
62          flag=2;
63          while((!DHTIO)&&flag++);//检测从机发出80μs低电平是否结束
64          flag=2;
65          while((DHTIO)&&flag++); //检测从机发出80μs高电平是否结束
66          //开始采集数据
67          humidity_interger=recieve_data();              //采集湿度整数部分
68          humidity_decimal=recieve_data();      //采集湿度小数部分
69          temperature_integer=recieve_data();   //采集温度整数部分
```

图 13-35   DHT11 问题程序图

的是不少于 1 s，而实际设置为 1 s 延时，可能是延时的时间太短，重新修改程序，把 1 s 延时改成了 1.5 s。再次启动 DHT11 程序部分，设置三次启动，即在上电之后进行三次启动请求。程序修改后重新进行测试，不仅接收到了数据，而且数据也是正确的，也可以在显示屏上显示，问题得以解决。

■13.5.2   二氧化碳传感器 SGP30 程序调试

传感器使用 I²C 总线通信，启动时，主机给从机发送信号，没有接收到从机的响应信号，发现有一个地方没有加延时程序，因为传感器上电之后会有一个反应的过程，在这个过程中传感器很不稳定，不能给传感器发送任何指令，即使发送过去，传感器也不会发送响应信号。添加一个延时 50 μs 程序后，此时传感器发回了响应信号，单片机可以接收到数据，但是接收到的数据不对。所以主要检查地址解析和数据解析的这部分程序，经过测试和修改后终于接收到了正确的数据，于是测量二氧化碳浓度的程序调试完毕。

■13.5.3   单片机和组态王通信程序调试

刚开始在 Proteus 上面进行虚拟仿真测试，在 Proteus 软件中绘制出一个单片机和单片机的最小系统，然后连接一个 DB9 的接口，再连接一个虚拟终端，如图 13-36 所示。

这些工作完成之后，需要用 VSPD 软件添加两个虚拟串口，这里添加 COM10 和 COM11，将 Proteus 软件中的 DB9 和虚拟终端都设置为 COM10，而在串口助手调试时要选择与之对应的 COM11，这两个串口的波特率、校验位、数据位、停止位都需要根据通信程序的定义设置一致，然后在串口调试助手中向单片机发送数码：40 30 46 41 30 30 30 30 30 30 31 30 35 0D，如果能够通信成功，单片机则会返回这样的一串数码：40 30 46 30 31 41 36 30 30 0D，但是调试时并没有出现回应的数码，表示通信失败。成功返回数值的串口调试图如图 13-37 所示。

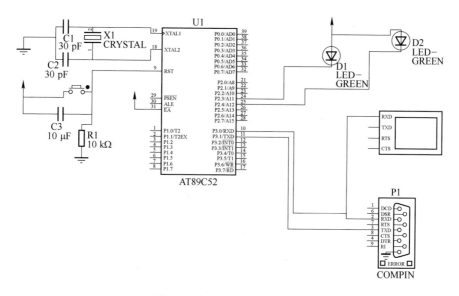

图 13-36　Proteus 仿真电路图

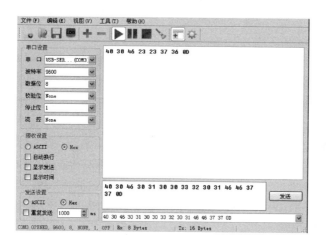

图 13-37　串口调试图

第二次直接在组态王软件中测试，Proteus 中的所有东西都不变，在组态王中注册一个控制设备，然后再新建一个变量 a，新建一个组态王画面，在这个组态王画面上建立一个##，关联变量 a。将组态王切换到 View，原来画面上的##会变成一个数字 0，把通信程序下载到单片机中，在 Proteus 中全速运行，如果通信成功，View 画面中的 0 就显示的是 0，不会发生变化，如果通信失败，0 就会显示"???"。运行系统之后，屏幕中出现了"???"，表示通信失败，如图 13-38 所示。

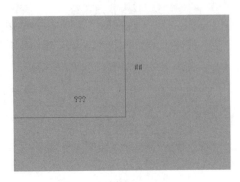

图 13-38　组态王通信仿真图

组态王可以把数据发送给单片机，单片机也可以接收到数据，但是在数据输出时出错了，可能是单片机对接收到的数据进行地址解析时出现了问题。修改程序后组态王 View 画面中没有出现"???"，表明通信成功。从组态王画面切换到 View 运行画面后，###就不会变成"???"，而直接显示的是数字量，如图 13-39 和图 13-40 所示。

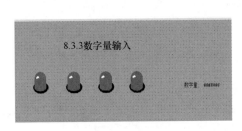

图 13-39　组态王画面

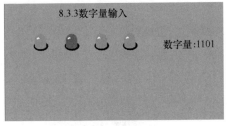

图 13-40　组态王运行画面

13.6　总　　结

本温室环境控制系统主要分为两层结构，上位机由组态软件即 King View 完成对下位机的监控，下位机利用温湿度传感器 DHT11、二氧化碳浓度传感器 SGP30、光照强度传感器 BH1750FVI，结合单片机和补光灯、湿帘、遮阳网、加热系统、喷灌系统等外部设备组成的一个网络系统。利用传感器对温室内需要检测和控制的因素进行信息采集，并将采集得到的数据传递给单片机，单片机将接收到的数据进行处理。在单片机的程序中会对每一项参数设置一个范围，处理后的数据与这个范围进行比较，如果某一项参数的数值不在设定的范围内，则对应的报警装置就会发出报警信号，这个报警信号就意味着单片机需要控制某一个外部设备进行工作。同时，这个信号也会通过 RS-232 串口数据线传递给组态王，组态王上面有温室环境的动态画面，画面上有设计的各种虚拟外部设备，这些外部设备都是由组态王画面上的开关进行控制的，单片机传递过来的信号就是控制打开对应外部设备的开关，组态王动态画面上相应的虚拟外部设备就会工作，而单片机连接的实际外部设备也会受到单片机的控制进行工作。组态王对这些因素进行实时监控，外部设备工作一段时间后，这些因素都达到了正常的范围内，报警装置就会停止工作，于是单片机控制相应的外部设备停止工作，组态王画面上也会停止相应虚拟外部设备的工作。设计过程中也进行相关的硬件和软件设计，实现对温室内温度、湿度、二氧化碳浓度、光照强度的自动监控，让这些因素都稳定在一个稳定的范围内，创造出一个适合作物生长的环境，实现对温室环境的自动控制。

第 *14* 章

基于单片机和组态软件的抢答器设计

14.1 系统工作原理

14.1.1 设计目标

本设计使用单片机完成抢答按键的控制，通过组态王设置人机界面，单片机抢答器和组态软件间通过 USB 转 TTL 的数据线进行连接，进行 RS-232 串行通信完成数据的传输和数据的交换。在传输过程中需要两个数据，第一个数据的传输方向为从组态王软件到单片机抢答器，用于存储实时抢答的状态；第二个数据的传输方向为从单片机抢答器至组态王软件，用于储存按键的状态。单片机抢答器和组态王之间选用 Modbus ASCII 免费通信协议进行通信，在单片机中根据通信协议编写单片机串口通信程序。程序实现后单片机可以在抢答过程中实时接收到组态软件发送的指令，并执行相应的指令功能，包括组态王软件将抢答数据发送到单片机上、接收并处理抢答数据、完成计分、抢答成功、通信测试、状态设定、违规抢答等功能。在翻阅了国内外对于单片机抢答器设计相关文献的基础上，确定了本设计的主要功能如下。

本设计采用单片机、组态王软件、PC 端大屏幕等设备。设计满足要求的抢答系统结构，尤其是单片机抢答控制硬件电路板的设计和单片机抢答控制器程序的设计。用 Modbus ASCII 协议实现组态王和单片机的通信连接，采用 C 语言在单片机中编写主要通信部分和抢答部分的程序。利用组态王完成抢答界面、变量定义和功能设计、构建数据库以及进行数据连接交换。

14.1.2 设计方案

硬件部分（电路结构）：单片机、复位电路、振荡电路、按键电路。

　　软件部分：组态王部分（发送抢答状态信息、接收抢答状态信息并处理、3 s 倒计时、抢答计时、统计分数管理、抢答违规、成功提示、单片机和组态王通信测试）和单片机部分（设计单片机通信程序）。

　　单片机能够实时接收组态王发送的抢答状态指令，并根据指令执行相应的功能。在整个抢答过程中单片机抢答器和组态王之间需要进行两个数据的交换。第一个数据组态王软件将抢答状态传输至单片机抢答器，是存储抢答状态。当该数据为 0 时，单片机将抢答数据清空并处于非抢答时间，此时即使选手按下抢答键，也显示按键无效；当该数据为 1 时，组态王界面会显示 3 s 的倒计时处于准备抢答阶段，单片机对选手的按键情况进行检测，在 3 s 倒计时内若有选手按键，即为违规抢答；当该数据为 2 时，单片机抢答器继续对选手按键进行检测处于抢答阶段，检测按键引脚处的高低电平变化，此时若有选手抢先按键，则显示抢答成功；当该数据为 3 时，第二个数据存储按键状态处于通信测试时间，单片机抢答器将按键状态传输至组态王软件。如图 14-1 为单片机抢答器的控制程序流程图，图 14-2 为组态王软件主程序流程图。

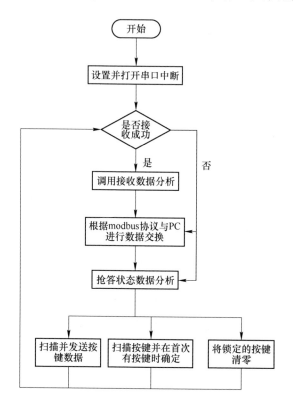

图 14-1　单片机抢答器的控制程序流程图

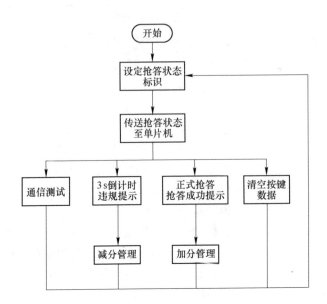

图 14-2 组态王软件主程序流程图

14.2 硬件设计与原理

■14.2.1 总设计思路

本设计采用的单片机型号是 STC89C52RC。设计思路：硬件模块有按键模块、复位模块、晶振模块、电源模块和 USB 转 TTL 模块。单片机控制电路图如图 14-3 所示。

■14.2.2 硬件设计分析

1. 设计思路

本抢答器的设计在硬件模块中最主要的就是按键模块，按键模块采用的是 C 语言编写程序烧制到 STC89C52RC 单片机中实现功能。在以往的抢答器模块设计中，开始按键和停止按键都是在开发板上，开发板上集成了抢答的所有功能，而本次的设计最大的不同就是开始抢答、停止抢答、统计分数、通信测试等其他功能全部都是通过组态王实现，通过组态王能够很好地模拟抢答情况，设计简单方便的抢答界面。

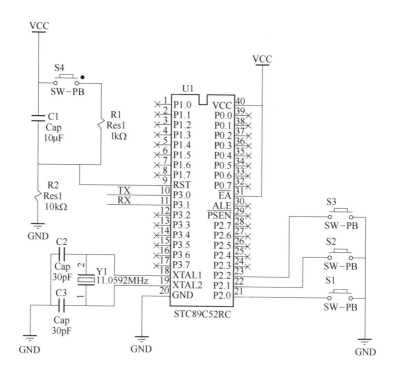

图 14-3　单片机控制电路图

2. USB 转 TTL 模块

在越来越多的工作和学习中，计算机端的的串口应用变得越来越重要，很多设计和科研中的设备都需要硬件和计算机端的软件进行连接，而想要完成连接就需要通过串口来实现。许多电路模块和仪器为了进行实时通信和数据交换都需要使用串口调试软件进行调试。但是由于科技的发展和其他的因素，市面上的很多便携式计算机和台式计算机都取消了串口设置，这导致通信连接、电路模块运行存在很多不便。所以 USB 转串口设备应运而生，它的特点是方便操作、简单快捷。如今，市场上的 USB 转串口设备因控制芯片的不同而被分为很多种类，适应于各种场合和工作环境。市场上使用比较广泛的有 CP2102、FT232、PL2303 等。经测试后发现，ISP 不能下载到 CP2102 芯片上，但可以下载到 FT 232 芯片。由于价格超高，考虑到实际因素导致其并不能广泛地应用。三个芯片中最适合的就是 PL2303，由中国台湾生产，具有下载稳定、支持多种操作系统的优点，在很多场合中都适合采用。可以直接快速地将 USB 信号转换为串口信号，有 22 个波特率可供选择，范围从 75 ~ 1228800 bit/s，并支持 5、6、7、8、16 个数据位，在本设计中直接采用 USB 转 TTL 模块实现单片机和 PC 端的串口通信连接。

14.3 组态王与单片机 Modbus 通信

随着科技的巨轮滚滚向前，社会快速地发展和进步，在越来越多的领域中，以组态软件作为操作的控制系统越来越多，因为区别于传统控制的模式，组态王软件具有良好的人机操控界面能够保障相关系统的设备经济稳定和安全运行，是对传统控制领域的一次改革。由于其优越性，组态王操作系统在各种工作领域中都得到了广泛的应用。但是在工业操作中仅仅只用组态王软件并不能完整地达到需要的实际效果，要想更加贴近实际效果，需要将组态王软件和单片机硬件设备进行连接，把组态王软件的变量与设备的预置寄存器和命令语言进行连接，从而准确地达到想要实现的效果。经过了解，组态软件支持的设备有 PLC、数字仪表等。但是这些都是工业控制设备，因为其价格比较昂贵，很难触及和应用，所以此次抢答器的设计考虑到实际情况和现实因素，硬件选用的是 STC89C52RC 单片机。

■14.3.1 组态王和单片机通信原理

组态王软件和单片机的通信原理就是，组态王软件在工作时通过串口发送相应的操作指令，串口将操作命令传输到单片机上，使单片机的相应输出端口的电平高低发生变化，单片机执行工作。单片机执行某些功能后传递相应的信号，通过 RS-232 串口通信传递给组态王软件，组态王软件根据内部设定的相应语言编写的程序控制单片机是否运行或者界面运作的开始与停止。在整个设计中由单片机与组态王软件实现的控制系统相对于纯单片机控制系统要更加麻烦一些，在实现设计中需要掌握组态王软件的工作机理，如如何设置组态王的操作界面、变量如何定义等。还需要充分掌握单片机程序设计方面的知识，单片机程序的编写采用 C 语言，因为单片机中没有通信模块，所以在程序编写中需要采用通信协议完成通信。在组态王的设备驱动中选择预装单片机，相当于单片机是组态王工作中的一个设备，这个过程类似于数字仪表。

1. 串口通信

通信协议就是保证整个网络有序安全地运行，遵循一定的规范。串口通信在通信的格式上要遵循组态软件制定的相应通信规则即 Modbus ASCII 通信协议。通信协议中规定了组态软件和单片机通信中的读、写命令，还有单片机对其命令的应答之间的关系。在程序编写的过程中单片机还应严格按照协议对组态软件的读/写命令做出响应。这样才能完成单片机和组态王的正确通信连接，在操作过程中保障界面可以精确无误地显示，以及组态王能够很好地控制和操作目标设备。通俗地讲，组态王软件类似于人类的大脑，单片机等硬件设备类似于人类的手，组态王软件作为主机向从机发送命令，单片机按照接收到的指令实行相应的功能并做出回复。

2. 组态王和设备通信过程

安装了组态王软件后，启动软件新建一个工程，选择目录，在弹出的空白框中填写用户自己定义的名称，创建一个新的目录。鼠标单击"下一步"按钮，然后在弹出的界面中单击"是"按钮。根据设计的要求输入工程的名称、工程描述，最后单击"完成"按钮，在工程管理器的目录中找到刚才建立好的新工程，双击项目名称以启动这个定义好的项目。

首先通信第一步要做的就是连接设备、注册设备。其实就是让组态王软件能够识别到自己连接了什么设备，这样在通信时组态王就能根据相应的连接设备选择内部的通信协议进行通信，设备完成指令的接收和传递。安装设备的过程就是在安装相应的驱动设备。单击左侧工具栏中的"设备"→"新建设备"，在下拉菜单中选择"设备驱动"→"智能模块"→"单片机"→"通用单片机 ASCII"→"串口"。指定一个逻辑名称，就用系统给定的"抢答器"，串口的选择应该与设备所连接的串口一致。

在协议中，组态王的设备地址定义格式为"##. #"，前面的两个字符用来表示连接单片机设备的地址，范围为 0~255，由单片机中的程序来决定，选用的是 2.0。小数点之后的字符是根据用户的设定选择是否打包，1 为选择打包，0 为选择不打包。如果用户在定义设备时选择了打包，与单片机的编程无关，但是在读取单片机的变量时，组态王会对数据进行打包处理。其他的在单击"下一步"中出现的选项保持默认设置即可。操作完成后就完成了设备的注册，界面如图 14-4 所示。

选择设备之后，下一步就是在组态王中设置本次设计过程中所需要的相应的通信参数，如波特率的选择，停止位、数据位的设置，奇偶校验位的选择等。这些参数必须严格根据单片机编程中的通信参数来设置，否则单片机和组态王将不能实现通信。组态王的单片机 ASCII 串口通信协议有六条通信格式：①组态王软件作为上位机发出的命令只有两条，即"上位机发送读命令"和"上位机发送写命令"。②单片机作为下位机发出的指令分别为应答"若正常""若不正常"。这两条命令是最重要的指令，在组态王与单片机通信的过程中，掌握了这两条指令的意义和编写规则就能实现单片机和组态王的通信。在组态王通信方式的选择上采用 RS-232 串口通信，波特率的设置由单片机的波特率

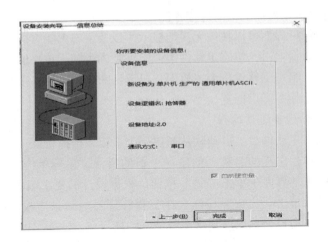

图 14-4 注册设备

决定。如 2400 bit/s、4800 bit/s、9600 bit/s 和 19200 bit/s 等。

3. 组态王数据词典——变量定义

表 14-1 中的 dd 表示数据的地址，该地址应根据单片机的数据地址设置。在定义组态王软件中的变量时，寄存器所占用的字节数根据所选数据类型（BYTE、USHORT、FLOAT）的不同，相应的选择也不相同，分别为一个、两个、四个字节。在定义不同的数据类型时，寄存器后面的地址有相应的定义规则，为了提高通信速度，应该使用连续数据区，不同数据类型的变量不能在同一数据区域中交叉定义。例如：

（1）byte 字节类型的变量是指从地址 0 开始在单片机中定义的数据类型，则在组态王中定义对应变量的寄存器为 x0、x1、x2、x3、x4、…，每个变量占用一个字节。

（2）ushort 型的变量是指从地址 100 开始在单片机中定义的数据类型，则在组态王中定义相应的变量的寄存器为 x100、x102、x104、x106、x108、…，每个变量占两个字节。

（3）float 型的变量是指从地址 200 开始在单片机中定义的数据类型，则在组态王中定义相应的变量的寄存器为 x200、x204、x208、x212、…，每个变量占用四个字节。

表 14-1 单片机决定组态王中定义的寄存器数据格式（类型）

寄存器名称	dd 上限	dd 下限	读/写属性	变量类型	数据类型
Xdd	65535	0	读写	I/O 实数，I/O 整数	byte/ushort/float

▌14.3.2　Modbus 通信协议

为了成功地实现组态王和单片机基于 ASCII 的通信，需要先完成通信测试，在通信测试中需要使用组态王软件、虚拟串口连接软件和串口调试软件。组态王的串口号和串口调试软件的串口号分别由运行虚拟串口连接软件和相连接的两个串口设定。将组态王软件的通信参数设定为接收 HEX 格式，同时串口调试软件的通信参数在设置时也要和组态王通信参数相一致。运行串口调试软件，选择组态王软件新建立的设备"抢答器"，选择"测试抢答器"，在出现的串口测试对话框中，单击"设备测试"选择寄存器，打开后里面只有一个值 x，选择 x0，在已经有的 x 后边加个 0。然后选择数据类型，对于 x 寄存器来说，选择"byte"即字节型，这就定义了单片机设备的 x0 寄存器的数据类型是字节型的，然后单击"添加"按钮，之前填写的寄存器名和设置的数据类型就出现在下面的采集列表中。选中刚刚设定好的 x0 寄存器，然后单击"读取"，此时在串口调试软件的接收窗体内会接收到一串代码，格式为 40 30 46 41 30 30 30 30 30 30 31 30 36 0D，表示单片机和组态王已经成功完成了通信。

当组态王和单片机进行通信时，组态王只需向单片机发送两个命令，一个是读命令，另一个是写命令。完成通信测试，组态王执行了读命令，因此串口软件接收到了一段代码。该过程就是 PC 端软件与单片机的通信机制，组态王软件通过串口发送一段代码去询问与之连接的单片机设备处于什么状况。在组态王软件和单片机相互通信后工作时，在画面上实现了与添加的单片机设备有关变量的连接，切换界面为 View，软件进入运行状态。这时组态王软件就会发出一段与之匹配的命令字符，等待单片机设备的应答。单片机设备在设定好的间隔内正确地完成了回复，通信才能成功并且持续进行，否则通信失败，此时定义好的变量都会变成原来的设定值，显示"???"等内容。

对于组态王发送读命令的代码分析，第一个代码 40 和最后一个代码 0D 是固定不变的，组态王不管是发送读命令还是发送写命令，第一个代码都是 40，最后一个代码都是 0D。同样地，这两个代码采用的都是十六进制格式，代码 40 代表开始，代码 0D 代表结束，两个代码中间的其他的代码都是 ASCII 格式。

第二个代码和第三个代码表示的是单片机的地址，代码中的 30 转换成十六进制数就是 0f，代码中的 46 转换成十进制数就是 15。分别和组态王软件中"抢答器"设置的地址对应，其含义就是完成了组态王软件和地址为 15 的单片机的通信。

第四个代码和第五个代码 41 和 30 表示标志位,代码 30 对应的十六进制数和二进制数都是 0,代表相应的字节型数据,表示不打包、读。在代码中,如果二进制数最后一位是 1 的话就表示写。后面四个代码代表的是数据地址,都是 30。这是因为设定的寄存器位 x0,其中 x 代表寄存器,0 代表地址。

第十个代码和第十一个代码 30 和 31 表示的是数据字节数,因为设置寄存器的数据类型是字节型,一个字节正好与之相对应。再往后的代码 30 和 36 表示的是这两个数前边除了开头的代码 40 以外的异或值,为了保障串口在收发双方数据时能够保持一致性,在代码中设置了异或值进行校验。综上所述,组态王读命令是这样的,同理,写命令的方式也类似。单片机的相应应答格式根据通信协议编写在程序当中。

■ 14.3.3 通信协议程序编写

单片机通信程序:定义端口的用途,这里 P2 表示输出,P1 表示输入。它们的差别就是,组态王都可以读,但是只能写 P2,不能写 P1。定义一个数组,用于接收组态王的读/写命令。

串口程序如下:

```
unsigned char rec [30];

TMOD = 0x20; //定时器 1--方式 2

TL1 = 0xfd;

TH1 = 0xfd; //11.0592 MHz 晶振,波特率为 9600 bit/s

SCON = 0x50; //方式 1

TR1 = 1; //启动定时

IE = 0x90; //EA = 1, ES = 1: 打开串口中断
```

还有以下几个子程序:

(1)中断处理。

(2)数据处理。

(3)ASCII 与十六进制转换,用于接收 ASCII 码转换。

(4)十六进制到 ASCII 的格式转化,用于发送应答。

(5)接收和发送。

程序运行过程:

(1)在发生串口中断后,判断语句判断第一个代码是不是 40,如果是,将循环变量赋值 0,然后接收,当收到 0D 后完成接收,进行数据处理。

(2)分辨一下是不是本机地址,即把接收到的第二个 ASCII 和第三个

ASCII 转换成十六进制后与单片机内一个十六进制的固定值进行比较，如果相等，则是本机地址。

（3）把异或值前的几个 ASCII 码进行异或运算，与收到的异或码进行比较，如果相同，即为数据正确。

（4）将接收到的第五个 ASCII 码转换成十六进制，与 0x01 进行与运算，判断是读还是写。

（5）如果是读，将 P1 和 P2 端口的状态送到应答格式中的数据中，发送回组态王。

（6）如果是写，将后边的数据值赋值于 P2 端口，P2 端口的相应的位就随之进行变化。

14.4　组态王设计

■ 14.4.1　设备连接

第一步，打开组态王软件创建一个新的工程，设定项目名称为"基于单片机和组态王的抢答器"。第二步，进行设备的连接，组态王 COM9 端口通过 RS-232 与单片机连接，在工程浏览器的左侧栏"设备 \ COM9"处单击，双击"新建"图标，运行"设备配置向导"。第三步，建立制造商、设备名称、通信方法和其他相关配置，如图 14-5 所示。

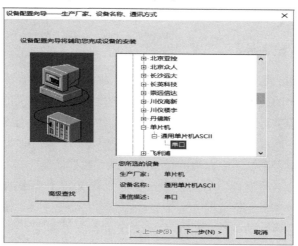

图 14-5　设备配置向导

■14.4.2 通信设备参数设置

在软件工程浏览器的左侧工程目录栏中单击"设备"左侧的加号,选择组态王与单片机连接的 COM9 口,进行相应的参数设置。组态王参数设置要与单片机的通信参数保持一致,通信参数的设置为:波特率被设定为9600 bit/s,通信方式选择 RS-232,在奇偶校验中选择偶校验模式,数据位选择 8 bit,停止位 1 bit,通信协议选择 Modbus,如图 14-6 所示。

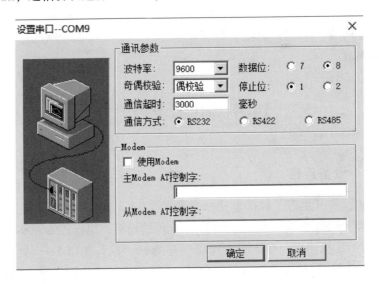

图 14-6 通信参数设置

■14.4.3 构造数据库

数据库的构造是组态王界面设置中最重要的步骤,也是最为核心的一部分。在进行画面的设置前就要建立所需要的变量,完成所定义的各种变量和定义好的外部设备进行数据交换和数据存储,这些定义的变量会将组态王工程的每个小部分统一连接成一个有机的整体,完成所要求达到的功能。操作步骤为:首先,在工程浏览器中左边的操作栏选择"数据词典",双击"新建"图标,在弹出的"变量属性"对话框中根据需要定义每个变量的属性。为抢答器控制系统创建各个变量数据,定义变量后,建立动画连接,使基于单片机和组态软件的抢答器以动画演示的形式反映在组态王界面上。变量的定义如图 14-7 所示。

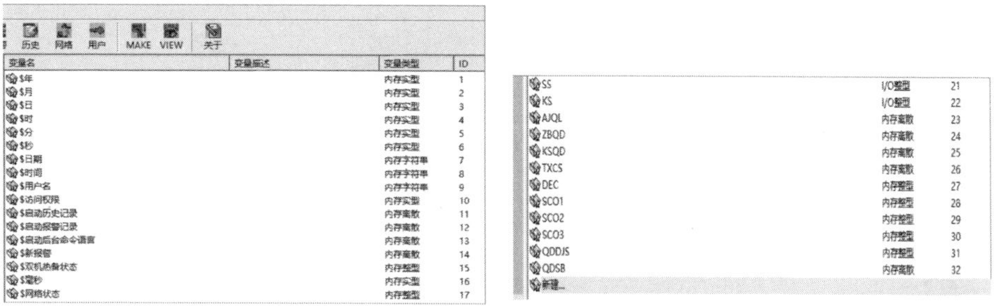

图 14-7　变量的定义

14.4.4　监控界面的设计和动画连接

建立一个画面并打开组态王的开发系统，双击画面，在画面上创建抢答器控制人机界面图，界面中主要建立了主要按键部分，包括按键清零、准备抢答、开始抢答、通信测试、得分清零、得分有效、减分加分、退出系统按键。还有开始抢答、几号抢答成功、违规抢答、通信测试、抢答失败的提醒功能。然后建立组态画面中每个对象与变量数据库中变量之间的对应关系，使界面能够根据实际操作变化产生相应的动画效果。最后，用程序语言进行编写，用户定义了类似于 C 语言的编程语言来驱动应用程序，如图 14-8~图 14-22 所示。

图 14-8　组态王画面

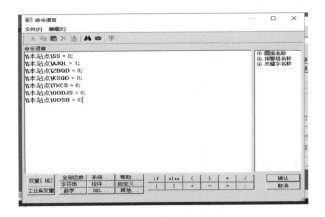

图 14-9 按键清零的命令语言

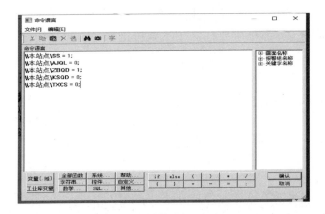

图 14-10 准备抢答的命令语言

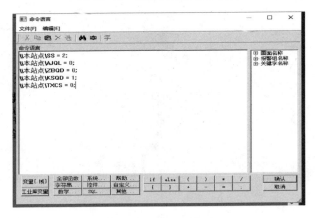

图 14-11 开始抢答的命令语言

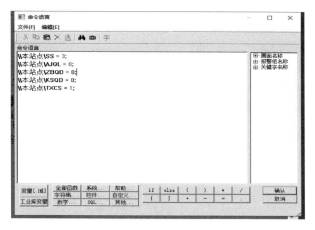

图 14-12　通信测试的命令语言

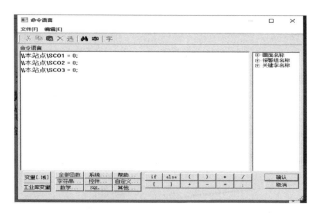

图 14-13　得分清零的命令语言

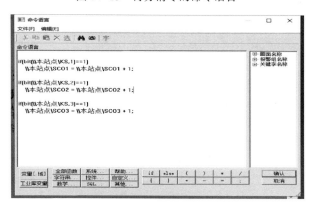

图 14-14　得分有效的命令语言

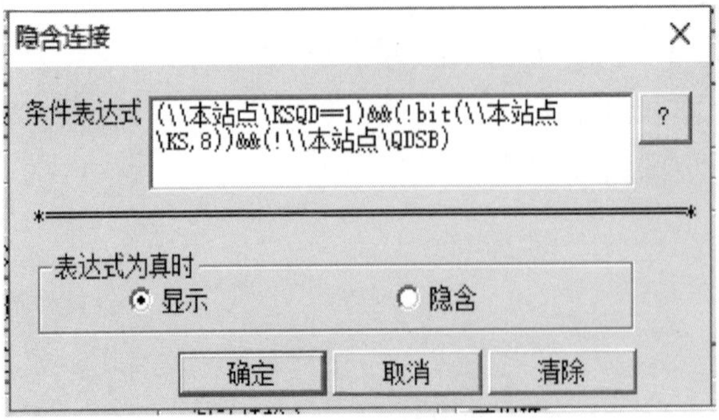

图 14-15　开始抢答的条件表达式

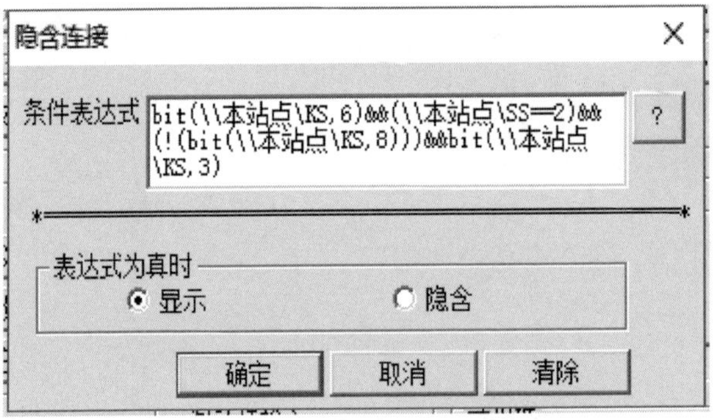

图 14-16　几号抢答成功的条件表达式

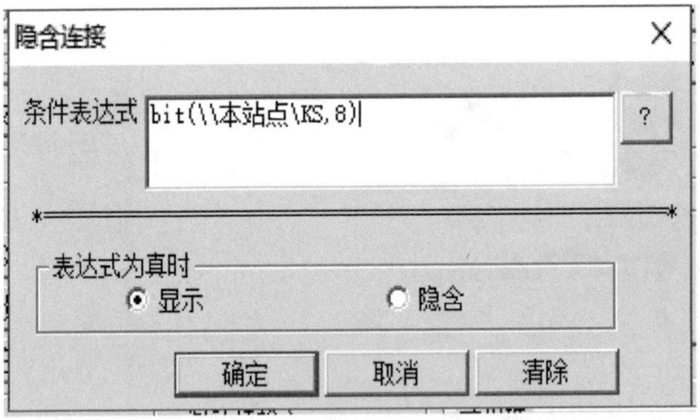

图 14-17　违规抢答的条件表达式

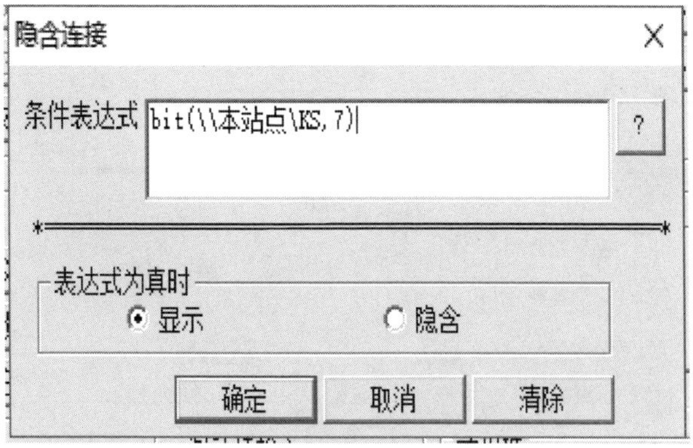

图 14-18　通信测试的条件表达式

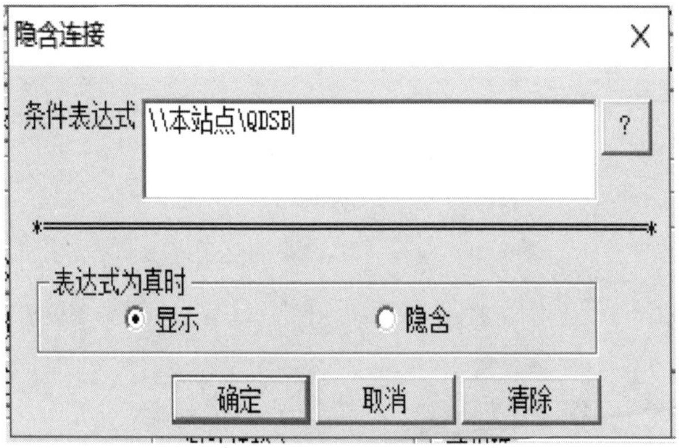

图 14-19　抢答失败的条件表达式

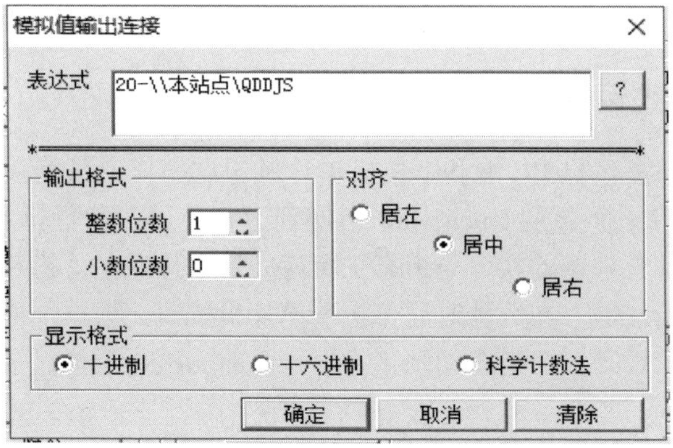

图 14-20　抢答成功 20 s 倒计时

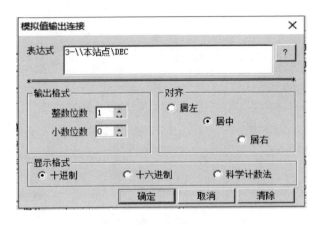

图 14-21　倒计时 3 s

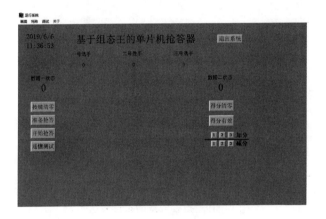

图 14-22　系统运行界面

■ 14.4.5　系统运行

按照要求将上位机 PC 端和下位机单片机通过串口通信连接好以后，打开组态王软件，将画面通过 touch view 切换到运行界面，运行抢答器控制系统。设置计算机设备管理器的端口与组态王保持一致，接通单片机和组态王，按下组态王抢答开始按键。在倒计时后，按下单片机按钮，根据预期功能观察配置显示是否成功。否则，在组态动画正常运行之前，检查配置显示和动画的连接是否存在问题。

14.5　系　统　测　试

▍14.5.1　硬件部分测试

完成电路的设计、组态界面的设计和通信连接之后，在进行硬件调试之前需要完成电路板的制作。首先要用软件绘制出设计的单片机电路原理图，然后按照电路原理图焊接电路板，焊接以后再对电路进行调试。因为本次设计的单片机电路总体上来说比较简单，在单片机最小系统基础上只需要另外焊接三个按钮和四个通信会用到的插针即可。在焊接的过程中首先要焊好单片机，因为单片机焊接好后整个电路的中心位置就已经找好，然后继续焊接按键模块，最后焊接电路所需要的插针。焊电路板时需注意引脚的连接，因为单片机 40 个引脚的功能都不相同，而且本次设计使用的引脚并不多，所以更加需要注意引脚的连接。焊接完全部的元器件以后要测试电路是否能够正常工作，首先测试的是单片机最小系统模块是否工作正常。经过测试，复位电路、振荡电路和按键电路都没有任何问题，因为电路比较简单，所以本次电路板的焊接采用的是连焊方式，这样的优点是不使用电线连接，干净整洁，电路连接情况更加清晰可见。但是同样也存在一些缺点，比如在焊接的过程中很容易造成焊锡过多堆积，看起来不美观。焊接完成后，需要使用万用表对电路进行认真检查。根据电路图的连接，检查电路各处的导通情况，观察是否有些地方存在焊接短路或者虚焊的现象，如果存在虚焊或者短路的情况，就要及时修改。在所有模块检查不存在问题时就可以烧写程序，完成了硬件电路部分的测试。

▍14.5.2　软件部分测试

软件分为两部分，一部分是单片机程序的编写，另一部分是组态王的设计。在单片机上本次设计的程序采用的是 Keil3 软件进行编写和修改，如工程的建立、各种函数之间的调用、头文件的使用、通信模块的检测。为了达到预期的效果，需要不断地检查和修正编写的程序，优化程序的结构。在程序中最重要的就是通信模块程序的编写，在编写过程中经过了很多次修改，程序一直报错，后来发现在接收信号设置上存在一些问题，通信模块中的波特率要和单片机的波特率保持一致，否则无法完成通信。改正完程序后进行全部编译，程序没有报错，初步完成了程序的编写。本次设计采用的是 6.55 版本的组态王软件，界面中各种变量的程序编写比较容易，定义一些需要的变量后就可以进行界面的布局设置。完成这些工作后，需要对界面的设计进行测试，首先需要检测组态王是否和单片机实现正确的连接，经测试，组态王可以与单片机成功实现连接、发送指令。其次检测界面中的按键能否在切换到运行模式时正常工作，如果不能在按下按键时工作就说明界面设置有误，应该及时改正。图 14-23 是组态王和单片机的通信测试。

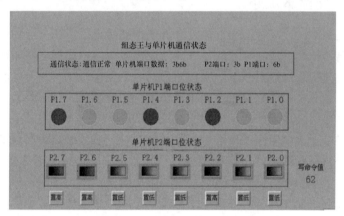

图 14-23 组态王和单片机的通信测试

14.5.3 系统功能测试

完成了硬件部分和软件部分的测试后，需要进行系统测试。当完成组态王和单片机的连接以后，把串口线插到事先设置好的端口上，本次设计采用的是端口 9，在设备管理器中找到端口 9 插口，如果不设置好相应的端口也会导致单片机和组态王的通信连接失败。在正确地将 PC 端和单片机连接好后，需要检测单片机的硬件功能，检测三个按键的功能，经检测，按键按下时组态王都能接收到按下的信号，所以第一部分工作时功能正常。在完成通信后，接下来要测试组态王软件界面功能是否正常工作，因为执行的是抢答器功能，所以在抢答的过程中分别要实现以下功能。

（1）秒倒计时功能。如图 14-24 所示。

（2）抢答成功提示功能。可以在界面上显示出是几号抢答成功，如图 14-25 所示。

（3）违规抢答提示功能。在 3 s 倒计时中抢答，提示违规抢答，如图 14-26 所示。

（4）抢答超时功能。抢答开始后，界面显示 20 s 的倒计时，如果没有选手在倒计时 20 s 内作答，则表示抢答失败，结束本轮抢答，如图 14-27 所示。

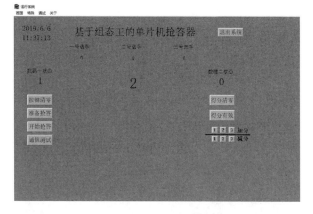

图 14-24　3 s 倒计时

图 14-25　显示几号抢答成功

图 14-26　显示违规抢答

图 14-27 显示抢答失败

（5）通信测试功能。如图 14-28 所示。

图 14-28 通信测试

（6）抢答成功计分功能。可以手动完成分别给各抢答者加分或者减分。

（7）按键信息清零功能按键。功能执行后清除组态王扫描的单片机上一轮的按键信息。

（8）得分清零功能按键，功能执行后抢答者分数全变为 0。

（9）准备抢答功能按键。

（10）开始抢答功能按键。

经检测，以上所有功能在工作过程中能够全部实现，达到预期效果。经过以上对硬件系统和软件系统的反复测试，确定了抢答系统的功能都能够准确实现，这次设计的功能要求完全实现。

14.6　总　　结

　　本次设计以组态王为设计的中心，通过组态王和单片机的相互协调控制模式改善了目前市面上大多数单片机所存在的问题，提高了抢答器的公平性。同时，组态王给抢答器提供了很好的显示画面，在抢答过程中能够实现实时区分出抢答成功者，并锁存组态王扫描按键信息，降低误差。在抢答结束后可以完成分数的自动统计，或者个人分数的手动加减。该抢答器在本次设计中虽然只采用了三个按键，但是在实际应用中可以进行很好的拓展，如继续增加抢答按键的个数。本次设计的抢答器因为其操作简单、价格低廉等优势使其具有很高的推广价值。以后可以进行更多方面的改善和进步。例如，在单片机上加上实时语音播报功能，在有选手抢答成功时，可以实时播报提醒。或者在组态王的界面设置中采用弹窗设置，有人抢答成功或者失败，就会弹出相应的提醒，做到界面更加人性化。

第 *15* 章

基于 PLC 和组态软件的多种液体
混合处理系统的设计与实现

15.1　系统基本要求

根据工厂生产的实际需要，以可编程控制器 PLC 为核心，配合上位机监控软件，完成系统控制、显示实时状态、自我检测、危险报警等功能，设计出一种能够满足装配需求、操作简单、便于监控的液体混合控制系统。

本系统设计的主要内容有以下几个方面。

（1）根据设计要求，通过操作实践和查阅相关技术资料，熟练使用 PLC 控制软件进行编程操作。

（2）选择合适的上位机监控软件，即组态软件，熟练掌握其用法。

（3）设计系统的整体硬件构成，选择所使用的 PLC 和传感器等零件的型号和规格。

（4）完成控制系统的软件操作部分，使用 PLC 和组态软件进行仿真模拟，并根据仿真结果进行改进，完成整体方案的最终设计。

15.2　系统硬件构成

系统使用的液体混合处理装置，其主要目的是体现可编程控制器和上位机组态软件的结合在工业生产中的重要作用，突出其自动化的优点。设计的装置应具有这些特点：结构简单，易于他人了解；工序复杂，体现自动化控制的便利性；具有控制选项，可在上位机软件中远程控制。

15.2.1　设计思路

1. 硬件设计

为了简单起见，本系统采用最低限度的原材料数目，设计一个两种不同液体的混合处理装置，其硬件基本结构如图 15-1 所示。

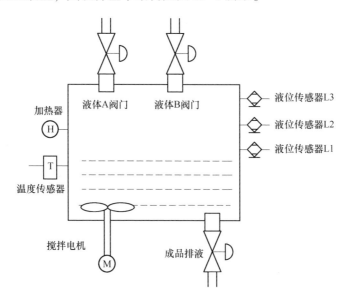

图 15-1　液体混合处理装置

在本装置中，使用两个电磁阀来控制原材料 A 和原材料 B 的进料，另一个电磁阀控制混合反应罐内成品液体的排出，M 为搅拌电机，提供液体搅拌功能，H 为加热器，提供液体加热功能。此外，有三个液面传感器和一个温度传感器来监控系统中混合反应罐的设备状态。之所以使用三个液面传感器，是因为所用的 PLC 型号不支持模拟量输入功能，所以不能使用功能更强大的模拟量输入型液位传感器，而是用三个数字量液面传感器代替一个模拟量液位传感器的作用。本装置可以完成两种液体按顺序按量加入的操作、混合液体的加热和搅拌操作以及成品液体的存储操作。

2. 控制设计

为搭配图 15-1 所示的液体混合处理装置，在此初步设计构思了一套自动化控制系统。以可编程控制器作为现场设备的控制器，将传感器状态和开关状态作为信号的输入，将电磁阀阀门、搅拌电机和加热器作为可编程控制器输出端口的控制设备，这些部分整体构成系统的下位机，搭配工业控制计算机和在其上搭载的组态软件作为上位机部分，整个控制系统由上位机和下位机组成。具体结构如图 15-2 所示。

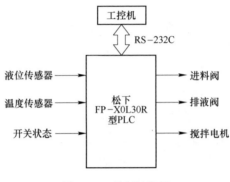

图 15-2　控制结构图

■15.2.2　硬件分析与选用

1. 电磁阀

电磁阀是一种经常被用来控制流体的自动化元器件，可以搭配不同的电路灵活地调整流体方向、速度等参数。在本系统中电磁阀只起到控制进料和排液时机的作用，所以不需要使用过分复杂的电磁阀类型，最简单的二位二通电磁阀即可满足要求，故选用 2V025-08 型直动式电磁阀。将电磁阀与 PLC 电路相连接，当 PLC 的输出端口通电时，电磁阀被接通，阀门打开，输出端口断开后，电磁阀阀门断开。

2. 传感器

温度传感器选用 HK-PT100 型接触式温度传感器，按照设计需要，液位传感器应该使用模拟量输入的传感器，在控制系统中的操作性更高。但是本系统使用的可编程控制器，由于型号不支持模拟量输入，所以选用了离散量输入式的液面传感器——XKC-Y25-NPN 型非接触式液面传感器。传感器共有三根接线，因为所用 PLC 为漏型输入，所以红信号线接 PLC 的+24 V 直流输出端口，蓝线接 PLC 的 GND 端口，黄信号线接 PLC 的输入端口。当传感器检测到液位时，信号线输出低电平，检测不到液位时断开。完成接线即可使用传感器。

3. 搅拌电机

对于液体的混合搅拌环节，如无特殊需求，一般不需要使用太大功率和转速的搅拌电机，按照实际情况选择一台参数合适的电动机即可。本系统选用了一台 YE2-90L-4 型三相异步电动机，功率 1.5 kW，工作电压 380 V，频率

50 Hz，电流 3.7 A，转速 1400 r/min，防水等级 IP55，其运行稳定，噪声低，发热量小，很适合作为本系统的搅拌电机。

15.3　软件设计

15.3.1　可编程控制器简介

1. 可编程控制器的系统结构

PLC 是以微处理器为核心的电子系统。它的一般构成部分有 CPU 中央处理单元、ROM 系统程序存储单元、RAM 用户程序存储单元、输入接口、输出接口、电源、I/O 拓展接口、外部设备接口、编程器等，其硬件构成图如图 15-3 所示。

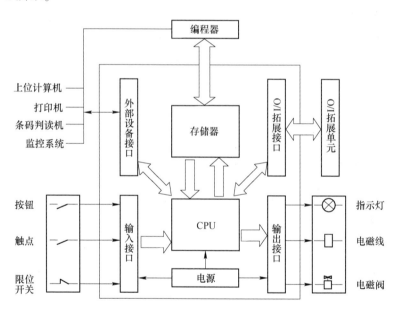

图 15-3　PLC 硬件构成图

2. 可编程控制器的部件功能

（1）中央处理器（CPU）

CPU 是整个可编程控制器的指挥中心，起着运算和控制的作用。它能够判断 PLC 的电源部件、内部的工作电路以及程序语法是否出错。同时也是

PLC 和外部采集设备进行信息交互的中转站,并能按照用户所写程序对 PLC 及其控制的电路进行处理。

(2) 存储器

ROM 是系统程序存储单元,一般由生产厂家在 PLC 出厂前写入一些系统管理程序、监控程序、模块化的功能子程序。RAM 是用户存储器,用于存放用户烧录的程序以及 PLC 的工作数据。RAM 包括输入端状态采样结果和输出端状态运算结果的输入/输出映像寄存器、定时计数器的设定值和经过值存储区等。

(3) 输入/输出接口

输入/输出接口的功能就是将 PLC 和实际控制的现场设备相连接。PLC 通过输入接口接收来自各类输入元器件的控制信号,如光电开关、限位开关、操作按钮、温度开关等,将这些信号转换为 PLC 可以识别处理的数字信号。而输出接口是将经过 CPU 处理的数字信号传输给输出端的电路元件,以 0 或者 1 控制其断开或者闭合,从而控制了外部连接设备的开关。输出接口一般有三种类型:继电器输出型、晶闸管输出型和晶体管输出型。而 PLC 输入/输出接口的电路采用的是光电耦合或是继电器隔离电路,使 PLC 和外部设备之间没有电的直接联系,从而减少了电磁干扰,这对提高 PLC 设备可靠性有着重要的作用。

(4) 编程器

编程器是 PLC 的人机交互工具。用户通过编程器来写入、读取、调试、检查和修改 PLC 内的程序或者系统寄存器的设置参数等。目前大多数用户都通过 PLC 的外设通信口 (如 RS-232、RS-422、以太网接口、USB 接口等) 与计算机连接,并通过厂商提供的专用软件对 PLC 进行监控和编程调试。

15.3.2 可编程控制器选用

1. 选用原则

现在市面上有多种 PLC 可供选择,国外的品牌例如西门子、三菱、欧姆龙和罗克韦尔等,国产的品牌如南京威尔克、欧辰、盟立、南大傲拓等。一般来说,大中型的 PLC 选用欧美品牌,中小型 PLC 选用日本品牌较多。各个品牌各有其优劣势,在选用 PLC 时应当根据自己的实际需求,结合装置操作的工艺流程选择具体的 PLC 型号。无论是生产工艺或是设备工艺,单片机使用还是生产线配套,都会对选择的结果产生影响。而在选用可编程控制器时,大致应该考虑的方面包括:可靠性、方便性及其应用效果、编程难易程度、环境适应性、兼容性、扩充能力及接口的实用性、性价比。

由于本次设计所占用的 I/O 点数并不是特别多，所以不必选用大中型的 PLC。而在 PLC 的小型机方面，西门子的 S7-200 型 PLC 和松下的 FP 系列 L30R PLC 都是不错的选择。两者在 PLC 小型机里较为出众，不仅价格亲民、I/O 支持多项拓展，而且具有丰富优秀的指令控制功能。出于诸多方面的考虑，结合实际情况，本系统最终决定选用松下 FP-X0 L30R 型小型 PLC 装置。

松下 FP-X0 L30R PLC 是日本松下公司出品的小型 PLC 产品，其结构紧凑、价格低廉，具有较好的拓展性和强大的指令功能，更配有专用的编程软件 FPWIN GR 使用户可以在熟悉的 Windows 操作环境下对 PLC 进行程序设计、程序调试和监控工作状态等操作，从而让 PLC 的相关控制变得更为简单。而 L30R 自己带有的 16 个 DC 输入端口，10 个继电器输出端口完全满足本次设计的要求，故选用该型号的可编程控制器。

2. FP-X0 L30R 简介

FP-X0 系列是日本松下公司出品的小型 PLC 系列产品，该系列产品根据 I/O 口的多寡，具体功能的强大与否，分为 L14R、L30R、L40R、L60R 四种不同的型号，其中的 L30R 是功能强大的小型机，内部含有 30 个输入/输出点数，另外，PLC 内搭载有高速计数器，可输入频率高达 20 kHz 的脉冲信号，配备 RS-232 通信接口完成与计算机的通信，可利用计算机中装备的 FPWIN GR 软件将梯形图编程直接传送到可编程控制器中，操作简单，便于初学者上手。L30R 控制单元如图 15-4 所示。

图 15-4 控制单元编号部分的名称和解释如下。

①：状态显示灯。显示 PLC 的运行/停止、报警/错误等状态。RUN 的绿灯点亮时说明 PLC 正在 RUN 模式下执行程序；PROG 的绿灯点亮时说明 PLC 在 PROG 模式运行，在 PROG 模式下强制输入、输出执行中；RUN 和 PROG 两灯交替闪烁时，说明 PLC 在 RUN 模式下强制输入、输出执行中；ERR 的红灯闪烁时说明 PLC 自诊断检测出错误，即程序段内出错，若红灯闪烁则说明 PLC 硬件出现问题或者程序运算停滞。

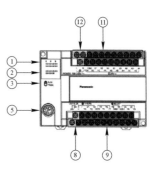

图 15-4　L30R 控制单元

②：输入/输出显示灯。在这个部分，PLC 可以显示输入端口或是输出端口的开关状态，通过该部分，可以具体看到 L30R 自带的 30 个 I/O 端口各自的开关状态。

③：RUN/PROG 模式切换开关。可以将 PLC 的运行模式切换至 RUN 或者

PROG。

　　⑤：通信接口（RS-232C）。用于连接编程工具或是上位机的连接器。

　　⑧：输入用通用电源。可用于输入电路的 24 V 直流电源。

　　⑨：输出电路端子台。

　　⑪：输入电路端子台。

　　⑫：电源端子台。

　　本系统的多种液体混合装置选用松下 FP-X0 L30R 型 PLC，其具体参数见表 15-1。

表 15-1　FP-X0 L30R 型 PLC 参数

特　性	参　数	特　性	参　数
外形尺寸	130 mm×79 mm×90 mm	程序存储器	内置 Flash • ROM
控制单元	DC 输入 16 点 晶体管输出 4 点 继电器输出 10 点	定时时钟	内置
程序容量	2.5 k 步	脉冲输出	1ch（最高 20 kHz）
运算处理速度	基本指令 0.08 μs/步 应用指令 0.32 μs/步	通信接口	RS-232C
高速 计数器 单相 双相	4ch（最高 20 kHz） 2ch（最高 20 kHz）	电源切断时的 自动备份	计数器 6 点 内部继电器 5 点 数据寄存器 300 字

▌15.3.3　编程软件介绍

1. 基本功能介绍

　　FPWIN GR 是松下系列 PLC 专用的一款编程软件，支持多种不同型号不同配置的 PLC 编程。打开软件后，选用正确的 PLC 型号才能进行编程和连接操作，具体支持的型号如图 15-5 所示。

　　新建工程后，就可以在初始界面输入写好的程序进行调试。初始界面包括菜单栏、程序编辑工具栏、运行状态栏以及新建的程序编辑页等项目，如图 15-6 所示。该编程软件支持三种不同的程序编辑方式，分别是布尔梯形图编辑、布尔非梯形图编辑和符号梯形图编辑，用户可在菜单栏的"视图"下拉菜单中选择自己习惯的编程方式，如图 15-7 所示。本系统选择的程序编辑

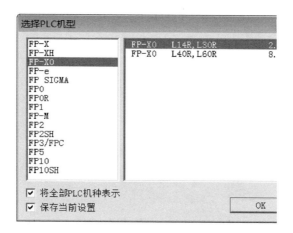

图 15-5　FPWIN GR 选型

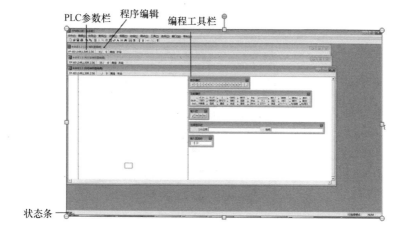

图 15-6　程序界面

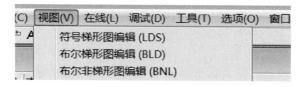

图 15-7　程序编辑方式

方式为符号梯形图编辑。若想查看其他编辑方式，也可在"视图"菜单栏进行切换，软件可以将任意一种编辑方式自动转化为其他两种。输入程序后，还可以在菜单栏的"在线"下拉菜单中选择"时序图监控"来查看程序时序图，如图 15-8、图 15-9 所示。

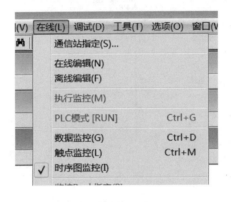

图 15-8 选择"时序图监控"

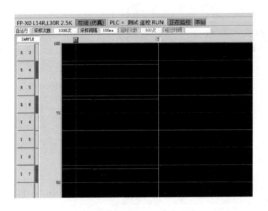

图 15-9 时序图

此外，本程序还提供了在线仿真功能，在"调试"下拉菜单中选择"仿真"命令，如图 15-10 所示。当身边没有 PLC 实物时，也可以通过该功能对所写程序进行调试，如图 15-11 所示。

2. 通信设置

松下 FP-X0 L30R 型 PLC 配备了一个 RS-232C 通信接口，以此来连接可编程控制器和上位计算机。而实现两者之间的通信完成程序的下载和上传，还需要在 FPWIN GR 中设置相关参数。打开"选项"下拉菜单中的"PLC 系统寄存器设置"对话框，如图 15-12 所示。

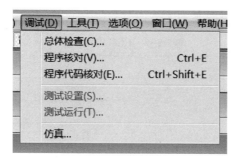

图 15-10　选择"仿真"命令

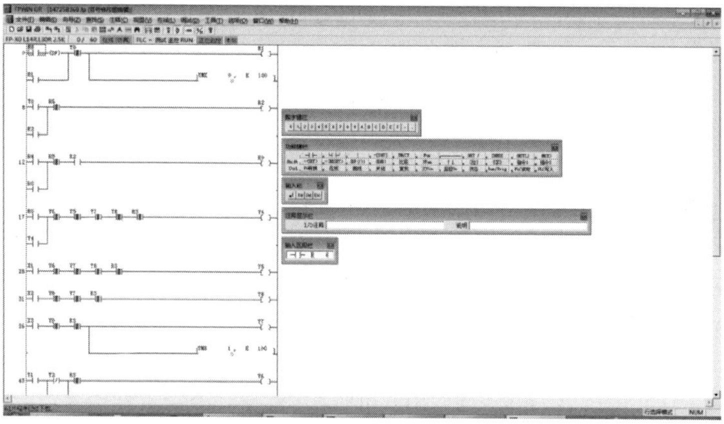

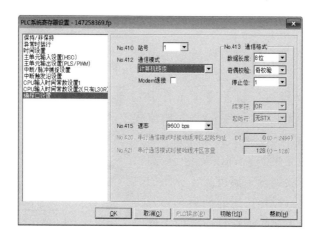

图 15-11　仿真调试

图 15-12　通信设置

传输格式和传输速率见表 15-2。

表 15-2 PLC 设定数据

名 称		设 定 值
传输格式	数据长度	8 位
	奇偶校验	奇数
	停止位	1 bit
	终端代码	CR
	始端代码	STX 无
传输速率		9600 bit/s

完成这一步后就可以通过 FPWIN GR 软件和 PLC 硬件进行通信，通过上述软件各个功能对 PLC 进行程序下载和调试。

15.3.4 控制方案

1. 控制要求

本系统研究了一类可供多种不同液体进行混合、搅拌、加热、存储等操作的实验装置。本系统为了将该系统的控制功能和监控功能更好地展示出来，尽可能多地添加了控制操作的数量。程序流程如图 15-13 所示。

目前 PLC 方面系统设计所能完成的功能如下。

（1）启动装置运行时，按初始化键打开排液阀，确保反应罐中无残留液体。

（2）按启动键后，装置启动（若不完成初始化阶段，无法启动装置），完成流程包括：A、B 两种不同的液体按照顺序加入反应罐；达到指定的液位高度后停止送料，打开加热器；加热到设定温度后，关闭加热器，打开搅拌机；搅拌一定时间后，打开排液阀，将成品排入成品罐；反应罐内无残留后，一次工序完成。继续按顺序打开原料罐

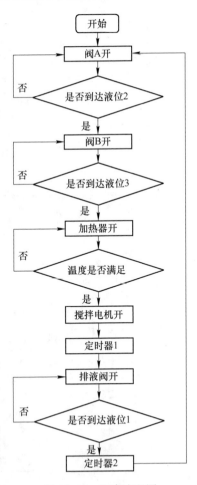

图 15-13 程序流程图

进行下一次工序。

（3）按关闭键后，装置并不会立刻停止，而是将本次工序进行完毕才会停止生产。

（4）设置急停按钮，如发生突发状况，可利用急停按钮停止装置的生产，危险处理后需要排出废液后初始化，再启动装置。

2. I/O 口分配

由对上述控制方案的分析可知，本系统的输入点包括初始化按键、启动按键、停止按键、急停按键和反应罐的三个液位传感器、一个温度传感器。输出点则包括两个原料罐的进料阀、反应罐的排液阀、加热器和搅拌电机的开关。

考虑到要在后续使用上位机软件监控 PLC 运行，所以初始化按键、启动按键、停止按键和急停按键使用中间寄存器 R 来满足上位机软件对 PLC 的控制作用。四个传感器因为输出都是离散量而不是模拟量，所以可以直接连接至 PLC 的 DC 输入端口 X0~X3。松下 FP-X0 L30R 型 PLC 的输出端口 Y 的前四个端口为晶体管型输出，在此次设计中不需要使用该类型的输出端口，所以放弃 Y0~Y3 的使用，将电磁阀和电机的开关分别连接至继电器型的输出端口 Y4~Y8。综上所述，本系统的 I/O 分配见表 15-3。

表 15-3　I/O 分配

输入点		输出点	
液位传感器 L1	X0	原料罐 A 进料阀	Y4
液位传感器 L2	X1	原料罐 B 进料阀	Y5
液位传感器 L3	X2	排液阀	Y6
温度传感器	X3	搅拌电机	Y7
急停	R3	加热器	Y8
启动	R4		
停止	R5		
初始化按钮	R6		

3. 程序段介绍

（1）初始化程序段

在图 15-14 所示的初始化程序中，当用户启动混合装置，进入程序后，由外部初始化按钮给了中间继电器 R6 一个初始信号，由于在触点 R6 后面使用了一个（DF）上升沿微分指令，所以 R6 的初始信号只会存在一个扫描周期，即可视为 R6 闭合提供初始化信号后就处于断开状态。

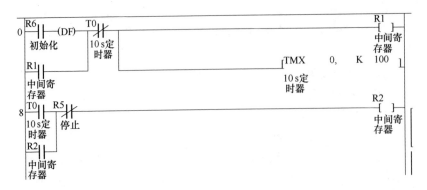

图 15-14　初始化程序

接收到启动信号，内部继电器 R1 接通，10 s 定时器 T0 接通。R1 通电后，R1 的两个触点就会闭合。第一个 R1 触点位于初始化程序段，主要作用是自锁以保证 R1 的持续接通，第二个 R1 触点在主程序段，用于打开输出继电器 Y6，从而控制排液阀打开。此时，由于第一个 R1 触点的自锁作用，继电器 R1 仍然通电，保证了定时器 T0 的工作状态。此部分程序保证了初始化操作后，排液阀打开 T0 定时的 10 s 时间用于排出混合罐内的液体残留。

初始化按键按下 10 s 内，输入触点 R6 后面的常闭触点 T0 断开，随后中间继电器 R1 断开，定时器 T0 断开并复位，输出继电器 Y6 断开。此时，定时器 T0 复位为下一次进入程序做准备，排液阀关闭。

T0 触点闭合的一瞬间，继电器 R2 接通，由于触点 R2 的自锁作用，继电器 R2 持续处于通电状态。结合启停程序段来看，继电器 R2 的作用是保护整个程序完成初始化过程，在初始化按键被按下，R2 未被接通，排液阀开启的 10 s 内，启动开关 R4 无法控制装置的开启。只有 R2 触点闭合后，R4 才能启动主程序段进行工作，而只有停止开关 R5 闭合，常闭触点 R5 断开，继电器 R2 才会被断开。

（2）启停程序段

在初始化程序段运行时，启停开关无效。当初始化程序完成后，继电器 R2 通电，被串联在启停程序段中的触点 R2 闭合，启动开关才有效。

按下启动开关后，内部继电器 R4 打开，程序段中的常闭触点 R5、触点 R2 都处于闭合状态，继电器 R0 被接通。继电器 R0 通电后，触点 R0 闭合，起到自锁的作用，使继电器 R0 持续通电（见图 15-15）。

（3）工作程序段

继电器 R0 通电后，R0 触点闭合，输出继电器 Y4 接通，电磁阀 A 打开，

图 15-15　启停程序段

原料 A 流入混合罐。输出继电器 Y4 前串联了五个常闭触点 Y5、Y6、Y7、Y8 和 R3，分别控制电磁阀 B、排液阀、搅拌电机、加热器的开关和急停功能。只要这五个继电器中执行任意一个动作，都会使继电器 Y4 断开。

随着阀 A 打开，液体 A 流入混合罐，罐内的液位不断升高。当液位到达液面传感器 L1 时，触点 X0 闭合；当液位到达液面传感器 L2 时，触点 X1 闭合。

X1 触点闭合使输出继电器 Y5 通电，控制电磁阀 B 打开，原料 B 流入混合罐。由于输出继电器 Y5 通电，图 15-15 程序段中的常闭触点 Y5 动作，使得继电器 Y4 断开，电磁阀 A 关闭。同样地，继电器 Y5 前串联了四个常闭触点 Y6、Y7、Y8 和 R3，用来控制继电器 Y5 的通断。

阀 B 打开后，液体 B 继续流入混合罐，当液位到达液面传感器 L3 时，触点 X2 闭合，使输出继电器 Y8 通电，控制加热器开始加热，同时由于常闭触点 Y8 动作，输出继电器 Y5 断开，阀门 B 关闭。继电器 Y5 前串联了三个常闭触点 Y6、Y7、R3。

加热器工作后，将液体加热至设定温度时，温度传感器接通，触点 X3 闭合，使输出继电器 Y7 通电，搅拌电机通电旋转，同时触发了 5 s 定时器 T1，继电器 Y7 接通后，常闭触点 Y7 动作，使输出继电器 Y8 断开，加热器关闭。

定时器 T1 经过 5 s 的延时后动作使触点 T1 闭合，从而让输出继电器 Y6 通电，打开排液阀。虽然触点 T1 只闭合一瞬间，但是通过触点 Y6 的自锁作用，保证了继电器 Y6 的通电状态。继电器 Y6 通电后，常闭触点 Y6 断开，使输出继电器 Y7 断开，搅拌电机停止工作。

排液阀打开后，混合罐内液位不断下降，随着液位下降，液面传感器的状态也变换，液面传感器 L3 和 L2 的触点由闭合变为断开，当液位下降到液面传感器 L1 的位置以下时，常闭触点 X0 动作，使 15 s 定时器 T2 开始工作，当定时器完成定时时，常闭触点 T2 断开，输出继电器 Y6 断开，排液阀关闭。这段程序的作用是当成品液位至液面传感器 L1 以下时，根据流速设定成品的排空时间，保证混合罐内不残留成品液体。

排液阀关闭后，此时 Y4~Y8 均为断开状态，工作程序段的第一段串联的几个常闭触点均又闭合，R2 触点闭合，所以输出继电器 Y4 再次通电，电磁阀 A 打开，液体 A 流入混合罐，继续上述工作步骤，就能一直这样不停地工作下去（见图 15-16）。

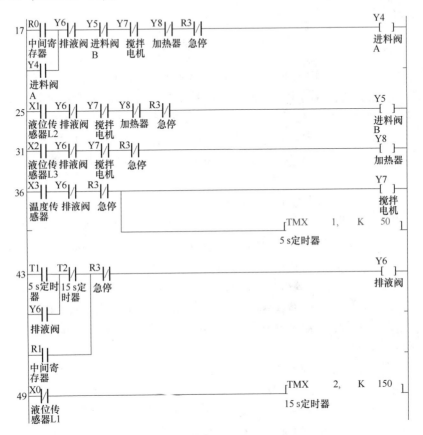

图 15-16　主控制程序段

（4）设备停止原理

如果该设备已经完成了当天的工作任务需要停止工作，此时就要按下停止开关，但需要注意的是，按下停止开关后并不会使设备立刻停止工作。

停止开关按下后，触点 R5 闭合，启停程序段中的常闭触点 R5 断开，初始化程序段中的常闭触点 R5 也断开，从而使内部中间继电器 R2 断开。继电器 R2 断开后，启停程序段中触点 R2 断开，从而使中间继电器 R0 断开。继电器 R0 断开，使得触点 R0 断开，但是由于输出继电器 Y4 被接通过，所以触点

Y4 的自锁作用保证了输出继电器 Y4 的通电。但当程序进行到下一步时，输出继电器 Y5 的通电使常闭触点 Y5 断开，从而关闭了输出继电器 Y4。当此次程序运行到最后排液阀关闭时，由于触点 R0 断开，所以输出继电器 Y4 并不会被再次接通，整个循环过程被停止。

而想要再次启动装置，单单按下启动开关是不起作用的，因为此时 R2 触点断开，若想启动装置，需要再次按下初始化按钮，重新开始新的工作流程。

此外，为了防止设备运行中可能出现的事故，如火灾、地震等或是操作不规范造成的意外，本装置专门配备了一个急停按钮，用来在发生意外时停止整个设备。但需要注意的是，急停按钮被按下后，需要人工排出混合管内的残留废液，并进行初始化操作后才能进行正常的生产操作。

15.4　上位机设计

■ 15.4.1　上位机介绍

上位机是一种控制系统中能够发出特殊控制命令的计算机，通过对提前编程好的指令的操作，将指令传递给下位机，通过下位机来控制各个现场设备完成各项操作。在工业用的自动化系统中，大多数都使用工业控制机作为上位机设备。工业控制机的硬件与传统家用计算机类似，都具有中央处理器、存储设备、输入/输出接口和显示设备等部件，但是相较于传统普通计算机，工业控制机具有众多的外部接口，支持多种不同的通信方式，可以连接诸多外部设备，一般配备如键盘、鼠标、打印机等。工业控制机的软件操作系统如无特殊需求，一般是 Windows 操作系统或是 Linux 操作系统，基本都配有工业生产配套的基本软件，如端口调试工具、组态软件、编程软件等。

■ 15.4.2　组态软件

组态软件是一种上位机软件，又被称为组态监控软件，它处于自动化控制系统的监控管理层这一级别。相较于传统的工业控制软件，如果其被控对象发生改变，为了应对这种变化，必须修改控制程序的源代码，在工业生产自动化程度越来越高的时候，被控对象的频繁改变会使得开发软件的周期过长，不能满足现代化工业生产的效率和性价比需求。组态软件的出现解决了传统软件的不足，它能为用户提供任意满足自己需求的控制目的和被控对象之间的组态。在本系统中，采用了组态王 6.55 版本组态软件作为上位机监控软件，对整个液体混合过程进行监视控制。

组态王是亚控科技根据当前的自动化技术的发展趋势，面向低端自动化市场及应用，以实现企业一体化为目标开发的一套产品。组态王可以完成现场实时数据的采集和上位机控制功能，常被用于生产车间的自动化生产线等多个行业的监视和控制功能的实现。该软件操作简便，实用性高，支持多种下位机的数据采集和监控，如 PLC、变频器、板卡或者其他智能仪表、智能模块等。

■ 15.4.3　监控画面的构建

1. 建立新工程

使用组态王软件构建监控画面，需要先在组态王的工程管理器里新建一个工程。打开组态王软件后，单击"新建"→"浏览"，选择并确定工程的保存路径，如图 15-17 所示。然后输入新建工程名称，工程新建完毕，将其设置为当前工程，单击"开发"按钮，进入组态王工程浏览器。

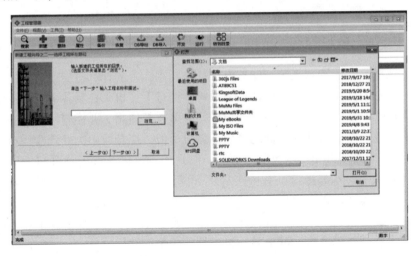

图 15-17　新建工程管理器

2. 添加新设备

进入组态王工程浏览器后，为了将组态王软件和下位机设备连接在一起，需要进行设置。本系统使用的下位机设备是松下 FP-X0 L30R 型 PLC，它与工控上位机的连接方式是通过 RS-232C 串口进行连接，所以选择"设备"→COM1，如图 15-18 所示。

单击画面里的"新建"按钮，选择与自己配套的设备，参考本次设计，应当选择 COM→PLC→PANASONIC→FPSeries→COM，如图 15-19 所示。

图 15-18　新建串口设备

图 15-19　PLC 型号选择

　　然后设定设备名称"松下 PLC",选择与设备相连接的 COM 口,因为 PLC 连接在 COM1 口,所以这里也应选择 COM1 口,如图 15-20 所示。

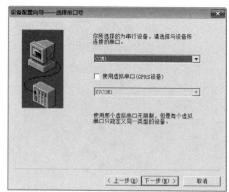

图 15-20　命名与设备口

随后设置设备地址，设备地址主要为了方便分辨不同的设备，可在 1~32 之间任意设置，但是要保证设置一致。之后设置出现通信故障的"尝试恢复间隔"和"最长恢复时间"，如图 15-21 所示，"尝试恢复间隔"是指出现通信故障后多久尝试重新通信一次，"最长恢复时间"是指经过多久放弃重新通信。

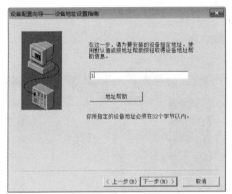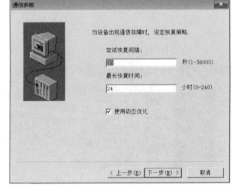

图 15-21　地址与恢复时间

最后，单击"完成"按钮，建立新设备就成功了，如图 15-22 所示。

图 15-22　设备配置

新设备建立成功后，为了保证 PLC 和组态软件能成功地进行信息交互，需要确保两者的串口设置是一致的，如图 15-23 所示。要使两者串口设置相同，就需要设置组态软件 COM 数据为波特率 9600 bit/s，数据位 8 bit，停止位 1 bit，奇偶校验设置为奇校验，通信方式设置为 RS-232C。全部设置完成后，PLC 就可以和组态王软件进行通信了。

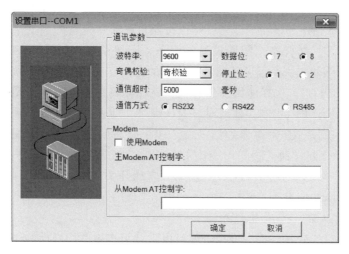

图 15-23　COM 通信设置

此外，如果身边没有 PLC，也想使用组态王进行组态的调试，可以使用组态王提供的仿真 PLC 进行，添加设备的步骤基本一致，只是在选择 PLC 型号时应该选择"亚控科技"→Simulate PLC→COM，如图 15-24 所示。

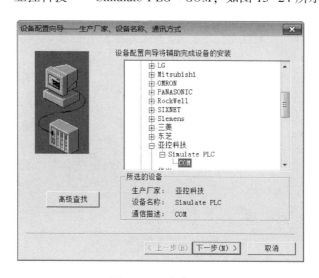

图 15-24　仿真 PLC

3. 新建数据变量

单击"数据词典"→"新建",会出现变量定义的基本属性,可以定义变量名称、变量类型和连接设备。变量类型包括四种内存变量和四种 I/O 变量,分别为内存离散、内存整数、内存实数、内存字符串、I/O 离散、I/O 整数、I/O 实数、I/O 字符串。其中,内存量是组态王自带的内部变量,无须与 PLC相连,I/O 量是外部设备的变量,可以按照自己新建变量的数据格式来选择合适的变量类型。结合本系统所设计的设备,需要构建 13 个 I/O 变量,其中,三个液面传感器和一个温度传感器所使用的是 I/O 离散变量,连接至上一步新建的"松下 PLC",选择使用 X 寄存器,寄存器具体地址写法为 Xd.h,d 表示十进制,h 表示十六进制,前者对应 I/O 编号,后者对应其十六进制地址,如X0.0 代表的就是 X0 寄存器的第一位。四个变量的地址分别为 X0.0、X0.1、X0.2、X0.3。同样地,阀门 A、阀门 B、排液阀、搅拌电机、加热器对应的地址为 Y0.4、Y0.5、Y0.6、Y0.7、Y0.8。启动开关、停止开关、初始化开关、急停按钮对应的地址为 R0.3、R0.4、R0.5、R0.6。

4. 构建画面

数据词典的变量添加完成后,就可以进行组态王监控画面的构建了。单击"画面"→"新建",设置画面名称、画面位置和画面风格,一个画面就初步建立完成了,如图 15-25 所示。

图 15-25 构建新画面

画面新建完成后,就可以利用组态王自带的画面编辑工具栏对新建的画面进行编辑，制作组态界面。在画面中，可以将创建的图素和上一步中创建的数据变量相关联，并设置动画链接使组态画面更生动形象。设置的动画链接不仅支持组态王软件自带的、已经写好的供用户使用的函数，还支持用户自己使用 C 语言编写的函数程序，使得组态软件监控方式更加灵活。

■15.4.4　功能介绍

使用组态王软件，对所做的液体混合处理装置进行了组态，建立了一个供实际生产使用的监控系统，如图 15-26 所示。本系统具有实时监控、超量报警、监控曲线、数据报表等功能。进入主界面后，可以执行进入监控系统、查看历史报警记录、查看系统帮助、退出组态监控系统等操作。

图 15-26　系统主界面

选择"进入监控系统"，就会显示当前系统内各个配件的状态，配备启动、停止、初始化、急停和退出按钮，用户可以通过当前界面控制整个系统的运转。另配备几个状态指示灯来显示各个传感器和电机的开关状态，当电磁阀打开时，管道配备流动效果，可以直观地看出液体的流动状态，如图 15-27 所示。单击左下角的"退出"按钮可以返回主界面。画面的左上角有"实时监控"四个小字，鼠标单击即可选择查看数据曲线，如图 15-28 所示。

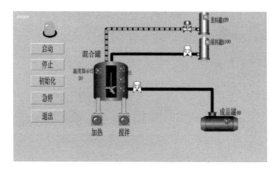

图 15-27　监控画面

若选择查看实时数据曲线，就能看到本次工序中原料罐 A 液位、原料罐 B 液位、混合罐液位、混合罐温度这四个数据量与时间有关的变化曲线了，为方便操作人员区分不同的曲线，这四个数据变量选用了不同的颜色供操作员观察，如图 15-29（a）所示，右下角的"返回"按钮提供了返回实时监控画面的途径。若选择查看历史数据曲线，则能查看诸多记录的数据量在某一具体时间的

图 15-28　监控选择

具体数据，如图 15-29（b）所示，"更新"可以刷新当前数据，将实时数据传入历史数据曲线图，按下"返回"按钮可以返回实时监控画面。

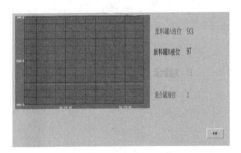

(a) 实时曲线

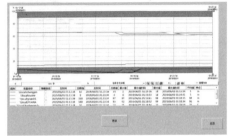

(b) 历史曲线

图 15-29　数据曲线

此外，本程序还有实时报警弹出功能，如图 15-30 所示。当某些数据量到达了用户设定的报警界限时，报警窗口就会弹出，提醒用户进行操作，解除报警。

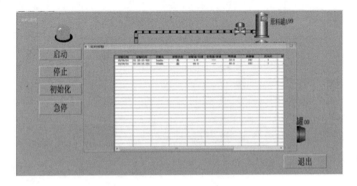

图 15-30　实时报警

　　如果想要查看历史报警记录，可以返回主界面选择查看"报警记录"，如图 15-31 所示。它详细地记录了报警发生的时间、报警的数据变量、报警类型等数据。用户可以根据报警记录对整个液体混合系统进行调整。

　　选择主界面的"系统帮助"选项，进入系统帮助界面后，会有详细的功能介绍和操作帮助，让用户可以尽快地学会如何使用该套组态监控系统。

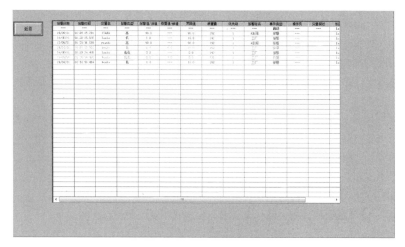

图 15-31　历史报警记录

15.5　总　　结

　　本章设计了一种简单的液体混合装置作为研究的载体，搭配一套基于 PLC 技术和上位机组态技术的自动控制系统。该系统以松下 PLC 作为主控制装置，将液面传感器、温度传感器和开关状态作为输入变量，将电磁阀阀门、搅拌电机和加热器作为 PLC 输出端口的控制变量，同时搭配上位机组态软件监控各组件运行状态，通过两者组合搭配控制整个系统。本章分别从混合装置设计、PLC 部分控制系统设计、上位机组态软件设计三个方面对本系统进行了介绍。选用了松下 FP-X0 L30R 型 PLC 作为下位机的主控制器，工控机、电磁阀、电机等其他硬件设备作为控制对象，使用了松下公司出品的专业编程软件 FPWIN GR 对 PLC 进行程序编辑、烧录和调试，以符号梯形图语言作为专业语言进行 PLC 程序设计，以组态王 KingView 6.55 对整个系统进行组态。最终实现了组态王软件对整个系统的监控功能，不仅可以在组态软件的界面中查看并控制各元器件状态，还能实现对数据变量进行超量报警、提供历史报表等功能。

参 考 文 献

[1] 陆彬. 21 天学通 51 单片机开发 [M]. 北京：电子工业出版社，2010：23-34.

[2] 杨拴科. 模拟电子技术基础 [M]. 北京：高等教育出版社，2010：7-96.

[3] 宋雪松. 手把手教你学 51 单片机 [M]. 北京：清华大学出版社，2011.

[4] 杨术明. 单片机原理及接口技术 [M]. 武汉：华中科技大学出版社，2013.

[5] 芦健，彭军，颜自勇. 自学习型智能红外遥控器设计 [J]. 国外电子测量技术，2006
(8)：63-66.

[6] 梁延贵. 遥控电路　可控硅触发电路：语音电路分册 [M]. 北京：科学技术文献出版
社，2002.

[7] 黄杰，秦补枝. 基于模糊控制的智能循迹小车的设计 [J]. 中国科技信息，2010
(20) 148-149.

[8] 陈铁军. 智能控制理论及应用 [M]. 北京：清华大学出版社，2009.

[9] 张毅刚，彭喜元，彭宇. 单片机原理及应用 [M]. 北京：高等教育出版社，2010.

[10] 刘南平. 电子产品设计与制作技术 [M]. 北京：科学出版社，2008.

[11] 杨刚. 电子系统设计与实践 [M]. 北京：电子工业出版社，2009.

[12] 寸晓非. 基于飞思卡尔微控制器的智能循迹小车的设计 [J]. 荆楚理工学院学报，
2012，27 (4)：18-22.

[13] 隋妍. 基于数字 PID 的智能小车的控制 [J]. 数字技术与应用，2012 (6)：3，6.

[14] 张友德. 单片机原理与应用技术 [M]. 北京：机械工业出版社，2004.

[15] 吴黎明. 数字控制技术 [M]. 北京：科学出版社，2009.

[16] 吴建强. 可编程控制器原理及其应用 [M]. 北京：高等教育出版社，2010.

[17] 岳秀江，孙洁香. 工业控制装置可编程逻辑控制器 (PLC) 自主创新技术和产业发展
战略研究 [J]. 自动化博览，2018，35 (10)：60-64.

[18] 顾硕. 谈 PLC 市场的现状与未来 [J]. 自动化博览，2014 (8)：34-39.

[19] 陈琥. PLC 的发展现状及应用前景 [J]. 电子技术与软件工程，2017 (9)：120.

[20] 廖常初. 国产 PLC 的现状 [J]. 电气时代，2011 (1)：41-43.

[21] 袁云龙. 基于组态软件的 PLC 控制系统仿真实现 [J]. 自动化仪表，2006 (5)：57-
58，61.

[22] 邢松华. 基于 PLC 的制革废水处理自控系统研究 [D]. 南昌：南昌大学，2019.

[23] 常春阳，赵芳. 浅谈 PLC 自动化控制系统 [J]. 科技创新导报，2016，13 (16)：
2-3.

[24] 张博文. 电器自动化 PLC 调试系统的应用与控制 [J/OL]. 电子技术与软件工程，
2019 (2)：106[2019-03-08]. http://kns.cnki.net/kcms/detail/10.1108. TP. 20190201.
1451. 330. html.

[25] 李宁. PLC 监控系统设计 [D]. 呼和浩特：内蒙古大学，2008.

［26］ 张磊，高奇峰，张军德．PLC 在液压站控制系统中的应用分析［J］.世界有色金属，2018（21）：272，274.

［27］ 李政．PLC 自动控制系统在污水处理中的运用分析［J］.科技创新与应用，2019（1）：171-172.

［28］ 刘力．组态软件在 PLC 实验系统中的应用［J］.实验室研究与探索，2014，33（4）：127-129，136.

［29］ 任令霞．基于 PLC 控制污水处理系统的设计研究［J］.机电信息，2019（5）：8-9.

［30］ 段华伟．基于 PLC 的自动灌装控制系统［J］.智慧工厂，2018（12）：70-72.

［31］ 张海礁．基于 PLC 的室内湿度控制系统的设计与研究［D］.镇江：江苏大学，2016.

［32］ 李彪．基于 PLC 与组态王的液位控制系统设计与实现［J］.湖南科技学院学报，2013，34（8）：24-27.

［33］ 刘凯．20T/H 蒸汽锅炉汽包液位自动控制系统设计［D］.包头：内蒙古科技大学，2012.

［34］ 王广野．可编程序控制器 PLC 现状及发展趋势［J］.国内外机电一体化技术，2009，12（2）：52-53.

［35］ 阎欣．组态王和 PLC 实现远程监控系统［J］.东北电力技术，2007（3）：19-22.

［36］ 魏海坤．基于 ZigBee 协议的无线传感器网络的研究与开发［D］.南京：东南大学，2007.

［37］ 徐东意．基于 LEACH 协议的无线传感器网络分簇算法研究［D］.济南：山东大学，2009.

［38］ 梁红燕．基于 LEACH 协议的无线传感器网络路由算法［D］.南京：南京邮电大学，2008.

［39］ 耿长剑．无线传感器网络的环境监测系统设计与实现［D］.南京：南京航空航天大学，2009.

［40］ 吴征．无线传感器网络非均匀分簇路由协议的研究［D］.合肥：安徽大学，2010.

［41］ 杨希．无线传感器网络协议栈与定位技术的研究与实现［D］.南京：东南大学，2012.

［42］ 陈笛．基于 ZigBee 的糖厂能耗监测系统实现［D］.广州：广东工业大学，2015.

［43］ 刘文娟．基于 IEEE 802.15.4 标准的无线传感器网络设计［D］.北京：北京交通大学，2009.

［44］ 贺才军．ZigBee 技术无线传感器网络在工业监控系统中的应用研究［D］.长沙：湖南大学，2010.

［45］ 徐良．基于 ZigBee 的楼宇内群体体温监控系统的设计与实现［D］.成都：西南交通大学，2012.

［46］ 车美玲．基于 LEACH 的安全建簇无线传感器网络路由协议研究［D］.哈尔滨：哈尔滨工业大学，2008.

［47］ 刘勇．无线传感器网络技术在远程心电采集中的应用研究［D］.重庆：重庆大

学，2010.

[48] 李亚美．无线传感器网络环境监测系统数据中转器设计［D］.成都：电子科技大学，2009.

[49] 杨世超．基于 CC2430 的 ZigBee 节点设计及 MAC 层协议改进［D］.上海：上海交通大学，2012：13-20.

[50] 李春喜．物联网 ZigBee 协议栈 MAC 层的研究与实现［D］.广州：华南理工大学，2012：33-40.

[51] 王风．基于 CC2530 的 ZigBee 无线传感器网络的设计与实现［D］.西安：西安电子科技大学，2012：2-30.

[52] 崔文华．ZigBee 协议栈的研究与实现［D］.上海：华东师范大学，2007：30-40.

[53] 杨雷．基于 ZigBee 的智能家居监测控制系统的设计［D］.北京：北京交通大学，2012：12-33.

[54] 孙利民．无线传感器网络［M］.北京：清华大学出版社，2005.

[55] 张拓．无线多点温度采集系统的设计［D］.武汉：武汉理工大学，2009.

[56] 陈旭．基于 ZigBee 的可移动温度采集系统［D］.武汉：武汉科技大学，2009.

[57] Drew Gislason．ZigBee Wireless Networking.

[58] ZIGBEE SMART ENERGYPROFILE SPECIFICATION. ZigBee alliance．2008.

[59] ZigBee Alliance. ZigBee Document 094980r03. April, 2009.

[60] 雷纯，何小阳，苏生辉.基于 ZigBee 的多点温度采集系统设计与实现［J］.自动化技术与应用，2008，29（2）：43-46.

[61] 王翠茹．基于 ZigBee 技术的温度采集传输系统［J］.仪表技术与传感器，2008（7）：103-105.

[62] 景军锋．基于 ZigBee 技术的无线温度采集系统［J］.微型机与应用，2009（23）：33-35.

[63] ZigBee 协议栈中文说明．

[64] IAR 使用指南．周立功单片机有限公司．

[65] ZigBee 技术实用手册．西安达泰电子．

[66] IAR 安装与使用．成都无线龙通信科技有限公司．

[67] IAR EWARM 快速入门（V1.0）．万利电子有限公司，2006.

[68] Z-Stack Applications User's Guide_ F8W-2007-0022_ . pdf. www. ti. com/z-stack.

[69] Z-Stack Compile Options. pdf. www. ti. com/z-stack.

[70] 王浩．单片机利用 GSM 系统收发短消息［J］.中国新通信，2008，10（7）：31-33.

[71] 姚永平．STC89C52RC/RD+单片机器件手册［M］.宏晶科技，2009.

[72] 张毅刚，彭喜元，姜守达，等．新编 MCS-51 单片机应用设计［M］.哈尔滨：哈尔滨工业大学出版社，2003.

[73] 黄菊生.单片机原理与接口技术［M］.北京：国防工业出版社，2007.

[74] DYP-ME003 人体红外感应模块使用说明书．深圳电应普科技．

[75] 吴雨田，王瑞光，郑喜凤，等 . GSM 模块 TC35 及其应用 [J]. 计算机测量与控制，2002，10（8）：557-560.

[76] TC35i Cellular Engine Hardware Interface Description.

[77] 上海贝尔公司 . AT 命令手册（V2.0）[M]. 上海：上海贝尔公司，2001.

[78] 雷勇 . PDU 分析与手机短信控件开发 [J]. 电力系统通信，2004（12）：23-26.

[79] 马忠梅，等 . 单片机的 C 语言应用程序设计 [M]. 北京：北京航空航天大学出版社，1997.

[80] 周润景，张丽娜，丁莉 . 基于 PROTEUS 的电路及单片机设计与仿真 [M]. 北京：北京航空航天大学出版社，2010.

[81] 宋文绪 . 传感器与检测技术 [M]. 北京：高等教育出版社，2009.

[82] 潘斌，郭红霞 . 短信收发模块 TC35i 的外围电路设计 [J]. 单片机与嵌入式系统应用，2004（7）：38-41.

[83] 吴政江 . 单片机控制红外线防盗报警器 [J]. 实用电子制作，2006（12）：26-28.

[84] 张云，熊承燕，张宗橙 . 基于 GSM 的短消息业务协议分析 [J]. 无线电工程，2001，31（4）：21-23，32.

[85] 葛中海，尤新芳 . PROTEL DXP2004 简明教程与考证指南 [M]. 北京：电子工业出版社，2010.

[86] 张萌，和湘，姜斌，等 . 单片机应用系统开发综合实例 [M]. 北京：清华大学出版社，2007.

[87] 韩斌杰，杜新颜，张建斌 . GSM 原理及其网络优化 [M]. 北京：机械工业出版社，2009.

[88] 图形点阵液晶显示模块使用手册 KXM12864J-3. 深圳太和 .

[89] 彭军 . 传感器与检测技术 [M]. 西安：西安电子科技大学出版社，2003.

[90] 陈杰，黄鸿 . 传感器与检测技术 [M]. 北京：高等教育出版社，2003.

[91] 何希才 . 传感器技术与应用 [M]. 北京：北京航空航天大学出版社，2005.

[92] 楼然苗，李光飞 . 51 系列单片机设计实例 [M]. 北京：北京航空航天大学出版社，2003.

[93] 朱定华，戴汝平 . 单片机微机原理与应用 [M]. 北京：清华大学出版社，2003.

[94] 胡汉才 . 单片机原理与接口技术 [M]. 北京：清华大学出版社，2004.

[95] 张义和 . 例说 51 单片机（C 语言版）[M]. 北京：人民邮电出版社，2008.

[96] 张齐，朱宁西 . 单片机应用系统设计技术 [M]. 北京：电子工业出版社，2010.

[97] 童诗白 . 模拟电子技术 [M]. 北京：高等教育出版社，2005.

[98] 张立宝 . 电路设计与制板 Protel 99SE 入门与提高 [M]. 北京：人民邮电出版社，2007.

[99] 胡乾斌，李光斌，李玲，等 . 单片机微型计算机原理与应用 [M]. 武汉：华中科技大学出版社，2005.

[100] 陈继德 . 基于 PIC16F877 呼气式酒精测试仪的设计 [J]. 中国仪器仪表，2005（1）：

77-79.

[101] 潘祖军，朱文胜，岳睿．汽车用酒精传感器的分析 [J]．北京汽车，2007（1）：
      39-41.

[102] 岳睿．警用呼气式酒精传感器的研究进展 [J]．化学传感器，2006，26（3）：6-11.

[103] T SOMEYA, J SMALL, P KIM, et al. Alcohol vapor sensors based on single-walled
      carbon nanotube field effect transistors [M]. Nano Letters, 2003.

[104] M PENZA, et al. Alcohol detection using carbon nanotubes acoustic and optical sensors
      [M]. Applied Physics Letters, 2004.

[105] 何立民．单片机应用系统设计 [M]．北京：北京航空航天大学出版社，1990：
      105-107.

[106] 张国熊．测控电路 [M]．北京：机械工业出版社，2003：59-70，141-149.

[107] 林书玉．传感器检测原理 [M]．北京：科学出版社，2004：155-157.

[108] 刘火良，杨森．STM32 库开发实战指南 [M]．北京：机械工业出版社，2016：
      124-149.

[109] 张洪顺．USB 转串口模块的设计 [J]．电子制作，2011（11）：45-48.

[110] 勾慧兰，刘光超．基于 STM32 的最小系统及串口通信的实现 [J]．工业控制计算机，
      2012，25（9）：26-28.

[111] 林兴泰，张涛，黄伟，等．面向多星模拟器的全色彩 RGB 灯电控光源 [J]．中国测
      试，2012，38（2）：103-105.

[112] 张杰，余敏，张涛，等．全色彩 RGB 灯电控光源设计研究 [J]．应用光学，2012，
      33（6）：1047-1052.

[113] 龚瑞昆．灰尘传感器的研制及应用 [J]．传感器世界，1999（10）：11-13.

[114] 韩丹翱，王菲．DHT11 数字式温湿度传感器的应用性研究 [J]．电子设计工程，
      2013，21（13）：83-85，88.

[115] 冯斌，张庆辉，李贝．基于四旋翼的有害气体检测系统设计 [J]．中原工学院学报，
      2017，28（3）：74-76.

[116] 马东阁．OLED 显示与照明：从基础研究到未来的应用 [J]．液晶与显示，2016，31
      （3）：229-241.

[117] 陈敏泽，林韵英．OLED 显示驱动技术新进展 [J]．电视技术，2013，37（S2）：
      419-421.

[118] 海燕，C 语言程序设计 [M]．北京：科学出版社，2012：99-120.

[119] 郭天祥．51 单片机 C 语言教程 [M]．北京：电子工业出版社，2012：59-95.

[120] 姚善威．基于单片机通用 I/O 口的 SPI 接口模拟 [J]．电子质量，2010（11）：
      14-15.

[121] 潘方．RS-232 串口通信在 PC 机与单片机通信中的应用 [J]．现代电子技术，2012，
      35（13）：69-71.

[122] 郭勇，何军．STM32 单片机多串口通信仿真测试技术研究 [J]．无线电工程，2015，

45（8）：6-9，42.

[123] 张文甲 . IIC 总线通信中主机控制器的设计与应用 [J]. 计算机知识与技术（学术交流），2007（1）：104-106.

[124] 石涛 . 红外人体温度测量系统的设计 [D]. 西安：陕西理工学院，2013.

[125] 张旭东 . 可穿戴设备的人体关怀和隐私迷宫 [J]. 广告大观（综合版），2013（11）：1-2.

[126] 赵元轩 . 可穿戴智能产品设计发展趋势探究 [D]. 北京：北京理工大学，2015.

[127] 张艳，赵云龙 . 基于 RE200B 红外传感器的体温仪设计 [J]. 行业应用与交流，2014（8）：1-3.

[128] 梁蕾. 体温测量的研究进展 [J]. 天津护理，2013，21（3）：1-3.

[129] 意法半导体公司 . STM32 技术参考手册中文版 [EB].

[130] 周继明 . 传感器技术与应用 [B]. 长沙：中南大学出版社，2005.

[131] 张群，杨絮，张正言，等 . 蓝牙模块串口通信的设计与实现 [J]. 计算机技术与应用，2012（3）：1-3.

[132] 赵宵 . 基于单片机的蓝牙接口设计及数据传输的实现 [D]. 北京：北京交通大学，2008.

[133] 李源 . 面向用户需求的智能家庭健康产品研究 [D]. 北京：北京林业大学，2015.

[134] 张月明，李闯 . 一种流行总线：CAN 总线 [J]. 现代电子技术，2003（24）：61-63.

[135] 沈德耀，金敏 . 网络通信与控制：现场总线纵横谈 [J]. 基础自动化，2000，7（4）：18-20.

[136] 徐巧，梅顺齐，等 . 现场总线技术及其在纺织机械上的应用 [J]. 武汉科技学院学报，2005，18（5）：33-36.

[137] 刘和平，等，PIC18FXXX 单片机原理及接口程序设计 [M]. 北京：北京航空航天大学出版社，2004.

[138] 沙占友，王晓君，等 . 智能化温度传感器原理及应用 [M]. 北京：机械工业出版社，2002：84-105.

[139] 求是科技 . 单片机典型模块设计实例导航 [M]. 北京：人民邮电出版社，2004.

[140] 黄喜云，周广兴，等 . RCV420 在微机测控系统的检测电路中的应用 [J]. 微计算机信息，2001，17（11）：52-53.

[141] 赵海兰，朱剑，等 . DS1302 实时显示时间的原理及应用 [J]. 电子技术，2004（1）：43-46.

[142] 王桂荣，钱剑敏 . CAN 总线和基于 CAN 总线的高层协议 [J]. 计算机测量与控制，2003，11（5）：391-393.

[143] 宋杨杰 . 基于 LabVIEW 和 MATLAB 的语音信号的采集与分析 [D]. 武汉：武汉理工大学，2012.

[144] 陈里 . 基于 MNB2 算法的语音编码器客观评估平台研究 [D]. 长沙：中南大学，2004.

［145］郑桂莲．MATLAB 的特点及其应用［J］．内蒙古科技与经济，2008（23）：76，78.

［146］谭东昱．基于小波变换的语音增强方法研究及实时实现［D］．长沙：湖南大学，2004.

［147］杨静．高压断路器机械特性测试系统数据处理模块的设计与实现［D］．西安：西安电子科技大学，2009.

［148］谢艳玲．基于模糊方法和小波变换的图像边缘检测［D］．长沙：中南大学，2009.

［149］郭林．基于 CCD 的轴类零件快速精确测量方法研究及实现［D］．重庆：重庆大学，2006.

［150］张宇．基于 LabVIEW 的数据采集与多功能分析系统研究［D］．天津：天津工业大学，2012.

［151］赫连浩博．汉语语音预处理及孤立词识别方法研究［D］．济南：山东大学，2007.

［152］张志霞．语音识别中个人特征参数提取研究［D］．太原：中北大学，2009.

［153］朱富丽．MATLAB 在数字图像处理技术方面的应用．计算机光盘软件与应用，2010（4）：10，19.

［154］王晓明．电动机的单片机控制［M］．北京：北京航空航天大学出版社，2002.

［155］王自强．步进电机应用技术［M］．北京：科学出版社，2010.

［156］戴佳，戴卫恒．51 单片机 C 语言应用程序设计实例精讲［M］．北京：电子工业出版社，2006.

［157］恰汗·合孜尔．C 语言程序设计［M］．北京：中国铁道出版社，2010.

［158］张重雄，张思维．虚拟仪器技术分析与设计［M］．北京：电子工业出版社，2012.

［159］杨林，方宇栋．LabVIEW 控制步进电机［J］．微计算机信息（测控自动化），2004，20（2）：7-8.

［160］陈锡辉．LabVIEW 8.20 程序设计从入门到精通［M］．北京：清华大学出版社，2007.

［161］张强，吴红星，谢宗武．基于单片机的电动机控制技术［M］．北京：中国电力出版社，2008.

［162］史敬灼．步进电动机伺服控制技术［M］．北京：科学出版社，2006.

［163］赵冬梅，张宾．LabVIEW 控制步进电机自动升降速［J］．微计算机信息（测控自动化），2006，22（10-1）：105-106.

［164］陈树学，刘萱．LabVIEW 宝典［M］．北京：电子工业出版社，2011.

［165］陈国顺，宋新民，马峻，等．网络化测控技术［M］．北京：电子工业出版社，2006.

［166］何春鹏．基于 LabVIEW 的数据处理与仿真的研究［D］．北京：北京交通大学，2008.

［167］李达，魏学哲，孙泽昌．LabVIEW 数据采集系统的设计与实现［J］．中国仪器仪表，2007（1）：49-52.

［168］徐万明．基于 LabVIEW 的虚拟仪器研究与开发［D］．包头：内蒙古科技大学，2006.

[169] 姜碧琼. 基于 LabVIEW 的虚拟示波器设计 [D]. 西安：西北农林科技大学，2008.

[170] 宁歆. 基于 LabVIEW 的虚拟数字示波器的设计与实现 [D]. 广州：第一军医大学，2006.

[171] 张伟刚. 基于 LabVIEW 的转子自动平衡技术 [D]. 上海：上海交通大学，2008.

[172] 王海宝. LabVIEW 虚拟仪器程序设计与应用 [M]. 成都：西南交通大学出版社，2005.

[173] 康伟，郑正奇. Windows 下的实时数据采集 [J]. 计算机应用研究，2001，18（3）：105-106.

[174] 孙春龙. 基于 LabVIEW 多通道数据采集分析系统开发 [M]. 北京：电子工业出版社，2003.

[175] 顾永刚. LabVIEW 与数据采集 [J]. 仪器与测控，2008.

[176] 刘珊珊. 基于 LabVIEW 的数据采集系统设计及应用 [D]. 太原：中北大学，2012.

[177] 薛林. 高速 PCI 数据采集卡的设计与实现 [D]. 南京：南京理工大学，2006.

[178] 李武晋. 基于 Lab Windows/CVI 的多路模拟信号发生器设计 [J]. 仪器仪表与分析监测，2008（2）：25，46.

[179] 陈锡辉，张银鸿. LabVIEW 8.2 程序设计从入门到精通 [M]. 北京：清华大学出版社，2007：27-298.

[180] 唐东峰. 高速数据采集卡设计与实现 [D]. 武汉：华中科技大学，2006.

[181] 范君乐，王竹林. 基于 DAQmx 系统的数据采集方法 [J]. 科学技术与工程，2006，6（16）：2555-2557.

[182] National Instrument Data Acquisition NI-DAQmx 使用说明.

[183] 王宗培. 步进电动机及其控制系统 [M]. 哈尔滨：哈尔滨工业大学出版社，1986.

[184] 杨乐平，李海涛，赵勇，等. LabVIEW 高级程序设计 [M]. 北京：清华大学出版社，2003.

[185] 李进杰. 高伟. 基于 LabVIEW 的步进电机控制系统设计 [J]. 科技信息，2010（15）：85-86.

[186] http：//www. ni. com/LabVIEW/zhs. NI LabVIEW 产品与服务网站.

[187] http：//www. cpubbs. com CPUBBS 论坛.

[188] http：//bbs. elecfans. com 电子发烧友论坛.

[189] 马巧梅. 基于 52 单片机的温棚监测系统的设计 [J]. 信息技术，2018（4）：53-57.

[190] 梁福平. 传感器原理及检测技术 [M]. 武汉：华中科技大学出版社，2010：1-276.

[191] 张佳薇，孙丽萍，等. 传感器原理与应用 [M]. 哈尔滨：东北林业大学出版社，2003.

[192] 钟晓伟，宋蛰存. 基于单片机的实验室温湿度控制系统设计 [J]. 林业机械与木工设备，2010，38（1）：10-42.

[193] 赵海兰，袁然. 基于单片机的温室大棚温湿度控制系统设计 [J]. 现代电子技术，2011，34（7）：1-4.

[194] 沙占友. 集成传感器应用 [M]. 北京：中国电力出版社，2005.

[195] 于波. 基于单片机的室内环境监测系统设计 [D]. 青岛：中国海洋大学，2011.

[196] 石建国，杨磊，等. 基于组态王的数据采集通信与控制系统设计 [J]. 荷泽学院学报，2018，40（5）：11-16.

[197] 孙肖子. 实用电子电路手册 [M]. 北京：高等教育出版社，1990.

[198] 何立民. 单片机应用系统设计 [M]. 北京：北京航空航天大学出版社，1990.

[199] 殷群，吕建国. 组态软件基础及应用 [M]. 北京：机械工业出版社，2015：17-158.

[200] 冯媛硕，宋吉江. 基于单片机的温湿度检测控制系统设计 [J]. 山东理工大学学报（自然科学版），2014，28（1）：19-23.

[201] 张俪亭，杨习伟. 基于单片机的蔬菜大棚温湿度自动控制系统设计 [J]. 无线互联科技，2018（24）：41-42.

[202] 史纬朋，陈劲杰，叶其含，等. 基于单片机的温度采集和无线传输系统设计 [J]. 信息技术，2016（5）：121-125.

[203] 李智岩，刘玥，柳娟，等. 基于单片机的室内环境监测系统设计 [J]. 信息技术与信息化，2016，12（12）：60-62.

[204] 王金环. 基于单片机的温室环境监控系统的设计 [J]. 硅谷，2014（12）：12-13.

[205] 蔚俊兰，丁振荣. 组态王 6.5 与单片机的通信方法 [D]. 工业控制计算机，2004，17（10）：58-59.

[206] 赵学军. 单片机和组态王的通信程序设计 [D]. 工业控制计算机，2006，19（9）：35-37.

[207] 尹海宏，陈雷. 基于单片机技术的数据采集系统的设计 [J]. 信息技术，2008（12）：5-7.

[208] 曹华，黄锦祝，蒋朝宁. 基于工作过程的单片机技术与应用课程开发 [J]. 职业技术教育，2009，30（20）：18-19.

[209] 杜玉香. 基于 PLC 智力竞赛抢答器控制系统设计 [J]. 轻工科技，2014（5）：62-63.

[210] 孟建平，赛恒吉雅. 基于单片机串行通信的抢答器设计 [J]. 内蒙古石油化工，2011，37（7）：120-121.

[211] 邹显圣. 基于单片机控制的智能抢答器研究 [J]. 电子设计工程，2011，19（13）：138-140.

[212] 梁小廷. 单片机技术的发展及应用研究 [J]. 民营科技，2018（6）：9.

[213] 严格非. 现代单片机技术的进展 [J]. 中国新通信，2018（8）：237.

[214] 郝景程，何志刚，邱彬. 基于 51 单片机信号发生器的设计 [J]. 计算机知识与技术，2014，10（35）：8553-8554.

[215] 刘守义. 单片机应用技术 [M]. 2 版. 西安：西安电子科技大学出版社，2007.

[216] 车继勇. Modbus 通信协议 PLC 主站软件设计 [J]. 自动化技术与应用，2008，27

（4）：24-26.

[217] 黎洪生，李超，周登科，等．基于 PLC 和组态软件的分布式监控系统设计 [J]．武汉理工大学学报，2002，24（3）：27-29.

[218] 周文军．基于单片机和组态软件的多路抢答器研究 [J]．广西民族大学学报（自然科学版），2015，21（1）：77-82.

[219] 傅宗宁，姜周曙，黄国辉．组态王-单片机通信设计及应用 [J]．现代电子技术，2014，37（24）：101-104.

[220] 周文军，肖海芹．基于单片机和 PC 端组态软件的多路抢答器研制 [J]．武汉职业技术学院学报，2014，15（3）：89-92.

[221] 张松枝，张芝雨．单片机与组态王串口通信的设计 [J]．无线互联科技，2012（12）：114-115.

[222] 龚仁喜，江波，叶丽，等．基于 51 单片机的智能仪表与组态王的通信 [C]．2008 中国仪器仪表与测控技术进展大会论文集（Ⅲ），2008（6）：384-387.

[223] 雷钧，徐洪胜．基于 ASCII 的单片机与组态王通信设计 [J]．工业控制计算机，2010，23（12）：17-19.

[224] 杨红．组态王与单片机通信控制流水灯 [N]．清远职业技术学院学报，2017，10（5）：44-47.

[225] 陈庆．浅谈组态王 6.55 与单片机的应用及通信 [J]．城市建设理论研究，2014（13）：9735-9738.

[226] 张雪伟，张策，陈金阳．基于单片机与组态王的无线数据监测系统设计 [J]．计算机与现代化，2013（12）：210-213.

[227] 欧金成，欧世乐，林德杰，等．组态软件的现状与发展 [J]．工业控制计算机，2002，15（4）：1-5.